JN412052

현대문명과
노벨화학상

MODERN CIVILIZATION & THE NOBEL PRIZE IN CHEMISTRY

현대문명과
노벨화학상

MODERN CIVILIZATION &
THE NOBEL PRIZE IN CHEMISTRY

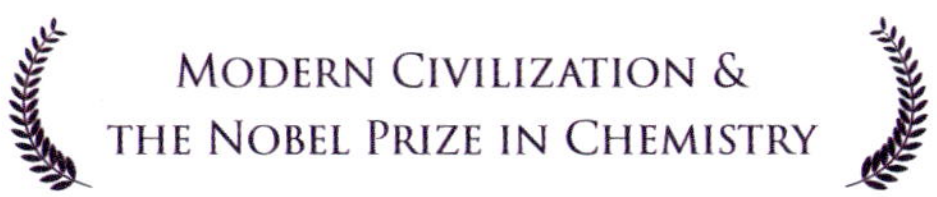

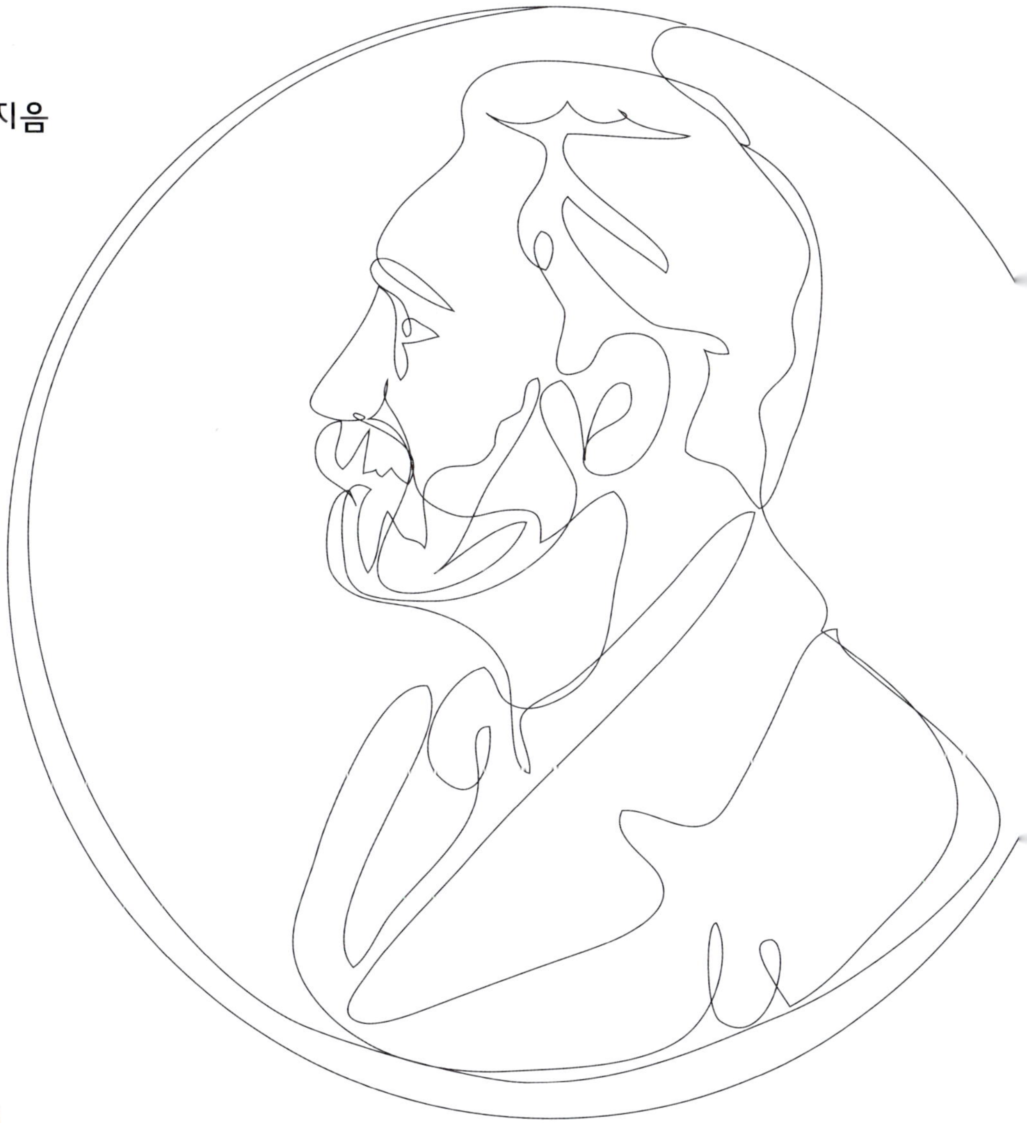

이범종 지음

자유아카데미

머리말

오래된 숙제를 끝낸 후의 기분이다. 30여 년 전, 교수가 되고 나서 시작한 작은 습관이 있었다. 매년 가을에 노벨상 수상자가 발표되면 학생들에게 그들의 업적을 소개하는 것이다. 세월이 흘러 강의 자료가 제법 쌓였고, 이 자료를 바탕으로 첫 번째 노벨상이 수여된 1901년부터 오늘날까지의 노벨화학상 업적을 정리해보자고 마음먹었다. 하지만 학술서가 아닌 교양서로 만들려면 노벨상이 독자들의 삶과 맞닿아 있어야 했다. 마침내 그 접점을 우리가 매일 누리는 현대문명에서 찾았다. 특히, 최근 몇 년 사이에 현대문명의 첨단 기술에 노벨상이 주어졌다. 청색 LED의 활용으로 밝아진 스마트폰 화면, 양자점 기술이 구현한 선명한 디스플레이, 리튬 이온 배터리로 움직이는 전기자동차, 팬데믹 시대를 구한 mRNA 백신, 그리고 AI 기술의 개발과 응용 등이다. 이러한 시대적 배경이 이 책의 집필을 본격적으로 시작하게 한 계기가 되었다.

물론 현대문명이 노벨상 수상자들만의 공로는 아니다. 상을 받지는 못했지만 인류의 발전에 기여한 과학자들이 훨씬 더 많다. 그럼에도 노벨상 수상 업적을 중심으로 이야기를 풀어간 이유는 이들의 연구가 현대문명의 중요한 이정표 역할을 했기 때문이다. 이 책은 현대문명을 화학과 관련된 12개 분야로 나누고 각 주제에 해당하는 노벨상 수상자들의 업적과 삶을 담았다. 전기가 통하는 플라스틱, 고해상도 현미경, 지구 온난화와 기후변화, LED 조명과 디스플레이, 레이저의 개발과 응용, CT와 MRI 영상 진단, 탄소 동소체와 나노소재, 카이랄 의약품, 신약 개발, 신재생 에너지, 식품과 영양, 그리고 기능성 화장품. 이들 주제는 전적으로 필자의 주관적 선택이다.

현미경과 레이저를 주제로 삼을 것인지 고민도 했다. 이들은 화학보다 물리학에 가까운 분야이기 때문이다. 하지만 이들 분야에 최근에도 노벨화학상이 수여되었고, 이들 기술이 오늘날 우리가 쓰는 수많은 기기 속에 보이지 않게 스며들어 있어 빼놓을 수 없었다. 또한 책 제목은 노벨화학상이지만, 여러 주제에서 노벨물리학상이나 노벨생리의학상 수상자들이 자주 등장한다. 현대 과학은 이미 경계를 넘나들고 있기 때문이다.

이 책이 단순히 노벨상 과학사를 소개하는 것을 넘어서길 바란다. 수상자들이 연구 과정에서 보여준 창의성과 융합적 사고, 동료들과의 소통과 협력, 때로는 실패와 좌절을 딛고 일어선 삶의 이야기가 독자들, 특히 청소년들에게 인문·사회적 영감을 줄 수 있다면 더할 나위 없이 기쁠 것이다. 다만 화학을 전공한 사람이 물리학과 생리의학 영역까지 다루다 보니 부족한 부분이 많다. 이 책은 완성이 아니라 시작이다. 앞으로 더 다듬고 보완해야 할 숙제가 남아 있다.

어려운 출판 환경 속에서도 이 책의 출판을 흔쾌히 허락해 주신 자유아카데미 여러분께 깊이 감사드린다.

2026년 2월

삼랑진 행소헌(杏素軒)에서

이범종

차례

3장 현미경

4장 카이랄 의약품

5장 지구 환경

6장 영상 진단

7장 나노소재

8장 디스플레이

9장 식품과 영양

10장 신약 개발

11장 레이저

1장
노벨상의 이모저모

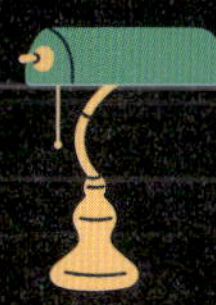
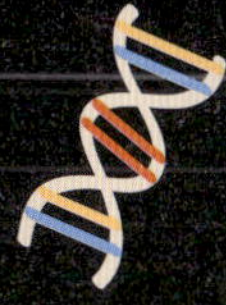

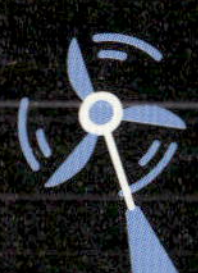
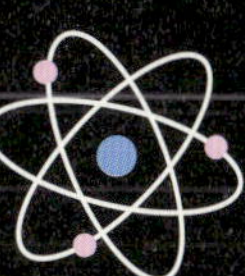

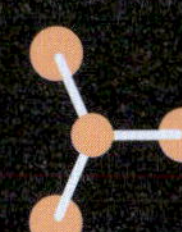

1장 노벨상의 이모저모

100년이 훌쩍 넘는 노벨상과 함께 현대 화학의 흐름을 살펴보려 한다. 한 세기가 넘는 노벨화학상의 역사를 따라가다 보면, 현대 화학이 어디서 시작해 어떻게 발전해왔는지 한눈에 볼 수 있다. 노벨상의 역사는 단순히 과거의 이야기가 아니다. 우리가 지금 누리는 첨단 문명 속에 그대로 살아 숨쉬고 있다. 노벨상의 시작이 마침 1901년이어서, 우리가 지금 어느 시점의 역사를 보고 있는지 쉽게 가늠할 수 있다.

20세기를 마감하고 21세기로 접어들던 2001년, 화학의 역사에서도 새로운 세기가 시작되는 전환점의 해라는 생각이 들었다. 20세기 말부터 21세기 초에 인간을 포함한 생명체의 유전자 정보가 밝혀졌다. 그리고 마치 레고를 조립하듯이 원자와 분자를 다루는 나노 기술이 등장했다. 이에 따라 많은 화학자가 생명과학과 나노기술에 큰 관심을 쏟기 시작했다. 한 세기를 거슬러 19세기가 끝나고 20세기로 접어들 때도 화학사는 전환점을 맞이했었다.

20세기가 시작될 즈음 물리학에서 원자에 대한 기초적인 발견이 시작되었고, 이에 따라 화학에서도 원자와 분자에 대한 현대적 해석이 조금씩 확립되었다. 물리학이나 생명과학에서의 새로운 발견이 화학에서 일어난 세기적 전환의 모멘텀으로 작용했다. 물론 이러한 영향력은 일방적이지 않다. 물리학이나 생물학의 발전에도 마찬가지로 화학의 진보가 변화를 유도하는 힘으로 작용한다. 결국 화학은 자연 과학의 중심에 위치하면서 한쪽은 이론적 기초를 제공하는 물리학과 닿아있고, 다른 한쪽은 가장 복잡한 화학 시스템을 다루는 생물학과 접해있다.

이 책의 제목에는 노벨화학상이 들어가지만, 내용에서는 주제에 따라 물리학상과 생리의학상도 언급할 것이다. 같은 주제라도 물리학, 화학, 생명과학의 관점에서 각각 새로운 발견을 이룬 경우, 노벨상이 각각 분야별로 따로 수여되기 때문이다. 예를 들어 1937년도엔 화학상과 생리의학상 둘 다 비타민 C를 연구한 과학자에게 수여되었고, 2024년도엔 물리학상과 화학상 모두 AI와 관련한 과학자에게 돌아갔다. 세월의 간격을 두고 같은 주제로 서로 다른 분야의 노벨상이 수여된 사례는 더욱 많다.

표 1-1에 각 장에서 다루는 주제의 주요 내용과 노벨상 수상자를 나타냈다. 노벨상의 이모저모를 소개하는 첫 번째 장을 제외하면 전체 내용은 12개의 주제로 구성된다. 현대문명을 분야별로 나누고 이에 해당하는 노벨상을 추렸다. 따라서 이 책은 노

벨화학상 전체를 다룬 것은 아니다. 또한 현대문명의 배경에는 노벨상을 받지 않은 과학적 업적이 노벨상을 받은 업적보다 훨씬 많다. 이 책은 제한된 주제의 노벨상 과학사이다.

표 1-1 각 장에서 다루는 주제의 주요 내용과 노벨상 수상자*

장	주제	주요 내용	노벨상 수상자
1	노벨상의 이모저모	노벨의 격언, 노벨의 유언장, 노벨상 초기의 자연과학사, 수상자 선정 과정, 노벨상 수여식	노벨상 초기의 수상자, 통계로 살펴본 수상자
2	플라스틱	고분자 과학의 탄생, 전기가 통하는 플라스틱, 플라스틱 광섬유, 분해성 플라스틱	1953(슈타우딩거), 1963(치글러, 나타), 1974(플로리), 1984(메리필드), 2000(히거, 맥더미드, 시라카와), 2005(쇼뱅, 그럽스, 슈록), 2009(보일, 스미스, 가오)
3	현미경	현미경의 종류와 원리, 광학 현미경, 전자 현미경, 주사 탐침 현미경	1929(드 브로이), 1951(타일러), 1953(제르니커), 1963(위그너, 메이어, 옌젠), 1982(클루그), 1986(루스카, 비니히, 로러), 2008(시모무라, 첸, 챌피), 2014(베치그, 헬, 머너), 2017(뒤보셰, 프랑크, 헨더슨), 2022(버토지, 멜달, 샤플리스)
4	카이랄 의약품	탈리도마이드 사건, 이성질체의 분류, 거울상 이성질체, 비대칭 유기 촉매	1902(피셔), 1969(바턴, 하셀), 1975(콘포스, 프렐로그), 2001(놀스, 노요리, 샤플리스), 2021(리스트, 맥밀런)
5	지구 환경	대기권의 구조, 온실가스, 오존층 파괴, 기후변화 모델, DDT	1903(아레니우스), 1911(빈), 1947(애플턴), 1948(멀러), 1995(크뤼천, 롤런드, 몰리나), 2007(IPCC, 고어), 2018(노드하우스, 로머), 2021(마나베, 하셀만, 파리시)
6	영상 진단	분광학, 질량분석법, NMR, MRI, CT, PET, 초음파 영상	1903(베크렐, 퀴리 부부), 1919(슈타르크), 1921(소디), 1935(졸리오퀴리 부부), 1936(헤스, 앤더슨), 1943(헤베시), 1944(라비), 1952(블로흐, 퍼셀), 1954(폴링), 1962(왓슨, 크릭, 윌킨스), 1971(헤르츠베르크), 1979(코맥, 하운스필드), 1991(에른스트), 2002(펜, 뷔트리히, 다나카), 2003(라우터버, 맨스필드), 2019(피블스, 마요르, 쿠엘로)
7	나노소재	풀러렌, 탄소 나노튜브, 그래핀, 거대 자기저항, 분자 기계, 양자점	1965(도모나가, 슈윙거, 파인만), 1985(클리칭), 1987(크램, 렌, 피더슨), 1996(컬, 크로토, 스몰리), 2007(페르, 그륀베르크), 2010(가임, 노보셀로프), 2011(셰흐트만), 2016(소바주, 스토더트, 페링하), 2023(예키모프, 바웬디, 브루스), 2025(기타가와, 롭슨, 야기)

장	주제	주요 내용	노벨상 수상자
8	디스플레이	조명의 종류, 디스플레이의 발전, CRT, LCD, PDP, LED, CCD, 필름 사진	1906(톰슨), 1908(리프만), 1909(마르코니, 브라운), 1920(네른스트), 1970(알벤, 네엘), 1991(젠), 2000(히거, 맥더미드, 시라카와), 2009(보일, 스미스, 가오), 2014(아카사키, 아마노, 나카무라)
9	식품과 영양	식품의 영양성분, 비타민, 질소 고정, 비료, 사료 보존, 알코올 발효, 유전자 변형 식품	1902(피셔), 1907(부흐너), 1918(하버), 1928(빈다우스), 1929(오일러켈핀, 하든), 1929(에이크만, 홉킨스), 1931(보슈, 베르기우스), 1937(하워스, 카러), 1937(센트죄르지), 1938(쿤), 1943(담, 도이지), 1945(비르타넨), 1954(폴링), 1964(호지킨), 1967(그라니트, 하틀라인, 월드), 1970(를루아르), 1978(네이선스, 스미스, 아르버), 1980(버그, 길버트, 생어), 2020(샤르팡티에, 다우드나)
10	신약 개발	가정상비약, 백신, 항생제, 항암제, 아나필락시스, 스테로이드 의약품, 유도 진화와 파지 디스플레이 합성법	1905(바이어), 1912(그리냐르, 사바티에), 1913(리셰), 1939(도마크), 1945(플레밍, 체인, 플로리), 1947(로빈슨), 1950(딜스, 알더), 1952(왁스먼), 1960(버넷, 메더워), 1965(우드워드), 1966(허긴스, 라우스), 1976(립스컴), 1979(브라운, 비티히), 1981(호프만, 겐이치), 1982(베인, 사무엘손, 베리스트룀), 1988(블랙, 엘리언, 히칭스), 1990(머리, 토마스), 1990(코리), 2005(마셜, 워런), 2010(헥, 네기시, 스즈키), 2018(앨리슨, 다스쿠), 2018(아널드, 스미스, 윈터), 2021(리스트, 맥밀런), 2023(와이스먼, 커리코), 2024(베이커, 허사비스, 점퍼)
11	레이저	레이저 원리, 홀로그래피, 초고속 반응 동역학, 레이저 광통신, 자기장-레이저 냉각 트랩, 레이저 족집게, 펨토화학, 아토초 펄스	1920(네른스트), 1930(라만), 1949(지오크), 1956(힌셜우드, 세묘노프), 1964(타운스, 바소프, 프로호로프), 1967(아이겐, 노리시, 포터), 1971(가보르), 1981(숄로, 블룸베르헌, 시그반), 1986(허슈바크,, 리위안저, 폴라니), 1994(올라), 1997(추, 코엔타누지, 필립스), 1999(즈웨일), 2005(홀, 헨슈, 글라우버), 2018(애슈킨, 무루, 스트리클런드), 2023(아고스티니, 륄리에, 크러우스)
12	에너지	신재생 에너지의 구분, 이산화탄소 동화작용, 바이오매스, 핵융합, 우라늄-235의 농축, 리튬이온 배터리	1920(네른스트), 1921(아인슈타인), 1944(한), 1951(맥밀런, 시보그), 1957(토드), 1961(캘빈), 1967(베테), 1970(알벤, 네엘), 1978(미첼), 1983(찬드라세카르, 파울러), 1988(다이젠호퍼, 후버, 미헬), 1997(보이어, 워커, 스코우), 2007(에르틀), 2019(구디너프, 휘팅엄, 요시노)
13	화장품	피부의 구조, 세제, 성장인자, 만능 줄기세포, 향수와 후각, 모발 화장품, 미백 화장품, 온도와 촉각 수용체	1939(부테난트, 루지치카), 1986(레비몬탈치니, 코언), 1988(다이젠호퍼, 후버, 미헬), 1989(체크, 올트먼), 2003(아그리, 매키넌), 2004(액설, 벅), 2006(멜로, 파이어), 2009(쇼스택, 그라이더, 블랙번), 2012(야마나카, 거던), 2021(줄리어스, 파타푸티언)

*단백질, 전자기파, 유전자, 비타민, 스테로이드, 초전도, 그리고 핵반응 관련 수상자는 해당 본문에서 별도의 표에 나타냈다.

1.1 알프레드 노벨

노벨상은 1901년부터 물리학, 화학, 생리의학, 문학, 평화 분야에서 인류를 위해 위대한 업적을 이룬 인물들을 기려 왔다. 수상자 선정 과정에서 국적이나 남녀를 차별하지 말라는 것이 상을 제정한 알프레드 노벨의 정신이다. 더러 수상자 발표 뒤에는 이런저런 뒷이야기가 나오기도 하지만, 그동안 노벨상 위원회가 노벨의 정신을 지켜왔기에 노벨상의 명성이 유지되고 있다. 이 상의 기금은 노벨이 마지막 유언장을 남긴 1895년에 조성되었는데, 그의 재산 대부분이 노벨상을 위해 남겨졌다. 당시 3,100만 스웨덴 크로나(SEK)를 노벨상 기금으로 남겼는데, 이 금액은 오늘날 265백만 달러(원화로 3,680억 원)에 달한다. 노벨경제학상은 1969년부터 스웨덴 중앙은행이 기부한 기금으로 수여되고 있다.

알프레드 노벨

알프레드 노벨의 이름은 초등학생만 되어도 익히 들어 왔을 것이다. 그런 만큼 간략히 그를 소개한다. 노벨은 1833년 10월 21일 스웨덴 스톡홀름에서 태어났다. 그의 집안은 17세기에 스웨덴에서 천재 기술자로 알려진 올로프 루드베크의 후손인데, 그 시대에는 스웨덴이 북유럽의 강대국이었다. 그는 1896년 12월 10일에 사망하였는데, 매년 이 날짜에 맞춰서 노벨상 수여식이 거행되고 있다(수상자는 10월 초에 하루에 한 분야씩 발표된다). 그는 다이너마이트에 관한 특허는 물론 다른 분야를 포함하여 355개의 특허를 등록했다. 다방면에서 두각을 나타낸 노벨은 화학자, 발명가, 공학자, 기업가, 사업가로 활약했다. 또한 그는 여러 나라 언어에 능통했고, 시와 드라마를 창작하기도 했다. 사회 문제와 평화 관련 이슈에 관심이 많았으며, 그 당시로는 급진적이라고 생각되는 견해를 갖고 있기도 했다. 이러한 노벨의 관심사가 바로 그가 설립한 상에 반영되었는데, 과학상 외에도 평화상과 문학상을 제정하도록 유언을 남겼다.

베르타 폰 주트너와의 만남

평생을 독신으로 살았던 알프레드 노벨이지만, 그의 생애를 이야기할 때 꼭 등장하는 여성이 있다. 노벨이 비서를 구한다는 광고를 보고 찾아온 베르타 폰 주트너가 그 주인공이다. 이 이름으로 지금은 가장 널리 알려져 있지만, 노벨상 위원회 홈페이지에는 "남작부인 베르타 조피 펠리시타 폰 주트너, 결혼 전 이름은 여자 백작 킨스키 폰 퀴닉 운트 테타우"라는 긴 이름으로 소개되어 있다. 간편하게 남편의 성을 따서 주트너 남작부인으로도 부른다. 베르타 폰 주트너가 노벨과 함께 일한 기간은 1주일 정도로 짧았지만, 노벨 곁을 떠난 후에도 둘 사이에 오랜 기간 편지가 오갔다. 베르타 폰 주트너가 전쟁에 반대하고 평화운동에 관여한 것이 노벨이 후에 평화상을 제정하는 데에도 영향을 끼친 것으로 알려졌다. 노벨이 그녀에게 이렇게 말했다고 한다. "내게 정보를 주고 나를 확신시키면, 그땐 내가 그 운동을 위해 크게 일을 할 것이다."

1905년에 베르타 폰 주트너는 여성으로서는 최초로 평화상을 수상했는데, 다른 노벨상 수상자를 포함하더라도 마리 퀴리(1903 물리학상)에 이은 두 번째 수상이다. 그녀는 1843년 6월 9일 오스트리아 제국(현재 체코) 프라하에서 태어났으며, 1914년 6월 21일 오스트리아 빈에서 사망했다. 노벨상을 받을 때도 오스트리아에서 살았다. 대표적인 반전 소설 『당신의 무기를 내려놓아라(Lay Down Your Arms, 1889)』를 썼고, 1891년에는 오스트리아 평화 협회를 설립했으며, 스위스 베른에 있는 영구 국제 평화 단체의 명예 회장을 맡았다. 20세기 초에 그녀에게는 '평화운동의 총사령관'이라는 별명이 붙었다. 노벨상 위원회는 수상 이유로 "전쟁의 공포에 맞선 그녀의 용감함"을 언급했다. 베르타 폰 주트너의 초상은 오스트리아 2유로 동전에 새겨져 있다. 참고로 1유로 동전에는 볼프강 아마데우스 모차르트가 새겨져 있다.

노벨이 남긴 격언

노벨의 삶 속에는 항상 문학이 있었다. 그는 다양한 형태의 문학이 자기의 생각과 삶, 타인과의 관계, 주변 상황에 대한 깊은 이해를 가능케 한다고 믿었다. 노벨은 자신의 도서관에 매우 많은 책을 소장하였는데, 그중에는 유럽의 중요한 문학 작품들이 포함되어 있었다. 셸리[1]와 바이런[2]을 좋아해서 젊어서는 영시를 썼고, 말년에는 『천벌(Nemesis)』

1 퍼시 비시 셸리(Percy Bysshe Shelly, 1792~1822)

2 조지 고든 바이런(Georgy Gordon Byron, 1788~1824)

표 1-2 노벨이 남긴 격언

격언	aphorisms
설득한다고 위가 억지로 음식을 소화할 수 없듯이, 강요로 사랑하는 마음이 생기게 할 수 없다.	A heart can no more be forced to love than a stomach can be forced to digest food by persuasion.
농업 다음으로 우리 시대의 가장 큰 산업은 사기이다.	Second to agriculture, humbug is the biggest industry of our age.
만족만이 진정한 부유함이다.	Contentment is the only real wealth.
우리는 모래 위에 집을 지으니, 나이가 들수록 이 토대는 더욱 불안정해진다.	We build upon the sand, and the older we become, the more unstable this foundation becomes.
진실한 사람은 대개 거짓말쟁이다.	The truthful man is usually a liar.
정의란 오직 상상 속에만 있는 것이다.	Justice is to be found only in the imagination.
존경받을 만한 사람이라는 것만으로는 존경받을 수 없다.	It is not sufficient to be worthy of respect in order to be respected.
위에는 근심이 최악의 독이다.	Worry is the stomach's worst poison.
타락한 자들에게 가장 좋은 변명은 정의의 여신 자신도 그들 중 하나라는 것이다.	The best excuse for the fallen ones is that Madame Justice herself is one of them.
남이 존경하지 않는 자존감은 햇빛을 견뎌내지 못하는 보석과 같다.	Self-respect without the respect of others is like a jewel which will not stand the daylight.
희망은 발가벗긴 진실을 가리려는 자연의 베일이다.	Hope is nature's veil for hiding truth's nakedness.
모든 죄 중에 가장 큰 죄는 거짓말이다.	Lying is the greatest of all sins.
내가 일하는 곳이 집인데 나는 어디서나 일한다.	Home is where I work and I work everywhere.

자료: https://www.nobelprize.org/aphorisms-by-alfred-nobel/

이라는 제목의 비극도 썼다. 그의 표현 중에 가장 빛나는 것은 격언이 아닌가 싶은데, 이를 통해 자기의 생각을 극적으로 표현했다. 표 1-2는 노벨이 남긴 격언을 일부 보여준다. 감상을 위해 영어 표현도 함께 나타냈다.

노벨의 유언장

알프레드 노벨은 1895년 11월 27일, 파리에서 그의 마지막 유언장을 작성했다. 그림 1-1에 유언장 중 첫 장의 모습을 나타냈다. 노벨상 위원회의 홈페이지에 전문이 텍스트

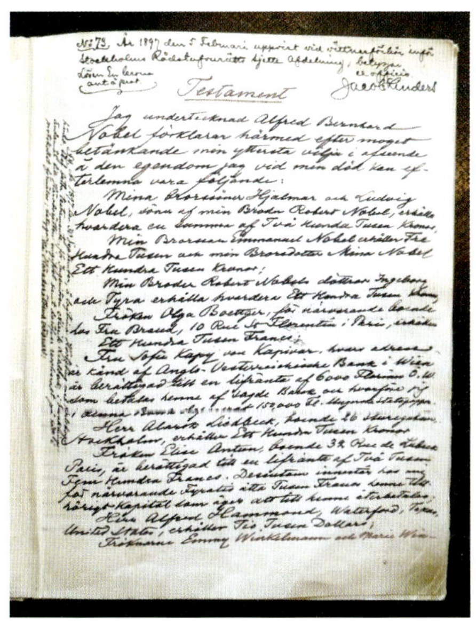
N:o 73. År 1897 den 5 Februari uppvisat vid vittnesförhör inför Stockholms Rådstufvurätts sjette afdelning; betygar ex officio Jacob Ekenders
Testament
Jag undertecknad Alfred Bernhard Nobel förklarar härmed efter moget betänkande min yttersta vilja i afseende å den egendom jag vid min död kan efterlemna vara följande:
Mina Brorsöner Hjalmar och Ludvig Nobel, söner af min Broder Robert Nobel, erhålla hvardera en summa af Två Hundra Tusen Kronor;
Min Brorson Emmanuel Nobel erhåller Tre Hundra Tusen och min Brorsdotter Mina Nobel Ett Hundra Tusen Kronor;
Min Broder Robert Nobels döttrar Ingeborg och Tyra erhålla hvardera Ett Hundra Tusen Kronor;
Fröken Olga Boettger, för närvarande boende hos Fru Brand, 10 Rue St Florentin i Paris, erhåller Ett Hundra Tusen Francs;
Fru Sofie Kapy von Kapivar, hvars adress är känd af Anglo-Oesterreichische Bank i Wien är berättigad till en lifränta af 6000 Florins Ö.W. som betalas henne af sagde Bank och hvarföre jag
Herr Alarik Liedbeck, boende 26 Sturegatan Stockholm, erhåller Ett Hundra Tusen Kronor;
Fröken Elise Antun, boende 32 Rue de Lubeck Paris, är berättigad till en lifränta af Två Tusen Fem Hundra Francs. Dessutom innestår hos mig för närvarande Fyratio åtta Tusen Francs henne tillhörigt kapital som äfven skall till henne återbetalas;
Herr Alfred Hammond, Waterford, Texas, United States, erhåller Tio Tusen Dollars;
Fröknarne Emmy Winkelmann och Marie Win-

그림 1-1 1895년 11월 27일에 작성된 알프레드 노벨의 4페이지 유언장 중 첫 장
출처: Waage, CC BY-SA 3.0, Wikimedia Commons

화되어 실려있다. 유언장의 구성과 내용을 간단히 살펴보면, 먼저 본 유언장이 심사숙고 끝에 내린 최종 버전임을 밝히고 있다. 이어서 많은 이들에게 각각 특정 금액의 재산을 배분해 주는데 그들의 이름뿐만 아니라 자신과의 관계, 어디에 사는지도 적혀 있다. 노벨은 혼인하지 않았으므로 배우자와 자녀는 없지만, 조카를 비롯한 집안 가족, 비서, 집사 등의 이름이 거론된다.

유언장의 상당 부분이 노벨상에 대한 언급으로 채워지는데, 상의 성격과 종류, 기금 운용 방법, 수여기관 등이 기술되어 있다. 그의 사후에 재산 분배 및 노벨상 운영과 관련하여 노벨 집안의 반발이 있었지만, 노벨의 뜻대로 될 수 있었던 것도 이렇게 구체적으로 기술해 놓은 덕분이었다. 다음으로 기금의 관리자를 지명하고, 각지에 흩어져 있는 재산 내역을 밝히고 있다. 또한 본 유언장이 유효함을 재차 확인하면서, 기타 어떤 유언장도 폐기한다는 것을 밝혔다. 사후에 이곳저곳에서 발견될 유언장으로 인해 혼란이 생길 여지를 없앤 것으로 노벨의 현명함이 느껴진다.

마지막으로 언급한 것은 그가 심각한 심장병을 갖고 있다는 것, 유능한 의사가 자신의 죽음을 확인하고 장례는 화장으로 치르라는 것이다. 여기서도 하나하나 그의 치밀함이 느껴진다. 유언장의 아래쪽에 작성 장소, 일시와 함께 알프레드 베른하르트 노벨의 서명이 들어가고 이어서 4명의 증인이 함께 서명했다.

1.2 노벨화학상의 이모저모

노벨상 위원회 홈페이지(https://www.nobelprize.org/)

노벨상 위원회의 홈페이지는 흥미진진한 노벨상에 관한 다양한 정보가 가득한 보물 창고이다. 필자 역시 이 책을 쓰면서 가장 많은 자료를 여기서 얻었다. 노벨상 관련 수많은 책에서보다도 이 홈페이지를 서핑하면 더욱 다양한 정보를 얻을 수 있다. 홈페이지 화면의 상단에 정보들을 구분한 5개의 세션이 보인다(그림 1-2). 노벨상과 수상자, 노벨상 관련 궁금증(노벨, 후보자 추천과 선정 절차 등), 노벨상 관련 이야기, 교육 자료, 이벤트와 박물관이다. 각 세션은 다시 여러 개의 소주제로 구성된다. 즉, 노벨상의 이모저모를 살펴보는 가장 좋은 방법은 이 홈페이지를 방문하는 것이다.

노벨상 위원회의 홈페이지는 늘 새롭다. 과거의 노벨상 역사를 담고 있으면서도 매년 새로운 수상자가 나오고, 과거 수상자에 대한 새로운 조망도 이어지기 때문이다. 과거, 현재, 미래의 과학기술에 관한 특별 기획 기사가 올라오기도 한다. 2025년 8월엔 홈페이지의 첫 특별 기사가 '이들 발견이 없는 삶을 상상해 보라'였다. 6개의 발견을 소개하고 있는데, 혈액형, 체외수정, 리튬 이온 배터리, 청색 LED, 합성염료 인디고, CCD

그림 1-2 2025년 12월의 노벨상 위원회 홈페이지 모습. 위에 5개의 세션이 구분되어 있다.
https://www.nobelprize.org

센서가 그것이다. 홈페이지 첫 화면을 죽 내려보면 2024년도 수상자 코너가 있고, 우리나라 한강 작가의 캐리커처 사진이 자랑스럽게 나타났었다. 2026년 2월 현재는 2025년도의 수상자 소개로 바뀌어 있다.

노벨상 관련 궁금증(About) 세션에 들어가면 그 안에 있는 두 번째 소주제가 '알프레드 노벨'이다. 이 주제를 클릭하면 맨 위에 '노벨상 뒤의 인간 알프레드 노벨' 제목이 나온다. 여기에서 그의 유언장 사진과 함께 앞서 언급한 유언의 내용을 살펴볼 수 있다. 연도별로 노벨에게 일어난 주요 이벤트를 한눈에 볼 수 있게 정리해 놓았고, 여러 작가가 그에 관해 쓴 글도 볼 수 있다. 알프레드 노벨의 생애와 입적(닐스 링겔스), 알프레드 노벨-페테르부르크(1842~1863)(버기타 렘멜), 알프레드 노벨의 건강과 의학에 대한 관심(닐스 링겔츠), 알프레드 노벨과 그의 문학에 대한 관심(아케 에어랜슨), 알프레드 노벨의 개인 도서관, 시인 알프레드 노벨(아케 에어랜슨), 알프레드 노벨-삶과 철학(토어 프랑스머), 전쟁과 평화에 대한 알프레드 노벨의 사상(스벤 태질), 파리에 있는 알프레드 노벨의 집(버기타 렘멜), 산레모에서의 알프레드 노벨의 말년(로렌트 고초) 등이다. 알프레드 노벨의 개인적 삶과 사상에 대한 글 외에, 그의 사업가로서의 활동에 대한 글도 보인다. 알프레드 노벨의 빈터비켄에서의 산업활동(버기타 렘멜), 크륌멜에서의 알프레드 노벨(버기타 렘멜), 스코틀랜드에서의 알프레드 노벨(존 E. 돌란), 세브란에서의 알프레드 노벨(버기타 렘멜), 알프레드 노벨의 다이너마이트 회사(라근힐트 룬트스트롬) 등이다.

노벨화학상 위원회

노벨 재단의 헌장에는 수상자를 결정하는 노벨 위원회를 5명의 위원으로 구성한다고 규정되어 있다. 하지만 화학 위원회의 경우, 정규 위원과 똑같은 투표권을 갖는 임시위원(1998년에 5명)을 추가하여 전문성을 높인 적도 있었다. 얼마 전까지는 3년 임기의 정규 위원의 재선 횟수가 제한이 없었다. 그렇다 보니 오랫동안 위원회 의자를 지킨 사람들도 있었다. 예를 들면 스톡홀름의 아르네 웨스트그렌 교수는 1926년부터 1943년까지 물리 및 화학 위원회의 사무총장을 역임했고, 1944년부터 1965년까지는 화학 위원회의 의장을 맡았었다. 하지만 현재는 규칙이 바뀌어 두 번까지만 재선이 허용되고 최장 9년 동안만 위원이 될 수 있다.

매년 1월 31일까지 추천을 받은 사람들만 그해의 노벨상 후보로 고려된다. 그렇다 보니 노벨상 위원회의 업무는 그 전해의 가을에 아래의 사람들에게 후보자 추천장 양식을 보내는 것으로 시작된다. 물리 및 화학 분야의 노벨상 후보자를 추천할 수 있는 사람은 1) 스웨덴의 왕립과학원 회원(스웨덴인과 외국인 회원), 2) 물리 및 화학 분야의 노벨상 위원회 위원, 3) 물리 및 화학 분야 노벨상 수상자, 4) 스칸디나비아 대학들과 카롤린스카 연구소의 물리 및 화학 분야 교수, 5) 왕립과학원이 돌아가면서 선정하는 스칸디나비아 이외 지역의 여러 대학 관련 교수, 그리고 6) 왕립과학원이 선정한 과학자들이다.

노벨상 초기에는 화학상의 경우 약 300장의 후보자 추천장 양식을 보냈는데, 이 숫자가 해마다 증가하여 1998년에는 2,650장으로 늘었다. 처음 10년 동안은 회송된 추천장이 20~40장 정도에 불과했지만, 1990년대에는 400~500장으로 급격히 증가하였다. 한편, 19세기 후반의 마지막 20년 동안에 많은 화학의 기본 개념이 태동하였기 때문에 노벨상이 제정되고 나서 초기 몇 년간은 수상 대상자가 많았고, 이에 따라 수상자의 순서를 정하는 것이 초기 노벨상 위원회의 역할이었다. 아무튼 후보자 수는 추천장 수보다는 적은데, 이것은 중복해서 추천받은 후보들이 있기 때문이다. 처음 몇 년 동안에는 10여 명 정도가 후보자로 올랐는데, 근래에는 250~350명 정도로 늘었다.

후보자의 추천은 개인적으로 이루어져야 하며, 후보자나 동료들과 상의해서는 안 된다. 하지만 같은 대학에서 동일 후보자를 몰아서 추천하는 것을 보면 불행하게도 이런 권고가 잘 지켜지는 것 같지 않다. 이렇다 보니 위원회에서는 서로 다른 나라, 다른 대학에서 독립적으로 추천된 것이 아니라면 아무리 한 명의 후보자가 많은 수의 추천장을 받았다고 해도 추천된 수 자체에는 크게 무게를 두지 않는다. 하지만 위원회의 이런 태도가 초기에는 그렇지도 않았던 모양이다. 위원회 의장인 아르네 웨스트그렌은 화학상의 초기 60년간을 되돌아보고 다음과 같은 글을 남겼다. “사실, 한 과학자가 국제적으로 이루어진 일차 투표에서 추천을 가장 많이 받으면, 왕립과학원이 일반적으로 그를 선택한다.”

종종 같은 후보자가 물리학상과 화학상, 또는 화학상과 생리의학상 두 군데에서 모두 추천되기도 한다. 이런 문제는 이미 1903년부터도 있었는데, 아레니우스는 화학상과 물리학상 위원회 두 군데에서 추천되었다. 협의 중에 화학 위원회에서는 각 상을 반씩 둘 다 받게 하자고 했지만, 이 아이디어는 물리 위원회에서 거부되었다. 요즘은 이러한 인접 분야와의 중복 문제로 인해 세 개의 위원회가 함께 공동 회의를 개최한다. 하지만 웨스트그렌이 진술한 것처럼, "화학과 물리학 또는 화학과 생리의학 양쪽으로 공평하게 평가받거나 평가받을 수 있는 업적에 대해, 둘 중의 어느 쪽인지를 결정하는 것이 중요하기는 하지만, 요즘에는 사실 이런 고민을 해야 하는 업적이라면 어느 쪽으로 받더라도 그럴 만한 것으로 받아들인다." 예로써, 1978년에 화학상을 받은 피터 미첼은 생리의학상을 수상했다고 해도 마땅한 과학자였다. 그는 ATP 합성의 화학삼투 메커니즘을 발견한 공로로 노벨상을 받았다(12장 에너지).

노벨의 유언장에는 해당 연도의 노벨상이 그 전해에 수행된 업적에 대해 수여되어야 한다고 언급되어 있다. 하지만 위원회의 업무를 규정하는 헌장에서는 이를 가장 최근의 업적, 또는 오래전에 수행된 업적이지만 그 중요성이 최근에야 인정된 것으로 해석하였다. 스타니슬라오 카니차로가 노벨상 수상자 후보에서 제외된 이유가 바로 이 규정 때문이었다. 그는 신뢰할 만한 원소의 원자량 표를 그려냄으로써 주기율표를 만드는 데 기여했지만, 이 일이 이루어진 시기가 19세기 중반이었다. 그 업적의 중요성을 위원회 위원들이 이해하지 못해 수상자가 되지 못한 사례가 헨리 아이링의 경우이다. 그가 반응속도에 관한 훌륭한 이론을 발표한 것이 1935년이었는데, 노벨 위원회의 위원들이 한참 후까지도 이 이론을 분명하게 이해하지 못했었다. 이에 대한 보상의 차원에서 스웨덴 왕립과학한림원은 그에게 노벨상과는 다른 최고의 영예를 담아 금으로 만든 베르셀리우스 메달을 수여하였다. 아이링 교수는 미국 유타대학교에서 우리나라의 화학 분야 선구자인 이태규 교수와 함께 이론화학을 연구했고, 리-아이링 이론을 발표하기도 했다.

노벨상 수상자 선정 과정

노벨상 후보를 추천받는 일부터 수상자의 결정 과정이 시작된다. 후보의 추천인은 앞서 설명한 사람들로 한정된다. 추천인들은 1월 31일까지 서면으로 후보 과학자를 제출해야 하고, 노벨 위원회는 3월부터 5월 사이에 전문가의 컨설팅을 거쳐, 6월과 7월에 압축된 후보자의 추천 리포트를 작성한다. 스웨덴 한림원이 최종 후보자들을 9월에 받고, 10월 초에 노벨 위원회의 투표를 통해 수상자를 결정한다. 노벨 재단의 헌장에 따라 수상자의 선정 과정은 개인적으로든 공식적으로든 50년 동안 공개가 금지된다. 공개 금지 사항에는 추천인과 후보자들은 물론 노벨상의 수여와 관련된 조사와 의견 등도 포함된다. 50년이 지난 정보는 노벨상 위원회 홈페이지에 공개되어 있다. 이와 관련하여 흥미를 끄는 몇몇 분석 기사도 함께 찾아볼 수 있는데, "누가 알버트 아인슈타인을 추천했는가?", "리제 마이트너-48회나 추천되고도 수상하지 못했다.", "마하트마 간디-빠뜨린 수상자" 등의 제목으로 소개되어 있다.

노벨상 수여식

1901년부터 1925년까지는 수여식이 스톡홀름의 옛 왕립음악원에서 거행되었다. 1926년부터는 몇 번의 예외를 빼고는 스톡홀름 콘서트홀에서 열리고 있다. 스웨덴 국왕이 수상자들에게 상을 전달한다. 노르웨이에서는 1901년부터 1904년까지는 평화상의 수상자가 12월 10일 노르웨이 국회에서 먼저 발표되고, 수상자에게는 서면으로 통보되었다. 1905년부터는 현재의 방식대로 10월 초에 발표되고 있다. 평화상 수여식은 노벨 연구소 건물(1905~1946), 오슬로대학(1947~1989)을 거쳐, 1990년부터는 오슬로 시청에서 거행된다. 이 행사에 노르웨이 국왕도 참석하지만, 수상자에게 상을 건네는 것은 노벨 위원회 의장이 수행한다. 코로나19로 인해 2021년도 수상식은 수상자 자국에서 각각 거행되었다.

노벨상 수상자에게는 수여식에서 3가지가 주어지는데, 상금, 상장, 그리고 메달이다. 그림 1-3에 2014년에 수여된 베치그의 상장을 나타냈다. 노벨상 상장은 스웨덴과 노르웨이의 유명 예술가가 그린 그림과 서화가가 쓴 글씨로 구성되는데 하나의 예술 작품에 가깝다. 노벨상은 그 권위뿐만 아니라 상금도 최고이다. 최근에는 실리콘밸리 노벨상으로 불리는 브레이크스루 상처럼 노벨상의 상금을 능가하는 상도 생겼지만, 노벨상 상금은 여전히 큰 금액이다. 알프레드 노벨이 상의 제정을 위해 남긴 재산은 펀드로 전환하여 안전 증권에 투자된다. 상금은 투자금의 이자를 사용한다. 2025년도 노벨상 상금은 홀로 받는 경우 1,100백만 SEK(약 13억 원)이었다. 3명이 공동 수상한 경우 같은 연구 분야로 받는다면 상금을 세 명이 똑같이 나눠 갖지만, 두 개의 주제에 1명, 2명으로 나뉜다면 1명이 2분의 1을 갖고, 나머지 2명이 4분의 1씩 갖게 된다.

그림 1-3 초고해상도 형광현미경의 개발로 2014년에 화학상을 받은 에릭 베치그의 상장

출처: Copyright © The Nobel Foundation 2014, Artist: Ullastina Larsson, Calligrapher: Annika Rücker, Book binder: Ingemar Dackéus, Photo reproduction: Lovisa Englblom

노벨상 메달은 앞면에는 노벨의 상반신 초상이 라틴어로 쓰인 그의 출생 및 사망 연도와 함께 새겨져 있다. 뒷면은 분야별로 도안과 문구가 다른데, 화학상과 물리학상은 같다. 경제학상의 경우에는 메달에 수상자의 이름도 함께 새겨진다. 메달의 재질은 1979년까지는 순금에 가까운 23K이었고, 지름 4cm에 무게 225g이었다. 1980년부터는 18K 위에 24K를 입혀서 만드는데, 지름 6.6cm에 무게는 175g이다.

노벨상 주요 통계

1901년부터 2025년까지 노벨경제학상을 포함하여 6개 분야에 총 633번의 노벨상 수여가 있었다. 각 분야에 수여되는 상은 최대 3명으로 제한된다. 이 때문에 간혹 3명 안에 들지 못한 과학자가 문제를 제기하기도 하지만 규정에 따라 한번 결정된 수상자는 번복할 수 없다. 이 절에서 살펴볼 주요 통계들은, 가장 나이가 젊은 수상자, 가장 나이가 많은 수상자, 여성 수상자, 화학상을 포함한 2회 수상자, 사후 수상자, 화학상 수상자의 가족 수상자, 독재자에 의한 노벨상 수여 방해 사건, 스스로 노벨상을 거절한 수상자, 대한민국 출생자 수상자 등이다.

2025년까지의 수상자 중에서 가장 젊은 나이에 수상한 사람은 2014년도에 평화상을 수상한 말랄라 유사프자이다. 그녀는 당시 17세였는데, 파키스탄 소녀들의 교육권을 위해 싸운 공로로 수상했다. 과학상 수상자 중에 가장 젊은 수상자는 1915년에 물리학상을 수상한 윌리엄 로런스 브래그이다. 그는 아버지 윌리엄 헨리 브래그와 함께 수상했는데 당시 25세였다. 문학상과 경제학상은 가장 젊은 수상자가 모두 40대였다. 한편, 가장 나이가 많은 수상자는 2019년에 화학상을 수상한 존 구디너프인데, 당시 97세였다. 다른 분야에도 80대와 90대 나이의 수상자가 다수 있다.

여성 수상자는 21세기에 들어서서 크게 증가했다. 1901년부터 2000년까지 100년 동안 총 30명의 여성이 노벨상을 받았는데, 21세기는 2025년까지 38명이 수상했다. 이 중에 오직 한 여성, 마리 퀴리만 1903년에 물리학상, 1911년에 화학상을 각각 받았다. 따라서 125년의 기간 동안 전체 67명의 여성이 노벨상을 받은 것이다.

노벨상을 2회 수상한 사람은 모두 5명이다. 존 바딘이 트랜지스터의 발명(1956년)과 초전도 현상을 설명한 BCS 이론(1972년)으로 물리학상을 2차례 수상했고, 앞서 언급한 마리 퀴리는 라듐 연구로 1903년 물리학상을, 1911년에는 라듐과 폴로늄의 성질 및 화합물 연구로 화학상을 각각 받았다. 화학자로서뿐만 아니라 다양한 분야에서 활약한 라이너스 폴링은 혼성 오비탈 궤도 개념으로 화학 결합의 본성을 설명한 공로로 1954년 화학상을 받았고, 1962년에는 지표 핵실험을 반대한 공로로 평화상을 받았다. 화학상을 2회 수상한 수상자는 2명이다. 한 명은 프레더릭 생어인데, 그는 1958년에 단백질의 아미노산 서열 구조를 규명하는 방법으로, 1980년엔 DNA 염기 서열을 분석하는 방법으로 각각 화학상을 받았다. 다른 한 명은 촉매 연구자인 배리 샤플리스이다. 그는 두 개의 거울상 이성질체 중 어느 한쪽의 생성물만 선택적으로 만드는 카이랄 촉매의 개발로 2001년에 화학상을 받았고, 이어서 2022년엔 마치 안전벨트를 끼우듯이 간단하고 효율적으로 분자들을 결합하는 클릭 화학 분야를 개척함으로써 두 번째 화학상을 받았다. 평화상은 기관에도 수여하는데, 국제적십자위원회(ICRC)가 3번, 유엔난민기구(UNHCR)가 2번 수상했다. ICRC의 설립자인 앙리 뒤낭은 1901년에 개인적으로 평화상을 수상했으니, ICRC와 관련한 수상이 총 4번 있었던 셈이다.

수상자 발표 후에 사망한 경우를 제외하고는 사후 수상을 금한다는 노벨 재단 헌장이 1974년에 제정되었다. 1974년 이전에 두 명의 사후 수상자가 있었다. 에리크 악셀 카를펠트는 스웨덴 시인으로 1918년에 노벨상 수상을 거부했었는데, 그가 사망한 해인

1931년에 문학상이 추서되었다. 다그 함마르셸드는 스웨덴 외교관 출신으로 제2대 유엔 사무총장을 역임하였고, 1961년 평화상 수상 한 달 전에 사망하였다. 2011년엔 생리의학상 수상자를 발표하고 나서 그중 한 명인 랠프 스타인먼이 3일 전에 사망한 사실을 알게 되었다. 노벨 재단 이사회는 사후 수상 금지 헌장을 검토한 후 랠프 스타인먼을 수상자로 인정하기로 했다. 그것은 수상자 잘못이 아니라 카롤린스카 연구소의 노벨 위원회가 사망 사실을 모르고 발표한 것이기 때문이다.

전체 노벨상 수상자 중에는 2명 이상의 노벨상 수상자를 배출한 가족이 여럿 존재한다. 부부가 받은 경우가 6건, 모녀는 1건, 부녀 1건, 부사 7건, 형제 1건이다. 단연 돋보이는 가족은 마리 퀴리 가족이다. 퀴리 가족은 마리 퀴리와 피에르 퀴리가 1903년 물리학상을 받았고, 마리 퀴리는 1911년에 화학상도 받았다. 퀴리 부부의 큰딸인 이렌 졸리오퀴리와 사위 프레데리크 졸리오퀴리가 1935년 화학상을 받았다. 작은 딸인 이브 퀴리는 UNICEF에서 일하면서 이 기관의 설립 공로자인 헨리 라부아스와 결혼했는데, 1965년 평화상이 UNICEF에 주어졌을 때 라부아스가 대표로 수상했다. 노벨상 수상자를 두 명 이상 배출한 가족 중 화학상 수상자가 포함된 경우가 마리 퀴리 가족 외에도 2건 더 있었다. 1929년에 한스 폰 오일러켈핀이 화학상을 받았고, 1970년엔 그의 아들 울프 폰 오일러가 생리의학상을 받았다. 다른 한 경우는 1959년에 아서 콘버그가 생리의학상을 받았고, 그의 아들인 로저 콘버그는 2006년에 화학상을 받았다.

아돌프 히틀러는 독일 과학자의 노벨상 수상을 방해하기도 했다. 1927년 화학상은 뮌헨의 하인리히 빌란트에게 수여되었는데, 그는 히틀러의 방해로 1928년에 거행된 노벨상 시상식에서 그 해 수상자인 빈다우스와 함께 상을 받았다. 1938년도와 1939년도의 화학상 수상자인 리처드 쿤과 아돌프 부테난트, 그리고 1939년도 생리의학상 수상자인 게르하르트 도마크는 해당 연도의 수상식에 참석하지 못했고, 추후 상금 없이 상장과 메달만 받았다.

스스로 노벨상 수상을 거부한 사람도 있었다. 1964년도 문학상 수상자로 선정된 장 폴 사르트르는 노벨상 수상을 거절했는데, 그는 이뿐만 아니라 모든 공적인 명예를 거부했다. 레득토는 당시 미국 국무장관 헨리 키신저와 함께 1973년도 평화상 수상자로 선정되었는데, 그는 아직 베트남에 평화가 오지 않은 상황을 언급하며 자신은 노벨상을 받을 위치에 있지 않다고 수상을 거부했다.

우리나라가 출생지인 노벨상 수상자는 3명이다. 2000년도 평화상 수상자인 김대중 전 대통령과 2024년도 문학상 수상자인 한강 작가 외에, 1987년도 화학상 수상자인 찰스 피더슨도 우리나라에서 태어났다. 찰스 피더슨에 관해 간단히 소개하면, 그는 1904년에 노르웨이인 아버지와 일본인 어머니 사이에서 태어났는데, 출생지가 당시 경상남도 동래군(현재 부산광역시)이었다. 그는 8살까지 한국에서 살다가 초등학교부터 고등학교까지는 일본에서 마쳤고, 1922년에 미국으로 건너가 오하이오주의 데이턴대학에서 화학공학을 공부했다. 대학원을 졸업한 후 듀폰사에 취직하여 42년간 그곳에서 일했다.

1.3 노벨화학상 초기의 수상자

노벨화학상 초기의 수상자들은 주로 화학의 기본 개념을 확립하고 새로운 분야를 개척했다. 본 절에서 이들을 화학 분야별로 나누어 간단히 소개한다. 주로 1930년대까지의 수상자들을 살펴볼 것이나, 분야에 따라서는 일부 이 기간 이후도 포함하였다. 두 개의 분야를 하나로 묶어서 소제목을 붙였는데도, 소제목 개수가 7개나 된다. 노벨상 초기였음에도 불구하고 이미 다양한 분야에 수여되었음을 알 수 있다.

이는 노벨화학상 위원회가 초기에 수상자를 선정할 때부터 개방성과 미래 학문에 대한 선견지명을 갖추었음을 보여준다. 이것이 노벨이 상을 제정하면서 남긴 정신이고, 노벨상의 권위가 유지되는 비결이다. 노벨은 인류에게 혜택을 안겨준 업적을 쌓은 과학자에게 상을 수여하되, 수상자가 여성이든 남성이든 어느 나라 사람이든 가리지 말라고 했다. 1901년에 반트호프의 수상으로 화학과 물리학의 접점 분야인 물리화학이 시작되었고, 1907년에 에두아르트 부흐너가 수상함으로써 화학과 생명과학의 접점 분야인 생화학이 탄생하였다. 물론 새로운 발견은 본질적으로 기존의 틀을 깨는 데서 비롯되고, 이는 새로운 분야의 탄생으로 이어진다. 그렇더라도 지금까지 이어지는 노벨상 위원회의 개방성 유지와 선견지명은 존중받을 만하다. 근래에는 21세기에 들어와 약진한 유전공학과 나노 기술 분야에 다수의 노벨상이 수여되었고, 2024년도엔 AI 분야를 개척하고 이를 화학에 적용한 소프트웨어 엔지니어들에게 물리학상과 화학상이 각각 주어졌다.

여기에 소개할 노벨상 수상자 중엔 주제별 설명에서 다시 거론되는 수상자도 있다. 또한, 한 수상자가 여러 분야에 걸쳐 중요한 업적을 쌓기도 한다. 이때 비록 노벨상 수상 업적은 아니더라도 현대문명의 발전에 중요한 이바지를 한 업적이라면, 서로 다른 주제에서 각각 소개했다.

원자의 개념과 원소의 발견

19세기가 끝나갈 무렵인 1897년에 케임브리지의 조셉 톰슨이 전자를 발견했고, 이 업적으로 그는 1906년 물리학상을 받았다. 그는 당시 이를 음전하를 띤 미립자라고 불렀는데, 이 미립자는 원자보다도 1,000배는 가벼운 질량을 나타냈다. 즉, 톰슨에 의한 전자의 발견은 화합물을 구성하는 원자가 그 이상 쪼개질 수 없는 것이 아니라는 뜻이므로, 화학에서 볼 때 엄청난 의미를 갖는 것이었다. 그렇지만 이 개념이 발전하여 화학에 직접적인 영향을 미치기까지는 몇 년이 더 필요했다.

1890년대에 톰슨 연구실에서 함께 일을 했던 어니스트 러더퍼드가 1911년에 원자 모형을 제시했다. 이에 따르면 양전하를 띤 원자핵이 원자 질량의 대부분을 차지하지만, 이것의 부피는 원자 부피의 극히 일부라는 것이다. 이에 따라 원자는 핵 주위를 돌아다니는 전자구름으로 그려졌다. 하지만 러더퍼드의 원자 모델은 전통적인 물리학의 법칙으로는 원자의 안정성이 설명되질 않았다. 물리학의 법칙에 의하면 음전하를 띠는 전자는 전자기파를 방출하며 에너지를 잃고 결국 양전하를 띠는 핵으로 떨어져야 했기 때문이다.

러더퍼드는 1908년에 방사성 물질의 화학 연구로 화학상을 받았다. 방사성을 발견한 업적으로 우리가 잘 아는 앙리 베크렐과 퀴리 부부가 1903년 물리학상을 받았는데, 5년 후에 다시 이 분야에 화학상이 주어진 이유는 한 원소를 다른 원소로 전환한 업적 때문이었다. 즉, 예전에 연금술사들이 꾸었던 꿈을 실현한 공로였다. 그는 우라늄 붕괴 연구에서 두 종류의 방사선을 발견했는데, 알파(α)- 와 베타(β)-선이 그것이다. 그리고 전기장과 자기장에서 이들이 휘어지는 것으로부터 α-선이 양전하를 띤 입자라는 것을 증명하였다. 러더퍼드는 자신이 노벨상을 받은 해에 이 입자가 헬륨 핵이라는 것도 발표했는데, 당시에는 그의 업적이 화학에서 얼마나 중요한 일이었는지 아직 잘 몰랐다.

코펜하겐의 닐스 보어는 원자 스펙트럼에서 발견되는 불연속선이 원자 구조에 대한 중요한 실마리를 제공한다고 생각했다. 원자 스펙트럼의 규칙성은 스웨덴 룬드대학의 물리학 교수인 요한네스 뤼드베리가 1890년에 발견했다. 보어가 이것을 해석하여 1913년에 새로운 원자 모형을 발표했다. 이 모형에 의하면 전자가 어떤 허용된 회전 궤도에만 존재하며, 전자가 한 궤도에서 다른 궤도로 이동할 때 원자가 빛을 방출하거나 흡수한다는 것이다. 보어는 1922년에 원자 구조에 관한 연구로 물리학상을 받았다.

1916년에 원자의 전자 구조를 화학에 적용하여 화학 결합에 대한 이해를 한 발짝 진보시킨 과학자가 있었다. 바로 루이스 구조로 유명한 길버트 루이스인데, 그는 원자들 사이의 강한 결합은 이들이 두 개의 전자(전자쌍)를 공유하기 때문이라고 주장했다. 또한 루이스는 화학 열역학의 기본 개념을 세우는 데도 기여했는데, 그가 메를 랜달과 함께 저술한『열역학과 화합물의 자유 에너지』는 화학 문헌사의 걸작 중 하나이다. 루이스는 25년 동안 랜달과 함께 연구했다. 루이스는 산-염기의 개념을 전자쌍 이론으로 확장했고, 중수소를 분리하고 이에 대해 연구했으며, 인광와 삼중항 상태에 대해서도 밝혀냈다. 고교 교육과정을 포함하여 화학을 조금이라도 공부해 본 사람이라면 누구나 기억하는 루이스이지만, 그는 놀랍게도 노벨상을 받지는 못했다. 이 수수께끼 같은 사실이 생긴 이유는 1934년도 노벨상이 해럴드 유리에게 수여될 때 루이스가 공동 수상자로 선정되지 못했기 때문이다. 유리의 수상 업적이 중수소의 분리와 그 화합물에 관한 연구였는데, 루이스도 이 분야에 크게 이바지한 화학자였다. 또 한 번의 기회는 1954년도에 라이너스 폴링이 화학 결합 이론으로 수상할 때 루이스도 같은 주제로 공동 수상할 수 있었지만, 안타깝게도 루이스는 이미 이 세상 사람이 아니었다.

초기의 노벨상 수상자 중에는 새로운 원소를 발견한 과학자들이 포함되었다. 1904년도 노벨상은 화학상과 물리학상 둘 다 비활성 기체를 발견한 영국의 과학자들이 수상했다. 화학상은 윌리엄 램지가 물리학상은 레일리 경으로 더 알려진 존 윌리엄 스트럿이 받았다. 1892년에 레일리 경은 질소의 원자량이 화합물 속에서는 공기 중에서보다 낮게 나오는 것을 발견했다. 그리곤 이런 불일치가 화합물 속에 질소보다 가벼운 기체가 있기 때문일 것으로 생각했다. 반면에 램지는 그 반대로 생각했는데, 그것은 공기 중에 그

때까지 발견되지 않은 무거운 기체가 존재하기 때문이라고 추측했다. 각각 서로 다른 방법으로 공기 중의 모든 알려진 기체들을 제거해 본 결과, 램지와 레일리 경은 1894년에 공기 중에 약 1%로 존재하는 단원자이고 화학적으로 비활성인 기체 원소의 존재를 확인하였고, 이를 활성이 없는 것을 의미하는 '아르곤'으로 명명했다. 이듬해 램지는 클레베이트라는 광물을 가열하여 이것으로부터 빠져나오는 다른 비활성 기체, 헬륨을 발견했다. 클레베이트는 우라늄의 알파 붕괴로 생성된 헬륨이 갇힌 광물이다. 헬륨은 태양 스펙트럼을 통해서만 간접적으로 존재가 인식되었었고, 그 이름도 태양을 의미하는 그리스어인 헬리오스로부터 유래했다. 램지는 그의 저서 『공기의 기체(1896)』에서 헬륨과 아르곤의 주기율표상 위치를 볼 때 적어도 세 개 이상의 비활성 기체가 더 존재할 것으로 주장했다.

1898년에 램지는 그의 제자 트래버스와 함께 저온 고압 상태의 액체 공기를 분별 증류하여 세 가지 원소 네온(새로운 것), 크립톤(숨어있는 것), 제논(이상한 것)을 분리했다. 그는 1903년에는 프레더릭 소디와의 공동 연구로 라듐의 방사성 붕괴가 일어날 때, 헬륨이 라돈이라는 기체 물질과 함께 꾸준히 발생한다고 발표했다. 1910년에 그는 매우 적은 양의 라돈 시료를 사용하여 이것이 여섯 번째의 비활성 기체라는 것을 증명했다. 이 실험은 램지가 개발한 매우 정교한 연구 방법이었는데, 그가 과학계에 이바지한 것은 여기까지였다. 한편, 헬륨이 라듐의 방사성 붕괴로부터 발견되었기 때문에, 후에 핵화학 분야에서 수상자가 발표될 때 램지로서는 내심 자신의 수상을 기대했던 것 같다. 이후에는 방사성화학 분야에 마음을 뺏겨서 추가적인 현상을 탐색하는 실험을 시도하였으나 모두 실패로 끝났다.

한편, 파리의 앙리 무아상은 플루오린(F, 불소) 원소를 분리한 공로로 1906년에 화학상을 받았다. 무아상은 인공 다이아몬드를 만들기 위해 시도하는 과정에서 전기로를 개발하기도 했는데, 이 장치를 통해 수많은 화합물을 제조하였고, 녹지 않는 물질로 여겨진 것들을 증발시킬 수 있었다. 시상식에서 그의 업적을 소개할 때, 이 대목도 언급되었다.

무아상은 프랑스 국립자연사박물관에서 식물 생리학을 공부했고, 파리 약학대학을 졸업한 후, 이 대학의 독성학(1886)과 무기화학(1889) 교수가 되었다. 이어서 1990년에는 소르본대학의 무기화학 교수가 되었다. 그는 1886년에 불화 포타슘(플루오린화 포타슘) 용액을 전기분해하여 매우 반응성이 강한 불소 기체를 제조했고, 이 기체의 성질과 다른 원소와의 반응을 연구했다. 그는 자신의 전기로를 이용해 다이아몬드를 합성했다고 주장하기도 했는데, 지금으로는 다이아몬드는 아니었던 것으로 판단된다.

1914년 화학상은 하버드대학의 시어도어 리처드에게 수여되었는데, 그의 공로는 여러 가지 화학 원소의 원자량을 정확하게 결정한 것이었다. 그는 수정(quartz) 장치, 보틀링 소자, 네펠로 측정기(탁도를 측정하는 장치)를 도입함으로써 정밀한 무게 분석을 통해 원자량을 결정하는 방법을 크게 개선하였다. 이미 19세기에 벨기에 화학자 장 스타스를 비롯한 과학자들이 카니차로가 발표한 표의 원소에 대해 그 원자량을 대부분 결정하였다. 그런데 1903년경에 물리화학적 측정법을 통해 일부가 정확하지 않다는 것이 알려졌고, 마침내 리처드와 그의 학생들은 이들 수치를 수정하였는데, 예를 들면 은에 대한 스타스의 값인 107.93을 107.88로 낮췄다. 앞에서 잘못된 원인은 스타스가 실험할 때 너무 고농도의 용액을 사용하는 바람에 공동 침전이 일어났기 때문이었다. 이로써 25개 정도의 원소에 대해 정확한 원자량을 결정했다. 또한 리처드는 1913년에 자연계에 존재하는 납의 원자량과 우라늄광의 방사성 붕괴로 형성된 납의 원자량이 서로 다르다는 것을 발견했다. 이것은 동위 원소의 존재, 즉 같은 원소이지만 원자량이 다른 원자들이 존재한다는 것을 발견한 것이다.

리처드에 의해 제시된 납의 동위 원소 존재 가능성을 실험적으로 증명한 사람이 케임브리지대학의 프란시스 애스턴이다. 그는 자신이 고안한 질량 분석기를 사용하여 납의 동위 원소가 갖는 서로 다른 원자량을 정확하게 측정했다. 애스턴은 그의 실험 장치의 정확도 범위 내에서 순수한 동위 원소의 원자량은 정수임을 밝혔는데, 수소는 예외로 원자량이 1.008이었다. 이러한 업적으로 애스턴은 1922년에 화학상을 받았다. 애스턴은 먼저 화학자로 훈련을 받았지만, 1895년에 엑스선이 발견되고, 이어서 1896년에 방사능의 발견으로 물리학이 새롭게 태어나자 1903년부터 기체가 채워진 튜브에 전류를 흘려보내는 방법으로 엑스선을 발생시키는 연구를 시작했다. 1910년에 케임브리지의 톰슨 연구실에 합류했는데, 당시 톰슨은 기체 방전 시 나오는 양전하선에 대해 연구하고 있었다. 톰슨은 애스턴의 도움으로 네온을 가지고 수행한 실험에서 네온의 동위 원소를 확인하였다. 이것은 처음으로 확인한 방사능이 없는 안정한 원소의 동위 원소였다. 애스턴은 처음에 이것이 네온과 유사한 새로운 원소인 줄 알고 메타-네온으로 불렀다. 하지만 메타-네온에 관한 그의 연구는 제1차 세계대전의 발발로 중단되었고, 전쟁 중에 그는 판버러에 있는 왕립 항공기 제작소에서 일했다. 전쟁이 끝난 뒤 애스턴은 새로운 형태의 양전하선 장치를 고안했고, 이를 질량 스펙트럼 기록기라고 명명했다. 나중엔 이름이 질량 분석기로 바뀌었다.

화학 열역학과 반응속도론

초대 노벨상 수상자인 반트호프를 일반적으로 화학 반응속도론 분야의 수상자로 분류하지만, 그의 업적도 부분적으로는 화학 열역학 분야에 해당한다. 반응속도론에 앞서 열역학 분야를 먼저 살펴본다. 반트호프 이후에도 열역학 분야의 발전을 이끈 여러 과학자가 화학상을 받았다. 일찍이 1920년에 베를린의 발터 헤르만 네른스트는 열역학 분야의 업적으로 화학상을 받았는데, 그럼에도 아레니우스는 16년간이나 그의 업적을 인정하지 않았다. 네른스트는 열역학 데이터를 가지고 화학 반응의 평형 상수를 결정할 수 있다는 것을 보여주었는데, 그 과정에서 자신이 열역학 제3법칙으로 이름을 붙인 방정식을 만들었다. 이것은 절대온도가 0도에 가까워지면 계의 엔트로피도 역시 0에 가까워진다는 것이다. 엔트로피는 무질서도의 척도로 알려진 열역학적 양이다. 반트호프는 1886년 질량 작용 방정식을 유도해 냈는데, 이것은 모든 자발적 과정에서 엔트로피는 증가한다는 열역학 제2법칙의 도움으로 이루어진 것이었다. 이 제2법칙은 이미 1876년에 예일대학의 윌러드 깁스에 의해 세워진 것으로 노벨상을 받을만한 업적이었는데, 그의 논문은 눈에 띄지 않는 곳에 발표되었었다. 아무튼 이전의 여러 연구자도 그럴 것으로 추측은 했었지만, 이제 제2법칙으로 인해 정확한 엔트로피 값을 빼놓고 반응열만으로는 더이상 정확하게 화학 평형을 논할 수 없게 된 것이다. 마침내 1906년 네른스트가 자신의 제3법칙의 도움을 받으면 열화학적 양의 온도 의존성으로부터 엔트로피를 구할 수 있는 변수를 유도할 수 있다는 것을 보여주었다.

1894년 뮌헨과 기센에서 네른스트에게 교수직을 제안했지만, 그는 당시 괴팅겐에 설립된 물리화학 및 전기화학 연구소의 물리화학 주임 자리를 택했다. 이 연구소는 이 분야에서 독일 유일의 연구소였는데, 여기서 그는 화학 평형, 용액 이론, 삼투압, 전기화학 분야의 야심찬 프로그램을 출범시켰다. 또한 그는 괴팅겐 시절에 새로운 전등을 개발하는 데도 힘을 쏟았다. 화학과 전기공학에 푹 빠진 채 백열등을 개선하는 데 10년을 보내기도 했다. 그가 찾은 소재는 산화 마그네슘이었는데, 이것은 상온에서 부도체이지만 필라멘트로 만들면 고온에서 완벽한 전도체가 되어 밝은 빛을 냈다. 백열등 연구를 시작한 1897년부터 그는 유럽과 미국에서 여러 개의 특허를 받았다. 네른스트 램프는 베를린의 AEG사를 통해 수년간 생산되었는데, 특히 1900 파리 국제박람회의 독일관은 수천 개의 이 램프로 장식되었다. 수많은 램프와 금속 필라멘트에 관한 그의 연구는 현대적인 전등 개발에 박차를 가했다. 비록 그가 디자인한 예열형 램프는 에디슨 램프에 밀려 오래가지 못했고 제한적인 성공에 그쳤지만, 네른스트 광원은 여전히 살아남아서 적외선 분광기의 발광 부품으로 사용된다.

반트호프는 그가 후기에 암스테르담에서 교수로 있을 때 수행한 화학 반응속도론과 평형 이론(1884년), 그리고 삼투압(1886년)에 관한 연구로 노벨상을 받았다. 이것이 앞서 말했듯이 그가 열역학 분야에서도 중요한 업적을 쌓았지만 그를 반응속도론 분야의 수상자로 기억하는 이유이다. 1901년의 초대 수상자를 결정할 때 노벨상 위원회가 고려한 후보자가 20명이었는데, 이들 후보자 중 자그마치 11명이 반트호프를 지지했다고 한다. 또한 그는 네덜란드의 위트레흐트에서 학위 과정 중이던 1874년에 탄소가 정사면체 구조의 네 개의 결합을 한다는 것을 발표하여 현대 유기화학의 기초를 확립하였다.

반트호프는 화합물이 용해되어 나타내는 삼투압은 대부분 용매가 없을 때 이들이 나타내는 기체 압력과 동등하다는 것을 보여주었다. 예외가 있었는데 산, 염기, 그리고 이들의 염이 녹아 있는 전해질 수용액이었다. 하지만 다음 해에 아레니우스가 전해질이 물속에서 이온으로 해리된다고 가정하면, 이런 예외들도 설명할 수 있다고 주장하였다. 아레니우스는 이미 그의 박사학위 논문에서 그의 해리 이론 초안을 제시했었는데, 1884년도에 웁살라에서 있었던 학위 논문 심사에서 심사위원 교수진은 이를 전적으로 받아들이지 않았다. 하지만 리가의 오스트발트는 아레니우스를 열렬히 지지했고 그와 공동으로 연구하기 위해 웁살라를 방문하기도 하였다. 1886년부터 1990년 사이에 오스트발트가 리가에 이어서 라이프치히로 자리를 옮긴 후에도 이들 두 사람은 공동 연구를 계속하였고, 또한 베를린의 반트호프와도 함께 연구하였다. 아레니우스는 1903년에 화학상을 받았는데, 그는 당시 스톡홀름으로 자리를 옮겨 1895년부터 물리학 교수로 있었기 때문에 물리학상의 후보로도 지명되었다.

오스트발트에게는 1909년에 화학상이 수여되었는데 주로 촉매 작용과 화학 반응속도론에 관한 그의 업적이 인정된 것이었다. 오스트발트는 산 촉매에 의한 반응속도는 산의 세기의 제곱에 비례한다는 것을 염기에 의한 적정 실험을 통해 증명했다. 그런데 그것은 일찍이 1878년에 그의 학위 논문에서 기술한 관찰 결과를 보완하기 위해 후속 연구를 진행한 결과였다. 이러한 그의 업적으로 아레니우스의 해리 이론뿐만 아니라 반트호프의 삼투압에 대한 이론도 검증되었다.

한편, 반응속도론 분야에서 분자가 반응을 일으키기 위해서는 분자 간 충돌만으로는 부족하다는 지식은 이미 1880년대에 축적되어 있었는데, 바로 초기에 화학상을 받은 반트호프와 아레니우스가 이에 기여했다. 실제로 충돌 시에는 충분한 운동 에너지를 가진 분자만이 반응하는데, 운동 에너지는 열을 가하면 증가한다. 아레니우스는 1889년에 반응속도의 온도 의존성으로부터 활성화 에너지를 계산할 수 있는 방정식을 유도했다. 1920년대에 양자역학이 탄생하면서 아이링은 1935년에 그의 전이 상태 이론을 발표하였는데, 여기서도 활성화 엔트로피가 역시 중요하다는 것을 보여주었다. 하지만 아이링은 노벨상을 받지는 못했는데, 이에 대해서는 앞에서 언급하였다(노벨화학상 위원회 항목).

이론화학과 계산화학

1920년대에 탄생한 양자역학이 화학 결합을 보다 근본적으로 이해하는 데 좋은 도구가 되었다. 1927년에 월터 하이틀러와 프리츠 런던은 수소 분자 이온(H_2^+), 즉 두 개의 수소 핵이 한 개의 전자를 함께 공유하고 있는 이온의 관계 방정식을 정확하게 풀 수 있다는 것을 보여 주었다. 그러고는 이들은 두 개의 핵 사이에 작용하는 인력을 계산하였다. 당시에는 세 개 이상의 기본 입자를 갖는 분자에 대해서는 물론, 심지어 두 개의 전자를 갖는 수소 분자조차도 정확하게 방정식을 풀 수가 없어서 근사법에 기대어 풀어야 했다. 이러한 분자 형성에 관한 방법론 개발의 선구자는 캘리포니아공과대학의 라이너스 폴링이었는데, 그는 1954년에 '화학 결합의 본질과 이를 이용한 분자구조의 해석에 관한 연구'로 화학상을 받았다. 그는 하버드의 윌슨과 함께 집필한『양자 역학 개론(1935)』

에서 자신이 제시한 원자가 결합법에 대해 자세히 다루었다. 몇 년 뒤에 『화학 결합의 본질(1939)』을 출간하여 광범위한 비수학적 방법론을 다루었는데, 이 책은 화학 역사상 가장 많이 읽히고 큰 영향을 끼친 책 중의 하나이다. 폴링은 이론 과학자였을 뿐만 아니라 엑스선 회절을 이용하여 다양한 화합물의 구조에 관한 연구도 수행한 실험 과학자였다. 그는 단백질의 쌓음 토막인 작은 펩타이드들에 관한 연구 결과를 바탕으로 단백질 구조의 중요한 요소로서 α-나선 구조를 제시하였다. 한편, 폴링은 1962년에는 핵무기 실험의 금지를 위한 노력으로 평화상도 받았는데, 지금까지 두 번의 노벨상을 모두 단독으로 수상한 유일한 인물이다.

구조분석과 분석화학

분자의 삼차원 구조를 규명하기 위해 가장 널리 사용되는 방법은 엑스선 결정학이다. 엑스선 회절은 1912년에 막스 폰 라우에가 발견했고, 그는 1914년에 물리학상을 받았다. 엑스선 회절을 이용하여 결정 구조를 밝히는 원리를 개발한 것은 윌리엄 브래그와 그의 아들인 로렌스 브래그인데, 이들은 1915년에 함께 물리학상을 받았다.

엑스선 회절을 기체 분자에 적용하여 화학상을 받은 첫 번째 사람은 당시 베를린에서 활약한 페트루스 디바이이다. 디바이는 1936년에 노벨상을 받았는데, 그는 결정을 연구하지는 않았고 분명한 회절 패턴을 보이지 않는 기체를 연구하였다. 그는 또한 구조에 대한 정보를 얻기 위해 전자 회절을 이용하였고 쌍극자 모멘트를 측정하였다. 분자 내에 양전하와 음전하가 고르지 않게 분포하는 극성 분자에서 쌍극자 모멘트가 발견된다. 디바이(D)는 쌍극자 모멘트의 단위이다.

화학자들은 자신의 연구를 수행하면서 연구의 한 부분으로써 나름의 분석 방법을 개발하게 된다. 그렇다 보니 결과적으로 노벨상이 특별히 분석화학 분야에 대한 공로로 수여된 경우는 많지 않다. 분석화학 분야의 첫 번째 노벨상은 1923년, 그라츠의 프리츠 프레글에게 수여되었는데, 유기물 미량분석법의 개발로 업적을 인정받았다. 웁살라의 의학생화학자인 올로프 함마르스텐은 화학상 위원회의 의장으로서 수상자를 소개하는 연설을 하면서 프레글의 업적은 노벨의 유언에 부합하게 개선을 이룩한 것이라고 강조했다. 프레글은 기존의 유기물 정량 분석법을 개량하여 매우 적은 양을 사용할 수 있도록 함으로써 시간, 노동, 그리고 비용을 줄일 수 있게 한 것이다.

생체 조직 내의 단백질과 같은 거대 분자를 분석하기 위해서는 특별한 분리법이 필요하다. 이에 유용한 방법 중 하나가 원심분리법인데, 이것은 웁살라의 스베드베리가 1926년에 화학상을 받기 몇 년 전에 개발한 것이다. 그가 노벨상을 받은 업적은 '분산계에 관한 연구'였다.

분석화학 분야의 다른 수상자로 1959년에 화학상을 수상한 프라하의 야로슬라프 헤이로프스키가 있다. 수상 업적은 폴라로그래피(전기분해 자기법(自記法))를 개발한 공로였다. 이 방법에서는 전해질에 대한 선류-전입 곡신을 걸정히기 위헤 낙하 수은 전극을 사용한다. 이온마다 특정의 전압에서 반응(환원)하므로 이때의 전류를 측정하여 해당 이온의 농도를 결정하였다.

무기화학과 핵화학

20세기 중에 이루어진 무기화학 분야의 진보는 대부분이 배위 결합 화합물과 관련이 있다. 배위 결합 화합물은 중심 금속 이온을 리간드라고 하는 여러 개의 그룹이 둘러싸고 있는 구조이다. 1893년에 취리히의 알프레드 베르너가 배위 결합론을 발표했고, 1905년에는 자신이 개척한 이 새로운 영역의 연구 내용을 책으로 정리했다. 그의 책의 제목은 『무기화학 분야의 새로운 관점』이었고, 1905년부터 1923년 사이에 적어도 5판 이상 발간되었다. 이전에는 금속 이온이 암모니아와 같은 몇 개의 리간드 분자와 결합하는 경우 그 화합물은 선형 구조를 갖는 것으로 생각되었는데, 그것은 룬드의 스웨덴 화학자 빌헬름 블롬스트란트가 발전시킨 이론과 잘 부합했기 때문이다. 베르너는 그러한 구조로는 몇몇 실험적 사실과 일치하지 않는다는 것을 발견했고, 그 대신에 모든 리간드 분자들이 금속 이온에 직접 결합되어 있는 구조를 제시했다. 베르너는 1913년에 화학상을 받았다. 그로부터 한참 후인 1983년에 노벨상을 받은 타우비의 전사 이동 연구도 주로 배위 결합 화합물을 가지고 수행되었고, 다른 노벨상 수상자인 호지킨(1964년), 페루츠와 겐드루(1962년)에 의해 연구된 비타민 B_{12}, 헤모글로빈과 마이오글로빈도 같은 부류의 화합물이다.

초기의 다른 무기화학 분야 수상자로 베를린의 프리츠 하버가 있는데, 그는 질소와 수소로부터 암모니아를 합성한 공로로 수상했다. 이 합성의 중요성은 무엇보다도 하버-보슈법으로 알려진 공정으로 발전하여 산업화에 성공한 데에 있다. 카를 보슈는 하버의 본래 공정을 개선하여 암모니아의 대량 생산이 가능하게 하였고, 이로써 암모니아가 질소를 함유하는 다양한 화합물의 생산에 저렴하게 사용될 수 있게 되었다. 이로 인해 비료의 생산이 획기적으로 개선되어 농산물의 공급이 안정화될 수 있었던 것은 인류사에 새길만 한 업적이다. 보슈는 1931년에 프리드리히 베르기우스와 함께 화학상을 받았다.

일반적으로 화학은 원자나 분자의 전자를 다룬다. 반면에 원자의 핵을 다루는 분야가 핵화학이다. 1900년대 초기의 핵화학 분야는 1896년의 방사능 발견으로 시작되었다. 방사능을 발견한 업적으로 1903년에 파리의 앙리 베크렐이 퀴리 부부와 함께 물리학상을 받았다. 마리 퀴리는 1911년에 또다시 화학상을 받았는데, 이때는 라듐과 폴로늄 원소를 발견하고 라듐을 분리하여 화합물을 만든 공로로 받았다. 이것으로 마리 퀴리는 노벨상을 두 번 받은 첫 번째 연구자가 되었다. 1921년의 화학상은 옥스퍼드의 프레더릭 소디가 받았는데, 그의 업적은 방사능 물질의 화학과 동위 원소의 개념을 확립한 것이었다. 1934년에 프레데리크 졸리오퀴리와 그의 부인인 이렌 졸리오퀴리(퀴리 부부의 큰딸)가 인공적으로 방사능 물질을 만들었다. 즉, 방사능이 없는 원소에 α-입자 또는 중성자를 충돌시켜서 새로운 방사능 원소를 만든 것이다. 이들은 이러한 공로로 1935년 화학상을 받았다.

천연물화학과 유기합성

처음 10년 동안의 화학상 중에 유기화학 분야의 선도적인 업적에 세 번의 노벨상이 수여되었다. 1902년의 두 번째 화학상이 당시 베를린에서 일하던 에밀 피셔에게 수여되었는데, 그의 업적은 당과 퓨린을 합성한 것이었다. 당시 유기화학자들은 생물학적으로 중요한 물질에 대해 큰 관심이 있었는데, 피셔의 업적도 이를 반영한 대표적인 예이다. 수상 당시에 피셔 자신은 단백질의 연구에 매진하고 있었다.

유기화학 분야에서 다른 큰 흐름의 하나는 화학 공업의 개발이었다. 이 분야의 대표적인 인물은 피셔의 스승으로서 뮌헨에서 일하던 아돌프 바이어였는데, 그는 1905년에 유기화학과 화학 공업의 발전에 기여한 공로로 화학상을 받았다. 그의 업적 중에는 특별히 유기 염료(인디고, 에오신)의 구조 결정과 향기 물질(터펜류)에 관한 연구를 들 수 있다.

유기화학 분야의 세 번째 수상자는 괴팅겐에서 일하던 오토 발라흐였는데, 바이어와 마찬가지로 지방족 고리 화합물에 관한 연구에 기여했다. 그는 터펜류뿐만 아니라 캄포와 휘발성 오일의 성분에 관해 연구하였는데, 1910년에 있었던 수상식에서는 그의 업적 중 화학 공업을 위한 발견에 대해 중요성을 강조하였다.

복잡한 유기 분자를 합성하기 위해서는 그 구조에 대한 상세한 지식이 우선되어야 한다. 뮌헨의 아돌프 바이어의 제자인 리하르트 빌슈테터는 식물 색소에 관한 초기 연구를 수행하였다. 그는 클로로필과 헤민 사이의 구조적 관련성을 보여주었고 클로로필이 내부 성분으로 마그네슘을 갖는다는 것을 증명했다. 그는 다른 식물 색소에 관해서도 선구적인 연구를 수행했는데, 카로텐류가 그 예이다. 이러한 업적으로 빌슈테터는 1915년도 화학상을 받았다. 그의 업적은 역시 헤민과 클로로필의 구조와 합성 연구를 수행한 한스 피셔의 업적에 튼튼한 기초가 되었다. 또한 빌슈테터는 효소 반응의 이해에도 기여하였다.

1927년과 1928년도 화학상은 뮌헨의 하인리히 빌란트와 괴팅겐의 아돌프 빈다우스에게 각각 수여되었는데, 빌란트는 앞서 언급한 대로 히틀러의 방해로 1928년에 거행된 노벨상 시상식에서 빈다우스와 함께 상을 받았다. 이들 두 화학자는 스테로이드의 구조에 대해 서로 밀접히 관련된 연구를 수행하였다. 빌란트의 수상 업적은 일차적으로 담즙산에 관한 연구인 반면, 빈다우스의 경우는 주로 콜레스테롤에 관한 연구와 비타민 D의 스테로이드 특성을 보여준 것이었다. 빌란트는 그가 노벨상을 받기 전인 1912년에 이미 생물학적 산화에 대한 이론을 세웠었는데, 이에 따르면 그것이 산소와의 반응보다는 수소의 제거 반응(탈수소화 반응)이 주도적인 과정이라는 것이다.

유기 화학자들의 주요 목표 중의 하나가 탄소 외에 산소, 질소, 황, 인, 금속 등을 포함하는 새롭고 더욱 복잡한 탄소 화합물을 합성해 내는 것이다. 유기 반응 분야에서 선구적인 업적으로 1912년에 첫 번째 화학상을 받은 사람은 낸시의 빅토르 그리냐르와 툴루즈의 폴 사바티에이다. 그리냐르는 할로젠화 유기물이 마그네슘과 화합물을 형성할 수 있다는 것을 발견했다. 요즘에 이를 그리냐르 시약으로 부르는데 반응성이 크고, 탄소-탄소 결합을 늘려가기 위해 널리 사용되고 있다. 사바티에는 금속 촉매의 존재 아래에서 유기 화합물에 수소를 첨가하는 반응을 개발한 공로로 수상했다. 이 방법으로 액체인 불포화 지방을 고체인 포화 지방으로 전환할 수 있는데 이렇게 해서 생산되는 것이 마가린이며, 이 외에도 이 반응은 공업적으로 많이 이용된다. 뮌헨에서 활약한 독일인 유기 화학자 한스 피셔는 헤모글로빈 안에 존재하는 유기 안료인 헤민의 구조를 밝히는 데 중요한 기여를 했고, 1928년에는 간단한 유기 분자로부터 이것을 합성하였다. 또한 그는 클로로필의 구조를 규명하는 데도 크게 기여하였는데, 이 업적으로 1930년에 화학상을 받았다. 그가 클로로필의 구조를 완전히 밝혀낸 것은 1935년이었고, 아울러 그는 클로로필의 합성을 임종하기 전에 거의 끝낸 상태였다.

생화학과 고분자화학

1897년 에두아르트 부흐너가 튀빙겐에서 교수로 있을 때 효모 세포가 없이도 당이 발효되어 알코올과 이산화탄소가 생성될 수 있음을 발표하였다. 이전에는 살아있는 세포만이 생명 현상을 가능하게 하는 '필수 활력'을 가지고 있다고 생각하였는데, 심지어는 베르셀리우스와 리비히를 비롯한 몇몇 위대한 화학자들조차도 생명체에 대한 이와 같은 화학 이론을 지지하였다. 이런 견해를 강력히 옹호한 또 한 사람이 루이 파스퇴르였는데, 그는 알코올 발효는 살아있는 효모 세포가 있어야만 가능하다고 주장하였다. 하지만 베르셀리우스가 모든 생명 과정에 대한 필수 활력론을 확신을 가지고 주장했던 것처럼, 이번엔 부흐너가 실험을 통해 발효가 의심의 여지없이 효소의 촉매 작용에 의한 과정임을 보여주었고, 그의 추출물을 필수 활력에 대응하는 지마제(효모 내 효소)로 명명했다. 부흐너의 실험을 기려 1897년을 생화학이 탄생한 해로 여긴다. 부흐너는 1907년 화학상을 받게 되는데 그때 그는 베를린의 농과대학 교수였다. 그의 전 스승이었던 바이어는 이렇게 예언했다고 한다. "그는 화학자로서는 자질이 부족하지만, 이 업적으로 인해 유명해질 것이다."

생화학 분야의 두 번째 노벨상은 1929년에 나왔는데, 런던의 아서 하든과 스톡홀름의 한스 폰 오일러켈핀이 당의 발효에 관한 연구로 수상했다. 이 연구는 1907년에 부흐너에게 수여된 노벨상 수상 업적의 연장선이었다. 하든은 1906년에 그의 젊은 공동 연구자였던 윌리엄 존 영과 함께 발효에는 코지마제라는 투석이 되는 물질이 필요하며,

이 물질은 열을 가해도 파괴되지 않는다는 것을 발표했다. 또한 하든과 영은 이 과정이 당(글루코스)이 모두 소모되기 전에 멈추는데, 무기물 인산염을 첨가하면 다시 시작된다는 것을 발표하면서 발효의 초기 단계에 육탄당 인산염이 형성된다고 제시하였다. 오일러켈핀은 코지마제의 구조를 밝히는 매우 중요한 업적을 쌓았고, 이것이 니코틴아마이드 아데닌 다이뉴클레오타이드(NAD, 전에는 DPN)라는 것을 발표하였다. 노벨상 수상자의 수가 세 명까지는 가능하기 때문에 영이 수상자에 포함되는 것이 바람직한 것으로 여겨졌으나, 오일러켈핀의 발견이 카를 미르백과 함께 발표되었기 때문에 대상자가 4명이 되어 결국 두 명만 수상자가 되있다.

생체의 구성 성분, 예를 들어 단백질과 탄수화물 같은 고분자 물질은 용액 중에 콜로이드 상태로 존재한다. 즉, 지름이 1센티미터의 천분의 일에서 백만분의 일에 해당하는 고분자 입자들이 분산되어 존재한다. 생체 내의 고분자들은 개개의 분자들이 매우 크기 때문에 한 분자가 콜로이드로 분산되어 존재하지만, 고분자가 아닌 많은 다른 물질들도 콜로이드 상태를 나타낼 수 있다. 이에 관해 상세한 연구가 이루어진 예가 금 원자들의 회합체인데, 1925년도 화학상이 바로 금의 솔(sol) 상태의 불균일성을 밝혀낸 괴팅겐의 리하르트 지그몬디에게 주어졌다. 그는 이 일을 현미경의 도움으로 해냈는데, 이 기기는 한외 현미경(암시야 현미경)으로 지그몬디가 예나에 있는 자이스 공장의 과학자와 협동해서 개발한 것이다. 이 기기를 통해 입자들의 움직임을 입사하는 광선 방향에 직각 방향으로 산란한 빛에 의해 관찰할 수 있었다. 콜로이드 화학의 초기 연구가 빌헬름 오스트발트(1909 화학상)의 아들인 볼프강 오스트발트에 의해서도 수행되었으나, 그 업적이 노벨상을 받을 정도는 아니었다.

1926년에 화학상을 받은 스베드베리도 금의 솔에 관해 연구하였다. 그는 지그몬디의 현미경을 사용하여 콜로이드 입자의 브라운 운동을 연구하였다. 이로써 1905년에 아인슈타인과는 독립적으로 브라운 운동을 연구한 스몰루초스키의 이론을 확인하였다. 하지만 그의 가장 큰 업적이라면 원심분리기의 제작이다. 이 기기를 사용하여 금의 솔에서 입자들의 크기 분포를 연구했을 뿐만 아니라 헤모글로빈과 같은 단백질의 분자량을 결정하기도 하였다. 스베드베리가 노벨상을 받은 같은 해에 소르본의 장 뱁티스트 페린이 콜로이드 용액의 침강 평형법을 개발한 공로로 물리학상을 받았는데, 스베드베리가 후에 그의 원심분리법에서 이 방법을 개선하여 완성하였다. 스베드베리의 원심분리법과 티셀리우스의 전기이동법은 단백질 분자들이 자신만의 독특한 크기와 구조를 갖는다는 것을 확립하는 데 기여한 기기분석법이며, 후에 생어의 아미노산 서열 결정과 켄드루와 페루츠의 결정학 연구에서 없어서는 안 될 필수 조건이 되었다.

1920년대에 프라이부르크의 헤르만 슈타우딩거는 거대 분자인 고분자의 개념을 세웠다. 그는 많은 고분자를 합성하였고, 이들이 긴 사슬의 분자라고 주장했다. 대규모의 플라스틱 산업이 슈타우딩거의 업적에 크게 기초하고 있다. 1953년에 그는 '고분자 화학 분야에서의 발견'을 인정받아 화학상을 받았다(2장 플라스틱).

2장

플라스틱

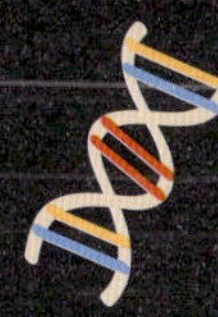

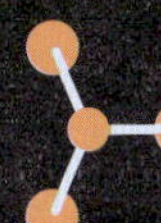

2장 플라스틱

2.1 고분자 과학의 선구자

헤르만 슈타우딩거 | 월리스 캐러더스 | 폴 플로리

2.2 고분자 합성법

치글러-나타 촉매 | 메리필드 합성법 | 전도성 고분자 | 상호교환 중합법

2.3 고분자 물성과 응용

분자량과 물성 | 유리화 온도 | 응력 변형 곡선 | 가교화 구조 | 플라스틱 광섬유

2.4 환경과 고분자

플라스틱의 재활용 | 플라스틱 환경호르몬 | 분해성 플라스틱

본문에서 언급한 노벨상 수상자

<table>
<tr><th>연도/분야</th><th>수상자</th><th>출생/소속(수상 당시)</th><th>수상 업적</th></tr>
<tr><td>1953
화학상</td><td>헤르만
슈타우딩거</td><td>1881~1965 독일, 프라이부르크대학교,
국립 고분자화학연구소</td><td>고분자화학 분야의 업적</td></tr>
<tr><td>1974
화학상</td><td>폴 플로리</td><td>1910~1985 미국, 스탠퍼드대학교</td><td>고분자 물리화학 분야의 이론적 및 실험적 연구 업적</td></tr>
<tr><td rowspan="2">1963
화학상</td><td>카를 치글러</td><td>1898~1973 독일, 막스플랑크 연구소</td><td rowspan="2">고분자화학 및 고분자기술 분야에서의 발견</td></tr>
<tr><td>줄리오 나타</td><td>1903~1979 이탈리아, 밀라노 기술연구원</td></tr>
<tr><td>1984
화학상</td><td>로버트 메리필드</td><td>1921~2006 미국, 록펠러대학교</td><td>고체 매트릭스를 이용한 화학 합성 방법론 개발</td></tr>
<tr><td rowspan="3">2000
화학상</td><td>앨런 히거</td><td>1936 미국, UC 산타바버라</td><td rowspan="3">전도성 고분자의 발견과 개발</td></tr>
<tr><td>앨런 맥더미드</td><td>1927~2007 뉴질랜드, 펜실베이니아대학교</td></tr>
<tr><td>시라카와 히데키</td><td>1936 일본, 쓰쿠바대학교</td></tr>
<tr><td rowspan="3">2005
화학상</td><td>이브 쇼뱅</td><td>1930~2015 벨기에, 프랑스 석유연구소</td><td rowspan="3">유기 합성에서 메타세시스 방법의 개발</td></tr>
<tr><td>로버트 그럽스</td><td>1942~2021 미국,
캘리포니아공과대학(Caltech)</td></tr>
<tr><td>리처드 슈록</td><td>1945 미국, MIT</td></tr>
<tr><td rowspan="3">2009
물리학상</td><td>윌러드 보일</td><td>1924~2011 캐나다, 벨 연구소</td><td rowspan="2">영상 반도체 회로의 발명-CCD 센서</td></tr>
<tr><td>조지 스미스</td><td>1930~2025 미국, 벨 연구소</td></tr>
<tr><td>찰스 가오</td><td>1933~2018 중국, 영국 표준통신연구소,
홍콩중문대학교</td><td>광통신을 위한 광섬유에서의 빛 전송과 관련된 획기적인 업적</td></tr>
</table>

2.1 고분자 과학의 선구자

우리는 플라스틱이 넘쳐나는 세상에 살고 있다. 일상생활 속에서, 상품을 핀매히는 쇼핑센터에서, 그리고 제품을 생산하는 산업 현장에서 어디서든 플라스틱을 볼 수 있다. 페트병, 스티로폼, 나일론, 비닐백, 고무줄, 테플론, 폴리에스터 등 그 종류도 다양하다. 너무 과도한 소비로 플라스틱은 이제 환경오염의 주범이 되었다. 인간은 물론 모든 생명체의 삶의 터전인 지구를 지키기 위해서, 우리는 플라스틱을 적게 소비하고 재활용을 늘려야 한다. 그렇다면 인류는 언제부터 이렇게 플라스틱을 많이 사용하게 되었을까? 현재는 플라스틱이 없는 삶을 상상할 수 없지만, 사실 20세기에 들어서고도 한참 뒤에야 인류는 플라스틱을 합성하기 시작했다.

헤르만 슈타우딩거

고분자는 '고분자량 분자'를 말한다. 보통은 분자량이 1만을 넘을 때 고분자로 분류한다. 물 분자(H_2O)의 분자량이 18인 것을 생각하면 고분자는 실로 엄청나게 큰 분자이다. 인류는 오래전부터 셀룰로스나 단백질 같은 천연고분자를 이용해 왔으면서도, 이 물질의 분자량이 그렇게 클 것이라고는 과학자들조차 생각하지 못했었다.

1920년대에 헤르만 슈타우딩거가 10만 개 이상의 원자들이 결합한 거대분자가 어렵지 않게 형성될 수 있고, 많은 경우 콜로이드 용액의 입자들이 이러한 분자들이라고 주장했을 때 이를 받아들인 과학자는 거의 없었다. 이렇게 고분자화학은 화학 분야 중에서도 늦게 시작했지만, 현재는 산업 규모로 볼 때 가장 큰 분야가 되었다. 고분자를 일컫는 '폴리머(polymer)'라는 말이 1920년대에도 사용되었지만, 당시에는 이 용어가 작은 분자들이 분자 간 인력으로 뭉쳐있는 집합체를 의미했다. 이에 따라 슈타우딩거는 '하이폴리머(high polymer)'라는 말로 자신이 주장한 거대분자를 구분했다. 지금은 굳이 하이폴리머라고 하지 않아도 폴리머는 곧 고분자량의 분자로 받아들이지만, 여전히 하이폴리머라는 용어를 사용하는 저널이 있다. 바로 일본 고분자학회가 발행하는 『高分子(Kobunshi, High Polymers)』이다. 슈타우딩거는 거대분자 화학 분야를 개척한 공로로 1953년에 화학상을 받았다. 공식적으로 고분자화학 분야가 인정받은 것이다.

슈타우딩거는 여러 곳에서 학업과 연구를 이어갔다. 다름슈타트대학교와 뮌헨대학교에서 화학을 공부했고, 1903년 할레대학교에서 박사학위를 받았다. 그는 스트라스부르대학교와 카를스루에대학교에서 교수직을 역임한 후, 1912년 취리히에 있는 스위스연방공과대학(ETH) 교수진에 합류했다. 1926년 ETH 고분자화학연구소를 떠나 알베르트 루트비히대학교에서 강사로 재직했고, 1940년 이 대학에 그의 지휘 아래 거대분자 화학연구소가 설립되었다. 슈타우딩거의 아내이자 라트비아 식물생리학자인 마그다 보이트는 그의 동료이자 공저자였다. 그는 1951년에 은퇴했고, 2년 뒤에 노벨상 수상자가 되었다.

슈타우딩거가 처음부터 고분자를 연구한 것은 아니었다. 그의 첫 발견은 반응성이 높은 유기 화합물인 케텐이었다. 케텐은 탄소-탄소-산소 사이에 연이어서 이중 결합이 있는 화합물이다. 그의 고분자 연구는 BASF사와 함께 천연고무의 단량체인 아이소프렌 합성에 관한 연구(1910년)를 수행하면서 시작되었다. 앞서 언급한 대로 당시에는 고무를 비롯한 고분자가 작은 분자들이 어떤 인력으로 뭉쳐있는 것으로 생각했다. 1922년, 슈타우딩거와 프리츠키는 고분자가 실제로는 일반적인 공유 결합으로 연결된 거대분자라고 주장했는데, 이 개념은 많은 권위자의 반발에 부딪혔다. 1920년대 내내 슈타우딩거를 비롯한 연구자들은 작은 분자들이 단순한 물리적 응집이 아닌 화학 반응으로 긴 사슬 같은 구조를 형성한다는 것을 보여주었다.

슈타우딩거의 선구적인 연구는 고분자화학 분야의 토대가 되었고, 플라스틱 산업의 발전에 크게 기여했다. 또한 생명체에서 발견되는 단백질과 기타 거대분자의 구조를 연구하는 분자생물학의 발전에도 이바지했다. 슈타우딩거는 1961년의 저서『작업 기억』을 포함하여 수많은 논문과 저서를 집필했고, 그의 제자 레오폴트 루지치카(1939 화학상)와 타데우시 라이히슈타인(1950 생리의학상)도 노벨상을 받았다.

그림 2-1은 1953년 12월 11일에 거행된 노벨상 수상식에서 슈타우딩거가 발표한 노벨 강연의 자료 중 일부이다. 원문의 표를 그대로 인용한 이유는 그 당시에 이미 산업적으로 중요한 고분자의 개발이 상당히 이루어졌음을 보여주기 위함이다. 이 분류표의 천연고분자는 물론 이들의 변형 고분자, 그리고 합성고분자들은 현재도 널리 이용된다. 분류 I의 천연 소재로는 탄수화물, 핵산, 단백질(효소) 외에 고무 종류와 리그닌이 포함되어 있다. 분류 II의 천연 소재의 변형 고분자로는 가황 고무, 가죽 외에 셀룰로스로 만든 레이용, 셀로판, 나이트로셀룰로스와 우유 카세인으로 만든 라니탈 섬유, 카세인과 폼알데하이드의 반응으로 만들어지는 갈라리스 플라스틱이 소개되어 있다. 분류 III의 합성 고분자로는 몇 가지 중합법에 따른 플라스틱을 소개하고 있다. 이중 결합(C=C)을 갖는 단량체의 부가중합 예로써 나이트릴뷰타다이엔 고무(부나), 폴리스타이렌, 폴리메타크릴산 에스터를 들었는데, 폴리의 l을 i로 표기한 오타가 그대로 보인다. 중축합 고분자의 예로는 베이클라이트, 나일론, 나일론 6(펄론), 폴리에스터(테릴렌)가 소개되어 있다. 그리고 마지막으로 중첨가 고분자인 폴리우레탄이 소개되어 있다. 이들 고분자는 비록

Table I. Classification of macromolecular substances.

I. Substances occurring in nature
1. Hydrocarbons - rubber, guttapercha, balata.
2. Polysaccharides - celluloses, starches, glycogens, mannans, pectins, polyuronic acids, chitines.
3. Polynucleotides (nucleic acids).
4. Proteins and enzymes.
5. Lignins and tans (transition from low- to macromolecular substances).

II. Cowersion products of natural substances
Vulcanized rubber, rayon, cellophane, cellulose nitrate, leather, lanital, galalith, etc.

III. Synthetic materials
Plastics (polyplastics) formed by
polymerization - buna, polystyrene, poiymethacrylic ester.
polycondensation - bakelite, nylon, Perlon, Terylene.
polyaddition - polyurethane.

그림 2-1 고분자 물질의 분류
출처: Copyright © The Nobel Foundation 1953

현재는 사용하는 용어가 달라진 것도 있지만 앞서 언급한 대로 대부분 지금도 사용된다.

월리스 캐러더스

슈타우딩거의 고분자량 분자의 존재를 고분자 합성을 통해 증명해 준 사람 중에 월리스 캐러더스가 있다. 그는 하버드대학의 교수가 되고 오래지 않아 듀폰사로부터 연구소를 맡아달라는 제안을 받는다. 듀폰 연구소에서 연구하던 10년 동안 그는 고분자화학 분야가 학문적으로나 산업적으로 기틀을 확립하는 데 크게 기여했다. 가장 먼저 떠오르는 그의 업적은 최초의 합성 섬유인 나일론의 합성이다. 그는 1935년에 헥사메틸렌다이아민과 아디프산의 축중합을 통해 '나일론 66'이라는 합성 섬유를 만들었다. 그는 나일론을 합성한 것 외에도 네오프렌이라는 합성 고무의 개발에 이바지한 화학자였다.

나일론의 발명과 관련된 두 장의 사진이 떠오른다. 하나는 이 나일론으로 만든 스타킹을 신긴 마네킹 사진이고, 다른 하나는 사람들이 가게에서 스타킹을 사기 위해 길게 줄지어 기다리고 있고 어떤 사람이 길바닥에서 스타킹을 신고 있는 장면 사진이다. 나일론 66에서 66이라는 숫자는 두 원료 분자인 아민과 산의 탄소 개수가 각각 6개라는 의미이다. 나일론 6은 한 종류의 원료 분자를 사용하는데, 이 분자의 탄소 개수가 6개이다.

캐러더스는 학업에서나 직업에서 큰 성취를 이루었음에도, 어린 시절부터 우울증으로 인해 자신을 자책하는 삶을 살았다. 그는 1915년에 미주리주에 있는 타르키오대학에 입학하여 영문학을 전공했지만, 당시 영문학과장이었던 아서 파디의 영향을 받아 화학으로 전공을 바꿨다. 캐러더스는 화학에서 매우 뛰어났기 때문에 졸업 전에 화학 강사가 되었고, 1920년에 이학 학사학위를 받았다. 그는 1년 뒤인 1921년에 일리노이대학에서 석사학위를 받았다.

그가 하버드에 있을 때 듀폰의 제안을 받고는, 자신이 '신경증적 증상을 겪고 있으며 듀폰으로 옮기면 더 심각한 장애가 될 수 있다'고 말했다. 이렇게 자신의 증상을 밝혔는데도 듀폰은 캐러더스를 설득했고, 그는 마음을 바꾸었다. 그의 하버드대학의 교수 월급은 267달러였는데, 듀폰의 월급은 500달러였다. 한편 미국화학회는 1992년부터 역사적으로 중요한 업적을 이룬 연구소, 대학 등을 기리는 기념패 사업을 추진하고 있다. 1995년에는 나일론을 발명한 장소인 미국 듀폰사에 캐러더스의 업적을 기리는 기념패가 세워졌다.

캐러더스는 1936년 2월에 헬렌 스윗먼과 결혼했다. 그는 나일론의 발명으로 성공을 거두었는데도 불구하고, 자신의 성취는 보잘것없고 아이디어가 고갈되었다고 느꼈다. 그의 우울증은 누이가 1937년 1월에 폐렴으로 사망하자 더욱 심해졌고, 1937년 4월, 그

그림 2-2 왼쪽부터 슈타우딩거, 캐러더스, 플로리

는 필라델피아의 호텔에서 사이안화 칼륨(청산가리)을 먹고 자살했다. 그의 딸 제인은 그의 사후 1937년 11월에 태어났다. 만약에 그가 오래 살았더라면 슈타우딩거와 함께 노벨상을 받았을 것이다. 또는 그가 1896년생이므로 장수했다면, 한때 연구원으로 데리고 있던 폴 플로리가 1974년에 노벨상을 받을 때 함께 수상했을 수도 있었다.

폴 플로리

고분자화학 분야에서 두 번째로 노벨상을 받은 사람은 폴 플로리이다. 그는 이론과 실험을 통해 거대분자의 물리화학 분야를 개척한 공로로 1974년에 화학상을 받았다. 폴 플로리를 통해 비로소 고분자화학이 하나의 학문 분야로서 이론적 체계를 갖춘 셈이다. 그가 쓴 저서인 『고분자화학의 원리(1953)』와 『사슬 분자의 통계 역학(1969)』은 고분자 물리화학의 고전이다. 이 책들은 오래전에 출간되었지만 놀랍게도 현재도 판매되고 있다.

플로리는 노벨상 수상 후 노벨 재단에 제출한 그의 자서전 글에서 캐러더스와의 인연을 다음과 같이 소개하고 있다. "나는 1934년에 박사과정을 마치자마자 듀폰사의 중앙연구소에 합류했다. 거기서 나일론과 네오프렌의 발명자이고, 비범한 통찰력과 창의성을 지닌 월리스 캐러더스가 이끄는 연구 그룹에 배정된 것은 나에게 행운이었다. 그와 토론하면서 처음으로 중합과 고분자 물질을 탐구하는 일에 흥미를 갖게 되었다. 고분자가 얼마나 중요한 과학적 탐구 대상인지에 대한 그의 확신은 나를 전염시켰다. 불과 몇 년 전에 슈타우딩거와 캐러더스의 연구로부터 고분자가 실제로 공유 결합을 통해 연결된 거대분자라는 가설이 증명되었기에 분위기가 좋은 시기였다."

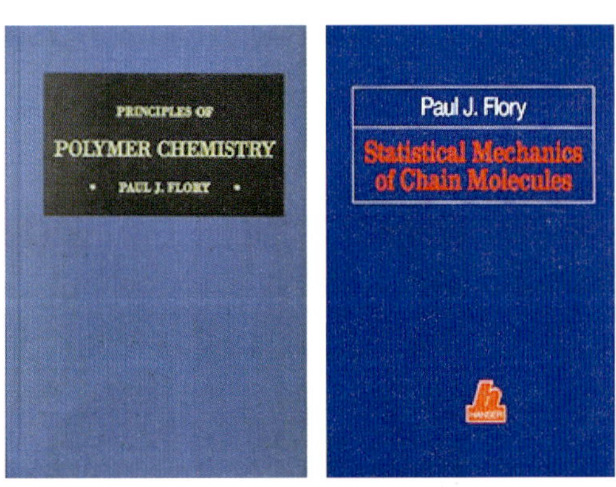

그림 2-3 1953년과 1969년에 발긴된 플로리의 저서
출처: https://archive.org/details/dli.ernet.286013, https://archive.org/details/statisticalmecha0000flor/page/n5/mode/2up

플로리의 공헌 중에는 이스트먼 코닥 회사의 모리스 허긴스와 함께 개발한 고분자 용액 이론이 있다. 그것은 고분자 사슬이 용매에 녹으면

그 부피가 단일 사슬 부피의 몇 배로 커지는 현상을 설명하는 이론으로, 유명한 플로리–허긴스 공식, 즉 부피 분율 공식으로 표현된다. 이는 반데르발스 방정식이 기체의 거동을 표현하듯이 이와 유사한 방식으로 혼합물의 엔트로피를 계산한다. 또 다른 중요한 이정표는 양용매(good solvent)에서 단일 코일의 팽창을 분석한 것이다. 고분자화학에서는 고분자를 잘 녹이는 용매를 양용매, 조금밖에 녹이지 못하는 용매를 빈용매(poor solvent)라고 부른다. 플로리는 사슬이 사슬끼리의 교차를 피하려 하며, 이러한 회피가 무작위 코일을 형성할 때보다 훨씬 더 크게 팽창하게 한다는 것을 발견했다. 게다가 긴 사슬은 여러 부분에서 서로 끌어당기는데, 빈용매이거나 온도가 낮으면 이 끌어당김으로 인해 코일의 붕괴를 초래한다. 플로리는 두 효과가 서로 균형을 이루어 용액이 이상적으로 거동하게 되는 세타 상태의 존재를 추론했다.

앞서 캐러더스는 고무, 셀룰로스, 단백질, 플라스틱, 나일론 등의 고분자 물질을 일반적인 화학의 관점에서 다룰 수 있음을 최초로 입증했고, 그의 이러한 관점은 플로리에게 영감을 주었다. 듀폰 입사 첫해에 플로리는 동등 반응성 원리를 제시했는데, 이것은 사슬이 길어지면 성장 속도가 감소한다는 기존 가정을 뒤집는 주장이었다. 이 원리를 바탕으로 플로리는 성장 사슬의 길이 분포 곡선을 계산했으며, 후에 실험적으로 확인되었다. 또한 듀폰 재직 시절 플로리는 사슬 전이 개념을 발전시켰는데, 이는 성장 중인 중합체가 인접 분자의 원자 하나를 차지함으로써 자신은 성장을 멈추고, 인접 분자로 성장 위치가 전이하는 것을 의미한다. 이 통찰을 통해 화학자들은 성장 종결 물질을 일부러 첨가함으로써 중합체의 사슬 길이를 제어할 수 있게 되었다. 플로리의 이와 같은 역량은 제2차 세계대전 당시 스탠더드 오일과 굿이어에서 수행한 미국의 합성 고무 프로그램에서도 발휘되었다.

플로리는 대학과 기업 양쪽에서 두루 많은 경력을 쌓았다. 1937년 캐러더스의 갑작스러운 사망 1년 후, 플로리는 듀폰을 떠나 오하이오주 신시내티대학교로 옮겼다. 1940년에는 뉴저지주 린든에 있는 스탠더드오일 연구소로 다시 옮겼고, 1943년에는 오하이오주 애크론에 있는 굿이어 타이어 앤 러버 컴퍼니에서 일했다. 1948년에 플로리는 뉴욕주 이타카 소재 코넬대학교에서 화학 강사직을 수락했으며, 같은 해 정교수로 승진했다. 코넬에서 몇 년간 활발한 연구 활동을 펼친 후, 1957년 그는 피츠버그 멜론 연구소의 연구소장으로 취임했으나, 4년 후 캘리포니아주 스탠퍼드대학교로 자리를 옮겼다. 거기서 그는 1975년 명예교수로 퇴임했다.

노벨상 수상 후, 플로리는 당시 소련에서 억압받는 과학자들의 인권을 위한 투쟁에 대중의 관심을 일으키기로 결심했다. 플로리는 사하로프(1975 평화상), 오를로프, 샤란스키를 염려하는 과학자들의 모임을 주도했다. 위의 인물들은 1970년대 소련에서 인권과 반체제 운동을 이끌었고, 사하로프 사후에 이들의 공헌을 기리는 사하로프상(1988)이 만들어졌다. 플로리는 반체제 과학자들을 자주 방문했고, 소련과 동유럽에 방송된 미국의 소리(VOA)에서 자주 연설했다. 이러한 활동을 위한 자료 준비는 대부분 1936년에 결혼한 그의 아내 에밀리 테이버가 담당했다. 두 사람에게는 세 자녀가 있었는데, 모두 과학을 전공했다. 한편, 2013년에 미국화학회는 "화학의 등장인물: 화학의 인간성을 기리다"라는 제목으로 심포지엄 시리즈 제1136권을 발간하였다. 여기서 조망한 화학자 중에 플로리가 있었는데, 개리 패터슨은 여기서 플로리를 20세기의 가장 훌륭한 화학자이며 냉전 시대에 투옥되거나 구금된 과학자들의 자유를 위해 노력한 인권운동가로 평가했다.

2.2 고분자 합성법

긴 사슬 모양의 고분자가 만들어지기 위해서는 원료 분자, 즉 단량체들이 반응할 수 있는 작용기를 2개씩 가져야 한다. 분자가 하나의 작용기만 갖는다면, 그 분자의 작용기가 다른 분자와 반응하여 결합할 때 반응이 거기서 멈춘다. 즉, 한 개의 분자가 다른 두 개의 분자와 반응할 수 있어야 사슬 성장이 계속된다. 예로써, 나일론 66의 단량체인 헥사메틸렌다이아민은 두 개의 아미노 작용기를 가지며, 아디프산은 두 개의 카복실 작용기를 갖는다. 고분자 합성에 사용되는 반응은 다른 분자와 결합하는 반응이라면 어느 것이나 가능하다. 그만큼 중합 반응의 종류는 물론 사슬이 성장해 가는 말단 구조도 다양하다. 대표적인 중합 반응으로 축합 반응, 부가 반응, 고리열림 반응 등이 있으며, 사슬 성장의 말단도 중성 작용기, 라디칼, 양이온, 음이온 등이 가능하다. 이렇게 만들어진 사슬 고분자는 유기 용매에 용해되므로 필름이나 섬유로 가공하기 쉽다. 만약에 한 개의 분자가 반응이 가능한 작용기를 3개 이상 갖고 있다면, 이 분자로부터는 3차원 그물 조직을 갖는 불용성 플라스틱이 만들어진다. 이런 플라스틱은 가공이 어렵지만 열이나 용매에 강한 제품에 적합하다. 분자량이 큰 고분자를 얻고, 그 입체 구조를 제어하기 위해서는 반응 조건도 중요한데 대표적인 것이 중합 촉매이다.

치글러-나타 촉매

고분자 합성법에서 처음으로 노벨상이 나온 해는 1963년이다. 카를 치글러와 줄리오 나타는 그들이 개발한 촉매를 이용하여 가장 널리 사용되는 플라스틱인 폴리에틸렌(PE)과 폴리프로필렌(PP)을 고분자량으로 또는 입체규칙적으로 합성하는 길을 열었다. 이 촉매를 치글러-나타 촉매로 부른다.

치글러는 사염화 타이타늄과 다이에틸염화 알루미늄($TiCl_4/Et_2AlCl$)을 반응시켜서 얻어진 고체 촉매를 사용하여 온화한 조건에서 고분자량의 직선형 PE를 얻었다. 여기서 온화한 조건이란 1~5기압, 23~60℃의 조건인데, 이 촉매를 사용하기 전에는 PE를 얻기 위해 1500기압, 200℃의 고온에서 1%의 산소를 촉매로 사용했다. 이런 가혹한 조건임에도 불구하고 얻어진 PE의 분자량이 크지 않았고, 직선형이라기보다는 곁사슬이 많은 구조였다. PE는 직선형일 때 결정형 구조가 잘 만들어지기 때문에 단단한 물성이 얻어진다. 대신에 결정형 구조가 많아지면 투명도는 떨어진다. 그래서 PE의 용도 중에 비닐백용은 결정성이 높아 무거운 것(HDPE)을 사용하고 비닐하우스용은 결정성이 낮고 투명하며 가벼운 것(LDPE)을 사용한다.

치글러는 일찍이 입문용 물리학 교과서를 읽으며 과학에 관한 관심을 키웠다. 이 책은 그가 집에서 실험을 수행하고 고등학교 교육과정 이상의 방대한 독서를 하도록 이끌었다. 루터교 목사인 그의 아버지는 종종 인근 마르부르크대학교 교수들을 서녁 식사에 초대했다. 이러한 복합적인 영향으로 그는 고등학교 졸업반 때 최우수 학생상을 받았으며, 마르부르크대학교에서 1학년 과정을 건너뛰고 1920년 박사학위를 취득할 수 있었다. 1922년 마리아 쿠르츠와 결혼한 그는 1925년 대학 교수직의 필수 조건인 교수 자격 논문을 완성했다.

마르부르크대학교와 프랑크푸르트대학교에서 강사로 재직한 후(1925~1926), 치글러는 하이델베르크대학의 교수가 되어 탄소 화합물과 유기금속 화학에 관한 연구를 시작했다. 1936년엔 국제적 명성에 힘입어 할레대학교 화학연구소 소장직을 맡았다. 뮐하임에 위치한 카이저 빌헬름 석탄연구소(현 막스플랑크 석탄연구소)는 1943년 그에게 소장직을 제안했는데, 그는 연구 주제를 선택하고 수행할 완전한 자유와 신규 발명에 대한 특허권 및 로열티를 보장하는 조건으로 이를 수락했다. 거의 2년 동안 그는 할레에 있는 가족과 뮐하임을 오가며 생활했으나, 진격하는 러시아군의 접근으로 1945년 가족과 함께 뮐하임으로 피난했다. 1949년에는 독일화학회의 재건을 도왔으며, 학회장(1949~1951)을 역임했다.

치글러는 평생 모든 종류의 연구가 불가분성이어야 한다는 신념을 갖고 있었다. 즉, 연구의 불가분성이란 모든 연구가 서로 연결되어 있어서 하나씩 떼어놓을 수 없다는 뜻이다. 이러한 신념에 따라 그의 과학적 업적은 기초적인 것부터 가장 실용적인 것까지 다양하며, 그의 연구는 화학 분야의 광범위한 주제를 아우른다. 젊은 교수 시절, 치글러는 다음과 같은 질문을 던졌다고 한다. 치환된 에테인 유도체에서 탄소-탄소 결합의 해리에 영향을 미치는 요인들은 무엇인가? 이 질문은 치글러를 자유 라디칼, 유기금속 화합물, 고리 화합물, 그리고 마침내 중합 과정에 관한 연구로 이끌었다. 치글러는 자신의 연구 결과를 실용화하는 데에 적극적이었기 때문에 특허를 많이 보유했다. 특히 막스플랑크 연구소와의 특허 계약 덕분에 치글러는 막대한 부를 축적했다. 그는 이 부의 일부인 약 4천만 독일 마르크를 연구소에 기부하여 치글러 연구 기금을 설립했다.

나타는 1924년 이탈리아 밀라노공과대학교에서 화학공학 박사학위를 받았다. 그 후 파비아대학교, 로마대학교, 토리노대학교에서 화학 교수직을 역임한 후, 1938년 밀라노공과대학교로 돌아와 공업화학 교수 겸 연구 책임자로 활동했다. 그의 초기 연구는 메탄올, 폼알데하이드, 뷰틸알데하이드, 석신산 등의 공업 생산에 관한 것이었다. 나타가 고분자 합성에 연구를 집중하기 시작한 것은 1953년부터였다. 그는 사염화 바나듐과 다이에틸염화 알루미늄(VCl_4/Et_2AlCl)을 반응시켜서 얻은 고체 촉매를 사용하고 역시 온화한 조건에서 입체규칙적인 아이소택틱 PP를 합성했다(그림 2-4 오른쪽). 사실 치글러도 입체규칙적인 PP를 얻기 위해 많은 시도를 했었지만, 적절한 촉매를 찾지 못해 실패했었다.

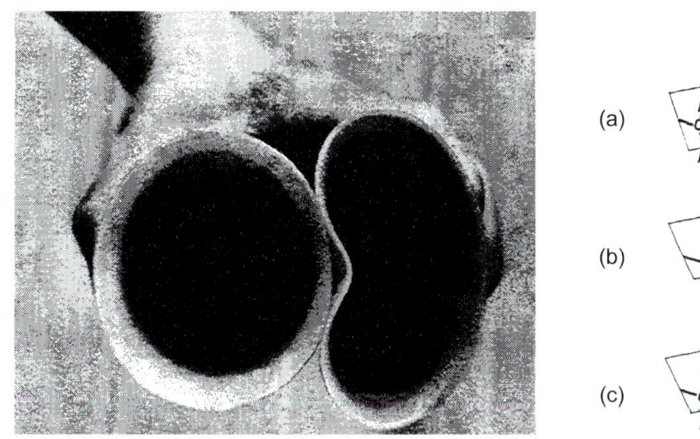

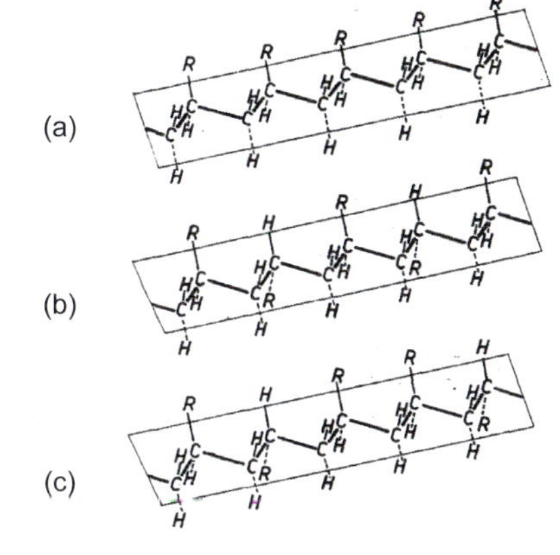

그림 2-4 지글러와 나타의 노벨 강연 자료 중 일부. 왼쪽 사진은 치글러 촉매를 쓴 저압 PE가 기존 산소 촉매의 고압 PE보다 강도가 강함을 보여주며, 오른쪽은 R 곁사슬 고분자의 세 가지 입체구조이다. (a) 아이소택틱(isotactic), (b) 신디오택틱(syndiotactic), (c) 아탁틱(atactic, random) 구조
출처: Copyright © The Nobel Foundation 1963

나타는 타이타늄 대신 바나듐을 통해 PP 중합에 적합한 촉매를 찾을 수 있었다. PP는 그림 2-4 오른쪽의 R에 해당하는 메틸기 곁사슬이 입체규칙적이지 않고 랜덤하게 분포할 때는 물성이 좋지 않아서 용도가 제한적이다. 입체규칙적인 PP가 만들어지면서 비로소 그 진가가 드러나는데, PP는 가벼우면서도 기계적 물성이 우수해서 그물, 로프, 필름 등 다양한 용도로 사용된다. 치글러-나타 촉매는 그 후 다양한 종류로 확장되었고, PE와 PP뿐만 아니라 뷰타다이엔, 스타이렌 등 다양한 단량체의 중합에도 적용할 수 있게 되었다.

메리필드 합성법

고분자 지지체(매트릭스) 반응이라는 새로운 중합법을 개발한 로버트 메리필드가 1984년도 화학상을 받았다. 일반적인 반응은 용액 상태로 수행되고, 반응 후 생성물을 분리하기 위해서 다양한 방법으로 정제 과정을 거치게 된다. 생성물을 잘 녹이는 용매로 추출하기도 하고, 끓는점 차이를 이용해 분별 증류를 하기도 한다. 또는 용매의 종류를 바꾸거나 온도를 낮추어 결정화를 시도하거나, 혼합물의 흡착 정도가 다른 점을 이용해 크로마토그래피를 수행하기도 한다. 즉, 보통은 반응 시간보다도 분리정제하는 시간이 더 걸린다. 고분자 지지체 반응은 마치 나무 기둥을 이용해 버섯을 키우듯이, 또는 바닷속에서 로프에 미역 종묘를 이식하여 양식하듯이, 화학 반응을 나무 기둥 또는 로프 역할을 하는 고분자 지지체 위에서 수행하는 반응이다. 생성물을 얻기 위해서 마치 버섯이나 미역을 채취하듯이 고분자 지지체로부터 생성물을 분리하면 되므로, 분리정제가 대폭 간소해진다.

메리필드는 용매에 녹지 않는 고분자 지지체에 반응시키고자 하는 분자를 매달았다. 그다음 고분자 지지체를 반응시키려고 하는 다른 분자가 녹아 있는 용액에 넣어서 반응시킨다. 즉, 고분자 지지체 표면에 달라붙은 분자가 용액 중에서 다른 분자와 반응하여 길이가 길어진다. 이때 고분자 지지체는 용매에 녹지 않기 때문에 용액을 거르거나 지지체를 건져내는 과정만으로 생성물이 분리된다. 일반적인 용액 반응에서는 반응물과 생성물, 부생성물 등이 모두 용매에 녹아 있기 때문에, 생성물을 분리하기 위해서는 앞서 언급한 대로 추출, 증류, 재결정, 크로마토그래피 등 다양한 분리 방법이 동원된다. 메리필드의 방법에서는 고분자 지지체를 건져내어 표면에 남아있는 반응물 등을 씻어주는 것만으로 생성물의 분리가 가능하다. 메리필드는 이 과정을 자동화하여 연이어 반복적으로 반응을 수행함으로써, 1969년에 동료 베른트 구테와 함께 124개의 아미노산을 갖는 활성 효소 리보뉴클리아제 A의 합성에 성공했다. 그 후 이 방법으로 수천 종류의 서로 다른 크기를 갖는 단백질, 펩티드 호르몬 등이 합성되었다. 그림 2-5에 고분자 지지체를 이용한 폴리펩타이드의 합성 도식도를 나타냈다. 반응식에서 회색 동그라미가 고분자 지지체이다. 아미노산의 종류를 바꿔가며 반응을 한 단계씩 연속해서 시킴에 따라 폴리펩타이드 사슬이 길어진다. R은 아미노산의 곁사슬이며, 이에 따라 아미노산의

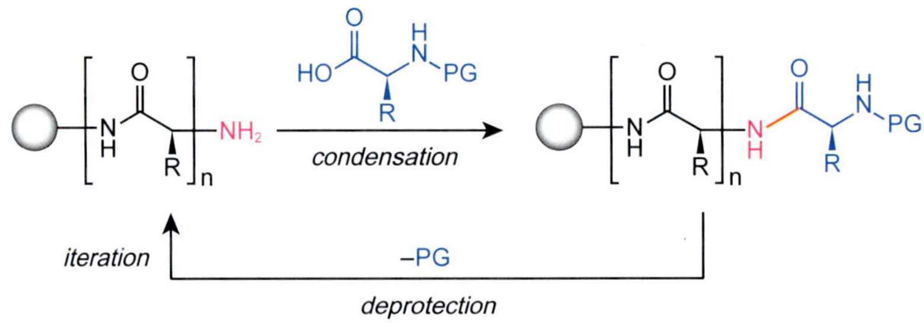

그림 2-5 고분자 지지체를 이용한 폴리펩타이드의 합성 도식도

종류가 바뀐다. PG는 보호기를 의미한다. 즉, 반응에 참여하는 작용기만 자유로이 놔두고, 다른 작용기는 일단 보호기로 감싸둔다. 다음 반응에서 보호기를 풀어준 다음 또 다른 아미노산과 반응시킨다. 최종 성장 반응이 끝나면 분리용 시약을 사용해 고분자 지지체로부터 생성된 폴리펩타이드 사슬을 끊어낸다.

메리필드는 패서디나 주니어 칼리지에서 2년을 보낸 후, UC 로스앤젤레스(UCLA)로 편입했다. 그는 고교 과정까지도 학교를 많이 옮겼는데, 초등학교 때는 9번, 고등학교는 2번 옮겼다. UCLA에서 화학과를 졸업하고, 그는 필립 파크 연구 재단에서 1년간 일하며 동물들을 관리하고 합성 아미노산 식단의 성장 실험을 도왔다. 그중 하나가 유스투스 리비히가 주장한 최소량의 법칙을 이용하여 수행한 실험이었는데, 이를 통해 성장이 일어나려면 필수 아미노산이 동시에 존재해야 한다는 것이 처음으로 증명되었다.

그는 대학원을 마치고 뉴욕의 록펠러 의학연구소에서 울리 박사의 조수로 일했는데, 다이뉴클레오티드 성장인자와 펩타이드 성장인자에 관한 연구였다. 이러한 연구로 인해 펩타이드 합성의 필요성이 생겼고, 결국 1959년에 고체상 펩타이드 합성의 아이디어가 떠올랐다. 1963년에 그는 미국화학회지(JACS)에 '고체상 펩타이드 합성'이라는 이름의 합성법을 단독 저자로 발표했고, 그 후 이 논문은 이 저널 역사상 다섯 번째로 많이 인용된 논문이 되었다.

메리필드의 업적은 21세기를 맞아 더욱 빛을 발하고 있다. 지난 수십 년 동안 인간의 게놈 서열이 밝혀지고 새로운 유전자 조작 기술이 개발되면서, 생명공학을 비롯한 관련 분야가 눈부시게 발전하였다. 이에 따라 고분자 자동 합성기를 이용한 합성 가능 고분자의 종류도 단백질(폴리펩타이드)뿐만 아니라 유전자 사슬(폴리뉴클레오타이드)과 다당류(폴리사카라이드) 등으로 확대되었다. 자동 합성기는 고분자 합성의 새로운 기술로 개발되었지만, 실제로는 기능성 올리고머의 합성이 더욱 많이 이루어진다. 올리고머는 10개 이하의 단량체가 연결된 분자이다. 요즘은 이 합성 기술이 화학자들보다도 생명공학, 약학, 생리의학 분야의 연구자들에게 더욱 요긴한 것이 되었다.

전도성 고분자

2000년도의 화학상은 전기가 통하는 플라스틱을 발명한 과학자들에게 수여되었다.

앨런 히거, 앨런 맥더미드, 시라카와 히데키가 그 주인공들이다. 플라스틱은 절연체의 대명사였다. 이것은 전선의 구성을 보면 쉽게 이해되는데, 전선은 전도성 구리선을 가운데 두고 절연체 고무나 플라스틱으로 피복한 것이기 때문이다. 그런데 전기 전도성을 갖는 플라스틱이 등장한 것이다. 대표적인 역발상의 성공 사례다. 물론 금속이 아니어도 어느 정도의 전도성을 나타내는 물질은 많다. 부도체 무기물인 실리콘에 도핑 물질을 첨가하면 우리가 잘 아는 반도체가 된다. 흑연은 탄소만으로 이루어진 물질이지만 전도성을 띤다. 하지만, 전기가 통하는 플라스틱은 없었다. 플라스틱의 구조에 어떤 변화를 주면, 전기가 통하는 플라스틱이 되는 것일까?

전도성 플라스틱이 되기 위한 첫 번째 조건은 고분자가 콘쥬게이션 구조를 갖는 것이다. 콘쥬게이션 구조는 그림 2-6에서 보여주는 것처럼 탄소가 이중 결합과 단일 결합이 교대로 연결된 구조이다. 이중 결합은 두 종류의 결합으로 이뤄지는데, 하나는 시그마(σ) 결합이고, 다른 하나는 파이(π) 결합이다. 이 중에서 시그마 결합에 존재하는 전자는 결합력이 강하지만, 파이 결합을 이루는 전자는 다소 결합력이 약하다. 또한 파이 결합을 이루는 오비탈은 이웃한 이중 결합의 오비탈과 서로 약간씩은 중첩되다 보니 파이 결합 속의 전자는 이웃한 파이 결합 쪽으로 이동이 가능한 상태가 된다. 하지만 모든 파이 결합에 전자가 채워져 있으면 이동이 쉽게 일어나지 못하는데, 이것은 마치 고속도로가 자동차로 꽉 차면 주차장처럼 되는 것과 같다. 따라서 콘쥬게이션 구조를 갖더라도 이 상태로는 여전히 절연체이거나 반도체 정도의 전도성만을 나타낸다. 그래서 두 번째 조건이 필요하다. 그것은 파이 전자를 떼어내거나(산화) 되레 전자를 밀어 넣어서(환원) 전자의 이동이 일어날 수 있는 여지와 동력을 만드는 것이다. 그림 2-6의 놀이판은 산화의 예에 해당하는데, 놀이판의 한 군데가 비어 있어서 숫자의 이동이 가능한 것과

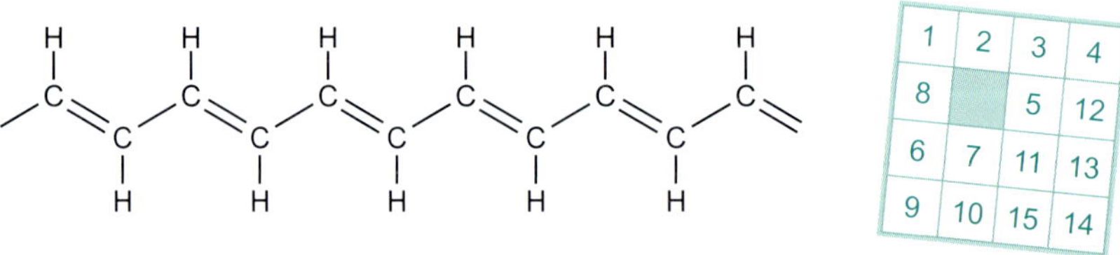

그림 2-6 콘쥬게이션 구조를 갖는 폴리아세틸렌과 도핑의 개념을 설명하는 숫자 맞추기 놀이판

같은 이치이다. 이처럼 콘쥬게이션 고분자를 일부분 산화 또는 환원시킴으로써 전자의 이동을 획기적으로 증가시키는 것을 도핑이라고 한다.

도핑이라는 용어는 우리에게 익숙하다. 뉴스를 통해서 운동선수 중에 누가 금지 약물을 복용한 사실을 도핑 검사를 통해서 적발했다는 소식을 듣기도 하기 때문이다. 1988년 서울올림픽 때는 한국의 과학자들이 세계 신기록으로 금메달을 딴 육상 선수의 금지 약물 복용 사실을 밝혀내기도 했다. 전도성 플라스틱의 도핑과 약물 도핑은 같은 개념이다. 즉, 둘 다 미량의 화합물이 특정 기능을 향상시키기 때문이다. 플라스틱에서는 전도성이 향상되었고, 운동선수는 근육의 기능이 강화된 것이다. 다른 예로써, 실리콘 반도체의 경우 p-형 반도체는 실리콘(Si) 원자보다 결합 전자수가 적은 원자(B)가, n-형 반도체는 반대로 실리콘보다 결합 전자수가 많은 원자(Sb)가 실리콘 대신 불순물로 들어가서 도핑이 일어난다.

전도성 고분자의 발견 과정에 한국인 과학자의 참여가 있었다. 쓰쿠바의 시라카와 연구실에 연수 중이던 한국인 연구원이 화학 반응 중에 우연히 금속과 같은 검은색의 폴리아세틸렌 고분자를 합성했다. 이 고분자가 전도성을 갖지 않을까 하는 생각에 전도도를 측정했으나 기대한 만큼의 전도도가 나오진 않았다. 그 후 도쿄에서 개최된 국제 학술회의에서 시라카와 교수가 이런 사실을 히거 교수와 맥더미드 교수에게 얘기했고, 이 이야기를 들은 히거 교수의 제안으로 이 고분자에 대한 공동연구를 계획하게 된다. 미국 펜실베이니아대학교에서의 공동 연구에는 마침 한국인 박사과정 학생이 참여했다. 그 학생이 후에 서울대로 부임한 박영우 교수이다. 결국 그림 2-6에 나타낸 폴리아세틸렌에 요오드(아이오딘) 증기로 도핑한 결과 폴리아세틸렌의 전도도가 1천만 배가 증가했다. 즉, 산화제 요오드가 폴리아세틸렌에 산화 도핑을 일으킨 것이다. 후일담으로 박영우 교수는 수상자의 초청으로 노벨상 수상식에 참석하였다.

전도성 고분자의 응용 가능 범위는 매우 넓다. 그것은 전기가 통하는 재료라는 특성 외에 가벼우면서도 기계적 물성이 좋고, 섬유든 필름이든 구조물이든 쉽게 가공할 수 있으며, 다른 재료들과 쉽게 복합체를 형성할 수 있기 때문이다. 하지만 장점만 있는 것은 아니다. 고분자는 본래 열에 약하고 산화되기 쉬운 탄소 화합물이기 때문이다. 현재는 이런 약점을 극복한 탄소 화합물이 많이 개발되었고 상업화에도 성공하였다. 전도성 고분자의 몇 가지 응용 예를 살펴보면 다음과 같다.

유기발광다이오드(OLED)는 TV의 새로운 디스플레이 방식으로 우리나라의 기업이 가장 앞선 기술력을 보이는 제품이다. 보통은 OLED 발광 물질로 고분자가 아닌 저분자량 유기물을 사용하지만, 고분자도 적절한 밴드갭을 갖는 구조가 되면 빛을 낸다. 밴드갭은 전자가 채워진 오비탈과 비어 있는 오비탈 사이의 에너지 차를 말한다. 높은 에너지를 갖는 빈 오비탈로 들어간 전자가 낮은 에너지를 갖는 오비탈로 이동하면, 해당 에너지를 갖는 파장의 빛을 낼 수 있다. 전도성 고분자로 만든 OLED는 따로 PLED라고도 부른다. 전도성 고분자는 정전기 방지 재료로도 사용된다. 정전기 방지 필름은 전자제품의 구성 요소이고, 이를 섬유로 만들면 청정 환경이 필요한 반도체 공장 직원들의 흰색 복장에 들어가는 전도성 섬유가 된다. 이렇게 하는 이유는 정전기가 발생하면 먼지가 잘 붙기 때문이다. 태양 전지를 전도성 고분자로 만들 수도 있다. 빛에너지로 생성된 전자를 분리하여 흐르게 할 수 있기 때문이다. 이 고분자는 용액 상태로도 만들 수 있으므로 프린팅 기법으로 전도성 고분자 전자회로를 만들 수 있다. 전자를 이동시켜서 전도성 물질의 산화 상태를 바꿔주면 고분자 사이의 상호작용으로 근육처럼 움직임이 일어날 수도 있다. 이런 제품을 액추에이터로 부른다. 이 외에도 전도성 고분자는 전기 발색 재료로 쓸 수 있고, 배터리 커패시터의 용량을 늘릴 수 있으며, 두루마리형 투명 디스플레이를 만들거나, 전자기파 차폐재가 되기도 한다. 또한 투명 전극 역할도 하고, 레이다 전파를 흡수하는 코팅재가 될 수도 있다. 즉, 그동안 주로 전도성 금속만이 가능했던 다양한 기능을 플라스틱이 대체할 수 있는 것이다.

상호교환 중합법

새로운 형태의 유기 금속 화합물을 반응 촉매로 작용하여 이전에는 쉽게 얻기 어려웠던 생성물을 한 단계 반응으로 해결하는 길이 열렸다. 유기합성 연구자에게는 혁신적인 반응이었는데, 이 반응은 탄소 사이의 이중 결합이 끊어진 후 다른 이중 결합 탄소와 결합하여 새로운 이중 결합을 생성한다(그림 2-7, 2-8). 이 촉매 반응을 이용하지 않고 같은 구조 변화를 이루려면 여러 단계의 반응이 필요하다. 당시 실용적인 촉매까지는 아니었지만, 이 촉매 반응의 메커니즘을 가장 먼저 제시한 사람은 프랑스 석유연구소의

그림 2-7 상호교환 반응을 보여주는 체인지 파트너 댄스
출처: © The Royal Swedish Academy of Sciences

이브 쇼뱅이었다. 그는 이 촉매를 발전시켜 실용적인 촉매를 개발한 캘리포니아공과대학의 로버트 그럽스, MIT의 리처드 슈록과 함께 2005년도 화학상을 받았다.

이미 1950년대에 연구자들은 다양한 촉매가 상호교환 반응(metathesis reaction)을 일으킨다는 것을 알았다. 하지만 촉매가 어떻게 작용해서 그런 생성물이 얻어지는지 분자 수준에서 이해할 수 없었기 때문에, 더욱 좋은 촉매를 얻으려는 노력이 오로지 시행착오로 이루어졌었다. 1970년대 초에 쇼뱅이 이 반응의 메커니즘을 제안하면서 촉매 설계의 돌파구를 열었다. 그것은 탄소 원자와 이중 결합을 갖는 유기금속 분자가 다른 이중 결합 분자와 4각형의 중간체를 형성한 다음, 앞서 결합해 있던 금속-탄소 결합은 끊어지고 다른 분자의 탄소로 이 결합이 옮겨가는 과정이다. 그림 2-9에 이 반응의 메커니즘을 나타냈다.

이 반응의 이름에 사용된 메타세시스라는 용어는 언어학에서 단어 내의 음이나 철자 순서가 바뀌는 것을 뜻한다. 즉, 이 용어는 음의 위치가 서로 바뀌는 음위(音位)전환 또는 글자 위치가 서로 바뀌는 자위(字位)전환으로 번역된다. 예로써 나뭇잎을 뜻하는 폴리이지(foliage)를 종종 포일리지(foilage)로 쓰거나 읽는 것에 해당한다. 한국어를 예시로 들면 구레나룻을 구렛나루로 읽고 쓰는 것이 있겠다. 그림 2-7에서 이 반응을 재미있게 설명하고 있다. '체인지 파트너 댄스' 그림인데, 먼저 검은 머리와 초록 머리, 빨강 머리와 노랑 머리 두 사람이 각각 두 손을 잡고 춤을 추다가 호루라기 소리가 나면 대형을 바꾸어 손에 손을 잡고 커다란 원을 만든다. 이어지는 호루라기 소리에 다시 두 명씩 짝을 지어 춤을 추는데, 이번엔 파트너가 바뀌었다. 이 그림은 노벨상 위원회에서 노벨상 업적을 알기 쉽게 설명하기 위해 홈페이지에 제공한 자료이다. 실제 반응에서는 해당 촉매의 존재하에서 탄소-탄소 이중 결합의 파트너가 서로 바뀐다. 필자는 이 그림을 보고, 예전에 유명한 가수였던 패티 페이지의 '체인징 파트너'라는 노래가 떠올랐다. 노래 내용 역시 앞의 그림 내용과 닮았다.

사실 상호교환 중합법은 그림 2-8에 나타낸 것처럼 이 촉매 반응의 다양한 응용 분야 중 하나이다. 그럼에도 고리열림 상호교환 중합법(ROMP)이 상호교환 반응의 대표격으로 소개되는 이유는 이 중합법을 통한 고분자 생산이 전체 응용 분야에서 매우 큰 비중을 차지하기 때문이다. 대표적으로 폴리노보넨이 ROMP로 생산된 상업적 고분자 중 하나이다. 그림 2-8에 나타낸 상호교환 반응 중에서 아래쪽 두 개의 반응이 고분자가 생성되는 반응이다. 이 중 첫 번째가 고리 구조의 단량체를 이용하는 ROMP이다. 즉, 반응물이 고리 내에 이중 결합을 갖는 고리 화합물인 경우는 고리 화합물이 참여하는 4각형 중간체가 생긴 다음 금속-탄소 결합이 끊어져도 고리를 형성했던 탄소들이 금속과 완전히 분리되지 않는다. 그림 2-9에 이 반응의 메커니즘을 나타냈다. 다른 두 번째 중합법은 고리 구조가 아니라 분자의 양 끝이 둘 다 이중 결합이거나 삼중 결합을 갖는 사슬 분자의 중합이다. 그림 2-8의 맨 아래 반응 예가 이에 해당한다. 이 경우에도 고분자 사슬 내에 이중 결합을 갖는 구조가 만들어진다.

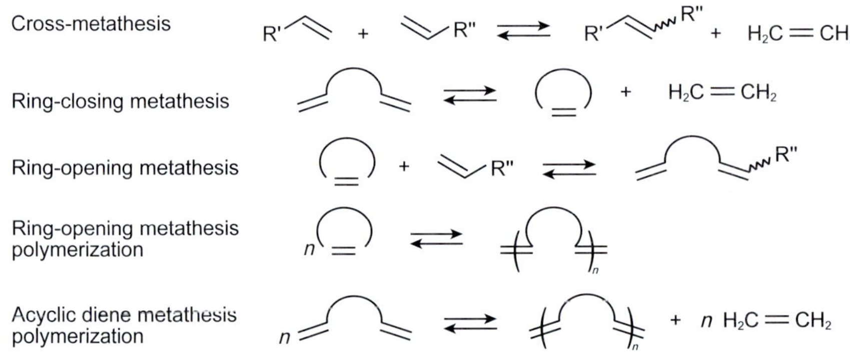

그림 2-8 고분자 형성을 포함하는 다양한 상호교환반응
출처: https://en.wikipedia.org/wiki/Olefin_metathesis

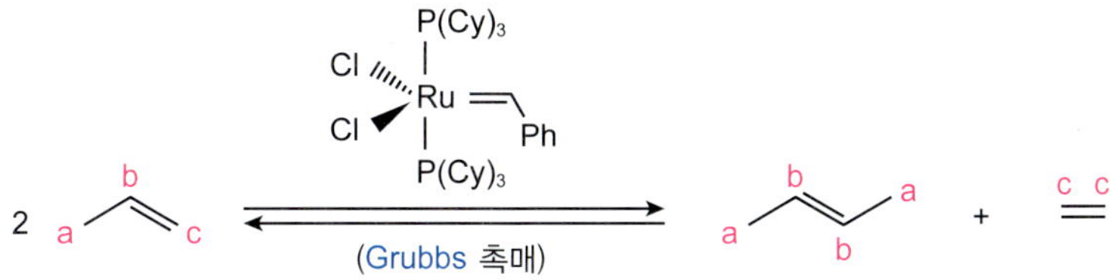

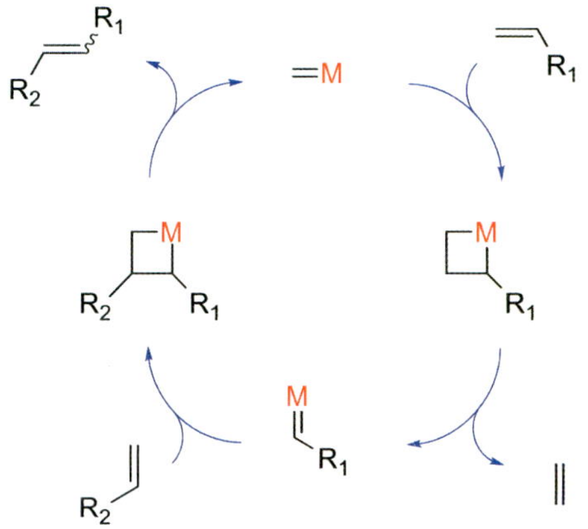

그림 2-9 그럽스 촉매를 통한 상호교환반응 메커니즘

상호교환 반응은 그림 2-8 반응 예에서 보여주는 것처럼 반응물과 생성물 사이에 획기적인 구조의 변화를 동반하지만, 그 메커니즘은 알고 보면 매우 단순하다. 앞서 간단히 언급했지만, 그림 2-9에 이 반응의 메커니즘을 자세히 나타냈다. 촉매의 금속 알킬리덴 [M(금속)=C] 결합, 즉 금속과 탄소의 이중 결합이 반응물의 탄소 이중 결합과 4각형의 중간체 화합물을 만든다. 불안정한 이 4각형 중간체는 쉽게 분해되는데, 이때 새로 생성된 결합이 끊어지면 원래 상태로 되돌아간다. 하지만, 단일 결합이 된 M-C 결합과 단일 결합으로 바뀐 반응물의 이중 결합 부분이 끊어지면, 새로운 이중 결합 화합물이 만들어진다. 이렇게 새로 생성된 [M(금속)-C] 결합은 앞의 과정을 반복하여 사각형 중간체를 거쳐서 생성물을 만든다. 이 반응의 최대 걸림돌은 [M(금속)=C] 결합이 불안정해서 안정한 촉매를 얻기가 어렵다는 것이었다. 이 문제는 루테늄(Ru)이 포함된 그럽스 촉매 구조에서 보듯이 금속 주위를 덩치가 큰 원소나 원자단이 감싸는 구조를 통해 해결할 수 있었다. 그림 2-9에서 프로펜의 상호교환반응으로 생성된 2-뷰텐은 탄소 a가 트랜

스인 생성물이 그려져 있다. 메커니즘으로는 시스와 트랜스가 둘 다 가능하다. 그것은 M(금속)=C 결합과 프로펜이 4각형을 만들 때, 탄소 b가 금속과 결합할 수도 있고, 탄소 c가 결합할 수도 있기 때문이다. 이런 경우 생성물의 입체 구조는 그림 2-9에서처럼 탄소 사이 결합을 실선이 아닌 물결선으로 나타낸다.

슈록과 그럽스가 디자인하고 제조한 촉매를 활용하여 많은 새로운 소재가 합성되었는데, 기능성 플라스틱, 연료 첨가제, 의약품 등이 새로운 공정으로 생산되었다. 아울러 이 촉매 반응은 녹색 화학의 발전에도 기여했다. 즉, 녹색 화학은 화학 공정이나 합성법에서 가급적이면 해로운 물질을 제거하거나 줄이는 쪽의 생산법을 말한다. 녹색 화학에는 여러 단계의 반응을 거치는 합성법을 한 단계로 줄인다거나, 휘발성 유기용제 대신에 물을 용매로 사용한다거나, 반응물 자체를 해롭지 않은 원료로 대체한다거나, 독성이 확인된 생산물을 저독성 물질로 대체하는 것 등이 포함된다.

미국이나 유럽의 대학에서는 학부 과정에서 다양한 전공을 경험하게 하거나, 아예 전공이 없는 자유 문예 대학(Liberal Arts College)으로 운영하기도 한다. 또한 학부, 석사, 박사 과정, 박사후 연구원 등을 거치는 동안 대학교를 바꾸어 가며 공부하고 연구한다. 물론 사람에 따라 다르지만, 자연스럽게 대학교와 기업연구소를 오가며 경력을 쌓기도 한다.

쇼뱅은 1954년에 리옹대학교에서 화학, 물리학, 전자공학을 공부했다. 1960년부터 그는 평생을 프랑스 석유연구원(IFP)에서 연구원으로 일했고, 1991년에 이 기관의 원장으로 승진했으며, 1995년에 은퇴해서 명예 원장이 되었다. 쇼뱅은 여러 개의 특허를 보유했고 석유화학 공정에 대한 중요한 업적을 남겼다. 특히 주목할 만한 업적은 균일 촉매에 대한 것이다. 그럽스는 플로리다대학교에서 학사와 석사학위를 받고, 뉴욕의 컬럼비아대학에서 1968년 박사학위를 받았다. 스탠퍼드에서 1년간 박사후 연구과정을 거친 후에 미시간 주립대학교의 화학과 교수진에 합류했다. 1978년에 캘텍으로 자리를 옮겼고, 1990년에 빅터 앤 엘리자베스 애트킨스 화학 교수로 임명되었다. 1970년대 이후 여러 가지 금속을 대상으로 상호교환 반응의 촉매 작용을 연구했는데, 실용성이 있는 첫 번째 촉매는 1992년에 발표한 루테늄(Ru)을 포함한 촉매이다. 이 촉매는 공기 중에서 안정했고, 분자 내의 이중 결합에 선택적으로 작용했으며, 분자 내 다른 작용기를 건드리지 않았다. 특히 슈록이 2년 전에 발표한 몰리브데넘(Mo)을 포함하는 촉매에 비해 안정했다. 슈록의 촉매도 이후 개선되어 물, 알코올, 카복실산에서도 사용할 수 있는 촉매가 개발되었다. 슈록은 1967년에 UC 리버사이드를 졸업하고, 1971년에 하버드대학교에서 박사학위를 받았다. 그는 케임브리지대학교에서 1년간 박사후 과정을 밟았고, 듀폰사에서 3년간 연구원으로 일했다. 1975년에 MIT의 교수진에 합류했다.

2.3 고분자 물성과 응용

분자량과 물성

고분자의 물성에 영향을 주는 첫 번째 요인은 분자량이다. 폴리에틸렌(PE)의 경우를 살펴보면 원료 분자인 에틸렌($CH_2=CH_2$)은 상온 상압에서 기체이다. 에틸렌 분자가 사슬 모양으로 계속 첨가되어 $-(CH_2-CH_2)_n-$ 구조의 n이 커지면 점차 기체가 액체를 거쳐 고체로 변한다. 이에 따라 당연히 물성이 달라지는데, 고분자라면 적어도 분자량이 10,000 이상인 경우를 일컫는다. 물론 분자량이 커진다고 물성도 무한정 비례해서 증가하는 것은 아니며 어느 정도 분자량이 커지면 그 이상에서는 비슷한 물성을 나타낸다.

분자가 분자량이 커지면 물성이 어떻게 달라질까? 앞서 분자량이 증가하면서 기체 분자가 액체를 거쳐 고체가 된다고 했는데, 이처럼 물질의 상태가 달라진다. 끈적한 정도를 나타내는 점성도 분자량의 증가에 따라 커진다. 물처럼 점성이 낮은 저분자량 분자가 점점 분자량이 커지면 걸쭉해지면서 점성이 높아진다. 이를 정량적으로 측정하는 간단한 방법은 동그란 쇠구슬을 서로 다른 분자량을 갖는 물질의 용액 속으로 통과시키는 것이다. 이때 분자량이 커서 점성이 높아질수록 통과 시간이 길어진다. 탄력의 정도를 나타내는 탄성도 그렇다. 이것은 힘을 가해서 물질에 변형을 일으킨 후에 그 힘을 제거하면 물질이 본래의 모습으로 되돌아가는 성질이다. 역시 분자량이 낮을 때는 잘 나타나지 않고, 분자량이 큰 고분자에서 나타나는 물성이다. 이 둘을 합친 용어인 점탄성이 고분자의 성질을 나타내는 용어로 종종 쓰인다.

예전 영화 중에 플러버라는 제목의 영화가 있다. 플러버는 주인공인 브레이너드 교수가 자신의 결혼식 시간도 잊은 채 연구에 몰두하여 만들어낸 엄청난 탄성을 가진 고무의 이름이다. 이 탄성 소재의 합성은 과학에 대한 흥미 유발을 위해 초등학생 시절에 한 번쯤 만들어 보는 주제인데, 폴리비닐알코올과 붕사를 함께 물에 녹여서 만든다. 이때 붕사의 붕소(B)에 서로 다른 고분자 사슬의 하이드록시(-OH)기들이 결합하여 그물 구조가 되면 이 고무는 매우 큰 탄성을 나타낸다.

유리화 온도

고분자는 긴 사슬이다 보니 분자량이 같더라도 이 사슬이 어떤 형태로 존재하느냐에 따라 물성이 달라진다. 무질서하게 헝클어진 형태(무정형)일 수도 있고 나란히 배열한 형태(결정형)를 취할 수도 있다. 이에 따른 대표적인 물성의 차이가 온도에 변화를 줄 때 나타난다. 즉, 고분자에 열을 가하면 무정형 구조는 먼저 사슬들이 액체처럼 움직이지만, 결정형 구조는 더 높은 온도가 되어야만 녹게 된다. 무정형 구조가 액체처럼 변하는 온도를 유리화 온도(T_g)라고 한다. 용어가 말해주듯이 마치 딱딱한 유리가 고온에서 말랑말랑해지는 것과 같은 현상이다. 녹는점(T_m) 이상이 되어 결정성 부분까지 녹아야 고분자 액체가 되는데, 대개 고분자는 이 온도가 되기 전에 분해된다.

T_g는 고분자의 종류에 따라 매우 다르다. 한 예로 껌의 주성분인 폴리바이닐아세테이트는 T_g가 32℃이다. 따라서 유리화 온도 이상인 입안에서는 말랑말랑해지는 것이다. 섬유로 사용되는 고분자는 비교적 T_g가 높다. 면섬유의 경우 주성분인 셀룰로스의 T_g는 225℃이다. 합성 섬유는 이보다는 훨씬 낮은 T_g를 나타낸다. 면으로 만든 옷은 다림질할 때 높은 온도가 요구되므로 미리 물을 뿌려 섬유 사이에 물 분자가 스며들게 한다. 물 분자가 가소제 역할을 하므로 쉽게 형태가 잡힌다. 천연고무는 -73℃의 낮은 T_g를 나타내는데, 상온에서는 부러질 일이 없는 천연고무도 T_g 이하의 온도에서는 딱딱해지므로 부러질 수 있다. 우리가 플라스틱 제품을 사보면, 제품 정보에 사용 온도 범위가 적혀있다. T_g는 고분자의 사용 온도 범위를 결정한다.

응력 변형 곡선

T_g와 더불어 플라스틱의 용도를 결정하는 중요한 물성으로 고분자가 나타내는 힘에

의한 변형이 있다. 이것을 보여주는 그래프가 응력 변형 곡선이다. 이것은 고분자 시료를 규격의 띠 모양으로 만든 다음, 한쪽을 고정한 채 다른 한쪽을 잡고 힘을 가해 늘려가며 측정한다. 이때 고분자의 종류에 따라 약한 힘으로도 쉽게 늘어나는 것이 있고, 강한 힘에도 잘 늘어나지 않는 것도 있다. 고무줄, 폴리에틸렌 비닐백, 페트병을 생각하면 쉽게 이해된다. 이때 가하는 힘이 응력이고 늘어나는 정도가 변형이다. 이것을 가로와 세로축으로 나타내면 응력 변형 곡선이 얻어진다. 이때 탄성을 나타내는 범위 내에서는 힘의 가감에 따라 변형의 회복이 이뤄지지만, 그 이상의 힘을 가하면 회복이 안 되는 변형이 나타나거나 시편이 끊어진다. 이와 같은 모든 데이터는 고분자 소재를 응용할 때 반드시 반영해야 하는 정보이다.

가교화 구조

서로 다른 고분자 사슬 사이를 결합하여 마치 그물처럼 만들면 분자량은 거의 무한대로 커질 수 있다. 이를 가교화라고 하는데, 자동차 타이어가 대표적인 가교화 고무이다. 가교화라는 말은 다리를 놓는다는 뜻이다. 강을 사이에 둔 양쪽 길을 다리로 연결하듯이 고분자 사슬과 사슬 사이를 결합하는 반응이 가교화이다. 천연고무는 주로 가황 공정을 통해 가교화한다. 이 공정은 천연고무에 황가루를 넣고 가열하는 것인데, 1839년에 찰스 굿이어에 의해 개발되었다. 굿이어의 이름을 딴 세계적인 타이어 제조 회사가 있지만, 찰스 굿이어는 이 회사와 관련이 없다.

또한 고분자 사슬의 가교화는 내열성을 높여주므로 난연재를 구성하는 한 요소이다. 화재 시에 불꽃이 타오르는 것은 연소 물질이 기체 상태가 되기 때문이다. 따라서 연소 물질이 가교화 구조를 갖는다면 어느 한쪽 결합이 끊어지더라도 쉽게 작은 조각의 기체 분자로 바뀌지 않는다. 앞서 말한 고분자 사슬의 결정성 구조, 사슬 사이의 수소 결합이나 이온 결합도 비록 공유 결합으로 두 사슬을 결합한 것은 아니지만, 사슬 사이를 잡아주는 역할을 하므로 가교화 효과를 나타낸다. 섬유 중에 스판덱스 섬유가 이 원리로 탄성을 부여했다. 섬유 고분자는 고무처럼 공유 결합으로 가교화 구조를 만들면 용매에 녹지 않는 플라스틱이 되어 실을 뽑을 수 없게 된다. 스판덱스 섬유는 고분자 사슬 사이의 분자 간 힘만이 작용하므로 용매에 녹여 실을 만들 수 있는 것이다.

플라스틱 광섬유

2009년도 물리학상은 통신용 광섬유를 개발한 찰스 가오와 CCD 센서를 발명한 윌러드 보일과 조지 스미스가 받았다. 레이저 광통신에 대해서는 11장 레이저에서 다시 언급하며, CCD 센서는 8장 디스플레이에서 설명한다. 여기서는 플라스틱 광섬유(POF)에 대해서 간단히 설명한다.

보통 장거리 통신용 광섬유는 유리 광섬유(GOF)를 사용하지만, 굴곡이 많고 좁은 공간에서는 POF가 효과적일 수 있다. POF가 요구하는 물성은 우선 광통신에 사용하는 빛을 흡수하지 않아야 한다. 그래야 장거리를 이동하더라도 빛의 세기가 약해지지 않기 때문에 중간에 증폭기 수를 줄일 수 있다. 특히, POF는 고분자 종류에 따라 차이는 있지만, 유기물이기 때문에 전자기파의 흡수대가 무기물인 유리 섬유에 비해 넓다. 광통신용으로 사용하는 전자기파의 파장은 1.55㎛이다. 광섬유의 흡수가 가장 적은 영역에서 선택되었다. 이 파장은 라디오나 TV, 이동통신이 사용하는 전파보다 짧은 파장이다.

또 하나 요구되는 물성은 빛의 굴절률이 큰 고분자를 코어로 사용해야 한다는 것이다. POF는 빛이 지나가는 안쪽 코어와 이를 둘러싼 바깥쪽 클래딩으로 구성된다. 코어 고분자의 굴절률(n_1)이 클래딩 고분자의 굴절률(n_2)보다 커야 전반사가 가능하다. 굴절률의 차가 클수록 좋다. 그래야 입사각이 커져서 한 번에 많은 정보를 받아들일 수 있기 때문이다. 이를 설명하는 개념이 개구수인데, 역시 개구수가 클수록 더 많은 정보의 입

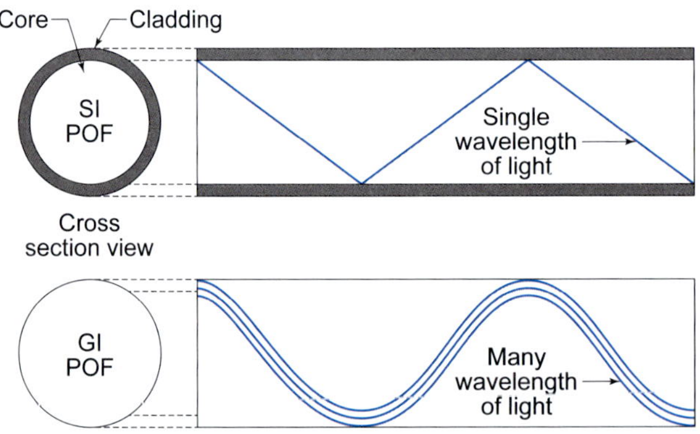

그림 2-10 플라스틱 광섬유 내에서 전반사를 통해 빛이 전송되는 두 가지 모드
출처: http://ecmweb.com/content/nows-time-plastic-optical-fiber

사가 가능해진다. 대표적인 것으로 폴리(메틸메타크릴레이트)(PMMA)를 코어 고분자로 폴리카보네이트(PC)를 클래딩 고분자로 사용한 플라스틱 광섬유를 들 수 있다. 그림 2-10은 빛이 플라스틱 광섬유 내에서 전반사를 통해 전송되는 두 가지 모드를 보여준다. SI는 스텝-인덱스를, GI는 그레이디드-인덱스를 나타낸다. 스텝-인덱스 모드에선 단일 파장의 빛을 전송시키지만 그레이디드-인덱스 모드에선 여러 파장의 빛을 동시에 전송시킨다. 이로써 한 번에 많은 정보를 전송시키는 것이 가능하다.

2.4 환경과 고분자

플라스틱은 환경 문제의 주된 관심 물질이다. 본 절에서는 플라스틱의 재활용 문제, 플라스틱에 기인한 환경호르몬, 분해성 플라스틱 문제를 살펴본다. 다른 국가들보다 EU는 특히 환경 문제를 제품의 제조 과정에까지 적용하여 관련 규정을 지키지 않은 제품의 수입과 수출을 제한하고 있다. 이제는 관심만 가져서 될 일이 아니라 실천이 필요하다.

플라스틱의 재활용

플라스틱의 재활용은 분리배출에서 시작된다. 페트병은 세 종류의 플라스틱으로 만들어지는데 몸체는 폴리(에틸렌테레프탈레이트)(PET), 몸체를 두른 필름은 폴리프로필렌(PP), 뚜껑은 폴리에텔렌(PE)이다. 따라서 페트병을 버릴 때는 필름과 뚜껑은 제거하고 내놔야 한다. 최근에는 이에 대한 홍보가 많이 되고, 라벨 필름이 없는 페트병도 등장했다. 사실 페트병뿐만 아니라 재활용 기호가 있는 플라스틱은 같은 번호나 같은 이름의 플라스틱끼리 분리수거만 되면 모두 재활용이 가능하다. 세 개의 화살표가 돌아가는 삼각형 안의 번호가 1번이 PET, 2번이 HDPE(무거운 폴리에틸렌), 3번이 PVC, 4번이 LDPE(가벼운 폴리에틸렌), 5번이 PP, 마지막 6번이 PS이다. 스티로폼이 PS 제품 중 하나다. 6종류의 플라스틱 중에서 5종류는 구성 원소가 C, H(PE, PP, PS) 또는 C, H, O(PET)이지만, PVC는 C, H, Cl이어서 염소 원자를 포함한다. 염소 원자를 포함하는 플라스틱은 연소 시에 독성 다이옥신이 만들어질 수 있으므로 분리하여 배출해야 한다. 이와 관련하여 병원에서 나오는 쓰레기의 경우 일반 쓰레기와는 별도로 처리한다. 그것은 병원성 쓰레기가 포함되어 있어서만이 아니라 병원에서는 염소를 함유한 화학물질을 많이 사용하기 때문이다.

플라스틱 환경호르몬

환경호르몬 문제는 근래 비교적 여론에서 잠잠해졌다. 한때는 오존층 파괴, 온실가스와 더불어 3대 환경 이슈에 환경호르몬이 포함되었었다. 플라스틱 사용이 계속되는 한 환경호르몬 문제에서 우리는 자유로울 수 없다. 지속적인 감시가 필요한 이유이다. 환경호르몬이란 용어를 사용하기 전에는 오래전부터 이것을 내분비계 교란물질이라고 불렀다. 이 용어가 전문용어이다 보니 대중적이지 않았는데, 일본의 과학자가 NHK 방송에서 이것을 처음으로 환경호르몬이라고 설명했고, 그 후에 세계적으로 사용하는 용어가 되었다.

대표적인 환경호르몬 물질로 이제는 사용이 금지된 트라이뷰틸주석(TBT)이 있다. TBT는 선박에 조개류, 해조류 등이 달라붙는 것을 방지할 목적으로 사용되었다. 선박에 사용되는 페인트에 첨가물로 사용된 TBT가 바닷물 속으로 녹아 나와서 위 생물들이 암수의 성적 성장이 교란되고, 생태계가 파괴되는 현상이 나타났다. 현재는 TBT의 사용이 금지되었고, 뷰틸(C_4)보다 독성이 약한 긴 사슬의 옥틸(C_8) 주석 화합물로 대체 되었다. 하지만, 이 외의 환경호르몬 의심 물질이 여전히 존재하며, 이들의 대체 물질도 또 다른 의심을 받는 물질로 알려지면서, 친환경 물질이 되기에는 아직 멀었다. 실생활에서 많이 사용하는 스티로폼에서도 원료 단량체가 두 개 또는 세 개 결합하여 생기는 이량체, 삼량체는 환경호르몬 의심 물질이다. 또한, 아기들 젖병으로도 쓰였던 폴리카보네이트의

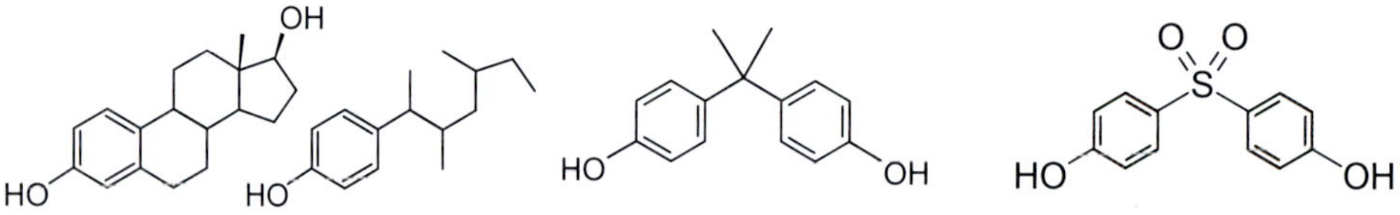

그림 2-11 왼쪽부터 천연 호르몬 에스트라다이올과 환경 호르몬 노닐 페놀, 비스페놀 A와 대체 물질 비스페놀 S

원료인 비스페놀 A, PVC를 유연하게 해주는 가소제 DOP도 환경호르몬 의심 물질이다.

이러한 환경호르몬은 어떻게 우리 몸의 내분비계를 교란하는 것일까? 그것은 이들 물질이 실제 우리 몸에서 작용하는 호르몬과 유사한 구조를 갖기 때문이다. 즉, 진짜 호르몬이 작용할 자리에 이들 가짜 호르몬이 들어가서 정상적인 호르몬 작용을 방해한다. 그림 2-11에 천연 호르몬인 에스트라다이올과 환경호르몬인 노닐 페놀의 구조 유사성을 나타냈다. 한편, 비스페놀 A는 사용 범위가 넓어서 폴리카보네이트의 원료뿐만 아니라 치과 재료, 금속캔 피복재, 감열지 영수증의 코팅제 원료로도 사용되었는데, 이것의 대체 물질로 등장한 것이 비스페놀 S이다. 하지만 비스페놀 S에 내해서도 여전히 환경호르몬으로 작용할 가능성이 제기되었다.

분해성 플라스틱

플라스틱이 환경오염의 주범으로 지목되는 주된 이유는 생태계 내에서 자연스러운 물질 순환이 이뤄지지 않기 때문이다. 즉, 자연 생태계는 생명체가 흙에서 나서 죽으면 이를 분해하는 미생물이 다시 흙으로 돌려놓는다. 플라스틱을 비롯한 합성 제품의 경우 이 순환 고리를 따르지 않기 때문에, 소각하거나 매립하여 쓰레기를 처분한다. 소각은 대기 중에 이산화탄소의 양을 증가시키고, 매립은 토양의 오염을 일으킨다. 과학자들은 유전공학을 이용하여 미생물이 플라스틱을 분해하도록 유도 진화를 시도하고 있다. 플라스틱 분해 미생물의 출현을 자연적인 진화에 의존하기에는 너무 오랜 시간이 걸리기 때문이다.

또 다른 해결 방안으로 플라스틱 원료를 대체하여 분해성 플라스틱을 개발하려고 노력하고 있다. 분해성 플라스틱에서 말하는 분해 방법은 미생물(효소), 물, 햇빛, 공기 중 산소에 의한 분해이다. 즉, 연소와 같은 인위적인 분해 행위가 아닌 자연 상태에서 분해되는 플라스틱이다. 미생물과 효소에 의한 분해는 생분해이므로 그 원료가 애초에 사연 속에 존재하는 것이어야 한다. 합성 원료를 사용한다면 아직은 이를 분해할 미생물이나 효소가 없을 수 있기 때문이다. 불로 분해되는 플라스틱은 가수분해가 가능한 폴리에스터, 폴리아마이드(나일론) 등 축합 고분자들이다. 가수분해는 보통 생분해에 포함하기도 한다. 햇빛에 의한 분해는 광산화 반응을 통해 일어나는데, 케톤 구조를 가지면 잘 일어난다. 케톤은 탄소와 산소 사이에 이중 결합(C=O)을 갖는 화합물이며, 이 결합의 이웃 탄소에 붙어있는 수소는 산화가 쉽게 일어나기 때문이다. 햇빛에 의한 산화도 공기 중 산소에 의한 산화와 마찬가지로 라디칼 생성을 거쳐 진행된다. 라디칼은 전자가 짝을 이루지 않고 홀로 존재하는 화합물이어서 높은 반응성을 나타낸다. 따라서 첨가제로 광여기제(photosensitizer)나 금속 촉매를 플라스틱에 첨가하여 라디칼 생성을 촉진하기도 한다. 산화에 의한 분해는 산소 외에도 열, 빛, 미생물 등에 의해서도 일어나므로 이들을 모두 포괄하는 개념이다.

생분해성 플라스틱은 앞서 말한 대로 자연에 존재하는 원료를 쓰지만, 광분해성 또는 생붕괴성 플라스틱(oxo-biodegradabe plastic)은 난분해성인 PE, PP 등을 기본 플라스틱으로 사용하되, 첨가제가 들어간다. 광분해성은 광여기제, 금속 촉매 등을 첨가하고, 생붕괴성에는 전분, 젖산 고분자 등을 섞어서 분해를 촉진한다. 이들의 용도는 분해성 플라스틱의 종류에 따라 약간 다르다. 생분해성 플라스틱은 식품 및 화학 제품의 첨가제, 분해성 포장재, 봉합사, 방출조절 의약품, 의료용으로 주로 사용한다. 생붕괴성 플라스틱은 일회용 기저귀 안감, 쓰레기봉투, 쇼핑백, 제초 필름 등에 사용된다. 광분해성 플라스틱은 제초 필름, 쇼핑백, 식품 포장재, 종이, 쟁반, 컵 코팅에 주로 쓰인다.

특히, 제약이나 의료 분야에서는 이미 오래전부터 생분해성 플라스틱을 사용해 왔다. 의약품을 분해성 플라스틱으로 코팅하거나 캡슐 속에 넣어 복용하면, 분해성 플라스틱의 분해 속도에 따라 약물이 서서히 방출된다. 우리가 보통 하루에 한 번만 복용해도 되는 서방형 의약품이 이러한 형태의 제제이다. 병원에서는 상처 부위가 아물면 수술 봉합사를 제거한다. 피부 쪽 상처라면 봉합사 제거에 문제가 없는데, 몸속에서 사용한 봉합사라면 제거가 곤란하다. 이때 분해성 플라스틱으로 만든 봉합사라면 일부러 제거하지 않아도 시간이 지나면 분해되어 사라진다. 물론 봉합사의 분해물이 우리 몸에 전혀 해롭지 않아야 하는데, 주로 젖산이나 글라이콜산 등으로 만든 폴리에스터 실을 사용한다.

생분해성 플라스틱의 분해는 호기성 분해와 혐기성 분해로도 구분된다. 호기성 분해는 공기 중 산소가 사용되면서 이산화탄소와 물이 발생하는데, 혐기성 분해에서는 플라스틱 자체가 갖는 산소만이 사용되므로 이산화탄소와 물 외에 메테인 가스가 발생한다.

두 방법 모두 생분해 플라스틱 잔해물과 미생물이 만드는 천연물을 생산하는데, 이것의 생산이 생분해의 주목적일 수도 있다. 아래에 이 과정을 반응식으로 나타냈다. 분해성 플라스틱의 개발에는 여러 가지 어려움이 따른다. 그것은 원료 선택의 제한 때문에 다양한 용도의 제품으로 발전하는 데는 한계가 있고, 이들이 토양에서 분해될 때 토양 미생물에게 미치는 악영향도 고려해야 하기 때문이다.

호기성: $C_{polymer} + O_2 \rightarrow C_{residue} + C_{biomass} + CO_2 + H_2O$

혐기성: $C_{polymer} \rightarrow C_{residue} + C_{biomass} + CO_2 + CH_4 + H_2O$

3장

현미경

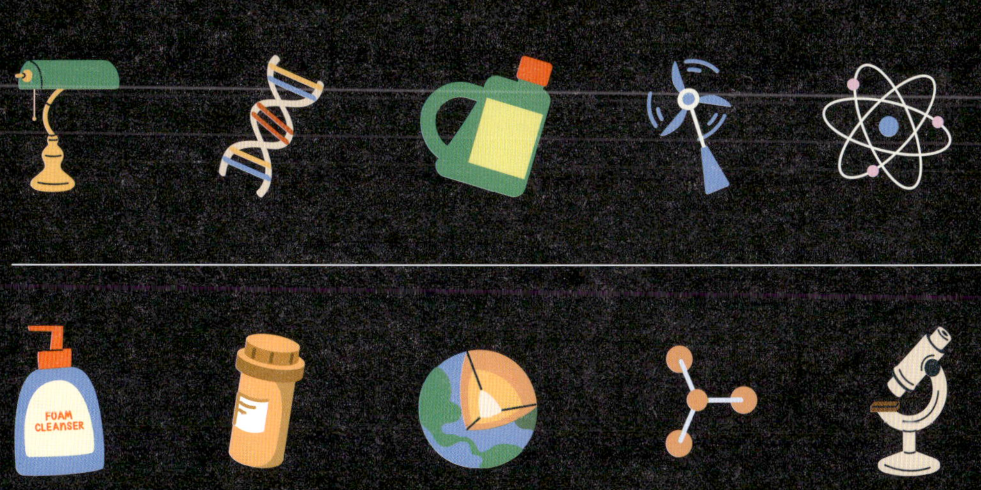

3장 현미경

3.1 광학 현미경

위상차 현미경 I 간섭 현미경 I 편광 현미경 I 형광 현미경

3.2 전자 현미경

전자 현미경의 원리 I 담배 모자이크 바이러스(TMV) I 극저온 전자 현미경

3.3 주사 탐침 현미경

STM I AFM I SNOM I SThM

본문에서 언급한 노벨상 수상자

연도/분야	수상자	출생/소속(수상 당시)	수상 업적
1951 생리의학상	막스 타일러	1899~1972 남아프리카공화국, 록펠러 의학 및 공중보건 연구소	황열병에 관한 새로운 발견과 이의 백신 개발 연구
1953 물리학상	프리츠 제르니커	1888~1966 네덜란드, 흐로닝언대학교	위상차 이용 방법의 개발, 특히 위상차 현미경의 발명
2022 화학상	캐럴린 버토지	1966 미국, 스탠퍼드대학교, 하워드휴스 의학연구소	클릭화학과 생물직교화학의 개발
	모르텐 멜달	1954 덴마크, 코펜하겐대학교	
	배리 샤플리스	1941 미국, 스크립스 연구소	
2008 화학상	시모무라 오사무	1928~2018 일본, 미국 MBL 연구소, 보스턴 의과대학	녹색 형광 단백질 GFP의 발견과 개발
	마틴 챌피	1947 미국, 컬럼비아대학교	
	로저 첸	1952~2016 미국, UC 샌디에이고, 하워드휴스 의학연구소	
2014 화학상	에릭 베치그	1960 미국, 하워드휴스 의학연구소	고해상도 형광 현미경의 개발
	슈테판 헬	1962 루마니아, 막스플랑크 연구소, 독일 암연구센터	
	윌리엄 머너	1953 미국, 스탠퍼드대학교	
1963 물리학상	유진 위그너	1902~1995 헝가리, 프린스턴대학교	원자핵과 소립자 이론에 대한 공헌, 특히 기본 대칭 원리의 발견과 적용을 통한 연구
	마리아 메이어	1906~1972 폴란드, UC 샌디에이고	핵의 껍질 구조에 관한 연구
	한스 옌젠	1907~1973 독일, 하이델베르크대학교	
1929 물리학상	루이 드 브로이	1892~1987 프랑스, 소르본대학교	전자의 파동성 발견
1986 물리학상	에른스트 루스카	1906~1988 독일, 막스플랑크협회 프리츠하버 연구소	전자 광학 분야의 기초 연구와 전자 현미경의 최초 설계
	게르트 비니히	1947 독일, IBM 취리히 연구소	주사터널 현미경의 설계
	하인리히 로러	1933~2013 스위스, IBM 취리히 연구소	
1982 화학상	에런 클루그	1926~2018 리투아니아, 케임브리지 MRC 분자생물학연구소	결정학 전자 현미경의 개발과 생물학적으로 중요한 핵산-단백질 복합체(바이러스)의 규명
2017 화학상	자크 뒤보셰	1942 스위스, 로잔대학교	용액 내 생체 분자의 고해상도 구조 결정을 위한 극저온 전자 현미경 개발
	요아힘 프랑크	1940 독일, 컬럼비아대학교	
	리처드 헨더슨	1945 스코틀랜드, 케임브리지 MRC 분자생물학연구소	

동서양을 막론하고 '눈으로 보아야 믿을 수 있다'라는 표현을 많이 사용한다. "백문이 불여일견", "To See is To Believe" 또는 "Seeing is Believing"이 그런 표현이다. 하지만 눈으로 보이는 그대로가 곧 본질일까? 우리는 종종 그렇지 않다는 것을 안다. 하나의 사물도 어떤 눈으로 보느냐에 따라 다르게 보인다. 하물며 우리 눈에 보이지 않는 미시의 세계라면 어떤 방법으로 확대하여 보느냐에 따라, 즉 그 현미경의 한계만큼만 보일 것이다. 여기에 기술적으로 색칠하고 우리가 아는 지식으로 해석하여 대상의 본질을 파악하려고 노력하는 것이다. 눈에 보이는 형상과 그 본질에 대한 심오한 사상을 표현한 "색즉시공 공즉시색"이란 말도 있다. 이는 '물질적인 세계와 평등 무차별한 공의 세계가 서로 다르지 않음'을 주장하는 말로[1], 삼장법사 쿠마라지바가 범어 불경을 한역한 경전 중 『반야심경』에 나오는 구절이다. 쿠마라지바는 경장, 율장, 논장을 통달한 최초의 삼장법사로서 금강경, 무량수경, 법화경 등 74부 384권을 한역하였다.

병원성 세균과 바이러스는 예전이나 현재나 중요한 연구 대상이다. 코로나19를 통해 경험했듯이, 이들은 인류의 건강을 위협하는 존재이며, 빠르게 변종이 나타나기 때문이다. 특히나 광학 현미경에 의존했던 예전의 생명과학자들에겐 병원성 존재가 어느 것인

그림 3-1 중국 위구르 자치주 신장에 있는 쿠마라지바의 동상
출처: Yoshi Canopus, CC BY-SA 3.0, Wikimedia Commons

1 한국민족문화대백과사전, '색즉시공 공즉시색'.

지를 판단하는 것이 매우 중요했다. 당시 광학 현미경으로는 바이러스를 관찰할 수 없었기 때문이다. 현미경의 중요성을 일깨우는 세균학자로는 히데요 노구치가 있다.

노구치는 황열병의 원인이 세균일 것으로 생각하고 연구하다가 자신이 그 병에 걸려 사망했다(1928년). 나중에 황열병의 원인은 바이러스라는 것이 밝혀졌다. 세균은 마이크로미터(μm) 수준의 크기라서 일반 광학 현미경으로도 관찰할 수 있지만, 바이러스는 20~400 나노미터(nm) 크기여서 위상차 현미경이나 전자 현미경을 사용해야 볼 수 있다. 노구치는 1900년에 미국으로 건너가 펜실베이니아대학교의 사이먼 플렉스너 박사의 연구 조교가 되었고, 후에 플렉스너를 따라 록펠러 의학연구원(록펠러대학교의 전신)으로 옮겼다. 그는 1911년 진행성 마비 질환의 원인인 신경 매독균을 발견하였고, 1913~1915년, 1920년, 1921년, 1924~1927년 등 여러 차례 생리의학상 후보에 올랐다. 그의 사후 1951년에 남아프리카공화국의 막스 타일러가 176번이나 쥐에서 쥐로 바이러스를 옮기는 과정을 통해 해가 없는 황열병 백신을 개발했고, 그는 이 공로로 1951년에 생리의학상을 받았다. 노구치는 비록 노벨상을 받지는 못했지만, 일본인이 존경하는 과학자로서 2004년부터 2024년까지 일본 1,000엔 화폐의 인물이었다.

한편, 서문에서도 밝힌 바와 같이 현미경을 노벨화학상에 관한 본 저서의 주제에 포함하는 것이 마땅한가를 놓고 고민했었다. 그것은 '현미경을 화학의 한 분야로 볼 수 있는가?'라는 것과 '현미경과 현대문명을 직접 연결할 수 있는가?'라는 생각 때문이었다. 하지만 다음과 같은 이유로 주제에 포함시켰다. 현미경과 직접 관련한 노벨상이 그동안 7번 수여되었는데, 그중에 4번이 21세기인 2008년, 2014년, 2017년, 2022년도에 수여된 것이다. 특히 21세기에 수여된 이 4번의 상은 모두 화학상이었다. 또한 광학 현미경, 전자 현미경, 그리고 주사 탐침 현미경에서 노벨상 업적이 나올 때마다 새로운 과학 분야가 탄생하거나 기존의 연구 분야를 비약적으로 발전시켰다. 현미경의 발달은 특히 생명과학, 의학, 신소재, 반도체, 법의학, 고고학 등의 발전에 지대한 공헌을 했다. 즉, 현미경 자체는 일반인이 쉽게 사용하는 기기가 아니지만, 현대문명의 발전을 이끈 견인차였다.

3.1 광학 현미경

현미경의 종류는 어떤 눈으로, 즉 어떤 방법으로 보느냐에 따라 달라진다. 광학 현미경은 눈으로 인지할 수 있는 가시광선을 사용한다. 눈으로는 관찰이 되지 않는 적외선 영역이나 자외선 영역이라도 해당 빛에 반응하는 센서를 이용해 가시광선으로 바꿔 주면 화면을 통해 눈으로 볼 수 있다. 시료 자체가 빛을 방출하는 경우가 아니면 시료에 빛을 쪼여줄 외부 광원이 필요하다.

위상차 현미경

현미경 분야에서 최초로 노벨상을 받은 사람은 프리츠 제르니커이다. 그는 1953년에 위상차 현미경을 개발한 공로로 물리학상을 받았다. 위상차 현미경의 원리는 투명한 시료에 대해 특정 부분을 염색하지 않고, 빛이 시료의 특정 부분을 통과할 때 발생하는 굴절률 차이에 의한 위상차를 뚜렷한 명암 차이로 변환하여 관찰하는 방식이다. 즉, 이를 위해 광학 현미경에 환형 조명과 위상판을 도입하여, 시료의 특정 부분과 배경을 구분하는 조명과 이로 기인한 위상차를 조절하여 간섭에 의한 빛의 증강과 소멸을 유도해 명암을 뚜렷하게 만든다. 위상차 현미경은 시료를 염색하지 않고 상온 상압에서 관찰하기 때문에 살아 있는 세포에 손상을 주지 않고 실시간으로 관찰할 수 있는 것이 장점이다.

그림 3-2와 3-3은 앞서 설명한 위상차 현미경 원리의 이해를 시각적으로 도와준다. 일반적으로 현미경 관찰에서 선명한 이미지를 얻기 위해서는 시료와 배경을 지나온 빛의 명암이 크게 서로 달라져야 한다. 그래야 밝은 부분과 어두운 부분의 구분이 분명해지기 때문이다. 제르니커는 현미경으로부터 나온 빛이 눈에 들어오기 전에 위상판을 거치게 해서 시료와 배경의 위상 차이를 파장의 1/2까지 되도록 조절하였다. 즉, 위상판을 거치지 않았을 때의 위상 차이가 파장의 1/4 정도라면, 위상판을 통해 추가로 1/4 정도의 위상차가 더 생기게 한 것이다. 그러면 위상 차이가 크지 않아 희미했던 이미지가 두 빛이 상쇄됨으로써 검게 나타나게 된다(그림 3-2 오른쪽). 빛의 간섭에 의한 보강과 상

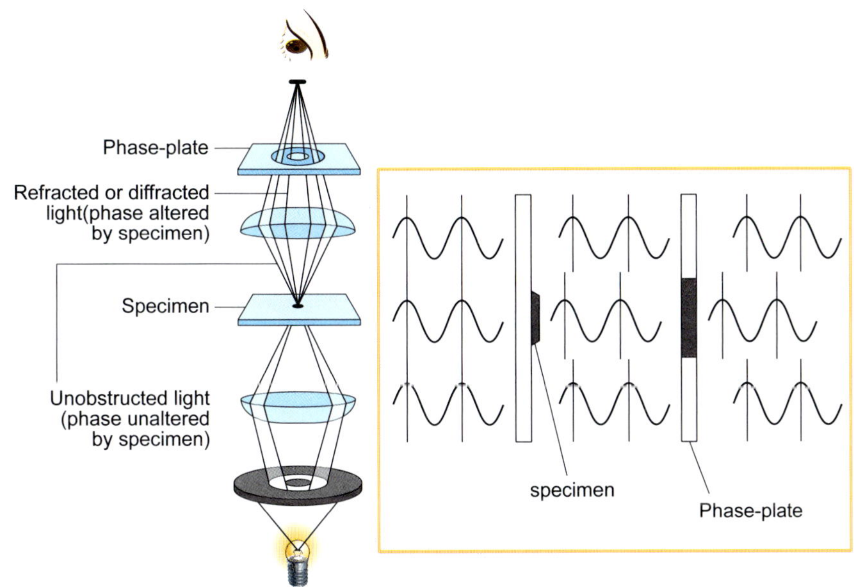

그림 3-2 위상차 현미경의 구조와 위상판으로 시료와 바탕의 위상 차이를 파장의 1/2까지 만들어 상쇄 간섭을 통해 시료의 이미지를 검게 만드는 과정

쇄, 회절 무늬를 그림 3-3에 나타냈다. 그림 3-3의 왼쪽 그림에서 파동 A와 B처럼 같은 방향으로 진행하는 두 빛의 위상이 같고 파고만 서로 다르면 합쳐지면서 그 파고가 더욱 증강하지만, 파동 A와 C처럼 두 빛의 위상이 반대이고 파고도 다르면 합쳐지면서 상쇄되고 남은 빛만 나타난다. 이때 파고가 위아래 방향으로 같은 크기이면 상쇄되어 빛은 사라진다. 회절 간섭무늬도 같은 방법으로 설명된다. 하나의 구멍으로 들어온 빛은 구멍 안쪽에 전체적으로 퍼지는데, 빛이 진행하면서 다른 두 개의 구멍을 만나면 구멍으로부터 안쪽으로 각각 퍼져나간다. 이렇게 퍼져나가는 두 빛이 만날 때 마루와 골이 만나면 상쇄되어 검게 되고, 골과 골, 또는 마루와 마루가 만나면 더욱 밝아진다. 이들 빛이 스크린을 만나 나타내는 무늬가 회절 간섭무늬이다.

광학 현미경에서만 위상판을 통한 위상차 조절 이미지를 응용하는 것이 아니다. 결정의 구조를 파악하는 데도 복굴절에 따른 위상차를 조절하며, 생명과학뿐만 아니라 의학, 지질학 등에서도 이를 이용한다. X-레이 단층촬영에서도 구조들 사이에 굴절률 차이가 미세해서 균질한 것처럼 보일 부분이 위상차를 조절해 그 차이를 두드러지게 함으

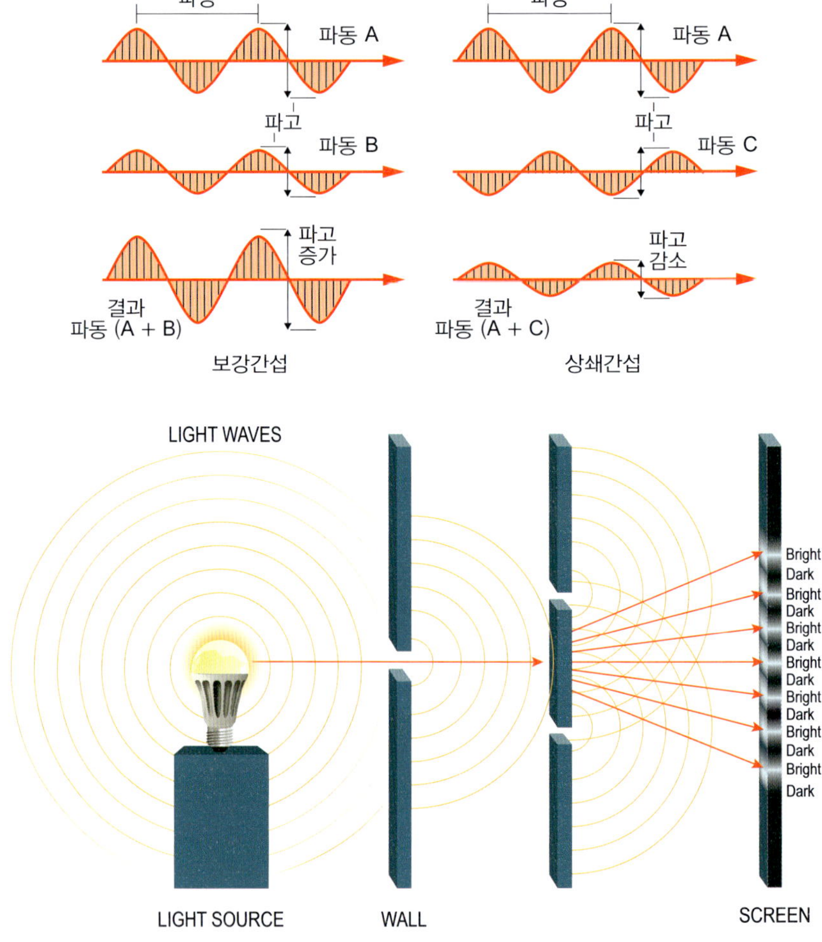

그림 3-3 빛의 간섭에 의한 증강과 상쇄, 회절 무늬

출처: https://www.microscopyu.com/techniques/polarized-light/principles-of-interference

로써 이미지 대조를 크게 만들 수 있다. 투과전자 현미경(TEM)에서도 위상차 조절은 매우 높은 해상도(0.1nm 이하)의 이미지를 얻을 수 있게 한다. 즉, 각 원자가 갖는 서로 다른 굴절률에 의한 위상차를 조절하는 것이다.

간섭 현미경

위상차를 일부러 만들어서 선명한 이미지를 얻으려는 노력뿐만 아니라, 다양한 방법을 통해 광학 현미경의 해상도를 높이거나 관찰의 범위를 높이기 위해 노력하였다. 하나는 시료에 들어가는 빛의 각도를 조절하여 배경을 어둡게 만드는 방법이다. 이를 암시야 현미경으로 부른다. 이와 상대적인 명시야 현미경은 단지 시료와 주위의 굴절률 차이를 통해 대비를 만든다. 간섭 현미경은 비록 위상판을 사용하지는 않지만, 빛을 두 갈래로 나누어 표본을 통과시킨 다음 두 빛이 합쳐질 때 광경로 차이로 생기는 위상차를 이용하여 삼차원 영상을 얻는다.

간섭 현미경의 기법을 조금 더 설명하면, 이 현미경 중에 차등간섭대비 현미경(DIC)이 있다. 이 현미경은 이름이 여럿인데, 미분간섭 현미경이라고도 하고 노마르스키 현미경이라고도 한다. 영어의 '디퍼렌셜 인터피어런스'를 차등간섭 또는 미분간섭으로 각각 부른 것이고, 노마르스키는 이 현미경 기술을 발전시킨 폴란드 물리학자의 이름이다. 이 방법은 염색하지 않은 투명 시료에서 간섭 원리에 기반하여 시료의 광학적 경로 길이에 대한 정보를 얻어 복잡한 광학 시스템을 거쳐 대비 이미지를 얻는다. 즉, 편광 광원을 두 개의 직교 편광된 상호 간섭 가능한 부분으로 분리한 후, 시료 평면에서 공간적으로 변위를 시킨 다음 관찰 전에 재결합하는 방식이다. 재결합 시 두 부분의 간섭이 광경로차에 민감한 성질을 이용한다. 가변 오프셋 위상을 추가함으로써 시료 내 광경로

그림 3-4 녹조류 해캄(*Spongomorpha*)의 위상차 현미경 사진(왼쪽)과 세포 내에 공생 녹조류인 클로렐라를 갖고 있는 짚신벌레(*Paramecium bursaria*)의 간섭 현미경 사진(오른쪽)
출처: Ian Woollan/Shutterstock(왼쪽), Anatoly Mikhaltsov, CC BY-SA 4.0, Wikimedia Commons(오른쪽)

차가 제로일 때의 간섭을 결정하고, 대비는 전단 방향을 따라 경로 길이 기울기에 비례하여 나타난다. 이는 시료의 광밀도 변화에 대응하는 3차원 물리적 부조 효과를 생성하는데, 지형학적으로 정확한 이미지를 제공하지는 않고 선과 경계를 강조한 이미지가 얻어진다. 그림 3-4에 해캄의 위상차 현미경 사진과 짚신벌레의 간섭 현미경 사진을 나타냈다.

편광 현미경

편광 현미경은 시료에 일반 빛이 아닌 편광판을 통과한 편광을 비추어 사용하는 현미경이다. 편광은 빛의 파동 방향을 한 방향만 남기고 다른 방향으로 진행하는 빛은 제거한 빛이다. 즉, 파동의 방향이 위-아래로 커브를 그리며 너울너울 진행할 수도 있고 좌-우 방향으로 너울너울 움직이며 진행할 수도 있을 때, 결정성 편광판을 통과시켜서 위-아래 방향의 파동만 걸러내면 편광이 얻어진다. 위-아래와 좌-우 방향의 예를 들었지만, 일반적으로 빛은 모든 방향의 파동을 갖고 진행한다. 이러한 편광을 사용하는 현미경이 유용하게 쓰이는 분야가 광물학이다. 얇게 연마한 광물 시편에 편광을 통과시켜 얻어지는 이미지를 통해 광물의 종류, 결정형을 판별할 수 있기 때문이다. 생활 속에서도 편광 선글라스나 자동차 유리에 붙이는 편광 필름을 볼 수 있다.

편광 현미경의 구조를 보면 앞서 설명한 편광판이 두 개 있다. 하나는 시료에 편광을 전달하는 하부 편광판이고, 다른 하나는 시료를 통과한 빛의 진동 방향을 측정하는 상부 편광판이다. 상부 편광판을 조절하여 다양한 색깔의 간섭색이나 밝기 변화를 관찰한다. 광물의 종류에 따라 편광에 반응하는 방식이 다르므로 이를 통해 광물의 종류를 알 수 있다.

형광 현미경

앞서 언급한 대로 21세기에 들어선 이후 현미경 분야에 4번의 화학상이 수여되었는데, 전자 현미경 분야에 주어진 2017년의 노벨상을 빼고는 모두 형광 현미경과 관련이 있다. 형광 현미경에 의한 관찰은 시료가 자체 형광을 하는 경우와 그렇지 않은 경우로 나누어진다. 자체 형광을 하지 않는 경우는 형광 표지를 사용해야 한다. 첫 번째 방법은 세포 내의 특정 부위와 결합하는 형광 염료를 넣어서 해당 부위를 관찰하는 방법이다. 두 번째는 형광 표지된 항체를 사용해서 이들이 인식하는 부위를 관찰하는 방법이다. 이를 면역 형광이라고 부른다. 항체는 세포 내의 특정 목표 분자를 인식하고 선택적으로 결합한다. 먼저 형광 표지가 되지 않은 일차 항체를 사용한 다음, 이 부위를 표지된 이차 항체로 검출함으로써 형광 신호를 증폭시킬 수 있다. 즉, 이차 항체가 일차 항체가 결합한 부위에 집중적으로 결합하는 원리를 이용한 것이다. 세 번째는 자체 형광 내는 분자를 유전공학 기법을 통해 세포 스스로가 만들도록 유도하는 방법이다. 즉, 해파리처럼 스스로 빛을 내는 생물에서 발광 분자(주로 단백질)를 만드는 유전자를 분리하여, 관찰하고 싶은 생물의 특정 부위에서 이 발광 분자가 발생하도록 유전자를 삽입하면 형광 표지 꼬리가 부착된 생명체가 만들어진다. 또는 추적자 분자로 이용하면 이 발광 분자가 세포 내의 어디에 있는지, 어떤 성분을 만나는지 자체 형광을 통해 관찰할 수 있다. 네 번째 방법은 2022년도 화학상이 주어진 클릭화학과 생물직교화학을 이용하여 형광을 나타내는 분자를 세포의 특정 부위에 결합하는 것이다.

클릭화학과 생물직교화학: 세포에 형광 표지체를 도입하는 방법 중 네 번째 방법을 먼저 설명한다. 노벨상 수상자는 캐럴린 버토지, 모르텐 멜달, 배리 샤플리스이며, 샤플리스는 이로써 화학상을 두 번 수상한 화학자가 되었다. 클릭화학은 마치 안전벨트의 버클을 딸깍하고 끼우듯이 생체 내 조건에서 촉매를 사용해 두 개의 분자를 간단히 결합하는 반응이며, 생물직교화학의 직교(orthogonal)라는 말은 어떤 새로운 분자가 도입되더라도 이와 결합한 세포 부위나 주변에 영향을 끼치지 않고 독립적으로 기능하는 것을 의미한다. 즉, 두 개의 분자가 90도 수직으로 결합하면 각각의 결합 부분이 서로에게 영향을 끼치지 않는 독립 변수로 작용하는 원리이다. 생체 내의 체온, pH 등의 조건에서 다른 물질이나 대사 과정의 영향을 덜 받고 될 수는 반응이 이에 해당한다. 이 방법으로 형광 표지를 하고 현미경으로 이를 추적한 사람은 버토지였다. 트라이아졸의 합성법은 이미 알려져 있었다. 하지만, 샤플리스와 멜달은 아자이드와 알카인이 구리 촉매 반응으로 빠르고 효율적으로 트라이아졸이 형성되는 것을 발견했다. 이를 버토지가 8각형 고리 알카인을 사용함으로써 고리 무리(ring strain)에 의한 활성화를 통해 구리 촉매 없는

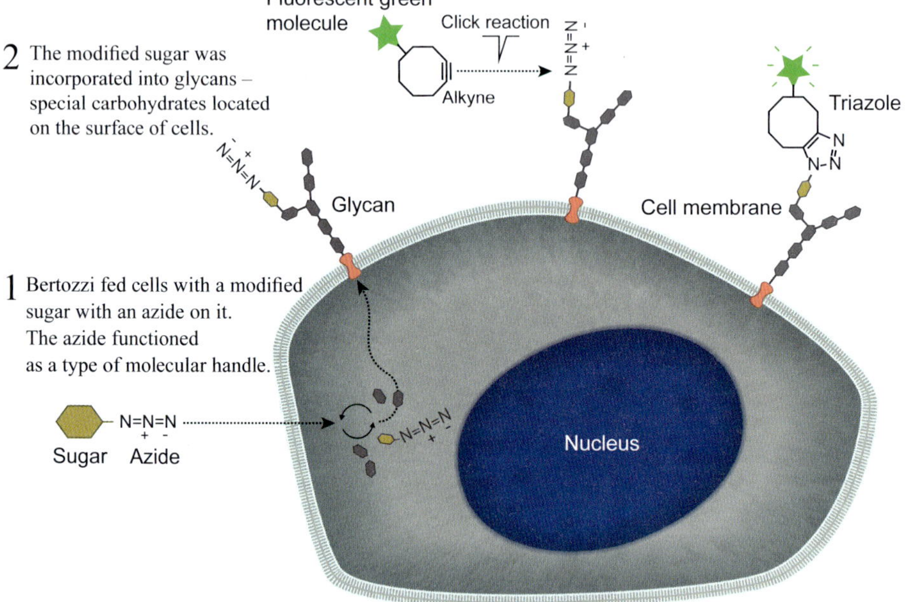

그림 3-5 버토지가 클릭 반응으로 글라이칸에 녹색 형광 표지를 하는 과정
출처: © Johan Jarnestad/The Royal Swedish Academy of Sciences

클릭 화학 반응으로 개선한 것이다. 그림 3-5는 버토지가 클릭 반응으로 글라이칸에 녹색 형광 표지를 하고 형광 현미경을 통해 이를 추적한 과정을 보여준다.

녹색 형광 단백질(GFP): 2008년도 화학상이 자체 형광을 나타내는 분자를 발견하고 연구한 과학자들에게 주어졌다. 시모무라 오사무, 마틴 챌피, 로저 첸이 그 주인공인데, 이들은 해파리가 나타내는 형광 물질인 녹색 형광 단백질(GFP)을 발견하고 그 발현 과정을 규명하였다. 이 물질을 찾기 위해 19년 동안 시모무라가 잡은 해파리만 100만 마리에 달한다고 한다(그림 3-6). 이들은 GFP를 만드는 유전자도 찾았고, 이를 다른 생명체에 유전공학적으로 삽입함으로써 자체 발광을 하지 않던 생명체를 발광 생명체로 바꾸었다. 앞서 언급한 형광 표지법의 세 번째 방법의 길을 연 것이다.

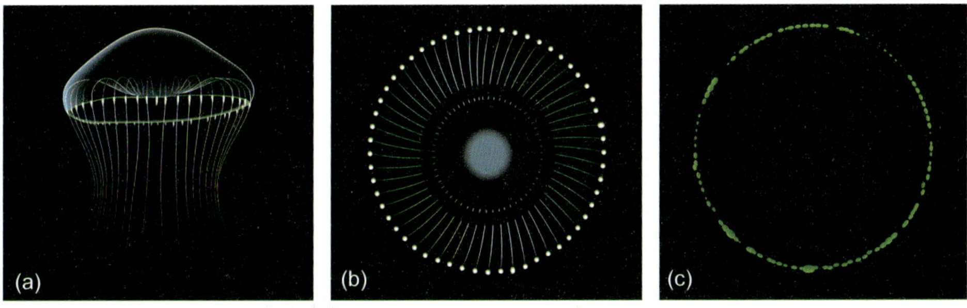

그림 3-6 시모무라 오사무의 연구 대상이었던 해파리(*Aequorea victoria*)의 모습(a, b)과 밤에 해파리의 가장자리에 있는 발광 부위의 형광 사진(c)
출처: © The Royal Swedish Academy of Sciences

시모무라는 1955년에 발견된 수정 해파리(*Aequorea victoria*)의 녹색 형광이 단백질(후에 GFP로 명명)에 의해 발생한다고 발표하였다. 이어서 공동 수상자들이 GFP를 생물학적 과정에 분자 수준에서 활용할 수 있는 다양한 방법을 개발하였다. 즉, GFP가 녹색의 시그널을 보내기 때문에 세포 내에서 단백질이 활동하는 과정을 추적하는 것이 가능해졌다. 언제 어디서 단백질이 만들어지고, 이들 단백질 또는 단백질의 일부가 이동하여 다른 어떤 단백질과 만나는지 현미경을 통해 눈으로 확인하는 것이 가능해진 것이다. 미국의 생화학자 더글러스 프라셔는 1980년대에 GFP 내의 발색단을 분석하였고, 이어서 GFP를 만들어 내는 유전자를 발견하고 이를 복제하였다. 1993년에 챌피는 GFP를 만들어 내는 유전자를 다른 생명체의 핵산에 심어 넣는 것이 가능하다는 것을 발표하였다. 처음에는 대장균(*E. Coli*)에 심었고, 다음에는 투명한 선형동물인 예쁜꼬마선충(*Caenorhabditis elegans*)에게 심어서 그들이 자신의 GFP를 만들게 하였다. 이 발견은 사실상 모든 생명체에서 GFP를 사용할 수 있는 가능성을 열어놓았다. 1994년 초에 첸은 GFP가 형광을 내는 데는 산소를 필요로 한다는 것을 밝혔고, 유전자의 한 곳을 돌연변이 시키면 형광의 파장과 강도를 변화시킬 수 있다는 것을 발견하였다. 첸은 또한 GFP의 구조를 밝히는 데 기여했고, 생명체에서 칼슘 이온의 역할과 거동을 연구하기 위해 GFP나 이것의 유도체를 어떻게 활용할 수 있는지를 보여주었다.

공초점 레이저 형광현미경(CSLM): 형광 현미경의 해상도를 높이고 3차원의 이미지를 얻는 데 기여한 것이 공초점 레이저 형광현미경(CSLM)이다. 공초점(confocal)이란 말은 광원 쪽과 검출기 쪽에 작은 구멍 조리개를 설치해서 레이저 중에서 시료의 초점과 맞는 빛만 사용하고 맞지 않는 빛은 제거하는 것을 의미한다. CSLM은 이로써 고해상도를 실현할 뿐만 아니라, 거울을 이용해 초점을 특정 깊이로 맞춘 평면으로부터 형광 이미지를 얻고, 이를 깊이에 따라 순차적으로 반복한 다음 컴퓨터로 합성하여 3차원 이미지를 만든다(그림 3-7). CSLM이 형광현미경의 차원을 크게 높였지만, 이 업적에 노벨상이 주어지지는 않았다. 아마도 레이저의 발명과 진보 분야에 여러 차례 노벨상이 수여되었고, 이미지를 얻는 방법도 다른 광학 현미경과 마찬가지로 빛의 간섭 현상을 이용하는 것이기 때문에, 레이저를 현미경에 적용한 것만으로는 기술의 참신성이 약하다는 평가를 받은 것 같다. 하지만 CSLM은 생명체를 포함한 물질의 표면과 그 안쪽 내부 구조를 살피는 방법으로써 가장 많이 이용되는 현미경이다.

과학자들은 CSLM에 만족하지 않았다. 해상도에 있어서 여전히 1873년에 독일의 현미경학자인 에른스트 아베가 정의한 '아베 한계'를 넘지 못했기 때문이다. '아베 한계'란 광학 현미경으로는 크기가 가시광선 파장의 절반(보라색 파장의 절반 약 200nm)보다 작은 입자는 구분할 수 없다는 것을 말한다. 이것이 중요한 이유는 나노 입자를 연구하는 과학자들은 물론 바이러스나 단일 단백질 등을 연구하는 생명과학자들도 CSLM으로는 '아베 한계'보다 작은 이것들을 볼 수 없기 때문이다.

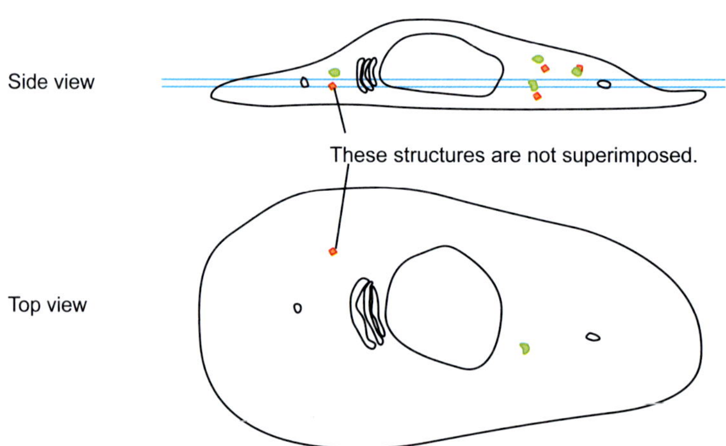

그림 3-7 CSLM을 이용한 3차원 형광 이미지 실현 과정
출처: https://www.umassmed.edu/globalassets/maps/documents/confocal-explanation.pdf

초고해상도 형광 현미경: 마침내 형광 현미경으로도 '아베 한계'를 뛰어넘는 초고해상도를 얻는 기술이 개발되었다. 2014년도 화학상을 받은 과학자들, 에릭 베치그, 슈테판 헬, 윌리엄 머너가 이 기술의 주인공들이다. 두 가지의 기술이 적용되었는데 슈테판 헬은 STED라는 기법을 사용했고, 에릭 베치그는 윌리엄 머너의 '단일 분자' 검출기법에 기초하여 STORM이라는 이름의 기법을 적용했다. 이를 이용한 형광현미경을 통해 수십~100nm의 해상도를 얻을 수 있게 되었다.

STED 기법은 레이저 빛의 폭을 좁혀서 형광을 아주 가늘게 얻는 기술이다. 이를 위해 이중 레이저 장치가 필요한데, 하나는 시료의 형광 물질을 들뜨게 하여 형광을 내게 하고, 다른 하나는 들뜬 상태에서 형광이 아닌 유도 방출(또는 자극 방출)로 바꿔주는 레이저이다. 이때 유도 방출된 빛은 자연적인 형광보다 장파장 이동되어 파장이 길어진다. 또한 유도 방출을 위한 레이저는 도넛처럼 가운데 부분은 비워두고 둥근 가장자리로만 레이저를 쏜다. 그 결과, 형광이 검출되는 부분은 도넛의 가운데 쪽이고 파장이 긴 가장자리 쪽의 유도 방출 빛은 검출되지 않는다(그림 3-8). 시료 전체를 스캔하며 이 과정을 연속적으로 반복하여 얻은 이미지를 합성하면 시료 전체의 형광 이미지가 나타난다(그림 3-9).

한편, 에릭 베치그의 STORM 방법은 STED 방법과는 아주 다르다. 일반적으로 형광을 얻기 위해 시료에 쏘는 레이저 펄스로는 한꺼번에 너무 많은 형광 분자들이 빛을 내다보니 각 분자의 위치를 파악하기 어려웠다. 1989년에 윌리엄 머너가 고체상에서 단일 분자

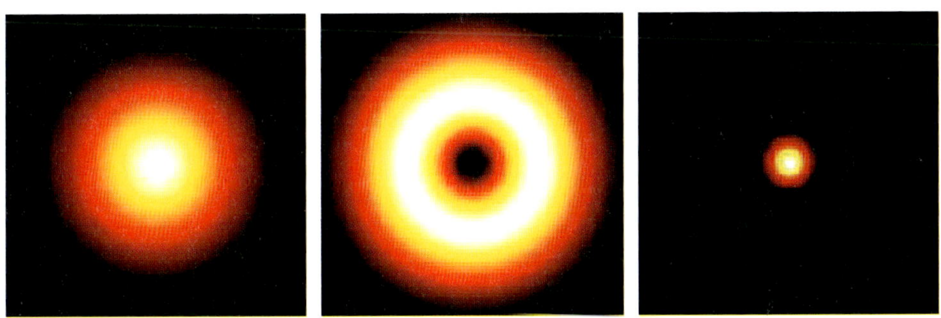

그림 3-8 왼쪽은 형광물질을 들뜨게 하는 여기 레이저 점(excitation spot), 가운데는 유도방출을 위한 도넛 모양의 레이저 점, 오른쪽은 두 레이저를 통해 만들어지는 STED 점
출처: Marcel Lauterbach, CC BY-SA 3.0, Wikimedia Commons

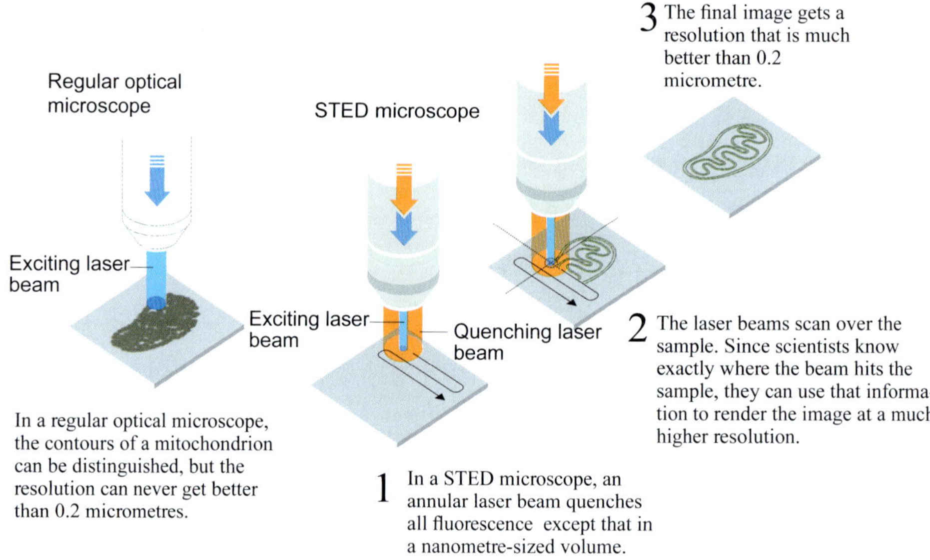

그림 3-9 기존의 형광현미경과 STED 현미경의 비교. STED 방법으로 시료 위를 스캔하여 전체 형광 이미지를 얻는 과정

출처: © Johan Jarnestad/The Royal Swedish Academy of Sciences

를 광학적으로 탐지한 후 단일 분자 광학 연구가 활발해졌고, 1990년엔 프랑스 과학자들이 형광을 이용하면 고감도로 단일 분자를 검출할 수 있다고 보고했다. 베치그의 STORM 현미경은 이런 연구 배경으로 탄생했다. 즉, 그림 3-10에 나타낸 것과 같이 시료에 약한 레이저 펄스를 쏘면 형광 분자 중 일부만 활성화된다. 이때는 활성화된 분자들이 적어서 분자 사이가 아베 한계보다도 크므로 각각의 위치를 정확히 알 수 있다. 빛이 사그라들기 시작하면 약한 레이저 펄스를 또 쏘아서 또 다른 형광 분자를 활성화시킨다. 또한 확률이론을 활용하여 희미한 이미지를 더욱 선명하게 만든다. 이 과정을 반복하여 얻은 이미지들을 겹쳐서 하나로 나타내면 모든 형광 분자(단백질)의 위치를 나타낼 수 있다.

2광자 형광 현미경: 이것은 앞에서 살펴본 형광 현미경과 11장에서 언급하는 펨토초 레이저 기술이 합쳐져서 탄생한 현미경이다. 이 현미경은 형광 방출을 위해 전자의 들뜬 상태를 만들기 위해 빛 에너지를 초고속으로 연속 2번 가한다. 이 원리는 1931년에 마리아 메이어가 처음으로 발표하였으며, 실험적으로 증명된 것은 레이저의 발명 이후

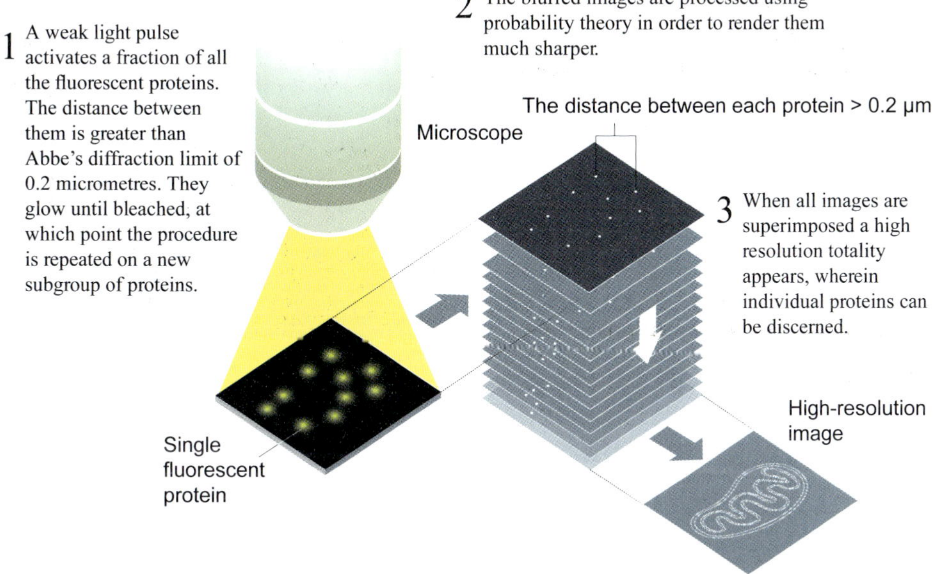

그림 3-10 에릭 베치그의 단일 분자 현미경 원리
출처: © Johan Jarnestad/The Royal Swedish Academy of Sciences

이다. 강한 빛이 필요했기 때문이다. 마리아 메이어는 핵 껍질 구조의 수학적 모델 연구로 1963년 물리학상을 받았다.

예를 들면, 피부의 상태를 면밀히 살펴보기 위해서는 현미경이 필요하다. 현미경에 레이저 빛을 사용함으로써 피부 외관뿐만 아니라 내부의 상태까지 관찰할 수 있게 되었다. 이때 피부의 손상을 줄이면서 더 깊은 곳까지 선명하게 관찰하는 방법으로 2광자 형광 현미경이 등장했다. 일반적으로는 분자의 들뜬 상태를 유도하기 위해서 바닥 상태와 들뜬 상태의 에너지 차이(ΔE)를 능가하는 파장의 빛을 한 번에 조사한다. 이것은 그림 3-11a에 나타낸 들뜬 상태에 이르는 3가지 경로 중, 1광자(자주색)에 해당한다. 그림 3-11a의 예시처럼 일반적으로는 360nm의 빛으로 전자의 들뜬 상태를 만들면 진동에너지의 바닥 상태까지 열에너지를 방출한 후 전자의 바닥 상태로 460nm의 형광이 방출된다. 2광자(주황색) 기술은 전자에 빠른 속도로 720nm의 빛을 2번 쏘아 들뜬 상태를 만드는 것이다. 빛을 쏘는 속도가 느리거나 파장이 일정하지 않을 때는 중간쯤 들뜬 전자는 곧 바닥 상태로 내려올 것이다. 펨토초(10^{-15}sec)라는 빠른 속도와 레이저를 이용한 균

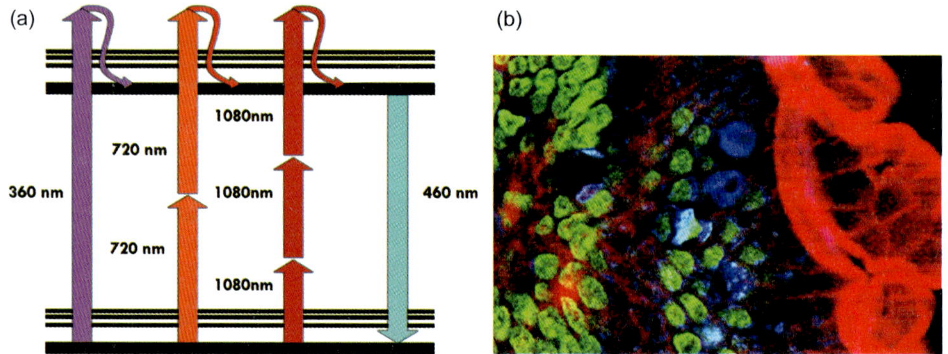

그림 3-11 (a) 1광자(자주색), 2광자(주황색), 3광자(빨간색) 흡수와 형광(하늘색) 방출의 원리를 도식적으로 보여주는 다이어그램. (b) 2광자 형광현미경으로 관찰한 생쥐의 장 절편의 구조. 액틴(빨간색), 세포핵(초록색), 술잔세포의 점액(파란색).

출처: (a) Alberto Diaspro, Paolo Bianchini, Giuseppe Vicidomini, Mario Faretta, Paola Ramoino and Cesare Usai, CC BY 2.0, Wikimedia Commons / (b) By Alberto Diaspro, Paolo Bianchini, Giuseppe Vicidomini, Mario Faretta, Paola Ramoino and Cesare Usai.Clipping made by the uploader－Multi-photon excitation microscopy. BioMedical Engineering OnLine, 2006, 5:36., CC BY 2.0.

일 파장의 빛이기에 2광자는 물론 1080nm의 3광자(빨간색) 기술을 이용한 형광 발생도 가능한 것이다. 이 기술이 갖는 의미는 크다. 형광 이미지를 얻기 위해 피부에 360nm의 빛을 쏜다면 자외선에 의한 피부 손상을 피할 수 없을 것이다. 이제 720nm의 붉은색 가시광선을 이용해서 피부 손상이 없이 동일한 형광 이미지를 얻을 수 있게 된 것이다. 또한 빛의 파장이 길어지면 짧은 파장의 빛보다 피부 깊숙이 침투할 수 있어서 피부 내부의 선명한 이미지를 얻을 수 있다. 그림 3-11b에 이 기술로 얻은 생쥐의 장 절편 이미지를 보여준다.

3.2 전자 현미경

빛이 입자와 파동의 성질을 동시에 갖는다는 것, 그리고 물질도 파동의 성질을 갖는다는 것은 이미 오래전에 확립된 물리학 이론이다. 드 브로이의 물질파 방정식($\lambda = h/mv$)은 지금은 잘 알려진 간단한 이론이지만 과학의 발전에 끼친 영향은 지대하다. 드 브로이는

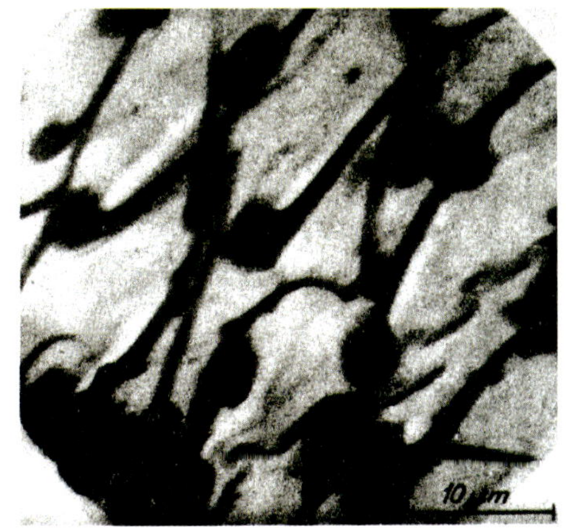

그림 3-12 집파리 날개 표면의 초기 전자 현미경 이미지
출처: Driest, E., and Müller, H.O., Z. Wiss. Mikroskopie 52, 53–57 (1935)

박사학위 논문(1924)에서 주장한 전자의 물질파 이론으로 1929년도 물리학상을 받았다. 드 브로이의 물질파 이론에 기초하여 전자 현미경을 디자인한 사람이 1986년 물리학상을 받은 에른스트 루스카이다. 그는 1925년부터 1927년까지 뮌헨 공과대학교에서 공부하고, 베를린 공과대학교에 입학했다. 그는 이곳에서 빛의 파장보다 1,000배는 짧은 파장을 만들 수 있는 전자를 사용하여 현미경을 만들면 물체의 더 자세한 사진을 얻을 수 있다고 주장했다. 1931년에 그는 자기 코일이 전자에 렌즈 역할을 할 수 있음을 증명했고, 1933년에 여러 개의 코일을 직렬로 연결하여 최초의 전자 현미경을 제작했다. 전자를 200kV로 가속하면 파장이 6pm(피코미터, 10^{-12}m)에 해당하는 물질파가 된다. 이것은 600nm(나노미터, 10^{-9}m)의 가시광선으로 관찰할 때와 비교하면 10만 배의 해상도 증가를 가져올 수 있으므로 분자 단위의 관찰이 가능하다. 그림 3-12는 초기의 전자 현미경 사진으로 집파리의 날개 표면을 관찰한 것이다. 60kV에서 배율이 2,200배인 이미지를 얻었다.

전자 현미경의 원리

전자 현미경을 광학 현미경과 비교해 보면 그 원리의 이해가 쉽다. 광학 현미경은 빛과 렌즈로 구성되고 렌즈가 시료로부터 들어온 빛을 굴절시켜서 확대된 상을 얻는다. 굴절되면서 상이 거꾸로 나타나므로 두 번의 굴절을 거치도록 대물렌즈와 대안렌즈로 구성한다. 반면에 전자 현미경은 빛 대신에 전자가, 렌즈 대신에 자석이 이와 같은 역할을 한다. 또한 광학 현미경의 광원에 해당하는 것이 전자 현미경에서는 텅스텐 필라멘트로 만든 전자총이고, 관찰하는 눈에 해당하는 것이 형광스크린이거나 사진용 필름이다.

이것을 과정에 따라 설명하면, 먼저 전자 현미경 상부의 광원에 해당하는 전자총에서 전자가 방출되어 진공 상태의 현미경 관을 통과한다. 이때 전자의 통과 속도를 결정하는 것은 5~10만 볼트의 고전압 전위차이다. 광학 현미경과는 달리 현미경 관 속의 진공을 유지하는 것도 중요하다. 관 속에 공기가 존재하면 전자가 공기 중의 분자와 충돌하면서 시료에 전달되지 못하기 때문이다. 광학 현미경에서 렌즈가 빛의 초점을 맞추듯이 전자 현미경은 자석에 의한 전자기 렌즈를 통해 전자들을 매우 가는 빔으로 만든다. 투과전자 현미경(TEM)의 경우 이 전자빔이 관찰하는 시료를 투과해 지나가게 된다. 시료를 통과한 전자들은 현미경 아래에 놓인 형광 스크린에 부딪히면서 시료의 그림자 이미지를 형성한다. 즉, 시료의 부분에 따라 서로 다른 전자 밀도가 짙기가 서로 다른 그림자를 만든다. 이미지를 직접 관찰하거나 카메라에 담아 사진을 얻을 수 있다.

한편, 전자 현미경 관을 통해 여행한 전자가 시료와 부딪치면 산란하거나 통과하는 경우만 발생하는 것이 아니다. 고에너지 상태의 전자가 시료를 구성하는 원자의 전자 또는 원자 내부의 핵과 상호작용을 하면서 그림 3-13에서 보여주는 다양한 형태의 현상이 발생한다. 음극선 발광, 엑스선 방출, 회절, 오제 전자 방출, 이차 전자 방출 등이 나타날 수 있는데, 과학자들은 이 현상을 통해 시료의 표면은 물론 시료를 구성하는 원자의 내부 상태까지 파악한다. 이것이 전자 현미경이 강력한 분석 장비인 이유다. 대표적인 것으로 주사전자 현미경(SEM)은 이처럼 전자를 시료 표면에 주사할 때 시료 표면에서 나오는 2차 전자를 비롯한 다양한 신호를 감지하여 3차원적인 이미지를 만든다. 즉, 앞서 TEM이 시료의 내부 구조를 파악한다면, SEM은 표면의 입체 이미지를 얻는 데 이용된다. 또한 광전자 현미경(PEM)은 전자 현미경의 종류로 분류하기도 하지만 원리는 다르다. PEM은 전자 대신에 자외선이나 엑스선 같은 고에너지 전자기파를 시료 표면에 조사하기 때문이다. 이때 시료 표면으로부터 전자가 방출되는데, 이 전자가 광전자이다. 이렇게 발생한 광전자를 검출하여 그 양에 따라 표면의 이미지를 얻는 것이다. 이

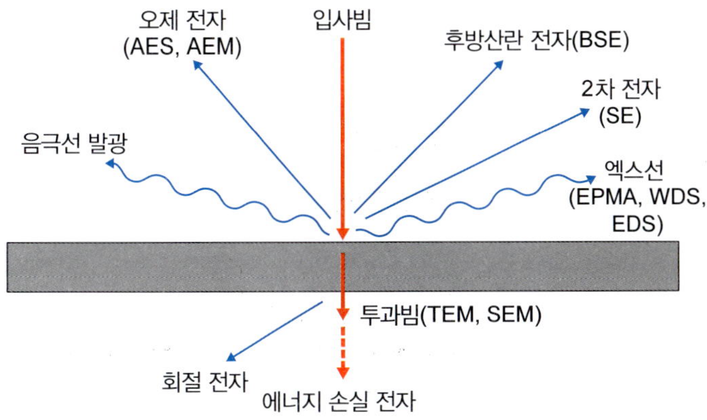

그림 3-13 전자빔이 시료와 충돌할 때 발생하는 다양한 현상

외에도 전자빔이 시료에 반사되어 되돌아오는 전자를 검출하는 방식의 반사전자 현미경(REM), SEM과 TEM의 특징을 결합한 형태의 주사투과전자 현미경(STEM) 등도 사용된다.

담배 모자이크 바이러스(TMV)

최초로 전자 현미경을 통해 바이러스를 관찰한 에런 클루그가 1982년도 화학상을 받았다. 이 노벨상은 전자 현미경을 개발한 루스카가 1986년에 노벨상을 받은 연도보다 앞서 수여되었다. 사실 전자 현미경이 개발된 후 초기에는 그 해상도가 광학 현미경을 뛰어넘지 못했고, 따라서 과학자들에게 큰 주목을 받지 못했다. 에런 클루그가 전자 현미경을 통해 최초로 바이러스의 모습을 관찰하면서 비로소 큰 관심을 받게 되었다.

노벨상 위원회는 그의 수상 동기를 '전자 현미경 결정학을 개발하고, 생물학적으로 중요한 핵산-단백질 복합체의 구조를 규명한' 공로로 소개하고 있다. 즉, 바이러스는 핵산-단백질 복합체이다. 바이러스의 종류에 따라 외형은 다르지만, 구성 유형은 같다. 전자 현미경 이미지로 그 모습을 드러낸 최초의 바이러스는 담배 모자이크 바이러스였다(그림 3-14). 그 모습을 살펴보면, 캡시드는 바이러스 게놈을 둘러싸고 있는 단백질 껍질인데 작은 캡소미어로 구성되어 있다. 바이러스 게놈과 캡시드 복합체는 뉴클레오캡시드라고 부른다. 캡소미어는 분자량이 그렇게 크지는 않은 올리고머 단백질인데, 이를 프로토머라고 한다.

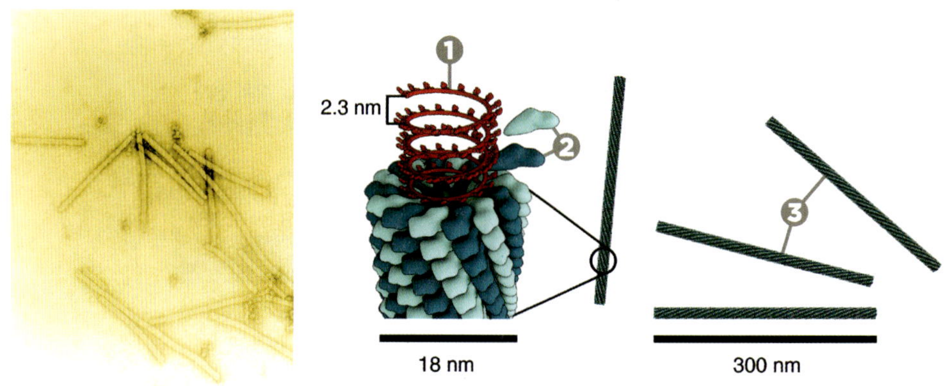

그림 3-14 담배 모자이크 바이러스(TMV)의 전자 현미경 사진과 모식도. ❶ 핵산(RNA), ❷ 캡소머 단백질(프로토머), ❸ 캡시드
출처: Thomas Splettstoesser (www.scistyle.com), CC BY-SA 3.0, Wikimedia Commons

TMV는 바이러스로서도 최초로 발견되었다. TMV는 토바모바이러스 속의 양성 가닥 RNA 바이러스인데, 담뱃잎뿐만 아니라 주로 가지과(*Solanaceae*) 식물의 잎을 감염시킨다. 감자, 토마토, 호박 등 많은 식물이 자연 숙주 역할을 한다. 바이러스 이름이 토바모인 것은 최초로 발견된 TMV의 토바코와 모자이크에서 따왔다. 감염된 잎은 모자이크 모양의 반점이 생기고 색이 바랜다. 19세기 후반부터 담뱃잎에 피해를 주는 감염병이 알려졌지만, 1930년이 되어서야 감염인자가 바이러스라는 것이 밝혀졌다.

극저온 전자 현미경(cryo-EM)

2017년에도 전자 현미경 분야에 노벨상이 주어졌다. 자크 뒤보셰, 요아힘 프랑크, 리처드 헨더슨이 화학상을 받았다. 이들의 수상 업적은 '극저온 전자 현미경 기법'을 개발한 공로인데, 이로써 용액 중에 있는 생체 분자의 구조를 고해상도로 결정할 수 있게 되었다. 그동안 세포를 포함한 생체 구성 물질을 수없이 전자 현미경으로 관찰해 왔는데, 새삼 이들의 극저온 전자 현미경 기법이 왜 그렇게 중요한 일일까? 전자 현미경의 단점은 생체 내에 있는 그 모양 그대로 볼 수 없다는 것이었다. 즉, 전자 현미경으로 시료를 관찰하기 위해서는 고진공 상태가 되어야 한다. 진공 상태가 아니면 공기 분자들이 전자의 흐름을 방해하기 때문이다. 생체 시료는 고진공에서 수분과 가벼운 분자들이 날아가 고분자 구조만 남은 상태가 된다. 이런 경우 원래의 모양이 변형된다. 진공에서 저분자량 물질들이 증발하지 않도록 극저온으로 생체 시료를 얼게 해도 모양의 변형은 피할 수 없다. 물은 얼면서 팽창하기 때문이다. 그렇다 보니 오랫동안 전자 현미경은 무기물(dead matter)의 이미지를 얻는 데에나 적합한 것으로 굳어졌다.

자크 뒤보셰는 전자 현미경에서도 물을 사용할 수 있는 방법을 찾아냈다. 앞서 말한 대로 진공을 사용하는 전자 현미경에서는 물이 증발하면서 생체 분자들이 쪼그라든다. 1980년대에 뒤보셰는 시료를 급랭시키는 방법으로 물이 유리처럼 액체 구조를 유지하면서 얼게 함으로써, 생체 분자들이 진공에서도 자연 상태의 모양을 유지할 수 있게 되었다. 그림 3-15에 나타낸 번호 순서대로, 1. 용액 시료를 미세한 금속체 위에 옮긴 후 여분의 시료 용액을 흡수지로 제거한다. 2. 그러면 용액 시료가 미세한 체 구멍 위로 얇은 막을 형성하는데, 이를 −190℃ 정도의 액체 에테인에 담가서 급랭시킴으로써 액체 구조가 유지된 채로 얼게 된다. 3. 전자 현미경 이미지를 측정하는 동안 극저온이 유지되도록 주위를 액체 질소(−196℃)로 둘러싼다. 또한, 뒤보셰의 급랭 방법은 그 의미가 단지 단일 생체 분자의 구조를 있는 그대로 알 수 있다는 것에 그치지 않는다. 예를 들면, 어떤 단

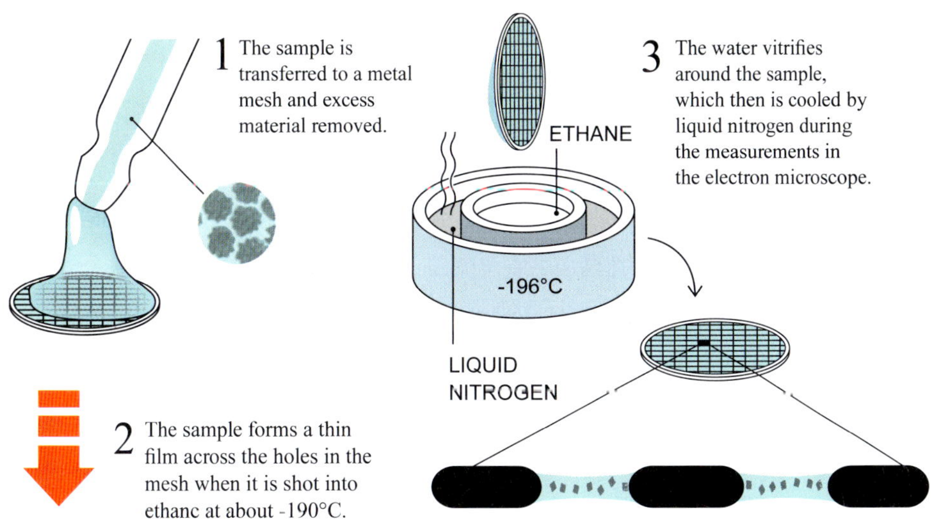

그림 3-15 뒤보셰의 시료 속 물의 유리화 방법
출처: © Johan Jarnestad/The Royal Swedish Academy of Sciences

백질이 어디로 이동해서 누구를 만나고 서로 어떻게 상호작용을 하는지 일련의 각 순간을 급랭 과정으로 유리화시킨다면, 이를 통해 전체 대사 과정의 모습을 파악할 수 있다.

뒤보셰와 관련하여 전해지는 재밌는 일화가 있다. 그가 노벨상을 받은 후 대학 측에서 노벨상을 어떻게 인정해 주기를 바라는지 물었다. 그는 자전거 주차 공간이 필요하다고 했고, 대학에서는 그 공간을 절차에 따라 제공하였다. 그는 30년 동안 거의 매일 자전거를 타고 연구실로 왔다. 2021년 11월 말에 그의 이름을 딴 뒤보셰 영상 센터(DCI)가 로잔에 있는 스위스연방공과대학(ETH), 로잔대학교, 그리고 제네바대학교에 설립되었는데, DCI는 코로나19 바이러스의 오미크론 변이 해독에 크게 이바지했다.

생체 분자를 있는 그대로의 모습으로 관찰하는 것 못지않게 희미하게 얻어진 2차원 이미지로부터 또렷한 3차원 영상으로 변환시키는 것 또한 중요하다. 리처드 헨더슨은 1990년에 전자 현미경으로 박테리오로돕신의 3차원 이미지를 원자 수준까지 밝혀냈다. 박테리오로돕신은 광합성에 참여하는 단백질로서 과학자들로부터 오래전부터 관심을 받아왔고, 1975년에 그 구조의 개략적인 모델이 네이처에 발표되었다. 헨더슨은 박테리오로돕신에 다양한 각도로 전자빔을 쏘아서 여러 장의 2차원 이미지를 얻었다. 이것을 마치 엑스선 회절 이미지를 분석하듯이 전자빔 회절 이미지를 분석하여 3차원 영상을 얻었다. 1950년대부터 확립되고 발전해 온 엑스선 회절 이미지 분석기술을 전자 현미경에 성공적으로 응용한 것이다.

요아힘 프랑크는 1975년에 전자 현미경으로부터 얻어진 희미한 2차원 이미지들을 고해상도의 3차원 이미지로 전환할 수 있는 이론적 원리를 발표했고, 1981년에 이에 관한 소프트웨어 알고리즘을 완성했다. 그전에는 결정성 분자가 아닌 무정형의 랜덤 시료인 경우, 그 속에 분자들이 제멋대로 포즈를 취하고 있어서 전자 현미경 이미지를 얻어도 분자 구조에 대한 의미 있는 정보를 얻기 어려웠다. 프랑크가 이 문제를 해결한 것이다. 그림 3-16에서 프랑크의 이미지 분석 기법을 보여준다. 각 그림 옆의 번호 순서로, 1. 제멋대로 놓인 단백질 위로 전자빔을 쏘아서 각 단백질의 흔적 이미지를 얻었다고 하자. 2. 먼저 컴퓨터가 이미지들을 분류해서 유사한 것들끼리 한 그룹으로 묶어준다. 3. 그런 다음 수천 장의 유사한 이미시들을 가지고 선명한 2차원 이미지를 만들고, 4. 서로 다른 2차원 이미지들이 서로 어떻게 연결된 것인지 계산해서 고해상도의 3차원 구조를 생성한다.

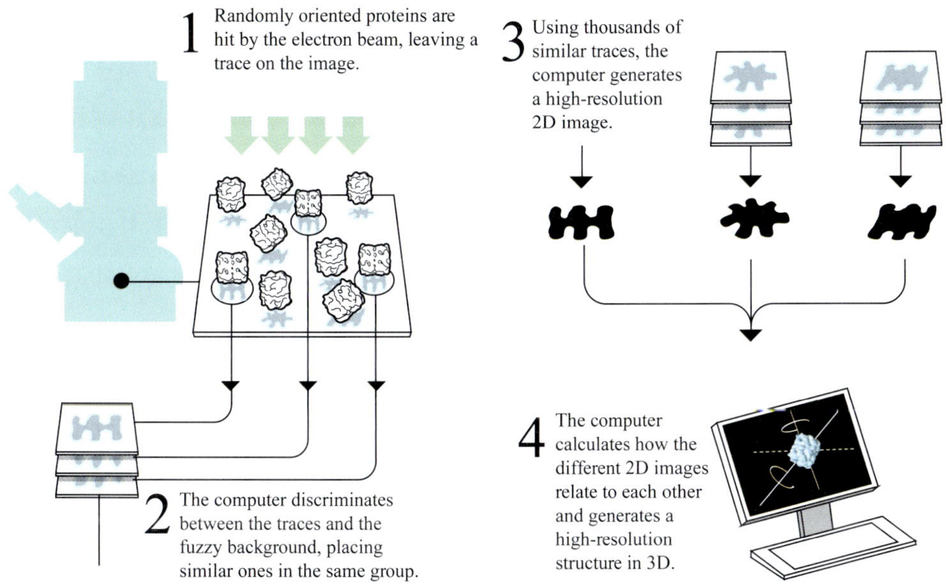

그림 3-16 프랑크의 이미지 분석 기법
출처: © Johan Jarnestad/The Royal Swedish Academy of Sciences

3.3 주사 탐침 현미경

1986년도 물리학상은 현미경 역사에 새로운 획을 그은 세 명의 과학자에게 수여되었다. 그중에 에른스트 루스카에 대해서는 전자 현미경에 대한 설명에서 소개하였다. 나머지 둘은 게르트 비니히와 하인리히 로러인데, 이들은 주사터널 현미경(STM)을 디자인한 공로로 노벨상 수상자가 되었다. 이 노벨상이 갖는 의미는 실로 엄청났다. STM은 고해상도 전자 현미경으로만 가능했던 원자 수준까지 관찰이 가능할 뿐만 아니라, 탐침을 통해 원자를 이동시킬 수도 있었기 때문이다. 하나의 원자를 관찰한다는 것은 과학자들조차도 생각하지 못했던 기술이었다. 광학 현미경으로 관찰할 수 있는 크기 한계를 1/1000 수준으로 낮춘 성과로서, 본격적인 나노기술의 시대를 연 발명이었다. 이런 중요성을 인지한 노벨상 위원회는 STM이 탄생(1982)하고 4년밖에 지나지 않았음에도 전격적으로 발명자들에게 노벨상을 수여한 것이다.

STM

주사터널 현미경 이후에 다양한 탐침을 활용하여 터널링 현상 이외에도 시료 표면과의 상호작용을 이용하는 현미경 개발로 확대되었는데, 이들을 통칭하여 주사 탐침 현미경(SPM)이라고 한다. 이 현미경의 원리는 간단하다. 탐침, 즉 다양한 종류의 뾰족한 바늘 끝으로 시료의 표면 위를 조금씩 이동해가면서 각각 순간마다 바늘 끝과 시료 표면의 상호작용을 컴퓨터로 기록하여 2차원 이미지를 얻는 것이다. 이때 상호작용의 종류에 따라 SPM의 종류가 나뉜다. 비니히와 로러가 개발한 STM은 바늘과 표면 사이에 전압을 걸었을 때 바늘 끝에서 표면을 통과해 이동하는 전자를 측정하여 이를 이미지화하는 방법이다. 즉, 양자역학적 터널링 현상을 이용한다. 탐침이나 시료가 모두 전도성을 가질 때 적합한 방법이다. 일반적으로 전자 기기를 설계할 때는 그 기기가 어떤 물리적 현상을 균일하게 유지하고, 어떤 물리적 현상에 변화를 주느냐 따라 CC 모드(정전류 모드), CV 모드(정전압 모드), CR 모드(정저항 모드), CP 모드(정전력 모드) 등으로 나뉜다. 그림 3-17은 CC 모드의 예를 보여준다. 이때 탐침은 정전류를 유지하면서 마치 출렁이는 다이빙대

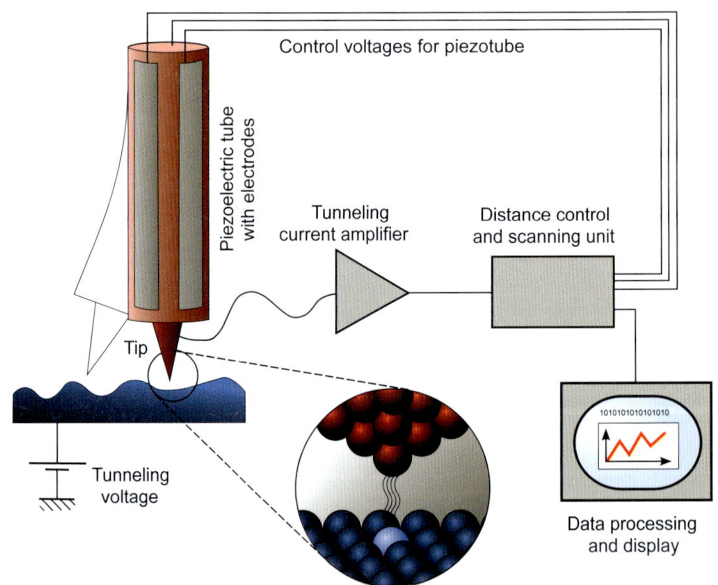

그림 3-17 균일 전류 모드의 STM 원리

출처: Michael Schmid and Grzegorz Pietrzak, CC BY-SA 2.0, Wikimedia Commons

처럼 수직이동 하는 캔틸레버를 이용해 표면을 스캔한다. 이로써 표면 굴곡을 알 수 있는데, 이를 이미지로 만들면 눈으로 확인할 수 있다. 즉, SPM 현미경의 눈은 표면의 원자 또는 분자 구조에 따라 다양하게 변화하는 물리적 현상이다.

AFM

SPM 현미경은 앞서 설명한 것처럼 어떤 탐침을 사용하느냐에 따라 종류가 다양하다. 원자힘 현미경(AFM)은 탐침 끝의 원자와 표면의 원자 사이에 끌리거나 밀어내는 미세한 힘을 측정하여 이를 이미지로 바꾼다. 이때 탐침과 표면 사이의 힘의 변화를 탐침의 높낮이 변화로 바꾸려면 매우 약한 힘에도 작동하는 캔틸레버가 요구된다. 캔틸레버는 마치 다이빙 수영을 위한 구름 발판을 연상하면 된다. 이때 레이저 빔을 캔틸레버에 조사하여 캔틸레버의 휘어짐을 감지하고, 높낮이 차이를 측정하여 3차원 입체 이미지를 얻을 수 있다. AFM은 STM과는 달리 시료가 도체가 아니어도 사용할 수 있으며, 전자 현미경처럼 진공을 요구하지도 않는다. 또한 시료의 특성에 따라 접촉 모드, 비접촉 모드 등 다양한 측정 모드를 활용할 수 있다. 한편, 화학력 현미경(CFM)은 AFM의 한 종류로 탐침 끝에 붙여놓은 화합물과 표면의 화합물이 나타내는 상호작용의 차이를 이용한다. 특히, 항원-항체 관계처럼 특이적 분자 인식을 하는 경우 특정 분자의 위치를 확인

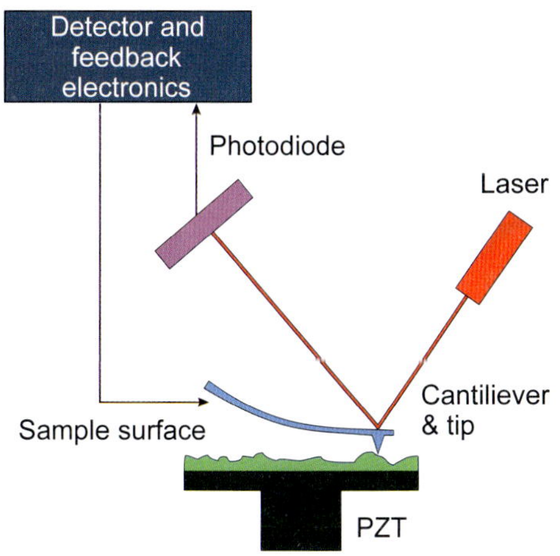

그림 3-18 레이저 빔으로 캔틸레버에 달린 AFM 탐침의 높낮이를 측정하는 모습

할 수 있다. 그림 3-18에 캔틸레버에 부착된 AFM 탐침의 움직임을 레이저 빔을 통해 측정하는 모습을 나타냈다.

SNOM

주사 근접장 광학 현미경(SNOM)은 탐침으로 빛이 가운데로 통과하는 매우 가는 섬유를 사용한다. 빛이 통과하는 구멍(조리개) 크기가 빛의 파장보다 작고, 탐침이 표면과 수 nm에서 수십 nm 정도로 가깝게 접근하면, 구멍을 빠져나온 빛은 일반 빛처럼 진행하지 못하고 표면 경계 아주 가까이에 근접장(near-field)을 형성한다. 이 근접장은 조금만 멀어져도 급격히 그 세기가 감소해서 사라지는 것처럼 보이므로 소멸파라고도 부른다. 중요한 것은 근접장이 표면에서 작용하는 면적이 탐침에 따라 다르지만 직경 수 nm 정도로 작다는 점이다. 즉, 근접장이 표면의 세포나 분자 등과 상호작용한 후 흡수, 반사, 투과한 빛이나, 형광을 나노미터 면적 단위로 검출할 수 있다. 대비를 나타내는 메커니즘은

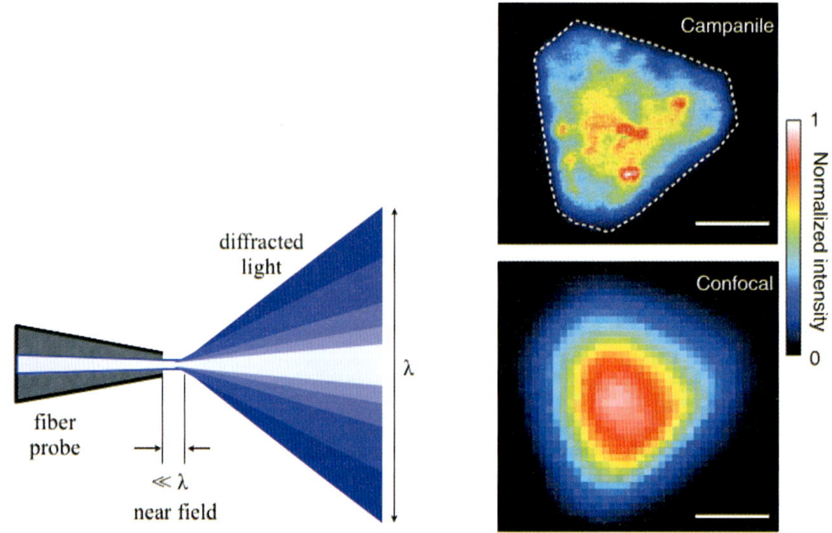

그림 3-19 왼쪽은 SNOM 광섬유 프로브의 근거리 광학을 보여주는 다이어그램, 오른쪽은 이황화 몰리브데넘 조각의 광발광 이미지이다. 사각형 피라미드 모양의 캄파닐 프로브 SNOM 이미지와 기존의 공초점 현미경 이미지. 막대는 1μm.

출처: By Zogdog602 – Own work, CC BY 3.0, Wikimedia Commons(왼쪽) / Wei Bao et al, CC BY 4.0, Wikimedia Commons(오른쪽)

광학 현미경처럼 표면의 서로 다른 성질, 굴절률, 화학 구조, 국부 응력의 차이로부터 나타난다. 이들의 동적 성질도 연구가 가능하다. SNOM은 시료를 파괴하지 않고 분석할 수 있어서 나노 구조의 광학적 특성, 반도체 소자 및 소재, 생체 분자 및 세포, 나노 광학 소자 및 센서 등의 연구에 이용된다. 그림 3-19에 이황화 몰리브데넘 조각의 광발광 이미지를 SNOM과 공초점 현미경으로 얻은 사진을 비교했다.

SThM

주사 열 현미경(SThM)은 계면의 시료 표면의 국소 온도와 열적 특성을 측정하는 주사 탐침 현미경의 한 유형이다. SThM의 탐침은 국소 온도에 민감하여 나노미터 단위의 점 온도를 측정할 수 있다. 이러한 측정에는 열전도도, 열용량, 유리 전이 온도, 잠열 등도 포함될 수 있다. 따라서 이 현미경은 학술적으로만 아니라 산업적 측면에서 관심을 받고 있다. 이 기술은 비니히와 로러가 STM 개발로 물리학상을 받은 1986년에 클레이튼 윌리엄스와 쿠마르 위크라마싱헤에 의해 발명되었다.

SThM에서 사용하는 탐침은 두 가지 유형이 있다. 탐침 끝의 열전대(thermocouple) 접합부에서 온도를 측정하는 열전대 탐침과 탐침 끝의 박막 저항기에서 온도를 측정하는 저항 또는 볼로미터 탐침이다. 여기서 열전대는 두 개의 서로 다른 전기 도체가 전기 접합을 하고 있다. 이것은 두 접점 사이에 온도 차이가 생기면 전압이 발생하는 제베크 효과를 이용한다. 이때 발생하는 전압은 온도 차이에 비례한다. 한편, 볼로미터(bolometer)는 온도에 따라 전기 저항이 변하는 물질을 이용하여 복사열을 측정하는 장치이다. 그림 3-20에 전통적인 금-크로뮴 열전대를 이용한 SThM 탐침의 개략도와 전자 현미경(SEM) 사진을 보여준다.

한편, SPM 탐침은 표면 위의 원자나 분자를 이동시킬 수도 있다. 이는 마치 주판알을 손가락으로 이동시키는 것과 같은데, 그림 3-21에 원자 크기로 뾰족한 STM의 텅스텐 탐침을 사용하여 구리 표면에서 원자 하나 정도의 계단 면을 따라 풀러렌 분자를 앞뒤로 움직이는 모습을 나타냈다. 이 움직임은 마치 나노 크기의 주판으로 셈을 하는 것 같다. 이처럼 STM을 비롯한 주사 탐침 현미경은 나노미터 또는 그 이하의 크기 수준까지 초고해상도 이미지를 얻는 것 외에도, 표면 위에 나노 구조물을 만들거나 마찰력, 자기력, 탄성 등의 다양한 물리적 특성을 측정할 수 있다. SPM의 또 다른 특징은 진공, 공기, 액체 등 다양한 환경에서도 측정할 수 있다는 점이다.

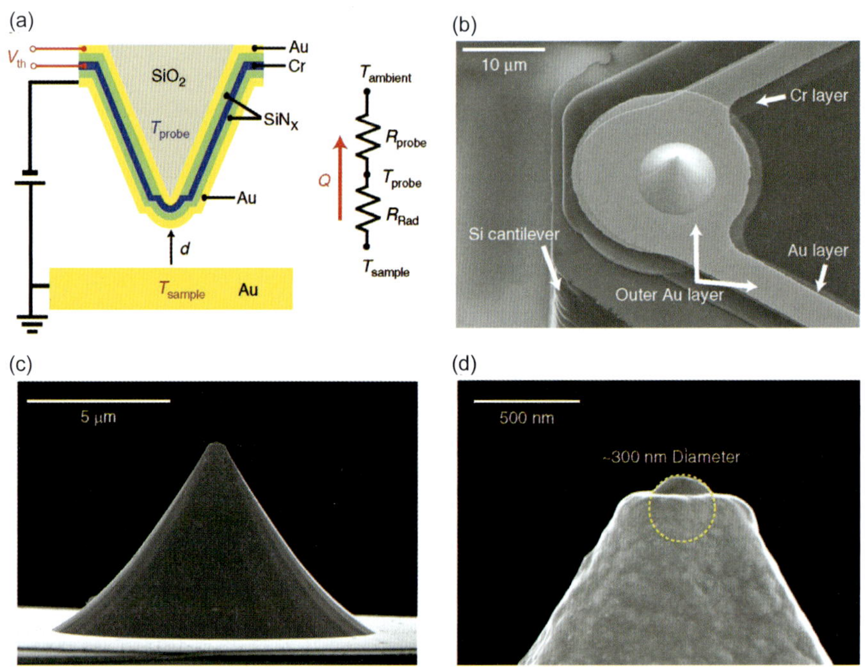

그림 3-20 금-크로뮴 열전대를 이용한 SThM 탐침의 개략도 및 SEM 이미지

출처: Longji Cui, Wonho Jeong, Víctor Fernández-Hurtado, Johannes Feist, Francisco J. García-Vidal, Juan Carlos Cuevas, Edgar Meyhofer & Pramod Reddy, CC BY 4.0, Wikimedia Commons

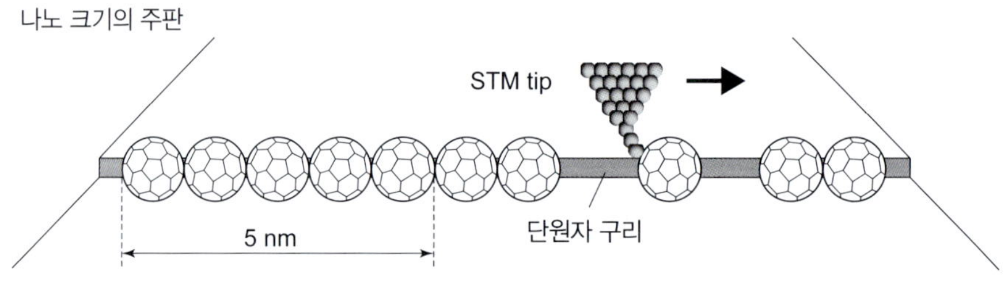

그림 3-21 STM 탐침으로 풀러렌을 이동시키는 모습

4장
카이랄 의약품

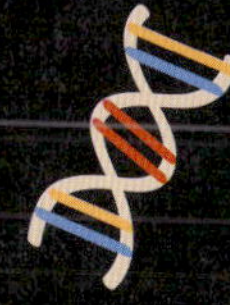

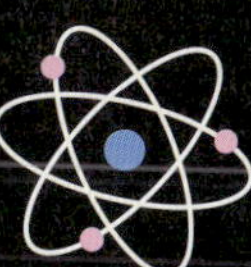

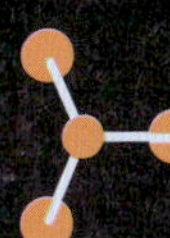

4장 카이랄 의약품

4.1 이성질체의 분류

탈리도마이드 사건 | 구조 이성질체 | 입체 이성질체 | 형태 이성질체

4.2 거울상 이성질체

광학 이성질체 | *(R)*/*(S)* 절대 구조 | D/L 절대 구조 | 거울상 이성질체의 분리 | 카이랄 의약품 | 준거울상 이성질체

4.3 카이랄 촉매 반응

카이랄 촉매 | 비대칭 유기촉매

본문에서 언급한 노벨상 수상자

연도/분야	수상자	출생/소속(수상 당시)	수상 업적
1969 화학상	데릭 바턴	1918~1998 영국, 런던 임페리얼 칼리지	형태 이성질체의 개념 개발과 이의 화학 분야에서의 적용
	오드 하셀	1897~1981 노르웨이, 오슬로대학교	
1975 화학상	존 콘포스	1917~2013 오스트레일리아, 영국 서섹스대학교	효소 촉매 반응에서의 입체화학 연구
	블라디미르 프렐로그	1906~1998 보스니아 헤르체고비나, 스위스연방 공과대학(ETH)	유기 분자와 반응의 입체화학 연구
1902 화학상	헤르만 에밀 피셔	1852~1919 독일, 베를린대학교	당과 퓨린의 합성에 관한 연구를 통해 이바지한 특별한 공로
2001 화학상	윌리엄 놀스	1917~2012 미국	카이랄 촉매에 의한 수소화 반응 연구
	노요리 료지	1938 일본, 나고야대학교	
	배리 샤플리스	1941 미국, 스크립스 연구소	카이랄 촉매에 의한 산화 반응 연구
2021 화학상	베냐민 리스트	1968 독일, 막스플랑크 연구소	비대칭 유기촉매의 개발
	데이비드 맥밀런	1968 영국, 프린스턴대학교	

서로 똑같이 닮은 사람을 일컬어 종종 도플갱어라고 한다. 그것은 독일 사람들의 속설인 '누구나 자신과 닮은 영적 존재가 있고, 이것이 나쁜 사람에게 재앙을 내린다'라는 말에서 유래했다. 즉, 이 영적 존재가 늘 나와 함께 하므로, 이것을 '같이 걷는 사람'이란 뜻의 도플갱어로 부른 것이다. 독일어 doppelgänger는 직역하면 double-walker란 뜻이다. 또한 영어에 데드 링어(dead ringer)라는 표현이 있다. 이 말의 어원에 대해서는 이견이 있지만, '죽은 이의 영혼이 고향에 내려가 본인의 죽음을 종을 울려 알린다'는 데서 유래했다고 한다. 도플갱어나 데드 링거나 둘 다 육신과 영혼의 관계로 닮은 꼴을 설정한 것이 흥미롭다. 우리는 붕어빵이라는 말로 닮은 꼴을 표현하는데, 서양의 표현보다 이 말이 정겹다.

본 장의 주제는 닮은꼴 분자이다. 화학에서는 분자식은 같지만 구조가 달라서 그 성질이 다르게 나타나는 분자를 이성질체(isomer)라고 한다. 화학에서 아이소(iso)가 붙은 용어를 종종 사용하는데, 이것은 같다는 뜻의 그리스어 아이소스(isos)에서 유래했다. 또한 뒤에 붙은 머(mer)는 공유하다 또는 부분이라는 뜻의 그리스어 메로스(meros)에서 나왔다. 즉, 아이소머(isomer)는 다른 성질을 나타내지만 '같은 부분을 공유하는 것'으로도 해석할 수 있다.

이성질체, 특히 입체 이성질체는 의약품, 농업, 식품 산업 등 다양한 분야에서 중요한 역할을 한다. 이 화합물들은 분자식이 같고 원자의 결합 서열도 같지만 3차원 공간 배열이 달라서 생리 활성이나 물성이 다르다. 따라서 특정 입체 이성질체만을 선택적으로 합성하는 비대칭 합성으로 해당 생성물의 순도를 높이면, 의약품의 효능이 높아지고 부작용을 줄이며 식품 성분의 변화로 질적 향상이 가능하다. 몸속에서의 대사 과정이나 식품의 맛, 향, 질감 등을 결정하는 데 입체 이성질체가 관여하기 때문이다. 농약이나 제초제 등이 입체 이성질체로 구성된 화학물질인 경우, 표적 생물에 대한 효과와 비표적 생물에 대한 안전성에 영향을 미친다. 2장 플라스틱에서 입체규칙적 폴리프로필렌(PP)의 경우를 언급한 것처럼, 입체 이성질체는 고분자 물질의 물리적 특성도 변화시킬 수 있으므로 첨단 소재의 개발에서도 중요한 요소이다. 특히 의약품의 경우 뒤에서 언급하는 탈리도마이드 사건처럼 한 이성질체는 치료 효과를, 다른 이성질체는 심각한 부작용을 일으키기도 하므로, 입체 구조의 제어 기술은 현대 화학의 중요한 과제이다.

본 장의 제목인 카이랄 의약품은 '왼손 의약품'과 '오른손 의약품' 중 어느 하나의 구조를 갖는 의약품을 말한다. 카이랄(chiral)이란 말은 그리스어 손(케이르, χείρ)에서 유래했다. 즉, 오른손과 왼손은 같은 듯 다른 거울상 이성질체이다. 거울에 비친 모양과 본래 모양이 다르면 거울상 이성질체이다. 그림 4-1의 상암 MBC 앞에 설치된 미러맨 조각상은 거울상 이성질체를 보여준다. 한 사람은 오른손을 들었는데, 다른 사람은 왼손을 들고 있다. 거울에 비친 나는 실제 나와 다르다.

그림 4-1 거울상 이성질체의 개념을 보여주는 상암 MBC 앞의 미러맨
출처: yllyso/Shutterstock

4.1 이성질체의 분류

이성질체를 다룬 서적 중에 로알드 호프만(1981 화학상, 10장 의약화학)이 쓴 『같기도 하고 아니 같기도 하고』(1996, 이덕환 옮김)라는 책이 있다. 일반인을 위한 교양서인데, 그 제목이 마음에 든다. 그림 4-2는 위 책의 원서 표지에 사용된 삽화로, 그리스 신화의 나르키소스가 우물 속의 자기 모습에 반해서 사랑에 빠진 모습을 보여준다. 이 또한 거울상 이성질체의 예이다. 피카소의 1932년 작 '거울 앞의 소녀'도 이성질체의 개념을 설명하기에 알맞다. 이 그림에서 거울 속의 나는 실제의 나와 많이 다르게 표현되었는데, 자신의 외형뿐만 아니라 감정까지 다르게 묘사되어 있다. 거울에 비친 나는 나와 같아 보이지만 다른 나이다. 이것이 거울상 이성질체의 개념이다.

그림 4-2 로알드 호프만의 저서 『같기도 하고 아니 같기도 하고』의 표지 삽화로 사용된, 나르키소스의 그림(Caravaggio, 1957)

탈리도마이드 사건

인류 역사상 가장 비극적인 약화 사건으로 탈리도마이드 사건을 꼽을 수 있다. 탈리도마이드는 1953년에 옛 서독의 제약회사인 그뤼넨탈에서 '케바돈'이라는 이름으로 개발된 의약품으로 1957년부터 시판되었다. 진정제인 탈리도마이드는 임상시험 후 안전성이 인정되어 OTC 의약품으로 판매되었다. 즉, 슈퍼마켓에서도 쉽게 살 수 있는 의약품이어서 입덧이 심한 임신한 여성이 많이 찾았고, 그 결과는 비참했다. 유럽을 비롯한 전 세계 48개국에서 1만 2천여 명 이상의 기형아가 태어난 것이다.

이 사건의 원인은 이 의약품이 거울상 이성질체가 50:50으로 존재하는 라셈 혼합물이었다는 것이다. 라셈(racemic)이라는 말은 라틴어로 포도를 의미하는 라세무스에서 유

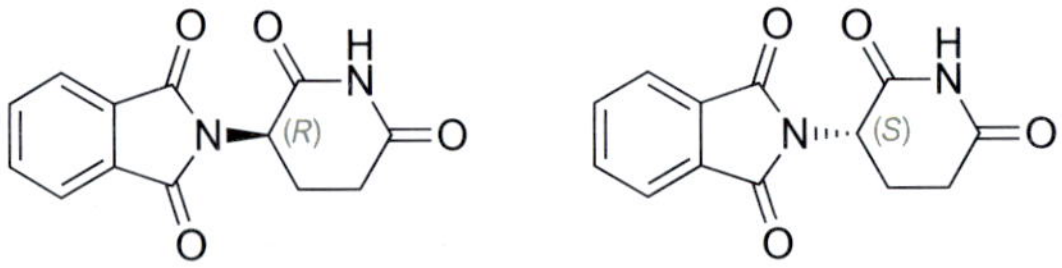

그림 4-3 탈리도마이드의 (*R*) 형태와 (*S*) 형태의 구조

래했다. 1848년 루이 파스퇴르가 타르타르산의 두 가지 거울상 이성질체 결정이 섞여 있는 혼합물을 처음 발견했을 때, 당시 타르타르산을 일컫던 라셈산이란 이름으로부터 이 결정 혼합물을 라셈 혼합물이라고 부른 데서 비롯되었다. 그림 4-3에 탈리도마이드의 화학 구조를 나타냈다. (*R*)과 (*S*)로 표시한 탄소가 카이랄 탄소인데, 두 화합물에서 이 탄소를 중심으로 한 4개의 결합 방향이 서로 다르다. 나중에 알려졌지만 (*R*) 형태는 안전한 진정제로 작용하는데, (*S*) 형태는 기형아 유발 물질로 작용한다. 후속연구로 인해 이 화합물은 (*R*) 형태만을 복용해도 몸속에서 일부 이성질화 반응을 일으켜 (*S*) 형태로 바뀌는 것을 알았다. 이 사건의 또 다른 교훈은 동물 시험으로 진행되는 안전성 테스트가 완벽하지 않다는 것이다. 이 사건은 의약품의 엄격한 승인 절차를 도입하는 계기가 되었다.

탈리도마이드 사건이 일어난 지 약 70년이 지났지만 이에 관한 연구는 아직도 진행 중이다. 그동안 기형 유발 작용에 관한 2,000편이 넘는 논문이 발표되었음에도 근래에 들어서야 그 메커니즘이 알려지기 시작했다. 주요 이론은 혈관 생성에 관여하는 단백질인 세레블론의 작용 방해이다. 세레블론은 태아의 수족 성장에 중요한 유비퀴틴 연결효소와 복합체를 형성하는 단백질이다. 2018년에는 탈리도마이드의 비극적 결과가 전사인자 SALL4의 분해를 거쳐 일어난다는 발표도 있었다. 최근에는 탈리도마이드가 다발성골수종과 한센병 치료에 보조제로서 효과가 있다는 것이 알려졌고, 그 사용이 승인되었다. 즉, 탈리도마이드라는 약물 그 자체가 주된 항암제는 아니지만, 특정 항암 치료와 병행하면 보조 효과가 있다는 것이 알려졌다.

놀랍게도, 미국은 이런 피해를 방지할 수 있었다. 그것은 켈시라는 한 공무원의 철저한 임무 수행 덕분이었다. 켈시 박사는 미국 시카고대에서 의학박사 학위를 받고, 1960년 미국식품의약국(FDA)에 입사했다. 그에게 주어진 첫 임무가 케바돈 승인 신청서

처리였다. 이미 유럽에서 널리 판매되는 약이었지만, 켈시 박사는 약품의 독성과 효과 등에 대한 연구가 미흡하다며 추가 자료를 요구했다. 제약사가 로비를 거듭하며 압박했지만, 켈시 박사는 굴하지 않았다. 결국 그 사이에 탈리도마이드의 유해성이 밝혀지면서 미국 시민들은 비극을 피할 수 있었다. 당시 대통령이었던 존 F. 케네디는 1962년에 켈시 박사를 백악관으로 초청하여 그 공로를 치하했다.

당시에 기형아로 태어난 사람 중에 우리나라를 방문한 적이 있는 세계적으로 유명한 인사를 두 명 소개한다. 한 명은 2005년에 세계 여성상을 받은 구족화가 앨리슨 래퍼이고, 다른 한 명은 세계적인 바리톤 성악가 토마스 크바스토프이다. 래퍼는 2006년 4월에 아들 패리스와 함께 우리나라를 방문했고, 크바스토프는 2019년 3월에 내한 공연을 했다. 필자는 2006년에 런던을 방문했을 때 마침 트래펄가 광장에서 전시 중이던 임신한 래퍼의 대리석 조각상을 볼 수 있었다. 마크 퀸이 조각한 이 작품은 2005년 9월부터 2007년까지 위 장소에 전시되었다. 그 후 2012년 여름 런던 올림픽 후에 개최된 패럴림픽 개막식에 위 조각상의 대형 복제상이 등장했다. 성악가 크바스토프는 독일 최고 권위의 음반상인 에코상을 수상했고, 그래미상을 세 차례 수상했다. 데뷔 30여 년쯤인 2012년에 건강상 이유로 성악가로서 은퇴했는데, 은퇴 전인 2007년엔 재즈 가수로 전향하여 앨범 '무슨 일이 일어나는지 지켜봐', '나이스 앤 이지' 등을 발표했다.

구조 이성질체

이성질체의 종류를 그림 4-4 이성질체 분류도에 나타냈다. 이성질체는 크게 둘로 나뉘는데, 구조 이성질체(constitutional isomers)와 입체 이성질체(stereoisomers)이다. 구조 이성질체는 분자식은 같지만(분자를 구성하는 원자의 종류와 개수는 같지만), 분자를 구성하는 원자들의 결합 순서가 다른 경우이다. 예로써, 분자식이 C_2H_6O인 분자를 생각해 보자. 이 분자식에 해당하는 분자 중에 에탄올과 다이메틸에터가 있다. 에탄올의 시성식은 CH_3CH_2OH이고, 다이메틸에터는 CH_3OCH_3이다. 즉, 탄소와 산소의 골격만 보면, 에탄올에서는 C-C-O의 순서로 결합을 하고 있고 다이메틸에터는 C-O-C 순서이다. 이처럼 분자식은 같은데 원자들이 결합한 순서가 다르면, 이들은 서로 구조 이성질체이다. 시성식은 화학식의 하나로 분자 속에 있는 작용기의 종류, 개수, 결합의 순서 따위를 나타낸다.

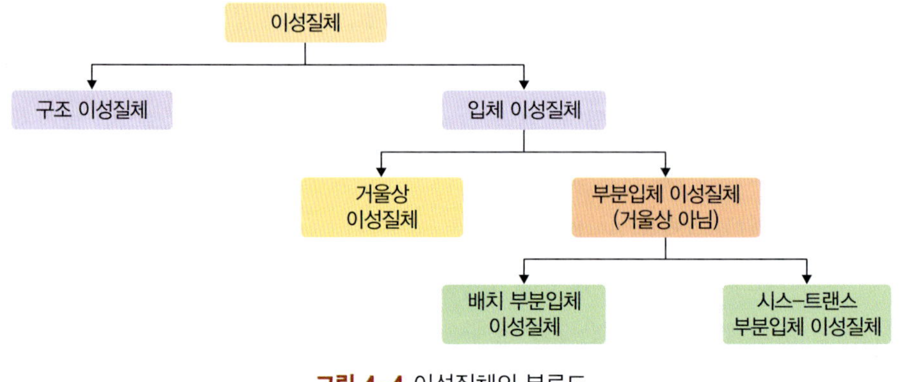

그림 4-4 이성질체의 분류도

간단한 화합물은 시성식만으로 그 화합물의 구조를 추정하는 것이 가능하다. 구조 이성질체는 대개 작용기가 서로 다르므로 각각 고유의 물리적, 화학적 성질을 갖는다.

입체 이성질체

입체 이성질체는 분자식이 같을 뿐만 아니라, 원자들의 결합 순서도 같다. 결합 순서가 같더라도 원자들의 결합 방향이 다를 수 있는데, 이런 분자들이 입체 이성질체이다. 입체 이성질체는 다시 둘로 나뉘는데, 그것은 입체 이성질체가 서로 거울에 비친 모습인지 또는 그렇지 않은지로 구분된다. 두 개의 입체 이성질체가 서로 거울에 비춰보았을 때의 관계라면, 이들은 거울상 이성질체(enantiomers)이다. 두 분자가 입체 이성질체 관계지만 서로 거울에 비친 모습은 아닌 경우 부분입체 이성질체(diastereomers)이다. 이 경우는 이름처럼 전체 입체 구조 중에서 한 부분만이 결합 방향이 서로 다른 이성질체다. 그림 4-5에 두 종류의 입체 이성질체들을 나타냈다. 왼쪽은 리모넨 구조인데 하나는 감귤에, 다른 하나는 소나무에 존재한다. 이 둘은 거울상 이성질체이며, 서로 다른 향을 낸다. 오른쪽의 분자들은 Cl과 Me가 서로 다른 방향으로 한 탄소에 결합하고 있다. 이 둘은 서로 거울에 비친 모습이 아니고, 분자의 일부에서 결합 방향이 다른 부분 구조를 가지므로 앞서 언급한 대로 부분입체 이성질체에 해당한다. 그림 4-4에서 부분입체 이성질체는 다시 둘로 나뉘어 배치(configurational) 부분입체 이성질체와 시스-트랜스(cis-trans) 부분입체 이성질체로 표기되어 있다. 이중 결합 탄소 화합물에서 시스-트랜스 부

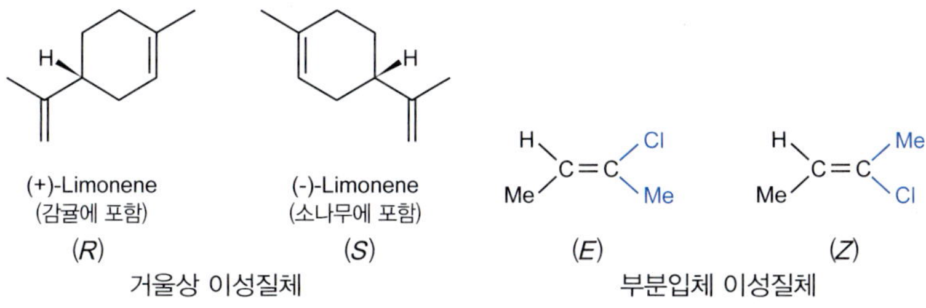

그림 4-5 거울상 이성질체와 부분입체 이성질체의 예

분입체 이성질체 표기법은 이용 범위가 각 탄소에 하나의 치환기만 있을 때로 제한된다. 이중 결합 탄소에 3개 이상의 치환기를 가진 경우는 시스-트랜스 구분을 할 수 없다. 그림 4-5의 부분입체 이성질체를 예를 들어 설명하면, 이중 결합 탄소와 결합한 Me와 Me를 가지고 판단하면 (*E*)는 시스, (*Z*)는 트랜스이다. 하지만, 이때 Me와 Cl을 놓고 판단하면 (*E*)는 트랜스, (*Z*)는 시스이다. 이처럼 시스-트랜스 시스템에서는 어느 치환기를 선택하여 판단하느냐에 따라 다르게 결정될 수 있다. 따라서, 이중 결합 탄소 화합물에서는 치환기의 개수에 관계없이 (*E*)/(*Z*) 시스템을 사용하면 혼동의 문제가 없다.

(*E*)/(*Z*) 또는 (*R*)/(*S*)를 결정하기 위해서는 우선 치환기의 우선순위를 정해야 한다. (*R*)/(*S*) 절대 구조에 대해서는 다음 절에서 설명하는데, 치환기의 우선순위를 정하는 방법은 둘 다 동일하다. 이중 결합 각 탄소에 결합한 두 개의 치환기 중에서 원자번호가 큰 것이 우선이며, 원자가 같으면 그 원자와 결합한 다음 원자를 비교한다. 또한 같은 원자라도 여기에 치환기가 하나 붙은 것보다는 두 개 이상인 것이 우선이다. 치환기에 이중 결합이나 삼중 결합이 있으면 같은 원자 두 개 또는 세 개가 결합한 것으로 판단한다. 이중 결합 탄소별로 우선순위를 정한 다음, 우선순위 1번이 둘 다 같은 쪽에 있으면 (*Z*), 서로 반대 방향이면 (*E*)로 명명한다. 그림 4-5의 부분입체 이성질체 중 왼쪽 화합물을 가지고 연습해 보면, (*E*) 화합물이 경우는 이중 결합 탄소 중 왼쪽은 Me가 우선순위고, 오른쪽은 Cl이 우선순위이므로 이 둘은 서로 반대 방향이다. 따라서 (*E*)가 맞다.

형태 이성질체

그림 4-4의 이성질체 분류도에 이름이 포함되지는 못했지만, 유기화학에서 중요한

개념으로 형태 이성질체, 즉 회전배열 이성질체가 있다. 형태 이성질체 이론을 개발하고 발전시킨 공로로 데릭 바턴과 오드 하셀이 1969년도 화학상을 받았다. 탄소–탄소 단일 결합으로 연결된 사슬 구조는 상온에서 단일 결합을 축으로 빠르게 회전할 수 있다. 그 회전 각도에 따라 다양한 형태가 가능한데, 예로써 그림 4–6에 뷰테인($CH_3CH_2CH_2CH_3$)의 경우를 뉴먼 투영도로 나타냈다. 뉴먼 투영도로 분자를 보는 방법은 뒤쪽 큰 동그라미와 앞쪽 분기점이 뷰테인의 가운데 두 개 탄소 원자이다. 그리고 이 탄소 원자에 수소 또는 탄소가 세 개씩 결합하고 있다. 그림 4–6의 A~D는 회전 각도에 따라 서로 결합 방향만 다르므로, 따지자면, 그림 4–4의 이성질체 분류도에서 입체 이성질체에 해당한다. 그러나 이 분류도에서 빠진 이유는, A~D의 형태 이성질체는 상온에서 빠르게 서로 모양이 바뀌고 있어서 각각을 분리해 낼 수 없는 것은 물론 어느 한 형태만으로 존재할 수도 없기 때문이다. 즉, 다양한 형태 이성질체가 가능하지만, 이 모든 이성질체는 같은 하나의 화합물이다.

사슬 구조에서뿐만 아니라 고리 구조에서도 다양하게 형태가 바뀔 수 있다. 그림 4–7에 나타낸 것처럼 의자 형태의 사이클로헥세인은 상온에서 쉽게 보트 형태를 거쳐서 다른 의자 형태로 고리 뒤집힘이 일어난다. 이때 수평 방향의 치환기는 수직 방향으로, 수직 방향의 치환기는 수평 방향으로 위치가 달라지는데, 그림 4–7에서는 빨간색과 파란색 H의 위치 변화로 그것을 나타냈다. 이것도 형태 이성질체에 해당한다. 비록 각각의 형태 이성질체를 분리할 수는 없지만, 형태 이성질체의 존재는 분자의 구조와 반

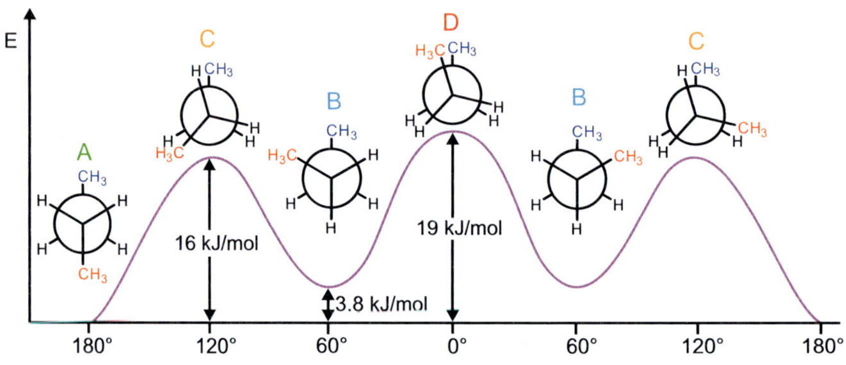

그림 4–6 뉴먼 투영도로 나타낸 뷰테인($CH_3CH_2CH_2CH_3$)의 형태 이성질체와 안정도

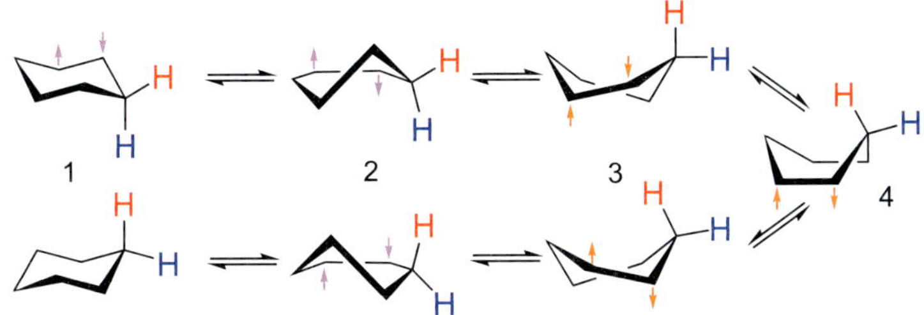

그림 4-7 사이클로헥세인 의자 형태의 고리 뒤집힘(1번이 의자형, 4번이 보트형)

응을 이해하는 데 있어서 중요한데, 이를 통해 그러한 결과가 일어난 이유를 설명해 주기 때문이다.

성공한 목수 집안에서 태어난 데릭 바턴은 좋은 사립 학교에 다닐 수 있었다. 졸업 후 아버지의 목재 사업에 합류하기보다는 고등 교육을 선택했다. 길링엄 공과대학에서 1년을 보낸 후, 바턴은 런던의 임페리얼 칼리지에 입학했다. 여기서 그는 천연물 화학에 대한 평생의 관심을 키웠다. 바턴은 임페리얼 칼리지에서 각각 1940년과 1942년에 학사 및 박사학위를 취득했다. 그 후, 바턴은 제2차 세계대전이 끝날 때까지 대부분을 군사 정보 목적으로 사용되는 보이지 않는 잉크 연구에 매진했다. 그는 1945년 임페리얼 칼리지 교수진에 합류하여 유기화학 분야의 연구를 수행하면서 물리화학 및 무기화학을 가르쳤다. 화학의 모든 분야에 걸쳐 시간을 보낸 것은 그가 상호 연관된 학문 분야들의 가치를 더 잘 이해하는 데 도움이 되었다.

1949년에 바턴은 하버드대학교에서 1년간 방문 교수로 지냈는데, 이 기간의 경험은 그의 지적이고 전문적인 발전에 결정적인 역할을 했다. 당시 그는 로버트 우드워드와 평생 지속되는 우정과 협력 관계를 맺었고, 형태 분석에 관한 선구적인 연구를 시작했다. 그가 1950년에 발표한 4쪽 분량의 스테로이드 골격의 형태에 관한 논문은 즉시 유기화학자들의 관심을 끌었다. 이 논문은 스테로이드의 구조와 합성 분야 연구에 이론적 토대를 제공했다. 바턴의 연구를 통해 20세기 전반에 발견된 스테로이드의 화학적, 생물학적 거동에 관한 다양한 연구 결과를 통합할 수 있었고, 노벨상 수상의 업적이 되었다. 1950년 런던으로 돌아온 바턴은 런던대학교 버크벡 칼리지에 자리를 잡았다. 그곳에서 그는 유기화학을 가르치고 스테로이드의 구조와 합성에 관한 연구를 계속했다. 그동안 그와 우드워드는 스테로이드 생합성의 핵심 중간체인 라노스테롤의 합성을 완료했다.

오드 하셀은 원래 무기화학을 전공했지만, 1930년대부터 분자 구조, 특히 사이클로헥세인과 그 유도체의 구조 문제를 집중적으로 연구했다. 그는 노르웨이 과학계에 전기쌍극자 모멘트와 전자 회절의 개념을 소개하기도 했다. 그의 가장 유명한 연구는 분자의 3차원 구조를 확립한 것이다. 그는 고리 모양의 유기 분자에 관한 연구에 집중했는데, 탄소와 수소 원자 사이의 결합수를 고려하여 분자가 하나의 평면에만 존재할 수 없음을 증명했다. 그의 분자 입체 구조에 관한 발상은 반트호프가 처음으로 제안한 '탄소 원자가 갖는 4개의 원자가 전자들은 정사면체형으로 배열한다'는 개념에 기초하였다. 대부분의 유기 분자들은 수많은 형태 이성질체를 가지지만, 그중에서 주로 두세 가지 정도의 안정한 회전 배열 구조로 존재한다.

대칭 구조가 아니고 또한 회전이 어려운 크고 무거운 치환기를 달고 있는 분자의 경우, 주로 특정의 형태 이성질체로만 존재하기도 한다. 예로써, 앞서 언급한 사이클로헥세인은 두 개의 의자 형태가 50:50으로 존재한다. 하지만, t-뷰틸과 같은 탄소 4개짜리 치환기를 가지면, 이 치환기는 의자 모양에서 거의 수평 방향으로만 존재하며 수직 방향으로는 존재하지 않는다. 그것이 다른 치환기와의 부딪침을 피하고 떨어져서 존재할 수 있어서 안정한 에너지를 나타내는 형태 이성질체이기 때문이다. 이처럼 형태 이성질체를 통해 분자의 구조를 역동적으로 이해할 수 있게 되었다.

4.2 거울상 이성질체

광학 이성질체

이성질체의 분류에서도 언급했지만 거울상 이성질체는 구조나 기능에서 흥미로운 입체 이성질체이다. 용어가 의미하는 대로 거울에 비친 분자와 본래의 분자 구조기 같지 않은 경우이다. 거울상 이성질체를 영어로는 에난티오머(enantiomer)라고 하는데 '반대'의 뜻인 그리스어 에난티오스(ἐναντίος)에서 유래했다. 거울상 이성질체의 물리·화학적 성질은 거의 동일하다. 녹는점, 끓는점, 용해도, 화학 반응성 등에서 차이가 없다. 서로 반대인 유일한 물리적 성질은 광학 활성이다. 즉, 빛에 대한 성질이 다르게 나타나는데, 일반 빛이 아니라 면편광(plane-polarized light)이 이들을 지날 때 면편광 방향이 하나는 오른쪽으로 회전하고, 다른 하나는 같은 각도로 왼쪽으로 회전하는 것이다. 이처럼 거울상 이성질체가 나타내는 물성 중에서 유일하게 다른 물성이 편광에 대한 광회전도이다 보니 거울상 이성질체를 광학 이성질체라고도 부른다. 오른쪽으로 회전하는 분자 앞에는 (+) 또는 *d* 로 표시하고, 왼쪽으로 회전하는 경우는 (−) 또는 *l* 을 붙여서 구분한다. 순수한 거울상 이성질체는 고유의 면편광 회전 각도를 나타낸다. 그림 4-8에 분자의 고유 광회전도 $[\alpha]_D$를 측정하는 과정을 나타냈다. 면편광은 그림에서 보여주듯이 빛의 파동이 특정 면 안에서만 화살표 방향으로 너울너울 진동하며 앞으로 진행하는 빛이다. $[\alpha]_D$의 비교를 위해서는 같은 기준으로 측정해야 하므로 관찰된 회전 각도를 편광이 지나는 통로의 길이와 용액의 농도로 나누어 계산한다. 이때 길이는 dm(데시미터, 10cm) 단위, 농도는 g/mL 단위를 사용한다. 또한 사용하는 편광의 파장에 따라서 관찰된 회전 각도가 달라질 수 있으므로 소듐(Na)의 D 라인 파장을 사용한다. 이것은 소듐이 들뜬 상태에서 방출하는 여러 파장의 빛에 알파벳을 붙였는데, 그중에 D 라인이란 뜻이다. D 라인은 D_1(589.6nm)과 D_2(589.0nm)로 구성되는데, 이 둘은 워낙 가까운 파장의 빛이라서 섞인 채로 사용한다. 공기 중에서 두 빛의 강도를 고려한 평균값은 589.3nm이며, 노란색 빛이다.

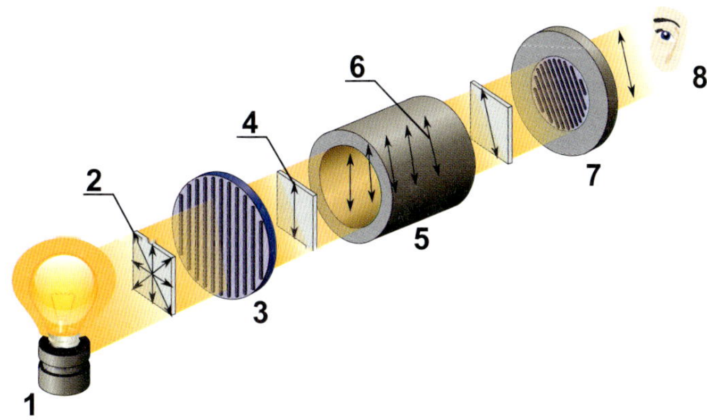

그림 4-8 고유 광회전도의 측정

출처: By Kaidor, CC BY-SA 3.0, Wikimedia Commons

고유 광회전도는 불순물이 섞이면 낮아지므로, 이성질체의 순도를 평가하는 척도로도 사용된다. 예를 들어서 어떤 순수한 물질의 $[\alpha]_D$ 값이 10인데, 실제 측정 결과 9의 값을 보였다면, 용액 중 두 거울상 이성질체의 혼합 비율(%)은 95:5이다. 두 이성질체에서 각각 5%씩은 서로 상쇄되어 광학 활성을 나타내지 않기 때문이다.

(*R*)/(*S*) 절대 구조

1969년에 이어 1975년도에도 입체화학 분야에서 다시 화학상이 나왔다. 수상자는 존 콘포스와 블라디미르 프렐로그인데, 콘포스는 효소 촉매 반응의 입체화학에 관한 업적을 인정받았고, 프렐로그는 유기 분자의 구조와 반응에서의 입체화학에 관한 업적으로 수상했다. 즉, 이들은 분자의 입체 구조 자체는 물론 입체 구조가 어떻게 반응 과정에 관여하여 특정 구조의 생성물이 만들어지는지, 그 메커니즘을 밝혔다. 콘포스는 대표적으로 천연물 콜레스테롤이 (*R*)−메발론산으로부터 스콸렌(스쿠알렌)을 거쳐 생합성되는 입체 규칙적 과정을 밝혀냈다. 생합성은 생체 내에서 일어나는 과정으로 화학자가 실험실에서 수행하는 화학 합성 과정과는 다르다. 즉, 생합성 과정을 연구하는 것은 자연이 선택한 진화 과정을 밝혀내는 과정이다. 이 업적이 중요한 다른 이유는 스콸렌이 콜레스테롤뿐만 아니라 각종 스테로이드 호르몬 등의 골격이 만들어지는 중간체 물질이기 때문이다. 한때는 상어 간유에 많이 함유된 스콸렌이 기능성 식품으로 유행을 타기도 했었다. 한편, 화합물의 입체 구조를 구분하는 (*R*)/(*S*) 또는 (*E*)/(*Z*) 형태를 결정하는 치환기의 우선순위 규칙을 칸−인골드−프렐로그 순위 규칙이라고 하는데, 여기의 프렐로그가 노벨상 수상자의 이름이다.

그림 4−9에 거울상 이성질체의 (*R*) 또는 (*S*) 절대 입체 구조를 결정하는 방법을 나타냈다. 가운데 탄소(C)를 중심으로 4개의 결합이 각각 정사면체 꼭지 방향을 향한다. 이 4개의 치환기 종류가 모두 다를 때 이 분자는 거울에 비친 모양과 거울상 이성질체 관계가 된다. 치환기 중에 같은 치환기가 2개 이상 존재하면 그 분자 구조는 거울에 비친 것과 같은 분자이다. 즉, 분자에 대칭면이 존재하는 경우, 거울에 비춘 모양을 돌려보면 본래의 모양과 같아지는 것을 알 수 있다. 그림 4−9에서처럼 치환기의 우선순위가 꼴찌인 D를 뒤쪽으로 보내고, 앞쪽의 A, B, C를 순서대로 회전시켰을 때 시계 방향이면

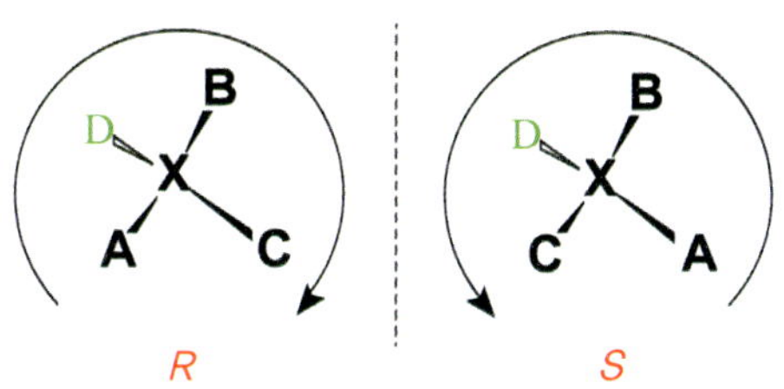

그림 4-9 (*R*) 또는 (*S*) 입체 구조를 결정하는 방법

R, 시계 반대 방향이면 *S*다. 치환기의 우선순위를 정하는 방법은 앞서 (*E*)/(*Z*) 구조의 우선순위 결정 방법과 같다. 중요한 점은 *R*, *S*와 앞서 설명한 고유 광회진도 $[\alpha]_D$와는 상관관계가 없다는 것이다. 즉, *R*이든 *S*든 고유 광회전도가 (+)일지 (−)일지는 직접 측정을 해봐야 알 수 있다.

프렐로그는 사라예보 출신으로서 1929년에 프라하의 체코공과대학교(CTU)에서 박사 학위를 받았고 1935년까지 프라하에서 일했다. 1941년에 프렐로그가 아다만테인을 처음으로 합성했다. 아다만테인은 다이아몬드의 기본 골격 구조인 분자인데, 이 탄화수소는 1933년에 CTU의 란다와 마하체크에 의해 체코 모라비아 유전에서 분리되었다. 1942년 프렐로그는 스위스 취리히연방공과대학(ETH) 교수진에 합류했으며, 1957년부터 1965년까지 유기화학 연구실장을 역임했다. 1959년 스위스 시민권을 취득했으며, 1976년 교수직에서 은퇴했다. 프레로그는 알칼로이드, 항생제, 효소 및 기타 천연물의 입체화학에 관한 광범위한 연구를 수행했다. 그가 탄생한 보스니아 헤르체고비나에서는 2006년 10월 25일에 프렐로그의 탄생 100주년을 맞아 기념 우표를 발간했는데, 얼굴 초상을 그린 우표와 더불어 아다만테인의 구조가 들어간 우표도 발간했다.

시드니에서 태어난 콘포스는 열 살 때쯤 청력 상실 징후를 보였는데, 점진적인 청력 상실을 유발하는 중이염 진단을 받았다. 이것으로 인해 그는 스무 살에 완전히 청각 장애가 되었고, 이것이 원래 공부하려고 했던 법학을 떠나 운명적으로 화학을 선택하는 데도 영향을 미쳤다. 그는 베가 사이언스 트러스트라는 비영리단체와의 인터뷰에서 다음과 같이 말했다. "청력 상실이 그렇게 심각한 장애가 되지 않는 분야를 찾아야 했습니다... 저는 화학을 선택했습니다... 가장 큰 해방감은 문헌이 온전히 정확하지 않다는 것을 깨달은 것입니다. 처음에는 꽤 큰 충격이었지만, 그다음에는 짜릿했습니다. 이 문제를 바로잡을 수 있으니까요!" 참고로 베가 사이언스 트러스트라는 단체는 동영상 또는 기타 다양한 방식으로 과학자들이 일반인들과 과학에 관해 소통하는 것을 돕는 플랫폼을 운영하는 단체이다. 이 단체는 2012년에 운영을 중단했으나, 웹사이트와 스트리밍 비디오는 셰필드대학교의 관리하에 여전히 제공된다.

그는 1937년 시드니대학교를 졸업하고, 1941년 옥스퍼드대학교에서 박사학위를 취득했다. 같은 해 유기화학자인 리타 해러던스와 결혼했는데, 그녀는 그의 의사소통을 도왔고 끊임없는 협력자였다. 제2차 세계대전 중 그는 항생제 페니실린의 핵심 구조 규명에 기여했다. 페니실린의 핵심 구조인 4각형 락탐과 이 고리의 질소와 탄소를 포함하는 5각형 티아졸이 함께 붙어있는 이중 고리 구조는 처음으로 발견된 구조이다. 따라서 페니실린의 구조 규명은 이의 발견 후 약 30년이 걸렸다. 콘포스는 1946년까지 옥스퍼드에 머물렀으며, 이후 런던 국립의학연구원의 연구원으로 합류하여 1962년까지 근무했다.

D/L 절대 구조

입체 구조를 나타내는 또 다른 방법은 D− 또는 L−로 나타내는 것이다. 주로 아미노산이나 단당류의 표기에 사용하는데, *R*, *S* 표기법이 정착된 이후에도 특히 식품 분야에서 여전히 D/L 표기법이 널리 쓰인다. 혼동하지 말 것은 D− 또는 L−은 입체 구조를 나타내는 것이고, 소문자 *d*− 또는 *l*−은 광학 활성을 나타내는 (+), (−)의 또 다른 표기로서, 우회전성을 뜻하는 덱스트로로테이터리와 좌회전성을 뜻하는 레보로테이터리에서 나왔다. D/L 표기법의 시작은 1902년에 화학상을 수상한 헤르만 에밀 피셔에게까지 거슬러 올라간다. 피셔는 당의 구조를 구분하기 위해 글리세르알데하이드를 그림 4−10처럼 산화가 가장 많이 된 탄소를 위쪽으로 놓고 피셔 투영도로 나타낼 때, 노란색의 카이랄 탄소에 결합한 −OH가 오른쪽에 위치하면 D−구조로, 왼쪽에 있으면 L−구조로 정했다. 피셔 투영도는 그림의 위쪽 입체 구조를 단순히 가로와 세로 선으로 나타내는 방식이다. 즉, 세로 선은 뒤쪽으로 향하고, 가로 선은 앞쪽을 향하는 입체 구조를 의미한다. 노란색의 카이랄 탄소는 피셔 투영도 구조에서 맨 아래에 위치한 카이랄 탄소이다.

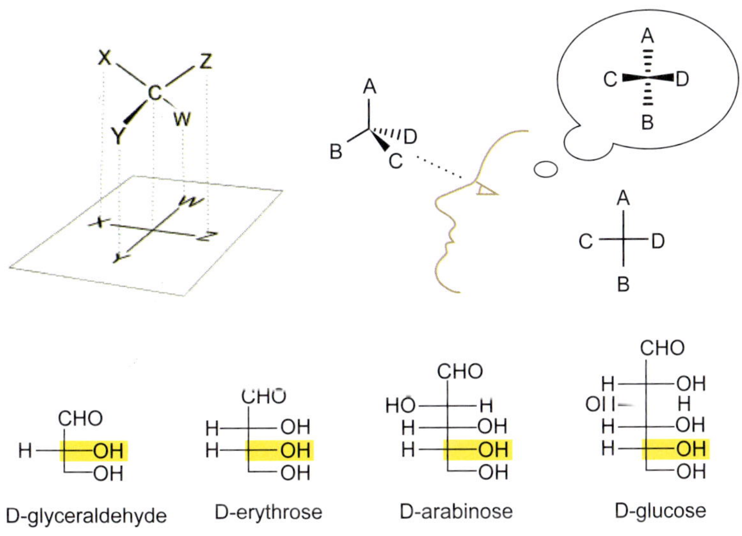

그림 4-10 피셔 투영도의 개념과 D-구조의 단당류
출처: K!roman, CC BY-SA 3.0, Wikimedia Commons

이 기준에 따라 다른 당에 대해서도 해당 탄소 위치의 모양만으로 D/L을 정했다. 이 방법은 비교 대상이 없이 자체 구조만으로 절대 구조를 정하는 (*R*) 또는 (*S*) 와는 달리, 글리세르알데하이드를 기준으로 나타낸 상대적 절대 구조 표현법이다.

아미노산도 (*R*)/(*S*) 표기보다는 D/L 표기가 여전히 많이 사용된다. 이때는 아미노산을 그림 4-11 왼쪽처럼 피셔 투영도로 나타낼 때, $-NH_2$의 위치가 오른쪽이면 D, 왼쪽이면 L로 나타낸다. D-아미노산에서 $-NH_2$기는 D-글리세르알데하이드에서 $-OH$기처럼 오른쪽에 위치한다. *R*이 알킬기라면, D-아미노산은 (*R*)-구조, L-아미노산은 (*S*)-구조에 해당한다. 그림 4-11 오른쪽은 알라닌을 양쪽성 이온으로 나타낸 거울상 이성질체이다. 여기서는 볼-스틱 모델로도 입체 구조를 나타냈는데, 이처럼 다양하게 입체 구조를 표현한다. 우리 몸의 단백질 합성에 사용되는 아미노산은 L-아미노산이다. 박테리아의 세포벽이나 일부 펩티드 항생제에서는 D-아미노산이 발견되기도 한다. (*R*)/(*S*) 표기에서와 마찬가지로 D/L 표기에서도 광학 활성의 (+), (−)와 절대 구조 표기와는 관련성이 없다. 즉, 같은 L-아미노산이라도 L-히스티딘의 $[\alpha]_D$는 −39.7인데, L-메싸이오닌의 경우는 +8.12이다.

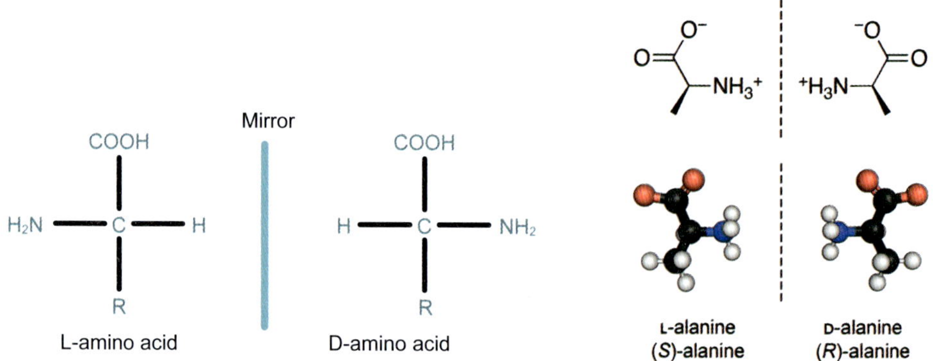

그림 4-11 피셔 투영도로 나타낸 아미노산(왼쪽)과 알라닌 거울상 이성질체의 절대 구조(오른쪽)
출처: Synpath, CC BY-SA 4.0, Wikimedia Commons

거울상 이성질체의 분리

혼합물로부터 단일 성분을 분리하기 위해서는 각 성분 간에 물리적 또는 화학적 성질의 차이가 있어야 한다. 즉, 끓는점이 다르거나, 특정 용매에 대한 용해도가 다르거나, 분자량 차이로 확산 속도가 다르거나, 특정 반응물에 대한 반응성이 다르거나, 또는 특정 고체 표면에 대한 흡착력이 달라야 한다. 혼합물의 특성에 따라 이들 중 적절한 방법을 택하여 단일 성분을 분리한다. 거울상 이성질체는 앞서 말한 대로 면편광에 대한 회전 방향이 다를 뿐, 그 외 성질은 서로 동일하다. 면편광에 대한 회전 방향이 다르다는 물성만으로는 물질을 분리할 수 없다.

거울상 이성질체가 50:50으로 섞여 있는 라셈 혼합물로부터 거울상 이성질체를 분리하는 하나의 방법은 이들을 거울상 이성질체가 아닌 상태로 바꿔주는 것이다. 즉, 분리가 가능한 물성이 서로 다른 이성질체로 만들어야 한다. 유기화학 교과서에 등장하는 고전적인 방법은 (*R*)/(*S*) 혼합물에 제3의 (*R*) 또는 (*S*) 분자를 첨가해서, (*R*)-(*R*)/(*S*)-(*R*) 또는 (*R*)-(*S*)/(*S*)-(*S*) 혼합물로 바꾸는 것이다. 이때의 혼합물은 거울상 이성질체 관계가 아니다. 즉, 거울상 이성질체에서 부분입체 이성질체 관계로 바뀌었다. 이 이성질체의 물성은 광학 활성 말고도 서로 차이가 나므로, 분리가 가능하다. 대개는 산-염기 반응으로 위 과정을 수행한다. 이 방법이 아닌 다른 분리 방법, 즉 반응 촉매든, 용매이든, 고정상이든, 분리막이든, 반응물이든 어느 방법을 사용하더라도 반드시

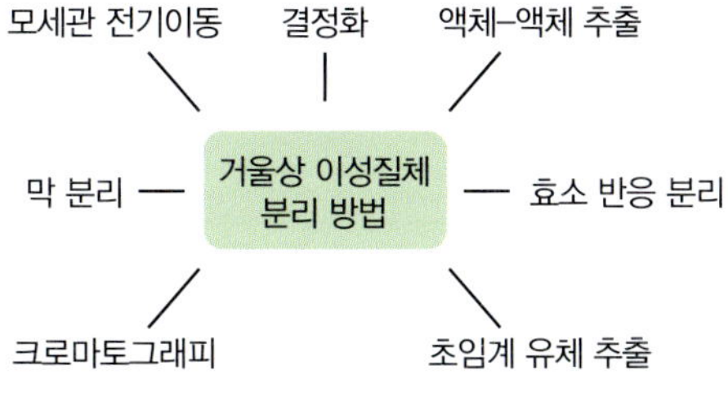

그림 4-12 거울상 이성질체의 분리 방법

두 거울상 이성질체를 구분할 수 있는 제3의 카이랄 구조가 필요하다. 예로써, 분리막을 통과시킬 때 두 이성질체 중 어느 하나가 빨리 통과되면 분리된다. 즉, 막 내부에 두 이성질체 중 어느 하나와 입체적으로 강하게 끌리는 물질이 포함되어 있거나, 그러한 공간적 입체 구조를 가져야 한다. 그림 4-12에 거울상 이성질체의 분리 방법을 나타냈다. 앞서 언급한 방법을 포함하여 모세관 전기이동법, 크로마토그래피, 초임계유체 추출법, 효소 반응법, 결정화법 등이 있다.

카이랄 의약품

카이랄 의약품은 두 개의 거울상 이성질체 중에서 어느 하나의 성분으로 구성된 의약품이다. 즉, 거울상 이성질체가 (*R*)/(*S*) 50:50으로 섞여 있는 라셈 혼합물(라셈체)은 카이랄 의약품이 아니다. (*R*) 또는 (*S*)만으로 구성된 의약품이 카이랄 의약품이다. 예로써, 대표적인 해열진통제인 이부프로펜은 (*R*)/(*S*) 형태가 혼합된 라셈체이다. 이 중에서 약효가 있는 (*S*) 형태만을 분리하여 카이랄 의약품을 개발했다. 이로써 부작용을 줄이고 약효를 높였는데, 이 의약품이 덱시부프로펜이다.

카이랄 의약품을 만드는 방법은 두 가지이다. 하나는 앞서 설명한 다양한 분리법으로 라셈 혼합물로부터 하나의 입체 이성질체만을 분리하는 방법이다. 일반적인 촉매를 사용하는 반응에서는 라셈 혼합물을 피할 수 없다. 해당 반응의 카이랄 촉매가 개발되지 않은 경우, 라셈체의 분리 외에는 카이랄 의약품을 얻을 방법이 없다. 다른 하나는 다음에 설명하는 카이랄 촉매를 사용하여 하나의 입체 이성질체만을 선택적으로 생성하는 방법이다. 그러기 위해서는 촉매 자체가 카이랄 화합물이어야 한다. 표 4-1에 고전

표 4-1 고전적인 분리 방법으로 제조된 카이랄 의약품

의약품	분리 시약	활성
암피실린	D-캄포설폰산	항생제
에탐부톨	L-(+)-타르타르산	항결핵제
클로람페니콜	D-캄포설폰산	항감염제
포스포마이신	*R*-(+)-펜에틸아민	항생제
나프록센	신코니딘	소염제
딜티아젬	(*R*)-(+)-페닐에틸아민	칼슘길항제

자료: http://www.ijpsnonline.com/Issues/309.pdf

표 4-2 서로 다른 생리활성을 나타내는 거울상 이성질체

의약품	거울상 이성질체	활성
탈리도마이드	(*S*)-이성질체 (*R*)-이성질체	기형 발생 물질 진정제
에탐부톨	(*S,S*)-이성질체 (*R,R*)-이성질체	항결핵제 실명 유발
페니실아민	(*S*)-이성질체 (*R*)-이성질체	항관절염제 돌연변이 유발
아스파라긴	(*S*)-이성질체 (*R*)-이성질체	쓴맛 단맛

자료: http://www.ijpsnonline.com/Issues/309.pdf

적인 거울상 이성질체 분리법으로 생산되는 몇 가지 의약품을, 표 4-2에 서로 다른 생리활성을 나타내는 거울상 이성질체의 예를 나타냈다.

준거울상 이성질체

준거울상 이성질체(quasi-enantiomers)는 엄밀히 말해 이성질체 관계가 아니다. 그렇지만 마치 거울상 이성질체인 것처럼 행동하는 분사들이다. 순거울상 이상질체 중 대부분은 거울상 이성질체와 마찬가지로 각각 자신의 다른 (*R*)/(*S*) 이성질체를 갖는다. 하지만

준거울상 이성질체로 불리는 분자들은 분자 내 원자나 작용기가 동일하지 않고 유사한 원자나 작용기로 바뀌어 있어서, 서로 거울에 비친 이미지는 아니다. 준거울상 이성질체의 예로는 (*S*)-브로모뷰테인과 (*R*)-아이오도뷰테인이 있다. (*S*)-브로모뷰테인과 (*R*)-아이오도뷰테인의 거울상 이성질체는 각각 (*R*)-브로모뷰테인과 (*S*)-아이오도뷰테인이다. 준거울상 이성질체는 준라셈체도 생성하는데, 이는 준거울상 이성질체들이 1:1 혼합물을 형성한다는 점에서 일반적인 라셈체와 유사하다.

준거울상 이성질체는 위와는 다른 의미로 정의되기도 한다. 분자 내 어떤 탄소에 결합되어 있는 동일한 두 개의 원자나 작용기가 다른 원자나 작용기로 대체될 경우, 거울상 이성질체가 되는 분자를 말한다. 이 경우는 선구 카이랄(pro-chiral)이라고도 부른다. 즉, 아직은 카이랄이 아니지만 앞서 설명한 대로 분자 내 해당 탄소에 결합한 원자나 작용기 중 하나만 바뀌면 카이랄이 된다는 뜻이다. 이 개념이 특히 생체대사 과정에서 중요하다. 예를 들면, 분자 내의 수소가 아직은 동일한 선구 카이랄 상태인데, 효소가 이 중에서 어느 수소를 다른 원자나 작용기로 바꾸느냐에 따라 생성물의 입체 구조가 (*R*) 또는 (*S*)로 달라지기 때문이다. 만약 우리 몸이 필요로 하는 것이 (*R*) 구조라면 효소는 (*R*) 구조로 바꿀 수 있는 입체 구조의 활성 자리를 갖는다.

4.3 카이랄 촉매 반응

카이랄 촉매

2001년도 화학상은 카이랄 촉매를 개발한 화학자들에게 수여되었다. 윌리엄 놀스, 료지 노요리, 배리 샤플리스가 수상자들이다. 카이랄 촉매는 촉매 스스로가 광학 활성을 나타내는 카이랄 분자이고, 이 촉매를 사용하면 얻어진 생성물도 광학 활성을 나타낸다. 즉, 일반적인 촉매를 사용하는 화학 반응에서는 카이랄 탄소가 있는 생성물이 얻어져도 두 개의 거울상 이성질체가 50:50으로 생성된다. 따라서 편광에 대한 오른쪽 또는 왼쪽으로 회전이 똑같이 일어나므로 광학 활성이 서로 상쇄된다. 이 상의 서두에서 언급한 탈리도마이드도 거울상 이성질체의 혼합물이었다. 이 경우 거울상 이성질체 중 하나는

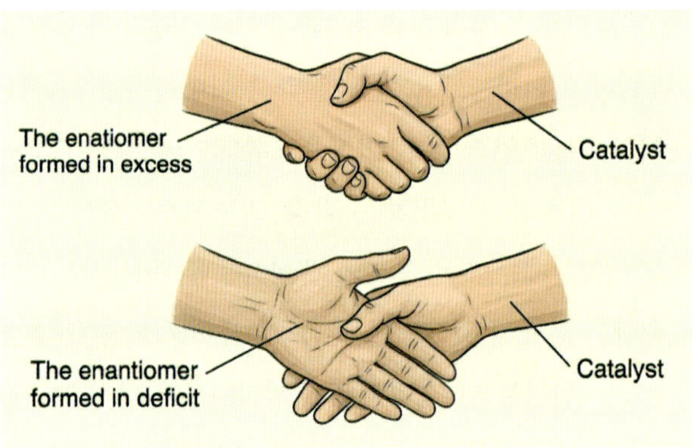

그림 4-13 오른손 모양의 촉매는 다른 오른손 모양의 기질과는 짝이 잘 맞지만, 왼손 기질과는 짝이 맞지 않는다.
출처: Nano Banana Pro

약으로 작용하지만, 다른 하나는 독으로 작용할 수도 있다. 설사 독으로 작용하지는 않는다고 해도 약효가 없는 것이 50% 섞여 있는 셈이다. 앞에서도 언급했지만, 화학자들은 이 문제를 해결하기 위해 두 가지 방법을 연구했다. 하나는 일반 촉매 반응 생성물인 라셈 혼합물을 분리하는 방법이고, 다른 하나는 카이랄 촉매를 써서 반응 단계에서 거울상 이성질체 중 하나만 생성되게 하는 것이다. 2001년도 화학상 수상자들이 찾은 방법은 후자이다. 그림 4-13은 오른손 모양의 카이랄 촉매는 역시 오른손 모양의 기질과 짝이 잘 맞는 모습을 보여준다.

놀스와 노요리는 수소 첨가 반응을 할 때, 각자 개발한 카이랄 촉매를 사용하여 (*R*) 또는 (*S*) 중 하나만 생성하는 데 성공했다. 놀스는 1968년 Rh(DIPAMP)라는 로듐 착물을 사용하여 아미노산인 L-DOPA를 합성했는데, 이 물질은 신경전달물질인 도파민의 전구물질이다. 그림 4-14에 반응식을 나타냈다. 즉, 이 물질이 몸속에서 탈카복실화로 CO_2가 빠져나가면 도파민이 된다. 뇌에서 도파민 분비가 원활하지 못하면 파킨슨병이 발생하는 것으로 알려졌는데, L-DOPA가 이 병의 치료제로 사용된다. 한편, 도파민을 발견하고, 이 물질과 파킨슨병과의 관계를 밝힌 과학자들이 놀스보다 1년 먼저 2000년에 생리의학상을 받았다. 아르비드 칼손, 폴 그린가드, 에릭 캔들이 수상의 주인공들이다.

놀스는 매사추세츠주 셰필드에 있는 버크셔 학교에 다녔다. 우수한 학업 성적을 나

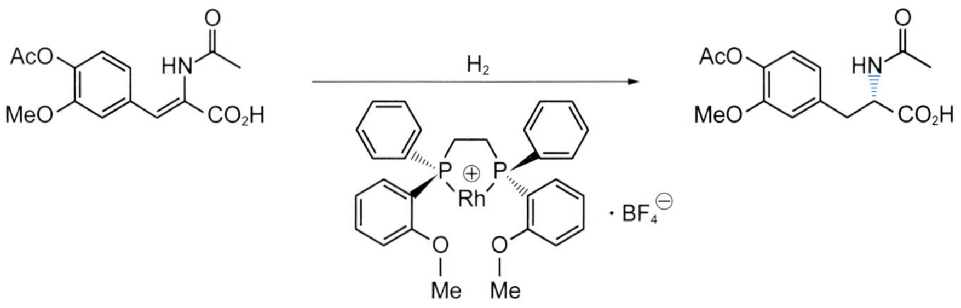

Rh(I)−(*R*, *R*)-DIPAMP−$BF_4^{\ominus}$

그림 4-14 놀스 촉매와 L-DOPA의 합성 반응식

타낸 그는 졸업 후 하버드대학교에 합격했다. 하지만 대학에 진학하기에는 너무 어리다고 느낀 놀스는 앤도버에 있는 필립스 아카데미에서 1년을 보냈는데, 그해 말에 학교에서 시상하는 보일스턴 상과 상금으로 50달러를 받았다. 이 상은 그가 화학 분야에서 받은 첫 번째 상이다. 1년 후 다시 하버드대학교에 진학하여 화학, 특히 유기화학 공부에 주력했다. 그는 1939년에 대학을 졸업하고, 대학원 과정은 컬럼비아대학교로 진학했다. 몬산토 회사의 토마스 앤 호크월드 연구소에서 평생을 지낸 놀스는 1986년에 은퇴한 후, 미주리주 체스터필드에 정주했다. 그곳엔 그의 아내가 상속받은 100에이커 규모의 농장이 있어서, 초원의 토종 풀을 복원하는 일에 전념했다. 2012년에 그곳에서 95세를 일기로 별세했고, 그와 아내는 생전에 자신들의 농장을 사후 시립 공원으로 전환하기 위해 기부하겠다는 약속을 지켰다. 생전에도 그는 노벨상 상금을 함께 고생한 동료들에게 나누어 주고, 나머지는 모교인 하버드와 컬럼비아대학교에 기부하는 등 청렴하고 품격있는 삶을 실천했다.

한편, 놀스의 업적을 발전적으로 확장시킨 사람이 노요리이다. 그는 1980년대에 보다 일반적으로 적용할 수 있는 비대칭 수소화 반응 촉매(노요리 촉매)를 개발했다. 이 촉매의 다른 특징은 대규모 공업적 적용에 적합한 점이다. 노요리는 자신만의 $RuCl_2$(*R*)−BINAP 촉매를 사용한 수소 첨가 반응으로 (*R*)−1,2−프로판다이올을 99.5%의 순도로 얻었다. 이 물질은 항생제 레보플록사신을 합성하기 위한 중요한 중간체이다. 그림 4−15에 노요리 촉매와 (*R*)−1,2−프로판다이올의 합성 반응식을 나타냈다.

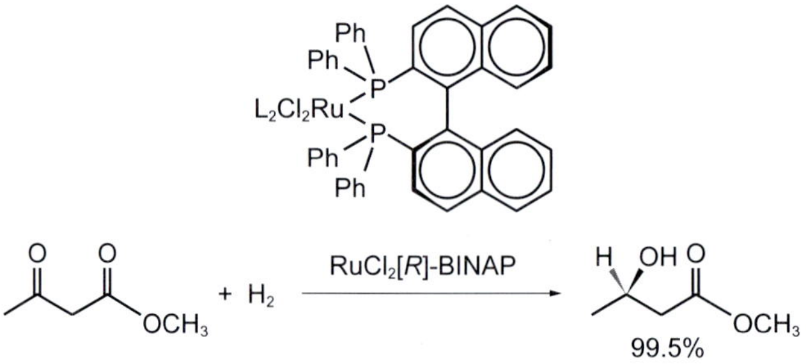

Ph Ph P L_2Cl_2Ru P Ph Ph

O O + H_2 $RuCl_2$[*R*]-BINAP → H OH O OCH_3 99.5%

그림 4-15 노요리 촉매와 (*R*)-1,2-프로판다이올의 합성 반응식

일본 고베에서 태어난 노요리는 학창 시절에 아버지의 절친한 친구였던 유카와 히데키를 통해 물리학에 관심을 가지게 되었다. 유카와는 1949년에 노벨상을 받은 물리학자이다. 그 후 노요리는 산업 박람회에서 나일론에 대한 발표를 듣게 되었고, 새로운 세상을 만난 듯한 감동과 더불어 화학에 매료되었다. 그는 "거의 아무것도 없는 상태에서 높은 가치를 창출하는 능력"이 화학의 힘이라고 생각했다. 그는 1967년에 교토대학교에서 박사 학위를 받은 후 같은 대학의 준교수가 되었다. 그 후 하버드대학교의 엘리어스 코리(1990 화학상) 연구 그룹에서 박사후 과정을 마친 후 나고야로 돌아와 1972년에 정교수가 되었다. 2000년부터 2003년까지는 동 대학 재료과학연구센터 소장을 역임했고, 2003년부터 일본 최대 연구기관 중 하나인 리켄(RIKEN)의 소장으로서 12년간 국가 연구를 관장했다. 리켄의 일을 맡는 동안에 2006년부터 2008년까지 정부 산하 교육재건위원회 위원장을 역임했다. 그는 여전히 나고야에 거주하고 있다.

샤플리스는 앞의 두 수상자와는 달리 산화 반응용 카이랄 촉매를 개발했다. 일반적으로 과산화물을 사용하여 삼각형 에터(ether)인 옥시레인을 합성하는데, 이때도 라셈 혼합물이 얻어진다. 샤플리스는 그림 4-16에 나타낸 것처럼 Ti(DET)를 촉매로 사용하여 (*R*)-글리시딜을 95% 순도로 합성했다. (*R*)-글리시딜은 심장병 치료제로 쓰이는 베타-차단제의 합성에 필요한 중간체이다. 이 반응은 (+)-디스팔루어의 합성에도 활용되었다. 디스팔루어는 임업이나 농업에서 매미나방을 방제하기 위해 사용되는 곤충 성페로몬이다. 이 물질은 병충해 방제 전문가들이 한 지역에서 해충의 침입을 검출하고 추적하기 위해, 트랩으로부터 방출하여 수컷 매미나방을 유인하는 데 사용된다. 또한 대규

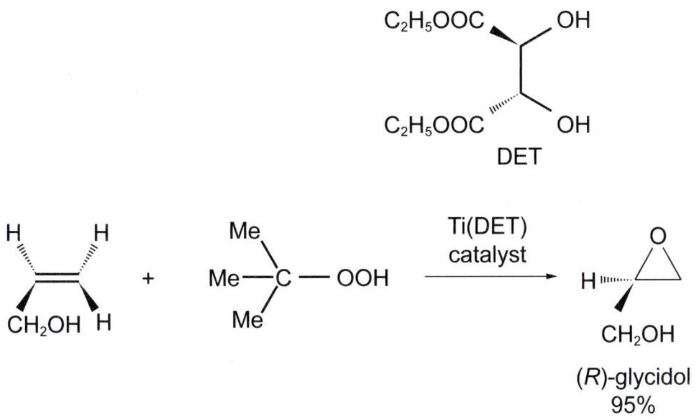

그림 4-16 샤플리스 촉매와 (*R*)-글리시딜의 합성 반응식

모 산림에서 나방 개체 수를 감소시키기 위해 디스팔루어를 살포하기도 한다. 해당 지역을 포화시킬 수 있을 정도로 많은 양을 살포하면, 수컷 나방이 혼란을 일으켜 암컷을 찾지 못하고, 결과적으로 교미 성공률이 저하된다. 이 방법은 환경친화적이고 매미나방에 매우 선택적이어서 기존 살충제에 대한 효과적인 대안이다.

샤플리스는 1941년에 펜실베이니아주 필라델피아에서 태어났다. 그는 어린 시절에 여름이 되면 늘 뉴저지주 마나스콴 강가에 있는 가족 별장에서 보낸 추억을 소중히 생각했다. 여기서 샤플리스는 평생 이어갈 낚시에 대한 사랑을 키웠고 대학 시절엔 낚싯배에서 여름을 보냈다. 그는 1963년에 다트머스대학을 졸업한 후 의대에 진학할 계획이었지만 연구 교수의 설득으로 화학자의 길을 가게 되었다. 그는 1968년에 스탠퍼드대학교에서 유기화학 박사학위를 받은 후, 1969년부터 1970년까지 하버드대학교로 옮겨 효소학을 공부했다. 샤플리스는 MIT(1970~1977, 1980~1990)와 스탠퍼드대학교(1977~1980)에서 교수로 재직했는데, 그의 노벨상 수상 업적인 비대칭 에폭시화 반응은 스탠퍼드 재직 시절 발견했다. 2025년 현재, 샤플리스는 스크립스 연구소에서 여전히 연구실을 이끌고 있다. 샤플리스는 2022년에도 화학상(3장 참고)을 받음으로써 동일 분야에서 두 번 노벨상을 받은 3명 중 한 사람이 되었다. 다른 두 사람은 물리학상의 존 바딘(1956, 1972)과 화학상의 프레더릭 생어(1958, 1980)이다.

비대칭 유기촉매

2021년 화학상은 카이랄 촉매의 하나인 비대칭 유기촉매를 개발한 화학자들에게 수여되었다. 주인공은 베냐민 리스트와 데이비드 맥밀런이다. 카이랄 촉매나 비대칭 유기촉매나 둘 다 거울상 이성질체를 합성하는 촉매이다. 다만 카이랄 촉매는 용어상 반드시 유기물이 아니어도 가능하므로 금속 함유 촉매를 포함한다. 2021년 수상자들이 발견한 카이랄 촉매는 앞서 2001년 화학상 수상자들의 촉매처럼 합성하기 어려운 복잡한 구조가 아니어도 가능함을 보여주었다. 즉, 이미 우리가 잘 알고 있는 거울상 이성질체 중에서 카이랄 촉매를 찾았다. 그중의 하나가 아미노산인 L-프롤린이다.

그림 4-17은 리스트가 찾아낸 L-프롤린을 비대칭 유기촉매로 사용했을 때 생성물 중 거울상 이성질체의 비율이 최고 98:2의 선택성이 나타났음을 보여준다. 그동안 화학자들은 카이랄 촉매를 설계할 때 금속이 포함되지 않은 구조로는 촉매 활성의 구현이 어려울 것으로 생각했다. 리스트와 맥밀런이 이런 생각에 허를 찌른 것이다. 그것도 아미노산처럼 단순한 분자가 카이랄 촉매로 작용할 수 있음을 보여주었다. 생각해 보면 자연계는 진화 과정에서 이처럼 금속 촉매가 아닌 유기촉매를 주로 이용해 왔다. 효소 중에는 금속을 포함하지 않은 것이 많다. 금속을 포함하지 않는 유기촉매의 장점은 이를 사용한 합성 의약품이나 화학물질에 금속 잔류물이 남지 않아 이로 인한 독성을 피할 수 있고, 비싼 금속을 사용하지 않아 저렴하게 촉매를 제조할 수 있으며, 또한 환경 친화적이다.

리스트는 프롤린을 이용한 카이랄 촉매 작용의 반응 범위를 넓혀가는 연구 외에도 다양한 촉매 개발에 관심이 많았다. 그가 발견한 비대칭 촉매 중에는 비대칭 짝음이온

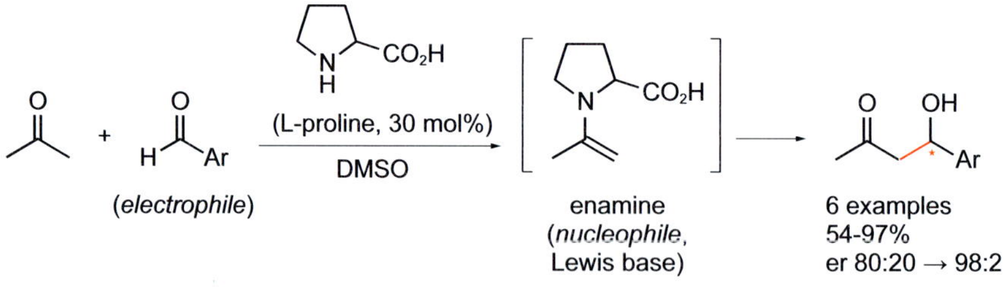

그림 4-17 L-프롤린을 비대칭 유기촉매로 사용한 반응 예

지향 촉매(ACDC), 섬유 유기촉매 등이 있다. 특히 섬유 유기촉매는 깨끗한 물을 얻기 어려운 지역에서 물을 처리하는 데 이용될 수 있다. 한편, 리스트의 부모는 권위주의적이지 않은 양육 방식으로 자녀를 키우려고 했다. 리스트가 기억하는 이런 일화가 전해진다. "너는 비록 12살이지만 초콜릿 바 10개를 먹는 게 너에게 좋을 거라고 생각되면 어서 먹어라. 나는 너를 믿는다. 하지만 내 조언은 이렇다. 나는 그렇게 하지 않을 것이다."

리스트가 프롤린 촉매를 연구하게 된 배경 이야기가 전해진다. 리스트는 먼저 촉매 항체를 연구했다. 일반적으로 항체는 우리 몸의 외부 바이러스나 박테리아에 결합하여 면역 기능을 나타내지만, 스크립스 연구진은 이를 재설계해 화학 반응을 촉진하도록 만들었다. 촉매 항체 연구 과정에서 리스트는 효소가 실제로 어떻게 작용하는지 고민하기 시작했다. 효소는 보통 수백 개의 아미노산으로 구성된 거대한 분자다. 이러한 아미노산 외에도 상당수 효소는 화학 과정을 촉진하는 금속을 포함하기도 한다. 그러나 핵심은 많은 효소가 금속의 도움 없이도 화학 반응을 촉매한다는 것이다. 이때 반응은 효소 내 하나의 또는 몇 개의 개별 아미노산에 의해 촉진된다. 리스트의 독창적인 질문은 이랬다. 아미노산이 화학 반응을 촉매하기 위해 반드시 효소의 한 부분으로 존재해야만 할까? 아니면 단일 아미노산이나 다른 유사한 단순 분자도 동일한 역할을 할 수 있을까?

그는 1970년대 초반에 프롤린이라는 아미노산이 촉매로 사용된 연구가 있었다는 사실을 알고 있었다. 하지만 그건 25년도 더 전의 일이다. 만약 프롤린이 정말 효과적인 촉매였다면, 누군가는 분명히 그 연구를 계속했을 것이다. 리스트도 거의 같은 생각을 했다. 아무도 이 현상을 계속 연구하지 않은 이유는 효과가 그다지 좋지 않았기 때문이라고 추측했다. 별 기대 없이 그는 프롤린이 두 분자의 탄소 원자가 결합하는 알돌 반응을 촉매할 수 있는지 시험해 보았다. 단순한 시도였는데 놀랍게도 바로 효과가 나타났다.

리스트는 실험을 통해 프롤린이 효율적인 촉매일 뿐만 아니라 이 아미노산이 비대칭 촉매 작용을 주도할 수 있음을 입증했다. 가능한 두 개의 거울상 이성질체 중 하나가 다른 것보다 훨씬 더 많이 형성되었다. 이전 연구자들이 프롤린을 촉매로 시험했던 것과 달리, 리스트는 프롤린이 지닌 엄청난 잠재력을 이해했다. 금속이나 효소에 비하면 프롤린은 화학자들에게 꿈의 도구다. 이 분자는 매우 단순하고 저렴하며 환경친화적이다. 2000년 2월 자신의 발견을 발표했을 때, 리스트는 유기 분자를 이용한 비대칭 촉매를 수많은 가능성을 지닌 새로운 개념으로 묘사했다. "이러한 촉매의 설계와 선별은 우리의 미래 목표 중 하나입니다." 그러나 이 목표를 향해 나아간 것은 그만이 아니었다. 캘리포니아 북부의 한 실험실에서 데이비드 맥밀런 역시 동일한 목표를 향해 연구를 진행 중이었다.

맥밀런은 유기촉매 연구를 시작하기 2년 전에 하버드에서 UC 버클리로 자리를 옮겼다. 하버드에서 그는 금속을 이용한 비대칭 촉매 반응을 개선하는 연구를 진행했다. 이 분야는 연구자들의 큰 관심을 끌고 있었지만, 맥밀런은 개발된 촉매들이 산업 현장에서 거의 활용되지 않는다는 점을 주목했다. 그는 그 이유를 고민하기 시작했고, 민감한 금속들은 사용하기가 너무 어렵고 비용이 많이 든다는 단순한 결론에 도달했다. 일부 금속 촉매가 요구하는 무산소·무수 조건을 실험실에서 구현하는 것은 비교적 간단하지만, 그러한 조건에서 대규모 산업 생산을 수행하는 것은 복잡하다. 그의 결론은 자신이 개발 중인 화학 도구가 유용하려면 접근 방식을 재고해야 한다는 것이었다. 그래서 버클리로 옮길 때, 그는 금속 연구로부터도 떠났다.

맥밀런은 금속과 마찬가지로 일시적으로 전자를 제공하거나 수용할 수 있는 단순한 유기 분자를 설계하기 시작했다. 유기 분자는 모든 생명체를 구성하는 분자이고, 이들은 탄소 원자로 이루어진 안정된 골격을 지닌다. 이 탄소 골격에 활성 작용기가 부착되어 있으며, 종종 산소, 질소, 황 또는 인을 포함한다. 따라서 유기 분자는 단순하고 흔한 원소들로 구성되지만, 결합 방식에 따라 복잡한 특성을 나타낼 수 있다.

맥밀런은 카이랄 이미다졸리디논 촉매를 개발했다. 이는 맥밀런 촉매로 부르는데, 그림 4-18에 1세대 맥밀런 촉매를 나타냈다. 이 촉매의 이미다졸리디논 고리는 5각형의 1,3 위치에 탄소 대신 질소를, 4 위치에 카보닐 이중 결합을 갖는 구조이다. 그는 이 촉매를 화학자들이 탄소 고리 구조를 형성하는 데 사용하는 딜스-알더 반응에 사용해 보았다. 그가 기대하고 믿었던 대로, 이 선택은 탁월했다. 일부 반응물에 관한 비대칭 촉매 작용은 매우 뛰어났고, 가능한 두 개의 거울상 이성질체 중 하나가 생성물의 90% 이상을 차지했다.

이 촉매는 딜스-알더 반응 외에도 다양한 비대칭 합성에 사용된다. 예로써, 1,3-쌍극자 고리화 반응, 프리델-크라프트 알킬화 반응, 그리고 마이클 첨가 반응 등이 있다. 그는 이 외에도 유기 합성에 활용되는 광산화환원 촉매를 광범위하게 개발했다. 광산화환원 촉매는 빛을 받으면 작용하므로 환경친화적이다. 한편, 맥밀런은 1968년 스코틀랜드 벨실에서 태어나 인근 뉴스티븐스턴에서 자랐다. 그의 아버지는 철강 노동자였고 할아버지는 광부였다. 그는 지역 공립 학교인 뉴 스티븐스턴 초등학교와 벨실 아카데미에 다녔는데, 스코틀랜드식 교육과 양육이 자신의 성공에 기여했다고 말한다.

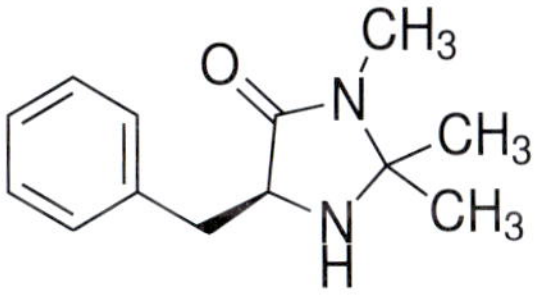

그림 4-18 1세대 맥밀런 촉매의 구조
출처:Gimli21, CC BY-SA 4.0, Wikimedia Commons

5장
지구 환경

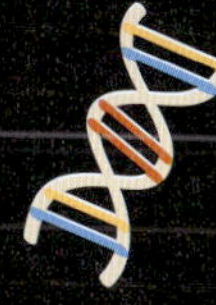

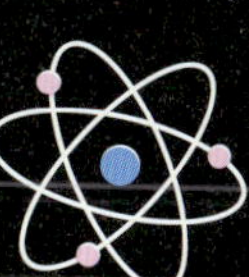

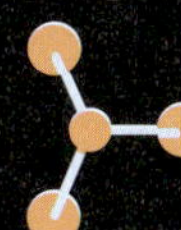

5장 지구 환경

5.1 대기권의 구조와 성분

전리층의 발견 | 지상파와 상공파 | 대기의 성분 | 산성비

5.2 온실가스와 지구 온난화

온실가스의 종류 | 이산화탄소의 이용과 저장 | 지구 온난화 국제 조약 | 기후변화 모델과 온난화 예측 | 기후변화 관련 노벨평화상과 노벨경제학상

5.3 오존층 파괴와 지구 환경

오존층 파괴 원인 물질 | 프레온의 대체 물질 | 지상 오존의 생성 과정 | DDT의 퇴출과 환경 문제

본문에서 언급한 노벨상 수상자

연도/분야	수상자	출생/소속(수상 당시)	수상 업적
2021 물리학상	마나베 슈쿠로	1931 일본, 프린스턴대학교	기후변화의 물리적 모델링, 변동성의 정량화, 지구 온난화의 신뢰성 있는 예측
	클라우스 하셀만	1931 독일, 막스플랑크 연구소	
	조르조 파리시	1948년 이탈리아, 사피엔자대학교	원자에서 행성에 이르는 물리적 시스템의 무질서와 변동성의 상호작용 발견
1947 물리학상	에드워드 애플턴	1892~1965, 영국, 런던 과학 및 산업 연구과	상층 대기권 연구, 특히 소위 애플턴층(전리층)의 발견
2018 경제학상	윌리엄 노드하우스	1941 미국, 예일대학교	기후변화가 장기적인 기시경제에 미치는 영향 연구
	폴 로머	1955 미국, 뉴욕대학교	기술 혁신이 장기적인 거시경제에 미치는 영향 연구
1903 화학상	스반테 아레니우스	1859 스웨덴, 스톡홀름대학교	전기분해 이론을 통해 화학 발전에 기여한 탁월한 공로(기후 환경에서 이산화탄소 농도의 중요성 제시)
2007 평화상	IPCC	1988 설립, 미국	인간이 초래한 기후변화에 대한 지식 구축과 보급, 대응에 필요한 조치의 기반 조성 노력
	앨 고어	1948 미국	
1911 물리학상	빌헬름 빈	1864~1928 러시아, 뷔르츠부르크대학교	복사열에 관한 법칙의 발견
1995 화학상	파울 크뤼천	1933~2021 네덜란드, 막스플랑크 연구소	대기 화학, 특히 오존의 형성 및 분해에 관한 연구
	마리오 몰리나	1943~2020 멕시코, MIT	
	셔우드 롤런드	1927~2012 미국, UC 어바인	
1948 생리의학상	파울 헤르만 멀러	1899~1965 스위스, 가이기 염료회사 연구소	여러 절지동물에 대한 접촉독으로서 DDT의 높은 효율성 발견

1995년도에 수여된 노벨상은 환경 분야도 화학의 영역이라는 것을 새삼 깨닫게 해주었다. 당시 화학상을 받은 파울 크뤼천, 마리오 몰리나, 셔우드 롤런드는 오존층이 왜 파괴되는지 그 원인을 밝혔다. 당시 이들의 수상 소식을 전하는 화학과 공학 뉴스(C&EN)

기사 제목이 인상적이었다(C&EN은 미국화학회(ACS)가 발간하는 주간지이다). 기사 제목이 '오존 싸이언티스트 온 클라우드 나인'이었는데, 직역하면 '9번째 구름 위의 오존 과학자'여서, 무슨 뜻인가 하고 사전을 열어 클라우드 나인의 의미를 찾아보았다. 클라우드 나인은 최상층의 구름을 지칭하는 말로 절정의 행복한 순간을 뜻한다는 것을 그때 알았다.

잘 아는 바와 같이 환경 분야의 노벨상이 따로 있지는 않다. 하지만 지구 환경을 이해하는 데는 기초 학문인 물리학, 화학, 생물학이 모두 필요하다. 그러니 이 중 어느 분야에서 환경 관련 노벨상이 나오더라도 어색하지 않다. 물론 환경 문제를 다루는 운동가나 학자에게 평화상이나 경제학상이 주어지기도 한다.

한편, 기후변화의 노벨상으로 불리는 타일러 상이 있다. 1973년에 존 타일러와 앨리스 타일러 부부의 기부로 제정된 이 상은 미국 남가주대학이 주관한다. 이 상은 환경과학, 환경·보존, 에너지 분야에서 업적을 쌓은 과학자에게 수여되며, 수상자는 20만 달러의 상금과 메달을 받는다. 2019년도에는 워렌 와싱톤이 받았으며, 한 저널에서 그가 흑인 과학자라는 점을 제목에 넣어 수상 소식을 전한 것을 보고 굳이 이렇게 제목을 달아야 하는가 생각하기도 했다. 또한 1989년에 녹색 노벨상으로 불리는 골드만 환경상이 리처드 골드만과 로다 골드만 부부에 의해 제정되었다. 이 상은 소위 풀뿌리 환경운동가를 격려하는 성격이 있는데, 우리나라에서도 1995년에 최열 환경운동가가 수상했다.

인류가 환경 문제의 중요성을 피부로 체감하면서, 노벨상 위원회도 환경 문제에 더 높은 관심을 나타내는 것 같다. 노벨상 위원회가 '우리의 행성, 우리의 미래' 최고과학자 회의를 주관했고 2021년 4월 29일에 회의를 마무리하면서, 11명의 노벨상 수상자와 18명의 저명한 과학자가 서명한 성명서를 채택했다. 내용인즉, 세계의 모든 나라가 동참하여 인류와 행성 지구와의 관계를 재설정하고, 환경 시스템을 지키며, 기후변화와 싸워줄 것을 호소하는 것이었다. 이런 분위기의 연장선이었을까? 2021년도 물리학상은 기후변화 모델에 의한 온난화 예측과 원자에서 우주에 이르는 물리계의 복잡성 연구를 통해 역시 지구의 기후변화를 연구한 과학자들에게 수여되었다. 영예의 수상자는 마나베 슈쿠로, 클라우스 하셀만, 조르조 파리시이다.

5.1 대기권의 구조와 성분

전리층의 발견

대기권의 어딘가에 전리층이 존재할 것이라는 가설은 일찍이 1839년에 독일의 수학자이자 물리학자인 칼 가우스가 발표했다. 그는 지구 자기장의 변화를 설명하기 위해서는 지구 주위에 전도성 이온층이 있어야 한다고 생각했다. 또한 노벨상을 받지는 못했지만 여러 번 후보에 올랐던 올리버 헤비사이드는 아서 케널리와 함께 전리층의 존재를 예언하기도 했다. 그들은 무선파를 지구로 다시 반사하는 전 지구를 둘러싸는 층이 존재할 수 있는데, 그 이유는 태양광선 중 자외선이 상층 대기권을 이온화시키기 때문이라고 제안했다. 그렇지만 전도층의 존재에 대한 증거는 1920년대 초까지 발견되지 않았다. 1924년, 애플턴은 바네트와 함께 방송국의 도움으로 전리층을 확인하기 위한 두 가지 방식의 실험을 수행했다. 첫 번째는 주파수 변조법으로 부르는 방법이다. 지면과 평행하게 전파되는 직접파와 하늘로 전파되어 우주에 존재하는 층에서 반사된 공간파 사이에 존재하는 간섭을 이용하여 반사 위치를 추정했다. 두 번째는 같은 방식으로 전파를 송출한 뒤 수신 안테나에 도착하는 두 신호의 시간 차이를 통해 전리층의 위치를 추정했다. 이를 통해 전파를 반사하는 이른바 케널리-헤비사이드층은 지상에서 약 100킬로미터 상공에 존재한다는 것을 증명했고, 이후 애플턴층으로도 불린다. 이로써 애플턴은 1947년도 물리학상을 받았다.

노벨상 위원회는 그의 수상 업적을 '상층 대기, 특히 소위 애플턴층의 발견과 관련 물리학의 연구'로 소개하고 있다. 그는 수상식 강연에서 이렇게 말했다. "이 영역은 인류가 아직 가보지 못한 곳이며, 이에 대한 정보는 간접적으로 수집되었다." 애플턴이 언급한 인류가 가보지 못한 이 영역의 정보를 얻기 위해 NASA는 1972년부터 1975년 사이에 AEROS와 AEROS B 위성을 쏘아 올렸다. 지상파를 부르는 이름으로 표면파, 직접파 등도 사용되며, 하늘로 쏘아 올린 전파도 상공파, 공간파, 반사파 등으로 부른다. 그림 5-1은 애플턴이 전리층의 발견 과정을 그림으로 표현한 1947년 노벨 강연 자료 중 일부이다.

1947년도 노벨상 수상식에서 스웨덴 왕립과학원의 노벨 물리학위원회 위원장인 E. 훌텐이 애플턴의 업적을 소개했다. 주로 무선 통신기술의 역사 속에 애플턴이 기여한

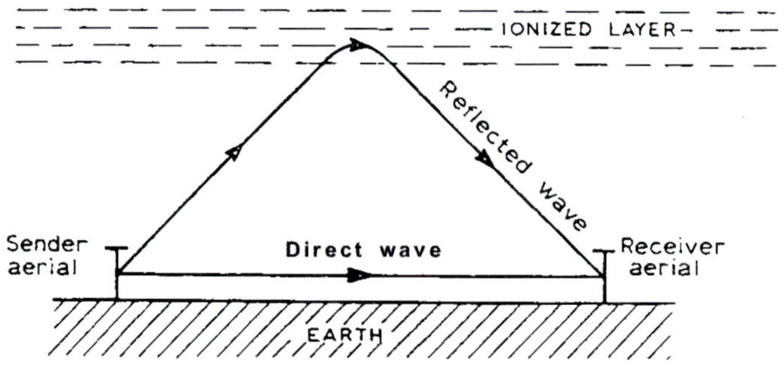

그림 5-1 애플턴이 전리층의 발견을 발표한 1947년 노벨 강연 자료
출처: Copyright © The Nobel Foundation 1947

업적의 중요성을 언급했고, 애플턴이 전리층 발견 과정에서 사용한 전파의 응용이 앞으로 인류가 우주를 이해하는 데도 중요한 역할을 할 것으로 예상했다. 아울러 소개의 말 후미에 다음과 같이 언급했다. 맨 마지막 문장은 매번 수상식에서 어느 수상자에게나 거의 똑같이 사용된다.

"전자기파는 다양한 과학 분야의 발전을 성공적으로 이끌었으며, 천재들의 손에서 과학적 방법과 기기들을 탄생시켰습니다. 애플턴 당신은 이 아름다운 사슬에 새로운 고리를 더했습니다. 바로 우리 대기의 연구에 전파를 적용한 것입니다. 이 전파의 도움으로 당신은 인류가 한 번도 도달하지 못한 천상의 영역에 도달했습니다. 심지어 태양이 폭발하고 은하계 먼 별들이 포효하는 소리를 듣는 법까지 가르쳐 주었습니다. 레이더 전파가 기상 관측에 유용하다는 것은 이미 입증되었습니다. 지구 대기의 불확실성과 변덕스러움에 즉각적이고 정교하게 대처할 필요성은 아무리 강조해도 지나치지 않습니다. 특히 항공을 위협하는 위험 요소를 고려할 때 더욱 그렇습니다. 그리스 신화에서 우리는 다이달로스가 아들 이카루스의 어깨에 밀랍으로 날개를 붙인 이야기를 배웁니다. 이카루스는 태양에 너무 가까이 날아갔고, 밀랍이 녹아 바다에 떨어져 익사하고 말았습니다. 분명히 현대의 이카루스 역시 자신의 비행에 쓰일 날개를 강화해야 합니다. 스웨덴 왕립 과학 아카데미를 대표하여 귀하의 중요한 발견을 축하드리며, 이제 폐하께서 직접 수여하시는 노벨상을 받으시길 바랍니다."

지상파와 상공파

전파로 사용하는 라디오파와 마이크로파는 발사하는 각도와 파장에 따라 전리층을 통과하기도 하고, 통과하지 못하고 반사되기도 한다. 즉, 파장이 짧거나 발사각이 임계각보다 크면 전리층을 통과한다. 앞서 언급한 것처럼 애플턴은 이를 이용하여 전파를 표면파로 발사할 때와 전리층에 의해 반사되도록 발사할 때, 목표 지점에 도달하는 이 둘 사이의 시간 차이와 주파수 변조법으로부터 전리층의 높이를 계산했다. 1924년에 그가 발견한 라디오파의 반사층은 앞서 언급한 대로 지상으로부터 약 100km였는데, 1926년에는 먼저 발견한 전리층보다 더 높은 곳에 새로운 층이 있다는 것을 발견했다. 그것은 지상으로부터 약 250km 높이였다.

그림 5-2에서 보여주는 것처럼 라디오파와 마이크로파는 영역을 세분하여 다양한 통신용 전파로 사용되고 있다. 라디오파 중에서 장파는 ELF, ULF, VLF, LF로 세분하고, 마이크로파도 SHF, EHF, THF로 나뉘는데, 이때 사용하는 약자는 E(익스트림리), M(미디엄), H(하이), V(베리), U(울트라), S(수퍼), T(트리멘더슬리), L(로우), F(프리퀀시)로 구분한다. 이에 따르면 라디오파의 장파 중 ELF는 '익스트림리 로우 프리퀀시'의 약자이다. 각 영역의 주파수 범위는 업종에 따라 약간씩 다르게 사용하기도 한다.

앞서 설명한 바와 같이 파장이 짧을수록 전리층에 의한 반사를 활용한 장거리 통신을 할 수 없다. 이런 경우 지상파로 송출해야 하는데, 이때는 전달 과정에서 손실이 크

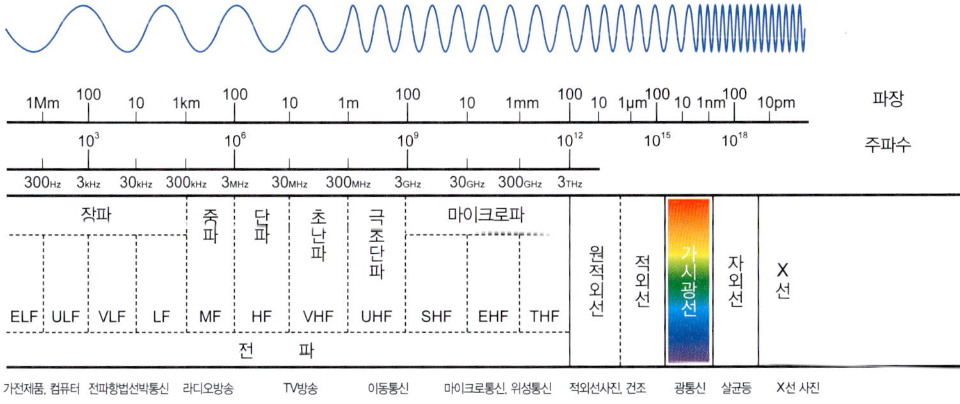

그림 5-2 파장에 따른 전자기파의 구분과 통신별 사용 주파수 영역

기 때문에 곳곳에 많은 기지국이 필요하다. 스마트폰이 사용하는 영역(2.1GHz 대역)이 그렇다. 한편, 송신탑과 수신탑의 높이가 지상파의 도달 거리를 결정하는데, 탑의 높이(h)와 도달 거리(d) 사이에는 다음과 같은 관계가 있다. $d(\text{km}) = 3.57\sqrt{h(\text{m})}$. 예로써, 송신탑과 수신탑을 모두 100m 높이로 세운다면, 전파의 전달 거리가 71.4km에 이른다. 전파의 전달 거리는 같은 높이에서의 시야 거리보다 약간 더 길다.

대기의 성분

대기권은 지표면과 맞닿은 대류권 위로 성층권, 중간권, 열권으로 구분한다. 고도에 따른 기온 변화는 각 층의 특징과 해당 층에 영향을 주는 에너지원에 따라 다르게 나타난다. 대류권은 지표면에서 고도 11km 정도까지의 영역인데, 열대지방은 좀 더 높고 극지방은 낮다. 이 층이 전체 대기 질량의 75~90%를 차지한다. 대류권에서 고도가 높아질수록 기온이 낮아지는 것은 지표면에서 올라오는 태양 복사 에너지의 영향이 줄어들기 때문이다. 지구 표면에서 발생하는 대부분의 날씨 현상이 대류권에서 일어난다.

성층권은 지표면에서 11km에서 50km 사이에 위치하며, 9~12km의 고도를 유지하는 민항기들이 다니는 길이기도 하다. 또한 성층권에 오존층(O_3)이 존재하는데, 높이가 25km 부근일 때 오존층의 밀도가 가장 높다. 오존이 태양에서 나오는 자외선을 흡수하여 산소 원자(O)와 산소(O_2)로 분해된다. 이 반응은 발열 반응이어서 성층권 내부의 온도를 높인다. 또한 자외선은 산소 원자나 분자가 오존으로 합성될 때도 필요하다. 오존층 합성에는 자외선 B와 적당한 기압과 질소 촉매가 필요한데, 고도 25km 정도가 이 조건을 만족한다. 성층권의 온도 상승에 영향을 주는 주요 요인은 오존의 분해에 따른 반응열 외에도 오존층 분자들이 태양에서 오는 자외선을 흡수하여 이를 열에너지로 변환시키기 때문이다. 이 열로 인해 주변 공기 분자의 온도가 올라간다.

중간권은 지표면으로부터 50~80km 정도의 영역이며, 고도가 높아질수록 기온이 낮아진다. 중간권의 상층은 대기권에서 가장 기온이 낮다. 이는 올라갈수록 가열할 수 있는 열원이 희박해지고, 태양 복사 에너지도 더욱 약해지기 때문이다. 하루에도 수백 만 개의 유성이 주로 중간권의 입자와 마찰하여 타오르며, 이때의 열이 물체를 태워버린다.

중간권 위에 있는 열권은 대기권의 가장 바깥쪽 층이다. 열권은 지표면으로부터

80km 정도에서 시작되는데, 멀리는 500~1,000km까지 이어지며, 이 바깥이 외기권으로 우주공간이 된다. 이곳에서 오로라 현상이 나타난다. 열권에서는 높이 올라갈수록 기온이 매우 높아진다. 그것은 태양에서 오는 고에너지 복사를 흡수하는 입자들은 희박하지만, 태양풍의 영향으로 원자들이 전하를 띠어 에너지를 많이 얻기 때문이다. 이 온도가 섭씨 2,000도까지도 올라가므로 분자가 이온화하여 전하를 띤 입자가 되고, 이것이 전리층을 이룬다.

지구의 역사에서 대기의 조성은 크게 변화해 왔다. 초기 지구는 수소, 헬륨, 메테인, 암모니아, 수증기 등 주로 가벼운 기체로 덮여 있었으나, 수소와 헬륨 같은 가벼운 기체의 우주 방출이 5억 년 전까지 계속되었다. 화산 활동이 활발해지면서 대기 중에 질소가 많게 되는데, 이 시기가 2차 대기 발생기이다. 최초의 생명체가 35억 년 전에 발생했고, 이후 산소가 생겨났다. 현재의 대기는 78%가 질소, 21%의 산소, 나머지 1%가 아르곤과 같은 비활성 기체와 이산화탄소, 수증기 등이다. 나머지 기체 중 아르곤이 0.934%로 가장 많고, 이산화탄소는 약 0.04%, 수증기는 습도에 따라 변동이 커서 0~4%를 차지한다. 전체 비중으로 보면 낮지만, 이산화탄소는 온실 효과의 중요한 원인 중 하나이며, 수증기는 기상 현상의 주요 원인이다. 대기의 성분은 고도에 따라 균질권과 비균질권으로 나눈다. 균질권은 지표면에서 지상 80km 정도까지이며, 대기 성분비가 비교적 일정하고, 질소와 산소가 주를 이룬다. 비균질권은 지상 80km 이상인데 고도가 높아질수록 공기 밀도가 감소하고, 중력의 영향이 약해져 헬륨, 수소와 같은 가벼운 기체의 비율이 증가한다. 오존은 성층권에 주로 분포하며, 태양의 자외선을 흡수한다. 대기권은 생명체의 존속에 필요한 성분을 제공하는 외에 우주로부터 날아오는 소행성과 강한 자외선 등을 차단해 주는 보호막이다.

현재는 문헌에 따라 해당 층의 범위가 다소 다르지만, 열권에 존재하는 전리층은 그림 5-3에 나타낸 것과 같이 다양하게 구분된다. 지상과 가장 가까운 곳에 낮에만 존재하는 D층(48~90km), 케널리-헤비사이드층인 E영역(90~150km), 그 위의 F영역(150~500km)으로 구분한다. F영역은 F1(150~220km)과 F2(220~500km)로 나누는데, 밤이 되면 F1은 약해지고 F2와 합쳐져서 하나의 F층으로 된다. 이렇게 다양한 전리층이 존재하는 이유는 앞서 대기권이 여러 층으로 나뉜 이유가 그러했듯이, 높이에 따라 대기권과 우주의 구

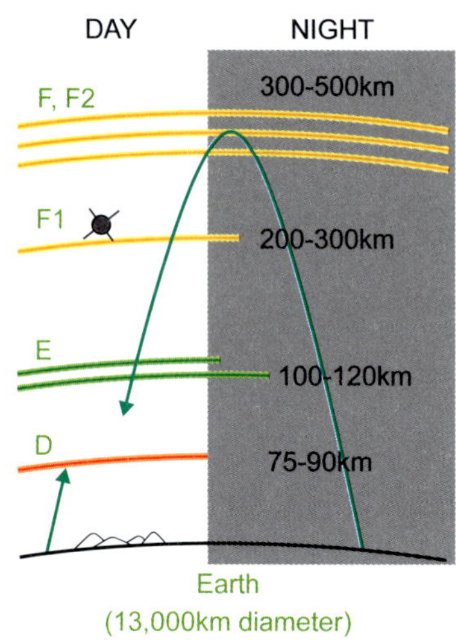

그림 5-3 전리층의 구분

성 성분과 태양으로부터 받는 에너지가 다르기 때문이다. 한편, 전리층은 지상에 도달하는 강한 태양 에너지의 여러 겹 1차 필터이다.

산성비

산성비는 주로 공기 오염물질인 황산화물과 질소산화물이 대기 중의 수증기와 반응하여 생성된 산성 물질이 비, 눈, 안개 등에 섞여 내리는 현상이다. 이로 인해 생태계와 도시 인프라에 심각한 피해를 준다. 물론 공기 중의 이산화탄소가 빗물에 일부 녹아서 빗물이 약산성을 띠기도 하지만, 이를 산성비라고 하진 않는다. 산성비는 주로 다음과 같은 화학 반응을 통해 생성된다. 황을 포함한 석탄, 석유 등의 화석 연료가 연소 되면서 이산화황이 발생한다. 대기 중의 이산화황은 산화되어 삼산화황이 된다. 삼산화황이 구름 속의 수증기와 반응하여 황산이 생성된다. 이 내용을 화학 반응식으로 표현하면 다음과 같다.

$$2SO_2 + O_2 \rightarrow 2SO_3$$

$$SO_3 + H_2O \rightarrow H_2SO_4$$

산성비의 다른 원인 물질인 질소산화물은 자동차 배기가스나 공장 연소 과정에서 발생한다. 공기 중의 질소가 고온에서 산소와 반응하여 일산화질소나 이산화질소와 같은 질소산화물이 생성된다. 이산화질소는 대기 중의 수증기와 반응하여 질산과 일산화질소 등을 생성한다. 이 내용은 다음과 같은 화학 반응식으로 표현된다.

$$N_2 + O_2 \rightarrow 2NO$$

$$2NO + O_2 \rightarrow 2NO_2$$

$$3NO_2 + H_2O \rightarrow 2HNO_3 + NO$$

빗물 속에 황산과 질산이 포함되어 산성비가 된다. 산성비는 pH 5.6 미만인 비를 말하는데, 이로 인해 자연환경과 인공 구조물에 다양한 피해를 준다. 산성비가 토양에 흡수되면, 토양 속의 칼슘, 칼륨(포타슘)과 같은 식물 성장에 필요한 양이온이 빗물에 녹아 유실된다. 또한 알루미늄과 같은 유해 금속 이온이 용해되어 뿌리 성장을 방해하고 식물에 독성을 띠게 한다. 호수나 강에 산성비가 유입되면 pH가 낮아져 수중 생물이 살기 어려운 환경이 된다. 특히 어류는 아가미에 직접적인 손상을 입거나, 산성화된 물에 용해된 알루미늄 이온이 아가미에 침전되어 호흡 곤란으로 폐사할 수 있다. 잎에 직접 산성비가 닿으면 엽록소가 파괴되고, 잎의 큐티클층이 손상되어 광합성 효율이 떨어진다. 이로 인해 나무가 병들고 말라 죽게 된다. 산성비의 주성분인 황산과 질산은 대리석, 석회암과 같은 탄산칼슘 성분의 건축물이나 조각상과 반응하여 부식시킨다. 철이나 구리로 된 건축 자재나 동상도 산성비에 의해 빠르게 부식된다.

5.2 온실 효과와 지구 온난화

온실가스의 종류

온실 효과는 온실에 들어온 에너지보다 빠져나간 에너지가 적을 때 생긴다. 빛 에너지 형태로 지구에 들어온 태양 에너지가 지표면과 대기에서 직접 흡수되거나, 재방출 되는 적외선 복사 에너지가 지구 밖으로 나가지 못하고 온실가스에 흡수되면 온실 효과가 나타난다. 교토 의정서가 채택된 1997년 제3차 당사국총회(COP)에서 6대 온실가스를 결정했다. 그것은 이산화탄소(1), 메테인(21), 질소산화물(310), 냉매가스(HFCs), 과플루오린화탄소(PFCs), 그리고 육플루오린화황(SF_6)이다. 온실가스에 붙인 숫자는 지구온난화지수(GWP)를 의미한다. 즉, 메테인의 숫자 21이 뜻하는 것은 이산화탄소보다 21배 크게 온난화에 영향을 준다는 뜻이다. 뒤의 세 개의 가스는 GWP가 무려 1,300~23,900이다. 앞서 말한 적외선 복사 에너지를 그만큼 많이 흡수한다는 의미이기도 하다. 이산화탄소는 비록 지구온난화지수가 1이지만 인간의 활동으로 공기 중에 배출되는 양이 많으므로 온난화에 끼치는 영향은 크다. 주요 배출원으로 이산화탄소는 자동차, 산업공정 등이고, 질소산화물은 산업공정, 농축산, 비료 등이며, 메테인은 농축산, 비료, 폐기물 등이고 기타 플루오린화 물질들은 에어컨 등이다.

이산화탄소의 이용과 저장

이산화탄소는 지구 온난화의 주범으로 지목된다. 하지만 지구를 위해 꼭 필요한 화합물이다. 식물이 이산화탄소와 물로부터 글루코스를 만드는 광합성으로 에너지를 얻어 생성활동을 한다는 사실 하나만 보아도 수긍이 간다. 즉, 이산화탄소 자체가 해로운 것이 아니라 인류의 과도한 활동으로 지구가 감당할 수 없을 만큼의 많은 이산화탄소가 발생하는 것이 문제다. 이것은 마치 우리가 콜레스테롤이 건강을 해치는 주범인 것으로 생각하지만, 콜레스테롤은 생명 유지를 위해 꼭 필요한 화합물인 것과 마찬가지다.

일상생활과 산업 분야에서 이산화탄소는 다양하게 사용된다. 이산화탄소의 용도를 살펴보면 다음과 같다. 이산화탄소를 반응시켜서 다양한 유기물로 전환하면, 이는 의약품을 비롯한 다양한 산업용 원료가 된다. 탄산음료, 발포주 등 음료의 탄산화에 사용된다. 활성이 낮은 기체이므로 소화기용, 용접용, 부풀림용 등의 기체로 사용되며, 초임계유체는 디카페인 커피 제조, 세탁용 유체로 사용된다. 해충 제거, 혈액 내 산소/이산화탄소 균형 유지 등 농업과 의료 분야에서도 사용된다. 온실 내 이산화탄소의 농도를 높여서 식물의 광합성을 촉진하거나, 탄산 화합물을 이용한 인공 뼈의 제조가 그 예이다. 지하 석유를 퍼 올리거나 석탄층의 메테인을 회수할 때도 쓰이고, 드라이아이스는 식품용 냉매로 사용된다. 그 외에 훈증약의 저장, 금속제련, 의료용 이산화탄소 레이저 등에도 사용된다.

앞서 이산화탄소의 용도 중에 탄산음료가 있었다. 물속에 이산화탄소를 녹이면 얼마나 탄산 상태로 존재할까? 이와 관련한 반응식은 다음과 같다. $CO_2 + H_2O \rightleftarrows H_2CO_3$. 상온에서 이 반응의 평형상수($K_{eq}$)는 1.70×10^{-3}이므로 탄산으로 존재하는 것의 비율이 0.17% 정도이다. 평형상수는 생성물의 농도를 곱한 값을 반응물의 농도를 곱한 값으로 나눈 것이다. 즉, 생성물이 많이 생길수록 그 값은 커진다. 그렇다면 생성된 탄산이 물속에서 해리되어 이온 상태로 존재하는 비율은 어느 정도일까? 이것은 산의 이온화상수로 알 수 있는데, 첫 번째로 HCO_3^-가 생성되는 $K_{a1} = 2.5 \times 10^{-4}$mol/L, CO_3^{2-}가 생성되는 이차 이온화상수 $K_{a2} = 4.7 \times 10^{-11}$mol/L이다. 즉, 극히 일부만 이온화하고, 대부분은 이온화하지 않은 채 존재하는 것을 알 수 있다. 이것은 탄산음료의 뚜껑을 열면 이산화탄소가 뿜어져 나오는 것으로부터도 짐작할 수 있다. 이온화상수도 평형상수처럼 생성물과 반응물의 농도로 계산된다.

이산화탄소의 발생을 억제하는 정책을 통해 저탄소 경제를 구축하는 것과 더불어 이미 발생한 이산화탄소를 포집하고 저장하여 대기 중의 이산화탄소 농도를 낮추는 것도 필요하다. 후자를 간단히 이산화탄소 포집 및 저장(CCS)으로 나타내는데, 저장(storage) 대신에 격리(sequestration)라는 말을 사용하기도 한다. 화력발전소에서 사용하는 포집 방법을 예로 들면, 먼저 제올라이트라는 다공성 물질을 사용하여 배기가스 중의 이산화탄소를 흡착시킨다. 이때 10~15%였던 이산화탄소의 농도가 30~50%로 올라간다. 이어서 진공 흡착법으로 농축을 시키면 95~99% 농도의 이산화탄소가 포집된다. 주로 땅속과 바닷속에 이산화탄소를 단순히 묻어두는 방법을 사용하지만, 지각의 금속 산화물과 이산화탄소의 반응을 통해 금속 탄산염으로 바꾸거나, 이산화탄소를 다른 유용한 화학 물질로 전환하는 반응이 제시되기도 한다. 지각을 구성하는 금속 산화물 중에 산화 규소(59.7%)가 가장 큰 비중을 차지하고, 두 번째는 산화 알루미늄(15.4%)이다. 이 둘은 금속 탄산염을 만들지 않으므로 그 외에 칼슘, 마그네슘, 소듐, 철, 포타슘 등의 산화물을 이용할 수 있다. 이들이 차지하는 지각의 비율도 총 21.8%에 달한다. 예로써, 감람석과 사문석은 주로 마그네슘실리케이트 형태로 존재하는데, 각각 다음과 같이 이산화탄소와 반응하여 탄산마그네슘이 될 수 있다.

$$Mg_2SiO_4 + 2CO_2 \rightarrow 2MgCO_3 + SiO_2$$

$$Mg_3Si_2O_5(OH)_4 + 3CO_2 \rightarrow 3MgCO_3 + 2SiO_2 + 2H_2O$$

한편, 이산화탄소를 원료로 다양한 화학제품이 생산되는데, 그중에는 각종 카복실산, 탄산, 요소, 우레탄, 탄산에스터, 폴리카보네이트, 살리실산, 아크릴산, 개미산, 메탄올 등이 있다. 특히 흥미로운 것은, 전기에너지나 열에너지를 사용하지 않고 빛 에너지와 촉매를 활용하여 이산화탄소를 메탄올, 메테인 등으로 바꾸는 기술이다. 이처럼 환경친화적인 화학 반응을 연구하는 분야를 녹색 화학이라고 한다. 다만 이들 기술의 활용 가능성은 경제성의 판단에 달려 있다.

지구 온난화 국제 조약

지구 온난화 관련 국제 조약은 1992년에 채택된 유엔기후변화협약(UNFCCC)을 근간으로 한다. 이 협약은 지구 온난화를 막기 위해 각국이 온실가스 감축에 협력할 것을 약속한 기본 틀이다. 그로부터 5년 뒤, 1997년에 온난화 관련 국제 조약으로 교토 의정서가 체결되었다. 하지만 이 조약은 2005년부터 발효되었으나 실효성이 없었다. 그것은 38개국만이 대상이었고 미국이 의무를 지키지 않은 데다, 중국은 대상 국가도 아니었기 때문이다. 2015년 채택된 파리 협약이 현재 가장 핵심적인 국제적 합의이다. 이 협약은 2016년에 발효되었는데, 구체적인 실천 목표를 가지고 출범한 국제 조약이다. 기후변화협약 당사국인 196개국이 모두 참여하였고, 2100년까지 산업화 시대 이전 대비 지구의 평균 기온 상승폭을 1.5℃로 제한하는 목표를 정했다. 하지만 트럼프가 미국의 대통령이 되면서 2017년 6월에 파리 협약을 탈퇴하는 바람에 또다시 실천 가능성이 회의적이었으나, 2021년 1월에 바이든이 미국 대통령으로 취임하면서 첫 업무로 파리 협약 복귀를 위한 행정명령에 서명했다. 하지만, 트럼프가 다시 대통령이 되면서 미국은 2025년에 다시 탈퇴했다. 파리 협약에 따라 모든 당사국은 국가 온실가스 감축 목표(NDC)를 설정하고 이행하며, 5년마다 목표를 강화해야 한다. 한국의 2030 NDC는 2018년 온실가스 배출량 대비 40%를 감축하는 것이며, 이는 탄소중립 실현을 위한 중요한 정책의 일환이다. 이어서 2035년까지의 새로운 NDC를 제출해야 하는 상황이다.

기후변화 모델과 온난화 예측

기후변화를 일으키는 요인 중에 지표면으로부터의 복사열이 중요한 역할을 한다. 지구에 도달한 태양 에너지는 적외선 복사, 즉 복사열 형태로 다시 지구로부터 빠져나가기 때문에 지구가 계속 뜨거워지지 않는다. 지구가 받는 에너지와 방출하는 에너지가 같아져 지구의 평균 기온이 일정하게 유지되는 상태를 복사 평형이라고 한다. 인류의 활동으로 인해 이러한 균형이 깨진다면, 온난화로 지구 기온이 올라가거나 과도한 복사열 방출로 빙하기가 올 수도 있다. 복사열과 전자기파의 관계는 지구와 같은 행성보다는 태양과 같은 항성을 연구하는 데 더욱 요긴하지만, 이 개념은 지구의 환경 변화를 이해하는 데도 크게 기여했다.

열복사의 법칙으로 노벨상을 받은 과학자는 빌헬름 빈이다. 그는 1911년에 빈의 법칙으로 물리학상을 받았는데, 이 법칙은 흑체(black body)의 온도가 높을수록 방출하는 최대 에너지의 전자기파 파장이 짧아진다는 것이다. 이것을 식으로 나타내면 $\lambda_{peak}=\frac{b}{T}$, b는 빈의 변위 상수이다. 흑체는 어떤 진동수와 입사각으로 입사하더라도 모든 전자기 복사를 흡수하는 이상적인 물체이며, 열평형 상태에서 흑체 복사라는 전자기 복사를 방출한다. 그림 5-4는 온도에 따른 흑체가 방출하는 열복사 에너지의 파장 분포를 보여준다. 그 후에 플랑크가 이 법칙을 더욱 발전시켰기 때문에, 많은 사람이 흑체 복사에 관한 법칙을 플랑크 법칙으로만 알고 있다. 플랑크 법칙은 빈이 사용하지 않은 상수, 플랑크 상수(h)와 빛의 속도(c)가 포함된 복잡한 식이다. 1918년에 막스 플랑크도 물리학상을 받았는데, 수상 업적은 플랑크 상수의 발견으로 양자역학의 성립에 기초를 다진 것이었다.

인간의 활동이 지구 온난화를 일으킨다는 것을 받아들이기까지 오랜 시간이 걸렸다. 과학자들은 오래전부터 지구 온난화를 예상했지만, 이해집단 간에는 찬반의 논란이 이어졌기 때문이다. 18세기 후반에 시작된 산업혁명이 급속도로 인간의 활동을 증가시켰고, 이는 에너지 수요를 크게 높였다. 석탄과 석유가 에너지 공급원이 되었고, 이들의 연소로 이산화탄소의 배출은 늘어났다. 노벨상 수상자 중에 최초로 이산화탄소를 온실

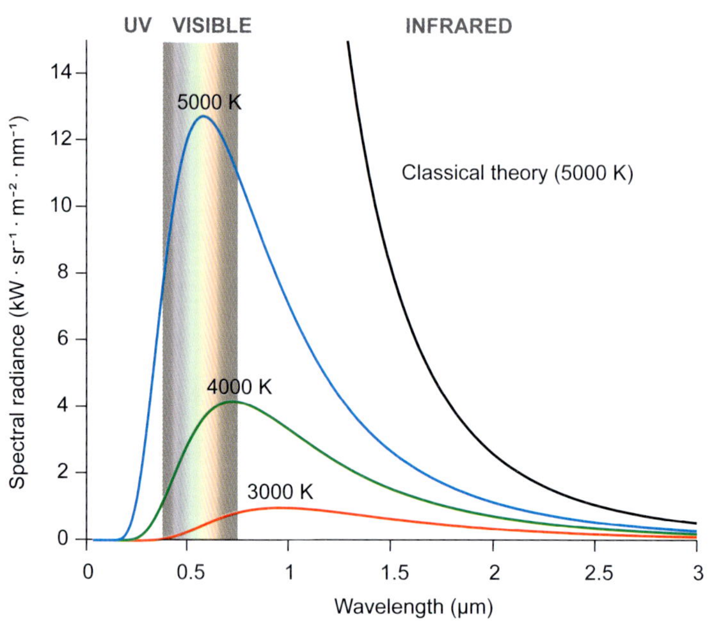

그림 5-4 각각 다른 온도에서 흑체가 방출하는 열복사 에너지의 파장에 따른 분포

가스로 지목한 과학자는 누구였을까? 현재까지 밝혀진 바에 따르면 아마도 스반테 아레니우스일 것 같다. 중등교육 과정에서 배우는 산-염기의 개념 중에 '아레니우스 산'이 있다. 이때의 아레니우스가 그의 이름이다. 그는 일찍이 1903년에 전해질의 해리 이론으로 화학상을 받았는데, 반트호프와 에밀 피셔에 이은 세 번째 수상자이다. 그는 화학은 물론 물리학 전반에 관심이 많았는데, 1896년에 인간의 활동에 의한 이산화탄소 배출이 지구 온난화에 미치는 영향을 발표했다. 그가 1903년에 쓴 천체물리학 교재에서도 '기후에 미치는 대기 중 이산화탄소 농도의 중요성'에 대해 설명했다. 이 외에도 그는 북극광, 즉 오로라에 대해서도 언급하였고, 종의 기원으로 우주 범종설을 주장하기도 했다. 포자 가설로도 불리는 이 설은 지구 생명체의 기원이 지구 밖 우주로부터 미생물 포자 형태로 유입되었다는 가설이다. 혜성이나 소행성 등을 통해 암석에 갇힌 생명체나 포자가 지구에 도달하여 생명이 시작되었다는 주장이다.

본 장의 서두에서도 언급했듯이 2021년도 물리학상은 기후변화 모델을 개발하고 이를 통해 온난화를 예측한 과학자들과 원자에서 우주에 이르는 물리계의 복잡성을 연구한 과학자에게 수여되었다. 미국 프린스턴대 교수인 마나베 슈쿠로와 독일 막스플랑크 연구소 연구원인 클라우스 하셀만이 기후변화 모델을 개발했고, 이탈리아 사피엔자대 교수인 조르조 파리시가 물리계의 복잡성을 연구했다. 파리시의 복잡계에서의 무질서와 변동의 상호작용 연구는 대표적인 복잡계인 지구 환경과 기후변화 해석에 응용되었다.

마나베는 1960년대부터 복사 균형과 대류에 의한 공기의 수직 이동, 그리고 물의 순환에 따른 열전달을 고려하여 지구 기후변화 모델을 개발하였다. 그림 5-5에 마나베의 기후 모델을 간단히 나타냈다. 마나베의 기후 모델은 다음 두 가지 모델에 따른 주요 물리적 상호작용을 통합했다. 하나는 방사-대류 모델이다. 그는 대기를 마치 하나의 수직 기둥처럼 단순화하고, 태양의 복사 에너지와 지구로부터 방출되는 복사열의 균형과 대기의 수직적인 대류에 의한 열 순환을 결합했다. 이 모델을 통해 그는 처음으로 대기 중 이산화탄소 농도가 증가하면 지구 표면 온도가 상승한다는 것을 구체적으로 계산해 냈다. 다른 하나는 대기-해양 결합 모델이다. 그는 나중에 대기 모델에 해양의 열과 수증

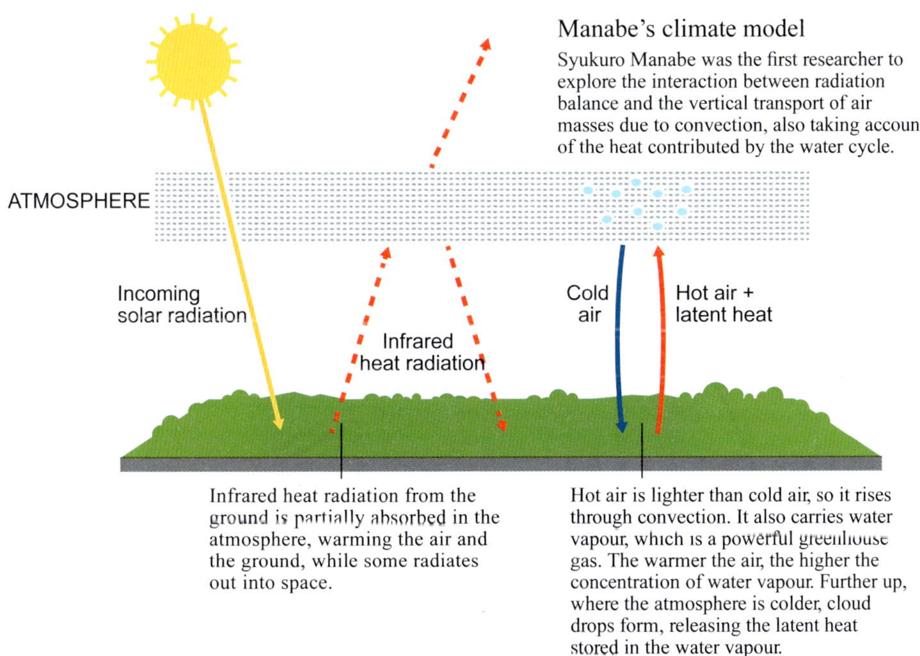

그림 5-5 마나베의 기후 모델

출처: © Johan Jarnestad/The Royal Swedish Academy of Sciences

기 순환을 추가했다. 대기와 해양은 서로 열과 수분을 교환하며 기후 시스템의 중요한 구성 요소로 작용한다. 이 모델을 통해 마나베는 해양 순환이 기후변화를 어떻게 완화하거나 증폭시키는지 밝혀냈다.

마나베는 자신의 모델을 통해 이산화탄소의 농도가 증가하면 대기 하층의 온도가 상승하는 반면 성층권의 온도는 하락하는 온실 효과를 예측했다. 이 예측에 따르면, 이산화탄소 농도가 두 배가 될 경우, 지구 표면 온도가 2.36℃ 상승할 것으로 나타난다. 이에 관한 그래프를 그림 5–6에 나타냈다. 이는 당시 다른 방법으로 예측된 1℃보다 훨씬 높은 수치로, 기후변화가 이산화탄소의 농도에 민감한 것을 시사한다. 그의 연구는 현대 기후변화 모델의 토대가 되었다. 마나베의 기후 모델은 오래전부터 중등교육 교과서를 통해서도 소개하고 있다.

마나베는 1931년 일본 에히메현에서 태어났다. 할아버지와 아버지는 모두 의사였고, 마을 유일의 병원을 운영했다. 한 동창은 그가 초등학교 시절부터 이미 날씨에 관심이 많아서 '일본에 태풍이 없으면 비도 이렇게 많이 오지 않을 텐데' 같은 말을 하곤 했다고 회상했다. 마나베가 도쿄대학에 합격했을 때 가족들은 그가 의학을 공부할 것으로 기대했

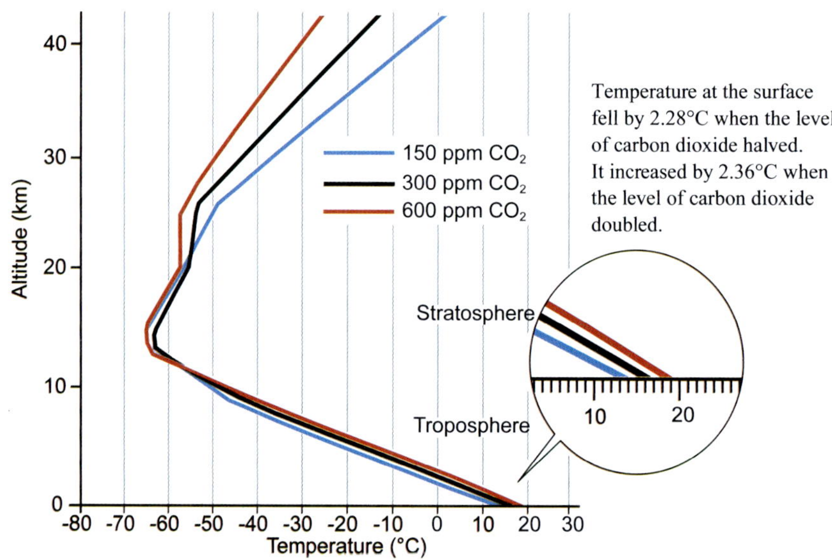

그림 5–6 이산화탄소의 농도에 따른 대기권의 온도 변화 모델
출처: © Johan Jarnestad/The Royal Swedish Academy of Sciences

다. 하지만 그는 이런 말을 했다고 한다. "긴급 상황이 생기면 피가 머리로 쏠려서 좋은 의사가 될 수 없었을 것"이다. 게다가 "기억력이 형편없고 손재주도 없었다. 하늘을 바라보며 생각에 잠기는 것만이 내 유일한 장점이었다."라고도 했다. 결국 그는 쇼노 시게카타 연구팀에 합류하여 기상학을 전공했고, 학사, 석사, 이학박사 학위를 모두 도쿄대학에서 취득했다.

1970년대에 하셀만은 자연적인 기후 변동성과 인간 활동에 의한 기후변화 신호를 통계적으로 구별하는 '최적 지문법'을 고안했다. 최적 지문법의 원리는 다음과 같다. 기후 시스템에는 화산 폭발, 태양 활동 변화 등의 자연적인 요인과 온실가스 배출, 에어로졸 등의 인위적인 요인이 모두 영향을 미친다. 이 두 요인은 기온, 강수량, 해수면 상승 등 다양한 기후 변수에 각기 다른 공간적 패턴과 시간적 변화를 남긴다. 하셀만은 이러한 패턴을 '지문'이라고 정의하고, 복잡한 기후 모델 시뮬레이션을 통해 자연적 요인만 고려했을 때와 인간의 영향을 함께 고려했을 때 나타나는 기후변화의 지문을 계산했다. 하셀만은 두 가지 시뮬레이션 결과를 지난 100년간의 지구 표면의 실제 기후 관측 데이터와 통계적으로 비교했다. 이 방법은 자연적 변동성의 '소음'을 걸러내고, 인간 활동으로 인한 '신호'를 가장 잘 찾아낼 수 있도록 설계된 필터와 같다. 분석 결과, 실제 관측된 기온 상승 패턴이 자연적 요인만으로 설명되는 시뮬레이션 결과와는 일치하지 않고, 인간의 영향을 함께 고려한 시뮬레이션 결과와 매우 높은 상관관계를 보인다는 사실을 밝혀냈다. 이는 오늘날 기후변화의 주요 원인이 인간 활동이라는 것을 과학적으로 입증하는 결정적인 증거가 되었다.

1976년에 발표한 하셀만의 두 번째 업적은 '확률적 기후 모델'의 개발이다. 이것은 빠르게 변하고 무작위적인 '날씨'의 변동성과, 느리고 장기적인 '기후'의 변화 사이의 관계를 설명하는 모델이다. 이 모델은 날씨의 혼란스러운 요동이 바다와 같은 시스템에 축적되어 장기적인 기후 변동성을 만들어 내는 과정을 설명하며, 이 과정에서 하셀만은 아인슈타인의 브라운 운동 개념을 기후 시스템에 적용했다. 이로써 날씨는 예측 불가능하지만 기후 모델은 신뢰할 수 있는 이유를 설명할 수 있게 되었다.

이어서 1979년에 그는 기후 과학자들이 온난화 신호의 존재와 상대적 강도를 판별할 수 있게 해주는 통계 기법을 발표했다. 온난화 신호란 지구 온난화로 인해 나타나는 지구의 온도 상승 및 기후변화의 증거들을 통칭하는 말이다. 주요 신호로는 평균 기온 상승, 이상 고온 현상 빈발, 가뭄 및 홍수 같은 극단적 기상 현상 증가, 해수면 상승, 산악 빙하 축소 등이다. 이 통계 기법은 국가 및 글로벌 기후의 위험 평가에서 빈번히 등장하는 귀속 연구의 방법론이 되었다. 귀속 연구란 인간 활동과 앞서 언급한 온난화 신호 사이의 인과 관계와 연관성을 찾는 연구이다.

클라우스 하셀만은 독일 함부르크에서 태어났다. 그의 아버지 에르빈 하셀만은 경제학자, 언론인, 출판인으로서 1920년대부터 독일 사회민주당(SDPG)에서 정치적으로 활동했다. 아버지가 SDPG에서 활동했기 때문에 가족은 1934년 중반 나치 시대가 시작될 무렵 사회민주당에 대한 억압과 박해를 피해 영국으로 이주했고, 하셀만은 2세 때부터 영국에서 자랐다. 하셀만 가족이 영국에 도착했을 때는 영국 퀘이커교도의 도움을 받았고, 그들이 거주한 곳은 주민의 대부분이 유대인 독일 이민자인 공동체 마을이었다. 하셀만은 웰윈 가든 시티의 초등학교와 중학교에 다녔고, 1949년에 케임브리지 고등학교 수료 과정인 A-레벨에 합격했다. 하셀만은 영국에서의 생활은 매우 행복했고 영어가 모국어라고 말했다. 그의 부모님은 1948년에 함부르크로 돌아갔지만, 하셀만은 A-레벨을 마치기 위해 영국에 남았다. 1949년 8월, 그도 함부르크로 돌아가서 1950년까지 기계공학 실습과정을 수강한 후, 함부르크대학교에 등록하여 물리학과 수학을 공부했다.

한편, 파리시는 무작위성과 무질서 속에서 숨겨진 법칙과 질서를 밝히는 데 기여했다. 결국 그의 무질서계 연구는 기후변화를 수학적으로 해석하는 길을 열었다. 그림 5-7에 나타낸 것처럼, 많은 동일한 디스크를 압축할 때 똑같은 방법으로 압축해도 매번 새로운 불규칙한 패턴이 생기는데, 무엇이 이런 결과를 낳게 하는가? 조르조 파리시는 이러한 불규칙한 복잡계에서 이들 디스크가 나타내는 숨겨진 구조를 찾았다. 그는 원자에서 행성 크기에 이르기까지 다양한 규모에서 나타나는 복잡한 물리적 특성을 수학적으로 기술하는 방법을 발견했다.

파리시 교수의 복잡계 모델 중에 스핀 글라스 모델이 있다. 그는 스핀의 방향이 무작위적인 자성체가 냉각됨에 따라 그 상태가 고정되는 현상에 주목했다. 이 상태가 스핀 글라스이다. 그것은 스핀의 무질서한 방향을 유리의 무질서한 원자 위치에 대응시킨 이름이다. 뜨거운 액체 유리를 찬물에 넣으면 유리를 구성하는 원자들이 제멋대로 자리를

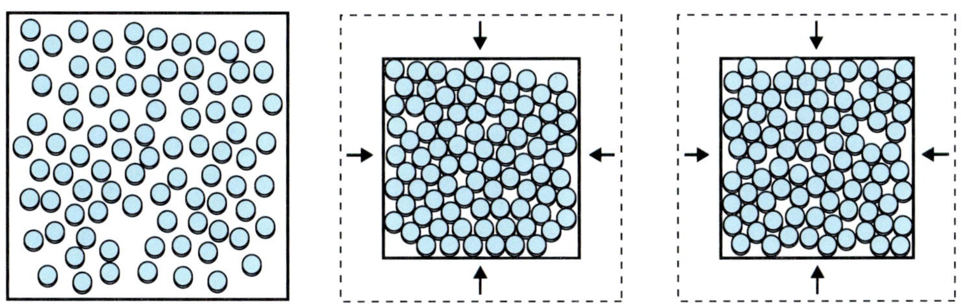

그림 5-7 파리시가 수학적으로 기술한 불규칙한 패턴이 나타나는 무질서계의 예

출처: © Johan Jarnestad/The Royal Swedish Academy of Sciences

찾아가 굳어진다. 반면에 뜨거운 액체 유리를 서서히 식히면 규칙적인 배열을 이루며 굳는다. 하지만 같은 조건에서도 원자들의 배열에는 차이가 존재한다. 파리시 교수는 이런 차이를 설명하기 위한 기초 모델을 개발했고, 이 모델을 스핀 글라스 모델로 부른다. 즉, 이는 위아래 2개의 변수를 갖는 스핀이라는 변수로 이뤄진 시스템이고, 파리시는 이에 따른 복잡성을 수학적으로 풀어냈다. 그림 5-8에 파리시의 스핀 글라스 모델을 보여준다. 파리시의 이론은 물질의 상전이와 같은 복잡한 물리 현상을 이해하는 데 중요한 이론적 기반을 제공했으며, 최근에는 물리학, 수학, 생물학 외에도 기계학습이나 인공지능과 같은 분야까지 활용 분야가 확대되고 있다.

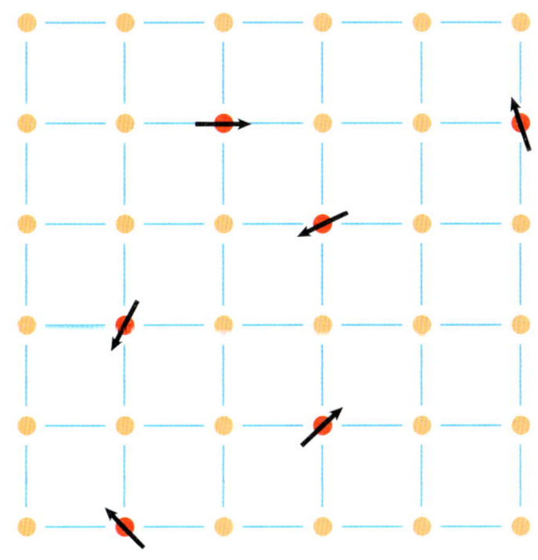

그림 5-8 파리시의 스핀 글라스 모델

기후변화 관련 노벨평화상과 노벨경제학상

기후변화에 따른 영향은 인류의 삶 전반에 영향을 준다. 특정 지역만, 특정 인종만, 그리고 특정 산업만의 문제가 아니다. 노벨상 위원회는 이를 경제학상과 평화상의 분야에 반영했다. 2004년도 평화상을 수상한 왕가리 마타이는 케냐의 환경운동가이자 정치운동가로서 지속 가능한 발전, 그리고 평화와 민주주의를 위해 싸운 공로를 인정받았다. 그녀는 1977년부터 사막화 방지를 위해 '그린벨트 운동'을 전개하여, 평생 4,500만 그루에 달하는 나무를 심었다. 2007년도 평화상도 환경 분야에 수여되었는데, 그 단체와 인물은 기후변화에 관한 정부간 협의체(IPCC)와 미국 부통령을 지낸 앨 고어이다. IPCC는 인간의 활동과 지구 온난화 사이의 관련성을 전 세계적으로 알려 공감대를 형성하는 데 이바지했으며, 앨 고어는 세계적으로 인정받는 환경론자 정치가로서 일찍이 지구가 직면한 환경 문제를 인식하고 정치, 강연, 영화, 저서 등을 통해 행동으로 기후변화에 맞서 싸워왔다. 그림 5-9에 이와 관련한 두 편의 영화를 보여준다.

앨 고어의 활약 중에 돋보이는 한 가지는 일찍이 위성을 이용하여 전 세계를 초고속 정보 통신망으로 연결하려고 노력한 점이다. 현재는 스타링크라는 스페이스X에서 진행

그림 5-9 지구 온난화를 다루는 두 편의 영화. 2007년 평화상 수상자인 앨 고어가 쓰고, 주연을 맡은 다큐 영화 〈불편한 진실〉과 온난화로 녹아 태평양에 떠내려온 북극 빙하로 인해 해류가 막히면서 북아메리카에 혹한이 닥친 상황을 다룬 영화 〈투모로우〉

출처: Paramount Classics, 20th Century Fox

하는 위성 기반 인터넷 서비스 프로젝트가 있다. 이 서비스는 저궤도로 지구 주위를 도는 수천 개의 소형 위성을 이용하는데, 당시엔 지구 주위에 77개의 통신 위성을 쏘아 올리려고 했었다. 이 프로젝트의 이름을 '이리듐 프로젝트'로 지었는데, 그것은 이리듐 원소의 원자번호가 77인 것에서 따왔다. 77개까지는 아니었지만 여러 개의 통신 위성을 사용하는 '이리듐SSC'가 1998년에 출범했을 때, 첫 통화자도 당시 미국 부통령이었던 앨 고어였다. 한편, 1990년대에는 디지털 및 인터넷 통신 네트워크를 일컫는 말로 '정보 수퍼하이웨이' 또는 '인포반(infobahn)'이란 말이 유행했다. 이것에 크게 기여한 사람이 앨 고어인데, 이미 1974년에 백남준이 그의 통신 관련 작품에서 "수퍼 하이웨이"라는 용어를 사용했다. 이로써 "정보 수퍼하이웨이"라는 말의 기원을 백남준으로 보는 견해도 생겼다.

한편, 2018년 경제학상은 기후변화와 거시경제의 상호작용을 연구한 윌리엄 노드하우스와 폴 로머에게 수여되었다. 노드하우스는 탄소세와 같은 경제적 도구를 활용해 기후변화를 억제하는 방법을 경제학적으로 분석하고, 그 비용과 이익을 평가하는 모델을 개발했다. 그의 연구는 기후변화 정책 수립에 경제적 관점을 도입하는 데 중요한 역할을 했다. 한편, 로머는 기후변화와 직접 관련된 연구를 수행하지는 않았다. 그는 기술혁신이 장기적인 거시경제에 미치는 영향을 분석했다.

5.3 오존층 파괴와 지구 환경

오존층 파괴 원인 물질

한때 남극의 오존층에 구멍이 뚫렸고, 그 크기가 계속 커진다는 뉴스가 자주 등장하기도 했다. 다행히도 요즘엔 인류를 위협하는 3대 환경 문제(온난화, 오존층 파괴, 환경호르몬) 중 오존층 파괴에 대해서는 우려의 목소리가 수그러들었다. 그 이유는 오존층 파괴의 원인 물질을 알고, 전 세계적으로 해당 물질의 사용을 규제했기 때문이다. 이러한 노력 덕분에 오존층의 구멍 크기가 더 이상 커지지는 않게 되었다. 그림 5-10은 1979년부터 2011년 사이의 남극의 오존 구멍을 보여주는 사진이다. 인류가 노력하면 자연은 회복력을 되찾는다는 것을 보여주는 좋은 선례이다. 그 바탕에는 1995년에 화학상을 받은 화

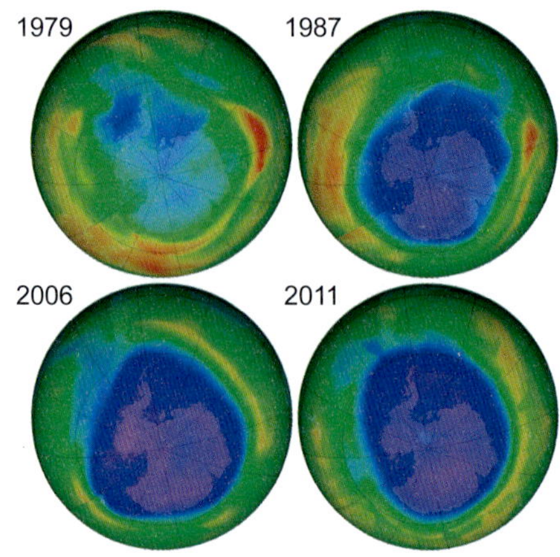

그림 5-10 1979년~2011년 사이의 남극의 오존 구멍(dark blue) 사진
출처: NASA

학자들의 공로가 있었다. 앞서 언급했던 파울 크뤼천, 마리오 몰리나, 셔우드 롤런드가 주인공이다.

크뤼천은 1973년 스톡홀름 대학에서 기후학 박사학위를 받았고, 독일 마인츠의 막스 플랑크 연구소에서 근무했다. 1970년에 그는 토양 박테리아가 만들어 내는 비활성의 질소산화물(N_2O)이 성층권까지 상승하면, 태양 에너지를 받아 두 개의 활성 화합물인 NO와 NO_2로 나뉜다는 것을 발견했다. 이들이 활성을 유지하는 동안에 촉매로 작용하여 오존을 산소 분자로 쪼갠다. 이 연구 결과는 영국의 계간기후학회지에 실렸는데, 처음에는 널리 받아들여지지 않았다. 하지만, 이 연구는 몰리나, 롤런드 등 다른 화학자들이 이와 관련한 기후학의 연구에 들어서게 하였고, 크뤼천은 유럽과 미국의 학계에 우뚝 서게 되었다.

그림 5-11에 NO가 오존과 반응하여 오존을 산소로 분해하는 반응의 메커니즘을 나타냈다. 질소산화물은 미생물에 의해서만 만들어지는 것이 아니다. 공기 중의 질소가 고온에서 산화될 때도 발생하기 때문에, 초음속 비행기와 디젤 자동차도 질소산화물의 배출원이다. 한때 주로 화물차에 공급되는 요소수의 부족 사태를 겪은 적이 있다. 요소수는 자동차 배기가스 중의 질소산화물을 다음 반응식이 보여주듯이 질소와 물, 이산화탄소로 바꿔준다.

$$4NO + 2(NH_2)_2CO + O_2 \rightarrow 4N_2 + 4H_2O + 2CO_2$$

질소산화물 요소 산소 질소 물 이산화탄소

크뤼천은 1933년에 암스테르담에서 태어났다. 1940년 9월, 그는 독일군이 네덜란드를 침공한 바로 그해에 초등학교에 입학했는데, 독일군이 초등학교를 점령한 후 그의 학급은 여러 장소로 옮겨 다녀야 했다. 전쟁 말기에는 기근의 겨울을 겪으며 여러 동급생이 기근이나 질병으로 사망하는 것을 목격했다. 초등학교를 졸업한 후 그는 고등시민학교로 진학했는데, 세계적인 시야를 가진 부모의 도움으로 그곳에서 프랑스어, 영어, 독일어를 공부했다. 그는 자연과학에 관심이 많았으나, 학비가 더 저렴한 고등 전문 교육기관에서 토목공학을 공부했고, 1954년 암스테르담의 교량 건설국에 취직했다. 1958년에 그는 핀란드인인 그의 아내와 함께 스톡홀름에서 북쪽으로 200km 떨어진 작은 도시 예블레로 이사했고, 그곳에서 건설국에 취직했다. 우연히 스톡홀름대학교 기상학과의 컴퓨터 프로그래머 모집 광고를 본 그는 지원하여 선발되었고, 1959년 7월 아내와 갓 태어난 딸과 함께 스톡홀름으로 이사했다. 이것이 그의 일생에서 대기화학 분야를 만나는 중요한 결정이었다. 한편, 그는 2008년에 서울대 지구환경과학부의 초빙 석좌교수로 임명되어, 한국에서도 근무한 적이 있다. 서울대가 노벨상 수상자를 교수로 임용한 것은 이때가 처음이다.

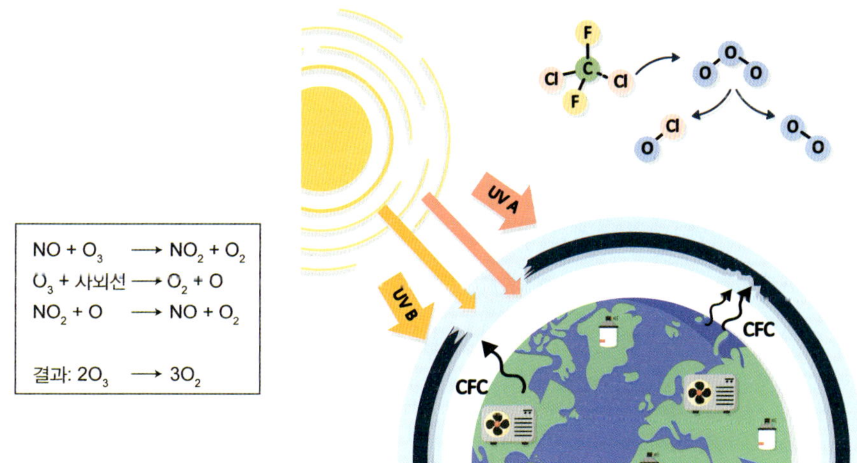

그림 5-11 NO와 Cl이 각각 촉매로 작용하여 오존을 분해하는 반응 메커니즘

그의 업적 중 가장 유명한 일화는 2000년에 발표된 '인류세(Anthropocene)'라는 용어를 만든 것이다. 2000년 국제지구권생물권연구(IGBP) 뉴스레터 41호에서 크뤼천과 유진 스토어머는 지질학과 생태학에서 인류의 중심적 역할을 강조하기 위해 현재 지질 시대를 지칭하는 용어로 '인류세'를 제안했다. 그들은 이렇게 말했다. "인류세의 시작 시점에 더 구체적인 연대를 부여하는 것은 다소 임의적일 수 있으나, 우리는 18세기 후반을 제안한다. 어떤 이들은 홀로세 전체를 포함하려 할 수도 있으나, 우리가 이 시점을 선택한 이유는 지난 2세기 동안 인간 활동의 지구적 영향이 뚜렷이 관측되기 시작했기 때문이다. 빙하 코어에서 추출한 데이터가 바로 이 시기에 대기 중 여러 온실가스, 특히 이산화탄소와 메테인 농도의 증가가 시작되었음을 보여준다. 이 시작 시점은 제임스 와트가 1784년 증기 기관을 발명한 시점과도 일치한다."

몰리나와 롤런드가 주목한 오존층 파괴 물질은 냉매로 사용하는 프레온 가스였다. 그들은 프레온이 안정한 화합물이다 보니 상승하여 성층권에 다다르면, 강한 자외선을 받아 분해되어 성분 원소인 염소, 플루오린, 탄소로 쪼개진다는 것을 발견했다. 그림 5-11과 5-12에서 보여주는 것처럼 NO와 마찬가지로 한 개의 Cl은 ClO가 된 다음, 오존의 자외선 분해로 생긴 O를 만나 Cl과 O_2로 되기까지 두 개의 오존을 3개의 산소로 분해한다. Cl도 NO처럼 촉매로 작용하므로 연속적으로 많은 오존을 분해하게 된다.

질소산화물과 프레온 가스는 −80℃에 달하는 극지방 성층권의 극한 온도에서 물과 질산이 응집된 "극지 성층권 구름"(PSCs)을 형성한다(그림 5-12). 북극과 남극에서 둘 다 관찰되는 이 구름은 무지개색의 채운(彩雲)이다. 구름이 지상으로부터 15km~25km 위치의 높은 곳에 있고 지구 표면이 곡면이기 때문에, 해가 뜨기 전이나 지고 난 뒤 태양이 지평선 아래 1도에서 6도 사이에 있을 때 구름이 빛을 받아 산란시킨다. 이러한 PSCs는 보기에는 아름답지만, 오존층에는 나쁜 영향을 준다. 성층권에서 질소산화물과 프레온 가스 등으로부터 만들어진 $ClONO_2$와 HCl은 PSCs가 만들어지면서 HNO_3과 Cl_2로 분해되는데, Cl_2는 자외선은 물론 가시광선만으로도 분해되어 오존층을 파괴하는 염소 원자를 만들기 때문이다. 남극의 경우 호주가 봄인 9월과 10월에 오존 구멍이 커지는 이유도 봄이 되면서 빛이 강해지고 이에 따라 오존층의 파괴도 증가하기 때문이다.

몰리나는 1965년에 멕시코국립자치대학 화학공학과를 졸업하고 독일 프라이부르크

그림 5-12 극지 성층권 구름의 형성 반응과 구름 사진

대학에서 1967년에 고급학위(an advanced degree)를 받고 모교로 돌아와서 부교수가 되었다. 그는 학업을 계속하여 1972년에 UC 버클리에서 박사학위를 받았고, 그곳에서 1년간 더 박사후 연구원으로 일한 후, 이듬해 UC 어바인의 로우랜드와 합류했다. 이들은 대기 오염물질에 대한 실험을 수행하였는데, 앞서 언급한 대로 프레온 기체를 주목했다. 성층권에서 떨어져나온 한 개의 염소 원자는 비활성 상태로 되기 전에 무려 100,000개의 오존 분자를 파괴한다. 1974년에 이들의 이론이 네이처지에 실렸는데, 주저자가 몰리나였다. 그들의 발견은 세계적으로 프레온 기체의 환경영향에 대한 논란에 불을 붙였는데, 1980년대 중반에 남극 대륙의 성층권 오존층이 파괴되어 구멍 난 것이 확인되면서, 그들의 주장이 인정되었다. 몰리나는 1982년부터 1989년까지 캘리포니아공대(Caltech)의 제트추진연구소에서 근무하다, MIT의 교수가 되었다.

롤런드는 1948년에 그의 고향에 있는 오하이오 웨슬리안대학교를 졸업하고 시카고대학교에서 석사(1951)와 박사(1952)학위를 받았다. 그 후에 프린스턴대학교와 캔사스대학교에서 연구하였고, 1964년에 UC 어바인의 교수가 되었다. 앞서 설명한 대로 몰리나와는 1974년부터 1982년까지 함께 연구하였다. 1978년에 롤런드는 학술원 회원이 되었다.

한편, 이들의 연구 결과가 발표된 후, 미국에서는 정부 차원의 조사가 이뤄졌고 2년 뒤인 1976년에 국립과학아카데미가 이를 인정하였으며, 1978년에 프레온을 사용하는 에어로졸의 사용을 금지했다. 1980년대에 이들의 연구가 활발히 검증되고, 남극 대륙의 오존층 파괴로 인한 구멍이 확인되면서, 마침내 1987년에 UN 차원의 논의를 거쳐 오존층 파괴 기체의 생산을 금지하는 몬트리올 의정서가 채택되었다.

프레온의 대체 물질

프레온 가스의 사용을 금지하고 대체 냉매로 전환하는 과정은 전 세계가 힘을 합쳐 성공적으로 이루어졌다. 대체 냉매의 조건은 냉매의 기능을 나타내되 대기 중에서 쉽게 산화되어 분해되는 물질이다. 그래야 냉매가 오존층까지 올라가기 전에 분해될 수 있다. 염소, 플루오린, 탄소 원자로 구성된 기존의 냉매를 염소가 없는 구조로 바꾸는 것이다.

이 과정은 두 단계에 걸쳐 진행되었다. 염화플루오린화탄소(CFCs)가 오존층을 파괴한다는 사실이 과학적으로 증명되면서, 국제 사회는 1987년에 몬트리올 의정서를 통해 CFCs의 생산과 사용을 단계적으로 금지하기로 합의했다. 첫 번째 단계에서 채택된 CFCs의 대체 물질은 수소염화플루오린화탄소(HCFCs)이다. 이 물질은 CFCs의 염소 원자 중 하나를 수소 원자로 바꾼 것이다. HCFCs는 산화가 되기 쉬운 수소 원자를 갖고 있어서, CFCs에 비해 오존층 파괴 지수가 훨씬 낮다. 그러나 HCFCs도 여전히 오존층을 파괴하는 염소 원자를 포함하고 있으므로, 몬트리올 의정서에 따라 임시방편으로 사용이 허용되었다. 즉, 일정 기간만 사용하기로 합의했다. 처음부터 최종 후보 물질을 도입하지 않은 것은 후보 물질의 안정성을 확보하는 데 시간이 필요했고, 그동안 사용해 온 기기를 하루아침에 교체할 수는 없기 때문에 유예 기간을 둔 것이다. 냉매를 구성하는 염소가 수소로 바뀌면 물질이 가벼워진다. 따라서, 새로운 냉매에 따른 기기 장치의 보완이 필요하다.

두 번째 단계에서는 HCFCs의 규제가 시작되면서, 오존층을 전혀 파괴하지 않는 새로운 물질이 필요해졌다. 이에 덧붙여 새로운 물질은 가능한 한 온실가스로 작용하지 말아야 한다. 즉, 낮은 지구 온난화 지수(GWP)가 새로운 냉매의 기준으로 떠올랐다. 한때 수소플루오린화탄소(HFCs)가 HCFCs의 대체 냉매로 광범위하게 사용되었다. 수소, 플루오린, 탄소만으로 구성된 HFCs는 염소가 없어서 오존층 파괴 지수가 0이다. 하지만 HFCs는 이산화탄소보다 수백에서 수천 배 강력한 온실가스라는 문제점이 있다. 따라서 2016년 몬트리올 의정서의 키갈리 개정안에 따라 HFCs 역시 단계적으로 감축될 예정이다. 감축 시기는 나라마다 다르다. 결국 HFCs의 대안으로 개발된 차세대 냉매는 수소플루오린화올레핀(HFOs)이다. HFOs는 HFCs와 마찬가지로 수소, 플루오린, 탄소로 이뤄진 물질이지만, 분자 내에 산화되기 쉬운 탄소 이중 결합을 갖는다. 따라서, HFOs는 분해 속도가 매우 빨라 GWP가 HFCs보다 훨씬 낮다. 현재 자동차 에어컨을 중심으로 사용이 확대되고 있다. 우리나라는 2025년부터 감축 시작 국가였지만, 유럽 수출용은 그 전부터 HFOs를 사용해 왔다.

냉매로 합성 물질을 주로 사용하고 있지만, 온실가스 효과가 거의 없는 자연 냉매도 있다. 이산화탄소는 온실가스로 미움을 받고 있지만, GWP가 1로써 6대 온실가스 중 가장 낮은 기준 물질이며, 냉매로서의 열효율이 뛰어나다. 프로페인이나 뷰테인과 같은 탄화수소도 GWP가 매우 낮지만, 가연성이라는 위험이 있어 안전 기준을 준수해야 한다. 다른 자연 냉매는 암모니아이다. 암모니아는 탁월한 냉각 효율을 자랑하지만, 독성 때문에 산업용 대형 시설에 주로 사용된다.

지상 오존의 생성 과정

오존은 산업용으로는 유용하게 사용되지만, 인체에는 해로운 물질이다. 오존 오염도가 높으면 천식, 폐렴, 기관지염과 같은 호흡기 질환이 유발된다. 오래전에 가정용 오존 발생기가 시판된 적이 있었다. 이 제품은 오존이 갖는 산화력으로 공기를 정화하고 음이온을 발생시켜 건강에 유익하다고 광고를 했다. 하지만 오래지 않아 의사와 과학자들이 이 제품이 오히려 건강을 해칠 수 있다고 경고했고, 결국 이 제품은 사라졌다. 요즘엔 상황이 바뀌어 여름철이면 기상청은 날씨 예보에서 오존 주의보를 발동하기도 한다.

지상에서는 휘발성 유기물질(VOCs)과 질소산화물(NOx)이 광화학 반응을 일으켜 오존이 생성된다. 오존 발생의 반응 예를 들면, 프로페인($CH_3CH_2CH_3$)은 하이드록실 라디칼(•OH), 산소(O_2) 등과 반응하여 프로필 과산화 라디칼(•RO_2)과 물 분자를 만든다. 프로필 과산화 라디칼(•RO_2)은 질소산화물(NO)과 반응하여 2차 VOCs인 프로피온알데하이드

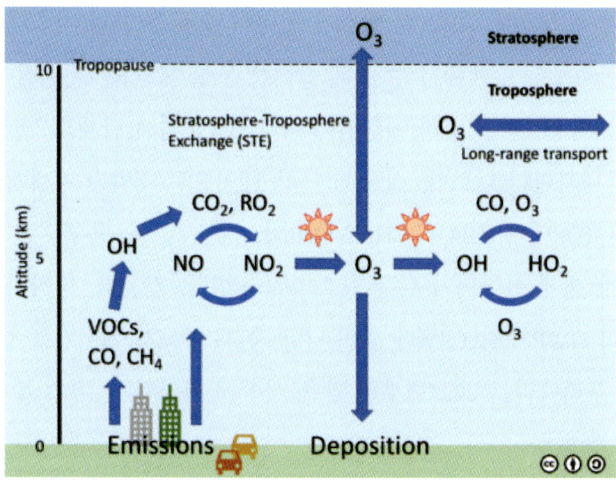

그림 5-13 지상에서 배출되는 VOCs에 의한 오존 생성 메커니즘
출처: https://www.ladco.org/public-issues/ozone/

($CH_3CH_2CH=O$)와 NO_2를 만든다. 빛에 의해 NO_2는 NO와 O로 분해되고, 활성화 산소 O는 산소를 오존으로 만든다.

피톤치드와 같이 자연이 만드는 휘발성 유기물질도 있지만, 여기서도 문제가 되는 것은 인간의 활동으로 배출되는 유기물질이다. 끓는점이 낮고 증발이 잘되는 액체 연료, 파라핀, 올레핀, 방향족 화합물 등이 그것인데, 주요 배출원은 도색(도장) 시설, 세탁소, 저유소, 주유소, 각종 운송 수단 등이다. 이들 물질은 광화학 스모그의 원인 물질이기도 하다. 질소산화물은 땅속의 미생물에 의해서도 발생하지만, 자동차 배기가스, 화력발전소, 산업공정에서 배출되는 오염물질이다. 질소산화물은 대기 중에서 자외선과 반응하여 일산화질소(NO)와 이산화질소(NO_2) 형태로 존재한다. 그림 5-13에 지상에서 배출되는 VOCs에 의한 오존 생성 메커니즘을 나타냈다.

DDT의 퇴출과 환경 문제

인류의 건강 증진에 기여한 공로로 노벨상을 안겨 준 물질이 지구 환경에 악영향을 끼치는 것이 알려지면서 퇴출되기도 했다. 대표적인 예가 살충제 DDT이다. DDT는 일찍이 1874년에 오트마 자이들러가 합성했는데, 당시 그의 지도교수는 1905년에 화학상을 받은 아돌프 폰 바이어였다. 바이어는 유기염료와 방향족 화합물의 합성을 통해 유기화학과 공업화학의 발전에 기여했다. 1939년에 파울 헤르만 뮐러에 의해 이 화합물이 살충효과를 나타낸다는 것이 확인되었고, 그는 질병 퇴치의 공로로 1948년에 생리의학상을 받았다.

하지만 이 화합물은 너무나 안정하여 사용 후 오랜 시간이 지나도 분해되지 않았고, 그동안 먹이 사슬로 인해 상위 포식자에게로 옮겨 갔다. 참고로 이와 같은 살충제를 지속성 살충제라고 하며, 사용 후에 곧 분해되는 살충제를 비지속성 살충제로 부른다. 더구나 이 물질은 체내 대사 과정을 방해하여 암을 일으키기도 했다. 그림 5-14에 살충제 DDT의 화학 구조를 나타냈다.

1962년에 환경운동의 어머니로 평가받는 레이첼 카슨이 『침묵의 봄(Silent Spring)』을 발간했다. 이 책에서 그녀는 미국의 국조인 흰머리수리를 포함하여 조류가 사라짐으로써 봄에도 새들의 노랫소리가 들리지 않는 '침묵의 봄'을 맞게 될 것이라고 경고하였다. 여론에 힘입은 케네디 대통령은 1963년에 환경문제 자문위원회를 설립하였고, 1969년에 WHO가 말라리아 퇴치를 위해 DDT의 안전성을 지지한다고 발표했지만, 미국 의회는 국가환경정책 법안을 통과시켰다. 마침내 1972년에 미국에서는 DDT를 비롯한 9종의 농약 사용이 금지되었다.

'침묵의 봄'은 과학자들이 이미 알고 있던 DDT의 문제점을 일반 대중에게 효과적으로 전달하여 환경운동의 시작점이 되었다는 점에서 그 의미가 매우 크다. 이 책은 과학적 사실을 사회적, 정치적 변화로 이끄는 촉매 역할을 했으며, 이후 전 세계적인 환경운동에 불을 지피는 계기가 되었다.

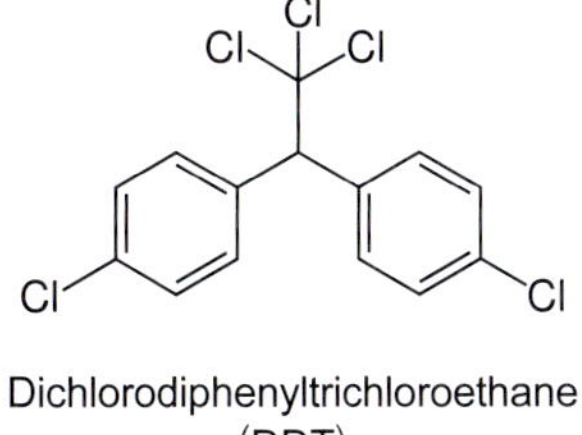

그림 5-14 살충제 DDT의 화학 구조와 DDT의 위험성을 알린 도서 『침묵의 봄』의 저자 레이첼 카슨

6장
영상 진단

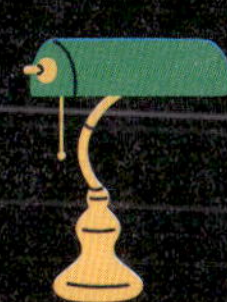
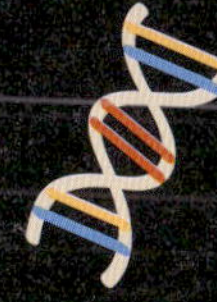

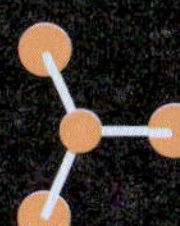

6장 영상 진단

본문에서 언급한 노벨상 수상자*

연도/분야	수상자	출생/소속(수상 당시)	수상 업적
1971 화학상	게르하르트 헤르츠베르크	1904~1999 독일, 캐나다 국립연구협의회	분자, 특히 자유 라디칼의 전자 구조와 입체 구조 연구
1962 생리의학상	제임스 왓슨	1928 미국, MRC 분자생물학연구소	핵산의 분자 구조와 생체 물질의 정보 전달에서 핵산의 중요성에 관한 발견
	프랜시스 크릭	1928 미국, 하버드대학교	
	모리스 윌킨스	1916~2004 뉴질랜드, 런던대학교	
1954 화학상	라이너스 폴링	1901~1994 미국, 캘리포니아공대(Caltech)	화학 결합의 성질에 관한 연구와 복잡한 물질의 구조를 밝히는 데 이를 적용한 공로
2002 화학상	존 펜	1917~2010 미국, 버지니아 코먼웰스대학교	생물 고분자의 질량 분석을 위한 소프트 탈착 이온화 방법의 개발
	다나카 고이치	1959 일본, 시마즈 연구소	
	쿠르트 뷔트리히	1938 스위스, 스위스연방공대(ETH), 스크립스 연구소	용액 내 생물 고분자의 3차원 구조결정을 위한 핵자기공명 분광법 개발
1944 물리학상	이지도어 라비	1898~1988 폴란드, 컬럼비아대학교	원자핵의 자기적 특성을 기록하는 공명법 개발
1952 물리학상	펠릭스 블로흐	1905~1983 스위스, 스탠퍼드대학교	핵자기 정밀 측정을 위한 새로운 방법의 개발과 이와 관련된 발견
	에드워드 퍼셀	1912~1997 미국, 하버드대학교	
1991 물리학상	리하르트 에른스트	1933~2021 스위스, 스위스연방공대(ETH)	고해상도 핵자기공명(NMR) 분광법의 방법론 (FT 및 2D NMR) 개발
2003 생리의학상	폴 라우터버	1929~2007 미국, 일리노이대학교	자기 공명 영상법(MRI)의 발견
	피터 맨스필드	1933~2017 영국, 노팅엄대학교	
1903 물리학상	앙리 베크렐	1852~1908 프랑스, 파리 에콜폴리텍	자연 방사능의 발견
	피에르 퀴리	1859~1906 프랑스, 파리 물리 및 화학 공업학교	베크렐이 발견한 방사능 현상에 관한 탁월한 업적
	마리 퀴리	1867~1934 폴란드	
1921 화학상	프레디릭 소디	1877~1956 영국, 옥스퍼드대학교	방사성 물질 화학과 동위 원소의 기원과 성질 연구

연도/분야	수상자	출생/소속(수상 당시)	수상 업적
1935 화학상	프레데리크 졸리오퀴리	1900~1958 프랑스, 파리 라듐연구소	새로운 방사성 원소의 합성
	이렌 졸리오퀴리	1897~1956 프랑스, 파리 라듐연구소	
1979 생리의학상	앨런 코맥	1924~1998 남아프리카공화국, 터프스대학교	컴퓨터 단층 촬영법(CT)의 개발
	고드프리 하운스필드	1919~2004 영국, EMI 중앙연구소	
1936 물리학상	빅토르 프란츠 헤스	1883~1964 오스트리아, 인스브루크대학교	우주 방사선의 발견
	칼 데이비드 앤더슨	1905~1991 미국, 캘리포니아공대(Caltech)	양전자의 발견
1943 화학상	게오르크 헤베시	1885~1966 헝가리, 스톡홀름대학교	화학반응 연구에서 추적자로 동위원소의 사용
1919 물리학상	요하네스 슈타르크	1874~1957 독일, 그라이프스발트대학교	양자선의 도플러 효과와 전기장에서의 스펙트럼선 분리 발견
2019 물리학상	제임스 피블스	1935 캐나다, 프린스턴대학교	우주의 진화와 우주에서 지구의 위치에 대한 이해, 물리 우주론 분야의 이론적 발견
	미셸 마요르	1942 스위스, 제네바대학교	우주의 진화와 우주에서 지구의 위치에 대한 이해, 태양형 별을 공전하는 외계 행성 발견
	디디에 쿠엘로	1966 스위스, 제네바대학교, 케임브리지대학교	

*전자기파와 관련한 노벨상 수상자는 표 6-1에 별도로 나타냈다.

'분석'이란 말은 누구나 그 의미를 알고 종종 사용하는 단어다. 분석을 사전에서 찾아보면 그 의미를 다음과 같이 설명하고 있다.[1]

1. 얽혀 있거나 복잡한 것을 풀어서 개별적인 요소나 성질로 나눔
2. 철학 개념이나 문장을 보다 단순한 개념이나 문장으로 나누어 그 의미를 명료하게 함
3. 복잡한 현상이나 대상 또는 개념을, 그것을 구성하는 단순한 요소로 분해하는 일

1 네이버 사전, '분석'

화학 분야에서의 뜻풀이는

1. 물리적 또는 화학적 방법을 이용하여 그 조성이나 포함된 요소 따위를 알아내는 일

이 설명들에 공통으로 해당하는 말은 '나누다'이다. 분석이 곧 나누는 것임은 어원을 살펴보면 명확하다. 분석(分析)이란 한자는 '칼로 사물을 나누고 도끼로 나무를 쪼갠다'는 의미이다. 분석(analysis)의 영어 뜻도 그리스어 어원으로 ana(up, throughout), ly(to loosen), 그리고 sis(state)가 합쳐져서 '철저하게 분해된 상태'를 의미한다. 우리는 현상이든 대상이든 알기 위해 분석한다. 일본어로 '알다'를 시루(知る) 또는 와카루(分かる)로 표현하는데, 후자는 나누어 봄으로써 알게 된다는 개념이 들어있다.

과학자들은 다양한 방법으로 연구 대상을 분석한다. 3장에서 현미경과 관련한 노벨상 수상자에 대해 언급했다. 현미경 또한 대상을 확대하여 구성 요소로 나누고 쪼개어 눈으로 관찰하는 분석 도구이다. 이번 6장에서 만나볼 노벨상 수상자들은 전자기파를 이용한 분석법을 개발한 과학자들이다. 과학자들은 눈에 보이는 전자기파, 즉 가시광선뿐만 아니라, 이보다 파장이 짧거나 길어서 눈에 보이지 않는 전자기파도 분석에 이용한다. 이 학문 분야가 분광학(分光學)이다. 즉, 빛을 여러 가지 단색광으로 나누어 물질의 조성과 상태를 연구하는 분야다. 전자기파를 통한 분석 결과는 일반적으로 파장에 따른 스펙트럼 피크로 나타나지만, 이를 영상 신호로 전환하여 눈으로 대상의 상태를 파악할 수 있도록 보여주기도 한다. 병원에서 사용하는 CT, MRI 등이 이에 해당한다.

6.1 화학 구조 분석법

분광학의 종류

과학자들이 물질의 구조를 파악하는 가장 강력한 수단이 분광학이다. 분광학은 빛이 물질과 만나 상호작용을 함으로써, 그 빛이 물질을 만나기 전후로 어떻게 달라지는지를 측정하여 물질의 상태를 탐구하는 학문이다. 빛은 전자기파(electromagnetic wave)이다. 전자기파의 파동은 전기가 흐르는 주위로 동시에 생기는 전기장과 자기장이 주기적으로

바뀜에 따라 만들어진다. 이 파동은 매질의 도움 없이 공간으로 퍼져나간다.

파동에는 여러 가지 종류가 있다. 전자기파 외에도 우리가 잘 아는 탄성파, 즉 역학파가 있다. 탄성을 갖는 매질에 힘을 가해 상태를 변화시키면 복원력이 작용하여 매질이 진동을 일으킨다. 공기가 압축과 팽창을 하여 음파가 생기고, 귀는 음파를 감지하여 소리로 듣는다. 땅을 흔들면 지진파가 생기며, 돌을 던져 물이 출렁이면 수면파가 생긴다. 이들이 탄성파다. 이때 매질은 같은 위치에서 진동하여 옆으로 에너지를 전달할 뿐 매질 자체가 이동하지는 않는다. 또한 미립자의 세계에서는 빠르게 이동하는 물질이 파동적 성질을 갖는다. 또한 양자역학에서 빛은 파동과 입자의 성질을 동시에 갖는다. 3장에서 광학 현미경의 빛에 해당하는 것이 전자 현미경에서는 전자가 갖는 물질파임을 살펴보았다. 이 외에도 상대성 이론에서 말하는 중력파가 있는데, 이것은 시공간의 변화가 만드는 파동이다.

전자기파가 분자와 만나면 어떤 상호작용이 벌어지는 것일까? 전자기파가 갖는 에너지의 크기에 따라 분자의 반응이 달라진다. 즉, 전자기파가 갖는 에너지와 분자의 어떤 변화에 필요한 에너지가 일치할 때, 분자는 그 빛을 흡수하여 변화를 일으킨다. 이것이 공명 현상이다. 이때 분자의 구조가 서로 다르면, 그 분자들이 흡수하는 전자기파의 파장도 다르다. 따라서 과학자들은 파장에 따른 흡수 스펙트럼을 보고 분자의 구조를 추정한다.

그림 6-1에 전자기파를 파장에 따라 구분하고, 각 전자기파 영역으로부터 얻어지는 구조 정보를 나타냈다. 엑스선 분광학에서는 엑스선의 회절 현상을 이용하여 분자의 구조를 결정한다. 결정 구조에 따라 엑스선이 만드는 회절 무늬가 달라진다. 이 그림자에 해당하는 무늬를 해석하여 결정 속에서 원자들이 어떤 위치에 존재하는지 추정한다.

자외선과 가시광선(UV-Vis)은 분자 내의 전자를 이동시킨다. 즉, 바닥 상태에 있는 전자가 그보다 높은 에너지 상태의 비어 있는 오비탈로 전이한다. 이 경우 분자의 구조에 따라 오비탈 사이의 에너지 간격이 다르므로 흡수가 일어난 UV-Vis 파장도 달라진다. 특히 콘쥬게이션 구조의 확인에 주로 활용된다. 콘쥬게이션 구조는 탄소 사이에 이중 결합과 단일 결합이 교대로 이어진 구조이다. 이 교대 구조가 길어지면 흡수하는 UV-Vis 파장은 길어진다.

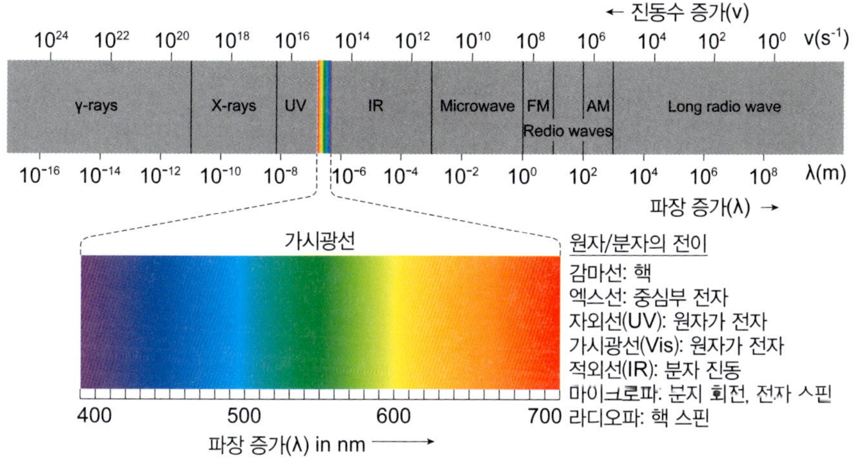

그림 6-1 전자기파의 구분과 이로부터 얻을 수 있는 분자의 구조 정보

적외선(IR)은 분자 내 공유 결합의 진동 운동에 필요한 에너지와 맞먹는 에너지를 갖는 전자기파이다. 진동 운동에는 결합 방향 신축 운동, 결합각 굽힘 운동, 또한 이들이 합쳐져서 나타나는 조합 운동 등이 있다. 작용기마다 진동 운동의 종류가 다르고, 그 에너지가 서로 다른 점을 이용해 그 종류를 파악한다.

마이크로파는 분자의 회전 운동에 해당하는 에너지를 갖는다. 유기화학에서 마이크로파를 분자 구조 확인에 많이 이용하지는 않지만, 결합 길이와 결합 각도에 따라 회전 운동 에너지가 달라지기 때문에 이와 관련된 연구에서는 유용하다. 실생활에서 전자레인지는 마이크로파를 이용하여 음식물을 데운다. 마이크로파는 주로 음식물 속 물 분자를 격렬히 회전시켜 운동에너지를 열에너지로 전환한다.

라디오파를 분자의 구조 분석에 이용하는 경우는 강한 자석 속에 분자가 놓였을 때이다. 즉, 어떤 원자들(^{1}H, ^{13}C 등)은 자기장 속에서 원자핵이 갖는 스핀 에너지가 2개 이상으로 나누어진다. 이때 낮은 에너지의 스핀이 높은 에너지의 스핀 상태로 바뀔 수 있는데, 라디오파가 이에 해당하는 에너지를 갖는 영역이다. 이때도 결합구조에 따라 원자핵의 스핀 간 에너지 차가 다르므로 이를 통해 해당 원자의 상태를 알아낸다. 이 방법이 뒤에 설명하는 핵자기공명(NMR) 분광법인데, 유기화학에서 가장 많이 활용하는 구조

결정법이다. 실제로 전자기파를 활용하는 분석 기법은 두 가지이다. 전자기파의 흡수 파장을 측정하거나, 흡수한 후의 들뜬 상태에서 바닥 상태로 이완될 때 방출하는 전자기파를 측정하는 방법이다. NMR은 후자를 활용한다.

표 6-1에서 보여주는 것처럼 노벨상 초기에는 전자기파와 관련한 노벨상이 대부분 물리학 분야에 주어졌다. 주로 20세기 중반 이후부터 분광학적 방법을 화학 연구 방법에 적용한 과학자들이 화학상을 받기 시작했다. 이 방법을 적용함으로써 그동안 알 수 없었던 분자 내 전자 구조와 거대 분자의 복잡한 화학 구조를 밝힐 수 있게 되었기 때문이다. 1971년 화학상의 수상자는 게르하르트 헤르츠베르크인데, 그는 캐나다 서스캐처원대학교의 물리학자이다. 그는 분광학 방법으로 분자의 구조는 물론, 분자 내 전자 구조, 특히 자유 라디칼에 관해 연구함으로써 분자 분광학을 태동시켰다. 자유 라디칼은 원자 그룹이 홀수의 전자를 갖는 상태를 말하는데, 매우 반응성이 크고 불안정한 상태의 화학종이기 때문에 주로 화학 반응의 중간체로 존재한다. 그는 특히 이원자 분자에 대해 자세히 연구하였는데, 가장 흔한 기체인 수소, 산소, 질소, 일산화탄소가 대상이었다. 또한 그는 우주 환경에 대한 관심이 많아서, 그가 얻은 자유 라디칼 스펙트럼 중에는 최초로 항간 기체의 어떤 라디칼의 것도 있었다.

지금까지 살펴본 것처럼 과학자들은 연구 과정에서 다양한 종류의 전자기파를 사용한다. 사실 전자기파 없이는 연구 진행이 한 발짝도 진척되지 못할 정도이다. 표 6-1에서 보여준 것처럼 전자기파 관련 노벨상 수상자가 이렇게 많다는 것은 전자기파가 과학과 나아가 인류 문명의 발전에 얼마나 기여했는지를 말해준다. 물리학이나 화학과 같은 기초과학의 연구 방법은 대부분 전자기파에 의존하므로, 표 6-1에서 언급하지 않았더라도 전자기파와 관련된 수상자들은 훨씬 더 많을 수 있다. 또한 이 표에는 3장에서 다룬 현미경이나, 11장에서 언급하는 레이저와 관련된 수상자의 이름도 보인다. 본 장에서는 이들 중에서 CT, MRI, PET와 같이 병원에서 접하는 영상진료법을 개발한 수상자들 위주로 살펴본다.

표 6-1 전자기파와 관련된 노벨상 수상자

전자기파 영역	노벨상 수상자
자외선/ 가시광선	1981 물리학: 블룸베르헌, 숄로(레이저 분광학(UV/Vis, IR)) 1997 물리학: 추, 코엔-타누지, 필립스(레이저를 이용한 원자 냉각 및 가두기) 2014 화학: 베치그, 헬, 머너(초고해상도 형광현미경)
적외선	1907 물리학: 마이컬슨(정밀 광학기기의 개발과 분광학적 측정) 1986 화학: 허슈바크, 리, 폴라니(분자빔과 적외선 화학발광법 동력학)
마이크로파	1964 물리학: 타운스, 바소프, 프로호로프(메이저, 레이저) 1978 물리학: 카피차, 펜지어스, 윌슨(저온 물리학과 우주 마이크로파 배경(CMB) 복사) 2006 물리학: 매더, 스무트(흑체 형태의 발견과 CMB 복사의 비등방성)
라디오파	1944 물리학: 라비(라디오파와 NMR) 1947 물리학: 애플턴(전리층 발견) 1952 물리학: 블로흐, 퍼셀(분자 구조와 NMR) 1966 물리학: 카스틀러(광펌핑 기술에 의한 원자시계, 메이저, 레이저) 1991 화학: 에른스트(2D NMR) 2002 화학: 펜, 다나카, 뷔트리히(질량 분석기 이온화 방법, 3D 단백질 구조와 NMR)
엑스선 (X-ray)	1901 물리학: 뢴트겐(엑스선 발견) 1914 물리학: 라우에(엑스선 간섭의 검출) 1915 물리학: 브래그(엑스선 회절과 결정 구조) 1917 물리학: 바클라(원소의 특성 엑스선 발견) 1924 물리학: 시그반(엑스선 분광학) 1927 물리학: 콤프턴(콤프턴 효과) 1946 생리의학: 멀러(엑스선 조사에 의한 돌연변이 발생) 1962 화학: 퍼루츠, 켄드루(구형 단백질의 엑스선 분석) 1964 화학: 호지킨(복잡한 분자 구조의 엑스선 분석) 1981 물리학: 시그반(고분해능 전자 분광학(XPS)) 1985 화학: 하우프트먼, 칼(결정의 구조 결정법) 2002 물리학: 데이비스 주니어, 고시바, 자코니(우주 중성미자와 우주 엑스선 천체 발견)
감마선 (γ-ray)	1935 화학: 졸리오퀴리 부부(새로운 방사성 원소 합성) 1936 물리학: 헤스, 앤더슨(우주 복사와 양전자) 1948 물리학: 블래킷(윌슨의 안개상자 방법 개발) 1951 물리학: 콕크로프트, 월턴(원자핵의 변환) 1954 물리학: 보른, 보테(파동함수의 통계적 해석과 동시법 연구) 1958 물리학: 체렌코프, 프란크, 탐(초광속 이동 입자의 복사) 1959 물리학: 세그레, 체임벌린(반양성자의 발견) 1961 물리학: 호프스태터, 뫼스바워(핵자의 구조와 감마선의 공명 흡수) 1964 물리학: 타운스, 바소프, 프로호로프(메이저, 레이저 기반 발진기 개발) 1976 물리학: 릭터, 팅(새로운 중간자의 발견) 1995 물리학: 펄, 라이너스(타우 렙톤과 중성미자)

엑스선 분광학

분자의 삼차원 구조를 밝히기 위해 그동안 가장 많이 이용한 방법은 엑스선 결정학이다. 엑스선 회절은 1912년에 막스 폰 라우에가 발견했고, 그는 2년 뒤인 1914년에 물리학상을 받았다. 엑스선 회절을 이용하여 결정 구조를 밝혀내는 원리를 개발한 것은 윌리엄 브래그와 그의 아들인 로렌스 브래그인데, 이들은 1915년에 함께 물리학상을 받았다. 빛의 회절에 대해서는 3장 현미경에서 언급했다. 결정 구조를 갖는 물질에 엑스선을 쪼이면 엑스선이 결정 속 원자와 만나면서 회절 현상이 나타난다. 이들 회절 빛은 서로 간섭을 일으켜 회절 무늬가 생기는데, 이 무늬를 잘 해석하면 결정 속의 원자들 위치를 정할 수 있다. 즉, 결정의 엑스선 회절 그림자를 통해 물질의 구조를 추정하는 것이다.

윌리엄 브래그는 아버지 쪽으로 주로 소작농과 상선 선원 집안이었고, 그의 어머니는 지역 교구 목사의 딸이었다. 어머니가 돌아가셨을 때, 그는 겨우 일곱 살이었다. 그는 레스터셔주에서 약국과 잡화점을 차린 부친 쪽 삼촌들과 함께 살게 된다. 그곳에서 그는 삼촌 중 한 명이 재건한 오래된 학교에 다녔다. 그는 성적이 우수했고, 1875년에 아버지가 그를 맨섬에 있는 윌리엄 칼리지로 보냈다. 처음에는 적응하기 어려워했지만, 학업과 운동에 능숙해 결국 학생회장이 되었다. 그러나 졸업반이 되던 해, 학교는 종교적 감정주의 폭풍에 휩쓸렸다. 지옥불과 영원한 저주에 관한 이야기에 소년들은 공포에 떨었고, 이 경험은 브래그에게 깊은 상처를 남겼다. 그는 후에 이렇게 썼다. “끔찍한 한 해였다. 오랫동안 성경은 내가 읽기를 꺼리는 혐오스러운 책이었다.” 또한 1941년 케임브리지에서 열린 ‘과학과 신앙’ 강연에서 그는 이렇게 말했다. “젊은 시절 성경 본문의 문자적 해석이 수년간 극심한 고통과 공포를 안겨준 사람이 나뿐만은 아닐 것이라 확신한다.” 반면 그는 자신의 명료하고 균형 잡힌 글쓰기 스타일을 어린 시절 권위 있는 킹 제임스 성경 번역본을 통한 기초 교육 덕분이라고 여겼다. ‘소리의 세계’에서 그는 이렇게 썼다. “종교로부터 인간의 목적이 나오고, 과학으로부터 그것을 달성할 힘이 나온다.”

1882년 그는 케임브리지 트리니티칼리지에서 장학금을 받았으며, 2년 후 수학 최종 시험에서 3위를 차지하는 뛰어난 성적을 거두었다. 이 성과로 1885년 남호주에 설립된 신생 애들레이드대학교의 수학 및 물리학 교수로 임명되었다. 그는 훌륭하고 명료한 강사가 되기 위해 스스로 훈련했을 뿐만 아니라, 계측기 제작 회사에 견습생으로 들어가 실습 실험실 수업에 필요한 모든 장비를 직접 제작했다. 이러한 초기 훈련 덕분에 그는 1912년 영국으로 돌아온 후, 모든 현대 엑스선 및 중성자 회절계의 원형인 브래그 이온화 분광기를 설계할 수 있었고, 이를 통해 엑스선 파장과 결정 데이터에 대한 최초의 정확한 측정을 수행했다.

엑스선 회절을 분자에 적용하여 화학상을 받은 첫 번째 사람은 당시 베를린에서 활약한 페트루스 디바이이다. 그 이전에는 엑스선 회절을 이용하여 무기물 결정의 구조를 파악했다면, 디바이가 대상으로 한 물질은 기체 분자이다. 디바이는 1936년에 노벨상을 받았는데, 그는 분자 구조에 대한 정보를 얻기 위해 엑스선뿐만 아니라 전자 회절을 이용하였고, 이를 통해 쌍극자 모멘트를 측정하였다. 분자 내의 결합에 전자가 고르게 분포하지 않는 경우, 분자가 극성을 띨 수 있고 분자 내에 부분 음전하와 부분 양전하를 갖게 된다. 이로써 이 분자는 쌍극자 모멘트가 나타난다.

1908년 뮌헨대학교에서 물리학 박사학위를 취득한 뒤, 디바이는 취리히, 위트레흐트, 괴팅겐, 라이프치히대학에서 물리학을 가르쳤으며, 1935년에 베를린의 카이저빌헬름 물리학연구소 소장이 되었다. 1940년 독일이 그의 고국인 네덜란드를 침공하기 두 달 전에, 그는 뉴욕주에 있는 코넬대학교에서 강연하기 위해 미국으로 갔고, 1950년에 은퇴할 때까지 그곳에 머물렀다. 디바이의 첫 번째 중요한 연구인 쌍극자 모멘트 연구는 분자 내 원자 배열과 원자 간 거리에 대한 이해를 진전시켰다. 쌍극자 모멘트의 단위는 그의 이름을 딴 디바이(D)이다.

1916년 그는 고체 물질을 분말 형태로 사용해도 엑스선으로 물질의 구조를 연구할 수 있음을 보여주었으며, 이로써 양질의 결정체를 먼저 준비해야 하는 어려운 단계를 생략할 수 있게 되었다. 그의 또 다른 성과는 1923년에 이루어졌다. 그해 그는 에리히 휩켈과 함께 스반테 아레니우스의 염류 용액 내 양이온과 음이온의 해리 이론을 확장했고, 염의 이온화가 부분적이지 않고 완전함을 증명했다. 같은 해 그는 미국 물리학자 아서 홀리 콤프턴이 직전에 발견한 콤프턴 효과를 이론적으로 설명했다. 콤프턴은 1927년 물리학상을 받았다.

20세기 후반이 되면서 컴퓨터를 활용한 연구법의 발전이 두드러졌다. 앞으로는 엑스선 회절을 이용한 분자 구조 연구에 노벨상이 주어질 일은 없을 줄 알았는데, 컴퓨터 기술이 이를 가능케 했다. 1985년에 이 분야의 과학자들이 화학상을 받음으로써, 엑스선 회절 연구가 다시 화려하게 주목을 받았다. 그들은 허버트 하우프트먼과 제롬 카를인데, 뉴욕 시립대학교의 동창이기도 한 이들은 수학자였다. 그들은 결정의 엑스선 회절 무늬로부터 점들의 위치와 강도를 분석하여 구조에 관한 정보를 얻을 수 있는 방정식을 유도했다. 오래전인 1949년에 이 방법이 발표되었으나 당시에는 주목을 받지 못했었다. 그 후에 이 방법을 활용하는 결정학 연구자들이 생겨났고, 이들은 작은 생체 분자들, 예를 들면 호르몬, 비타민, 항생제 등에 대해 3차원 구조를 밝혀냈다. 컴퓨터의 발달과 더불어 빠르게 계산을 할 수 있게 되면서 이 방법은 더욱 중요해졌다. 앞으로는 AI를 활용한 연구가 다시 한번 분석 기술의 수준을 높일 것이다.

로절린드 프랭클린의 DNA 회절 사진은 가장 역사적인 엑스선 사진이다. 그림 6-2에 프랭클린이 찍은 DNA 엑스선 회절 사진과 그 사진을 통해 DNA의 이중나선 구조를 밝힌 왓슨과 크릭의 사진을 보여준다. DNA 구조를 밝히기 위한 과학자들의 경쟁이 치열하던 1950년대 초에 과학자들 사이에 희비가 엇갈리는 일이 벌어졌다. 제임스 왓슨과 프랜시스 크릭이 프랭클린의 DNA 엑스선 회절 사진을 손에 넣은 것은 행운이었다. 프랭클린은 케임브리지대학교의 뉴넘 칼리지에서 화학을 공부했고, 박사학위를 받은 후에 생물물리학자로서 엑스선을 이용한 구조결정 연구를 수행했다. 프랭클린이 얻은 DNA 엑스선 회절 사진을 그녀의 동료였던 모리스 윌킨스가 허락도 받지 않고 왓슨과 크릭에게 전달한 것으로 알려졌다. 왓슨과 크릭은 이 사진의 도움으로 DNA가 두 가닥의 사슬 구조라는 것을 1953년 4월에 네이처에 발표한다. 이 논문은 1962년 생리의학상의 수상 업적이 되었는데, 공동 저자로 이름을 올린 윌킨스를 포함하여 세 명이 수상했다. 프랭클린은 1958년 37세의 이른 나이에 사망했다. 그녀의 업적이 생전에 공평하게 평가되고 오래 살았더라면, 1962년 수상자로 윌킨스 대신에 선정되었을 것이다. 또는 1964년에 도러시 호지킨이 화학상을 받을 때 공동 수상자가 되었을 수도 있다. 호지킨은 프랭클린과 마찬가지로 엑스선 회절을 이용하여 분자 구조를 결정한 과학자로서, 단백질을 비롯한 복잡한 분자의 구조를 밝혀낸 공로를 인정받았다.

한편, DNA 이중나선 구조와 관련하여 왓슨과 크릭의 경쟁자였던 라이너스 폴링의

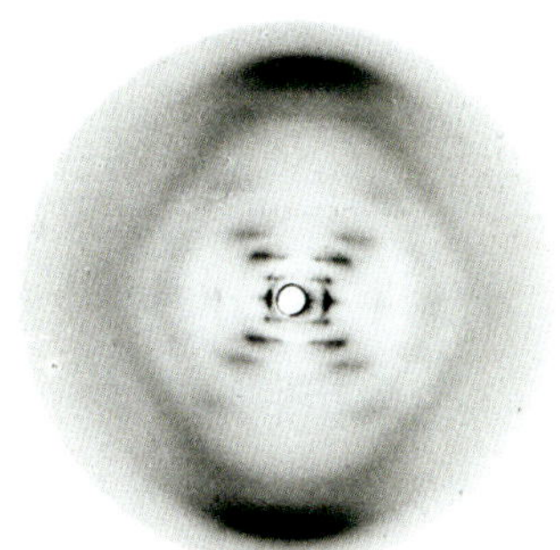

그림 6-2 프랭클린의 DNA 엑스선 회절 사진 및 왓슨과 크릭
출처: Marjorie McCarty, CC BY 2.5, Wikimedia Commons

이야기도 유명하다. 1948년에 옥스퍼드대학의 방문 교수로 있을 때, 폴링은 1930년대 후반에 강하게 그의 흥미를 끌었던 단백질의 3차원적 구조에 다시 관심이 가게 된다. 그는 종이에 그린 연결된 아미노산 사슬을 접어서 원통 코일 모양의 배열을 만들어 보였는데, 후에 알파 나선 구조로 불리는 구조였다. 폴링 구조가 갖는 가장 큰 의미는 나선 구조가 한 바퀴 돌 때의 아미노산 개수를 결정할 수 있는 것이다. 이 시기에 DNA의 구조에도 관심이 있었고, 1953년 초에 그는 단백질 결정학자 로버트 코리와 함께 그들 버전의 DNA 구조를 발표했는데, 세 개의 가닥이 로프 모양으로 서로 꼬여있는 구조였다. 이 발표 바로 뒤에 제임스 왓슨과 프랜시스 크릭이 DNA의 바른 구조를 발표한다. 그것은 이중나선 구조였다. 폴링이 정확한 구조를 밝히는 데 장애가 된 것은 해상도가 낮은 엑스선 사진과 이 분자가 건조할 때와 젖었을 때의 형태 차이에 대한 이해 부족이었다. 애석하게도 폴링은 1952년에 계획했던 런던 킹스 칼리지의 윌킨스 연구소 방문이 무산되면서, 로절린드 프랭클린이 찍은 DNA 엑스선 사진을 볼 수도 있었을 기회를 놓쳤었다. 하지만 폴링은 이미 1954년에 화학 결합의 본질과 이를 통해 복잡한 물질의 구조를 밝히는 데 이바지한 공로로 화학상을 받았다. 그리고 1962년, 왓슨과 크릭이 생리의학상을 받을 때, 폴링은 두 번째 노벨상인 평화상을 받았다.

1950년대에 라이너스 폴링과 그의 아내 에바 헬렌 밀러는 대기 중 핵무기 실험을 중지시키고자 벌인 운동으로 대중에게도 널리 알려졌다. 이들은 1958년에 44개국의 9,235명의 과학자가 서명한 핵실험 반대 탄원서를 UN에 제출했다. 또한 폴링은 핵전쟁이 인류에게 끼치는 영향에 대한 열정적이고 포괄적으로 분석한 책 『노 모어 워!(1958)』를 썼고, 이를 통해 그의 생각을 널리 알렸다. 1960년에는 국회 소위원회 앞에서 핵실험 반대 활동에 대해 소명하라는 명령과 과학자들의 서명을 받는 과정에서 그를 도운 사람들의 이름을 밝히라는 요구를 받았다. 그는 이를 거절함으로써 감옥에 갈 위기에 처하기도 했다. 그의 태도에 대해 초기에는 규탄하는 목소리가 컸지만, 후에는 널리 존경받게 된다. 세계 평화를 위한 그의 업적은 1962년 평화상이 수여됨으로써 인정받게 되는데, 수여식이 있었던 1963년 12월 10일은 핵실험 금지조약이 효력을 발휘하기 시작한 날이었다.

폴링의 평화상 수상은 그가 몸을 담고 있던 캘리포니아공대(Caltech)의 경영진과 갈등을 낳았고 그는 결국 1963년에 그곳을 떠났다. 그는 캘리포니아 산타바바라에 있는 민주제도 연구센터의 운영위원으로 참여하였고, 이 기관은 그의 인류애적 활동에 힘을 실어주었다. 여기서 일하는 동안 그는 원자핵 구조의 새로운 모델을 개발할 수도 있었지만, 실험을 통한 연구개발에 전념하고자 1967년에 UC 샌디에이고로 옮겼다. 거기서 그는 소위 영양 분자 정신의학에 관한 논문을 발표했는데, 몸속의 물질을 영양을 통해 조절함으로써 어떻게 정신 건강을 지킬 수 있는지에 대한 것이었다. 2년 뒤에는 스탠퍼드 대학교의 자리를 받아들여, 거기서 1972년까지 일했다.

질량분석법

우리는 몸무게를 재기 위해 저울을 사용한다. 저울은 몸무게에 해당하는 힘을 킬로그램(kg) 단위로 보여준다. 하지만 kg은 힘의 단위가 아니다. 이것은 질량의 단위이고, 힘은 킬로그램힘(kgf) 또는 뉴턴(N)으로 나타내야 한다. 저울에 표시된 kg은 kgf에서 f를 떼고 나타낸 것인데, 결국 질량 값을 알려준 셈이다. 지구에서 1kgf는 약 9.8N이다. 내 몸무게를 N으로 나타내려면, 저울의 kg 값에 9.8을 곱하면 된다. 지구에서나 달에서나 질량은 달라지지 않는다. 하지만 달에서의 무게는 지구에서의 약 6분의 1이다. 지구에서 몸무게가 저울로 60kg이라고 표시되면, 같은 저울로 달에 가서 재면 약 10kg이 나온다. 즉, 달에서는 저울에 나타나는 몸무게에 약 6배의 값이 질량이다.

분자량은 분자를 구성하는 전체 원자들의 원자량 합이다. 원자량은 탄소-12(^{12}C)를

12로 하고, 이 기준으로 나타낸 상대적 질량비이므로 단위가 없는 상대적인 질량이다. 따라서 이들의 합인 분자량도 단위가 없는 무차원수이다. 물질의 질량을 표준물질의 질량으로 나눈 비중도 무차원수의 예이다. 반면, 몰질량은 어떤 물질 1몰(약 6.02×10^{23}개)이 가지는 실제 질량으로, 그램(g/mol) 단위를 가진다. 즉, 분자량 값에 'g'을 붙인 것이 그 분자 1몰의 질량, 즉 몰질량이 된다. 물 분자의 경우, 분자량은 약 18이고, 몰질량은 약 18g이다. 분자량 값에 u를 붙이기도 하는데, 이것은 원자량 단위라는 뜻이다.

분자량은 어떻게 알 수 있을까? 예전에는 용매에 어떤 순수한 물질이 녹으면, 그 용액의 녹는점이나 끓는점이 내려가거나 올라가는 정도를 통해 그 물질의 분자량을 계산했다. 그것은 그 오르락내리락하는 정도가 용매 고유의 해당 상수와 녹아있는 물질의 개수에 비례하기 때문이다. 즉, 정확하게 녹인 물질의 질량을 알고, 녹는점 내림이나, 끓는점 오름을 측정하면 총 몇 개의 물질이 녹았는지 계산할 수 있다. 처음에 녹인 질량을 총 개수로 나누면 물질 분자 1개당 값이 나온다. 삼투압이나 증기압도 이에 해당하는 물성인데, 이를 총괄적 성질(총괄성)이라고 한다.

요즘엔 분자량을 알기 위해 질량 분석기를 사용한다. 2002년 화학상은 질량 분석기에 사용 가능한 분자의 범위를 단백질 같은 고분자까지 확장한 과학자들이 받았다. 존 펜과 다나카 고이치가 그들이며, 함께 수상한 쿠르트 뷔트리히는 NMR 분석 기법을 개선했다. 뷔트리히에 대해서는 뒤에 NMR에 대한 설명에서 언급한다.

질량분석법은 분자량을 측정하는 분석법이다. 하지만 이를 통해 분자량에 대한 정보는 물론 분자가 조각난 토막 질량을 통해 구조에 관한 정보도 얻을 수 있다. 질량 분석기를 사용하기 위해서는 측정하고자 하는 분자를 기체로 만들어서 나 홀로 분자가 되어야 하고, 이 하나하나의 분자를 질량에 따라 구분하기 위해서는 달리기를 시켜야 한다. 모든 분자가 같은 조건에서 달리게 하는 방법은 기체 분자를 양이온(+) 상태로 이온화한 다음, 동일한 전위차(eV) 조건에서 (−)극을 향해 끌리게 하는 것이다. 이때 무거운 분자는 느리게 달리고, 가벼운 분자는 빠르게 달리므로 결승선 도착 시간을 측정하면 질량을 구분할 수 있다. 이 방법을 비행시간형 질량분석법(TOF−MS)이라 한다.

질량 분석기의 다른 형태로 양이온(+) 상태가 되어 전기장 속을 날아온 분자를 한 번 더 자기장 속으로 보내서 구분하는 방법이 있다. 전하를 띤 분자는 자기장 속에서 직진하지 못하고 힘을 받아 곡선으로 휘어진다. 이때 질량에 따라 가벼운 분자는 반지름이 작은 곡선으로 휘어지고, 무거운 것은 긴 반지름의 곡선으로 휘어진다. 이 방법이 자기 부채꼴 질량분석법이다. 이들 방법 외에도 (+)극과 (−)극을 띠는 4개의 둥근 막대 모양의 전극을 두 개씩 가로 세로로 배치하여 가운데 부분에 공간을 만든 다음, 양이온 상태의 분자를 이 속에 밀어 넣으면서 전위차와 RF(라디오파)를 변화시켜서 질량에 따라 가운데 공간을 통과하는 분자를 걸러내는 사중극자 질량분석법이 있다.

앞에서 설명한 질량분석법은 모두 기체 분자의 이온화로 양이온(+) 상태를 만든 다음, 질량 분석 단계로 들어간다. 바로 이 이온화 과정에서 2002년도 화학상이 나왔다. 이온화 과정에는 크게 두 가지의 해결하기 어려운 과제가 있었다. 하나는 코끼리처럼 큰 분자를 어떻게 날아가게 하느냐, 다른 하나는 전자를 잃은 분자 이온(M^+)이 날아가는 중간에 분해되지 않고 안정하게 검출기까지 도달하게 하느냐였다. 가장 일찍이 사용된 이온화 방법은 분자에게 전자빔을 쏘아서 전자를 떼어내는 것(EI)이다. 이 방법은 전자를 떼어내고도 여분의 에너지가 분자 이온에 전달되어 분자 이온이 조각 분자로 쉽게 분해되는 단점이 있었다. 즉, 분자 M으로부터 단 하나의 전자만 떼어내어 M^+가 되어야 그 분자의 질량을 측정할 수 있는데, M^+가 안정하지 못하면 비행 도중에 m_1과 m_2^+와 같이 작은 조각으로 분해될 수 있다. 이런 경우 분자량에 해당하는 M^+ 피크 대신에 m_2^+ 피크가 엉뚱한 곳에서 얻어진다. 단백질처럼 분자량이 크면 이런 분자 조각으로의 분해가 특히 심하다. 1980년대 후반에 펜이 개발한 방법은 전자 분무 이온화(ESI)라는 것이다. 이 방법은 단백질처럼 분자량이 큰 분자의 용액을 강한 전기장이 걸린 가느다란 관 속으로 빠르게 흘려보내서 (+) 전하를 띤 아주 작은 방울로 분무시키는 것이다. 각각 방울 속의 용매가 증발하면서 표면의 전기장이 더욱 집중적으로 강해지면, 방울 속의 전하를 띤 분자들끼리 밀쳐내는 힘으로 개개의 전하를 띤 분자가 튀어나온다. 이제는 이 개개의 분자들을 질량 분석기 안으로 보내서 분석하면 된다. 그림 6-3 위쪽에 시료 용액과 슬릿 사이에 3,000V의 강한 전압을 걸어서 이온화된 분자가 용매와 함께 분무하는 모습을 보여준다. 그림 속의 30+, 50+ 등의 표시는 해당 분자가 갖는 양전하 수이며, 해당 분자량은 대략 측정된 m/z 값에 양전하수를 곱한 값이다. 이렇게 큰 양전하수를 가질 수 있는 것은 대상 분자가 단백질 같은 고분자이기 때문이다.

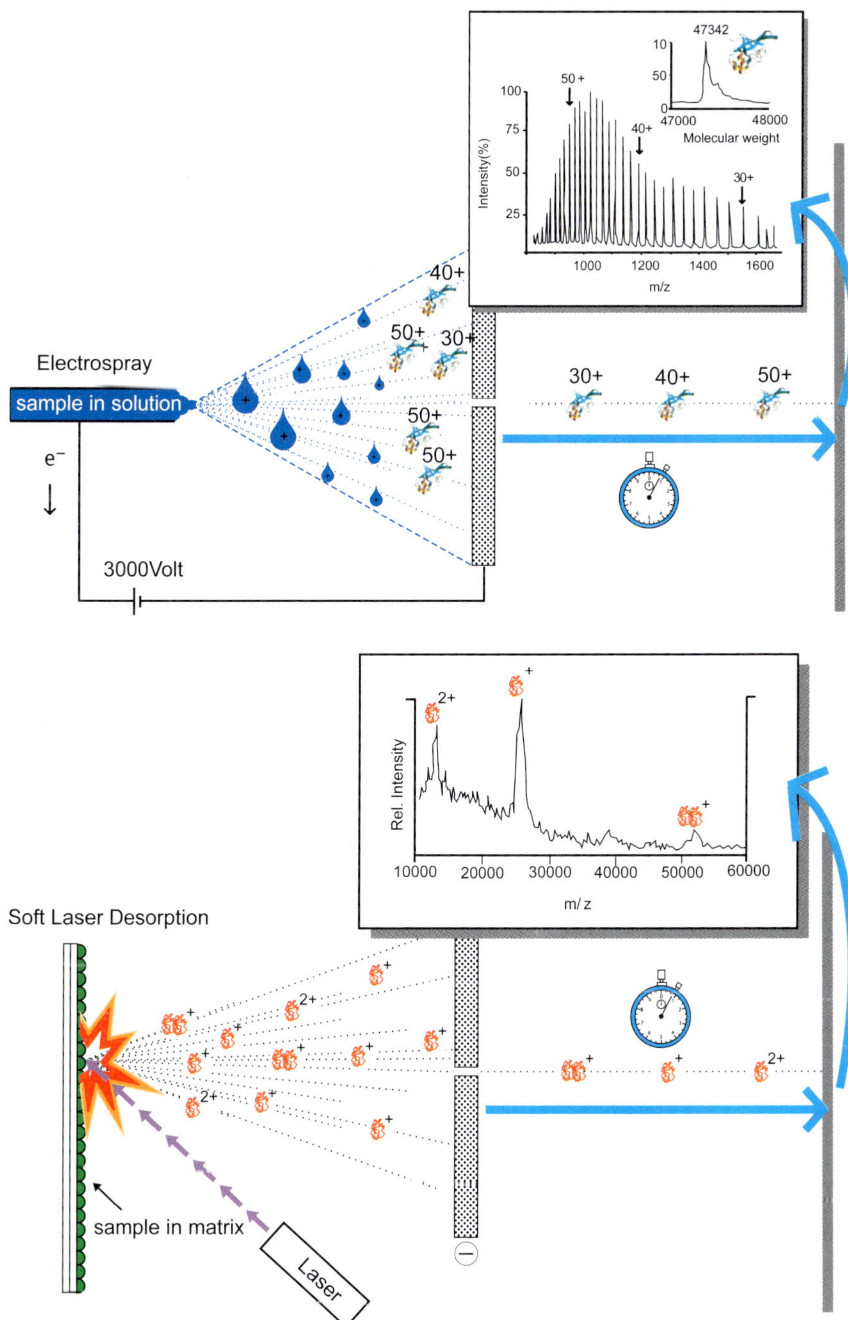

그림 6-3 펜의 전기 분무 질량분석법(위)과 다나카의 MALDI 질량분석법(아래)
출처: © The Royal Swedish Academy of Sciences

펜의 연구로 20세기 초부터 여러 분야에서 사용되어 온 질량분석법의 적용 범위가 확장되었다. 수십 년간 과학자들은 중소형 분자에 질량분석법을 적용해 왔으나, 단백질 같은 대형 분자의 식별에도 활용하게 되기를 바라왔다. 특히, 21세기가 되면서 유전 코드가 해독되고 유전자 서열이 규명된 후, 해당 유전자 서열로부터 생성되는 단백질과 이의 세포 내 상호작용 연구가 매우 중요해졌기 때문이다.

다나카도 역시 1980년대 후반에 어떻게 단백질처럼 덩치가 큰 분자가 다치지 않고 (+) 전하를 띤 기체 분자가 되어 날 수 있을까를 연구했다. 그가 생각해 낸 새로운 방법은 레이저를 사용하는 것이었다. 장파장 레이저 탈착으로 부르는 이 방법은 시료 분자가 고체 표면에 놓여 있을 때 여기에 레이저 빛을 쏘면, 빛 에너지를 흡수한 분자가 표면에서 떨어져 나와서 이온 상태의 분자가 되는 원리이다. 현재 이 방법을 개선한 매트릭스 보조 레이저 탈착 이온화(MALDI)라는 방법이 사용된다. 매트릭스 보조라는 것은 마치 코끼리 분자 주위를 토끼, 사슴, 양과 같은 작은 분자들이 에워싼 표면(매트릭스)에 레이저를 쏘면, 코끼리 분자를 에워싼 분자 덩어리가 도와서 코끼리 분자를 표면에서 떨어져 나오게 하는 방법을 말한다. 당시 다나카는 시마즈라는 일본의 정밀 기기 제작사의 연구원이었다. 더구나 그는 화학이 아닌 전기공학을 전공했고, 박사학위도 없었으며, 위 실험 결과를 학술대회에서 발표한 것이 전부였기 때문에 큰 화제를 낳았었다. 당시의 많은 과학자가 현재 이용하는 MALDI 법의 개발자인 독일의 프란츠 힐렌캄프는 알고 있었지만, 그 이전에 먼저 유사한 연구를 수행한 다나카의 이름은 잘 모르고 있었다. 여기서 노벨상 위원회가 중요하게 고려하는 최초 연구자 원칙을 엿볼 수 있다.

6.2 NMR과 MRI

NMR

화학자들이 구조 분석에 이용하는 핵자기공명(NMR) 분광기와 병원에서 단층촬영에 사용하는 사기공명영상(MRI) 장치는 그 기본 원리가 같다. 다만, NMR은 결과물을 자기장의 변화에 따른 스펙트럼 형태로 얻고, MRI는 영상으로 얻는 것이 다르다. 그 원리는 분자가 자석의 N극과 S극 사이(자기장)에 들어가면 원자핵의 스핀 상태가 2개 이상으로 나뉘는 것을 이용한 것이다. 같은 자기장 내에서도 원자의 종류에 따라 나뉜 스핀 상태 사이의 에너지 차가 다르다. 이 에너지 차를 라디오파(RF)의 주파수로 표시하는데, 그 에너지 차가 자기장이 1.41T(테슬라)일 때 ^{1}H 원자는 60MHz에 해당하며, ^{13}C는 15.1MHz이다. 이같이 라디오파를 이용하여 자기장에서 원자핵이 서로 다른 스핀 상태를 갖는다는 것을 증명한 과학자가 이지도어 라비이다. 그는 이 업적으로 1944년 물리학상을 받았다.

그림 6-4에 나타낸 원자핵의 스핀 모양은 마치 팽이가 돌아가는 것과 유사하다. 팽이는 채찍을 멈추면 스스로 자전하면서 비틀거리다가 쓰러진다. 즉, 자기장 세기가 1.4 테슬라에서 1초에 6천만 번의 비틀거림(각운동)이 나타나는데, 이것은 그림 6-4에서 ω_0=60MHz에 해당한다. 이 경우 같은 진동수의 라디오파를 만나면 공명을 일으켜 스핀이 역전된다. 자전하며 공전하는 이와 같은 운동을 세차운동(top precession)이라고 하는데, 주로 천문학에서 관측된다.

분자의 구조 분석에 원자핵의 자기공명 현상을 이용할 수 있는 것은 같은 종류의 원자라도 어떤 구조를 갖는지에 따라 공명에 필요한 자기장의 세기가 조금씩 다르기 때문이다. 즉, 예로 들어 에탄올은 분자 구조식이 CH_3CH_2OH인데, H가 CH_3에 있을 때, CH_2와 OH에 있을 때 세 가지 모두 다른 환경이다. 특히, H 원자핵 주위를 감싸고 있는 전자 환경이 서로 다르다. 이에 따라 전자가 핵을 많이 가리고 있으면 원자핵이 똑같은 주

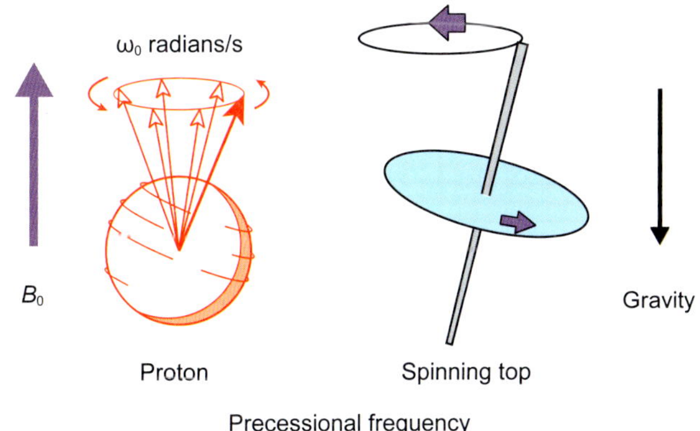

그림 6-4 자기장(B_0)에서 핵 스핀의 세차운동

파수에서 공명을 일으키기 위해서는 더 강한 자기장이 필요하다. 이처럼 분자 구조의 해석에 NMR을 처음으로 도입한 과학자들이 1952년 물리학상을 받았다. 펠릭스 블로흐와 에드워드 퍼셀이 수상자이며, 그림 6-5 위쪽은 퍼셀이 수상식 강연에서 에탄올을 예로 들어 보여준 NMR 스펙트럼이다. 세 개의 피크가 해당 H의 개수에 비례하여 면적의 크기가 다른 스펙트럼을 보여준다. 아래쪽은 현재의 고분해능 NMR로 찍은 에탄올 스펙트럼이다. 하나로 보이던 피크가 다시 몇 개의 가는 피크로 나뉘어 있는 것을 볼 수 있다. 이러한 피크 모습 하나하나가 구조에 관한 정보를 제공한다.

초전도체 전자석으로부터 고자기장을 얻을 수 있게 되고, 다양한 측정 기법이 개발되면서 NMR은 놀랍게 진보했다. 이제는 고해상도의 NMR 스펙트럼을 통해 구조가 복잡한 분자는 물론 단백질과 같은 고분자의 3D 구조도 결정할 수 있다. 이 과정에서 NMR 분야에 두 번의 노벨상 수여가 더 있었다. 1991년에는 리하르트 에른스트가 FT NMR과 2D NMR 기법을 개발한 공로로 수상했고, 2002년에는 쿠르트 뷔트리히가 단백질의 3D 구조를 NMR 기법으로 결정한 공로로 수상했다.

에른스트의 FT(푸리에 변환) 기법은, 마치 어떤 대상의 이미지를 얻기 위해 스캐닝을 하는 것이 아니고, 전체를 한 번에 플래시 촬영하여 이미지를 얻는 것과 유사하다. 즉, FT 방식이 도입되기 이전에는 공명이 일어나는 ^{1}H나 ^{13}C의 자기장 위치를 자기장의 세기를 약한 쪽에서부터 순차적으로 높여가면서 찾아야 했었다. 이와는 달리 FT 방식은 자기장 내의 모든 ^{1}H 또는 ^{13}C의 원자핵 스핀이 한꺼번에 공명하여 들뜬 상태가 될 수 있도록 넓은 RF 범위를 갖는 펄스를 터뜨린 다음, 다시 바닥 상태로 돌아오는 수 초 동안의 이완 과정 패턴을 기록한다. 이 기록을 컴퓨터가 FT 수학적 연산 과정을 통해 스펙트럼으로 변환한다. FT 방식의 장점은 펄스를 사용하기 때문에 이완 시간까지 합쳐도 수초 내로 1회의 측정이 이루어진다는 것이다. 측정을 여러 번 하여 이를 합산하면, 노이즈 피크는 줄어들고 시료 피크는 커진다. 노이즈 피크는 랜덤하므로 합칠수록 사라지기 때문이다. 이같이 FT 방식은 시료의 양이 미량이어도 많은 횟수의 측정을 통해 스펙트럼을 얻을 수 있어서, 극미량 연구의 범위를 크게 확장했다.

에른스트의 다른 업적은 2D 스펙트럼 기법을 개발한 것이다. 예로써, 가로축은 ^{1}H 스펙트럼을, 세로축은 ^{13}C 스펙트럼을 나타내고, 안쪽에 이들 피크의 상호 관계를 가

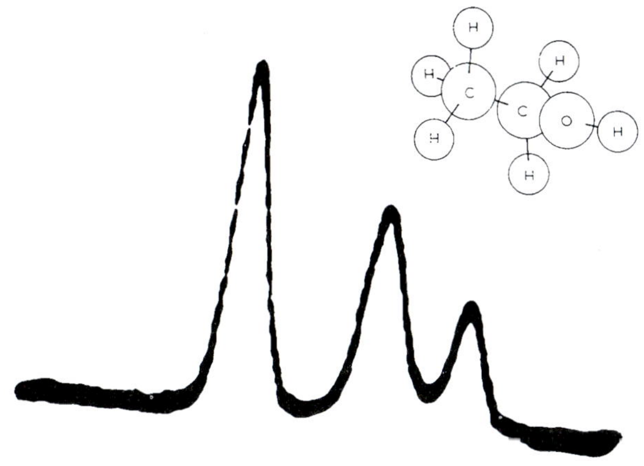

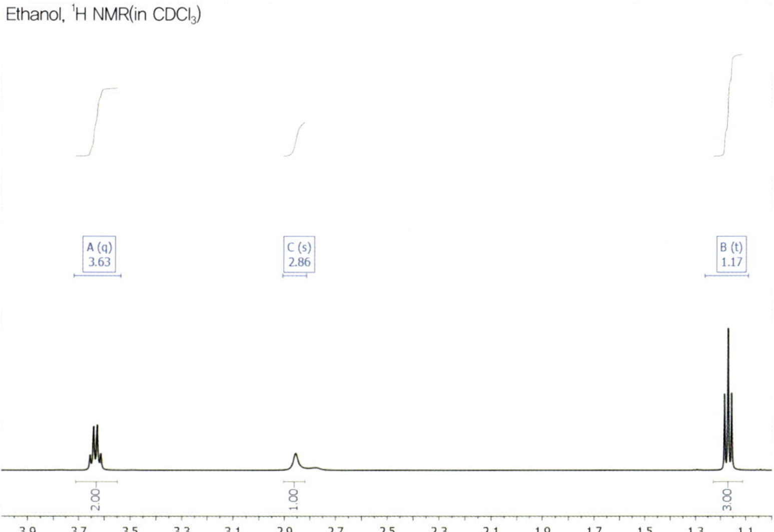

그림 6–5 에탄올의 ^{1}H–NMR 스펙트럼. 위쪽은 퍼셀이 노벨 강연에서 보여준 것이고, 아래쪽은 최근의 기기로 찍은 것이다.
출처: Copyright © The Nobel Foundation 1952

로–세로가 만나는 위치에 피크나 나이테 모양으로 나타냈다. 이로써 복잡한 구조의 화합물도 어떤 C와 어떤 H가 결합한 짝인지 추정할 수 있게 되었다. 현재는 다양한 2D 스펙트럼의 기법이 개발되었다.

앞서 말한 대로 2002년에는 뷔트리히가 NMR의 새로운 측정 기법을 개발하여 단백질의 3D 구조를 결정함으로써 화학상을 받았다. 특히, 뷔트리히는 NMR 분광법으로 단백질처럼 큰 생체 분자의 구조를 결정 상태가 아닌 용액 중에서 밝히는 방법을 개발했다. 분자의 크기가 작은 경우에는 NMR로 비교적 쉽게 분자의 구조를 알아낼 수 있지만, 복잡한 분자의 경우에는 너무나 많은 원자가 공명 피크를 만들기 때문에 해석이 어렵다. 뷔트리히의 해법은 순차적 배정의 원리인데, 꼬여진 실타래를 풀듯이 각 NMR 피크를 분석하고자 하는 단백질의 해당 수소 핵에 하나씩 대응시켜서 구조를 해석하는 방법이다.

그것은 마치 집의 구조를 추정할 때, 기둥 사이, 바닥과 천장 사이, 창문의 높이, 벽에서 창문 사이 등의 길이를 안다면 이를 통해 집의 전체 구조를 그릴 수 있듯이, 분자에서도 서로 짝을 이루는 수소 원자 사이의 거리를 이용하여 3차원 구조를 추정하는 방법이다. 최초로 이 방법을 통해 단백질의 구조를 밝힌 것이 1985년이었는데, 노벨상 수상 당시 알려진 단백질의 구조 중 20% 정도가 NMR을 통해 결정되었다. 되돌아보면 이전에는 단백질의 구조를 밝히기 위해 주로 엑스선 회절을 이용했는데, 이 방법의 전제 조건은 단백질을 결정 상태로 얻어야 한다는 것이다. 하지만 단백질 또는 단백질과 다른 분자와의 복합체는 결정 상태로 얻기가 너무나 어렵다. 반면에 질량분석법이나 NMR에서는 결정이 필요하지 않으며, 용액이나 고체 그대로를 시료로 사용한다.

MRI

병원에서는 MRI를 이용해 우리 몸의 핵자기공명 영상을 찍어 진단한다. 앞서 언급했듯이 NMR과 MRI의 기본 원리는 같다. 큰 자석 속에 분자 시료 대신 우리 몸 전체가 시료가 되어 들어간다. 그리고 해당 주파수의 RF 펄스를 쏘아서 우리 몸속의 ^{1}H 원자핵으로부터 공명 이완 패턴을 얻고, 그것을 컴퓨터로 분석하는 것이다. 그런데 여기서 MRI는 NMR과는 다른 두 가지 차이점이 있다.

그 첫 번째 차이점은 NMR에서는 시료가 들어가는 공간에 동일한 세기의 자기장이 형성되지만, MRI에서는 사람이 들어가는 전체 공간의 자기장 세기가 같지 않다는 것이다. 즉, 공간의 한쪽 끝의 자기장이 가장 강하고 점점 기울기를 갖고 세기가 낮아져서 다른 쪽 끝부분은 가장 약한 자기장(G_z)을 나타낸다(그림 6-6a). 두 번째로 MRI는 NMR과는 달리 세 개의 서로 다른 자석을 통해 ^{1}H 원자핵의 공명 이완 패턴을 3차원으로 검출하

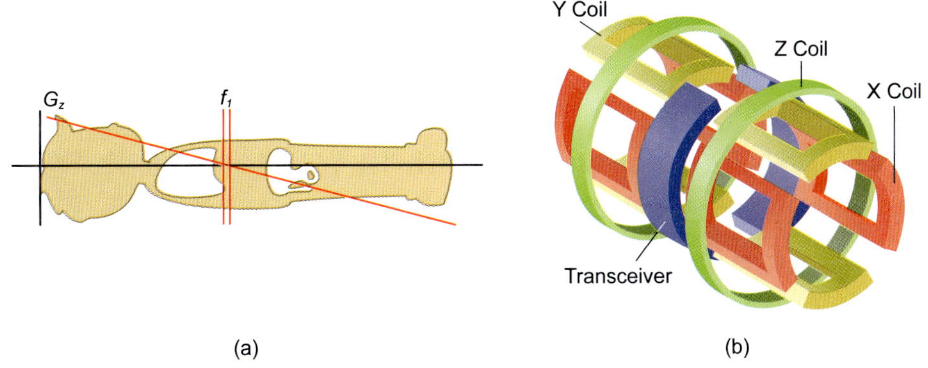

그림 6-6 (a) MRI에서 지기장 기울기(G_z)와 측정 위치의 자기장에서 상응하는 라디오파 진동수(f_1). (b) X, Y, Z축으로 세 개의 전자석이 장착된 MRI 검사대

여, 단면 내의 공명이 나타난 위치를 1mm^3 단위로 결정할 수 있다는 것이다(그림 6-6b).

MRI에서 자기장에 기울기를 주는 이유는 무엇일까? 이것은 측정 위치에서만 해당 주파수 f_1에 공명을 일으키게 하기 위함이다. 즉, 시료 전체에 동일한 자기장을 걸어서 시료의 모든 위치에서 주파수 f_1에 공명을 일으킨다면, 검출기 폭을 아무리 좁게 만들어도 들어오는 공명 패턴이 왜곡되고, 주변의 공명 신호도 잡혀서 정확한 공명 위치를 파악하기가 어렵게 된다. 하지만 자기장에 기울기를 주면 세기(G_z)가 더 세거나 약한 양쪽 옆에서는 주파수 f_1에 공명을 일으키지 않는다. 즉, 자기장의 세기가 커지면 공명 주파수가 올라가고, 반대의 경우엔 내려가기 때문이다. 몸의 여러 곳을 측정하기 위해서는 환자를 이동시켜서 측정하고자 하는 부위가 f_1 위치에 오도록 하면 된다.

몸속의 서로 다른 장기의 구분이나, 정상 세포와 질병 세포의 구분은 어떻게 가능한 것일까? 이것은 장기 조직에 따라 주파수 f_1에서 들뜬 상태의 ^{1}H 원자핵 스핀이 다시 바닥 상태의 스핀으로 돌아오는 이완 시간이 각각 다르다는 점을 이용한다. 이완 과정은 두 가지가 있으며 스핀-격자 상호작용에 의한 T_1과 스핀-스핀 상호작용에 의한 T_2로 구분한다. T_1의 경우, 지방조직은 약 250msec, 뇌조직은 500~1000msec, 뇌척수액은 4000~5000msec이다. 즉, 뇌척수액의 물 분자 ^{1}H이 역전 상태의 스핀에서 원래 상태로 돌아오기까지 너무 긴 시간이 필요하기 때문에, 기기는 이를 끝까지 기다려주지 않고 일정 시간에서 정보 수집을 멈춘다. 이때 장기에 따라 얻어진 완화 패턴은 물론 감도 세기도 다르게 된다. 이들 차이를 250단계로 구분하여 농도가 다른 흑백색으로 구현하면 이미지가 나타난다.

이와 같은 MRI의 핵심 원리를 개발한 폴 라우터버와 피터 맨스필드가 2003년 생리의학상을 받았다. 라우터버는 자기장 세기에 기울기를 주고, 펄스 후 방출되는 완화 패턴을 분석하면 공명이 일어난 위치를 파악할 수 있음을 밝혀냈고, 맨스필드는 완화 패턴을 수학적으로 분석하여 이미지를 만들어 내는 방법을 개발했다. 그림 6–7은 라우터버가 자기장 기울기를 통해 D_2O와 H_2O의 영역 이미지를 얻은 실험을 보여준다. 중수소(D)와 수소(H)는 같은 자기장 세기에서 공명 RF 주파수가 다르다. 중수소의 주파수가 낮다. 따라서, 수소가 공명을 일으키는 주파수에서 중수소는 검출이 안 된다. 같은 실험을 세 방향에서 각각 실시하여 검출된 데이터로부터 그 공명 위치를 알아냈다.

노벨상 수상자 선정과 관련해서는 종종 그 공정성에 대해 논란이 있곤 한다. 2003년 생리의학상 수상자에 최초로 인체의 MRI 이미지를 얻은 레이먼드 다마디안이 포함되지 못한 것에 대해서도 논란이 있었다. 수상자가 3명까지 가능한데도 2003년도에 2명만 선정하면서, 사람에게 MRI를 적용한 업적의 중요성을 간과했다는 것이 그의 주장이었다. 다마디안은 자신이 MRI를 찍은 최초의 사람이 되고 싶었으나, 몸집이 커서 검출기 통안에 들어갈 수 없었다. 대신에 몸이 마른 다른 직원이 최초의 MRI 촬영자가 되었다. 노벨상 수상자가 추가되거나 번복되는 일은 없다. 노벨상은 최초로 해당 기술의 원리를

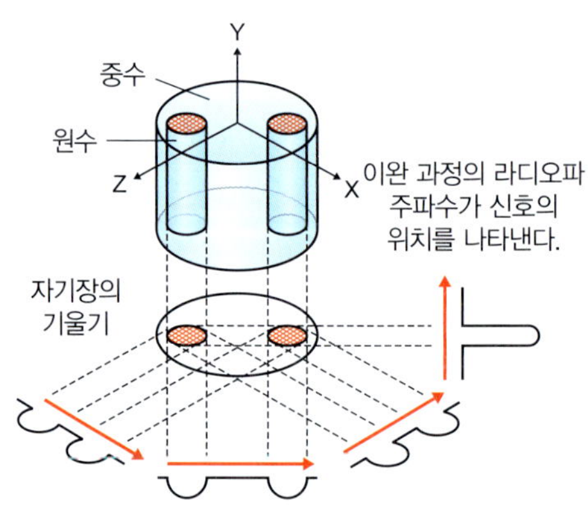

그림 6–7 라우터버의 자기장 기울기를 통해 D_2O와 H_2O의 영역을 구분한 실험

발견한 과학자가 이를 응용한 과학자보다 우선 수여 대상이다.

6.3 CT와 PET

방사성 동위 원소의 이용

방사성 동위 원소는 의학, 산업, 연구 등 다양한 분야에서 유용하게 활용된다. 의학 분야에서는 진단과 치료에 사용되며, 산업 분야에서는 비파괴 검사, 오염 추적, 마모 측정 등에 활용된다. 살균 및 유통기한의 연장을 위해 식품에 방사선을 쪼이기도 한다. 자연적으로 발생하는 방사성 동위 원소는 그 붕괴 속도를 이용하여 암석이나 유물의 연대 측정이 가능하다. 1896년의 방사능 발견은 방사성 동위 원소의 활용으로 가는 첫걸음이었다. 방사능의 발견으로 1903년도 물리학상을 받은 과학자는 우리에게 너무나 익숙한 이름인 앙리 베크렐과 퀴리 부부(피에르 퀴리, 마리 퀴리)이다. 마리 퀴리는 1911년에 화학상을 또 받았는데, 이때는 라듐과 폴로늄 원소를 발견하고 라듐을 분리하여 화합물을 만든 공로로 받았다. 이것으로 마리 퀴리는 노벨상을 두 번 받은 첫 번째 연구자가 되었다. 여기서는 마리 퀴리나 앙리 베크렐보다 덜 알려졌지만, 그의 짧은 생애에도 불구하고 큰 업적을 이룬 피에르 퀴리에 관해 간단히 소개한다.

의사인 아버지에게 교육을 받은 피에르 퀴리는 일찍이 14세에 수학에 대한 열정을 보였다. 특히 공간 기하학에 뛰어난 재능이 있었는데, 이는 후에 결정학 연구에 도움이 되었다. 16세에 대학 입학 자격을 취득하고 18세에 이학사 학위를 받은 후, 그는 1878년 소르본대학의 실험실 조교가 되었다. 그곳에서의 첫 연구는 열파의 파장 계산이었다. 이어서 결정에 관한 중요한 연구를 수행했는데, 그의 형 자크가 이 연구에 도움을 주었다. 대칭 법칙에 따른 결정성 물질의 분포가 그의 주요 관심사가 되었다. 퀴리 형제는 열전기(pyroelectricity) 현상을 그 현상이 나타나는 결정의 부피 변화와 관련이 있다고 판단했고, 이 통찰력은 압전(piezoelectricity) 현상의 발견을 이끌었다. 압전 현상은 물질에 압력이 가해질 때 전기가 발생하는 현상이다.

1882년에 퀴리는 파리의 물리 및 화학 공업학교의 감독관으로 임명되었고, 그곳에서 퀴리의 유명한 자성 연구를 시작했다. 강자성, 상자성, 반자성의 세 가지 유형의 자성 사이에 전이가 존재하는지를 규명할 목적으로 박사학위 논문의 집필을 수행했다. 자기 계수를 측정하기 위해 0.01mg까지 측정 가능한 비틀림 저울을 제작했는데, 이 장치의 단순화된 버전은 현재까지도 '퀴리와 셍보의 자기 저울'로 불린다. 그는 상자성체의 인력 자기 계수가 절대온도와 반비례하여 변화한다는 사실을 발견했는데, 이것이 퀴리 법칙이다. 이후 상자성체와 이상 기체 사이의 유사성을 확립했으며, 이를 통해 강자성체와 응축된 유체 사이의 유사성도 도출해냈다.

퀴리가 입증한 상자성과 반자성의 서로 다른 특성은 이후 폴 랑주뱅에 의해 이론적으로 설명되었다. 1895년 퀴리는 자기학에 관한 논문으로 박사학위를 취득했다. 1894년 봄, 퀴리는 마리 스크워도프스카를 만났고, 그들은 그다음 해에 결혼했다. 그들의 결혼은 폴로늄(1898년)과 라듐의 발견으로 시작된 세계적으로 유명한 과학적 업적의 서막식이었다. 앙리 베크렐이 발견한 방사능 현상(1896년)은 마리 퀴리의 관심을 끌었고, 그녀와 피에르는 순수 우라늄보다 특정 활성이 높은 광물인 역청우란광(우라늄과 라듐의 주요원광)을 연구하기로 마음먹었다. 광석에서 순수 물질을 추출하는 작업을 마리와 함께 진행하면서, 피에르는 발광 및 화학 효과를 포함하는 새로운 방사선의 물리 연구에 집중했다. 그는 라듐이 방출하는 광선에 자기장을 작용시켜, 전기적으로 양, 음, 중성인 입자의 존재를 증명했다. 어니스트 러더퍼드는 이후 이들을 알파선, 베타선, 감마선이라고 명명했다. 피에르는 이후 열량계 방법으로 이 방사선을 연구했으며, 라듐의 생리학적 효과도 관찰하여 라듐 치료의 길을 열었다.

1906년 피에르 퀴리의 갑작스러운 죽음은 마리 퀴리에게 쓰라린 고통이었지만, 동시에 그녀의 경력에 있어 결정적인 전환점이 되었다. 이후 그녀는 남편과 함께 시작한 라듐 연구를 발전시키기 위해 모든 에너지를 쏟았다. 1906년 5월에 그녀는 남편의 사망으로 공석이 된 교수직에 임명되었으며, 소르본대학에서 강의한 최초의 여성이 되었다. 1908년에 정교수가 된 그녀는 1910년에 방사능에 관한 논문을 출판했다. 이로써 마리는 1911년에 화학상을 받았다. 1914년 파리대학 내 라듐연구소 건물이 완공되었다. 이곳에서 1934년 프레데리크 졸리오퀴리와 그의 아내인 이렌 졸리오퀴리(퀴리 부부의 딸)가 인공적으로 방사성 물질을 만들었다. 즉, 방사능이 없는 원소에 α-입자 또는 중성자를 충돌시켜서 새로운 방사능 원소를 만든 것이다. 이들은 이러한 공로로 1935년 화학상을 받았다.

1921년의 화학상은 옥스퍼드의 프레더릭 소디가 받았는데, 그의 업적은 방사성 물질의 화학과 동위 원소의 기원과 성질에 관한 연구였다. 소디는 라듐 원소의 붕괴 현상을 연구하기 위해 러더퍼드와 협력했다. 그는 1913년 특정 원소들이 원자량은 다르지만, 화학적으로는 구별되지 않고 분리할 수 없는 형태로 존재할 수 있다고 결론 내렸다. 그는 이를 마거릿 토드의 제안에 따라 동위 원소라고 명명했다. 1920년도 「과학과 생명」지에 발표한 논문에서 그는 동위 원소가 가지는 지질학적 연대 측정의 가치를 지적했다. 소디는 1914년 방사능 연구에서 손을 떼고 사회·경제 문제에 관여하기 시작했고, 그는 세계 경제 체제가 과학 기술 발전을 충분히 활용하지 못하는 점을 강력히 비판했다.

원소는 대부분 방사능이 없는 동위 원소들의 혼합물로 존재한다. 컬럼비아대학의 해럴드 유리가 수소의 무거운 동위 원소인 중수소를 분리하였고, 이 공로로 1934년에 화학상을 받았다. 유리는 또한 우라늄의 동위 원소도 분리하였는데, 이 업적이 베를린의 오토 한에게 중요한 연구 자료가 되었다.

방사성 동위 원소를 화학 반응의 추적자로 사용한 업적으로 게오르크 헤베시가 1943년도 화학상을 받았다. 그는 하프늄 원소를 발견하기도 했다. 화학자들은 화학 반응에서 반응물이 어떠한 과정을 거쳐서 생성물이 되는지, 즉 어떤 메커니즘으로 반응이 진행되는지 다양한 추정을 하게 된다. 이러한 가설 중 어떤 것이 진짜 메커니즘인지 추적자를 통해 증명할 수 있다. 몸속에서 방사성 동위 원소 ^{32}P가 각 장기에 존재하는 비율을 표 6-2에 나타내었다. 뼈와 근육, 간에 많이 축적되는 것을 알 수 있다. 식물의 생장에 필요한 성분에 방사성 동위 원소 꼬리표를 붙인다면 이 성분이 포함되는 생합성 과정을 추적할 수도 있다. 앞서 4장에서 언급한 1975년도 화학상 수상자인 존 콘포스도 방사성 동위 원소(^{14}C) 추적자 방법으로 메발론산으로부터 스콸렌을 거쳐 콜레스테롤이 생성되는 입체화학 메커니즘을 규명할 수 있었다. 특히, 의학 분야에서는 진단과 치료에 방사성 동위 원소의 활용이 중요한데, 뒤에서 소개하는 PET가 그중 하나이다.

표 6-2 몸속에서 방사성 동위 원소 ^{32}P가 각 장기에 존재하는 비율

장기	^{32}P의 존재 비율(%)
뼈	22.6
근육	18.7
간	17.6
소화관	15.9
피부	11.1
폐와 심장	6.3
혈액	2.5
신장	2.4
비장	1.3
뇌	0.02

자료: 헤베시의 1944년 노벨상 강연

CT

MRI와 더불어 영상 진단에 가장 많이 이용되는 것이 CT이다. CT는 전산화 단층촬영, 컴퓨터 단층촬영 등으로 불린다. 1979년 생리의학상이 바로 CT를 개발한 과학자에게 수여되었다. 수상자는 앨런 코맥과 고드프리 하운스필드이다. CT 촬영에 사용되는 전자기파는 엑스선인데, 엑스선 영역은 0.001~10nm의 짧은 파장대이다. 엑스선은 강한 에너지를 갖고 있어서 유기물을 이온화시키거나 원자 사이의 결합을 절단할 수 있다. 분자의 이온화 성질은 화합물의 원소 분석에 이용되기도 한다.

병원에서는 엑스선의 투과력을 이용해 체내 장기의 사진을 얻는다. 이때 사용하는 엑스선은 파장이 0.043nm(주파수 $7x10^{18}$Hz)인데, 체내의 장기들에 의해 효과적으로 흡수되는 파장이다. 즉, 엑스선 검사의 원리가 바로 이런 성질을 이용한 것인데, 방사선이 몸을 통과할 때 장기에 따른 그 흡수량이 서로 다르다는 점이다. 그렇다면 CT 영상은 어떻게 얻어지는 것일까?

그림 6-8에서 보여주는 것처럼 CT 스캐너는 가운데에 사람을 넣고 한 위치에서 360도 회전하면서 엑스선 촬영이 가능한 기기이다. 그림 오른쪽은 하운스필드가 1979년 노

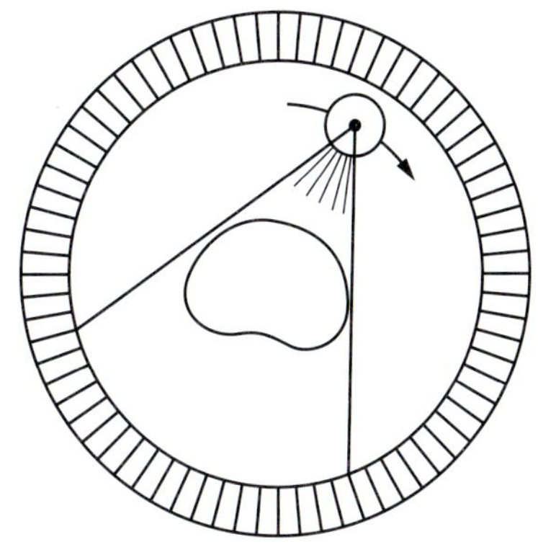

그림 6-8 내부를 보여주기 위해 커버를 떼어낸 CT 스캐너(왼쪽)와 회전식 엑스선 튜브와 검출기 모식도(오른쪽). 왼쪽 사진에서 T: 엑스선 튜브, D: 엑스선 검출기, X: 엑스선 빔, R: 회전 지지틀(갠트리)
출처: ChumpusRex, CC BY-SA 3.0, Wikimedia Commons(왼쪽)

벨상 시상식에서 발표한 강의 자료 중 회전식 엑스선 튜브와 검출기 모식도이다. 같은 위치에서 회전하며 세 군데 이상을 측정하면 2차원 평면 내의 검출 위치를 결정할 수 있다. 인체의 위치를 조금씩 이동하면서 각 위치의 단층 영상을 얻은 후, 이들을 합치면 3차원 이미지를 만들 수도 있다. 앞서 설명한 원리를 그림 6-9에서 간단한 계산을 통해 보여준다. 즉, 각도 1번에서 검출기 배열에 따라 그 세기가 7, 13이 나왔다. 이것은 각

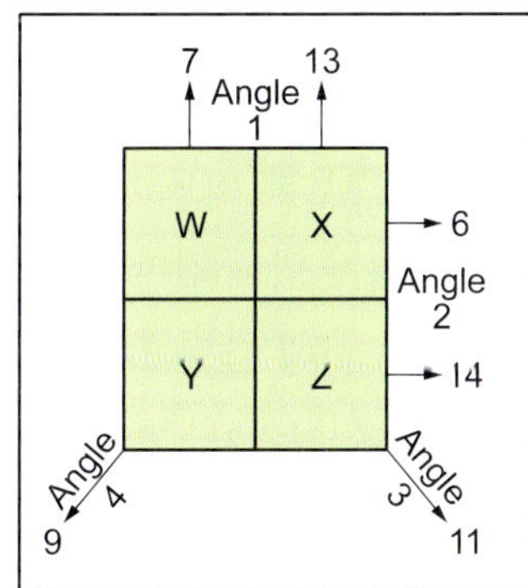

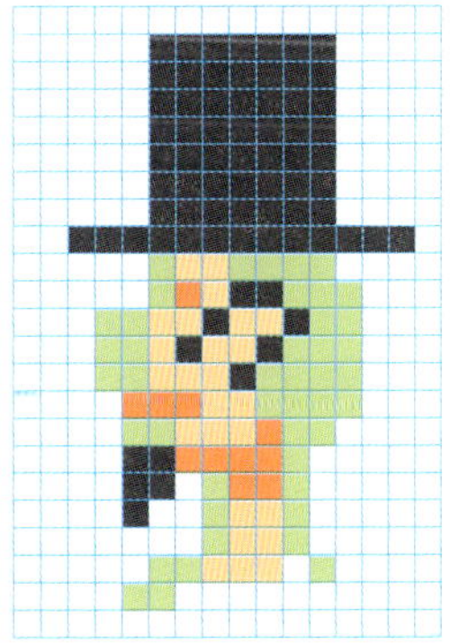

그림 6-9 한 위치에서 갠트리를 돌려 1~4 각도에서 촬영했을 때, 각각의 검출기가 각 픽셀(w, x, y, z)을 거쳐 측정한 엑스선 총량(7, 13, 6, 14, 11, 9)과 한 예로써 픽셀 값에 따라 서로 다른 색으로 나타낸 영상

사각형(픽셀) w+y=7, x+z=13일 것이다. 같은 방법으로 각도 2~4번에서도 덧셈식을 만들 수 있다. 이들 식을 풀면 어렵지 않게 w=2, x=4, y=5, z=9가 얻어진다. 다음으로 숫자에 따라 색을 달리하여 각 픽셀을 나타내면 영상이 얻어진다. 실제로는 그림 6-9 오른쪽에 나타낸 것처럼 픽셀 수가 엄청나게 많으므로 복잡한 계산을 위해서는 컴퓨터의 도움이 필요하다.

PET와 SPECT

감마선은 엑스선보다도 에너지가 강한 전자기파이다. 이것은 대형 병원에서 양전자를 활용한 단층촬영(PET) 진단이나, 감마선을 방출하는 원소를 이용하는 단층촬영(SPECT) 진단에 이용된다. 반면에 엑스선과는 달리 감마선은 분자 구조 결정에는 활용되지 않는다. 요즘엔 PET 장비를 도입한 대형 병원들이 많아졌다. PET 역시 MRI나 CT처럼 단층촬영이 가능한 영상진단법이다. PET에서 사용하는 양전자(e^+)는 전자(e^-)와 전하 켤레 대칭 관계인 입자이다. 즉, 두 입자가 전하 켤레 대칭이라면 이들은 질량과 스핀은 같고 전하가 반대이다. 양전자는 양전하의 베타선이란 의미로 베타 플러스(β^+)로도 나타낸다. 한편, 양전자는 물질에 대한 반물질의 개념을 실제로 증명한 최초의 사례인데, 전자의 반물질이므로 반전자로도 불린다. 따라서 전자와 양전자가 만나면, 이들은 소멸하면서 전자기파 중에서 가장 큰 에너지를 갖는 감마선이 되어 서로 180도 반대 방향으로 방출된다. 이러한 특징을 갖는 양전자를 실험으로 증명하여 칼 데이비드 앤더슨이 1936년 물리학상을 받았다. 앤더슨은 1932년에 구름 상자 실험을 통해 양전자를 발견했다. 사실 양전자의 존재는 1928년에 폴 디랙이 디랙 방정식을 통해 이론적으로 예견했다. 디랙은 에르빈 슈뢰딩거와 더불어 양자역학의 기초를 놓은 업적으로 1933년 물리학상을 받았다.

그림 6-10에 원형 검출기 내에서 양전자와 전자가 만나 감마선이 방출되는 모습을 나타냈다. 양전자는 특정 방사성 동위 원소의 붕괴 시에 만들어진다. 예를 들면, 탄소의 방사성 동위 원소인 탄소-11은 붕괴하면서 붕소, 양전자, 그리고 전자 중성미자로 바뀐다. 참고로 역시 탄소의 방사성 동위 원소이지만, 탄소-14는 붕괴하면서 질소, 전자, 그리고 전사 반중성미자가 된다. 탄소-11과 탄소-14는 반감기 및 붕괴 물질이 다르므로, 용도도 다르다. 반감기가 짧은 탄소-11은 PET 진단용으로, 반감기가 긴 탄

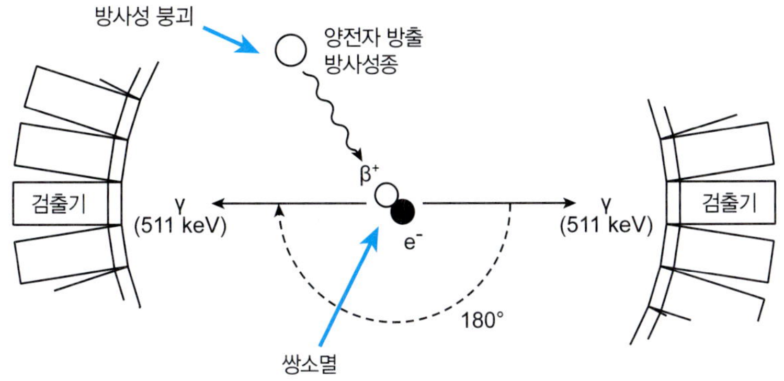

그림 6-10 원형 검출기 내에서 양전자와 전자로부터 감마선이 방출되는 모습

소-14는 연대 측정용으로 사용된다. 다시 그림 6-10을 살펴보면, 이렇게 방출되는 감마선을 여러 각도에서 검출한 후에, 컴퓨터의 도움으로 감마선의 방출 위치를 역추적하여 이미지를 만든다. PET의 장점은 조직의 이미지를 선명하게 얻는 것이 아니라 검출 민감도에 있다. 영상의 공간 해상도는 초음파나 CT가 50μm, MRI가 100μm인데, PET는 2mm 이상이기 때문이다. 하지만 검출 최저 농도(민감도)는 초음파나 CT가 10^{-3}M, MRI가 10^{-5}M인데, PET는 10^{-9}~10^{-12}M이므로 다른 장비보다 월등하다. 또한 PET는 약물이 양전자를 방출하는 원소를 갖도록 하여, 이 약물이 체내에서 어디로 이동하고 누구를 만나서 작용하는지 약물의 작용 메커니즘을 이미지로 보여주는 장점이 있다. 따라서 각각의 단층촬영 장비의 장점을 결합하여 하이브리드 이미지를 얻는 기술이 개발되었다. PET/CT, SPECT/CT, PET/MRI와 같은 장비들이 그것이다. 여기서 SPECT는 '단일 광자 방출 원소를 이용하는 CT'라는 의미이다. 즉, PET에서는 양전자와 전자가 만나서 자신들은 소멸하고 두 개의 180도 방향이 다른 감마선이 만들어지지만, SPECT에서는 ^{99m}Tc, ^{111}In, ^{123}I 등의 방사성 원소가 붕괴하면서 하나의 감마선을 내어놓는다. 이들이 반감기는 ^{99m}Tc이 6.02시간, ^{111}In이 2.8일, ^{123}I가 13.3시간이다. 한편, ^{99m}Tc에서는 원자 질량 표시에 m이 들어가 있는데, 이것은 준안정(metastable) 원소라는 의미이다. 즉, 질량이 99로 같은 원소라도 원자핵이 갖는 에너지가 다르고, 그 원소가 상당한 시간 동안 안정하기 때문에 분리할 수 있다면, 동위 원소 핵종으로 인정한다. ^{99m}Tc은 현재 병원에서 가장 많이 사용하는 방사성 핵종이다. 다음은 이러한 방사성 핵

종을 얻는 방법 중에서 밀킹과 제너레이터에 관한 설명이다.

밀킹: 방사성 원소의 붕괴 시스템 중에서 긴 반감기를 갖는 모핵종과 단수명의 딸핵종 사이에는 방사평형이 성립한다. 이런 연속붕괴계에서는 모핵종과 딸핵종이 혼합물로 존재하는데, 이것으로부터 딸핵종만을 분리, 배출하는 조작을 밀킹이라고 한다. 모핵종으로부터 딸핵종이 반감기에 따라 항상 만들어지기 때문에, 밀킹에 의해 모핵종으로부터 딸핵종을 분리하여 계에서 제거한 후에도 일정 시간이 흐른 뒤에는 다시 한번 밀킹이 가능해진다. 이 조작은 젖소로부터 우유를 짜내도 다음날 다시 우유를 짤 수 있는 것과 닮아서 우유 짜기에 비유한 것이다. 구체적으로는 장수명의 모핵종을 이온교환수지 등의 컬럼에 흡착시켜 두고, 생성되는 단수명 딸핵종과 모핵종이 나타내는 서로 다른 용해도 물성을 이용해서 딸핵종을 추출액으로 분리 용해하는 방법이다.

예를 들면, 과도평형이 성립된 $^{99}Mo - ^{99m}Tc$계로부터 의료에 쓰기 위해 ^{99m}Tc를 분리해야 하는 경우, ^{99}Mo를 흡착시킨 장치가 젖소이고 ^{99m}Tc가 밀크에 해당한다. $^{99}MoO_4^{2-}$를 흡착시킨 알루미나 컬럼에 생리식염수를 흘려보내면 수용성인 ^{99m}Tc만이 물에 녹아서 $^{99m}TcO_4^-$로서 녹아나오게 된다. 또다시 ^{99}Mo로부터 ^{99m}Tc가 생성되어 과도평형에 도달하기까지 약 23시간이 걸리기 때문에, 매일 1회 ^{99m}Tc를 짜내는 것이 가능하다.

제너레이터: 밀킹을 수행하는 장치를 제너레이터라고 한다. 카우, 레이디오아이소토프 제너레이터라고도 한다. ^{99m}Tc으로 표지된 방사성 약품이 시판되기도 하지만, ^{99m}Tc 의약품을 병원 내에서 제너레이터를 통해 제조할 수도 있다. 그 구조는 컬럼의 위쪽에 용출용 생리식염수나 주사용수를 찔러두고, 아래쪽 배출용 바늘을 감압한 바이알병에 찔러둔 채로 컬럼에 용액을 흘려보내면 무균상태의 용출액이 바이알병에 얻어지도록 만들어져 있다. 통과해 나온 용액이 생리식염수라면 $^{99m}TcO_4^-$의 화학식으로 녹아나와서, 그대로 과테크네튬산 나트륨(^{99m}Tc) 주사액으로 바이알병에 담긴다. 바이알병 안에 표지하고 싶은 다른 화합물을 미리 넣어둔 키트도 있다.

^{99m}Tc 이외에도 국소폐혈류 검사에 사용되는 ^{81m}Kr을 용출하기 위한 제너레이터도 시판되고 있다. 이것은 모핵종으로 ^{81}Rb를 수산화 루비듐($^{81}RbOH$) 형태로 양이온 교환수지

에 흡착시킨 것이다. 여기에 포도당 수용액이나 주사용수를 흘려보내, 용출액으로 크립톤(^{81m}Kr) 함유 주사액을 만들거나, 산소나 공기를 함께 통과시켜서 크립톤(^{81m}Kr) 흡입용 가스를 얻을 수도 있다.

6.4 초음파 영상

영상 진단의 방법에서 초음파 기술을 뺄 수 없다. 우리는 초음파 영상을 통해 태아의 이미지를 처음으로 본다. 아기의 첫 번째 사진이 초음파 사진인 셈이다. 또한 초음파를 이용해 체내 다양한 장기를 관찰한다. 이처럼 초음파 기술이 영상 진단법으로서 매우 중요한 자리를 차지하고 있지만, 현재까지 이 초음파와 직접적으로 관련된 노벨상 수상은 없었다. 하지만, 초음파 영상에서 중요한 위치를 차지하는 것이 도플러 효과인데, 이를 활용하여 이룩한 업적으로 노벨상을 받은 과학자들은 있다. 잘 알려진 것처럼 도플러 효과는 어떤 파동의 원인 물체과 관찰자의 상대 속도에 따라 진동수와 파장이 달라지는 것을 말한다. 요하네스 슈타르크는 1905년 양극선과 음극선에서 도플러 효과를 발견했고, 이를 바탕으로 1913년에는 전기장에서 분광선이 갈라지는 슈타르크 효과를 발견했다. 이로써 그는 1919년 물리학상을 받았는데, 그의 업적은 양자역학의 발전에 크게 이바지했다. 또한, 2019년 물리학상 수상자 중 미셸 마요르와 디디에 쿠엘로는 항성의 도플러 효과를 통해 별 주위를 공전하는 외계 행성을 최초로 발견했다. 초음파 영상에서는 초음파가 인체 내에서 반사될 때 도플러 효과를 통해 혈관의 좁아진 정도, 혈류 속도, 혈액 흐름 방향 등을 파악할 수 있다.

초음파 영상 기술은 우리가 경험하는 메아리를 활용한 것이다. 손안에 쥐어지는 작은 크기의 초음파 변환기(트랜스듀서)는 두 가지 일을 한다. 즉, 초음파를 발생시키는 스피커와 조직으로부터 반사되어 돌아오는 메아리 음파를 수신하는 마이크의 역할이다. 이미지를 만드는 변환기의 작용은 수정과 같은 압전결정이 담당한다. 압전이란 말은 앞서 퀴리에 대한 소개에서 언급한 대로 압력 변화가 일으키는 전류를 말한다

서로 다른 조직으로부터 초음파 영상을 얻기 위해서 파장에 따른 반사 초음파의 감

쇠 차이를 활용한다. 즉, 조직이 체내에 존재하는 위치가 서로 다르므로 피부로부터의 거리도 다르다. 또한 초음파는 파장에 따라 체내에 침투할 수 있는 거리가 다르다. 주어진 거리에서 이용한 초음파의 파장이 짧을수록, 즉 주파수가 커지면 감쇠 정도도 크다. 초음파 영상으로부터 조직의 정보를 얻을 수 있는 것은 조직별로 반사되는 정도가 다르기 때문인데, 이에는 여러 요인이 영향을 준다. 앞서 언급한 주파수는 투과 깊이뿐만 아니라 반사율에도 영향을 주는데, 주파수가 높을수록 반사율은 증가한다. 입사각도 반사율에 영향을 주는데, 초음파가 조직 표면에 수직으로 입사할 때의 반사율이 가장 높다. 또한, 조직이 갖는 탄성이 클수록 반사율도 증가하고, 조직의 밀도에 따른 음향 임피던스의 차이도 반사 정도에 영향을 준다. 표 6-3에서 보여주듯이 뼈의 음향 임피던스가 가장 크고 반사되는 초음파의 양도 가장 많다. 음향 임피던스는 매질의 밀도와 매질에서의 초음파 진행 속도로 결정되는데, 매질 고유의 소리 전달 저항을 나타낸다. 이는 레이엘(Rayl) 단위를 사용하는데, 밀도에 음속을 곱한 값이다.

표 6-3 체조직의 음향 임피던스

체조직	음향 임피던스(10^6 Rayls)
공기	0.0004
폐	0.18
지방	1.34
간	1.65
혈액	1.65
신장	1.63
근육	1.71
뼈	7.8

자료 출처: Stolz, Erwin. (2006). Cerebral Veins and Sinuses. Frontiers of neurology and neuroscience. 21. 182–93.

7장
나노소재

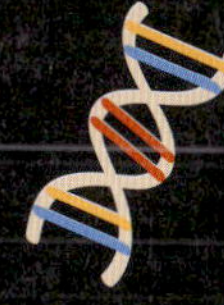

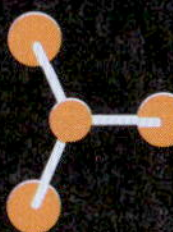

7장 나노소재

7.1 풀러렌

탄소 동소체 I 풀러렌의 발견 I 풀러렌 유도체의 합성과 응용

7.2 그래핀

그래핀의 발견 I 그래핀의 물성 I 그래핀의 합성과 응용

7.3 나노소재

나노소재의 물성 I 거대 자기저항 I 분자 기계 I 준결정 소재 I 양자점 I 금속 유기 골격체 I 자연의 나노구조

본문에서 언급한 노벨상 수상자

연도/분야	수상자	출생/소속(수상 당시)	수상 업적
1996 화학상	로버트 컬	1933~2022 미국, 라이스대학교	풀러렌의 발견
	해럴드 크로토	1939~2016 영국, 서식스대학교	
	리처드 스몰리	1943~2005 미국, 라이스대학교	
2010 물리학상	안드레 가임	1958 러시아, 맨체스터대학교	2차원 소재 그래핀에 관한 획기적인 실험
	콘스탄틴 노보셀로프	1974 러시아, 맨체스터대학교	
1985 물리학상	클라우스 폰 클리칭	1943 폴란드, 막스플랑크 연구소	양자화된 홀 효과의 발견
2007 물리학상	알베르 페르	1938 프랑스, 오르세파리쉬드대학교	거대 자기저항의 발견
	페터 그륀베르크	1939~2018 체코, 독일율리히연구센터	
1965 물리학상	도모나가 신이치로	1906~1979 일본, 동경교육대학교	양자 전기역학에서 기초적인 연구를 수행하여 기본 입자 물리학에 큰 영향을 미친 공로
	줄리언 슈윙거	1918~1994 미국, 하버드대학교	
	리처드 파인만	1918~1988 미국, 캘리포니아공대(Caltech)	
2016 화학상	프레이저 스토더트	1942~2024 영국, 노스웨스턴대학교	분자 기계의 설계와 합성
	베르나르 페링하	1951 네덜란드, 흐로닝언대학교	
	장피에르 소바주	1944 프랑스, 스트라스부르대학교	
1987 화학상	도널드 크램	1919~2001 미국, UC 로스앤젤레스	높은 선택성의 구조 특이적 상호 작용을 하는 분자의 개발과 이용
	장마리 렌	1939 프랑스, 루이 파스퇴르대학교	
	찰스 피더슨	1904~1989 한국, 듀폰 연구소	
2011 화학상	다니엘 셰흐트만	1941 이스라엘, 테크니온-이스라엘 기술연구소	준결정의 발견
2023 화학상	문지 바웬디	1961 프랑스, MIT	양자점의 발견과 합성
	루이스 브루스	1943 미국, 컬럼비아대학교	
	알렉세이 예키모프	1945 러시아, 나노크리스탈 회사	
2025 화학상	기타가와 스스무	1951 일본, 교토대학교	금속-유기 골격체(MOF)의 개발
	리처드 롭슨	1937 영국, 멜버른대학교	
	오마르 야기	1965 요르단, UC 버클리	

20세기 말과 21세기 초 무렵에 새로운 탄소 형제들이 탄생했다. 풀러렌과 그래핀이 그들이다. 같은 원소로 이루어진 물질을 동소체로 부른다. 영어로는 앨러트로프(allotrope)인데, 이 말은 고대 그리스어로 '다른'의 의미인 알로스(ἄλλος)와 '방식, 형태'를 뜻하는 트로포스(τρόπος)가 합쳐진 것이다. 따라서 앨러트로프의 의미는 '같은 원소이지만 다른 구조를 갖는 물질'이다. 즉, 한자로 동소체가 '원소, 근본'의 의미를 담은 이름이라면, 앨러트로프는 '구조, 물성'을 강조하는 이름인 셈이다. 이러한 이름의 다름이 형이상학적이고 이상주의를 존중하는 동양적 사고와 개성을 중시하고 실용성을 강조하는 서양적 사고의 차이에 기인한다고 말하면, 지나친 논리의 비약일까? 이 장은 노벨상을 받은 탄소의 동소체들 이야기로 시작한다.

7.1 풀러렌

탄소 동소체

다이아몬드와 흑연이 둘 다 탄소로 이루어진 동소체라는 것쯤은 누구나 다 안다. 탄소 동소체는 그 외에도 풀러렌(1985 발견, 1996 화학상), 탄소 나노튜브(1991 발견), 그리고 그래핀(2005 흑연에서 박리, 2010 물리학상)을 차례로 발견하면서 그의 형제들이 늘었다. 이들은 중요한 나노소재로서 다양한 용도로 응용된다. 이 외에도 탄소 슈왈차이트는 아직 실제로 합성되지는 않았지만, 잠재적인 응용 가능성 때문에 연구가 활발히 진행 중이다. 이것은 음의 곡률을 갖는 탄소 소재로, 독일 수학자 헤르만 슈왈츠의 이름을 따서 명명되었다. 3차원 구조의 이 소재는 에너지 저장, 약물 전달, 촉매 등 다양한 산업적 응용 가능성이 기대된다. 최근에는 기초과학연구원 연구팀이 합성한 LOPC(장거리정렬 다공성탄소)도 학계의 주목을 받았다. LOPC는 탄소 슈왈차이트와 유사한 구조를 가지며 상온에서는 반도체, 저온에서는 금속의 성질을 나타낸다. 탄소 동소체가 다양한 구조를 가질 수 있는 것은 탄소의 놀라운 결합 능력에 기인한다. 즉, 탄소끼리는 단일(C–C), 이중(C=C), 삼중(C≡C) 결합이 가능하기 때문이다. 이들 결합의 종류를 다양하게 조합하여 만들 수 있는 구조는 무궁무진하다. 그림 7–1과 7–2에 탄소 동소체와 함께 슈왈차이트의 구조를 나타냈다. 여기에 나타낸 탄소 동소체 외에도 고리 탄소, 유리(glassy) 탄소, 선형 아세틸렌 탄소 등 여러 가지 동소체가 알려져 있다.

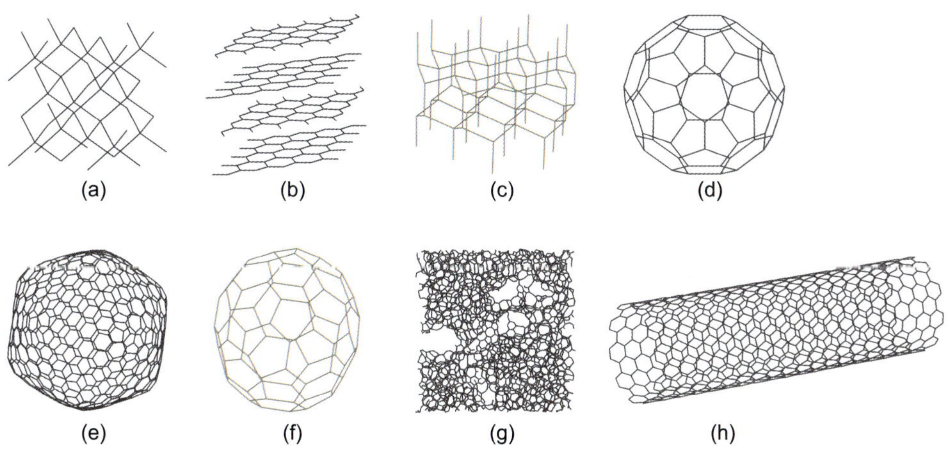

그림 7-1 탄소 동소체의 구조. (a) 다이아몬드, (b) 흑연, (c) 론스달라이트, (d) C_{60} 풀러렌, (e) C_{540} 풀러렌, (f) C_{70} 풀러렌, (g) 무정형 탄소, (h) 단일벽 탄소 나노튜브

출처: Andel, CC BY-SA 4.0, Wikimedia Commons

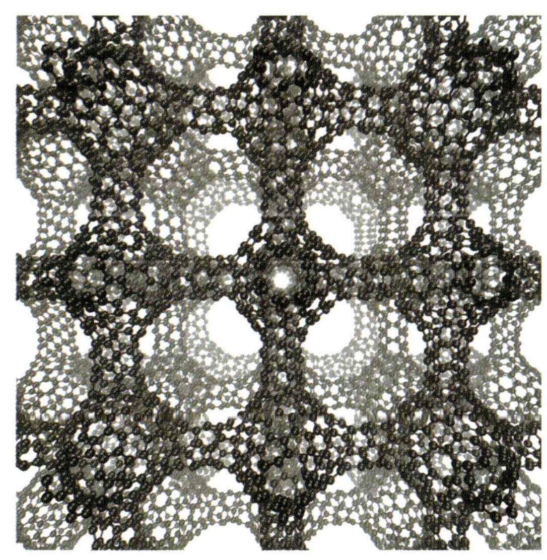

그림 7-2 탄소 슈왈차이트의 구조

출처: https://phys.org/news/2018-08-schwarzites-long-sought-carbon-graphene-fullerene.html,

풀러렌의 발견

로버트 컬, 해롤드 크로토, 리처드 스몰리가 풀러렌을 발견한 공로로 1996년에 화학상을 받았을 때, 과학자들은 전례 없는 흥분을 감추지 못했다. 풀러렌은 그전의 탄소 동소체와는 여러 면에서 달랐기 때문이다. 풀러렌(C_{60})은 탄소 60개로 만들어진 분자이기 때문에 고유의 분자량을 가진다. 탄소의 원자량을 간단히 12로 잡으면, C_{60}의 분자량은 720이다. 다이아몬드나 흑연은 분자가 아니다. 이들은 특정 분자량이 없고, 그 조각의 크기에 따라 구성 원자의 전체 합이 모두 제각각이기 때문이다. 풀러렌은 다른 탄소 동소체와는 달리 유기 용매에 녹고, 반응성이 좋은 편이어서 유도체를 만들 수 있다. 또한 공처럼 가운데가 비어있는 구조여서 다른 기능성 물질을 가둘 수도 있다. 그렇다 보니 풀러렌의 연구에 각 분야의 과학자가 참여하였고, 이로써 이것의 다양한 응용 시대가 열렸다.

풀러렌이란 이름은 건축가 '버크민스터 풀러'의 이름에서 비롯되었다. 그는 1967년 몬트리올 엑스포를 위해 구형 빌딩을 디자인했는데, 이것은 18년 뒤에 탄소 뭉치의 구조를 푸는 실마리가 되었다. 그는 곡면을 만들기 위해 6각형과 일부 5각형을 사용했다. 크로토와 스몰리는 탄소 60개로 만들어진 뭉치(C_{60})가 축구공처럼 각 코너에 12개의 5각형과 20개의 6각형 구조를 갖는 것으로 추정했다. 이들은 새로운 C_{60} 탄소공을 '버크민스터풀러렌'으로 명명했는데, 구어로는 '벅키볼'로 부른다.

컬은 휴스턴의 라이스대학교를 졸업하고, 1957년 UC 버클리에서 화학 박사과정을 마쳤다. 그는 1958년에 라이스대학교 교수진에 합류했다. 스몰리는 1973년 프린스턴대학교에서 박사학위를 취득했다. 시카고대학교에서 박사후 연구를 마친 후, 1976년 컬이 있는 라이스대학교에 부임했다. 크로토는 1964년 셰필드대학교에서 박사학위를 받았고, 1967년 서섹스대학교 교수진에 합류했다. 크로토는 마이크로파 분광법을 활용해 별과 가스 구름의 대기에서 긴 사슬 모양의 탄소 분자를 발견했다. 이러한 탄소 사슬이 어떻게 형성되는지 알아내기 위해 탄소의 기화 현상을 연구하고자, 1985년 9월 그는 컬이 있는 라이스대학교로 갔다. 이 방문은 역사적인 방문이 되었는데, 이들 세 명은 크로토가 방문한 후 이루어진 11일간의 연구 끝에 풀러렌을 발견한 것이다. 그들의 연구 목석은 크로토의 방문 목적을 실현하는 것이었다. 즉, 실험실에서 별의 구름을 만드는 것이었다. 그들은 강한 레이저를 흑연에 쏘아 이것을 증기로 만들었고, 증기 속의 다양한 탄소 뭉치(클러스터) 중에서 60개의 탄소 원자를 갖는 분자를 발견했다.

이 과정에서 스몰리는 레이저 초음속 클러스터 빔 장치를 설계했는데, 이 장치는 거의 모든 알려진 물질을 기화시킬 수 있고, 그 결과 생성된 원자 또는 분자 클러스터를 연구하는 데 사용할 수 있었다. 앞서 언급한 대로 세 연구자는 헬륨 분위기에서 흑연을 기화시켜 탄소 원자 클러스터를 생성했다. 기화 과정에서 측정한 스펙트럼 중 일부는 40개에서 100개 이상에 이르는 짝수 개의 탄소 원자를 포함하는 형태임을 나타냈는데, 이들은 이전에 알려지지 않은 탄소의 뭉치 형태였다. 연구진은 이 분자의 원자들이 공과 유사한 고도로 대칭적인 중공 구조로 결합하고 있음을 확인했다. 벅키볼 C_{60}은 풀러렌이라 불리는 여러 유사한 탄소 형태 중 최초로 발견된 것이었다. 그 후로 C_{60} 이외에도 C_{70}, C_{76}, C_{82}, C_{84} 등의 풀러렌이 추가로 발견되었다. 수상자들이 이 연구를 착수한 것이 1985년 9월이었는데, 이 발견이 네이처 저널에 공개된 것은 그로부터 2개월 후인 1985년 11월 14일이었다. 우주의 별 대기권의 화학 작용을 모사하려는 과정에서 새로운 형태의 탄소가 합성물로 발견되었지만, 이후 풀러렌이 지구와 운석에서 극소량으로 자연 발생한다는 사실이 밝혀졌다. 1991년 『사이언스』지는 벅키볼을 '올해의 분자'로 선정했다.

풀러렌 유도체의 합성과 응용

풀러렌(C_{60})은 높은 온도와 압력에도 물리적으로 안정한 구조이다. 한편, 화학적으로는 다른 동소체보다 반응을 잘하므로 다양한 유도체를 만들 수 있다. 풀러렌의 응용은 그 특이적 구조와 물성을 활용한 것이다. 즉, 가운데가 비어 있는 구조와 반도체 성질을 주로 이용한다. 풀러렌 유도체는 이러한 구조와 물성을 개선하여 또 다른 응용을 가능케 한다. 응용 분야로는 윤활제, 촉매제, 고온 초전도체, 연료전지 전해질막, 광전자 기능체(광흡수, 발광, 광전도성), 방사성 동위 원소 전달체, 축전지, 의약품 운반체, 극소형 트랜지스터, 에이즈 치료제, 기체의 저장과 분리, 고분자 첨가제, 정수, 센서, 포토리소그래피, 리튬 이온 배터리, 진단 시약, 화장품 원료 등이다. 이렇게 다양한 응용이 가능한 풀러렌이지만, 문제는 경제성이다. 아무리 새로운 기능성 소재라고 해도 너무 비싸면 사용하기가 어렵기 때문이다. 흑연을 방전 증발시켜서 풀러렌을 분리하는 방법은 대량 생산에 적용하기에는 한계가 있다. 최근에는 벤젠과 같은 용제를 연소시켜서 고순도의 풀러렌을 생산하는 기술이 확립되었다. 앞으로 풀러렌의 가격이 저렴해진다면, 그 용도는 늘어날 것이다. 다음은 풀러렌에 기능성을 부여한 몇 가지 예에 관한 설명이다.

풀러렌 C_{60}에 포타슘(K), 루비듐(Rb), 세슘(Cs) 등의 알칼리 금속을 도핑하면, 금속 원자가 풀러렌 분자 사이의 비어있는 공간에 들어가 전자를 제공하여 물질을 전도성으로 만든다. 이들은 특정 온도 이하에서 초전도 현상이 나타난다. 이 온도를 임계온도(T_c)라고 하는데, 초전도체의 주요 연구 목표는 임계온도를 높이는 것이다. 두 가지 예를 소개하면, 풀러렌과 세슘으로 이루어진 결정 Cs_3C_{60}은 임계온도 40K에서, $RbCs_2C_{60}$은 33K에서 초전도성을 나타낸다. 풀러렌 초전도체는 다른 초전도체와 달리 유기물 기반이므로, 유기 초전도체가 필요한 분야, 즉 유연한 전자 소자, 저비용 초전도 소자 등에서 관심이 크다. 그림 7-3은 초전도성을 나타내는 세슘 함유 풀러렌 Cs_3C_{60}의 결정 구조를 보여준다.

의료용으로의 응용이 활발한데, 암 치료의 방법으로 풀러렌을 PDT에 활용한다. PDT는 환부에 주입한 약물이 빛을 받으면 활성화하여 치료제로 작용하는 치료법이다. 의료용 센서의 경우 인체 내의 특정 화합물과 상호작용하는 풀러렌 작용기를 이용한다.

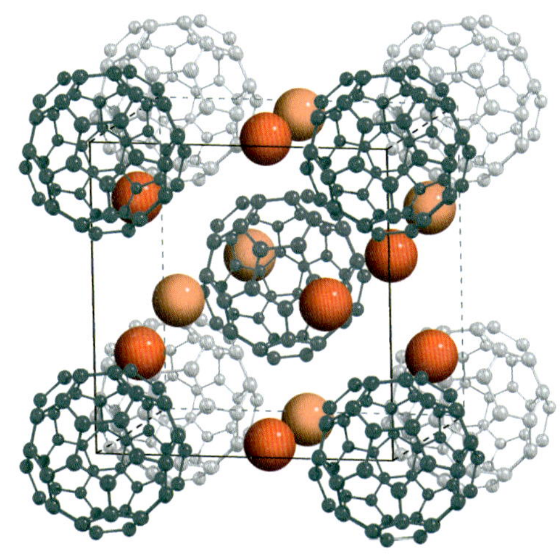

그림 7-3 초전도성을 나타내는 세슘 함유 풀러렌 Cs_3C_{60}의 결정 구조

출처: Зайцев Дмитрий Дмитриевич, Иоффе Илья Нафтольевич, CC BY-SA 3.0, Wikimedia Commons

풀러렌은 몸속에서 발생하는 유해 라디칼의 제거제나 항산화제로 사용된다. 환부까지 약물을 실어 나르는 약물 전달 시스템(DDS)의 하나로 풀러렌이 이용되기도 한다. 또한, 생체 내에서 발광하는 물질로 작용하여 특정 부위의 이미지를 얻을 수도 있다.

풀러렌이 갖는 컨쥬게이션 구조를 이용하여 유기발광 소재로 응용하기도 한다. 즉, 풀러렌의 육각형 구조 중 어느 구조를 없애고 살리느냐에 따라 밴드갭이 다른 다양한 유도체를 만들 수 있다. 이로써 노란 빛 또는 파란 빛 등으로 발광 파장의 조절이 가능하다. 특히, 챔피언 벨트와 같아서 구조적으로 흥미로운 분자인 사이클로펜아센이 1954년 하일브로너에 의해서 이론적으로 예언되었는데, 풀러렌의 적도 둘레를 따라 이 구조가 실현되었다. 전도성 투명전극으로 사용하는 ITO(인듐주석 산화물)의 표면에 풀러렌 유도체로 피막을 형성하여 광전도성을 개선하기도 한다. ITO는 주로 인듐 74%, 산소 18%, 주석 8%의 조성비를 갖는다.

7.2 그래핀

그래핀의 발견

그래핀은 탄소 원자 한 개 두께의 거의 완벽한 그물망 구조를 갖는다. 이 망은 탄소 원자들이 닭장 철조망처럼 6각형 형태로 연결된 것이다. 흑연은 이 망이 층층이 쌓인 것이다. 그래핀 연구와 관련된 2010년 물리학상 수상자 결정은 우리나라에 아쉬움이 남는다. 세 명까지 받을 수 있는 노벨상인데, 안드레 가임과 콘스탄틴 노보셀로프 교수에게만 수여되고, 기대를 모았던 김필립 교수가 빠졌기 때문이다. 아쉬움이 남는 이유는 다음과 같다.

노벨상 위원회가 꼽은 수상 업적은 2004년 10월 22일자 『사이언스』지에 실린 수상자들의 논문이었다. 그리고 그 업적에 대해 '이차원 물질 그래핀에 관한 획기적인 실험'을 수행했다고 소개했다. 수상자 발표 후에 미국 조지아공과대학교의 월터 드 히어 교수는 노벨상 위원회에 항의 서한을 보냈다. 서한의 요지는, '수상 업적이라는 2004년 『사이언스』 논문은 그래핀이 아니라 그래핀이 여러 층 쌓인 얇은 흑연을 연구한 것이었고, 그래핀을 가지고 연구한 논문은 2005년 『네이처』의 같은 권호에 각각 실린 수상자들과 김필립 교수의 논문이 최초이므로, 수상자에 김필립 교수가 포함되어야 한다'는 것이었다. 수상자들 또한 김필립 교수가 포함되어 같이 받았더라면 좋았을 것이라는 말을 남겼다. 하지만 그동안 노벨상 위원회가 선정한 수상자가 번복되는 일은 없었다. 다만 노벨상 위원회가 발표한 수상 업적에서 '획기적인 실험'을 조금 궁색하긴 하지만 그래핀을 얻기 위한 '스카치테이프 사용 실험'으로 해석하면 수상자 선정이 이해된다. 김필립 교수는 그래핀을 얻기 위해 수상자들이 발견한 스카치테이프의 활용법을 따랐기 때문이다.

흑연으로부터 그래핀을 얻는 방법으로 전설적인 스카치테이프 아이디어를 낸 사람은 당시 가임 그룹의 박사후 연구원이었던 올렉 슈클리아레프스키였다. 그리고 그는 스카치테이프에 묻어나온 흑연 조각을 현미경으로 관찰하였다. 앞서 언급한 대로 2004년 『사이언스』 논문이 나갈 때까지도 진짜 그래핀은 얻어지지 않았었다. 2005년 논문에서야 그래핀으로 연구 결과를 얻었으므로, 이 방법으로 그래핀을 얻기까지는 몇 년이 걸린 셈이다.

앞서 풀러렌이나 탄소 나노튜브도 흑연을 사용하여 만들었다. 그래핀은 흑연을 구성하는 이차원 구조의 물질이다. 즉, 이들은 모두 흑연으로부터 박리된 그래핀 조각으로

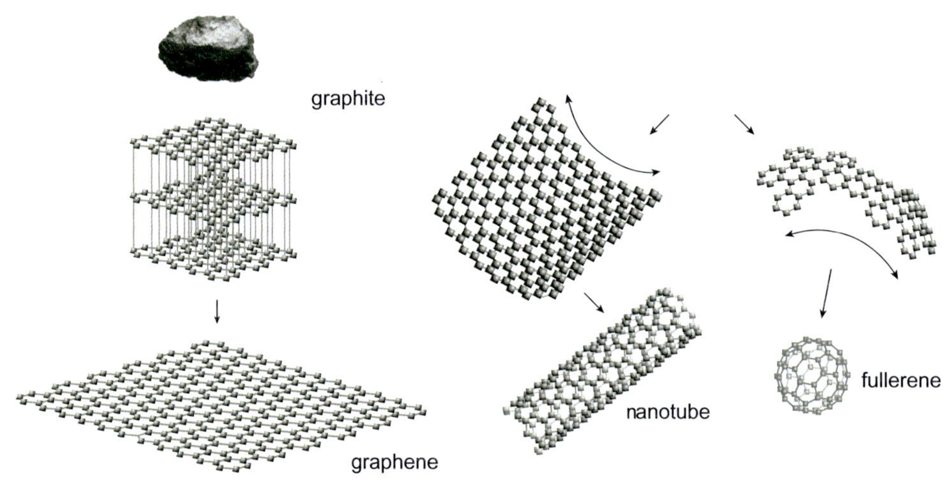

그림 7-4 흑연으로부터 떨어져 나온 그래핀 조각이 나노튜브와 풀러렌을 형성하는 과정
출처: © Airi Iliste/The Royal Swedish Academy of Sciences

부터 만들어진 것이다. 그동안 다양한 에너지, 즉 물리적인 힘, 열에너지, 레이저 빛에너지 등이 흑연이 갖는 그래핀 층을 조각으로 떼어내는 역할을 한 것이다. 이렇게 만들어진 그래핀 조각은 고에너지 상태에서 여러 형태로 변형되어 탄소 뭉치를 형성한다. 이들 중에 나노튜브와 풀러렌도 들어 있다. 그림 7-4는 흑연으로부터 떨어져 나온 그래핀이 나노튜브와 풀러렌으로 변형되는 과정을 보여준다.

그래핀의 물성

사실 그래핀보다 먼저 태어난 탄소 형제가 탄소 나노튜브다. 그래핀이 2005년생이라면 나노튜브는 1991년생이기 때문이다. 탄소 나노튜브는 일본의 과학자들이 발견했다. 탄소 나노튜브도 노벨상 수상 대상 물질이 되지 않을까 기대하고 있었으나, 늦게 태어난 그래핀이 먼저 받았다. 표 7-1에서 탄소 나노튜브와 그래핀의 물성을 비교했다. 그래핀과 탄소 나노튜브는 6각형 기본 구조는 같지만 2차원과 3차원으로 외형 구조가 확연히 다른 만큼 물성에서도 차이가 있다. 그래핀은 밴드 갭이 탄소 나노튜브보다 작다. 그것은 그래핀이 평면상 콘쥬게이션 길이가 더 길다는 것을 의미한다. 이와 관련된 물성인 전자의 상온 이동도, 상온 평균 자유경로, 열전도도, 최대 전류밀도 등에서 그래핀

표 7-1 그래핀과 탄소 나노튜브의 물성 비교

	그래핀	탄소 나노튜브
상온 이동도	~200,000cm^2/Vs	~100,000cm^2/Vs
상온 평균 자유경로	~1.0μm	0.3~0.5μm
고유저항	1.0 × 10^{-6}Ωcm	1.0 × 10^{-6}Ωcm
밴드갭	0~0.3eV	0.5~1.0eV
열전도도	5,300W/mK	3,000~3,500W/mK
최대 전류밀도	10^{8}A/cm^2	10^{6}A/cm^2
영률	1TPa	1~2TPa
인장 강도	10~20GPa	30~180GPa
표면적	2,630m^2/g	1,500m^2/g

자료: http://www.amenews.kr/atc/messprint.asp?P_Index=10374

이 탄소 나노튜브보다 높게 나타난다. 이것은 그래핀 내부의 전자가 마치 질량이 없는 것처럼 빠르게 움직일 수 있기 때문이다. 반면에 비저항은 상대적으로 낮다. 한편, 기계적 강도를 나타내는 물성은 탄소 나노튜브가 더 좋고, 단위 질량당 표면적은 그래핀이 더 넓다.

열적 특성에 대해 좀 더 설명하면, 그래핀은 다이아몬드보다 2배 이상 열을 잘 전달하며, 알려진 물질 중 가장 높은 열전도도 보여준다. 이로 인해 전자기기의 열을 효과적으로 방출할 수 있다. 음의 열팽창 계수를 나타내는 것도 그래핀의 특징이다. 대부분 물질은 열을 받으면 팽창하지만, 그래핀은 반대로 수축하는 성질을 가지고 있다. 또한, 그래핀은 가시광선의 약 97.7%를 투과시킬 정도의 높은 투명성을 나타낸다. 이것으로부터 얇고 투명한 전도성 막이 만들어질 수 있으므로 투명 디스플레이나 태양전지 등에 활용될 수 있다.

그래핀의 물성 중 기계적 강도는 강철보다 200배 더 강하다. 물론 이 물성은 탄소 나노튜브가 더 강하다. 이는 탄소 원자 간의 강력한 공유 결합 덕분이다. 전기전도성은 실리콘의 100배 정도로써, 네오디늄 자석 위에 부양시킬 수 있다. 두께가 0.5nm 정도의 투명한 2차원 평면인데도 휘거나 늘어나서 모양이 달라져도 특성이 유지된다.

그래핀의 합성과 응용

아무리 좋은 물성을 갖는 소재라고 해도 대량 생산이 어려우면 보편적으로 사용하는 데는 한계가 있다. 이를 위해서는 가임과 노보셀로프가 사용한 스카치테이프 방식으론 어림도 없다. 흑연을 사용하더라도 전기화학적으로 그래핀을 떼어내는 방식을 사용해야 대량으로 얻을 수 있다. 이것보다도 그래핀을 대량으로 얻을 수 있는 효율적인 방법은 이를 합성하는 것이다. 값싼 탄화수소 기체를 원료로 촉매를 사용하여 합성하거나, 실리콘 웨이퍼와 같은 매끈한 표면 위에 저마늄을 입혀 그 위에서 합성하는 방법이 사용된다. 탄소 나노튜브 역시 그래핀과 마찬가지로 대량 생산을 위해 기체나 흑연을 원료로 사용하는 다양한 방법이 개발되었다. 전자로는 플라스마 화학기상증착법, 열화학기상증착법, 기상합성법 등이 있으며, 후자로는 전기방전법과 레이저 펄스 증착법 등이 있다. 앞서 풀러렌 발견 시에도 흑연에 레이저 펄스를 쪼였었다. 이것은 앞에서 언급한

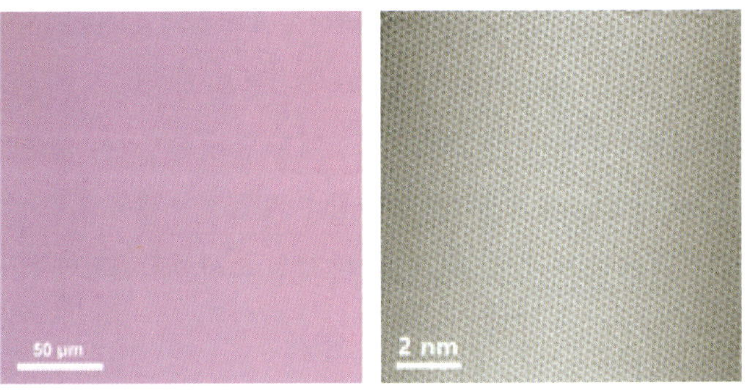

그림 7-5 국내 연구팀이 화학기상증착법으로 제작한 그래핀의 광학 및 전자 현미경 사진
출처: 과학기술정보통신부

것처럼 풀러렌이든 탄소 나노튜브든 그래핀 조각이 중간물질로 작용하는 것을 의미한다.

그림 7-5는 국내 연구팀이 화학기상증착법으로 제작한 무결점 그래핀의 사진이다. 이 방법에서 중요한 조건 중 하나가 온도 조절이다. 700℃ 이상의 고온을 사용하는데, 온도가 너무 높거나 낮으면 접힘 또는 잔결(이지러짐) 등이 발생한다. 그래핀의 대량 생산 기술은 아직 완벽하게 확립되지 않았기 때문에 앞으로 개선의 여지가 남아있다.

그래핀은 앞서 탄소 나노튜브와도 비교해 보았듯이 뛰어난 전기적, 기계적, 열적 특성을 가진 꿈의 신소재로 다양한 분야에 응용될 수 있다. 특히 전자기기, 에너지 저장 장치, 바이오센서, 복합재료 등에 활용되면서 미래 기술의 핵심 소재로 주목받고 있다. 다음은 그래핀의 주요 응용 분야이다.

전자기기 분야에서는 투명 플렉서블 디스플레이, 터치스크린, 초고속 트랜지스터 등이 가능하다. 그것은 유연하고 투명한 특성을 활용하여 휘어지거나 접을 수 있는 디스플레이를 만들 수 있고, 높은 전도성을 통해 터치 민감도가 향상될 수 있으며, 기존 반도체보다 빠르고 효율적인 전자 회로의 구현이 가능하기 때문이다.

에너지 분야에서는 배터리, 태양전지, 연료전지, 바이오센서, 약물 전달 시스템 등으로 응용할 수 있다. 높은 전기전도성과 에너지 저장 용량을 활용하여 배터리 성능이 향상되고, 추가로 투명한 성질 때문에 태양전지의 효율을 높일 수 있다. 열에 강한 특성은 연료전지의 성능 향상에 응용할 수 있다. 나노 소재로서 생체 적합성을 나타내므로 뇌 삽입형 센서나 질병 진단 센서 등 다양한 바이오센서 소재로 적합하고, 약물 전달 시스템에도 적용할 수 있다. 그 외에도 가벼우면서도 높은 강도와 유연성을 가지므로 항공우주, 자동차, 스포츠 장비 등의 고강도 복합재를 만들 수 있다. 그래핀을 사용한 분리막은 기공 크기를 조절할 수 있으므로 다양한 분리 공정에 활용될 수 있다. 높은 열전도성을 나타내기 때문에 전자기기, 배터리 등의 방열 소재로도 적합하다.

7.3 나노소재

나노소재는 그 이름에 나노(10^{-9})라는 수적 의미를 달고 있는데, 주로 1nm에서 100nm 사이의 크기를 갖는 소재를 말한다. 1나노미터는 원자가 3~5개 늘어선 길이다. 사람의 머리카락은 나노 섬유보다 굵기가 10만 배 크다. 나노라는 이름은 소재의 종류와 상관없이 금속, 세라믹, 고분자, 복합재 등 모든 재료에 적용된다. 대표적인 나노소재의 예로써, 2023년 화학상 수상 업적인 양자점(quantum dots)을 비롯해 나노구조물, 금 콜로이드, 은 나노입자, 산화철 나노입자, 백금 나노입자 등이 있다.

나노소재의 물성

나노소재에 관심이 쏠리는 이유는 단지 소재의 크기가 극히 작기 때문이 아니라, 나노소재가 되면서 물성 자체가 일반(bulk) 소재와는 다르게 변하기 때문이다. 물성이 달라지는 요인은 표면적 대 부피 비율, 양자 구속 효과, 나노 크기 효과 등이다.

나노소재는 크기가 매우 작아서 부피는 작아도 표면적이 상대적으로 매우 크다. 이는 표면의 원자 수가 전체 원자 수에서 차지하는 비율이 높아진다는 의미이다. 예를 들어, 한 변이 1cm인 정육면체를 한 변이 1nm인 정육면체로 쪼개면 같은 부피이지만 전체 표면적은 1천만 배 증가한다. 이처럼 표면적이 넓어지면 촉매 반응, 흡착, 센싱 등 표면에서 일어나는 활성의 증가가 나타난다.

양자 구속 효과는 물질의 크기가 전자의 드 브로이 파장과 비슷하거나 작아질 때 나타나는 현상이다. 전자는 매우 작은 입자여서 물질파의 특성을 보이는데, 이것이 드 브로이 파장이다. 전자의 운동이 나노 크기 공간에 갇히면 전자의 에너지 준위가 불연속적으로 변하게 된다. 이로 인해 물질의 광학적, 전기적 특성이 크게 변한다. 예를 들어, 반도체 나노입자인 양자점은 크기에 따라 방출하는 빛의 색이 달라진다. 큰 양자점은 붉은색 계열의 빛을, 작은 양자점은 푸른색 계열의 빛을 내는데, 이는 크기 변화에 따라 에너지 밴드 갭이 달라지기 때문이다. 양자점에 대해서는 뒤에서 다시 설명한다.

나노 크기 효과는 나노 단위에서 물질의 물리적, 화학적 특성이 일반 상태와 달라지는 현상 전반을 아우르는 개념이다. 표 7-2에 일반 소재가 나노 크기가 되면 그 성질이 어떻게 달라지는지 몇 가지 예를 나타냈다. 광학적 특성의 예로써, 금은 벌크 상태에서는 노란색을 띠지만, 나노 크기가 되면 입자의 크기와 모양에 따라 붉은색, 보라색 등 다양한 색을 나타낸다. 이는 국소 표면 플라즈몬 공명(LSPR) 현상 때문이다. LSPR은 나노미터 크기의 금속 입자에 빛을 쬐었을 때, 금속 표면의 자유 전자들이 빛의 전기장에 맞춰 한꺼번에 진동하는 현상이다. 이 진동이 특정 파장의 빛과 공명하여 강하게 흡수되거나 산란되어 특별한 광학적 특성이 나타난다. 전기적 특성은 나노 크기에서는 전자의 이동 경로가 짧아지고 양자 터널링 효과가 나타나면서 전기 전도도가 달라진다. 즉, 절연체가 전도체로 바뀌기도 한다. 기계적 특성은 나노 크기에서는 결함이 적고, 표면 원자의 영향이 커지면서 강도와 경도가 증가하는 경향이 있다. 예를 들어, 나노결정성 금속은 일반적인 금속에 비해 훨씬 단단하다. 또한 앞에서 살펴본 흑연의 부드러운 성질이 나노튜브가 되면 강철보다 강한 물성으로 바뀌는 것도 한 예이다. 열적 특성도 달라

표 7-2 일반 소재의 나노소재화에 따른 물성의 변화

일반 크기	나노 크기
불투명	투명
비활성 물질	촉매
안정	타기 쉬움
고체	액체
절연체	전도체

지는데, 벌크 물질이 나노소재가 되면 열 전도도는 크게 감소하는 경향이 나타난다. 열은 고체에서 주로 격자 진동인 포논에 의해 긴 거리를 이동해 전달되는데, 나노 크기에서는 이러한 포논의 이동이 방해받고 산란되기 때문이다. 포논은 고체 결정 격자의 양자화된 진동을 나타내는 준입자로, 소리(phon-)의 입자(-on)라는 의미다. 이는 열에너지의 전달, 고체의 열전도 및 전기 전도, 비열과 같은 물성에 중요한 역할을 하며, 파동-입자 이중성을 지니는 양자역학적 현상이다. 이러한 성질은 단열재나 열전 소재의 효율을 높일 수 있다. 자기적 특성으로 자성 나노입자는 벌크 상태와 다른 초상자성을 나타내어, 외부 자기장이 사라지면 자성을 잃어버리는 특징을 가진다. 이 외에도 물질에 따라 불투명하던 것이 투명해지고, 안정하던 소재가 쉽게 불이 붙으며, 고체가 액체로 변하는 등의 물성 변화가 나타난다.

거대 자기저항

프랑스의 알베르 페르와 독일의 페터 그륀베르크가 거대 자기저항(GMR)을 발견한 공로로 2007년도 물리학상을 받았다. 이것은 나노기술을 적용하여 해당 분야의 기술을 크게 개선한 과학자에게 수여된 첫 번째 노벨상이다. 자기저항은 전기저항이 자기장에 의해 변하는 현상이다. 이 현상은 1857년 켈빈 경이 외부 자기장에 노출된 도체의 전기저항이 변화하는 것을 관찰하면서 발견되었다. 페르와 그륀베르크는 자성 물질과 비자성 물질을 나노미터 두께로 층을 교대로 쌓으면 시스템 내 저항을 극적으로 증가시킬 수 있음을 발견했다. 메모리 반도체의 집적도가 높아지면 크기가 극히 작아진 단위 자성체가 나타내는 자성의 세기도 약해진다. 이렇게 약해진 자성도 검출이 가능한 방법으로 GMR 기술이 등장한 것이다.

작은 반도체칩 안에 많은 정보를 담기 위해서는 하나의 자성체 면적이 극히 작아져야 한다. 즉, $1cm^2$의 면적에 100개의 방이 들어서면 한 개의 방이 $1mm^2$ 면적을 갖지만, 10,000개의 방이 들어서려면 한 개의 방 면적이 $0.01mm^2$으로 줄어들어야 한다. 이렇게 방의 면적이 작아질수록 자성체가 나타내는 자성은 약해진다. 이렇게 약한 자성의 차이(자성 방향이 → 또는 ←)를 구분하기 위해서는 미세한 자성의 변화에도 검출이 가능한 전자 흐름의 변화가 나타나야 한다. 전자의 흐름은 곧 저항의 차이인데, 저항이 작으면 전자의 흐름이 좋고 저항이 커지면 전자의 흐름이 막히기 때문이다. 페르와 그린베르크는 아주 작은 면적에서 자성의 방향이 달라지면, 자기저항이 거대하게 변하는 나노소자를 만든 것이다.

GMR 현상은 1988년 페르에 의해 처음으로 Fe/Cr 다층 박막에서 발견되었다. GMR 현상은 자연계에서는 발견되지 않은 새로운 현상이었다. 수 %에 불과한 기존의 자기저항 변화에 비교해 GMR은 4.2K에서 무려 50%의 큰 값을 나타냈다. 이 기술은 초기에는 상업적으로 적용하기에는 너무 비쌌지만, 고집적도 메모리 장치의 수요가 늘어나면서 하드디스크드라이브(HDD) 및 휴대용 미디어 플레이어와 같은 자기 저장 장치의 표준 제조 공정이 되었다. 이로써 저장 장치의 용량이 획기적으로 증대되었음은 물론, 활발한 자성 소자에 관한 연구가 뒤를 이었다. 이로써 터널자기저항(TMR), 자기메모리(MRAM) 등의 발견이 이어졌다.

그림 7-6에 페르와 그륀베르크가 설계한 거대 자기저항 박막의 구조를 나타냈다. 자기장의 방향과 전자의 스핀 방향이 같으면 붉은색이고, 전자의 스핀 방향이 반대이면 흰색이다. 그림 7-6a에서는 양쪽 Fe층이 같은 방향의 자기장을 가지며, 붉은색의 전자들도 같은 스핀 방향을 나타내므로 그 흐름이 원활하다. 반면에 전자의 스핀 방향이 자기장의 방향과 다른 흰색 전자들은 이동 중에 많은 충돌로 인해 흐름이 원활하지 않아서, 그림에서도 전도성 Cr층에 들어온 두 개의 흰색 전자가 최종적으로 하나만 빠져나

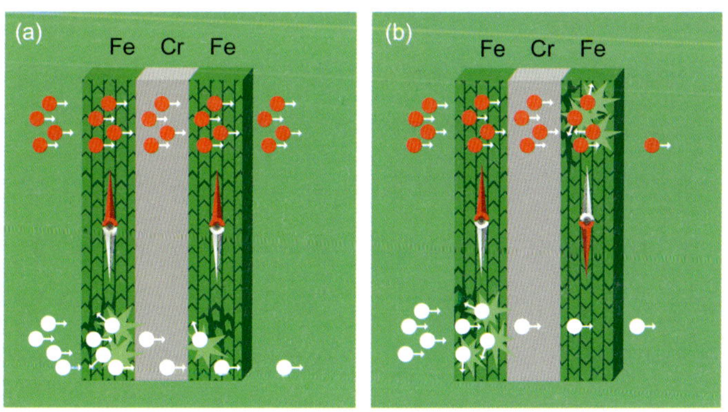

그림 7-6 GMR 나노 샌드위치 박막(강자성 Fe층과 전도성 비자성 Cr층의 교대 구조)
출처: © The Royal Swedish Academy of Sciences

간다. 한편, 그림 7-6b에서는 양쪽의 Fe층 중에 바깥쪽 Fe층 자기장 방향이 그림 7-6a에서와는 반대이다. 즉, 앞의 경우와 같이 전자 흐름의 경향을 추론해 보면, 바깥쪽 Fe층의 자기장 방향이 바뀜으로써 전자들은 스핀 방향에 상관없이 흐름이 막혀서 큰 전기저항이 나타나는 것을 알 수 있다. 이처럼 약한 자성의 변화에도 큰 전기저항의 변화가 나타날 때 하드디스크드라이브(HDD) 헤드 센서의 성능은 향상된다.

그륀베르크는 당시 독일 점령하의 보헤미아-모라비아 보호령에서 태어났다. 이 지역은 현재 체코 공화국이다. 그륀베르크는 가톨릭 신자였다. 전쟁 후 가족은 억류되었고, 부모는 수용소로 끌려갔다. 러시아 출신의 엔지니어였던 그의 아버지는 1945년 11월 체코 구금 중 사망하여 플젠 지역의 공동묘지에 안장되었다. 그륀베르크 가족은 거의 모든 독일인과 마찬가지로 1946년 체코슬로바키아에서 추방당했다. 일곱 살이었던 피터는 헤센 주 라우터바흐로 이주해 거기서 고등학교를 다녔다. 그는 1962년 프랑크푸르트 소재 요한 볼프강 괴테 대학교에서 중등 교육 수료증을 취득한 후, 다름슈타트 공과대학에 진학하여 1966년 물리학 학사학위를, 3년 뒤인 1969년 박사학위를 취득했다. 1969년부터 1972년까지 그는 캐나다 오타와의 칼턴대학교에서 박사후 연구를 수행했다. 이후 독일 율리히에 위치한 고체물리학연구소에 합류하여 2004년 은퇴할 때까지 박막 및 다층 자성 분야를 선도하는 연구자로 활동했다.

HDD 헤드 센서의 기술은 단계적으로 발전되어 왔다. 초기의 HDD는 홀 효과(1879년에 에드윈 홀이 발견)를 이용하여 메모리 반도체의 자성체 스핀 방향을 파악했다. 홀 전압은 전류가 흐르는 전기전도체에 수직 방향으로 자기장이 걸리면 이 두 종류의 방향에 수직으로 나타나는 전압이다. 모든 전도체에서 전류와 자기장의 방향에 따라 전자의 이동방향이 달라지는 홀 효과를 관찰할 수 있다. 홀 효과를 이용해 전압, 전류, 자기장 사이의 다양한 센서를 만드는데, 자동차, 스마트폰 등에서 사용된다. 클라우스 클리칭은 홀 효과와 관련하여 '양자화된 홀 효과'를 발견한 공로로 1985년 물리학상을 받았다. 양자화된 홀 저항값은 매우 안정적이고 정확하여 저항 표준으로 사용될 수 있다. 이를 통해 다른 저항 측정 장비의 교정 및 정밀 측정이 가능하다. 특히 양자 홀 효과는 2차원 전자 시스템의 물리적 특성을 연구하는 데 중요한 도구이다. 그래핀, 위상 절연체 등 차세대 소자 연구에 활용된다. 일부 2차원 전자 시스템에서는 홀 저항이 분수 값으로 양자화되는 현상이 나타난다. 이는 전자의 양자화된 상태가 상호작용하면서 독특한 물리적 성질을 나타내기 때문이다. 이 현상은 양자 정보 처리 및 양자 컴퓨터 개발에도 중요하다.

AMR(이방성 자기저항) 기술은 NiFe 강자성 박막의 저항이 전류와 자기화 방향 사이의 각도(θ)에 따라 변하는 현상을 이용한다. 이러한 특성을 이용하여 자기장의 방향에 따라 저항값이 다른 하드디스크의 기록을 읽어낸다. AMR 센서는 나침반, 위치 감지, 각도 측정 등에도 활용된다. 이어서 등장한 것이 앞서 설명한 GMR이다. GMR에 이어 등장한 TMR(터널링 자기저항) 기술은 그동안 사용해 온 Al_2O_3 절연막을 MgO 박막으로 바꾸어 줌으로써 자기장의 방향이 서로 같을 때 나타나는 전자의 터널링 현상을 이용한 센서이다. 이 기술이 자기장을 검출하는 자기 게이트로 이용될 수 있음을 1974년에 존 슬론체브스키가 처음으로 제시했다. TMR 센서의 대량 생산은 2014년부터 이뤄졌는데, 자기장의 방향이 다를 때는 큰 저항값을 나타내므로 0과 1로 나타나는 하드디스크의 기록을 고감도로 읽을 수 있다. TMR 센서는 정밀 위치 제어, 전류 감지, 속도 감지 등 다양한 산업용 센서로 사용되며, 의료 기기, 웨어러블 기기 등에 활용되어 인체 움직임이나 생체 신호 감지에도 사용된다. 또한 자동차의 엔진 제어, 안전 시스템, 로봇의 관절 위치 제어, 자동화 시스템의 위치 감지 등에도 적용된다. 한편, 현재는 1제곱 인치 면적에 10테라바이트(Tb) 정도의 집적도를 이뤄낼 수 있는 가열 닷 자기 기록(HDMR) 기술이 활발히 연구되고 있다. HDMR은 열 지원 자기 기록(HAMR)과 비트 패턴 미디어(BPM)를 접목한 데이터 저장 기술이다. 이는 각각 단일 비트를 나타내는 열적으로 안정된 개별 자성 닷을 사용하며, 레이저로 가열하여 기록하는 방식이다. AI 시대를 맞아 이를 뒷받침하는 양자 컴퓨터가 등장하고 새로운 데이터 저장 기술이 개발되면 GMR에 이은 노벨상이 이 분야에 주어질 것이다.

분자 기계

나노 기술의 측면에서 보면, 2016년에 분자 기계에 주어진 화학상은 앞서 2007년도에 나노소자에 주어진 물리학상과는 그 의미가 확연히 다르다. 페르와 그륀베르크의 2007년도 물리학상 업적은 기존의 물질을 조합하여 나노 크기로 작게 소자를 만듦으로써 나노 특성을 발휘한 것이었다. 반면에 장피에르 소바주, 프레이저 스토더트, 베르나르트 페링하가 받은 2016년도 화학상의 업적은 새로운 분자를 합성하고 조립하여 동작이 가능한 분자 기계를 만든 것이다. 즉, 전자가 물리적 나노기술이라면, 후자는 화학적 나노기술이다.

분자 기계의 출현과 관련하여 예언자적 통찰력을 발휘한 사람은 리처드 파인만이다. 그는 1965년에 양자전기역학 분야의 업적으로 줄리언 슈윙거, 도모나가 신이치로와 함께 물리학상을 받았다. 그동안 위대한 물리학자들이 많았건만, 파인만을 거론할 때면 늘 아인슈타인과 함께 천재 물리학자라는 수식어가 붙는다. 그는 이미 1950년대에 나노기술의 개발을 예언했다. 그는 1984년 미래 비전 강연회에서 '당신은 얼마나 작게 기계를 만들 수 있습니까?'라는 말을 하여, 나노기술에 관심을 불러일으킨 것으로도 유명하다. 마침내 그의 예언대로 분자 기계가 실현되었다. 그는 대중을 위한 책도 많이 썼다. 오래전에 발간된 것이기는 하지만, 그의 책은 『파인만의 물리학 강의』, 『파인만 씨, 농담도 잘 하시네!』, 『발견하는 즐거움』, 『남이야 뭐라하건!』 등의 제목으로 국내에 소개되었다.

2016년 화학상 수상자들은 분자 기계를 만들기 위해 먼저 부품에 해당하는 분자를 합성했다. 그림 7-7에 합성한 부품 분자의 모양을 나타냈다. 두 개의 고리 모양 분자들이 쇠사슬 고리처럼 물리적으로 연결된 카테난 분자, 룬석 조각에서 발견되는 켈트 십자 모양의 분자, 보로미안 고리 모양의 분자, 솔로몬 매듭 모양 분자 등이다. 소바주는 카테난 분자에 이어서 세잎 매듭 모양의 켈트 십자가 분자를 만들었다. 이 심볼은 토르의 망치(묠니르) 묘사에서도 발견되는데, 기독교에서는 삼위일체를 상징한다. 보로메오 고리 분자는 스토더트에 의해 합성되었는데, 이것은 이탈리아 보로메오 집안의 방패에 새겨진 심볼이다. 또한 고대 노르드어가 새겨진 비석에서도 발견되는데, 역시 삼위일체를 의미한다. 또한, 스토더트와 소바주는 솔로몬왕의 지혜를 상징하는 솔로몬 매듭 분자를 만들었다. 이 매듭 문양은 이슬람에서 흔히 사용되며, 로마 모자이크에서도 발견된다.

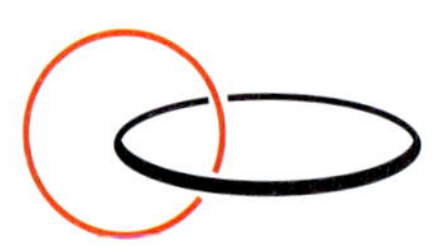

그림 7-7 분자 기계의 몇 가지 부품 분자 모양. 왼쪽부터 카테난, 켈트 십자, 보로미안 고리, 솔로몬 매듭

이들 매듭 모양의 분자를 어떻게 만들었을까? 카테난을 예를 들어서 합성 방법을 살펴보면, 이 분자는 화학 결합을 사용하지 않고 두 개의 서로 다른 고리 화합물이 고리 사슬로 끼워져 있다. 소바주는 이 분자의 합성을 위해 먼저 한쪽 고리 화합물을 만든 다음, 이 고리 안에 구리 이온 착체를 형성했다. 이 구리 이온은 추가로 다른 리간드 분자를 받아들여 앞의 고리와 함께 착체를 형성할 수 있다. 즉, 두 번째 고리의 반쪽 조각을 리간드로 활용하여 고리 안쪽으로 구리 이온과 착체를 형성시킨다. 그런 다음 두 번째 고리의 다른 반쪽 조각을 이미 착체를 형성하고 있는 반쪽 조각과 반응시켜서 고리구조로 만든다. 마지막으로 구리 이온을 제거하면 두 개의 고리 분자가 고리 사슬로 끼워진 카테난 분자가 형성된다. 소바주는 1983년에 이 방법으로 카테난을 처음으로 합성했다.

한편, 1994년에 스토더트는 꿈의 오륜기 분자인 올림피아데인을 합성했다. 이 분자는 마치 올림픽의 오륜기처럼 다섯 개의 고리 분자가 서로 끼워져 있다. 이 분자는 기능성을 염두에 두고 만들어진 것은 아니지만, 카테난 합성의 정수를 보여준다. 올림피아데인은 1988년 서울 올림픽을 맞아 한국의 화학자들 사이에 이 분자를 합성하면 뜻깊은 일이 되겠다고 말이 오갔던 분자이다.

분자 기계의 중요한 부품 분자인 로탁세인을 처음으로 합성한 사람은 스토더트였다. 로탁세인은 긴 사슬 분자에 고리 분자가 끼워져 있는 구조를 말한다. 그는 1991년에 로탁세인을 합성했고, 이어서 고리 분자가 사슬 분자의 축을 따라 이동할 수 있음을 확인했다. 로탁세인 분자를 합성한 예를 들면, 우선 긴 사슬 분자의 중간쯤에 적당한 사이를 띄어 전자 밀도가 높은 구조를 두 군데 도입한다. 이 분자에 전자 밀도가 낮은 구조의 사슬 분자를 첨가하면 전자 밀도가 높은 부분과 낮은 부분 사이에 쌍극자 힘이 작용하여 서로 가깝게 붙는다. 이 상태에서 전자 밀도가 낮은 사슬 분자를 반응시켜서 고리 분자로 바꾼다. 즉, 로탁세인 분자로 만든다. 이 분자에 열을 가하면 이 에너지로 인해 고리 분자가 먼저 붙어 있던 긴 사슬이 전자 밀도가 높은 부분에서 떨어져 나온다. 하지만 고리 분자는 결국 긴 사슬 분자의 축을 따라 이동하여 이웃한 또 다른 전자 밀도가 높은 부분에 붙는다. 스토더트는 1994년부터 그가 개발한 로탁세인 분자를 이용하여 분자 엘리베이터, 분자 근육, 분자 컴퓨터 칩 등의 분자 기계를 합성하였다. 2004년에는 분자 엘리베이터를 만들어서 표면에서 자신을 0.7nm 들어 올렸고, 2005년에는 인공 근육을

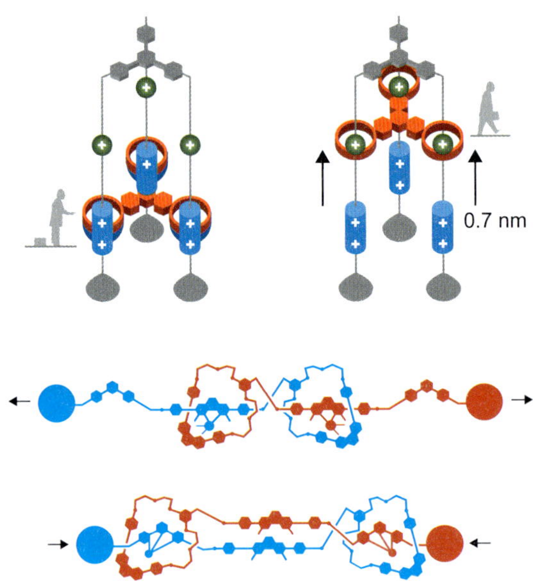

그림 7–8 스토더트의 분자 엘리베이터(위)와 소바주의 분자 근육 필라멘트(아래)
출처: © Johan Jarnestad/The Royal Swedish Academy of Sciences

만들어서 매우 얇은 금판을 구부렸다. 그림 7–8 위쪽이 분자 엘리베이터의 구조이다.

소바주 또한 로탁세인의 잠재력에 주목했다. 그의 연구 그룹은 2000년에 고리를 갖는 두 개의 루프 분자를 서로 끼워 넣는 데 성공했다. 이 구조물은 사람 근육 속의 필라멘트처럼 신축 작용을 나타냈다. 이들은 또한 로탁세인 고리가 교대로 서로 다른 방향으로 회전하는 분자 모터를 만들었다. 소바주가 실현한 분자 근육 필라멘트를 그림 7–8 아래쪽에 나타냈다.

분자 기계를 움직이는 동력 에너지는 어떻게 공급될 수 있을까? 이것은 분자 기계의 용도와 부품 분자의 구조에 따라 달라진다. 앞서 열을 가하는 예를 들었는데, 그 외에 빛을 쪼였을 때 구조가 변화는 분자를 이용하기도 하고, pH를 달리하거나 산화–환원 반응을 통해 플러스(+) 또는 마이너스(–) 전하를 띠게 함으로써 같은 전하끼리의 반발력 또는 반대 전하와의 인력을 이용하기도 한다.

1999년에 페링하는 처음으로 분자 모터를 만들었다. 그는 회전이 되돌아가지 않고 같은 방향으로만 이뤄지도록 영리한 트릭을 사용했다. 일반적으로 분자 운동은 랜덤하므로 오른쪽으로 일어난 만큼 왼쪽으로도 일어난다. 하지만 벤 페링하는 물리적으로 특정의 방향으로만 회전하도록 분자 구조를 설계했다. 그림 7-9에 페링하가 실현한 분자 모터를 보여준다. 자외선이 한쪽 로터 날개를 180도 회전시킨다. 이것이 분자 내에 긴장 상태를 일으킨다. 한쪽 로터 날개가 다른 날개 위로 넘어가서 긴장 상태를 풀어준다. 이로써 되돌아가는 회전을 막게 된다. 자외선을 받으면 180도 회전이 한 번 더 일어난다. 이번에는 열을 가해줌으로써 메틸기가 로터 날개 위로 넘어가서, 되돌아가는 회전은 생기지 않는다. 첫 번째로 만든 모터는 그다지 빠르지 않았지만, 2014년에는 초당 1천200만 회전을 달성했다. 페링하는 2011년에 사륜구동의 나노카를 만들었다. 이것은 바퀴 역할을 하는 4개의 모터 분자가 분자 섀시에 연결된 구조이다. 바퀴들이 바르게 자리 잡았을 때 나노카가 표면 위에서 앞쪽으로 움직였다.

소바주는 1944년 파리에서 태어났다. 그는 장마리 렌의 지도 아래 루이 파스퇴르대학교에서 박사학위를 취득했다. 렌은 1987년 화학상을 받은 화학자인데, 그에 관해서는 뒤에서 간단히 소개한다. 소바주는 박사과정 중 크립탄드 리간드의 최초 합성에 기여했

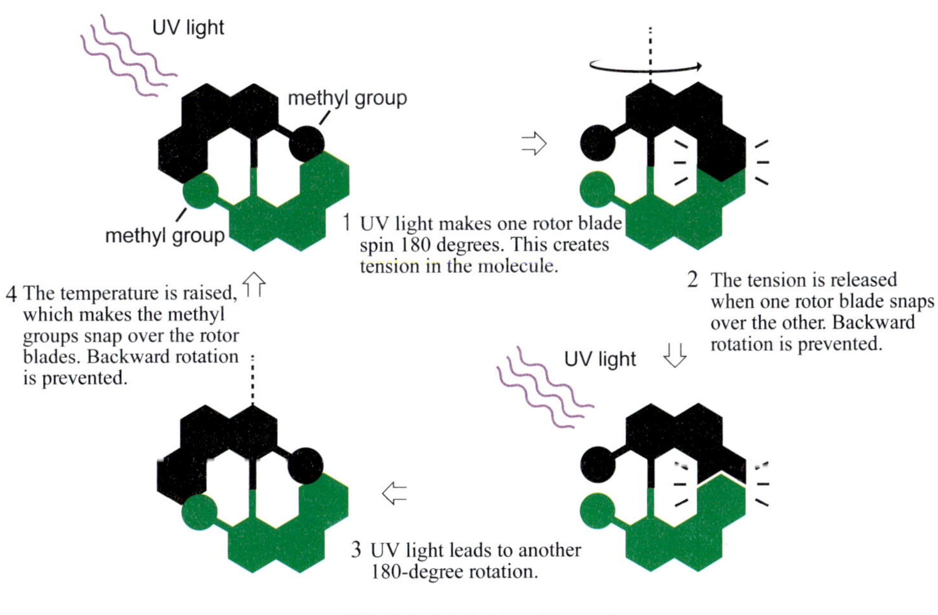

그림 7-9 페링하의 분자 모터
출처: © Johan Jarnestad/The Royal Swedish Academy of Sciences

다. 크립탄드는 금속과 착체를 형성하는 고리구조 화합물 중 하나이다. 그는 박사후 연구 과정을 마친 후, 스트라스부르로 돌아왔다. 그는 금속과 착체를 형성하는 새로운 리간드의 합성에 그치지 않고, 이들로 구성된 분자 기계가 외부 신호에 반응하여 구조를 변화시킴으로써 작동하도록 만들었다. 결국, 소바주는 노벨상을 받은 지도교수의 제자로서 해당 분야를 더욱 확대 발전시킴으로써, 30년 만에 제자도 노벨상을 받은 주인공이 되었다.

스토더트는 1942년 스코틀랜드 에든버러에서 태어났다. 그는 세 가구로 이루어진 작은 공동체인 에지로우 농장에서 소작농으로 자랐다. 그는 성장기 시절 직소 퍼즐과 조립 장난감에 대한 열정을 고백했는데, 이것이 분자 구조에 관한 관심의 토대가 되었다고 믿었다. 스토더트는 미들로디언 카링턴의 마을 학교에서 초등 교육을 받은 후, 에든버러의 멜빌 칼리지로 진학했다. 1960년 에든버러대학교에 입학하여 초기에는 화학, 물리학, 수학을 전공했다. 1964년 화학전공으로 학사 학위를 취득한 후, 에든버러대학교에서 우리에게는 아라비아검으로 더 잘 알려진 아카시아의 천연 검 연구로 1966년 박사 학위를 받았다. 그는 캐나다, 미국, 영국에서의 대학 및 기업을 거치며 경력을 쌓았다. 1990년 버밍엄대학교 유기화학 교수직으로 옮겼으며, 1997년에는 UC 로스앤젤레스의 사울 윈스타인 화학 석좌교수로 부임했는데, 이 자리는 뒤에서 언급하는 1987년 화학상 수상자 도널드 크램의 후임이었다. 크램은 소바주의 지도교수였던 장마리 렌과 함께 크라운 에터 연구로 노벨상을 받았다. 스토더트도 자신의 지도교수는 아니었지만, 같은 분야에서 먼저 노벨상을 받은 화학자의 자리를 이어받은 노벨상 수상자가 되었다.

페링하는 가톨릭 가정에서 농부의 아들로 태어났다. 페링하는 열 명의 형제자매 중 둘째였다. 그는 독일 국경 바로 맞은편인 부르탕게 습지대의 바르허-콤파스쿰에 위치한 가족 농장에서 청소년기를 보냈다. 그는 네덜란드와 독일 혈통을 지녔는데, 그의 조상 중에는 개척자 요한 게르하르트 베켈도 있다. 페링하는 1974년에 흐로닝언대학교에서 우등으로 석사학위를, 1978년엔 같은 대학에서 박사학위를 취득했다. 네덜란드와 영국 셸 회사에서 짧은 기간 근무한 후, 그는 1984년 흐로닝언대학에 자리를 잡았다. 그의 초기 연구 주제는 균일계 촉매 및 산화 촉매, 특히 입체화학이었다. 그의 입체화학 연구는 1990년대에 광화학 분야에 중대한 공헌을 했으며, 그 결과 앞서 언급한 최초의 빛으로 회전하는 분자 모터와 전기적 자극으로 움직이는 나노카가 개발되었다.

크라운 에터: 분자 기계까지의 개념은 아니지만, 합성 분자를 이용해 마치 생체 시스템에서 일어나는 분자의 화학적 거동을 흉내 낸 화학자들이 1987년 화학상을 받았다. 이런 연구 분야를 생체 모방 화학이라고 부른다. UC 로스앤젤레스의 도널드 크램, 스트라스부르와 파리에서 활약한 장마리 렌, 듀폰사의 찰스 피더슨이 그들이다. 이들 세 명의 연구자들은 고리 구조의 에터 분자를 합성했는데, 이들 분자의 모양이 마치 왕관과 닮아서 크라운 에터로 부른다. 이들 분자는 도넛처럼 가운데에 크기가 다른 구멍이 있는데, 이 구멍에 종류가 다른 금속 이온들이 선택적으로 결합하는 기능성을 나타냈다. 예를 들면 이들은 서로 밀접하게 관련이 있는 이온들을 구분할 수 있는데, 소듐 이온(Na^+)과 포타슘 이온(K^+)을 구분하는 것이 그것이다. 아울러 이들은 마치 효소처럼 기질 특이성을 나타내기도 한다. 이와 같은 분자를 처음으로 합성한 사람은 피더슨이다. 그가 1967년에 크라운 에터를 합성한 후, 렌과 크램이 좀 더 복잡하며 정교한 고리구조의 유기 화합물을 개발했다. 이들 화합물은 분자 안의 구멍과 우리(cage) 안에 금속 이온뿐만 아니라 유기물 분자가 선택적으로 들어와 결합하도록 설계하였다. 예로써, 크라운 에터는 2차원 고리 모양의 유기 화합물인데, 렌은 유사한 특성을 갖는 3차원 분자를 합성했다. 이 분자는 뇌의 중요한 신경전달물질인 아세틸콜린과 특이적으로 결합했다. 이 연구는 무기화학에서 생화학에 이르는 모든 화학 분야에 걸쳐 많은 응용성을 갖는다.

1987년 화학상 수상자 중, 피더슨에 대해서만 간단히 살펴본다. 1904년 경상남도 동래군(현재의 부산시 동래구)에서 태어난 피더슨은 세 자녀 중 막내였다. 그의 아버지는 노르웨이인 선박 엔지니어로, 한국 세관에 합류하기 위해 한국으로 이주했다. 이후 그는 현재 북한에 있는 운산 광산에서 기계 엔지니어로 근무했다. 일본인 어머니는 가족과 함께 일본에서 한국으로 이주해 운산 광산 근처에서 콩과 누에를 거래하며 성공적인 사업을 일구었다. 둘은 운산에서 만났다. 피더슨에게는 형이 있었으나 그가 태어나기 직전 어린 나이에 사망했고, 다섯 살 연상의 누나 아스트리드가 있었다. 피더슨은 별도의 자서전에서 다음과 같이 말했다. 그는 어린 시절 당시 어머니가 세상을 떠난 형의 죽음으로 여전히 슬퍼하고 있었기 때문에, 자신은 환영받지 못한 아이라고 느꼈다. 그는 어려서는 한국에서 생활했지만, 주로 영어를 사용하며 자랐다. 8세 무렵, 피더슨은 초등학교에 입학하기 위해 일본 나가사키로 갔고, 이후 요코하마의 세인트 조셉 칼리지로 전학했다. 일본에서는 요시오라는 일본식 이름을 사용했다. 세인트 조셉 칼리지에서의 교육을 성공적으로 마친 후, 가족이 성모회와 긴밀한 유대 관계를 맺고 있었기 때문에, 1922년부터 그는 미국 오하이오주 데이턴대학교에서 교육을 받았다. 그는 대학에서 화학공학을 전공했고, 스포츠, 학업, 사회 활동 등 대학 생활의 모든 측면에 몰입한 균형 잡힌 학생이었다. 1926년 데이턴대학교에서 화학공학 학사 학위를 취득한 그는 유기화학 석사학위를 취득하기 위해 MIT에 진학했다. 당시 교수진은 그에게 대학에 남아 유기화학 박사학위를 취득할 것을 권유했으나, 그는 아버지의 지원을 더이상 받고 싶지 않았기 때문에 듀폰에 연구원으로 들어가 42년을 일했다. 그는 박사학위 없이 과학 분야 노벨상을 수상한 극소수의 인물 중 한 명이다.

준결정 소재

2011년 화학상은 기존의 결정 구조가 아닌 새로운 결정, 준결정을 발견한 아이오와주립대학의 다니엘 셰흐트만에게 주어졌다. 준결정 소재는 결정과 비정질 고체의 중간적인 특성을 가지는 새로운 형태의 물질로, 원자 배열이 결정처럼 규칙적이지만 완벽한 반복 패턴을 나타내지 않아 독특한 물리적, 화학적 성질을 나타낸다. 단단하고 마모에 강하며 열과 전기를 잘 전달하지 않는 특성 때문에, 프라이팬 코팅, 골프채, 수술 기구 등 다양한 신소재로 활용될 수 있다. 국내 연구진도 컴퓨터 시뮬레이션을 통해 준결정 구조 내에서 빛 또는 소리 같은 파동이 움직임을 멈추거나 갇히는 현상인 국부화를 발견하는 등 준결정 관련 연구가 활발히 진행되고 있다. 이 특성은 광통신용 섬유 개발이나 층간 소음 문제의 해결에 응용될 수 있다. 하지만 준결정의 존재는 한동안 인정받지 못한 채 과학계로부터 외면당했었다.

1982년에 안식년을 맞아 셰흐트만은 국방부 신소재 연구 프로그램의 지원을 받아 미국 표준기술연구소에서 알루미늄-철과 알루미늄-망간 합금의 금속 성질을 연구했다. 그와 그의 동료들은 알루미늄과 망간을 대충 6:1의 비율로 섞은 후, 가열해서 일단 녹인 다음 빠르게 냉각시켰다. 전자 현미경으로 이 고체 합금을 관찰하던 중, 예기치 않은 5

겹 대칭축 구조를 발견했다. 즉, 72°(360°/5)씩 돌리면 같은 구조를 재현했다. 이러한 대칭축은 결정에서는 불가능한 것으로 알려졌는데, 그것은 반복해서 규칙적인 구조를 만들어 내는 기본 단위가 될 수 없기 때문이다. 이 합금의 구조는 비주기적이고, 반복되지 않는다. 셰흐트만은 그가 5겹 대칭축의 비주기적인 구조를 발견했다고 주장했지만, 주위의 반응은 비난과 외면이었다. 당시의 과학계는 가능한 결정 구조에 관한 연구는 이미 19세기에 끝났다고 여기는 분위기였다. 셰흐트만은 국립 표준기술연구소 연구 그룹으로부터 떠나달라는 요청을 받았고, 1984년이 되어서야 그의 발견을 출간할 수 있었다. 그 이후에 미국인 물리학자 폴 스타인하르트와 이스라엘 물리학자 도브 레빈이 셰흐트만의 발견을 설명하면서 준결정(quasicrystal)이라는 용어를 만들었다. 그렇지만 이를 확신하는 과학자는 거의 없었다. 특히 라이너스 폴링(1954 화학상, 1962 평화상)은 적극적인 반감을 드러냈는데, 그는 "준결정이란 없다. 단지 준과학자들만 있을 뿐이다"라는 말까지 했다. 엑스선을 이용하는 많은 결정학자도 전자 현미경으로 발견되었다는 셰흐트만의 준결정을 받아들이려 하지 않았다. 1987년이 되어서야 그의 정당함이 입증되었는데, 프랑스와 일본의 과학자들이 엑스선으로 구조를 확인할 수 있을 정도의 충분히 큰 준결정을 만들어 냈기 때문이다.

그림 7-10 왼쪽은 이란 이스파한 다르비 이맘 성지(1453년)의 스팬드럴(spandrel)에서 발견된 십각형 기리(girih) 패턴을 보여준다. 완벽한 준결정 타일링을 구성하기 위한 분할

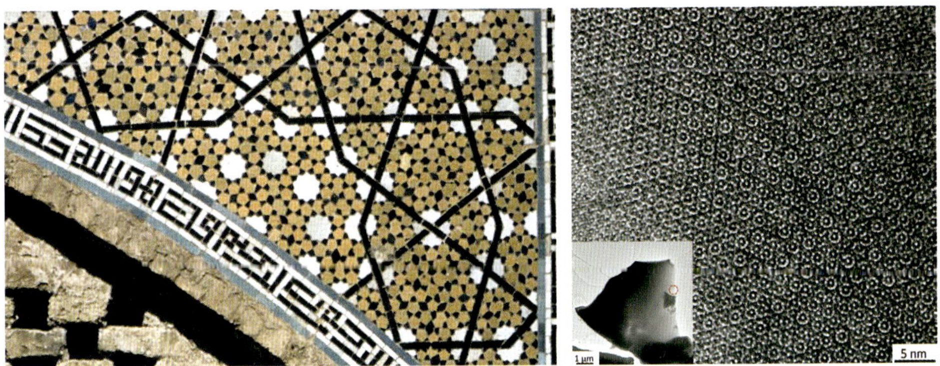

그림 7-10 이란의 한 성지에서 확인된 분할 규칙을 활용한 준결정 디일(왼쪽)과 운석 파편의 준결정 파편 조각

출처: Paul J. Steinhardt et al., CC BY 4.0, Wikimedia Commons

규칙이 확인되었다. 오른쪽은 2011년 러시아 시베리아에서 발견된 카티르카 운석 파편에서 채취한 자연 발생 준결정 $Al_{71}Ni_{24}Fe_5$의 마이크론 크기 결정립의 원자 이미지이다. 해당 회절 패턴은 10중 대칭성을 보여준다.

양자점

2023년 화학상은 양자점(quantum dots)의 발견 및 합성에 기여한 과학자에게 수여되었다. 문지 바웬디, 루이스 브루스, 알렉세이 예키모프가 공동 수상했다. 수상자들은 나노 크기의 반도체 입자인 양자점의 합성법을 개발하고, 이것이 크기에 따라 다른 색을 낼 수 있다는 점을 밝혀냈다. 처음으로 양자점을 합성한 사람은 브루스였다. 그는 1980년대 초반에 콜로이드 용액으로부터 양자점을 합성했다. 예키모프는 유리 기판에서 양자점을 합성하는 방법을 발견했고, 바웬디는 양자점의 크기를 정밀하게 제어하여 균일한 입자를 만드는 방법을 개발했다. 양자점은 디스플레이, LED 조명, 태양전지, 광촉매, 생체 이미징 등 다양한 분야에서 응용될 수 있다. 특히 QLED TV에서 컬러 필

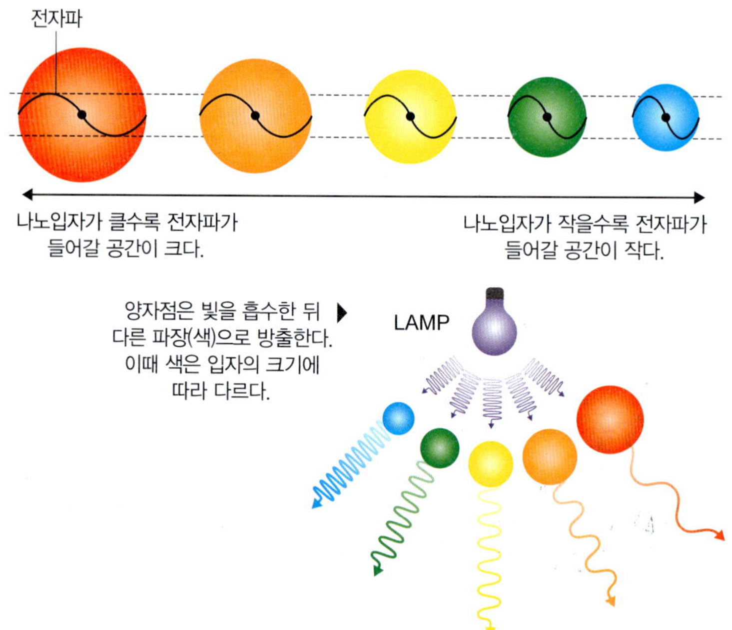

그림 7-11 입자의 크기에 따른 양자 구속 효과

터로 양자점을 사용하면서, 과학자는 물론 일반인의 양자점에 관한 관심이 높아졌다.

동일한 소재의 반도체 결정이 단지 크기가 수 나노미터로 작아졌을 뿐인데, 어떤 원리로 서로 다른 파장의 빛을 흡수하거나 방출하는 것일까. 이에 대해서는 앞에서 나노 소재의 물성에 관한 설명 중에 언급했다. 양자점은 크기가 작아짐에 따라 양자 구속 효과를 나타낸다. 양자점의 크기가 작아질수록 입자 속에 갇힌 전자가 파동으로 거동하며, 입자의 크기에 따라 에너지 준위가 불연속적으로 변한다. 에너지 준위 간격이 변하면, 이에 따라 흡수하고 방출하는 빛의 파장, 즉 색깔이 달라지는 것이다. 그림 7-11에 입자의 크기에 따른 양자 구속 효과를 나타냈다. 빨간색 양자점은 장파장인 빨간색 파장이 들어갈 정도의 공간이 있지만, 파란색 양자점은 공간이 좁아서 파란색의 짧은 파장만 들어갈 수 있다.

금속 유기 골격체

2025년 화학상은 금속 유기 골격체(metal-organic framework, MOF)를 개발하고 그 응용 분야를 개척한 과학자들이 수상했다. 기타가와 스스무, 리처드 롭슨, 오마르 야기가 수상의 주인공이다. MOF는 새로운 형태의 다공성 구조를 갖는 물질이다. 기존의 대표적인 다공성 물질인 제올라이트는 실리콘 옥사이드 구조의 무기물인데, MOF는 금속 이온과 긴 유기 분자가 함께 조직되어 큰 공동을 갖는 금속-유기 결정체이다. MOF의 응용 분야로는 구성 요소를 변화시켜 특정 물질을 포집하고 저장하거나, 화학 반응을 촉진하는 촉매의 역할을 하거나, 전기를 전도할 수도 있다. 즉, MOF는 가스 및 기타 화학 물질을 충분히 저장할 수 있는 넓은 공간을 갖고 있어서 사막의 공기에서 물을 추출하거나, 이산화탄소를 포집하거나, 유독 가스를 저장하거나, 화학 반응을 촉매하는 데 활용될 수 있다.

최초의 MOF는 1989년 리처드 롭슨이 다이아몬드의 탄소처럼 네 개의 결합을 하는 단위체를 이용하여 합성한 결정체였다. 다이아몬드는 하나의 탄소에 네 개의 다른 탄소가 결합한 사면체 구조가 결합 단위이지만, 이 MOF는 네 개의 나이트릴 꼭지를 갖는 유기물이 하나의 단위가 되고, 이들 사이에 구리 이온이 각각 들어가서 결합한 구조이다. 이것은 무수한 공동으로 가득 찬 다이아몬드 모양이다. 그림 7-12에 이 결정체의 구조

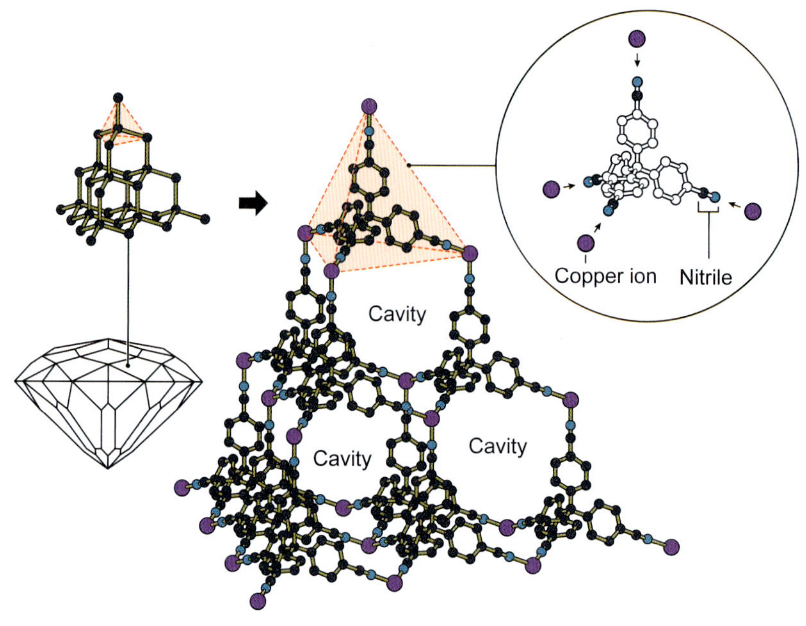

그림 7-12 롭슨이 합성한 최초의 MOF
출처: © Johan Jarnestad/The Royal Swedish Academy of Sciences

를 나타냈다.

롭슨은 즉시 자신의 분자 구조가 갖는 잠재력을 알아챘다. 하지만 이 결정체는 불안정하여 쉽게 붕괴하였다. 이 건축 방식에 견고한 기반을 마련해 준 사람이 기타가와 스스무와 오마르 야기였다. 1992년부터 2003년 사이에 그들은 각각 일련의 새로운 구조와 기능을 부여한 발견을 이루었다. 키타가와는 기체가 구조물 안팎으로 흐를 수 있음을 보여주었고, 유연한 MOF가 만들어질 수 있을 것으로 예측했다. 야기는 매우 안정적인 MOF를 개발하고 합리적 설계를 통해 이를 변형시켜 새로운 특성을 부여할 수 있음을 입증했다. 그림 7-13에 기타가와와 야기가 개발한 MOF를 나타냈다.

자연의 나노구조

자연은 나노 크기로 물질을 가공하는 미세 가공 마술사이다. 연잎이 물에 젖지 않는 것은 연잎 표면이 물을 싫어하는 소수성이어서만이 아니다. 현미경으로 관찰하면 미세

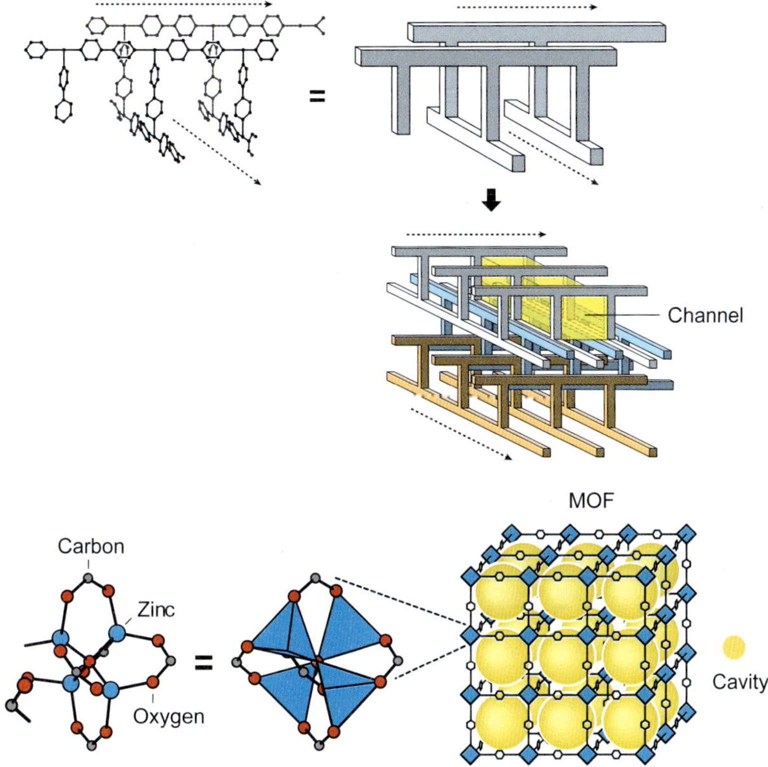

그림 7-13 위쪽은 1997년 기타가와가 합성한 MOF이고, 아래쪽은 1999년 야기가 만든 MOF이다. 기타가와는 서로 다른 기체가 위아래로 교차하여 흐를 수 있는 채널 구조를 만들었고, 야기는 몇 그램의 MOF만으로도 축구장 크기의 표면적을 갖는 안정한 구조를 설계했다.
출처: © Johan Jarnestad/The Royal Swedish Academy of Sciences

한 돌기가 보인다. 이 돌기는 나노미터 크기이기 때문에 물방울의 표면장력을 깰 정도의 접촉 표면적이 되지 못한다. 동식물 중에는 물성을 이처럼 물질의 크기로 조절하는 것들이 많이 있다. 도마뱀붙이의 발바닥 주름, 나비의 날개, 공작새 깃털 등도 나노미터 크기의 미세 구조를 갖는다. 즉, 공작새의 화려한 색은 깃털이 각 색을 나타내는 염료나 안료를 갖고 있어서가 아니다. 단지 깃털의 미세 구조를 조절하여 다양한 색을 연출한다. 보석 중에서 오팔은 지름이 150nm~300nm인 미세한 실리카구 사이에서 빛이 간섭과 굴절을 일으켜 다양한 색을 만든다.

로마 시대의 유리컵으로 리쿠르고스 컵이 있는데, 이 컵은 빛의 방향에 따라 붉은색과 녹색으로 보인다. 이것은 4세기 경의 이색성 유리컵인데, 70nm 크기의 금과 은 나노 입자가 콜로이드 형태로 분산되어 있다. 그림 7-14는 연잎 효과를 보여주는 연잎 위 물방울과 오팔 결정을 보여준다.

그림 7-14 연잎 위 물방울과 오팔 결정

출처: VoDeTan2 Dericks-Tan, CC BY-SA 3.0, Wikimedia Commons(왼쪽) / Daniel Mekis, CC BY-SA 3.0, Wikimedia Commons(오른쪽)

8장
디스플레이

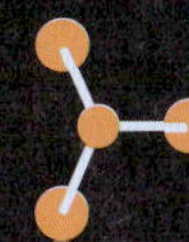

8장 디스플레이

본문에서 언급한 노벨상 수상자

연도/분야	수상자	출생/소속(수상 당시)	수상 업적
2014 물리학상	아카사키 이사무	1929~2021 일본, 메이조대학교	밝고 에너지 절약적인 백색 광원을 가능하게 한 효율적인 청색 LED의 발명
	아마노 히로시	1960 일본, 나고야대학교	
	나카무라 슈지	1954 일본, UC 산타바바라	
1920 화학상	발터 네른스트	1864~1941 폴란드, 베를린대학교	열화학 분야에 기여한 업적
1906 물리학상	조지프 존 톰슨	1856~1940 영국, 케임브리지대학교	기체의 전기 전도에 관한 이론적 및 실험적 연구
1909 물리학상	굴리엘모 마르코니	1874~1937 이탈리아, 마르코니 무선 통신 회사	무선 전신 발전에 기여
	페르디난트 브라운	1850~1918 독일, 스트라스부르대학교	
1991 물리학상	피에르질 드젠	1932~2007 프랑스, 콜레주 드 프랑스	단순계의 질서 현상 연구를 위해 개발된 방법들이 복잡한 물질의 형태, 특히 액정과 고분자에 일반화될 수 있다는 것을 발견한 공로
1970 물리학상	한네스 알벤	1908~1995 스웨덴, 왕립기술연구소	플라스마 물리학의 다양한 분야에서 응용할 수 있는 자기유체역학 분야의 기초 연구 및 발견
	루이 네엘	1904~2000 프랑스, 그르노블대학교	고체 물리학의 중요한 응용을 가능케 한 반강자성 및 페리자성에 관한 기초 연구 및 발견
2009 화학상	윌러드 보일	1924~2011 캐나다, 벨 연구소	CCD 센서-이미징 반도체 회로의 발명
	조지 스미스	1930~2025 미국, 벨 연구소	
	찰스 가오	1933~2018 중국, 영국 표준통신연구소, 홍콩중문대학교	광통신용 광섬유의 빛 투과에 관한 획기적인 업적
1908 물리학상	가브리엘 리프만	1845~1921 룩셈부르크, 소르본대학교	간섭 현상을 이용한 컬러 사진 재현 방법

발명왕 에디슨 하면 가장 먼저 떠오르는 발명품이 백열등이다. 백열등은 1879년에 등장하여 130여 년 동안 그 역할을 다하고 2014년 1월부터 그 생산과 수입이 중단되었다. 마치 노벨상 위원회가 이러한 시대의 흐름을 반영이라도 한 듯이, 2014년 물리학상

은 백색광 광원으로서 높은 효율의 안정한 청색 LED를 발명한 일본의 과학자들에게 수여되었다. RGB(빨강, 녹색, 청색) 중에서 청색 LED의 발명이 가장 큰 난제였다. 청색 LED는 파장이 짧은 빛을 내야 하므로 강한 에너지에 견디며 안정적으로 빛을 내는 소재가 필요한데, 적절한 소재를 찾기가 어려웠기 때문이다. 노벨상 수상자들이 이 문제를 해결함으로써 적은 에너지로도 더 밝은 빛을 내고 수명이 긴 백색 LED등이 탄생한 것이다. 이들은 갈륨 나이트라이드(GaN)라는 소재를 기본으로 안정한 청색 LED를 구현했다. LED등의 탄생은 백열등과 형광등에 이은 조명의 혁신이다. 2014년도의 노벨상 수여식은 마치 백열등에서 LED 조명 시대로의 세대교체 선포식이었던 것 같은 생각이 든다.

인류는 기원전 약 15,000년 전부터 기름 램프를 사용했다. 우리나라도 지금부터 50여 년 전만 해도 농촌에서는 등잔불을 켰었다. 1와트에 해당하는 에너지로 기름은 0.1루멘의 빛을 낸다. 같은 에너지로 백열등이 16루멘, 형광등은 70루멘의 빛을 내는데, LED등이 내는 빛은 300루멘에 이른다. 전체 전력 사용량의 1/4가량이 조명에 사용되는 점을 고려하면, LED등이 앞으로 지구의 에너지 절약에 얼마나 이바지할는지 크게 기대된다.

8.1 조명

발광의 종류

어떤 물질이 빛을 내는 것은 그 물질을 구성하는 원자나 분자 내의 전자가 어떤 이유로든 들뜬 상태가 되었다가 원래의 바닥 상태로 되돌아올 때, 그 에너지 차에 해당하는 파장의 빛이 나오는 것이다. 조명의 종류가 다양한 것은 발광 소재가 기체, 액체, 고체 등으로 다양한 것은 물론, 들뜬 상태로 만드는 방식 또한 다양하기 때문이다. 이를 위한 에너지원으로 열, 빛, 전기, 화학 반응 등이 이용된다. 전자가 들뜬 상태에서 바닥 상태로 이완될 때 항상 빛이 나오는 것은 아니다. 많은 경우 빛에너지가 아닌 열에너지로 방출되며, 때로는 빛과 열이 함께 나오기도 한다.

광발광은 빛을 흡수하여 들뜬 상태가 된 물질이 다시 빛을 방출하는 현상이다. 형광과 인광이 대표적인 예이다. 형광은 짧은 시간 내에 빛을 방출하고 사라지지만, 인광은 빛을 흡수한 후 오랫동안 지속적으로 빛을 방출한다. 화학적으로 전자가 일중항 들뜬 상태에서 바닥 상태로 이완되면서 빛을 내는 것이 형광이다. 인광은 전자의 들뜬 상태가 일중항에서 삼중항으로 전이된 다음, 바닥 상태로 이완되는 되는 것이다. 일중항 또는 삼중항이란 말은 스핀을 갖는 전자들이 어떻게 존재하느냐에 따라 서로 다른 상태이다. 삼중항 들뜬 상태는 일중항 들뜬 상태보다 에너지 준위가 낮기 때문에 인광은 형광보다 파장이 길어진다.

전계발광은 전기장을 가하면 물질이 빛을 내는 현상으로 OLED가 대표적인 예이다. OLED 발광 물질은 각각 RGB에 해당하는 에너지 밴드 갭을 갖는다. 밴드 갭은 앞서 언급한 들뜬 상태와 바닥 상태의 에너지 차를 일컫는 말이다. 이 물질에 (−)극과 (+)극의 전극을 연결하고 전기 에너지를 가하면, 밴드 갭의 비어 있는 높은 에너지 준위 오비탈로 (−)극에서 전자가 흘러 들어가고 낮은 에너지 준위 오비탈에 있던 전자는 (+)극으로 빠져나가서 빈자리 정공이 생긴다. 이어서 높은 에너지 준위로 들어온 전자가 정공 위치로 이완되면서 밴드 갭에 해당하는 에너지가 빛으로 나온다.

화학발광은 화학 반응 과정에서 빛이 발생하는 현상이다. 반딧불이의 발광이 대표적인 화학발광이다. 반딧불이 루시페린이 산소와 반응하여 불안정한 1,2-디옥세테인의 구조를 갖게 되는데, 이 구조가 분해되면서 단일항 들뜬 상태의 루시페린이 된다. 들뜬 상태의 루시페린은 빛을 내면서 바닥 상태로 이완된다. 생물발광은 생물체가 내는 발광을 말하는데, 체내에서의 화학 반응으로 빛을 내므로 발광의 원리는 화학발광이다. 앞서 예를 든 반딧불이 외에도 해파리를 비롯해 다양한 바다 생물이 빛을 낸다. 3장 현미경에서 2008년도 화학상을 받은 과학자들이 발광 해파리로부터 녹색 형광 단백질을 발견하고, 그 발현 과정을 밝힌 내용을 언급했다.

열발광은 물질을 가열했을 때 축적된 에너지가 빛으로 방출되는 현상이다. 흑체 복사를 통한 물질의 온도와 방출되는 빛의 파장 관계는 5장에서 설명했다. 생소하지만 음향발광도 알려졌다. 강한 소리가 만든 액체 내의 기포가 붕괴할 때 고온의 열이 발생하기 때문이다. 안경점에서 볼 수 있는 초음파 세척기에서도 물속에서 발생한 마이크로미터 크기의 기포가 붕괴하면서 매우 높은 순간 온도가 발생한다. 또한 물리적인 마찰에 의해서도 빛이 발생할 수 있다. 이 외에도 음극선의 전자가 형광체와 부딪칠 때도 빛을 내는

데, 이를 음극선 발광이라고 한다. 이에 대해서는 CRT에 대한 설명에서 다시 언급한다.

백열등과 형광등

백열등이 빛을 내는 것은 금속을 실 같이 뽑은 필라멘트가 고온으로 가열되어 금속 원자가 들뜬 상태로 되기 때문이다. 즉, 필라멘트에 전류를 흘려보내면 전기저항으로 열이 발생하는데, 이 때문에 백열등은 빛을 낼 뿐만 아니라 상당히 뜨겁다. 일본에서는 아예 백열등을 난방기구로 사용하는 '고다츠'라는 것이 있는데, 이것은 탁자 아래에 백열등을 설치한 것이다. 할로젠등은 텅스텐 필라멘트의 백열등에 할로젠 기체를 넣은 것이다. 다음 화학 반응식에서처럼 할로젠 기체는 필라멘트로부터 증발한 텅스텐과 가역적으로 반응하여 이것을 필라멘트에 되돌려 붙여줌으로써 필라멘트의 수명이 길어지고 백열등도 깨끗해지는 효과가 있다.

$$2W + 5Br_2 \rightleftarrows 2WBr_5$$

형광등은 수은 증기가 채워진 공간에 전류를 통과시키면 들뜬 상태의 수은(Hg)으로부터 자외선이 발생하고, 형광등 내부에 코팅된 형광체가 이 자외선을 흡수한 후 가시광선 형광을 내는 것이다. 수은은 들뜬 상태에서 자외선을 방출하지만, 어떤 금속은 들뜬 상태에서 가시광선을 낸다. 한 예로, 소듐(Na) 증기로부터는 주황색 가시광선이 나오는데, 이전에 터널에 설치한 '나트륨등'이 그것이다(나트륨은 소듐으로 용어가 바뀌었다). 이제는 형광등도 백열등과 마찬가지로 역사 속으로 사라지게 되었다. 그 이유는 바로 수은을 사용하기 때문이다. 인류는 수은의 위험성을 일찍이 경험했는데, 미나마타병이 바로 수은 중독에 의한 것이었다.

노벨상 수상자 중에 백열등 연구를 수행한 과학자가 있었다. 열화학 연구로 1920년 화학상을 받은 발터 네른스트이다. 1장에서도 언급한 대로, 그가 발견한 것은 산화 마그네슘이었다. 이것은 상온에서 부도체이지만 필라멘트로 만들면 고온에서 완벽한 전도체가 되어 밝은 빛을 냈다. 비록 에디슨의 텅스텐 백열등에 밀려 그가 디자인한 예열형 램프는 오래가지 못했지만, 네른스트 광원은 여전히 살아남아서 적외선 분광기의 발광 부품으로 사용된다.

LED등

LED는 '빛을 내는 다이오드'라는 의미인데, 다이오드(diode)는 두 개를 뜻하는 '다이'와 전극의 '일렉트로드'를 줄인 말이다. 즉, LED는 두 개의 전극 사이에 빛을 내는 물질을 넣고 전류를 한쪽으로 흘려보낼 때 빛이 나오는 전자 부품을 말한다. 이때 발광 물질이 금속이거나 무기물이면 그냥 LED, 유기 물질이면 OLED, 고분자 물질이면 PLED로 부른다. 이 중에서 조명 용도로는 LED가 주로 사용되므로 본 절에서는 LED를 소개하고, OLED나 PLED는 다음 디스플레이 절에서 설명한다.

LED를 사용해 백색광을 만드는 방법은 다양하다. 기본적으로 빛의 삼원색인 빨강(R), 녹색(G), 청색(B) LED를 모두 사용하면 백색광이 된다. 하지만 효율성과 경제성을 고려해서 자외선을 내는 LED와 RGB 형광체를 조합하거나, 청색 LED와 황색 형광체의 조합으로 백색광을 만든다. 이 중에서 가장 많이 사용되는 방식은 후자이다.

많은 과학자가 효율이 높고 안정한 청색 LED를 개발하기 위해 노력했다. 이 과정에서 돌파구를 연 과학자들이 2014년 물리학상을 받았는데, 이들은 아카사키 이사무, 아마노 히로시, 나카무라 슈지이다. 이들이 찾아낸 발광 소재는 갈륨과 질소의 복합 재료인 갈륨 나이트라이드(GaN)이다. 고품질의 GaN 결정체 제조법의 개발이 청색 LED 실현의 관건이었다. 그림 8-1에 LED의 발광 원리와 GaN 소재를 사용한 청색 LED의 구조를 나타냈다. LED의 원리는 간단하다. 발광 소재의 양쪽에 각각 (+)와 (−)의 전극을 붙이고 전류를 흘려보내면 (+)극 쪽에서는 소재로부터 전자가 빠져나가서 전자가 채워져 있던 오비탈(HOMO)에 전자 구멍이 생긴다. 반면에 (−)극 쪽으로부터 유입되는 전자들은 소재의 비어 있던 오비탈(LUMO)을 채워나간다. 이들 전자와 구멍이 서로 반대쪽으로 이동하다가 소재의 중앙 부근에서 LUMO를 채운 전자와 HOMO의 구멍이 만나면, 상대적으로 높은 에너지 상태인 LUMO에 있던 전자가 낮은 에너지 상태의 HOMO 구멍을 채우면서, 이들 두 오비탈의 에너지 수준 차(밴드 갭)에 해당하는 빛이 나오는 것이다. 여기서 HOMO는 전자가 채워진 오비탈 중 가장 높은 에너지 상태의 분자 오비탈이고, LUMO는 비어 있는 오비탈 중 가장 낮은 에너지 상태의 오비탈이다. 따라서 에너지 수준으로 보면 HOMO 바로 위에 LUMO가 존재한다.

빨강과 녹색 LED는 효율이 높고 안정적인 소재를 일찍 찾았으나, 청색 LED는 앞서

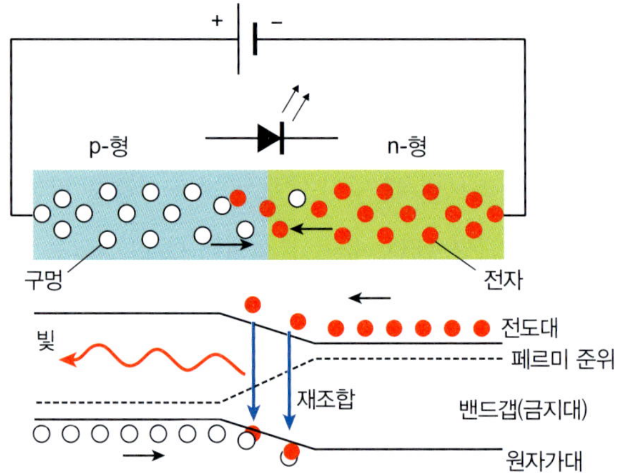

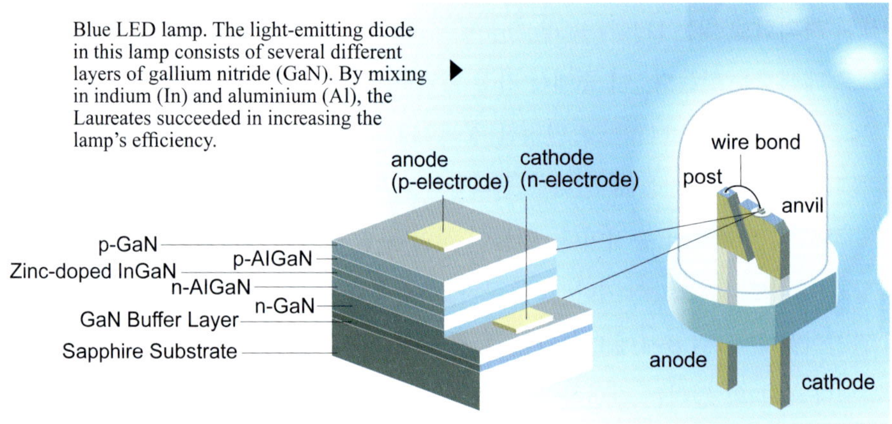

그림 8-1 LED의 발광 원리(위)와 갈륨 나이트라이드(GaN) 층이 포함된 청색 LED등의 구조(아래)
출처: © Johan Jarnestad/The Royal Swedish Academy of Sciences (아래)

말한 대로 높은 에너지의 짧은 파장 빛을 내야 하므로 안정한 소재를 찾기가 어려웠다. 이러한 문제를 해결해준 소재가 갈륨 나이트라이드(GaN)이다. 그림 8-1의 아래쪽에 청색 LED의 구조를 나타냈다. 그림에서 보여주듯이 청색 LED 소자를 제작할 때는 GaN 이외에도 발광 효율을 높이기 위해 여러 층의 다른 소재 층을 도입한다. 인듐(In)이나 알루미늄(Al)이 들어간 GaN 소재를 사용하거나, 이것에 아연(Zn)을 도핑하여 사용한다. LED 소재의 선기전도도는 반도체에 해당한다. 빛의 파장에 따른 LED 반도체 소재를 표 8-1에 나타냈다. 반도체 소재는 같은데 발광색이 다른 것들이 있다. 구성 원소의 종류

표 8-1 발광색에 따른 LED 반도체 소재

발광색	파장(nm)	밴드 갭(ΔV)	반도체 소재
빨강	610 < λ < 760	1.63 < ΔV < 2.03	AlGaAs, GaAsP, AlGaInP, GaP
오렌지	590 < λ < 610	2.03 < ΔV < 2.10	GaAsP, AlGaInP, GaP
노랑	570 < λ < 590	2.10 < ΔV < 2.18	GaAsP, AlGaInP, GaP
녹색	500 < λ < 570	1.90 < ΔV < 4.00	전통 녹색 GaP, AlGaInP, AlGaP 순수 녹색 InGaN/GaN
청색	450 < λ < 500	2.48 < ΔV < 3.70	ZnSe, InGaN, 기판으로 SiC 또는 Si
보라	400 < λ < 450	2.76 < ΔV < 4.00	InGaN
자외선	λ < 400	3.10 < ΔV < 4.40	다이아몬드(235nm), BN(215nm), AlN(210nm), AlGaInN(~210nm)

자료: https://en.wikipedia.org/wiki/Light-emitting_diode

는 같지만, 그 비율이 다르기 때문이다.

아카사키는 일본 가고시마현 지란에서 태어나 가고시마시에서 자랐다. 그의 형은 전자공학자이자 규슈대학 명예교수였던 아카사키 마사노리이다. 가고시마에서 고등학교까지 마친 아카사키는 교토대학에 진학하여 1952년에 이학부 화학과를 졸업했다. 대학 시절에는 수업을 즐기고, 지역 주민들이 잘 찾지 않는 신사와 사찰을 방문했으며, 여름 방학에는 신슈 지역의 산을 걸으며 충실한 학생 시절을 보냈다. 졸업 후 고베공업의 연구원 생활을 한 후, 대학원에 진학하여 1964년에 나고야대학에서 공학 박사 학위를 취득했다. 이후 도쿄의 마쓰시타 연구소 기초 연구실장을 역임했고, 1981년 나고야대학 교수로 복귀했다. 1992년 아카사키가 나고야대학을 떠날 때 명예교수로 추대되었으며, 이후 나고야 소재 메이조대학 교수진에 합류했다. 나고야대학은 2004년 아카사키에게 특별교수 칭호를 수여했으며, 2006년 완공된 아카사키 연구소를 그의 이름을 따 명명했다. 연구소 건설 비용은 대학에 귀속된 아카사키의 특허 로열티 수입으로 충당되었으며, 이 자금은 나고야대학 내 다양한 활동에도 활용되었다. 연구소는 청색 LED 연구·개발 및 응용 기술의 역사를 전시하는 LED 갤러리, 연구 협력 사무실, 혁신적 연구를 위한 실험실, 그리고 최상층 6층에 아카사키 연구실 등으로 구성된다. 연구소는 나고야대학 히가시야마 캠퍼스 내 공동 연구 구역의 중심부에 자리 잡고 있다.

아마노는 1960년 일본 하마마쓰에서 태어났다. 그는 나고야대학에서 이학사(1983), 이학석사(1985), 이학박사(1989) 학위를 취득했다. 초등학교 시절에는 축구 골키퍼와 소프트볼 포수로 활동했다. 아마추어 무선에도 열정을 쏟았으며, 공부를 싫어했음에도 수학에는 재능이 있었다. 고등학교에 진학한 후에는 공부에 진지하게 임하기 시작했고, 매일 밤늦게까지 공부했으며 우등생이 되었다. 그는 1982년에 학부생으로 아카사키 이사무 교수 연구실에 합류했다. 이후 III족 질화물 GaN 결정체의 성장, 특성 분석 및 소자 응용에 관한 연구를 수행했다. 1985년에는 사파이어 기판 위에 GaN 반도체 박막을 성장시키기 위한 저온 증착 버퍼층을 개발했다. 1989년에는 p형 GaN의 성장에 성공하고, 세계 최초로 p-n 접합형 GaN 기반 자외선/청색 LED를 제작하는 데 성공했다. 연구에 열정적인 것으로 알려진 아마노의 연구실은 평일은 물론, 휴일, 설날에도 밤늦게까지 불이 켜져 있어 '밤의 성'이라 불렸다. 연구실 제자들에 따르면 아마노는 낙관적이고 온화한 성격으로 화를 내는 일이 전혀 없다고 한다.

나카무라는 에히메현에서 태어났다. 어렸을 때는 바다와 산 등 자연 속에서 노는 아이였다. 아버지가 시코쿠 전력에서 근무했고, 아버지의 일 때문에 그의 가족은 초등학교 2학년 때 오즈로 이사했는데, 그곳에서도 등산을 즐겼다. 오즈에서 고등학교 과정까지 다니는 동안 수학과 물리를 좋아했고, 미술과 공작을 잘했다. 하지만 역사나 지리 등의 암기과목은 잘하지 못했다. 중고등학교 6년 동안 배구부에 들어가 활동했다. 중학교 시절에는 주장을 맡고 있던 형이 강제로 시켜서 입단했고, 고등학교 때는 친구의 권유를 거절하지 못해 배구를 계속했지만, 배구를 좋아하는 것은 아니었다. 그러나 한 인터뷰에서 "힘들 때는 배구부에서 혹독하게 연습했던 때가 생각난다"라고 밝히기도 했다. 훗날 자신의 저서에서 자신들의 방식을 추구하고 고민했던 것, 수험 공부에만 전념하지 않고 동아리 활동을 계속했던 것이 자립심을 갖게 했다고 회고했다.

나카무라는 1977년 도쿠시마대학에서 전자공학 학사 학위를 취득했으며, 2년 후 같은 전공으로 석사 학위를 취득한 뒤 도쿠시마에 본사를 둔 니치아 주식회사에 입사했다. 여기서 그는 최초의 상용 고휘도 GaN LED를 생산하는 방법을 발명했다. 이 LED의 선명한 청색광과 황색 형광체 코팅을 통해 백색 LED 조명이 탄생했고, 1993년에 양산에 들어갔다. 그 이전인 1960년대에 RCA에서도 GaN LED의 상용화를 위해 노력했으나 성공하지 못했다. 주요 문제는 강한 p형 GaN을 제조하기가 어려웠기 때문이다. 나카무라는 아카사키 교수가 이끄는 연구팀의 연구를 참고했는데, 이 팀은 마그네슘 도핑된 GaN에 전자빔을 조사하여 강한 p형 GaN을 만드는 방법을 발표했었다. 그러나 이 방법은 대량 생산에는 적합하지 않았다. 나카무라는 대량 생산에 훨씬 적합한 열처리 방법을 개발했다. 그는 니치아 회사와의 특허권을 둘러싼 갈등을 겪었고, 그 과정에서 일본의 시스템에 실망한 그는 결국 일본을 떠나 미국 시민이 되었다. 그는 플로리다대학교의 교수를 거쳐, 2026년 현재 UC 산타바바라의 석좌교수이다.

8.2 디스플레이

TV의 디스플레이 방식이 여러 번 바뀌었다. 그만큼 현대 문명의 발전사를 보여주는 대표적인 제품이 TV이다. TV 방영을 최초로 시작한 나라는 영국(1936)이다. 음극선관(CRT) 흑백 TV였다. 음극선관보다 소위 브라운관이 더 친숙한 이름인데, 그것은 발명자 페르디난트 브라운(1909 물리학상)의 이름을 따서 부른 것이다. 우리나라는 1956년에 첫 TV 방송을 시작했다. 컬러 TV를 처음으로 선보인 것은 영국이 아니라 미국(1954)이었고, 이어서 일본(1960)이 두 번째로 컬러 TV 방송 시대를 열었다. 우리나라는 1980년에 컬러 TV 방송을 시작했다. 이후 CRT의 개량을 통해 대형 화면의 선명한 TV를 제작하려는 경쟁 시대를 거쳐, 1998년 영국과 미국에서부터 브라운관이 아닌 평판 디스플레이를 통한 디지털 TV 시대가 처음으로 시작되었다. 현재는 여기에 네트워크 통신이 연결된 스마트 TV 시대를 살고 있으며, 우리나라는 세계 최고급의 QLED와 OLED TV의 대량 생산국이다.

CRT

음극선관(CRT)을 이용한 TV는 음극(–)에서 나오는 전자빔이 관의 반대쪽 내부 면에 코팅된 형광체와 부딪칠 때 빛이 나오는 현상을 이용한 것이다. 컬러 TV의 CRT 내부를 그림 8-2에서 보여준다. 전자총에서 나온 전자는 음극선관 화면 쪽의 양극(+)을 향해

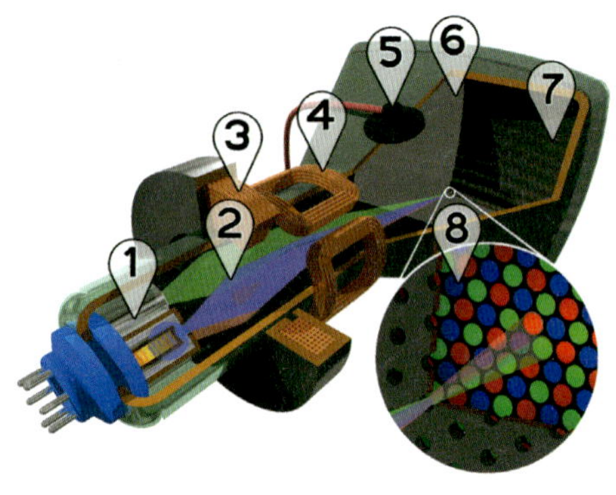

1. 3개의 전자총
   (각각 RGB 화소 담당)
2. 전자빔
3. 초점 코일
4. 굴절 코일
5. 양극(+) 접합
6. RGB 파트별 빔 분리 마스크
7. RGB 형광체 층
8. 형광체가 코팅된
   내부 스크린의 확대 모습

그림 8-2 컬러 CRT의 내부 모식도

달려간다. RGB 형광체마다 각각 3종류의 전자총이 필요하다. 중간의 코일 장치들은 전자기력 발생 장치로서 자기장을 이용해 정확히 원하는 위치로 전자빔을 유도한다. 화면 안쪽 유리면에 형광체가 도포되어 있다. 형광체는 전자빔의 운동 에너지를 받아 이를 빛에너지로 변환하여 발광한다. 화면의 한쪽 모서리부터 반대편 대각선 모서리까지 순차적으로 이동하면서 전자총을 쏘지만, 이것이 매우 빠른 속도로 이루어지기 때문에 우리 눈은 마치 화면 전체가 동시에 변하는 것처럼 인식하게 된다. CRT는 전자빔의 운동을 방해하는 요소가 없도록 내부가 진공 상태인 유리관이다. 이것이 CRT의 부피가 크고 무게가 나가는 주요 원인이다.

브라운이 1897년에 만든 CRT를 브라운관으로 부른다. 이것은 당시의 크룩스관을 개선한 것인데, 크룩스관은 전기로 필라멘트를 가열하는 방식이었다. 브라운은 처음으로 필라멘트로 가열하지 않는 음극 다이오드를 사용했고, 관의 내부에 형광체를 발라서 빛이 나오게 했다. 이렇게 만들어진 브라운관이 너무나 유명하다 보니, 많은 사람이 그가 1909년에 받은 물리학상도 CRT의 발명으로 받은 줄로 안다. 하지만 사실은 그렇지 않다. 그의 노벨상 수상 업적은 무선 통신을 개발한 것이었고, 이 분야의 개척자인 마르코니와 함께 받았다. CRT가 만들어진 1897년은 톰슨이 음극선의 실체가 음전하를 띤 입자, 즉 전자임을 밝힌 해이기도 하다. 톰슨은 전자의 발견과 기체 속의 전기 진도를 연구한 공로로 브라운보다 3년 먼저 1906년에 물리학상을 받았다.

브라운은 여러 방면에서 현대 문명의 기초가 되는 연구와 발명을 했다. 그는 2회로 시스템을 통해 장거리 무선 통신과 현대 통신 기술의 길을 닦았으며, 1905년 위상 배열 안테나를 발명하여 레이더, 스마트 안테나, MIMO 기술의 발전에 기여했다. MIMO 기술은 무선 통신에서 송신기와 수신기에 각각 다수의 안테나를 사용하여 데이터 전송 효율을 극대화하는 기술이다. 앞서 설명한 대로 1897년에는 최초의 음극선관을 제작하여 텔레비전 개발의 토대를 마련했으며, 1874년에는 반도체 소자인 최초의 다이오드를 개발하여 전자공학 발전의 문을 열었다. 한편 브라운은 선구적인 통신 및 텔레비전 기업 중 하나인 텔레퓬켄의 공동 창립자였다. 그를 일컬어 발명가 폴 니프코와 더불어 "텔레비전의 아버지", "지금까지 제조된 모든 반도체의 위대한 조상", 마르코니와 함께 "무선 전신의 창시자"로 부른다.

LCD

평판 디스플레이의 길을 가장 먼저 연 것은 흑백 액정 디스플레이(LCD)이다. 디지털 시계나 전자계산기의 작은 화면에 최초로 숫자판 LCD를 적용했다. 네모난 8자 모양의 길쭉한 7개 방(cell)을 가지고 0부터 9까지 숫자를 나타냈다. 각각의 방에 액정 분자가 들어있어서 전원을 켜고 끌 때 이들이 빛을 차단하거나 통과시키는 방식이다. 이것이 가능한 이유는 액정 분자의 배열 모양이 전기장의 유무에 따라 바뀌기 때문이다. 노트북 컴퓨터의 화면은 물론 QLED TV도 액정을 사용한다. 7장에서 나노소재를 설명하며 언급한 대로 QLED TV에서는 액정을 통과한 빛을 양자점 필터로 RGB 색에 맞게 걸러낸다. 즉, QLED의 Q는 양자점(2023 물리학상, 7장 나노소재)을 뜻하며, LED는 백라이트의 광원이 LED라는 뜻이다. QLED 이름에서는 LCD가 빠졌지만, 사실은 이것이 핵심 기술이다.

그렇다면 액정(液晶, liquid crystal)이란 어떤 물질인가? 용어의 한자나 영어가 그 뜻을 말해주듯이 액체이면서 결정 상태인 물질을 말한다. 일반적으로 액체는 성분 분자들이 제멋대로 무질서하게 존재하는 상태이고, 결정은 고체를 구성하는 성분이 질서를 가지고 배열한 상태를 말한다. 그런데 액정은 액체인데도 구성 분자들이 질서를 갖고 배열한 상태이다. 분자들이 액정 상태에서 갖는 질서 구조에는 그림 8-3에 나타낸 것과 같이 여러 종류가 있다. 뒤의 그림 8-4에 보여준 MBBA가 디지털시계 화면에 사용하는 액정 분자의 한 예이다.

액정의 종류는 크게 세 가지 부류로 나눈다. 하나는 열을 가하거나 냉각시킬 때 특정 온도 구간에서 액정이 나타나는 경우, 다음으로 용매를 바꾸었을 때 나타나는 경우, 그리고 금속 이온을 첨가했을 때 나타나는 경우이다. 열에 의한 액정은 다시 네마틱, 스멕틱, 카이랄, 원반형, 원뿔형 등으로 구분한다. 네마틱은 용액 중에서 분자들이 세로 방향으로는 배열하지만 가로 방향으로는 무질서한 경우이다. 즉, 자동차들이 앞서거니 뒤서거니 하면서 한 방향으로 달려가는 모양새다. 스멕틱은 가로, 세로 모두 배열을 맞춘 질서정연한 형태이고, 카이랄은 그림 8-3b처럼 방향성 자체가 주기를 갖고 회전하는 모양새다. 네마틱 카이랄 또는 스멕틱 카이랄과 같이 다시 구분할 수 있다. 네마틱 카이랄은 콜레스테릭으로 부르기도 하는데, 그것은 벤조산 콜레스테릴에서 이 액정 형태가 처음으로 확인되었기 때문이다. 디스코틱은 원반 모양으로 코닉은 원뿔 모양으로 분자들이 집합체를 이룬 경우이다. 한편, 네마틱 액정을 편광 현미경으로 관찰할 때 나타나

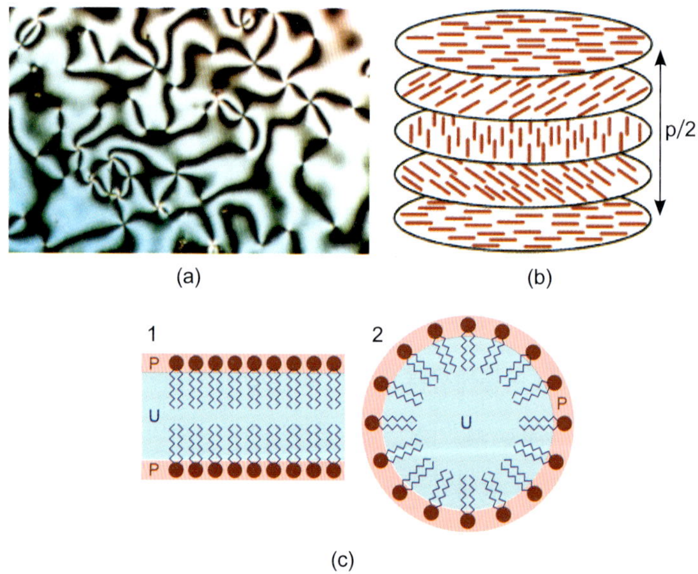

그림 8-3 몇 가지 액정의 종류. (a) 네마틱(schlieren, 줄무늬), (b) 카이랄 네마틱(콜레스테릭), (c) 이중층막(1)과 마이셀(2)

출처: (a) Minutemen, CC BY-SA 3.0, Wikimedia Commons / (b) Heimoponnath at German Wikipedia, CC BY-SA 3.0, Wikimedia Commons / (c) Stephen Gilbert, CC BY-SA 3.0, Wikimedia Commons

는 줄무늬를 쉴리렌 구조(그림 8-3a)라고 하는데, 이 말은 줄무늬를 뜻하는 독일어에서 나왔다.

용매에 따라 나타나는 액정으로는 세포막과 같은 이중층막과 비누 분자가 만드는 마이셀이 대표적이다(그림 8-3c). 둘 다 물속에서 나타난다. 용매를 바꿔서 유기 용매인 헥세인에 녹이면 액정이 나타나지 않거나, 소량의 물이 존재하면 분자가 거꾸로 배열한 역마이셀이 나타나기도 한다. 즉, 비누 분자는 물에 잘 녹는 부분(친수성)과 물을 싫어하고 유기 용매에 잘 녹는 부분(소수성)을 둘 다 한 몸에 가지고 있는 양친매성 구조이다. 마이셀이 물에서 만들어지면 둥근 모양의 바깥쪽에 친수성 부분이 위치하지만, 유기 용매에서 역마이셀이 되면 거꾸로 친수성 부분이 둥근 공 모양의 중심 쪽을 향한다. 양친매성 분자에서 친수성과 소수성의 균형에 따라 마이셀뿐만 아니라 이중층막을 비롯한 다양한 집합체가 가능하다. 예를 들어, 소수성 부분이 비누 분자처럼 한 가닥의 알킬 사슬이 아니라 두 가닥이 되면 소수성 부분이 상대적으로 커지기 때문에 마이셀보다는 이중층막이 더 안정한 집합구조가 된다.

금속 이온을 첨가할 때 나타나는 액정도 금속 이온과 유기물 분자의 비율에 따라 또는 온도에 따라 다양하게 나타난다. 금속 양이온과 할로젠 음이온이 짝을 이루어 다양한 집합구조를 만들기도 한다. 예를 들어 $ZnCl_2$는 정사면체 네트워크 구조를 갖기도 하고 유리와 같이 무정형 구조를 갖기도 한다. 여기에 비누 분자처럼 긴 사슬을 갖는 분자를 첨가하면 앞서 언급한 비율과 온도 조건에 따라 다양한 액정을 나타낸다.

그림 8-4의 왼쪽에 액정 분자 MBBA의 구조를 나타냈다. 이 분자는 1969년 한스 켈커가 합성한 최초의 상온 액정 물질이다. 액정은 원래 오스트리아의 프리드리히 라이니처에 의해 1888년에 발견되었지만, 초기 액정 물질들은 100℃ 이상의 높은 온도에서 액정 상태가 되었다. MBBA의 발견은 액정을 실제 산업에 적용하는 데 결정적인 전환점이 되었다. 이전까지는 액정을 사용하기 위해 복잡하고 비싼 가열 장치가 필요했지만, MBBA의 발견으로 이러한 제약이 사라졌기 때문이다.

그림 8-4의 오른쪽에 LCD의 원리를 나타냈다. 전원이 꺼져있을 때는 백라이트에서 액정 셀 안에 들어온 빛이 액정 분자의 회선 방향을 따라 회선하여 들어올 때와는 90도 달라진다. 이때 사용하는 빛은 일반 빛이 아니라 편광이다. 일반 빛을 편광을 만드는 필

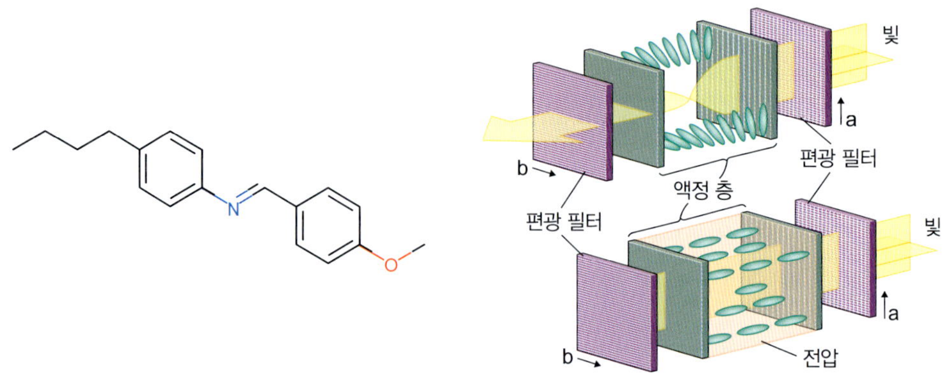

그림 8-4 MBBA 액정 분자(왼쪽)와 LCD의 원리(오른쪽)

터를 사용해서 빛이 액정 셀에 들어올 때 편광으로 바꿔준다. 이 빛이 액정 셀을 지나 나갈 때는 들어올 때와는 90도 다른 편광 필터를 거친다. 따라서 전원이 꺼져있을 때는 빛이 통과된다. 반면에 전원이 들어오면 액정 분자들이 한 방향으로 배향을 바꾸기 때문에 액정 셀에 들어온 편광의 방향이 바뀌지 않는다. 그래서 빛이 나가는 쪽의 편광 필터를 통과하지 못한다.

액정과 관련하여 노벨상을 받은 과학자는 1991년에 물리학상을 받은 피에르질 드젠이다. 그는 질서와 무질서 사이의 상변화를 액정뿐만 아니라 고분자, 젤, 강자성체에 이르기까지 일반화하여 설명할 수 있음을 발견하였다. 특히 액정과 고분자에서의 상변화를 많이 연구했다. 액정에서는 특정 온도(T_c), 고분자에서는 중합 단량체 수(N), 그리고 젤에서는 반응한 결합수(p_c), 강자성체에서는 퀴리 온도(T_c)를 기준으로 질서와 무질서 상태가 변화하는 현상을 연구했다.

피에르질 드젠은 프랑스 파리에서 태어났고, 12살까지 학교에 다니지 않고 가정 교육을 받았다. 13살에 그는 성인 수준의 독서 습관을 익혔고, 박물관에 다니기 시작했다. 이후 프랑스 교육부 산하의 고등교육기관인 에콜 노르말 쉬페리외르에서 공부했다. 1955년에 학교를 졸업한 후, 그는 원자력 위원회의 사클레 센터에서 연구원으로 근무하며 주로 중성자 산란과 자성을 연구했다. 1961년 그는 오르세에서 조교수로 부임하면서, 오르세 초전도체 연구 그룹을 만들었다. 그가 연구 분야를 바꾸어 액정에 관해 연구하기 시작한 것은 1968년부터다.

PDP

요즘엔 평판 TV 경쟁에서 사라졌지만, 한때는 LCD(QLED), OLED와 더불어 PDP TV가 대형 모델로 인기가 있었다. PDP는 플라스마 디스플레이 패널의 줄임말이다. 지금도 대형 광고판용으로는 PDP가 사용된다. 이름에서 알 수 있듯이 PDP는 플라스마 상태를 이용하는데, 플라스마는 전하를 띤 기체 상태이다. 고체나 액체 상태의 전하를 띤 물질들은 흔하나. 고체인 소금(Na^+Cl^-)이 그렇고, 이온 액체인 N-알킬이미다졸리움 클로라이드($RImH^+Cl^-$)가 그렇다. 하지만 어떤 물질이 기체 상태로 (+), (−) 전하를 띠게 하려면 고에너지가 필요하므로 일상생활에서 플라스마를 접하기는 어렵다. 간혹 플라스마 절단기로 쇠를 절단하거나, 플라스마 처리기로 재료의 표면을 가공하는 공장의 간판을 통해 '플라스마'라는 말을 접하는 정도이다. 연구용으로는 핵융합을 위해 필요한 1억 도의 온도에서 플라스마 상태가 얼마간 유지하기도 한다. 또한 극지방의 상층에서는 산소, 헬륨, 수소 등이 이온화하여 플라스마 바람을 일으키기도 하는데, 이것이 오로라와 같은 북극광이다. 1970년에 수여된 물리학상은 플라스마 물리학을 연구한 한스 알펜과 반강자성과 준강자성을 연구한 루이스 닐이 함께 받았다. 플라스마와 자기장은 항상 같이 존재하는 불가분의 관계이다. 그런데 PDP TV는 어떻게 이런 고에너지의 플라스마 상태를 활용하여 컬러 이미지를 만들어내는 것일까?

비교적 낮은 에너지로도 안정한 플라스마 상태를 만들 수 있는 원소가 단원자 기체인 비활성 원소이다. He, Ne, Xe 등이 그것인데, 이들 혼합 기체를 방에 넣고 한쪽 벽에서 방전하면, 기체가 이온화하거나 들뜬 상태가 된다. 이 과정에서 아무리 낮은 에너지를 사용해도 열이 많이 발생하기 때문에 PDP TV는 벽에 걸린 난방기구라는 말이 나올 정도이다. 기체 원자 속의 전자가 들뜬 상태로부터 바닥 상태로 이완되면서 자외선이 방출되는데, 다른 쪽 벽에 코팅된 형광체가 이 자외선을 흡수하여 가시광선의 빛을 방출한다. 그림 8-5는 RGB 세 개의 방이 한 세트를 이룬 PDP 화소를 나타낸다. 다른 디스플레이에서와 마찬가지로 RGB 세 개의 방을 어느 비율로 활성화하느냐에 따라 모든 컬러를 만들 수 있다.

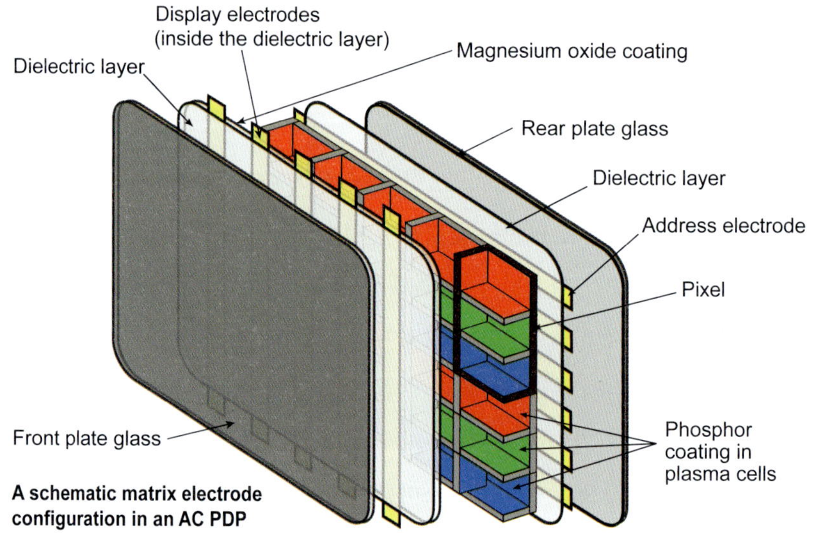

그림 8-5 RGB 세 개의 방으로 구성된 한 세트의 PDP 화소
출처: Jari Laamanen, FAL, via Wikimedia Commons

OLED

어느 디스플레이 기술이나 초기에는 소형 화면으로 시작한다. 그 후에 많은 시행착오를 거치면서 기술적 성장을 이루어 대형 화면으로까지 발전한다. 특히 OLED TV의 경우 초기의 많은 불량률을 극복하고 대형화에 성공했다. OLED의 원리는 앞서 설명한 LED의 원리와 기본적으로 같다. 즉, 발광 물질의 양쪽에 (+) 전극과 (−) 전극을 붙여 전류를 흘려보낼 때 빛이 나오는 원리다. 다만 LED는 무기물 소재를 사용하고 OLED는 유기물 소재를 사용하는 것이 다르다. 그동안 탄소와 수소를 함유하는 유기물 소재는 무기물 소재에 비해 가볍고 가공도 쉽지만, 열이나 빛에 약하기 때문에 내구적 용도로는 그다지 사용하지 않았었다. 하지만 안정한 구조의 기능성 유기물이 합성되면서 이를 이용한 새로운 제품이 시장에 등장하게 된 것이다.

그림 8-6a에서 OLED의 발광 원리를 보여주는데, 앞서 그림 8-1 위쪽의 LED 발광 원리와 같다는 것을 알 수 있다. 즉, 그림 8-1 위쪽의 (+)극이 그림 8-6a의 양극이고, (−)극은 음극, p-형은 전도층, n-형은 발광층로 나타냈다. 양쪽의 전극 사이에서 (−)극으로부터 들어온 전자와 (+)극으로 빠져나간 전자가 남긴 구멍이 만나면서 빛이 나온

다. OLED의 경우도 LED와 마찬가지로 실제 소자를 만들 때는 효율을 높이기 위해 여러 층의 구조로 설계하는데, 그림 8-6b에 백색광 OLED 소자의 한 예를 나타냈다. 그림은 알루미늄과 ITO 전극 사이에 무려 8개의 층이 들어간 것과 각 층에 들어가는 유기물 종류를 함께 보여준다. ITO는 인듐과 주석의 산화물이란 뜻이고, 전기가 통하는 투명한 물질이다. ITO 투명 전극을 사용하는 이유는 두 전극 사이에서 발생한 빛이 한쪽으로 빠져나가야 하기 때문이다. 그림에서처럼 OLED 소자는 이렇게 많은 층으로 구성되지만, 전체 두께가 350nm도 되지 않는 것을 알 수 있다. 즉, 유리를 비롯한 보호막을 입혀도 수 mm 두께로 제작할 수 있기 때문에 OLED TV는 마치 벽지처럼 붙이는 것이 가능하다. 반면에 QLED의 경우는 백라이트가 필요하고 양자점 컬러 필터를 거치는 LCD 방식이기 때문에 두께가 OLED보다는 두껍다.

OLED를 개발한 과학자에게는 아직 노벨상이 수여되지 않았다. 아마도 이 분야에 노벨상이 주어진다면, 1987년에 최초로 OLED 관련 논문을 발표한 탕칭완과 스티븐 반슬라이크가 받을 것으로 생각된다. 다만, OLED를 구현한 것은 아니지만, 이 발광 원리와 관련이 있는 노벨상으로 1981년에 겐이치 후쿠이와 로알드 호프만이 받은 화학상을 들 수 있다. 그들은 유기물의 분자 오비탈(HOMO, LUMO) 연구를 통해 딜스-알더 반응(오토 딜스, 쿠르트 알더, 1950 화학상)과 같은 유기 반응의 입체 화학 메커니즘을 밝혀냈다. 유기물

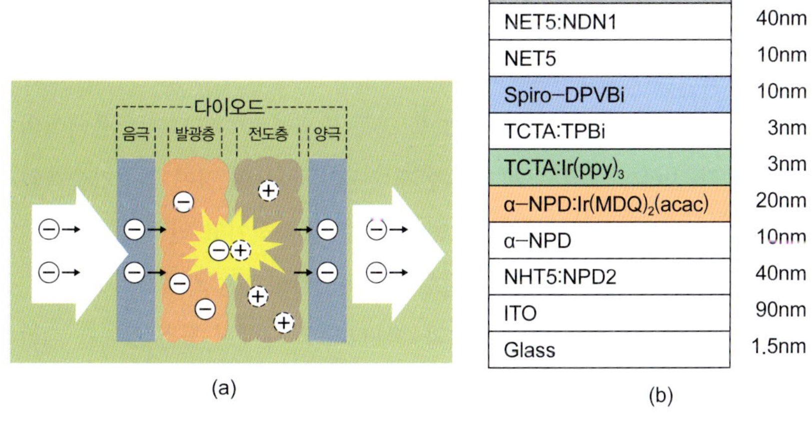

그림 8-6 OLED의 발광 원리(a)와 백색광 OLED의 소자 구성 예(b)

에서의 HOMO와 LUMO 개념은 OLED를 설명하는 기본 원리이다. 노벨상 수상자는 아니지만 OLED 분야를 개척한 탕칭완과 스티븐 반슬라이크는 누구인지 살펴본다.

1947년생인 탕칭완은 홍콩계 미국인 물리화학자이다. 그는 스티븐 반슬라이크와 공동으로 OLED를 발명하여 2018년 미국 발명가 명예의 전당에 헌액되었으며, 2011년 울프상 화학상을 수상했다. 탕은 홍콩과학기술대학교의 IAS 동아시아은행 석좌교수이며, 이전에는 로체스터대학교의 도리스 존스 체리 석좌교수로 재직했다. 탕은 홍콩의 원롱에서 태어나, 그곳에서 중등 교육을 받은 후 킹스 칼리지에서 고등 교육을 이수했다. 캐나다 브리티시컬럼비아대학교에서 화학 학사 학위를 취득한 뒤, 1975년 미국 코넬대학교에서 물리화학 박사 학위를 받았다. 1975년 이스트만 코닥에 연구원으로 입사하여, 2003년 코닥 연구소의 가장 영예로운 저명한 연구원으로 임명되었다. 탕은 2015년 홍콩과학원 창립 회원으로 선출되었다.

탕은 OLED와 헤테로 접합 유기 태양전지(OPV)를 비롯한 여러 획기적인 전자 장치의 발명가이다. 2006년 "현대 유기 전자 기술의 기초가 되는 유기 발광 소자와 유기 이중층 태양전지의 발명"으로 미국 국립공학아카데미 회원으로 선출되었다. OLED 및 OPV에 관한 선구적 연구 외에도, 탕은 새로운 평판 디스플레이 기술의 상용화를 위한 중대한 혁신을 이루었다. 이러한 혁신에는 견고한 수송 및 발광 물질 개발, 개선된 소자 구조, 새로운 컬러 픽셀화 방법, 패시브 매트릭스 OLED 디스플레이 제조를 위한 공정 개발 등이 포함된다.

스티븐 반슬라이크는 1956년 미국에서 태어나, 이타카 칼리지에서 화학 학사 학위를, 로체스터 공과대학에서 재료화학 석사 학위를 취득했다. 1979년 이스트만 코닥에 연구원으로 입사한 그는 탕과 함께 OLED를 공동 발명하고 OLED 디스플레이의 상업적 개발에 기여했다. 반슬라이크는 2026년 현재 카티바 회사의 명예 최고기술책임자를 맡고 있다. 이스트만 코닥에서 근무하는 동안, 그는 효율적이고 안정적인 OLED와 이의 대량 생산을 위한 혁신적인 방법을 개발했다. 특히 가시광선 스펙트럼 전반에 걸쳐 높은 내구성을 지닌 금속 킬레이트 발광체와 OLED 구조 내에서 들뜬 상태를 제한하는 핵심 홀 수송 물질을 개발했다. 또한 풀컬러 OLED 디스플레이의 대량 생산에 사용되는 선형 증착 소스를 개발했으며, OLED TV에 적용된 RGBW(4서브 픽셀) 디스플레이 구성을 도입했다. 이러한 성과는 전자 재료 개발, 장치 구조 및 제조 분야에서 40건 이상의 미국 특허와 50건 이상의 논문 및 발표 실적을 낳았다.

8.3 사진

CCD

카메라의 발전사도 TV만큼 극적이다. 1839년에 루이 다구에르가 프랑스 학술회원 앞에서 자신이 발명한 사진 필름을 선보인 이래, 흑백 필름을 사용하는 카메라부터 시작되었다. 이어서 컬러 필름 시대로 바뀌었고, 여행자라면 누구나 디지털 카메라, 곧 디카를 목에 걸고 다니던 시절을 거쳐 이제는 스마트폰이 디카를 대체했다. 그래도 요즘 브라운관 TV는 보기 힘들지만, 흑백 필름은 여전히 애호가가 있고, 이로써 작품 사진을 찍는 작가도 있다. 카메라에서 필름을 없앤 기술이 CCD 센서이다. 이것은 필름에 화학 반응으로 빛을 기록하는 대신, 작은 칩에 디지털 신호로 빛을 기록하는 기술이다. 2009년도 물리학상은 세 명의 과학자가 수상했는데, 윌러드 보일과 조지 스미스는 CCD 센서를 발명했고, 찰스 가오는 광케이블 통신 기술을 개발했다.

그림 8-7a는 디카나 스마트폰에 내장된 CCD 센서 칩을 확대한 모습이다. 가운데 화소 부분을 둥글게 확대경으로 나타냈는데, 모자이크 모양의 네모난 RGB 필터들이 1R2G1B 세트로 구성된 것을 알 수 있다. 즉, RGB 중 G 필터만 2개를 썼는데, 이를 바이엘 모자이크 필터라고 한다. 이 조합은 컬러를 인식하는 시세포의 분포와 유사하게 만든 것이다. 그림 8-7b는 하나의 포토셀 구조를 보여준다. 위쪽으로 빛이 들어와 전자가 방출되면 마치 양동이에 빗물이 차듯이 전하가 고인 우물이 된다. 이 전하 우물의 양은 들어온 빛의 양에 비례하여 증감한다. 각 포토셀에 고인 전하의 양은 마치 배수구로 물을 흘려보내듯이 옆으로 전달하여 도착하는 순서대로 그 양을 계량하게 된다.

CCD는 전하량을 재는 곳이 한 곳이다. 마치 빗물을 받은 각 양동이가 컨베이어를 타고 하나씩 도착하면 한 곳에서 연속적으로 양동이 속의 물을 재는 것과 같다. 반면에 CCD와 비슷한 시기에 개발된 CMOS의 구동 방식은 다르다. 이것도 CCD와 마찬가지로

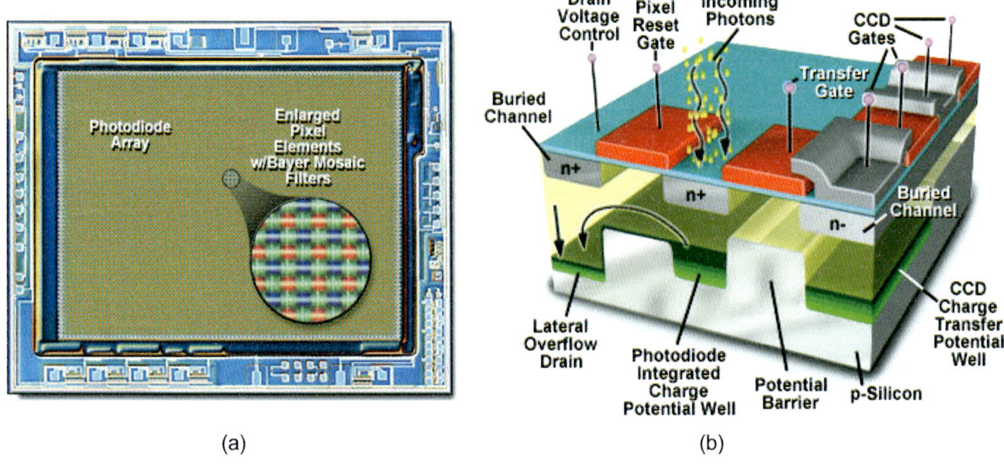

그림 8-7 CCD 센서 칩의 확대 모습과 단위 포토셀의 내부 구조
출처: http://micro.magnet.fsu.edu/primer/digitalimaging/concepts/ccdanatomy.html

빛을 받으면 전자를 방출하는 광전효과를 이용한다. 다만, CMOS는 CCD와는 달리 각각의 포토셀이 빛을 받아 생성된 전하량을 그 자리에서 계량하는 방식이다. 후자의 방식이 에너지 소모는 적지만, 노이즈 레벨이 높고 이미지 손실이 있어서 그동안 고급 장비에서는 이를 적용하지 않았다. 하지만 최근에는 기술의 향상이 이루어져서 두 방식 모두 훌륭한 이미지를 제공하며, 우리가 매일 사용하는 스마트폰에도 CMOS 방식이 적용된다.

윌러드 보일은 1924년 캐나다 노바스코샤주 애머스트에서 의사인 아버지의 아들로 태어났으며, 두 살도 되기 전에 퀘벡으로 이주했다. 14세까지 어머니에게 집에서 교육을 받은 후, 중등 교육을 마치기 위해 몬트리올의 로어 캐나다 칼리지에 다녔다. 보일은 맥길대학교에 진학했으나, 1943년 제2차 세계대전 중 캐나다 왕립 해군에 입대하면서 학업을 중단했다. 그는 영국 해군에 파견되어 항공모함에 스핏파이어 전투기를 착륙시키는 방법을 배우던 중 전쟁이 끝났다. 그는 1947년 이학사, 1948년 이학석사, 1950년 이학박사 학위를 모두 맥길대학교에서 취득했다. 1962년, 그는 미국 물리학자 도널드 넬슨과 함께 상시간 연속 작동이 가능한 최초의 레이저를 발명했다. 1962년부터 1964년까지는 AT&T의 자회사인 벨컴에서 우주과학 책임자로 재직하며 아폴로 우주 비행의 달

착륙 지점 선정에 기여했다. 1969년, 벨에서 함께 일했던 보일과 스미스는 컴퓨터 메모리에 대한 새로운 개념을 개발해 달라는 요청을 받았다. 한 시간의 토론 끝에 생각해 낸 개념이 CCD였다. CCD는 빛에 민감하므로 주로 사진기에 사용되었고, 기록 매체로서 필름을 대체했다. CCD는 생성되는 전자의 수가 들어오는 빛에 정확히 비례하는 선형 검출기이기 때문에, 현재는 우주 망원경에도 널리 사용되고 있다.

조지 스미스는 뉴욕주 화이트 플레인스에서 태어났다. 미 해군에서 복무한 후, 1955년 펜실베이니아대학교에서 이학사를, 1959년 시카고대학교에서 단 8페이지 분량의 논문으로 박사 학위를 취득했다. 스미스는 1959년부터 1986년 은퇴할 때까지 뉴저지주 머레이 힐에 있는 벨 연구소에서 근무하며 신개념 레이저 및 반도체 소자 연구를 주도했다. 재직 기간 동안 스미스는 수십 건의 특허를 획득했으며, 결국 VLSI 소자 부서장을 맡게 되었다. 1969년 스미스와 보일은 CCD를 공동 발명했다. 보일과 스미스는 모두 열렬한 항해사였고, 함께 여러 차례 항해를 다녔다. 은퇴 후 스미스는 평생의 동반자 재닛과 함께 17년간 세계 일주 항해를 했다.

흑백 필름 사진

스마트폰 시대가 되면서 핸드폰 안에 사진기가 포함되었고, 사진의 인화도 프린팅 방식으로 바뀌었다. 하지만 지금도 필름 사진은 사진작가나 동호회원들 사이에 명맥이 유지되고 있다. 노벨상이 제정되기 훨씬 전에 필름 사진술의 개발이 이루어졌기 때문에, 이 분야가 현대 문명에서 중요한 자리를 차지하지만 이와 관련한 노벨상 수상자는 없다.

현대적인 흑백 필름 사진술은 할로젠화은을 투명한 물질과 섞어서 투명한 바닥 판에 입히는 방법이 알려지면서 비롯되었다. 1871년에 내과 의사이면서 아마추어 사진작가였던 매독스 박사가 염화은의 젤라틴 유액을 유리판에 바르는 방법을 발견했고, 1887년에 이스트만은 젤라틴 유액을 질산셀룰로스 플라스틱판에 발라서 만든 코닥 필름을 개발했다. 흑백 필름이 만들어지기까지 다음과 같은 단계를 거친다.

첫 번째 단계는 사진 촬영이다. 이는 렌즈를 통해 들어온 빛이 필름과 만나게 하는 일이다. 이를 노광이라고 한다. 흑백 필름은 염화은(AgCl) 입자가 브로민화은(AgBr) 입자와 함께 젤라틴에 분산되어 얇은 투명 플라스틱 위에 입혀져 있는 것이다. 가시광선의 빛이 이들과 만나면 먼저 브로민 이온(Br^-)이 빛의 광자를 흡수하여 자유 브로민 원자(Br)와 전자(e^-)가 된다. 이어서 전자가 투명하게 녹아있는 은 이온(Ag^+)과 결합하면 검은색의 은 원자(Ag)가 된다. 이때 필름 위에 염화은과 브로민화은만 코팅하지 않고 감광 염료를 섞어서 코팅한다. 그 이유는 할로젠화은은 청색 혹은 자외선 같은 고에너지 빛에는 민감하지만 비교적 장파장인 적색, 황색, 녹색 등의 빛에는 둔감하기 때문이다. 감광 염료가 없으면 약한 장파장 빛은 브로민 음이온을 산화시키지 못한다. 즉, 브로민 음이온으로부터 전자가 발생하지 않기 때문에 은 원자가 만들어지지 못한다. 감광 염료는 장파장의 약한 빛에서도 쉽게 이온화하여 전자를 내놓기 때문에, 이 전자가 은 원자의 생성을 돕는 것이다.

다음 단계는 검은 은 원자의 상을 키워서 선명하게 만드는 현상 과정이다. 적당한 현상액은 촬영 때에 생긴 몇 개 안 되는 은 원자핵 주위로 은 원자핵의 크기를 수억 배로 키운다. 은 원자가 전자를 내어놓고 은 양이온으로 바뀌는 것이 산화이고, 반대로 은 이온이 전자를 받아들여서 은 원자로 바뀌는 것은 환원이다. 따라서 현상액에는 환원제가 들어있다. 빛에 노출된 필름을 현상액 속에 담그면 은 원자핵(Ag) 주변의 은 이온(Ag^+) 입자들은 그렇지 않은 입자들보다 더 빨리 은 원자(Ag)로 환원된다. 이 과정이 포깅이다. 이때 현상액의 온도, 농도, pH, 시간에 따라 현상 정도가 달라진다. 현상액에 너무 오래 놓아두면 전체가 검게 변해서 상을 구분할 수 없게 된다. 현상제로는 o-아미노페놀, 하이드로퀴논, 메톨, 페니돈 등이 있는데, 하이드로퀴논과 메톨 또는 하이드로퀴논과 페니돈이 주로 쓰인다. 이 외에 전형적인 현상액은 하나 또는 두 개의 현상제, 공기 중 산화를 막는 보존제, 그리고 시간이 지나면서 pH가 낮아져서 환원 반응이 지연되지 않도록 하는 알칼리성 완충제로 이루어져 있다.

마지막으로 정착 단계를 수행한다. 초기의 사진 촬영에서 가장 큰 문제는 상의 영구성 결핍이었다. 즉, 현상 과정을 거친 후에도 할로젠화은이 이온 상태로 남아 있으므로, 다시 빛에 노출되면 은 원자로 환원되어 원래의 상이 검게 훼손된다. 따라서 현상 과정 후에 남아 있는 할로젠화은을 모두 제거해야 한다. 이것이 정착 과정이다. 이때 가장 널리 사용되는 정착제는 싸이오 황산 이온($S_2O_3^{2-}$)이다. 싸이오 황산 이온은 수용액 속에서

은 이온과 반응하여 물에 잘 씻기는 착물($Ag(S_2O_3)_2^{3+}$)을 형성하므로, 현상판에 남아 있던 할로젠화 은을 물로 씻어 쉽게 제거할 수 있다. 이로써 햇빛에 노출되어도 안정한 사진 필름이 얻어진다. 이 필름을 반복적으로 사용하여 여러 장의 인화지 사진을 얻을 수 있다.

정착 과정을 통해서 만들어진 필름에는 할로젠화은은 모두 제거되고 검은색의 은 입자들만 남아 있게 된다. 이 이미지는 촬영 시에 빛이 닿은 부분은 검고 그렇지 않은 부분은 투명해서 실제의 이미지와는 반대이다. 이것이 네거티브 필름이다. 이어서 인화지 위에 네거티브 필름을 얹고 위에서 빛을 쪼이면 필름의 검은 부분은 빛을 차단하고 투명한 부분은 통과시키기 때문에 인화지에는 실제의 상과 같은 이미지가 나타난다. 즉, 네거티브 필름으로 포지티브 인화를 한다.

컬러 필름 사진

컬러 사진의 원리를 이해하기 위해서는 가원색과 감원색의 개념이 필요하다. 가원색의 개념은 각각의 기본색 빛을 합하면 다른 색의 빛으로 바뀌는 원리이다. 즉, 적색(R), 녹색(G), 청색(B)의 빛을 적절히 섞으면 모든 색의 빛을 구현할 수 있다. 감원색의 개념은 이미 적색, 녹색, 청색의 빛이 합하여 만들어진 백색광에서 특정 색의 빛만 제거하여 다른 색의 빛을 얻는 원리이다.

역사적으로 1611년에 마르코 도미니스는 가시광선 스펙트럼이 세 가지 기본색의 빛으로 만들어질 수 있다는 빛의 가원색 개념을 발표했다. 기본색은 앞서 말한 적색, 녹색, 청색이다. 이 개념은 컬러 비전 이론의 발전과 컬러 사진 촬영술에 크게 기여했다. 1861년 이후, 컬러 사진을 구현하기 위해서는 감광층을 서로 다른 세 개의 층으로 구성하고, 각 층은 빛의 삼원색 중 어느 하나에만 감광성을 나타내게 하면 된다는 생각으로 발전했다. 더불어 다양한 감광 염료의 개발과 눈에 보이는 모든 빛에 감광이 가능한 전색성 흑백 필름의 발명 등도 이뤄졌다. 하지만 본격적인 컬러 사진 시대는 1935년에 이스트만 코닥사가 코다크롬을 시장에 출시함으로써 비로소 시작되었다고 할 수 있다.

코다크롬 공정에는 감원색의 개념이 도입되었다. 그동안 가원색의 개념으로 컬러 형상을 만들다 보니 세 가지 가원색 필터를 조합하면 필름이 어두워져서 빛의 투과도에 문제가 발생했다. 이 문제를 해결한 것이 감원색 개념의 도입, 즉 원색 여과기 시스템의 개발이다. 이것은 색의 구현이 특정 색의 빛만 흡수하여 제거하는 염료에 의해 이루어진다. 즉, 적색의 빛을 흡수하는 염료는 빛의 나머지 스펙트럼 부분을 통과시키거나 반사시켜서 청록색을 나타낸다. 마찬가지로 백색 빛 중에서 청색빛을 흡수하면 황색빛이, 녹색빛을 흡수하면 진홍색 빛이 된다. 현상 과정 중에 감광층에서 이들 감원색 염료의 적절한 혼합을 만들어내면 원하는 색의 상이 연출된다. 예를 들면 진홍색과 청록색 염료의 혼합물은 파란색을 나타낸다. 왜냐하면 진홍색 염료는 녹색빛(G)을 흡수하고 청록색 염료는 적색빛(R)을 흡수해서 백색광의 세 가지 구성 요소 중 통과되는 파란색(B)만 남게 되기 때문이다. 백색빛은 세 가지 감원색 염료가 없음으로써 구현되고, 검정색은 세 가지 염료층의 균일한 조합으로 생성된다.

네거티브 컬러 필름은 원래의 색대로 보이지 않고 보색 관계의 색으로 보이는 필름이다. 이 필름은 일반적으로 지지판과 세 층의 유화제 감광층(유제층), 보호층, 황색 필터층, 중간층, 헐레이션 방지층으로 구성된다. 각 유제층의 두께는 약 6~7μm, 전체가 약 25~27μm가 되며, 당연히 흑백 필름보다 두껍다. 감광층은 젤라틴에 할로젠화은과 발색제가 포함된 것으로 그 필름의 감도와 용도에 따라 할로젠화은 입자의 크기와 유제층의 두께가 다르다. 각 층의 감광도는 분담한 파장역에서 동등하도록 조정되어 있다. 각 유제층이 가지는 감색성과 발색은 서로 보색 관계로 되어 있어서, 청색 감광 유제층은 황색, 녹색 감광 유제층은 진홍색, 적색 감광 유제층은 청록색으로 발색한다.

대부분의 컬러 필름은 독일 화학자 에밀 피셔(1902 화학상)에 의해 처음 소개된 염료 생성 과정에 의해 현상된다. 이 과정의 기초는 은 이온 존재하에서 현상액의 기본 분자가 발색제 분자와 반응하여 염료를 생성하는 것이다. 발색제 종류에 따라 황색, 진홍색, 청록색 염료가 각각 생성된다. 컬러 현상액의 기본 분자는 보통 아민과 같은 환원제인데, N,N-다이에틸-*p*-페닐렌디아민이 대표적이다. 알파-나프톨 같은 페놀 화합물을 발색제로 사용하면, 현상 과정 동안에 은 이온이 산화제로 작용하여 청록색 염료가 형성된다. 청록색 염료의 생성은 적색 감광층에서 일어난다.

코다크롬은 오랫동안 천연색 필름의 대명사였다. 코다크롬은 8mm, 수퍼 8mm, 16mm, 35mm 등의 리버설 천연색 필름의 상표명이다. 리버설 필름이란 카메라로 촬영한 필름이 보색의 네거티브상이 아닌 원래 색의 포지티브상으로 현상되는 필름이다. 앞에서 설명하였듯이 세 개의 청색(B), 녹색(G), 적색(R)층을 감원색 방법으로 구현하기 위해서는 현상 과정을 통하여 청색(B)층에는 황색 염료를, 녹색(G)층에는 진홍색 염료를, 적색(R)층에는 청록색의 염료가 만들어져야 한다. 그리고 현상 과정에서 보았듯이 염료가 만들어지기 위해서는 발색제, 아민 현상액, 은 이온이 필요하다. 코다크롬 제조법의 비밀은 바로 은 이온의 유무를 통해서 결국 염료의 생성을 조절한다는 데 있다. 즉, 흑백 필름에서는 은이 이온 상태인지 원자 상태인지에 따른 투명과 검은색의 실현이었다면, 코다크롬은 은 이온이 염료의 생성을 놉는 역할을 담당한다.

적색의 빛을 재생하는 코다크롬 필름의 제조 방법을 살펴보면, 먼저 필름이 적색광에 노출되면 감광 염료의 도움으로 적색 감광층의 은 이온만이 은 원자로 환원된다. 이어지는 흑백 현상에서 적색 감광층의 은 이온 입자들은 모두 자유 은 원자로 확실히 환원된다. 적색 이외의 감광층에는 씨앗 역할을 하는 은 원자가 생성되지 않았기 때문에 여전히 은 이온 상태로 남아 있다. 다음으로 컬러 현상이 수행된다. 이때 적색 감광층만은 은 이온이 존재하지 않기 때문에 적색을 낼 수 있는 청록색 염료가 생성되지 못하고, 다른 청색과 녹색 감광층에는 황색과 진홍색의 염료가 각각 만들어진다. 마지막으로 황색 필터층을 포함하여 모든 층의 은 원자를 산화제($Fe(CN)_6^{3-}$)를 써서 산화시켜 씻어낸다.

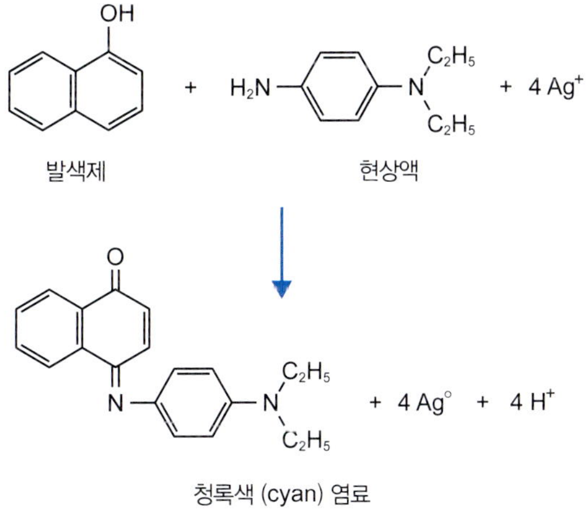

발색제 + 현상액 + $4Ag^+$ → 청록색 (cyan) 염료 + $4Ag^\circ$ + $4H^+$

그림 8-8 적색 감광층에서 청록색 염료가 생성되는 반응

즉, 흑백 필름에서는 은 원자가 남아 있어서 검은색을 나타내지만, 컬러 필름에서는 은 원자도 제거하고 염료만 남게 된다. 이렇게 만들어진 슬라이드에 백색광을 비추면, 황색 염료층을 지나면서는 청색이 흡수되고, 진홍색 염료층을 지나면서는 초록색이 흡수된다. 마지막으로 청록색 염료층을 지날 때는 염료 분자가 만들어지지 않았으므로 적색이 그대로 통과한다. 즉, 통과되어 나오는 빛은 애초에 필름이 노출된 적색광이다. 그림 8-8에 적색 감광층에서 청록색 염료가 생성되는 반응을 나타냈다. 반응물에 은 이온(Ag^+)이 포함된 것을 보여준다.

리프만 사진

현재 우리가 사용하는 필름 사진술은 아니지만 빛의 간섭 현상을 이용한 컬러 사진술을 발명하여 노벨상을 받은 과학자가 있다. 그는 1908년도 물리학상을 수상한 가브리엘 리프만이다. 비록 그의 방법이 상업화에 이르지는 못했지만, 그의 업적은 사진술을 발전시키고 빛의 현상을 규명하는 데 중요한 기초가 되었다.

리프만은 그의 노벨상 수상 강연에서 자신의 사진술 방법을 다음과 같이 소개했다. '이 방법은 매우 간단하다. 판을 고르고 결이 없는 감광성 투명막으로 덮은 다음, 이 막을 수은이 담긴 홀더에 넣는다. 촬영하는 동안 수은이 감광막에 닿아 거울처럼 보인다. 노출 후, 판을 일반적인 공정으로 현상하고 건조하면 색상이 나타나 반사로 볼 수 있게 고정된다. 이 방법의 원리는 감광막 내부에서 발생하는 간섭 현상이다. 노출 과정에서 입사광과 거울에 반사된 광선 사이에 간섭이 발생하여 서로 반파장 거리에 간섭무늬가 형성된다. 이 무늬는 필름 전체 두께에 걸쳐 사진처럼 각인되어 광선의 주형을 형성한다. 이후 사진에 백색광을 비추면 선택적 반사로 인해 색상이 나타나는 것이다. 각 지점의 판은 각인된 색상만 눈으로 반사하고, 다른 색상은 간섭으로 인해 사라진다. 따라서 눈은 각 지점에서 이미지를 구성하는 색상을 인지하게 된다. 이는 비눗방울이나 진주조개가 그렇듯이 선택적 반사 현상에 불과하다. 인쇄물 자체는 진주층이나 비누막과 같은 무색의 물질로 형성된다.'

즉, 리프만의 방법은 염료를 사용하지 않고 빛의 간섭무늬만 감광막에 새긴다. 여기에 빛을 비추면 각 파장에 해당하는 빛의 반사로 상이 나타난다. 사실 이 방법은 홀로그래피 기술과 유사하다. 실제로 홀로그래피의 아버지로 불리는 데니스 가보르(1971 물리학상, 11장 레이저)가 우연히 발견한 홀로그램은 리프만의 사진 원리에 기초한 것이었다. 또한 레이저의 발명 이후 홀로그램 기술은 급속하게 발전했는데, 유리 데니슈크가 발명한 반사 홀로그램은 리프만의 간섭 기술을 활용했기 때문에 리프만-브래그 홀로그램이라고 불린다. 이 기술 이름에 브래그의 이름도 들어간 것은 그의 회절 원리를 함께 이용하기 때문이다.

리프만의 간섭 현상을 이용한 사진술이 상업적으로 발전하지 못한 것은 그 공정이 쉽지 않았기 때문이다. 이 방법은 매우 미세한 입자의 고해상도 사진 유제가 필요한데, 이 유제는 일반 유제보다 빛에 훨씬 덜 민감하므로 장시간 노출이 필요하다. 대구경 렌즈와 매우 밝은 햇빛을 받는 피사체의 경우에는 1분 미만의 카메라 노출로 가능할 때도 있지만, 일반적으로는 몇 분 단위의 노출이 사용된다. 순수한 스펙트럼 색상은 훌륭하게 재현되지만, 실제 물체에서 반사되는 명확하지 않은 넓은 파장 대역에서는 문제가 될 수 있다. 이 공정에서는 컬러 인화지를 사용하여 다수의 사진을 얻지 못하고, 리프만 컬러 사진을 다시 촬영하여 복제본을 만들 수도 없다. 즉, 이렇게 얻어진 이미지는 고유하다. 또한 원치 않는 표면 반사를 막기 위해, 완성된 판의 앞면에 매우 얕은 각도의 프리즘을 접착했는데, 이 또한 상당한 크기의 판에는 실용적이지 않았다. 그래서 그의 초기 사진 크기는 4cm×4cm였고, 나중에는 6.5cm×9cm로 커졌다. 최상의 색상 효과를 내기 위해서는 조명과 관찰 장치가 필요했기 때문에 일반적인 사용은 어려웠다. 따라서, 특수판과 수은 저장 용기가 내장된 판 홀더가 몇 년 동안은 시판되었지만, 1900년대에는 전문 사용자들조차 일관된 좋은 결과를 얻기 어려웠다. 하지만 이 과정은 컬러 사진의 개발에 관심을 불러일으켰다. 참고로 가브리엘 리프만은 마리 퀴리와 피에르 퀴리의 박사 과정 지도교수였다.

리프만은 1845년 룩셈부르크에서 프랑스인 부모 사이에 태어났다. 그의 아버지는 장갑 제조 사업을 운영했다. 1848년 가족이 파리로 이주했고, 그는 1858년 리세 나폴레옹에 입학하기 전까지 어머니에게서 개인 지도를 받았다. 그는 다소 산만하기는 하지만 사색적인 학생이었다고 알려져 있었으며, 특히 수학에 깊은 관심을 보였다. 1868년 에콜 노르말 쉬페리외르에 입학했으나 교사 자격을 부여하는 자격시험에 불합격했다. 대신 물리학 공부를 선택했다. 1873년 프랑스 정부는 리프만을 과학 교육 방법 연구를 위한 사절단으로 독일에 파견했다. 그는 하이델베르크대학에서 빌헬름 퀴네와 구스타프 키르히호프와 함께 연구했으며, 1874년 최우등으로 박사 학위를 받았다. 이듬해 그는 베를린대학의 헤르만 폰 헬름홀츠를 잠시 방문한 후 파리로 돌아왔다. 1875년, 그는 전기 모세관 현상에 관한 박사 학위 논문을 소르본대학에 제출했다. 1878년, 리프만은 소르본대학 과학부에 합류했다. 리프만은 1921년, 캐나다에서 프랑스로 돌아오는 항해 중 해상에서 75세의 나이로 사망했다.

9장

식품과 영양

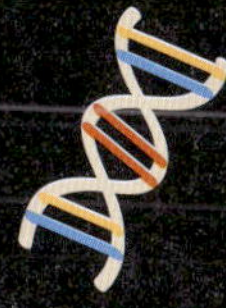

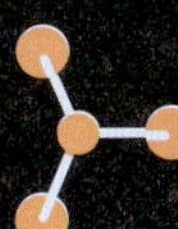

9장 식품과 영양

본문에서 언급한 노벨상 수상자*

연도/분야	수상자	출생/소속(수상 당시)	수상 업적
1902 화학상	헤르만 에밀 피셔	1852~1919 독일, 베를린대학교	당과 퓨린 합성 과정에서 이룩한 탁월한 공헌
1970 화학상	루이스 를루아르	1906~1987 프랑스, 아르헨티나 생화학연구소	당 뉴클레오타이드의 발견과 탄수화물 생합성에서 이것의 역할 발견
1945 화학상	아르투리 비르타넨	1895~1973 핀란드, 헬싱키대학교	농업 및 영양 화학 분야의 연구와 특히 사료 보존 방법의 발명
1918 화학상	프리츠 하버	1868~1934 폴란드, 카이저빌헬름연구소(현 프리츠하버 연구소)	원소로부터 암모니아의 합성
1931 화학상	카를 보슈	1874~1940 독일, 하이델베르크대학교, I.G. 파르벤인더스트리 A.G.	화학 고압법의 발명과 개발
	프리드리히 베르기우스	1884~1949 폴란드, 하이델베르크대학교, I.G. 파르벤인더스트리 A.G.	
1928 화학상	아돌프 빈다우스	1876~1959 독일, 괴팅겐대학교	스테롤의 구성과 이들의 비타민과의 연관성에 관한 연구를 통해 이룩한 공헌 (비타민 D)
1929 생리의학상	크리스티안 에이크만	1858~1930 네덜란드, 네덜란드 위트레흐트대학교	항신경염 비타민의 발견 (비타민 B1)
	프레더릭 홉킨스	1861~1947 영국, 캠브리지대학교	성장 촉진 비타민의 발견
1937 화학상	월터 노먼 하워스	1883~1950 영국, 버밍엄대학교	탄수화물과 비타민 C에 관한 연구
	파울 카러	1889~1971 러시아, 취리히대학교	카로텐, 플라빈, 그리고 비타민 A와 B2에 관한 연구
1937 생리의학상	얼베르트 센트죄르지	1893~1986 헝가리, 세게드대학교	생물학적 연소과정, 특히 비타민 C와 푸마르산 촉매 작용과 관련된 발견
1938 화학상	리하르트 쿤	1900~1967 오스트리아, 막스플랑크 연구소, 하이델베르크대학교	카로텐류와 비타민에 관한 연구
1964 화학상	도러시 호지킨	1910~1994 이집트, 옥스퍼드대학교	엑스선 기술에 의한 생물학적으로 중요한 물질의 구조 결정
1954 화학상	라이너스 폴링	1901~1994 미국, 캘리포니아공과대학(Caltech)	화학 결합의 본질에 관한 연구와 이의 복잡한 물질의 구조 규명에 적용
1967 생리의학상	랑나르 그라니트	1900~1991 핀란드, 스웨덴 카롤린스카 연구소	눈에서의 일차적인 생리학적 및 화학적 시각 작용에 관한 발견
	홀던 하틀라인	1903~1983 미국, 록펠러대학교	
	조지 월드	1906~1997 미국, 하버드대학교	

연도/분야	수상자	출생/소속(수상 당시)	수상 업적
1943 생리의학상	헨리크 담	1895~1976 덴마크, 덴마크 폴리테크연구소	비타민 K의 발견
	에드워드 도이지	1893~1986 미국, 세인트루이스대학교	비타민 K의 화학적 성질 발견
1907 화학상	에두아르트 부흐너	1860~1917 독일, 베를린 농업대학	생화학 분야의 연구와 무세포 발효의 발견
1929 화학상	아서 하든	1865~1940 영국, 런던대학교	설탕 발효와 발효 효소에 관한 연구
	한스 폰 오일러켈핀	1873~1964 독일, 스톡홀름대학교	
1978 생리의학상	대니얼 네이선스	1928~1999 미국, 존스 홉킨스 의과대학	제한 효소의 발견과 이의 분자 유전학 문제에 응용
	해밀턴 스미스	1931 미국, 존스 홉킨스 의과대학	
	베르너 아르버	1929 스위스, 바젤대학교 바이오센터	
1980 화학상	폴 버그	1926~2023 미국, 스탠퍼드대학교	핵산의 생화학, 특히 재조합 DNA에 관한 기초 연구
	월터 길버트	1932 미국, 하버드대학교	핵산의 염기 서열 결정에 관한 공헌
	프레더릭 생어	1918~2013 영국, MRC 분자생물학 연구소	
2020 화학상	에마뉘엘 샤르팡티에	1968 프랑스, 베를린 막스플랑크 병원체과학연구소	게놈 편집 방법의 개발
	제니퍼 다우드나	1964 미국, UC 버클리	

*비타민과 유전자 관련 수상자들은 표 9-1과 9-3에 각각 별도로 나타냈다.

생명체는 먹어야 산다. 생명체가 항상성을 유지하려면 필수 성분과 에너지가 필요하기 때문이다. 음식의 중요성을 표현한 유명한 말들이 있다. 프랑스의 앙텔름 브리야사바랭은 1825년에 발간한 『미식예찬』에서 "당신이 무엇을 먹었는지 말해주면 당신이 어떤 사람인지 알려주겠다"라고 표현했다. 19세기 독일의 철학자인 루트비히 포이어바흐는 '인간은 그가 먹는 대로 된다'고 했고, 1920년대에 빅터 린들라는 '당신이 먹는 것이 당신이다'라는 광고로 세간의 관심을 끌었다. 이들 표현에는 음식이 육체뿐만 아니라 정신에도 연관된다는 뜻이 들어 있다.

동물이 그런 것은 물론이고, 식물도 마찬가지다. 식물은 광합성을 통해 잎에서 글루코스를 만들고, 뿌리로는 미네랄과 영양성분을 빨아올려 자란다. 동물은 식물보다 훨씬 많은 영양성분과 에너지원이 필요한데, 생명 유지를 위해 복잡한 운영 체계를 갖고 있기 때문이다. 특히 인간이 그렇다. 오래전부터 과학자들은 사람이 생명을 유지하는 데 기본이 되는 식품 성분이 무엇일까를 탐색했다. 처음엔 탄수화물, 지방, 단백질만 섭취해도 건강을 유지할 수 있을 것으로 생각했다. 하지만 식품을 골고루 섭취할 수 없는 상황에서 이런저런 질병이 발생했고, 이런 질병이 필수 영양소의 부족에 기인한다는 것을 알게 되었다. 화학자들은 생명 현상에 주목했고, 노벨상 초기부터 이 분야의 업적에서 화학상 수상자가 나왔다.

9.1 식품의 영양성분

건강하려면 하늘에서, 땅에서, 그리고 바다에서 나는 음식을 골고루 먹어야 한다는 얘기가 있다. 우리는 골고루 음식을 섭취하는 과정에서 몸이 필요로 하는 영양성분을 빠짐없이 섭취하게 된다. 탄수화물, 지방, 식품 단백질, 효소, 비타민, 미네랄 등이 그것이다. 탄수화물 중에서 소화가 되지는 않지만, 영양성분으로 간주하는 것이 식이 섬유이다.

탄수화물

일찍이 1902년에 에밀 피셔가 탄수화물과 퓨린의 합성으로 화학상을 받았다. 반트호프가 첫 번째이고, 피셔가 두 번째이다. 앞서 4장에서 거울상 이성질체를 언급하면서 피셔가 개발한 D/L 표기법을 소개했다. 그림 9-1에 D/L 표기법의 기준이 된 글리세르알데하이드의 구조와 사슬형 D-글루코스가 6각형 고리 구조를 만들 때 두 가지 이성질체가 만들어지는 것을 나타냈다. D/L 표기는 이미 언급한 것처럼 $(R)/(S)$ 절대 구조와는 달리 상대적인 구조의 표기법이다. 즉, 그림 9-1에서처럼 산화가 가장 많이 된 C=O 탄소를 위로 놓은 피셔 투명도에서 글리세르알데하이드의 아래쪽 두 번째 –OH가 오른쪽

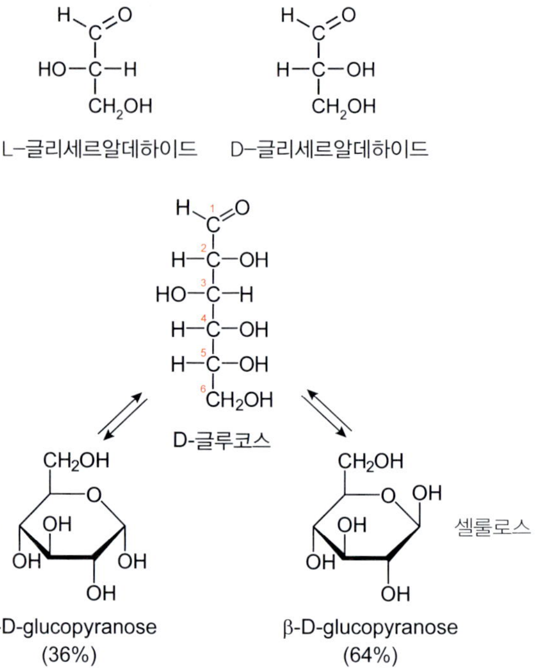

L-글리세르알데하이드 D-글리세르알데하이드

D-글루코스

녹말 셀룰로스

α-D-glucopyranose (36%) β-D-glucopyranose (64%)

그림 9-1 D/L 글리세르알데하이드와 D-글루코스의 고리 구조

이면 D, 왼쪽이면 L로 기준을 잡았다. 다른 단당류 탄수화물도 해당 탄소의 -OH 위치에 따라 마찬가지로 표기한다. 그림 9-1 아래쪽에 D-글루코스의 예를 나타냈다. 1번 탄소와 5번 탄소의 -OH가 고리를 만들 때 C=O를 포함하는 평면의 위쪽으로 결합하느냐 아래쪽으로 결합하느냐에 따라 두 가지가 가능한데, 생성물의 1, 4번 탄소의 -OH가 같은 방향이면 α-, 반대 방향이면 β-로 나타낸다. 이처럼 여러 개의 카이랄 탄소가 존재하는 분자에서 하나만 서로 다른 입체 구조인 경우, 이 둘은 에피머 이성질체라고 한다. 글루코스들끼리 1번과 4번의 -OH가 결합하는 경우, α-D-글루코스가 고분자가 되면 녹말이, β-D-글루코스가 고분자가 되면 셀룰로스가 된다.

한편 피셔의 노벨상 수상 업적 중에 퓨린의 합성은 후에 DNA의 퓨린 계열 염기 구조를 결정하는 데 기초가 되었다. 또한 커피 속의 카페인이나 통풍의 원인 물질인 요산도 퓨린 계열인데, 이들 천연물도 피셔가 처음으로 합성하였다.

식물의 광합성과 관련하여 두 번의 노벨상이 있었다. 노벨상이 제정되기 훨씬 전,

산소의 발견자로 유명한 조셉 프리스틀리는 1771년에 식물의 잎이 연소물질을 만든다는 것을 발견했다. 촛불로 투명 상자 안의 연소물질을 없앤 후 그 안에 식물의 잎을 놓아두었더니, 연소물질이 생겨서 다시 촛불을 붙일 수 있었다. 그 후로 식물의 잎이 연소물질을 만드는 데는 햇빛이 필요하다는 것을 비롯해 광합성에 관한 지식이 하나씩 쌓여갔다. 마침내 멜빈 캘빈이 식물에서 이산화탄소의 동화작용이 어떠한 경로로 일어나는지 밝혀냈고, 이로써 1961년에 화학상을 받았다. 1988년에도 광합성과 관련된 화학상이 나왔는데, 이때는 광합성에 관여하는 단백질의 4차 구조를 밝혀낸 과학자가 수상했다. 이에 대해서는 12장 에너지에서 자세히 설명한다.

광합성으로 생성된 탄수화물은 분해 과정을 통해 에너지를 내놓거나 생합성을 통해 다양한 천연물로 전환된다. 이때 탄수화물 자체는 반응성이 크지 않기 때문에 수월하게 반응하기 위해서는 다양한 활성화가 필요하다. 프랑스에서 태어난 아르헨티나 생화학자인 루이스 를루아르는 탄수화물의 활성화 구조에 주목했고, 마침내 그 활성화 구조가 탄수화물의 뉴클레오타이드 형태라는 것을 발견했다. 이 업적으로 를루아르는 1970년 화학상을 받았다.

1947년에 를루아르는 부에노스아이레스대학 내에 정부의 지원을 받아 생화학연구소를 설립한 후 우리 몸속에서 유당인 락토스가 어떻게 생기고 분해되는지에 관한 연구를 시작했다. 이 연구가 결국 당 뉴클레오타이드의 발견으로 이어졌는데, 이것이 몸속에 저장된 당이 에너지로 전환되는 과정의 핵심 요소이다. 그림 9-2에 글루코스와 유리딘 염기가 두 개의 인산염으로 연결된 탄수화물 뉴클레오타이드를 나타냈다. 현재는 백여

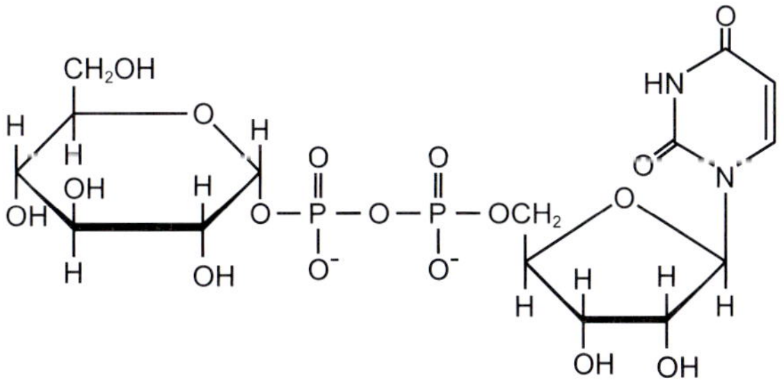

그림 9-2 당 뉴클레오타이드 중 하나인 유리딘 다이포스페이트 글루코스의 구조

가지의 당 뉴클레오타이드가 알려졌다. 그는 또한 글리코젠의 형성과 소모에 관해 연구했고, 글리코젠이 글루코스로부터 합성되는 과정에 관여하는 간 효소들을 발견했다.

주요 영양성분인 단백질을 구성하는 원소는 주로 탄소(C), 수소(H), 산소(O), 질소(N)이며 일부는 황(S)이 포함된다. 즉, 단백질은 아미노산들이 결합하여 만들어지므로, 단백질을 구성하는 원소는 곧 아미노산을 구성하는 원소이다. 광합성은 이산화탄소와 물 분자가 햇빛을 받아 글루코스를 만들기 때문에 C, H, O를 식물에 공급할 수 있다. 그렇다면 식물은 어떻게 N과 S를 얻는 것일까. 뿌리를 통해 수용액 중에 녹아있는 질소나 황 화합물을 빨아올려 얻는다. 공기의 약 4/5가 질소이지만 생명체의 대부분은 반응성이 약한 질소를 직접 활용하지 못한다.

비타민 B군

19세기 말에서 20세기 초중반에 이르는 기간은 비타민 연구의 전성시대였다. 비타민에 관한 직간접적인 업적으로 20명의 노벨상 수상자가 나왔다. 표 9–1에 비타민의 발견 연도와 노벨상 수상자, 관련 비타민을 함유한 식품을 나타냈다. 한때는 비타민 B군에 포함되었으나 현재는 제외된 것이 있다. 비타민 B_4는 예전에 콜린이나 아데닌, 카르니틴 등에 붙인 이름이었으나, 현재는 공식적인 비타민으로 인정하지 않는다. 이것들은 각각 필수 영양소, 핵 염기, 식이 영양소에 해당한다. 비타민 B_8도 아데닌산, 이노시톨 등에 붙여졌다가, 체내 합성이 알려지면서 결번이 되었다. 비타민 B_{10}은 엽산을 구성하는 p–아미노벤조산으로 밝혀졌고, 비타민 B_{11}은 엽산의 다른 이름이었으나, 현재는 둘 다 공식적인 비타민 명칭에서 제외되었다. 이 외에도 한때 비타민 B_{20}에 이르는 다양한 비타민 B군이 알려졌었으나, 앞의 예처럼 동일한 물질이 중복으로 등록되었거나, 체내에서 합성이 가능한 것이 알려지면서 공식적인 비타민 이름에서 제외되었다. 비타민의 존재를 발견하거나 단일성분으로 분리하는 데 성공한 경우는 생리의학상이, 이들의 화학 구조를 밝혀내거나 합성을 통해 비타민을 제조한 경우는 화학상이 주어졌다. 어떤 경우는 노벨상 수상자가 비타민 분야에 큰 공헌이 있지만, 수상은 다른 업적으로 받기도 했다. 그림 9–3에 비타민 B군의 여러 화합물 구조를 나타냈다.

표 9-1 비타민의 발견 연도, 화학명, 관련 음식, 그리고 노벨상 수상자

발견 연도	비타민(화학명)	관련 음식	노벨상 수상자
1910	비타민 B_1(싸이아민)	쌀겨	에이크만, 홉킨스(1929, 생리의학상)
1913	비타민 A(레티놀)	대구 간유	카러(1937, 화학상), 그라니트, 하틀라인, 월드(1967, 생리의학상)*
1920	비타민 C(아스코브산)	귤, 신선식품	센트죄르지(1937, 생리의학상), 하워스(1937, 화학상)
1920	비타민 D(칼시페롤)	대구 간유	빈다우스(1928, 생리의학상)*
1920	비타민 B_2(리보플라빈)	육류, 유제품, 달걀	쿤(1938, 화학상)
1922	비타민 E(토코페롤)	맥아유, 식물성 기름	카러(1937, 화학상)
1926	비타민 B_{12}(코발아민)	간, 달걀	휘플, 마이넛, 머피(1934, 생리의학상)*, 토드(1957, 화학상)*, 호지킨(1964, 화학상)*, 우드워드(1965, 화학상)*
1929	비타민 K_1(필로퀴논)	푸른잎 채소	담, 도이지(1943, 생리의학상)
1931	비타민 B_5(판토텐산)	육류, 통밀	
1931	비타민 B_7(비오틴)	육류, 유제품, 달걀	
1934	비타민 B_6(피리독신)	육류, 유제품	쿤(1938, 화학상)
1936	비타민 B_3(나이아신)	육류, 곡물	
1941	비타민 B_9(엽산)	푸른잎 채소	

*비타민 관련 업적을 쌓았으나, 수상 업적은 다른 분야임.

비타민 B_1

네덜란드의 군의관이던 크리스티안 에이크만은 자바섬에서 근무하던 중, 1897년에 백미를 먹여 키우던 닭이 각기병에 걸린 것을 발견했다. 먹이를 백미에서 현미로 바꾸자 이 병이 사라지는 것을 확인하고, 각기병의 원인이 쌀겨 속에 포함된 '미량 성분'의 부족 때문이라는 것을 발견했다. 이듬해에 영국의 생화학자인 프레더릭 홉킨스는 어떤 식품 중에는 탄수화물, 지방, 단백질 외에 우리 몸이 꼭 필요로 하는 '추가 성분'이 들어 있다고 주장했다. 특히 홉킨스가 지목한 식품은 우유였다. 쥐를 사육하면서 알게 된 정보를 통해 우유 속에는 성장에 필요한 촉진 인자가 들어 있다고 생각했다. 그 후에 여러

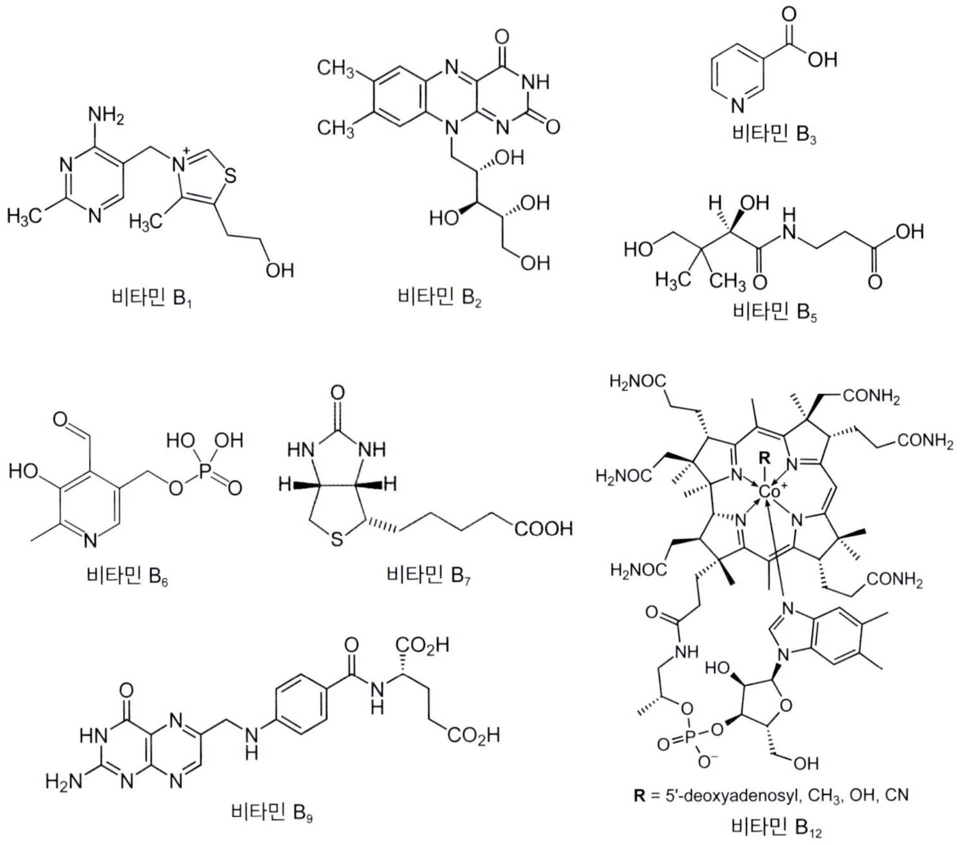

비타민 B_1 비타민 B_2 비타민 B_3 비타민 B_5

비타민 B_6 비타민 B_7 비타민 B_9

R = 5'-deoxyadenosyl, CH_3, OH, CN

비타민 B_{12}

그림 9-3 비타민 B군의 화학 구조

과학자의 연구 결과 에이크만과 홉킨스가 주목한 '미량 성분' 또는 '추가 성분'은 '비타민'이었다는 것이 밝혀졌고, 이 두 사람은 '성장 촉진 인자인 비타민을 발견한 공로'로 1929년도 생리의학상의 수상자가 되었다.

이들 수상자 선정에 대해서는 당시에 논란이 있었다. 수상자 홉킨스의 업적이 과대하게 평가되었다는 점과 일본인 과학자 스즈키 우메타로가 수상자에 포함되었어야 한다는 점이었다. 당시 수상자의 업적을 '비타민의 발견'이라고 발표했기 때문에 비타민을 연구하는 과학자들 사이에 과연 홉킨스의 업적이 그에 합당한가에 대해 의문을 제기한 것이다. 왜냐하면 홉킨스는 평생을 케임브리지대학에서 주로 필수 아미노산과 펩타이드에 관한 연구를 수행한 교수였기 때문이다. 만약에 홉킨스가 비타민이 아닌 필수 아미노산 연구로 노벨상을 받았다면 이러한 이의 제기가 없었을 것이다. 노벨상 위원회는 홉킨스가 비타민과 관련된 연구 성과를 많이 내지는 않았지만, 앞서 언급한 대로 우유로부터 성장을 촉진하는 '추가 성분', 즉 비타민을 발견한 점을 높게 평가한 것이다.

한편 스즈키는 독일과 스위스에 유학 중일 때는 단백질에 관한 연구를 수행했으나, 1907년에 도쿄대학의 교수가 된 후로는 에이크만이 언급한 '미량 성분'의 정체를 밝히는 연구를 수행했다. 마침내 1910년에 해당 물질을 분리하여 아베르산으로 명명하고, 일본에서 발간하는 저널에 발표했다. 그 후에 아베르산에서 오리자닌으로 이름을 바꾸었는데, 지금 우리가 사용하는 비타민이라는 이름은 1912년에 폴란드 화학자 카스미어 팡크가 동일한 물질에 대해 붙인 것이다. 따라서 스즈키의 업적이 일찍 인정받았더라면 비타민이 아니라 오리자닌으로 부를 수도 있었다. 아무튼 화학명으로는 싸이아민인 이 물질이 비타민 B군의 첫 번째인 비타민 B_1이다. 그 후, 1926년에 독일의 얀센이 비타민 B_1의 결정을 얻었고, 미국의 윌리암스가 분자구조를 알아냈다. 희미한 그림자 같았던 정체가 밝은 햇빛 아래 분명히 드러나기까지 많은 과학자의 숨은 노력이 있었다. 하지만 노벨상은 처음 발견하거나 발명한 사람만을 기억한다. 19세기 말에 에이크만과 홉킨스가 식품 속의 필수 미량 성분에 대해 발표한 후, 과학계는 비타민 연구에 불이 붙었다. 20세기에 들어선 후 수십 년 동안 다양한 종류의 비타민이 발견되었다.

비타민 B_2와 B_6

1928년(빈다우스, 비타민 D)과 1929(에이크만, 홉킨스, 비타민 B_1)년에 연이어 비타민 연구자들이 노벨상을 받은 것처럼, 약 10년 후인 1937년(카러, 비타민 E)과 1938년(쿤, 비타민 B_2)에도 비타민 연구자가 노벨상을 받았다. 이 중에서 1938년도 화학상을 받은 리하르트 쿤은 카로텐류와 비타민을 연구했다. 그는 1922년에 뮌헨대학에서 박사학위를 받았는데, 1915년에 클로로필과 그 외 식물 색소에 관한 연구로 화학상을 받은 리하르트 빌슈테터가 그의 지도교수였다. 얘기가 잠깐 곁길로 새지만, 전쟁으로 연구를 계속할 수 없었을 때, 같은 유대인으로서 강한 영향력을 가졌던 프리츠 하버의 부탁을 거절할 수 없었던 빌슈태터는 가스 마스크 개발에 참여했다. 앞서 말한 대로 1918년에 화학적 질소 고정법으로 화학상을 받은 하버는 정부가 요청하자 염소가스를 화학 무기로 추천하였다. 한편, 쿤은 화학상 수상자로 선정되었지만, 그는 나치 정권의 방해로 수상식에 참석할 수 없었고, 나중에 상금 없이 상장과 메달만 받았다.

쿤은 취리히의 기술대학에서 3년 정도를 지낸 후에 하이델베르크대학의 교수가 되었는데, 나중에 막스플랑크 연구소로 이름을 바꾼 빌헬름 의학연구소의 소장도 겸직했다. 카로텐류의 연구를 통해 적어도 8개에 달하는 새로운 카로텐 화합물을 발견하고 그 구조를 확인했다. 카러와 같은 시기에 그도 비타민 B_2의 구조를 발표하였고, 비타민 B_6을 처음으로 분리하였다.

비타민 B_{12}

비타민 B_{12}와 관련해서 여러 명의 노벨상 수상자가 나왔지만, 노벨상 위원회가 수상 이유를 소개하는 이들의 업적에서 비타민 B_{12}가 언급된 적은 없었다. 1934년에 생리의학상을 수상한 조지 휘플, 조지 마이넛, 윌리엄 머피는 빈혈 치료에 생간의 섭취가 효과적임을 밝힌 공로로 노벨상을 받았다. 이 업적을 비타민 B_{12}와 관련이 있는 연구로 분류한 이유는 이 비타민이 적혈구 생성에 도움을 주며, 헤모글로빈의 구성 성분인 포르피린의 구조가 비타민 B_{12}의 구조와 유사하기 때문이다. 헤모글로빈의 포르피린은 철(Fe)을 함유하고, 비타민 B_{12}는 코발트(Co)를 함유한다. 1957년에 화학상을 받은 알렉산더 로버터스 토드의 수상 업적에서도 비타민 B_{12}가 등장하지는 않는다. 그는 뉴클레오타이드의 구조 결정과 합성의 업적으로 노벨상을 받았지만, 1948년에 미국의 화학자 칼 폴커스와 함께 비타민 B_{12}를 처음으로 분리한 화학자이다. 1964년에 화학상을 받은 호지킨도 엑스선 회절을 이용하여 복잡한 화합물의 구조를 결정한 공로로 노벨상을 받았는데, 비타민 B_{12}의 구조 결정도 그중의 하나이다. 한편, 유기 합성을 예술의 경지로 올려놓았다는 찬사를 들은 로버트 우드워드는 1965년에 유기 합성의 발전에 기여한 공로로 화학상을 받았다. 그는 스위스 연방공과대학(ETH)의 앨버트 에센모셔와 함께 1971년에 비타민 B_{12}의 합성에 성공했다. 너무나 복잡한 구조였기 때문에 누구도 이것의 합성이 가능하리라 예상치 못했었다. 비타민 B_{12}의 전합성에는 100단계 이상의 반응이 필요했고, 이를 수행하는 데 10년 이상 걸렸다. 그 과정에서 우드워드는 로알드 호프만과 함께 분자의 오비탈

대칭성 보존에 관한 개념, 소위 우드워드-호프만 규칙을 확립하였다. 화학 반응의 과정을 오비탈로 풀어낸 이 이론은 켄이치 후쿠이가 독립적으로 확립한 프론티어 오비탈 이론과 함께 1981년도 화학상의 수상 업적이 된다(10장 신약 개발 참고). 하지만 안타깝게도 우드워드가 1979년에 사망하였기 때문에, 1981년 화학상은 호프만과 후쿠이 두 명이 수상했다.

우드워드는 독특한 자신의 스타일이 있었다. 유기화학 강연과 강의는 까다롭고 철저히 준비되었으며 길었다. 그의 세심하고 정밀함은 화학 연구에서도 두드러졌다. 우드워드는 유기화학 이론에 대한 혁신적인 생각으로 유명했다. 그는 화학 반응 메커니즘에 대한 이해가 우선되어야, 복잡한 화합물을 합성하기 위한 반응의 계획과 성공적인 실행이 가능함을 평생에 걸쳐 입증했다. 우드워드가 주도한 이러한 지적인 훈련 방식은 실제로 유기화학 연구의 방법론이 되었다. 또한, 우드워드의 천재성은 합성을 위해 새로운 시약을 개발하는 데 있지 않았다. 오히려 그는 가장 복잡한 난제의 합성에서도 기존의 합성법을 응용하여 해결하는 능력에 있었다. 구조에 대한 데이터가 얻어지고 합성 계획이 수립되면, 그는 방대한 정보 처리 능력과 탁월한 조직적 사고력으로 문제 전체를 한눈에 파악하고 체계적으로 해결하는 놀라운 능력을 발휘했다. 당시 화학계의 중심에 우드워드가 있었고, 다른 유기 화학자들에 대한 그의 영향력은 누구보다도 컸다.

비타민 D

1928년에 화학상을 수상한 아돌프 빈다우스는 의학을 공부하다 화학으로 전공을 바꾼 과학자이다. 평생 콜레스테롤을 포함한 스테롤 연구에 집중하여 많은 업적을 남겼다. 그중에 비타민 D의 전구체인 7-디하이드로콜레스테롤을 발견했고, 이것이 햇빛을 받아야만 고리 구조의 결합이 끊어지면서 비타민 D가 된다는 것을 밝혀냈다. 이것이 구루병의 예방을 위해 햇볕을 쬐어야 하는 이유이다. 일부 미생물은 에르고스테롤을 전구체로 하여 비타민 D를 만들지만, 식물은 전구체가 없기 때문에 비타민 D를 생산하지 못한다(그림 9-4). 또한 그는 스테로이드 성호르몬 분야를 개척하였고, 심장병 치료제의 개발에도 기여했다. 비타민 관련 노벨상 중 가장 먼저 받은 사람이 빈다우스였다. 앞서 언

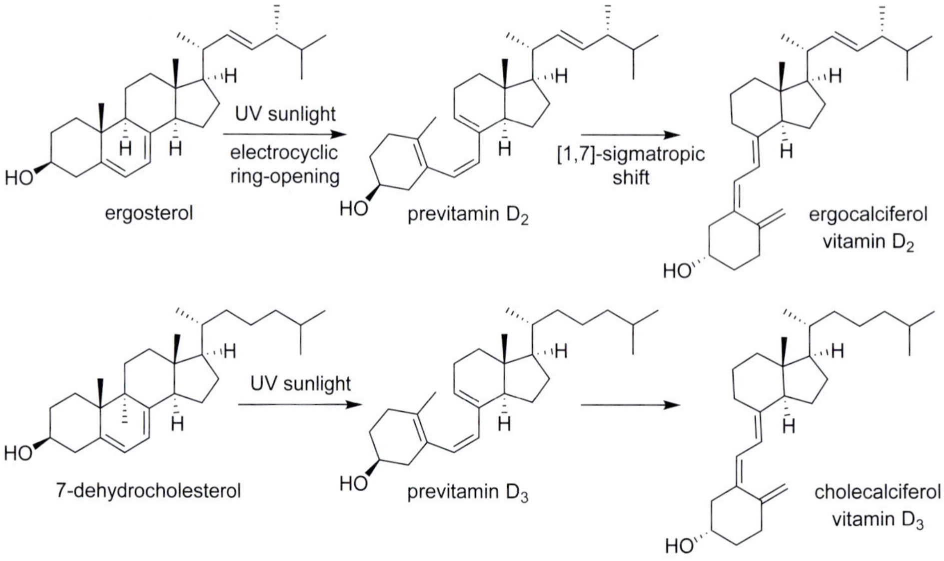

그림 9-4 미생물(위)과 동물(아래)에서의 햇빛(자외선)에 의한 비타민 D 생성 반응

급한 대로 비타민을 처음으로 발견한 에이크만과 홉킨스는 다음 해인 1929년에 생리의학상을 받았다.

비타민 C

1937년에는 화학상과 생리의학상이 둘 다 비타민 분야에 수여되었다. 화학상은 월터 하워스와 폴 카러가, 생리의학상은 얼베르트 센트죄르지가 수상했다. 하워스는 탄수화물과 비타민 C에 관한 연구를, 카러는 카로텐류, 플라빈, 그리고 비타민 A와 B_2에 관한 연구 업적을 인정받았다. 한편, 센트죄르지는 비타민 C와 푸마르산의 촉매 작용이 생체 내 연소과정과 밀접한 관련이 있다는 것을 밝혀냄으로써 그 공로를 인정받았다.

영국의 화학자인 하워스는 1906년에 맨체스터대학을 졸업하고, 박사학위는 독일의 괴팅겐대학에서 받았다. 그가 성 앤드류대학에 재직할 당시 소위 하워스 구조식을 발표했는데, 설탕 분자에 대해 사슬 모양이 아니라 고리 구조로 표현했다. 그가 본격적으로 비타민 C 연구로 돌아선 것은 버밍엄대학으로 옮기고 나서였는데, 1934년에 영국의 화학자인 에드먼드 허스트와 함께 비타민 C를 처음으로 합성했다. 이 업적으로 유기화학의 발전에 기여했을 뿐만 아니라, 비타민 C를 의료용으로 값싸게 공급할 수 있게 되었다.

카러는 러시아에서 태어났지만, 그의 부모는 스위스 사람이었고 그가 교육을 받은 곳도 스위스였다. 그는 1911년에 취리히대학에서 박사학위를 받은 후 이곳에서 1년을 더 지내고, 독일의 프랑크푸르트에 있는 게오르그 슈파이어 하우스로 옮겨 파울 에를리히(1908 생리의학상) 그룹에서 6년 동안 연구를 했다. 그는 1918년에 다시 취리히대학으로 돌아와 1년 뒤에 화학연구소의 소장이 되었다. 카러는 당근의 황색 색소인 카로텐 연구자로 알려졌다. 그는 이 색소의 구조를 밝혔을 뿐만 아니라, 카로텐 중 일부는 우리 몸속에서 비타민 A로 전환된다는 것을 알아냈다. 그는 비타민에 관한 다방면의 연구를 수행했는데, 비타민 C의 구조를 확인하였고, 락토플라빈이 비타민 B_2의 부분 구조라는 것을 밝혔으며, 비타민 E에 대한 연구도 수행했다. 비타민 C와 비타민 E의 구조를 그림 9-5에 나타냈다.

헝가리에서 태어난 센트죄르지는 1917년에 부다페스트대학의 의학과를 졸업한 후, 생화학에 흥미를 느껴 독일과 네덜란드에서 이 분야의 공부를 시작했다. 그가 케임브리지대학과 미국의 메이오 재단에서 연구하는 동안(1927~1929), 식물 주스와 아드레날샘 추출물에서 유기물 환원제를 발견하고 분리하여 헥수론산으로 명명했는데, 이것이 지금의 비타민 C인 아스코브산이다. 헝가리의 세게드대학 교수로 돌아와서는 그가 발견한 헥수론산이 1907년에 악셀 홀스트와 알프레드 프뢸리히가 발견한 항괴혈병 물질과 동일하다는 것을 밝혔다. 결국 여러 경로를 통해 다양한 이름으로 불리던 이 물질의 정체가 비타민 C이다. 한편, 센트죄르지가 수행한 생체 내에서 탄수화물이 이산화탄소와 물

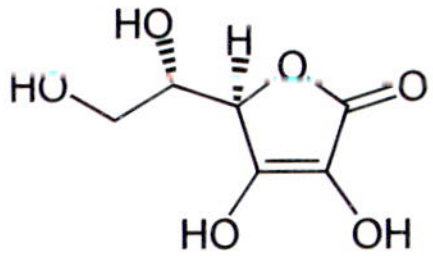

비타민 C(아스코브산)

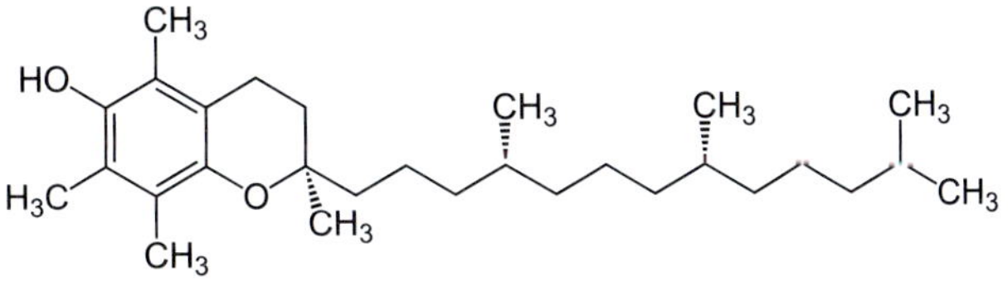

비타민 E의 α-토코페롤 형태

그림 9-5 비타민 C와 비타민 E의 화학 구조
출처: https://en.wikipedia.org/wiki/Vitamin_C

로 산화되는 과정와 세포가 에너지를 생산하는 과정에 관한 연구는 후에 한스 크렙이 소위 크렙 사이클을 완성하는 데 중요한 기초가 되었다. 또한 그는 근육 운동의 생화학에도 기여했으며, 미오신과 더불어 근육 수축에 관여하는 액틴 단백질을 처음으로 발견했고, ATP가 근육 수축에 바로바로 필요한 에너지원이라는 것도 알아냈다.

두 차례 노벨상을 수상한 라이너스 폴링(1954 화학상, 1962 평화상)은 생애 후반기에 고용량 비타민 C의 치료적 사용을 열정적으로 옹호했다. 이 분야에서의 그의 관심과 활동은 과학계와 의료계 내에서 상당한 대중적 관심과 논쟁을 불러일으켰다. 그의 비타민 C 연구는 다양한 질병을 예방하고 치료할 수 있는 잠재력에 초점을 맞추었으며, 그가 '정분자 의학(orthomolecular medicine)'이라 명명한 접근법을 주창했다. 정분자 의학이란 건강을 위해 올바른 분자를 적절한 농도로 사용하는 의학을 의미한다. 현재도 이 용어를 사용하는 학회와 저널이 활동하고 있다. 그가 주장한 내용과 현재 관점은 다음과 같다.

첫째는 감기와 비타민 C에 관한 주장이다. 폴링은 비타민 C를 하루 1그램 이상 복용하면 감기를 예방하고 완화할 수 있다고 주장했다. 그는 1970년 베스트셀러 '비타민 C와 감기'를 출간하여 대중의 인식과 보충제 소비를 급격히 증가시켰다. 이후 이 연구를 독감까지 확대했다. 당시 지배적인 과학적 합의는 비타민 C의 유일한 생리적 역할이 괴혈병 예방이며, 권장섭취량이 매우 낮다는(1970년대 기준 하루 약 60mg) 입장이었기에, 그의 주장은 대부분 과학적 근거를 얻지 못했다. 후속 연구에 따르면 일반 인구 집단에서 정기적인 비타민 C 보충은 감기 예방에 효과적이지 않으나, 감기 증상의 지속 기간과 심각도를 줄일 수 있어, 비타민 C가 괴혈병 예방을 넘어선 유익한 효과가 있다는 폴링의 주장을 부분적으로 입증하였다.

그의 두 번째 제안은 비타민 C가 세포외 기질을 강화하고 면역 반응을 촉진함으로써 종양 성장을 억제할 수 있다는 것이었다. 폴링은 스코틀랜드 의사 유안 캐머런과 협력하여 말기 암 환자를 대상으로 고용량 비타민 C 치료 연구를 진행했다. 초기 연구에서는 정맥 주사를 통한 고용량 비타민 C가 암 환자의 생존 기간과 삶의 질을 현저히 개선했다고 보고했다. 그러나 메이오 클리닉에서 진행한 후속 임상 시험에서 경구 투여만 한 비타민 C는 이러한 결과를 재현하지 못했으며, 이로 인해 폴링-캐머런 연구 결과는 주류 의학계에서 신뢰성을 잃게 되었다. 최근 연구에 따르면 경구 투여와 정맥 주사 투여 간 혈중 농도 수준에 상당한 차이가 존재함이 밝혀졌다. 정맥 내 고용량 비타민 C는 경구 투여로는 달성할 수 없는 수준의 높은 혈장 농도를 유지함으로써 암세포를 사멸시킬 잠재력을 지닌다. 이로 인해 암 치료 보조 요법으로서 고용량 정맥 주사 비타민 C에 관한 관심이 재부상했고, 지속적인 연구가 진행 중이다.

세 번째로 그는 권장 복용량에 관한 새로운 주장을 했다. 즉, 비타민 C의 일일 권장 섭취량이 괴혈병 예방에 필요한 최소량에 불과하다고 주장했다. 인간이 비타민 C 합성 능력을 상실했다는 진화론적 이론에 근거해 개인별로 하루 250mg에서 5,000mg 이상까지의 훨씬 높은 최적 섭취량을 제안했다. 폴링 자신은 하루 최대 18g까지 섭취했다. 그는 또한 비타민 C가 아미노산 라이신과 함께 심장병 예방 및 치료에 도움이 될 수 있다는 연구 결과를 발표하고 이 아이디어를 홍보했다. 폴링의 비타민 C 초고용량 옹호는 그의 후기 경력을 특징짓는 요소였으며, 이는 그를 영양학 및 대체의학 역사에서 중심적이면서도 종종 논란의 대상이 되는 인물로 만들었다.

비타민 A

분자 수준에서 시각의 메커니즘을 규명한 과학자들이 1967년 생리의학상을 받았는데, 비타민 A가 시각의 화학 드라마에 주인공으로 출연한다. 수상자는 랑나르 그라니트, 홀던 하틀라인, 조지 월드이다. 그림 9-6은 β-카로텐으로부터 비타민 A를 거쳐 11-시스-레티날로 변환되는 과정과 로돕신의 광화학 반응을 도식화한 것이다. 당근 속의 β-카로텐은 몸속에서 둘로 나뉘어 알코올 형태의 레티놀, 즉 비타민 A가 된다. 레티놀의 11-위치가 시스로 바뀌고 알코올 부분이 산화되어 알데하이드가 되면, 이것이 11-시스-레티날이다. 한편, 망막의 막대 세포를 구성하는 디스크에는 수많은 로돕신이 박혀있다. 이것은 옵신과 레티날로 구성되는데, 빛을 받으면 옵신과 결합한 11-시스-레티날이 11-트랜스-레티날로 바뀐다. 11-트랜스-레티날은 옵신과 분리되어 나온 후 다시 11-시스-레티날이 되는데, 이때 ATP와 효소가 참여한다. 옵신과 11-시스-레티날은 다시 결합하여 로돕신이 된다. 결국, 레티날은 광반응으로 11-트랜스 형태가 되고, 효소와 ATP로 11-시스 형태로 바뀌는 과정이 반복된다. 시스-트랜스 이성질화 반응은 매우 빠르게 진행되기 때문에 이성질화 과정에서 어떠한 중간체를 거치는지, 그

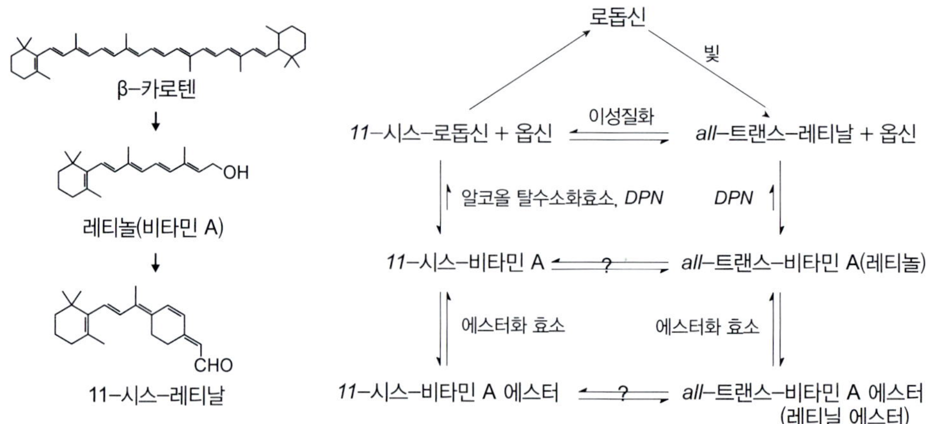

그림 9–6 β–카로텐으로부터 11–시스–레티날이 생성되는 과정과 월드가 노벨 강연에서 발표한 시각의 과정 중 로돕신의 광화학 반응

구조를 추적하기는 어렵다. 이런 경우,마치 초고속 카메라로 경기 장면을 촬영한 후 이를 슬로우 모션으로 재현하는 것처럼, 반응속도보다 더 빠르게 순간 촬영을 할 수 있는 카메라가 있다면, 화학 반응 중에 어떤 결합이 끊어지고 어디에 새로운 결합이 생성되는지 그 메커니즘을 볼 수 있을 것이다. 실제로 화학 반응 중의 중간체나 전이 상태를 펨토초 분광학을 통해 분석한 아흐메드 즈웨일이 1999년도 화학상을 받았다(11장 레이저 참고). 펨토초는 10^{-15}초인데, 이렇게 찰나의 펄스 빛을 만드는 것이 레이저 분광학의 발달로 가능해졌다. 이를 이용한 레티날의 시스–트랜스 이성질화 반응을 분석한 결과 반응 중에 많은 중간체가 생성되는 것을 확인하였다.

그라니트는 핀란드에서 태어난 스웨덴 생리학자이다. 그는 1927년에 헬싱키대학에서 의학 박사학위를 받은 후, 미국과 영국에서 10년간 연구를 수행했다. 그 후, 1937년에 헬싱키대학의 생리학 교수가 되었다. 그는 여러 연구소의 소장도 겸직했는데, 스톡홀름에 있는 신경생리학 카롤린스카 연구소도 그중의 하나이다. 그라니트는 눈이 빛에 노출되었을 때 나타나는 전기적 신호 변화에 주목했다. 그 결과 가시광선 중에서 RGB를 인식하는 세 종류의 원뿔 세포 외에 빛의 전체 스펙트럼에 대해 민감한 신경섬유가 존재한다는 것을 발견했다. 그는 이것을 컬러 인식의 '지배지 조정자' 이론으로 설명했다. 이 이론은 그라니트가 망막을 연구하면서 혁신적인 미세전극 기술을 도입하여 개별

시신경 섬유의 전기적 신호(활동 전위)를 기록할 수 있게 됨으로써 정립되었다. 이 이론의 핵심 개념은 시신경 섬유가 두 가지 유형의 반응 단위로 나뉜다는 것이다. 지배자가 빛의 밝기 또는 전체적인 감도를 담당하고, 조정자는 빛의 색상을 구별하는 역할을 한다는 것이다. 지배자의 특징은 넓은 스펙트럼 민감도를 가지며, 빛의 파장(색상)을 구별하지 않고, 빛의 세기에 주로 반응한다. 이것은 망막의 다수의 광수용체(막대 세포와 원뿔 세포)로부터 입력 신호를 통합하여 얻어진 결과로 여겨진다. 조정자의 특징은 좁은 스펙트럼 민감도를 가지며, 스펙트럼의 특정 좁은 영역(청색, 녹색, 적색 영역)에 대해 선택적으로 더 민감하게 반응한다는 점이다. 오늘날 색채 시각에 대한 이해는 주로 파장에 따른 삼원색설(S-, M-, L-원뿔 세포)과 대립 과정 이론을 결합한 통합 모델로 설명된다. S, M, L은 단파장, 중파장, 장파장을 의미한다. 그라니트가 발견한 '조정자'의 좁은 민감도 곡선은 이후 다른 연구자들의 실험에서는 일관되게 관찰되지 않았다. 현재는 망막의 신경절 세포와 시상의 신경 세포들이 원뿔 세포의 신호를 결합하여 대립하는 방식으로 색상 정보(예: 적-녹, 황-청)를 처리한다는 대립 과정 이론이 더 정확한 것으로 받아들여지고 있다.

하틀린은 절지동물, 척추동물, 연체동물의 망막을 이용해 빛에 대한 전기적 신호를 연구했는데, 이들 동물의 망막이 사람의 경우보다 훨씬 단순해서 연구하기가 수월하기 때문이었다. 특히, 그가 주목한 것은 참게(*Limulus polyphemus*)의 눈이었는데, 미세전극을 이용해 광신경 세포의 빛에 대한 반응을 연구했다. 또한 그는 빛에 반응하는 세포들이 서로 연결되어 한쪽이 자극을 받으면 이웃한 다른 쪽은 자극을 감쇄시킴으로써 대비가 강화되는 것을 알아냈다. 이로써 모양을 더욱 분명하게 인식하도록 한다.

비타민 K

1943년에는 비타민 K를 발견하고, 이것이 참여하는 혈액의 응고 과정을 연구한 헨리크 담과 에드워드 도이지에게 생리의학상이 주어졌다. 덴마크의 생화학자인 담은 병아리에서 발견된 출혈이 잦고 응고시간이 긴 질병의 원인이 항출혈 비타민의 결핍이라고 주장했고, 나중엔 이 비타민이 지용성이며 푸른 잎에도 존재하는 것을 밝혀냈다. 1939년에 담과 도이지는 서로 독립적으로 자주개나리로부터 비타민 K를 분리하였고, 이름에 K를 붙인 것은 혈액 응고 비타민이라는 뜻이다. 영어는 응고(Coagulation)라는 단어가

C로 시작하지만, 독일어나 덴마크어는 C가 아니라 K로 시작한다. 도이지는 두 종류의 비타민 K_1과 K_2의 화학 구조를 밝히고, 이를 합성하였다. 비타민 K_1은 식물이 합성하는 반면, 비타민 K_2는 동물의 장내 박테리아가 만든다. 비타민 K 영양제로는 비타민 K_2의 전구체이면서 체내 조직에 축적되지 않는 비타민 K_3(메나디온)가 사용된다. 메나디온의 구조에는 비타민 K_1이나 K_2 구조가 갖는 긴 아이소프렌이 연결된 사슬 부분이 없다. 이런 이유로 메나디온은 실제 비타민 K가 담당하는 역할을 모두 나타내지는 못하기 때문에, 비타민 K_3로 부르기보다는 프로비타민 K_3로 부르기도 한다.

그림 9-7에 혈액의 응고 과정에 관여하는 화합물과 비타민 K_1과 K_2의 구조를 나타냈다. 비타민 K는 퀴논-퀴놀-에폭사이드 구조를 번갈아 가면서 혈액 응고 과정에 참여한다. 비타민 K의 역할은 여러 가지 혈액 응고에 작용하는 요인을 활성화시키는 것인데, 퀴놀 구조가 에폭사이드 구조로 바뀌면서 이를 수행한다. 와파린을 혈액 응고 저해제로 많이 사용하는데, 와파린은 비타민 K가 퀴논 구조로부터 퀴놀 구조로 환원되는 것을 차단한다. 즉, 비타민 K의 활성화를 저해하는 것이다.

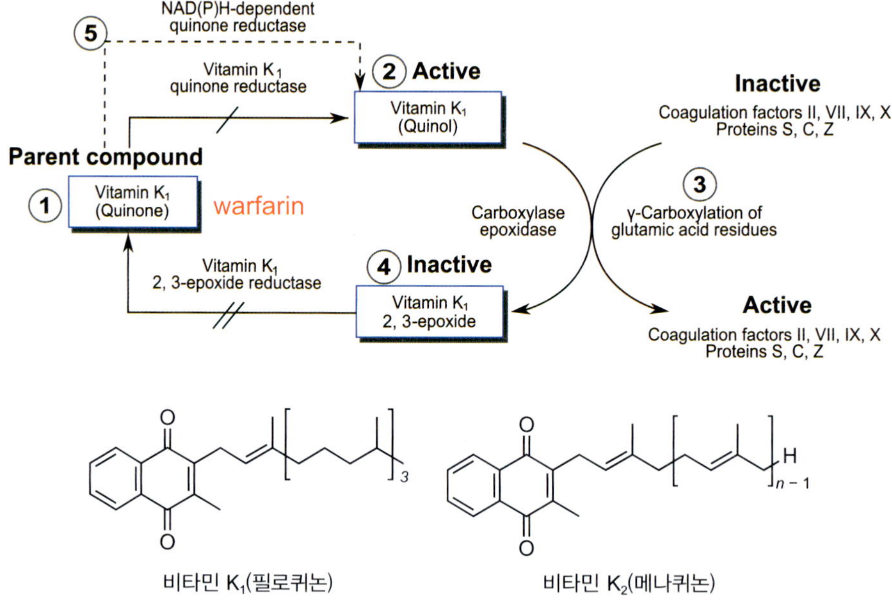

그림 9-7 혈액의 응고 과정과 비타민 K의 구조

9.2 질소 고정과 사료 보존

토양을 계속 비옥하게 유지해야 매년 같은 땅에서 농사를 지을 수 있다. 전통적으로 퇴비, 콩과 식물의 윤작, 죽은 물고기, 객토 등을 통하여 토양의 생산력을 유지해 왔다. 예전에 화전민들이 한 곳에서 5년을 지내지 못하고 옮겨 다니는 이유도 이 때문이다. 토양의 생산력은 화학 비료의 사용으로 한 단계 높아졌다. 곡물 생산량이 무려 50% 정도 증가했고, 이로써 많은 사람을 기아에서 구할 수 있었다. 현재 환경오염과 관련하여 지나친 비료의 사용이 문제시되고 있으나, 그렇다고 다시 옛날의 농사 방식으로 되돌아갈 수는 없다. 환경친화적인 비료의 개발 및 사용이 요구되는 시점이다. 식물이 필요로 하는 영양소와 이들을 함유한 비료는 어떤 화합물인지 표 9-2에 나타냈다. 식물의 영양소는 비금속 영양소, 1차 영양소, 2차 영양소, 미량 영양소로 구분한다.

식물의 1차 영양소

표 9-2에서 보여준 것처럼 식물의 1차 영양소는 질소, 인, 포타슘(칼륨)이다. 공기 중에 흔한 것이 질소이지만 생명체는 대부분 자신이 필요로 하는 질소 성분을 공기로부터 얻을 수 없다. 공기 중의 질소를 생명체가 이용이 가능한 형태로 바꾸는 것을 질소 고정이라고 한다. 질소 고정에 대해서는 다음에 별도로 언급한다.

질소 원소를 공급하는 화합물 형태는 암모니아, 질산 암모늄, 요소 등이다. 상온 상압에서는 기체 상태인 암모니아를 압축하여 액체 상태로 토양에 뿌리거나, 암모니아 기

표 9-2 식물의 영양소와 이를 공급하는 비료 화합물

필요 원소	비료 화합물
탄소, 수소, 산소	비금속 영양소: 이산화탄소, 물
질소, 인, 포타슘(칼륨)	1차 영양소: 암모니아, 질산 암모늄, 요소, 인산이수소 칼슘, 염화 포타슘
칼슘, 마그네슘, 황	2차 영양소: 수산화 칼슘(소석회), 탄산 칼슘(석회석), 황산 칼슘, 탄산 마그네슘, 황산 마그네슘, 황산 마그네슘(사리염), 황 원소, 황산의 금속염
붕소, 염소, 철, 몰리브데넘, 소듐(나트륨), 바나듐, 아연 등	미량 영양소: 붕사, 염화 포타슘, 황산 제일철, 몰리브데넘산 암모늄, 염화 소듐, 산화 바나듐, 황산 아연 등

체를 물에 녹인 암모니아수를 토양에 뿌리기도 한다. 그런데 이 방법들은 암모니아가 휘발하여 손실이 크고 공기를 오염시키므로 요즘에는 거의 사용하지 않는다. 암모니아 분자는 산소가 풍부한 토양에서 산화되어 질산 이온이 되며, 질산 이온은 쉽게 물에 녹기 때문에, 식물은 뿌리로 이를 흡수한다. 식물의 대사 과정에서 질산 이온은 아미노산을 비롯한 여러 질소 함유 화합물의 질소 공급원이다. 암모니아를 질산과 반응시키면 질산 암모늄이 얻어진다. 질산 암모늄은 32%가 질소 성분이며, 고체 상태이므로 취급이 간편하다. 질산 암모늄은 고온에 노출하거나 다량의 환원제와 혼합하면 산화제로 작용하여 폭발하므로 주의해야 한다. 2020년에 있었던 레바논 베이루트의 폭발 사건은 바로 이 물질에 의한 것이다. 그러나 순수한 상태로 상온에서 취급할 때는 안전하다. 요소는 비료로서는 물론 가축의 먹이로도 널리 사용되기 때문에 가장 중요한 화학 약품 중의 하나이다. 한편, 요소수는 경유 자동차의 질소산화물 배출 저감 장치에도 사용된다. 요소의 합성은 암모니아와 이산화탄소를 200℃ 정도의 온도와 높은 압력 아래에서 수행되는데, 생성물인 카바민산 암모늄은 쉽게 물과 요소로 분해된다.

$$2NH_3 + CO_2 \rightarrow \underset{\text{카바민산 암모늄}}{H_2N{-}COO^- \; NH_4^+} \rightarrow \underset{\text{요소}}{H_2N{-}CO{-}NH_2} + H_2O$$

식물 주위의 지표면에 시비(施肥)된 요소는 비 또는 관개용수에 녹아서 토양 속으로 스며들지 않으면 상당한 양의 질소 성분을 잃게 된다. 즉, 요소가 가수분해되면 암모니아가 형성되는데, 이 암모니아가 습기를 포함한 토양 입자에 둘러싸이지 않으면 공기 속으로 날아간다. 이러한 질소 성분의 유실은 시비된 전체 질소 성분의 절반에 달할 수도 있다.

식물이 필요로 하는 인은 인산염 형태의 비료로 공급된다. 채광한 인산염 광석을 분말로 만들어 직접 토양에 뿌리거나, 이것을 황산으로 처리하여 아래 반응식처럼 인산이수소 칼슘으로 전환하여 사용한다. 인산이수소 칼슘은 물에 더 잘 녹아서 식물의 이용률이 높아진다.

$$Ca_3(PO_4)_2 + 2H_2SO_4 \rightarrow Ca(H_2PO_4)_2 + 2CaSO_4$$

포타슘은 탄산염 형태로 전 세계에 걸쳐서 분포되어 있다. 물에 잘 녹는 포타슘의 형태는 염화 포타슘이다. 이 화합물에는 식물 성장에 해로운 염화 소듐(염화 나트륨)이 섞여 있으므로 두 화합물을 분리하기 위해 재결정 방법으로 광석을 처리한다.

질소 고정

질소 고정은 공기 중의 질소를 생명체가 이용할 수 있는 형태로 바꾸는 것을 의미한다. 화학적으로 질소 고정에 성공한 화학자가 프리츠 하버이다. 그는 이 업적으로 1918년 화학상을 받았다. 많은 화학자가 암모니아 합성에 효율적인 촉매를 찾기 위해 노력했었다. 수많은 실험 끝에 하버는 오스뮴 촉매를 찾았다. 하지만 실험실에서의 성공적인 반응 조건이 대량 생산에서도 그대로 적용되는 것은 아니다. 대량 생산에 맞는 공정의 설계가 필요한데, 하버는 바스프(BASF)사의 카를 보슈와 함께 이 문제를 해결했다. 이것이 하버-보슈법이다. 앞서 식물의 1차 영양소에 관한 설명에서 언급했듯이 암모니아는 공기 중의 질소와는 달리 다양한 반응을 통해 쉽게 다른 화합물로 전환된다. 즉, 암모니아의 합성은 비료의 생산에 그치지 않고 질소를 포함하는 플라스틱, 의약품, 농약 등의 생산으로 이어졌다.

$$N_2 + 3H_2 \rightarrow 2NH_3$$

하버의 암모니아 합성으로 인류의 식량 공급이 늘고, 질병 치료에 필요한 의약품이 개발되며, 다양한 문명의 이기가 발명될 수 있었다. 하지만 그의 개인적인 삶은 비극으로 얼룩졌다. 그의 어머니는 그를 출산하다 사망했으며, 이로 인해 하버와 아버지 사이에는 평생 갈등이 지속되었다. 하버의 첫 번째 아내 클라라 임머바르는 1915년에 자살했는데, 표면적으로는 하버가 가스전 프로그램에 관여한 것에 대한 항의로 여겨진다. 두 번째 아내 샬로타 나단과의 결혼은 1927년 이혼으로 끝났다. 하버는 첫 번째 아내 사이에서 아들(헤르만)을, 두 번째 아내 사이에서는 딸(에바)과 아들(루트비히)을 두었다. 루트비히 하버는 산업 화학 분야의 저명한 경제학자이자 역사가로 성장했다. 그는 1986년에 제1차 세계대전 중 가스전 사용의 역사를 다룬 저서 '독기(毒氣)의 구름'을 출간했다. 유대인이었던 하버는 1차 대전 당시 독일 정부에 협조했지만, 결국 유대인 박해를 피할 수 없었다. 영국에서 활약한 유대인 화학자 하임 바이츠만의 제안을 받아, 1934년 1월에 영국 위임 통치령인 팔레스타인 레호보트의 지프 연구원(후에 바이츠만 과학연구소)으로 가던 도중, 스위스 바젤에서 심장마비로 사망했다. 반면에 하임 바이츠만은 전쟁 중 영국을 도왔고, 이로써 이스라엘이 독립하는 데 기초가 된 벨푸어 선언을 이끌어냈다. 그는 이스라엘이 독립한 후 초대 대통령이 되었다.

1931년에는 카를 보슈와 프리드리히 베르기우스가 화학상을 받았다. 이들의 업적은 화학 고압법의 발명과 개발이었다. 보슈는 앞서 언급한 대로 하버의 암모니아 합성법을 공업적 대량 생산에 적합하도록 개선하였다. 베르기우스는 고압법을 사용한 석탄의 수소화 반응으로 오일을 제조하였다. 보슈는 공장에서 암모니아를 생산하는 데 최적의 촉매와 반응 조건을 찾기 위해 20,000번 이상의 실험을 수행했다. 즉, 하버가 실험실에서 암모니아를 제조하는 방법을 힘들게 찾아냈지만, 이를 공장에서 대량 생산이 가능한 공정으로 만들기가 여간 힘든 게 아니었음을 말해준다. 이것은 순수화학과 응용화학이 어떻게 다른지를 말해주는 좋은 예이다. 아울러 자연과학대학의 화학과와 공과대학의 화학공학과가 구분되는 이유를 보여준다.

하버-보슈 공정을 들여다보면, 초기에는 오스뮴을 촉매로 사용하였으나 나중에 철이 들어간 촉매로 대체되었다. 이로써 반응 온도를 낮출 수 있었다. 현재는 이보다 더 낮은 온도와 압력에서 효율적으로 작용하는 새로운 루테늄 촉매 등이 개발되었으나, 루테늄 자체가 희귀하고 고가여서 고성능을 요구하는 일부 공정에만 사용된다. 반응 중에 생성된 암모니아를 반응 용기에서 제거하면, 평형이 생성물 쪽으로 유지되면서 계속하여 암모니아를 생산할 수 있다. 또한 반응 온도를 낮추고 압력을 높이면 혼합물 중의 암모니아 비율이 높아진다. 공업적 생산에서 주로 사용하는 반응 조건은 온도가 400~650°C, 압력은 200~400기압이다. 이 하버-보슈 공정이 질소 고정 방법으로는 가장 경제적이다. 이외에 보슈는 암모니아 합성에 필요한 수소의 제조법도 개발했는데, 촉매와 수증기를 고온에서 접촉시키는 방법이다.

베르기우스는 석탄 가루와 수소를 반응시켜서 직접 가솔린과 윤활유를 생산하는 수소화 공정을 개발했다. 그가 1913년에 화학 작용에서의 고압 사용법을 발표하였는데, 이 연구의 연장선에서 석탄을 액체 탄화수소로 전환하는 방법이 개발되었다. 또한 그는

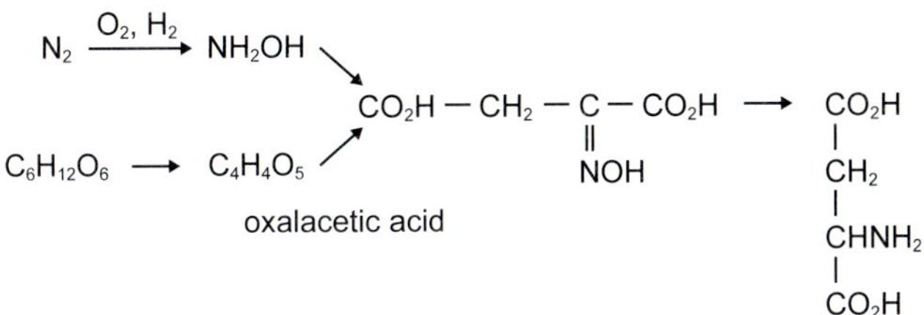

그림 9–8 비르타넨이 노벨 강연에서 발표한 콩과 식물에서 질소 고정 후 아미노산이 만들어지는 반응 메커니즘

나무를 설탕으로, 설탕을 다른 식품으로 전환하는 연구도 수행하였는데, 이 연구는 제2차 세계대전 동안 독일군에게 식량을 제공하는 데 도움을 주었다.

콩과 식물은 질소 비료를 뿌려주지 않아도 잘 자란다. 그것은 식물이 이용할 수 있도록 질소 성분을 누군가가 제공하기 때문인데, 식물의 뿌리에 붙어사는 미생물이 그 역할을 한다. 바로 이에 해당하는 미생물, 즉 콩과 식물의 뿌리혹에서 박테리아가 어떻게 질소를 식물이 이용할 수 있는 형태로 바꾸는지, 그 과정을 밝혀낸 아르투리 비르타넨이 1945년도 화학상을 받았다. 그림 9–8은 그 성과의 일부를 나타낸 것으로, 미생물에 의한 질소 고정 과정에서 만들어진 하이드록실아민이 글루코스의 분해 과정에 만들어진 옥살아세트산과 반응하여 아미노산인 아스파르트산으로 바뀌는 과정을 보여준다.

비르타넨은 1895년 핀란드 헬싱키에서 태어났다. 그의 아버지는 철도 기관사였다. 그는 핀란드 비푸리 소재 고전 리세움에서 학교 교육을 마쳤다. 1920년 식물학자 릴야 모이시오(1894~1972)와 결혼하여 두 아들을 두었다. 1933년 헬싱키 근교에 농장을 구입하여 자신의 과학적 연구 결과를 실제로 시험해 보았다. 그는 식량의 과잉 생산을 일시적인 현상에 불과하다고 보았다. 그는 검소한 삶을 살았으며, 평생 자동차를 소유하지 않았고, 담배를 피우지도 않았으며, 술도 마시지 않았다. 1973년 11월에 사망했는데, 그 몇 주 전에 넘어져 대퇴골이 부러진 후 폐렴이 발생한 것이 원인이었다. 그는 히에타니에미 묘지에 안장되었다.

사료 보존

아르투리 비르타넨의 수상 업적에는 영양학 분야뿐만 아니라 사료의 보관법을 발견한 공로가 포함되었다. 이 방법은 비르타넨의 이름을 따서 AIV(아르투리 일마리 비르타넨) 사료 처리 과정으로 부르는데, 핵심은 묽은 염산이나 황산을 뿌려줘서 식물 사료의 pH를 3~4 정도로 유지하는 것이다. 대개 사료의 pH가 4~6 정도일 때 젖산 발효, 식물의 호흡, 단백질 변성, 뷰티르산 발효 등이 진행되어 가축 사료의 장기 보관을 망치게 하기 때문이다. 일련의 실험을 거쳐서 이러한 산 처리가 사료의 영양성분이나 식용에 나쁜 영향을 주지 않으며, 이 사료를 먹고 자란 가축 생산물도 안전하다는 것을 알아냈다. pH가 3 이하로 낮아지면 산성이 강해서 가축에게 해롭다. 1943년에 그의 AIV 시스템은 '가축 사료의 기본 제조법'이 되었다. 그림 9–9는 비르타넨이 1945년도 수상식 노벨 강연에서 발표한 pH에 따른 압축 사료의 분해 속도 그래프인데, 그래프 기울기의 변화가 앞서 설명한 내용을 보여준다. 이 연구는 특히 겨울이 길고 혹독한 지역에서 너무나 중요한 주제이다.

현재는 다양한 식물 사료의 보존 방법이 이용된다. 미생물의 생육이 어려운 조건을 이용하거나, 미생물을 직접 제거하는 방법이다. 건조, 냉장, 냉동, 진공 포장, 발효, 방부제, 소독, 열처리 등을 이용한다. 대부분 일반적인 식품의 보존과도 다르지 않은데, 이 중에서 발효는 유익균을 이용하여 사료의 유기물을 분해하고 사료의 저장성을 높인

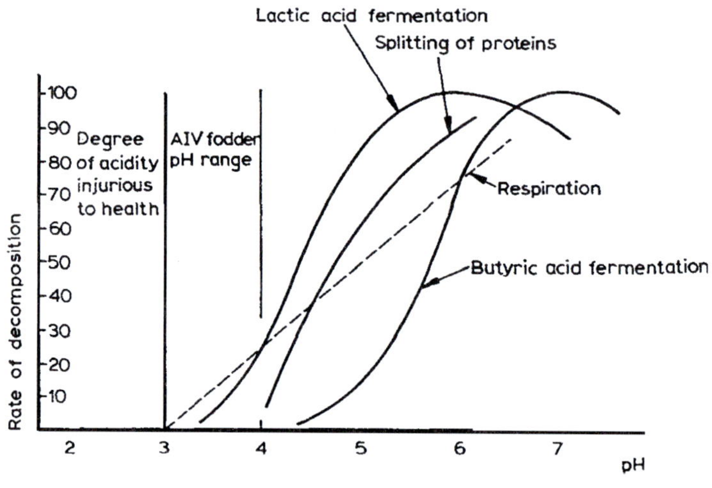

그림 9–9 압축 식물 사료의 pH에 따른 분해 속도
출처: Copyright © The Nobel Foundation 1945

다. 또한 발효 과정에서 생성되는 유기산은 사료의 pH를 낮추고 풍미를 개선하며 소화율을 높인다.

9.3 알코올 발효

발효 기술은 식품 과학의 주요 관심사이다. 이것이 막걸리나 와인 등 술을 생산하는데 필요하기 때문만은 아니다. 발효는 빵을 만들거나 유제품을 만들 때, 김치를 비롯한 절임 식품을 만들 때, 녹차나 홍차를 만들 때도 적용된다. 물론 이때 사용되는 미생물이나 효소는 달라진다. 일찍이 1907년에 에두아르트 부흐너는 무세포 발효의 발견과 이에 관한 생화학적 연구로 화학상을 받았다. 초기의 과학자들은 생명체만이 유기물을 만들 수 있다고 생각했는데, 유기화학이라는 이름도 이런 전통적 믿음이 반영된 것이다. 유기물의 생명체 유래설은 1828년에 프리드리히 뵐러가 암모늄 사이아네이트로부터 요소를 합성함으로써 일찍 깨졌지만, 발효는 여전히 살아있는 세포에 의해서만 가능한 것으로 믿었다. 19세기의 위대한 화학자인 옌스 베르젤리우스와 유스투스 리비히도 생명체에 대한 이와 같은 이론을 지지하였다. 이런 견해를 강력히 옹호한 또 한 사람이 루이 파스퇴르였는데, 그는 알코올 발효는 살아있는 효모 세포가 있어야만 가능하다고 주장하였다. 하지만 부흐너는 효모를 으깨어 세포막으로부터 빠져나온 점액질 덩어리를 얻었고, 이것만으로도 발효가 진행되는 것을 보여주었다. 즉, 실험을 통해 발효가 효소의 촉매 작용에 의한 것임을 의심의 여지 없이 보여주었고, 촉매 추출물을 지마제(zymase, 효모 내 효소)로 명명했다. 생체 촉매를 일컫는 효소라는 용어는 '술밑 효(酵)'와 '흴 소(素)'로 만들어졌는데, 효(酵)는 효모 세포를 의미하고 소(素)는 효모의 구성 성분으로 해석하면 결국 지미제와 같은 의미이다. 영어 이름인 엔자임(enzyme)도 그리스어로 내부를 의미하는 엔(en)과 효모를 의미하는 자임(zyme)이 합쳐진 말이다. 그림 9-10에 효모를 으깨어 점액질 덩어리가 세포막으로부터 빠져나온 모습을 보여준다.

부흐너는 뮌헨대학의 아돌프 바이어(1905 화학상)로부터 화학을 배웠고, 1888년에 박사학위를 받았다. 하지만 1898년에 베를린대학에서 농업학 교수로 그를 받아주기 전에

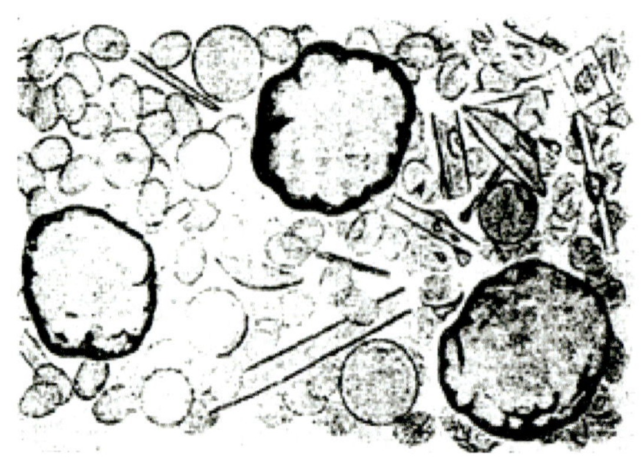

그림 9-10 효모를 수정 모래와 규조토로 으깨어 세포막으로부터 점액질 덩어리가 빠져나온 모습
출처: 부흐너, Public Domain

는 안정된 환경에서 연구를 계속하기가 어려운 상황이었다. 그럼에도 여기저기에서 힘들게 꾸준히 연구를 계속한 결과 1896년과 1897년에 좋은 성과를 냈고, 그 결과 베를린 대학의 교수가 될 수 있었다. 그는 1917년, 1차 세계대전에 독일군 소령으로 참전하여 전사했다.

1929년도에 알코올 발효와 관련하여 두 번째 노벨상이 수여되었다. 인류에게 발효가 얼마나 중요한지를 노벨상이 말해준다. 아서 하든과 한스 폰 오일러켈핀이 수상자인데, 수상 업적으로 '당의 발효와 발효 효소에 관한 연구'를 꼽았다. 하든은 당의 발효 연구에만 20여 년을 집중하면서, 생체 내 대사 과정의 중간체에 대한 지식을 쌓는 데 기여했다. 발효에 영향을 미치는 첨가물에 관한 연구에서 인산염(Na_2HPO_4)이 알코올 발효를 촉진한다는 것을 밝히기도 했다. 오일러켈핀은 효소와 기질의 작용, 효소의 작용을 돕는 보조 효소의 분리와 이들의 구조 결정 연구를 수행했다.

9.4 유전자 변형 농산물

우리의 식탁은 이미 유전자 변형 농산물(GMO)로부터 자유롭지 않게 되었다. 자신도 모르게 GMO 콩으로 만든 두부, GMO 유채에서 짜낸 카놀라유, GMO 사탕무로 만든

설탕 등을 사용하고 있기 때문이다. 유전공학의 발전으로 DNA 서열을 조작함으로써 새로운 생명체가 탄생하고 있다. 농산물의 경우 주로 제초제 내성을 강화하거나, 해충 저항성이나 특정 영양성분의 함량을 높이고, 열악한 환경에도 잘 자라게 하는 등의 특성을 부여하고 있다. 이러한 동식물을 사용해 생산된 식품을 유전자변형 식품, 유전공학 식품, 또는 생명공학 식품으로 부른다. 그동안 종을 개량하는 전통적인 방법은 선택적 교배를 통해 우수한 종자를 얻거나, 돌연변이를 통해 원하는 종을 고르는 것이었다. 이러한 방법은 원하는 장점을 정교하게 조절하기가 쉽지 않다. 유전자 변형 방법으로 해당 장점을 만들어내는 DNA를 도입함으로써 정교한 조절이 가능해졌다. 표 9-3에 유전자의 발견, 구조, 조작 등과 관련된 노벨상을 정리했다. 표 9-3을 훑어보면 DNA의 구

표 9-3 유전자 관련 노벨상 수상자

연도 분야	수상자	수상 업적
1933 생리의학	모건	유전에서의 염색체 역할
1946 생리의학	멀러	엑스선에 의한 초파리의 돌연변이
1962 생리의학	크릭, 왓슨, 윌킨스	DNA 구조와 정보 전달
1975 생리의학	볼티모어, 둘베코, 테민	RNA로부터 DNA로의 역전사
1978 생리의학	아르버, 네이선스, 스미스	제한 효소와 이들의 분자 유전학
1980 화학	버그, 길버트, 생어	재조합 DNA와 염기서열의 결정
1993 생리의학	로버츠, 샤프	분할 유전자
1993 화학	멀리스, 스미스	PCR 법의 발명, 올리고뉴클레오타이드를 이용한 위치 지향적 돌연변이 유발
1995 생리의학	루이스, 뉘슬라인-폴하르트, 비샤우스	배아 발달 유전자 조작
2006 생리의학	파이어, 멜로	이중나선 RNA에 의한 RNA 간섭유전자 조작
2006 화학	콘버그	진핵 전사의 분자 메커니즘
2007 생리의학	카페키, 에번스, 스미시스	배아줄기세포에 의한 특정 유전자 변형
2009 화학	라마크리슈난, 스타이츠, 요나트	리보좀의 구조와 기능
2015 화학	린달, 모드리치, 산자르	DNA의 복구 메커니즘 연구
2020 화학	샤르팡티에, 다우드나	유전체 편집 기술 개발
2023 생리의학	커리코, 와이스먼	코로나19에 효과적인 mRNA 백신 개발을 가능하게 한 뉴클레오사이드 염기 변형에 관한 발견

조가 밝혀진 1953년 이후 70년 이상이 지났지만, 여전히 DNA 관련 새로운 기술이 개발되고 있으며, 그에 따라 최근까지 새로운 노벨상 수상자가 이어진 것을 알 수 있다. 여기서는 표 9-3의 전체 수상자에 대한 설명은 생략하고, 유전자 변형과 관련된 몇 명의 수상자 업적만을 살펴본다.

그림 9-11에 플라스미드 유전자를 갖는 박테리아를 이용하여 재조합 DNA를 만드는 방법을 나타냈다. 제한 효소를 이용하여 DNA의 원하는 위치를 절단하는 방법이 핵심인데, 제한 효소를 발견한 베르너 아르버, 대니얼 네이선스, 해밀턴 스미스가 1978년도 생리의학상을 수상했다. 제한 효소는 박테리아가 자신을 공격하는 바이러스, 즉 박테리오파지로부터 자신을 지키기 위해 만든 효소인데, 이것은 바이러스가 주입한 DNA 사슬의 특정 염기서열 부분을 절단한다. 박테리아는 종에 따라 서로 다른 제한 효소를 갖고 있으므로, 다양한 제한 효소를 확보하고 이를 활용하면 DNA 사슬의 다양한 위치를 선택적으로 절단할 수 있다. 1980년, 즉 제한 효소에 대해 노벨상이 수여된 2년 후, 이를 이용해 재조합 DNA 분자를 만든 폴 버그가 화학상을 수상했다. 버그와 함께 노벨상을 수상한 월터 길버트와 프레더릭 생어는 DNA나 RNA의 염기서열을 결정하는 방법을 개발했다. 생어는 이때가 두 번째 노벨상 수상이었는데, 1958년에는 단백질, 특히 인슐린 분자의 아미노산 서열을 결정한 공로로 화학상을 받았다. 그림 9-11에서도 인슐린을 발현하는 유전자를 플라스미드 유전자에 삽입하여 재조합 DNA를 만든 예를 나타냈다. 이렇게 만들어진 재조합 플라스미드를 다시 박테리아에 넣어주면 박테리아로부터 인슐린을 생산할 수 있게 된다.

이와 유사한 GMO 박테리아의 활용 예를 들면, 박테리아가 심장병의 요인인 혈전을 녹여내는 단백질을 만들고, 신체의 성장을 촉진하는 단백질 호르몬을 생산하기도 한다. 또 다른 활용법은 GMO 박테리아가 생산한 기능성 물질을 사용하는 것이 아니라, 해당 동식물 세포에 삽입하여 이들이 스스로 기능성 물질을 생산하게 하는 것이다. 예로써, 살충성 물질의 유전자를 갖는 재조합 플라스미드를 식물 세포에 주입하면, 이로부터 성장한 잎은 스스로 살충성 물질을 만들기 때문에 이 잎을 먹으려고 벌레가 달려들지 않게 된다. 현재 가장 많이 보급된 제초제에 강한 곡물도 이에 해당하는 유전자 변형 농산물이다.

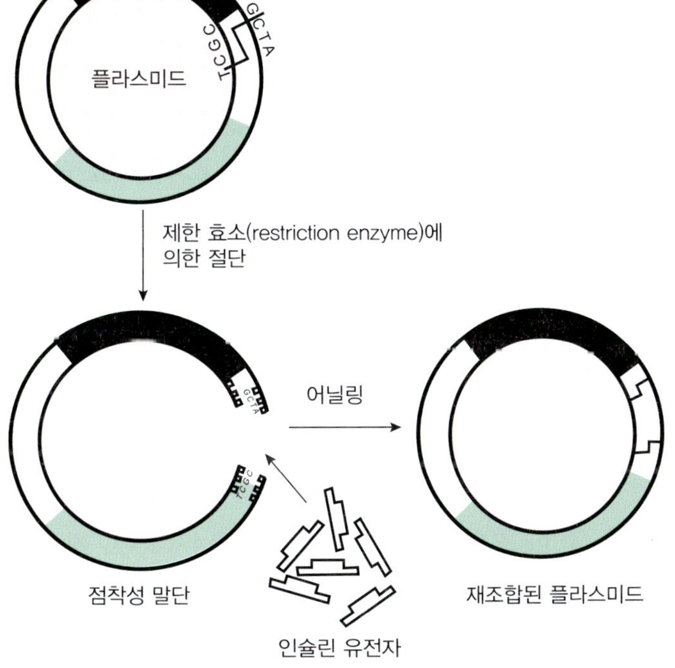

그림 9-11 인슐린 유전자를 갖는 재조합 플라스미드 유전자 제조 방법

제한 효소에 이어 또 다른 방법으로 DNA 사슬을 절단하는 방법을 개발한 과학자가 2020년 화학상을 받았다. 소위 '유전자 가위'를 개발한 에마뉘엘 샤르팡티에와 제니퍼 다우드나가 영예의 수상자이다. 당시는 인류가 코로나19로 고통을 겪고 있는 시기였다. 마침 이들 두 명의 여성 과학자가 개발한 '게놈을 편집하는 방법'은 바이러스의 DNA를 절단하는 데 효과적인 기술이었다.

바이러스가 사람만 공격하는 것은 아니다. 바이러스는 자신의 유전자를 증식시킬 수만 있다면 이떤 생명체라도 공격한다. 다만 특정 바이러스가 좋아하는 어떤 생명체가 있는 것이다. 바이러스 연구자들은 연구의 편의성 때문에 이의 감염 모델로 박테리아를 주로 선택한다. 사실 바이러스로 가장 큰 고통을 받는 것도 박테리아다. 샤르팡티에와 다우드나가 연구 대상으로 선택한 박테리아는 연쇄상구균이었다. 바이러스에 감염된 박테리아가 사멸하지 않고 살아남으면 자신의 유전체 안에 바이러스의 DNA 조각을 심어놓음으로써 바이러스 감염의 흔적을 남긴다. 그것은 이 DNA 조각을 이용해 바이러스에 의한 재차 감염으로부터 자신을 보호하기 위해서다.

위에서 설명한 연쇄상구균의 바이러스 감염 흔적에 의한 면역 이야기를 그림 9-12에 구체적으로 나타냈다. 이를 순서대로 설명하면 다음과 같다. 1. 바이러스의 DNA 조각이 삽입된 위치는 박테리아 유전체의 크리스퍼 서열 부분이다. 여기에 그동안 감염된 다양한 바이러스의 DNA 조각들이 모여 있는데, 그 조각들 사이에 반복 서열이 들어가서 이들을 구분하고 있다. 2. 크리스퍼 DNA 서열이 복제되어 이에 대응하는 크리스퍼 RNA 서열을 만든다. 3. 크리스퍼 RNA 서열 중에서 반복 서열 부분에 트레이서 RNA가 퍼즐 조각처럼 결합한다. 트레이서 RNA는 크리스퍼 RNA를 활성화시키는 tRNA이다. 트레이서 RNA가 크리스퍼 RNA에 붙으면 이 복합체에 가위 단백질 효소인 캐스9이 연결된다. 이때 진짜 가위 역할을 하는 단백질인 RNase III가 나타나 긴 사슬 분자를 조각조각으로 절단한다. 4. 이 조각은 크리스퍼 RNA, 트레이서 RNA, 캐스9으로 구성된 복합체이다. 이 복합체를 유전자 가위로 부른다. 사실 이 복합체가 직접 가위질을 하는 것은 아니다. 직접 가위질을 하는 것은 RNase III 단백질이지만 이 복합체가 붙은 자리를 자르기 때문에 그렇게 부른다. 이제 바이러스가 재차 자신의 DNA를 박테리아에 삽입하면, 이 유전자 가위 복합체가 바로 바이러스 DNA의 해당 위치에 결합한다. 그러면 RNase III가 나타나 바이러스 DNA를 절단하기 때문에 박테리아 몸속에 바이러스 유전자가 퍼지지 못한다.

샤르팡티에는 앞에서 바이러스 DNA로부터 만들어진 크리스퍼 RNA 부분 대신에 인위적으로 만든 가이드 RNA로 대체하면, 가이드 RNA의 종류와 길이에 따라 이것이 결합한 DNA 사슬을 편집하듯이 자를 수 있을 것으로 생각했다. 그래서 영입한 과학자가 RNA 연구의 권위자인 다우드나이다. 결국 샤르팡티에는 다우드나와의 공동 연구로 가이드 RNA를 가지고 소위 '유전자 가위' 복합체를 만드는 데 성공한다.

앞서 재조합 DNA에 대한 설명에서도 언급한 것처럼 변형 유전자를 만들기 위해서는 DNA를 절단한 다음, 우리가 원하는 다른 DNA 조각을 삽입해야 한다. 이것은 꼭 변형 유선자를 만들기 위해서만 필요한 것이 아니다. DNA가 손상을 입었을 때 이를 원래대로 복원하는 데도 필요하다. 2020년 화학상 수상자들은 이를 위한 방법도 제안했는

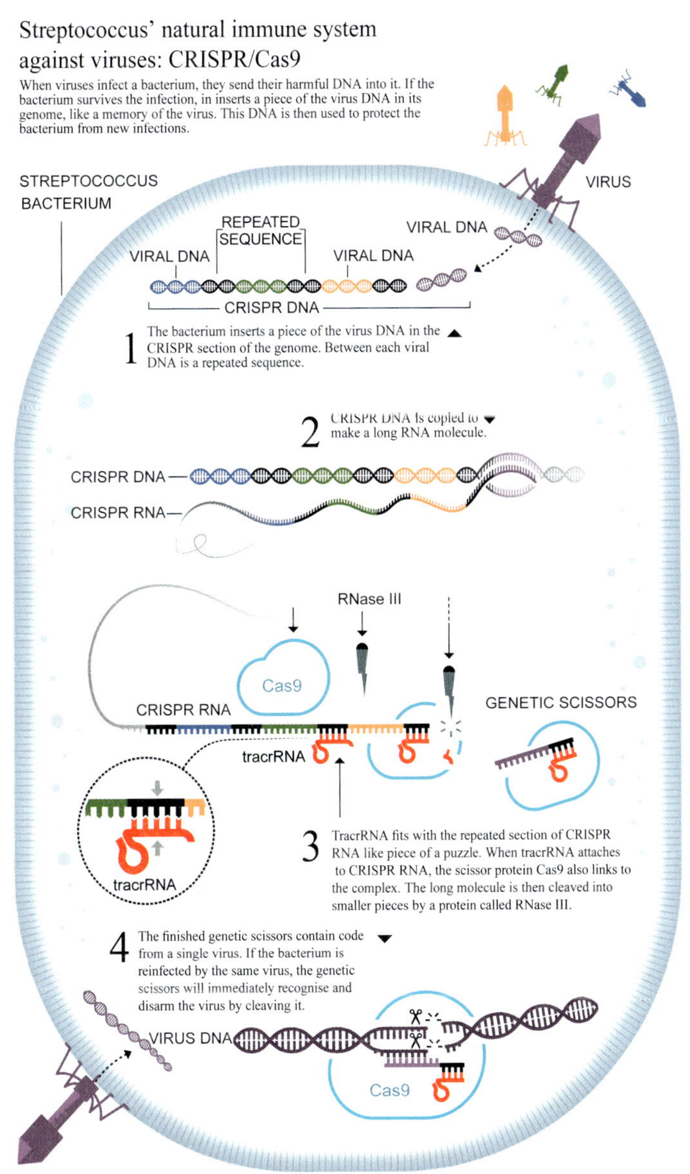

그림 9-12 바이러스 감염에서 생존한 연쇄상구균의 바이러스에 대한 면역 시스템
출처: © Johan Jarnestad/The Royal Swedish Academy of Sciences

데, 그림 9-13에서 보여주는 B 루트의 방법이다. A 루트는 이런저런 DNA 조각으로 퍼즐을 맞추듯이 시행착오를 통해 복원하는 방법이다. 실수로 잘못 끼워지면 DNA 복제가

더는 안 되거나 제대로 기능할 수 없는 복제 산물이 얻어질 확률이 높다. 반면에 B 루트는 자신이 원하는 DNA 서열을 설계대로 삽입할 수 있게 한다. 즉, 작은 DNA 템플릿을 절단 부위 양쪽에 맞는 서열로 만들어 삽입하고자 하는 DNA 서열 양쪽 끝에다 붙여서 맞춤형으로 변형시키는 방법이다.

코로나19 전염병 유행 시기에 코로나 검사 기법으로 활용된 PCR 기술이 있다. 이 기

The CRISPR/Cas9 genetic scissors

When researchers are going to edit a genome using the genetic scissors, they artificially construct a guide RNA, which matches the DNA code where the cut is to be made. The scissor protein, Cas9, forms a complex with the guide RNA, which takes the scissors to the place in the genome where the cut will be made.

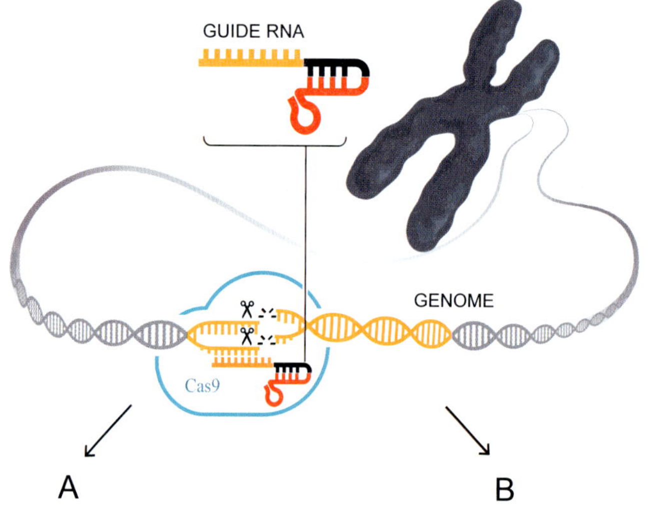

A

Researchers can allow the cell itself to repair the cut in the DNA. In most cases, this leads to the gene's function being turned off.

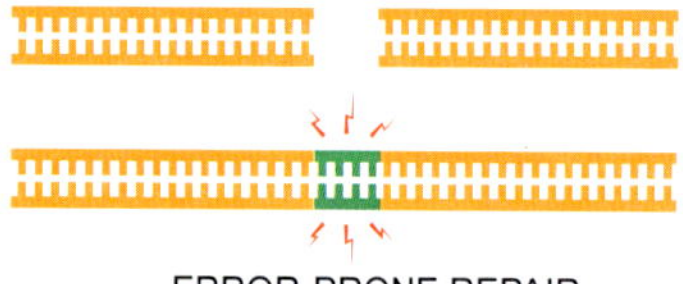

B

If the researchers want to insert, repair or edit a gene, they can specially design a small DNA template for this. The cell will use the template when it repairs the cut in the genome, so the code in the genome is changed.

그림 9-13 가이드 RNA를 이용한 DNA 절단과 템플릿 DNA를 이용한 DNA 변형
출처: © Johan Jarnestad/The Royal Swedish Academy of Sciences

술을 개발한 과학자는 캐리 멀리스인데, 그는 마이클 스미스와 함께 1993년 화학상을 받았다. PCR은 폴리머라제 연쇄 반응이라는 의미인데, 소수의 DNA 가닥을 수백만 번까지도 복제하는 것이 가능하다. 감염 초기엔 체내의 바이러스의 DNA 가닥수가 너무 적어서 검출이 안 될 수 있지만, PCR 방법을 통해 복제되어 그 양이 많아지면 쉽게 검출할 수 있게 되는 것이다. 멀리스와 함께 수상한 스미스의 업적은 돌연변이를 유발할 때 위치 제어가 가능한 기초 기술을 확립한 것이다. 이 기술로 단백질의 특정 아미노산을 바꾸는 것이 가능해졌고, 이로써 해당 아미노산의 기능적 역할을 조망할 수 있게 되었다.

10장
신약 개발

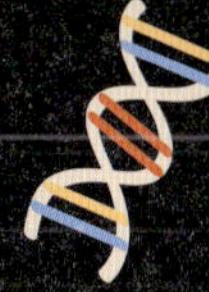

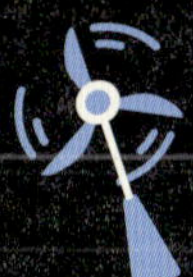

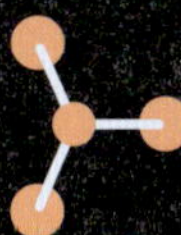

10장 신약 개발

10.1 일반의약품

소화제와 위염 치료제 | 해열진통제 | 인플루엔자바이러스와 코로나바이러스

10.2 전문의약품

항생제 | 과민증 알레르기 | 항암제 | 심장병 치료제 | 스테로이드 의약품

10.3 의약품 합성

유기 반응 시약 | 천연물 합성 | 유기 반응 촉매 | 유도 진화와 파지 디스플레이 합성법

본문에서 언급한 노벨상 수상자*

연도/분야	수상자	출생/소속(수상 당시)	수상 업적
2005 생리의학상	배리 마셜	1951 오스트레일리아, NHMRC 헬리코박터 파일로리 연구소, 웨스턴오스트레일리아대학교	박테리아 헬리코박터 파일로리 발견과 그의 위염 및 위궤양과의 관련 연구
	로빈 워런	1937~2024 오스트레일리아	
1960 생리의학상	프랭크 맥팔레인 버넷	1899~1985 오스트레일리아, 멜버른 월터 앤 엘리자 홀 의학연구소	후천적 면역학적 내성의 발견
	피터 메더워	1915~1987 브라질, 런던 유니버시티 칼리지	
2023 생리의학상	커털린 커리코	1955 헝가리, 세게드대학교, 펜실바니아대학교	코로나19에 효과적인 mRNA 백신 개발을 가능하게 한 뉴클레오사이드 염기 변형에 관한 발견
	드루 와이스먼	1959 미국, 펜실바니아대학교	
1945 생리의학상	알렉산더 플레밍	1881~1955 스코틀랜드, 런던대학교	페니실린의 발견과 이의 여러 감염질환에서의 치료 효과
	언스트 보리스 체인	1906~1979 독일, 옥스퍼드대학교	
	하워드 월터 플로리	1898~1968 오스트레일리아, 옥스퍼드대학교	
1939 생리의학상	게르하르트 도마크	1895~1964 폴란드, 독일 뮌스터대학교	프론토실의 항균 효과 발견
1952 생리의학상	셀먼 왁스먼	1888~1973 우크라이나, 럿거스대학교	스트렙토마이신과 이의 결핵에 대한 최초의 항생제 효과 발견
1913 생리의학상	샤를 리셰	1850~1935 프랑스, 소르본대학교	아나필락시스에 관한 연구 업적
1966 생리의학상	찰스 허긴스	1901~1997 캐나다, 시카고대학교	전립선암의 호르몬 치료법 발견
	프랜시스 페이턴 라우스	1879~1970 미국, 록펠러대학교	종양 유발 바이러스의 발견
1988 생리의학상	제임스 블랙	1924~2010 스코틀랜드, 런던대학교	약물 치료를 위한 중요한 원리 발견
	거트루드 엘리언	1918~1999 미국, 웰컴 연구소	
	조지 히칭스	1905~1998 미국, 웰컴 연구소	
1990 생리의학상	조지프 머리	1919~2012 미국, 브라이엄 여성 병원	인간의 질병 치료에서 장기 및 세포 이식에 관한 발견
	에드워드 토마스	1920~2012 미국, 프레드 허치슨 암연구센터	
2018 생리의학상	제임스 앨리슨	1948 미국, 파커 암면역치료 연구소, 텍사스대학교 MD 앤더슨 암센터	면역 관문 억제제를 통한 암 치료 발견
	혼조 다스쿠	1942 일본, 교토대학교	

연도/분야	수상자	출생/소속(수상 당시)	수상 업적
1905 화학상	아돌프 폰 바이어	1835~1917 독일, 뮌헨대학교	유기 염료와 방향족 화합물에 관한 연구를 통한 유기화학과 화학 산업의 발전에 기여
1912 화학상	빅토르 그리냐르	1871~1935 프랑스, 낭시대학교	그리냐르 시약의 발견을 통해 유기화학의 진보에 크게 기여
	폴 사바티에	1854~1941 프랑스, 툴루즈대학교	미세 금속 가루를 이용한 유기 화합물의 수소화 방법의 개발로 유기화학 발전에 기여
1947 화학상	로버트 로빈슨	1886~1975 영국, 옥스퍼드대학교	생물학적으로 중요한 천연물, 특히 알칼로이드에 관한 연구
1950 화학상	오토 딜스	1876~1954 독일, 키엘대학교	다이엔 합성법의 발견과 개발
	쿠르트 알더	1902~1958 폴란드, 쾰른대학교	
1965 화학상	로버트 우드워드	1917~1979 미국, 하버드대학교	유기 합성 기술에서 탁월한 업적
1981 화학상	후쿠이 겐이치	1918~1998 일본, 교토대학교	화학 반응의 과정에 관해 독립적으로 개발한 이론
	로알드 호프만	1937 우크라이나, 코넬대학교	
1979 화학상	허버트 브라운	1912~2004 영국, 퍼듀대학교	유기 합성에서 중요한 붕소와 인을 각각 함유한 시약의 개발
	게오르크 비티히	1897~1987 독일, 하이델베르크대학교	
1976 화학상	윌리엄 립스컴	1919~2011 미국, 하버드대학교	보레인의 구조 연구로 화학 결합의 문제를 밝혀낸 공로
1990 화학상	일라이어스 제임스 코리	1928 미국, 하버드대학교	유기 합성의 역합성법 이론과 방법론 개발
1982 생리의학상	존 로버트 베인	1927~2004 영국, 웰컴 연구소	프로스타글란딘과 그 생리활성에 관한 연구
	벵트 잉에마르 사무엘손	1934~2024 스웨덴, 카롤린스카 연구소	
	수네 베리스트룀	1916~2004 스웨덴, 카롤린스카 연구소	
2010 화학상	리처드 헥	1931~2015 미국, 델라웨어대학교	유기 합성에서 팔라듐 촉매를 이용한 교차 결합법 개발
	네기시 에이이치	1935~2021 중국, 퍼듀대학교	
	스즈키 아키라	1930 일본, 홋카이도대학교	
2018 화학상	프랜시스 아널드	1956 미국, 캘리포니아공과대학(Caltech)	효소의 유도 진화 합성법 개발
	조지 스미스	1941 미국, 미주리대학교	펩타이드 및 항체의 파지 디스플레이 합성법 개발
	그레고리 윈터	1951 영국, 케임브리지 MRC 분자생물학 연구소	

연도/분야	수상자	출생/소속(수상 당시)	수상 업적
2021 화학상	베냐민 리스트	1968 독일, 막스플랑크 연구소	비대칭 유기촉매의 개발
	데이비드 맥밀런	1968 영국, 프린스턴대학교	
2024 화학상	데이비드 베이커	1962 미국, 워싱턴대학교, 하워드휴즈 의학연구소	AI를 활용한 단백질 디자인
	데미스 허사비스	1976 영국, 구글 딥마인드	AI를 활용한 단백질 구조 예측
	존 점퍼	1985 미국, 구글 딥마인드	

*스테로이드 관련 노벨상 수상자는 표 10-1에 따로 나타냈다.

사람들의 '화학'에 대한 이미지는 긍정적이라기보다는 부정적인 듯하다. 아마도 건강과 환경을 중시하는 시대가 되면서, 천연물과 자연환경의 대척점에 화학을 두기 때문인 것 같다. 합성 화합물 중 많은 것이 건강을 해치고 환경을 오염시키지만, 화학은 이들의 해결사이기도 하다. 대표적인 화학의 공헌이 의약품의 개발이다. 여러 요인이 100세 건강 시대를 이끌었지만, 건강의 적인 질병을 극복하게 해준 일등 공신은 의술의 발달과 의약품의 개발이다. 알프레드 노벨은 '인류를 위해 위대한 업적을 이룬 인물'에게 수여하라는 유언과 함께, 노벨상의 5개 분야 중에 화학과 생리의학을 포함시켰다. 생리의학은 화학과 밀접한 분야이다. 이렇게 보면 화학은 당연히 '인류를 위해 위대한 업적을' 이루는 긍정적인 학문이다. 부정적인 시각이 해당 분야의 발전에 걸림돌이 되지 말아야겠다.

의약품은 크게 일반의약품과 전문의약품으로 나뉜다. 일반의약품은 의사의 처방전이 없어도 환자가 약국에서 약사나 한약사의 도움으로 직접 구매할 수 있는 의약품이다. 전문의약품은 의사의 처방전이 있어야 살 수 있으므로, 의약품을 구매하기 전에 병원에 먼저 들러야 한다. 전문의약품을 일컬어 POM(prescription-only medicine)이라고 하는데, 앞의 설명이 그 의미이다. 한편, 우리나라도 2012년부터 일반의약품 중에서 가벼운 증상에 사용하는 일부 의약품은 약국이 아닌 편의점이나 대형 매장에서도 판매가 허용되었다. 안전상비의약품이 그것인데 이를 OTC(over-the-counter)로 부른다. OTC는 가게의 카운터 가까이에 의약품이 진열되어 있어서 손님이 원하면 바로 내어주는 의약품의 의미로 이해된다.

본 장에서는 의약품 화학에 관련된 노벨상 수상자를 만나본다. 내용을 일반의약품, 전문의약품, 그리고 의약품 합성으로 구분하였다. 의약품의 탄생에는 화학뿐만 아니라 생명과학, 약학, 의학 등 다양한 분야의 기여가 있어야 한다. 이에 따라 관련 노벨상이 화학과 생리의학 분야에 두루 수여되었다.

10.1 일반의약품

일반의약품 중에서 일상생활 중에 가벼운 증상으로 많이 찾는 몇 가지를 안전상비의약품으로 지정했다. 해열진통제, 소화제, 파스, 감기약인데, 2012년 11월부터 이들은 편의점에서도 구매가 가능해졌다. 물론 위의 품목에 해당한다고 해도, 어떤 회사의 해당 제품이든지 구매할 수 있는 것은 아니다. 전체 13종이 지정되었는데, 타이레놀이 4종, 어린이 부루펜 시럽, 제일 쿨파스와 신신 파스아렉스, 베아제정 2종, 훼스탈정 2종, 판콜에이 내복액과 판피린정이다. OTC 품목은 나라마다 다르며, 선진국일수록 일반의약품까지 점차 확대해가는 추세이다. 우리나라도 OTC 품목을 조정하고 확대해 달라는 시민들의 요구가 커지자 보건복지부에서 2017년 초에 6월까지는 품목 조정을 검토하겠다고 발표했으나, 2026년 현재까지도 여전히 처음 그대로다.

소화제와 위염 치료제

대표적인 가정상비약인 소화제는 크게 두 종류인데, 소화 효소제와 위 운동 개선제이다. 위 속에서 소화 과정이 바로 이 두 가지로 이루어진다. 소화액 속의 여러 가지 효소들이 음식물의 분해를 돕는다. 탄수화물은 아밀레이스(아밀라아제)에 의해 단당류로, 지방은 라이페이스(리파아제)에 의해 지방산과 글리세린으로, 단백질은 펩신, 트립신, 키모트립신에 의해 각종 아미노산으로 분해된다. 소화 효소제는 다른 생물의 소화 효소를 추출하여 농축한 것인데, 소나 돼지의 췌장에서 추출한 판크레아틴, 맥아당에서 정제한 다이스테이스(디아스타제) 등이 그것이다. 이들 소화 효소는 혼합 형태로 판매되는데, 이들이 소화관의 특정 부위에서 작용하도록 다양한 방법으로 코팅한다. 한편, 위 운동 개선제는

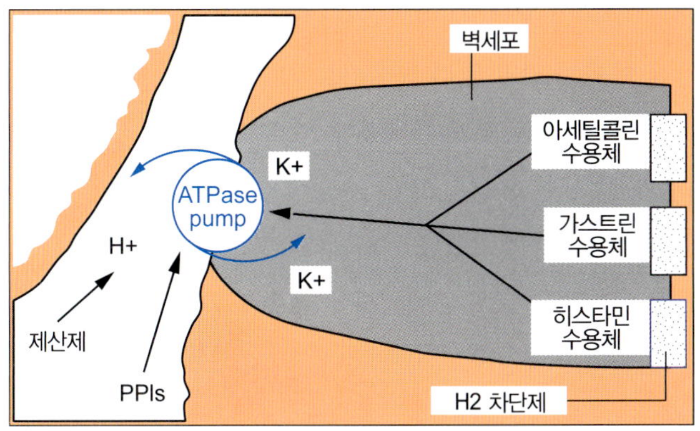

그림 10-1 위염 치료제의 3가지 작용 방식을 나타낸 모식도

위 운동을 지시하는 신경계를 자극하여 활발한 위 운동을 유도한다. 즉, 이는 신경전달물질 중 도파민과 세로토닌의 수용체를 자극하는 물질인데, 주로 생약 성분이다. 활명수, 가스명수, 베나치오 등이 이에 해당한다. 맥소롱은 그 성분이 다른 신경전달물질인 아세틸콜린 수용체를 자극하기 때문에, 일반의약품에서 전문의약품으로 재분류되었다.

많은 사람이 속쓰림을 다스리기 위해 종종 위염 치료제를 찾는다. 위의 염증 요인은 크게 두 가지인데, 하나는 과다한 위산 분비이고, 다른 하나는 박테리아 헬리코박터 파일로리에 의한 감염이다. 과다한 위산이 문제라면 이를 제거하거나 이의 분비를 억제하는 것으로 다스릴 수 있지만, 박테리아에 의한 경우는 항생제를 써야 한다.

위산을 다스리는 데는 3종류의 약을 사용한다. 첫 번째는 제산제로 위산을 중화시키는 것이다. 산화 마그네슘, 탄산 칼슘, 탄산수소 소듐, 수산화 알루미늄 등이 사용되며, 이들은 산(양성자)을 중화시킨다. 탄산염이 포함된 것들은 물 분자와 함께 이산화탄소가 발생하므로 트림을 동반하기도 한다. 두 번째는 그림 10-1에 나타낸 것처럼 H2 수용체를 차단하는 것이다. 이 수용체는 위산을 분비하라는 신호를 받아들이는 단백질이다. 이것의 활성 자리를 차단하면 위산 분비가 억제된다. 시판 중인 잔탁이 이에 해당한다. 세 번째는 PPI 제제인데, 이것은 위산이 분비되는 최종 단계인 양성자 펌프를 차단하여 위산의 분비를 억제한다. 오메큐가 이 방식의 위염 치료제이다.

헬리코박터 파일로리에 의한 염증의 진단과 치료를 위해서는 병원에 들러야 한다.

많은 과학자가 위산(염산)이 분비되는 위 속 환경에서 박테리아가 생존하리라고 생각하지 못했다. 하지만 이제는 널리 알려진 헬리코박터 파일로리가 발견되었고, 이것이 위염과 소화 궤양을 일으킨다는 것이 밝혀졌다. 바로 2005년도 생리의학상을 받은 배리 마셜과 로빈 워런의 연구 결과이다. 그림 10-2에 이 박테리아에 의한 위와 십이지장의 감염과 그로 인한 궤양의 발생 과정을 나타냈다. 헬리코박터 파일로리가 위 점막에 붙으면 염증 세포가 반응하지만, 이 단계에서는 통증을 느끼지 못한다. 염증이 지속되면 위산의 분비가 증가하고 위궤양과 십이지장 궤양이 나타나는데, 심한 경우 출혈성 궤양이 되기도 한다. 위염 또는 궤양의 원인이 이 균에 의한 감염인 줄 모른 채 제산제로만 다스리면 일시적으로는 호전되지만, 박테리아가 제거된 것이 아니므로 더욱 악화되어 재발할 수 있다. 이 경우는 반드시 근원적인 치료를 위해서 항생제를 써야 한다.

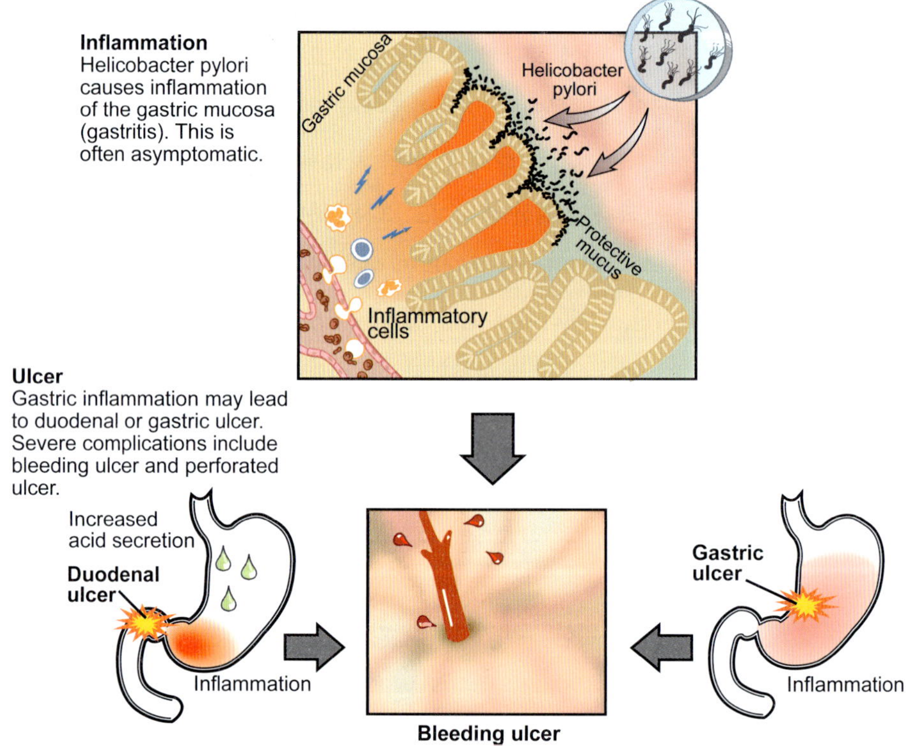

그림 10-2 헬리코박터 파일로리에 의한 위 및 십이지장의 염증과 궤양의 발생 과정
출처: © The Nobel Committee for Physiology or Medicine

해열진통제

해열진통제와 종합감기약은 대표적인 가정상비약이다. 대표적인 해열진통제인 아스피린, 타이레놀, 부루펜은 모두 NSAID 소염제이다. NSAID는 스테로이드 화합물이 아닌 항염증제라는 뜻이다. 이 세 종류는 모두 프로스타글란딘의 생성에 관여하는 CO_X 효소의 작용을 저해한다. 즉, 이들은 통증을 유발하는 물질인 프로스타글란딘의 생성을 억제한다. 종합감기약은 해열진통제 외에 다양한 증상의 완화제가 함께 들어있어서 붙여진 이름이다. 여기에는 기침 완화, 기관지 확장, 거담, 콧물 제거를 위한 성분과 함께 무수카페인과 비타민 B_1도 첨가된다. 카페인은 해열진통 효과를 상승시키고, 비타민은 빠른 회복을 돕는다.

앞서 프로스타글란딘이 통증을 유발하는 물질이라고 했는데, 이 물질은 종류가 다양하고 몸속에서의 역할도 각각 다르다. 이들은 통증과 염증 반응에 관여할 뿐만 아니라 혈관을 수축하거나 팽창시켜서 혈압을 조절하며, 알레르기 반응에 관여하는 등 다양한 생리작용에 참여한다. 수많은 프로스타글란딘을 분리하고, 분류하여, 이들의 다양한 생리작용을 연구한 과학자들이 1982년 생리의학상을 받았다. 스웨덴의 생화학자인 벵트 잉에마르 사무엘손과 수네 베리스트룀, 영국의 생화학자인 존 로버트 베인이 그들이다. 프로스타글란딘은 약간의 구조 변화로도 상반된 작용을 나타내기도 하며, 심지어는 같은 프로스타글란딘인데도 조직이 바뀌면 서로 다르게 작용하기도 한다. 이것은 조직마다 프로스타글란딘의 수용체 타입이 서로 다르기 때문이다. 프로스타글란딘은 유기 합성 화학자에게도 매우 흥미로운 분자여서 화학자들이 새로운 프로스타글란딘을 많이 합성했는데, 그 과정에서 효과적인 핵심 중간체인 코리 락톤을 찾아낸 일라이어스 코리가 1990년 화학상을 받았다. 그의 수상 업적은 프로스타글란딘을 포함한 복잡한 유기분자의 유기합성 이론과 방법에 기여한 공로였다.

인플루엔자바이러스와 코로나바이러스

감기 바이러스인 인플루엔자 A가 1935년에 최초로 오스트레일리아의 프랭크 버넷에 의해 발견되었다. 그는 1960년에 피터 메더워와 함께 생리의학상을 받았는데, 수상 업적은 바이러스에 관한 연구가 아니라 조직 이식에서의 면역 작용에 관한 업적이었다. 버

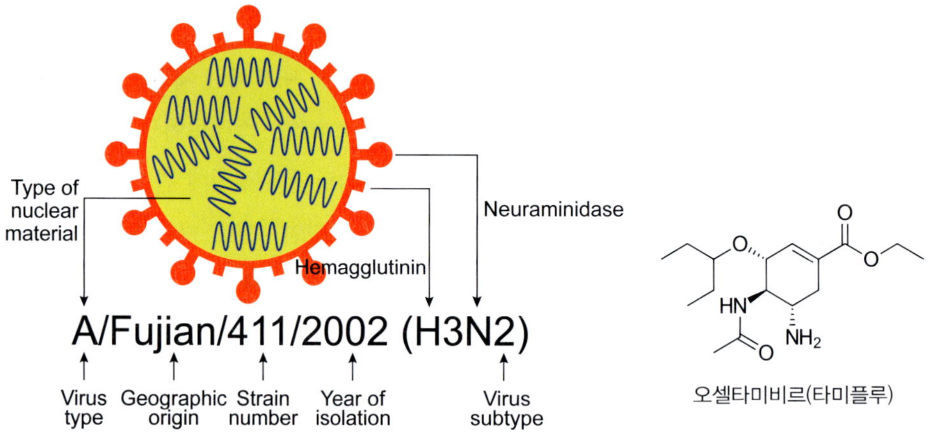

그림 10-3 푸젠성 독감 인플루엔자바이러스 H3N2의 분류 표시와 독감 치료제 타미플루의 구조
출처: By Burschik, CC BY-SA 3.0, Wikimeda Commons (왼쪽)

넷은 오스트레일리아의 의사이면서 바이러스학과 면역학을 연구한 학자였다. 버넷의 바이러스 연구는 그의 연구 생활 초기에 이루어졌다. 그는 박테리오파지로 바이러스 배양의 기초 실험을 수행했는데, 그가 수행한 병아리 배아를 이용한 바이러스 배양법은 현재도 이용하는 바이러스 배양의 표준 실험법이 되었다. 박테리오파지는 박테리아를 공격하는 바이러스이다. 그는 인플루엔자바이러스의 혈청 변종과 돼지 바이러스 등의 바이러스에 관한 연구뿐만 아니라, 박테리아에 관한 연구를 통해, 점액종, 유행성 뇌염, 독성 포도알균 감염 등의 관련 지식을 넓히는 데 기여했다. 그림 10-3은 푸젠성 독감 인플루엔자바이러스 H3N2의 분류 예시와 독감 치료제 타미플루의 화학 구조를 보여준다.

인플루엔자바이러스에 대해서는 예방 백신은 물론 치료제까지 나왔기 때문에 건강한 사람들은 이를 그다지 염려하지 않는다. 하지만 코로나바이러스에 대해서는 코로나19가 발생하기 전에 백신과 치료제 개발이 이루어지지 않았었다. 중증급성호흡기증후군(SARS-CoV)이나 중동호흡기증후군(MERS-CoV)도 코로나바이러스에 의한 감염증이지만, 이들이 팬데믹으로 이어지지는 않았다. 물론 그때도 코로나바이러스로 인한 세계적인 감염에 관한 우려가 남아 있기는 하였다. 불행히도 코로나19는 팬데믹으로 확산되었고, 이로 인해 많은 희생자가 발생했다. 다행히 외국의 제약회사에 의해 코로나19 백신이

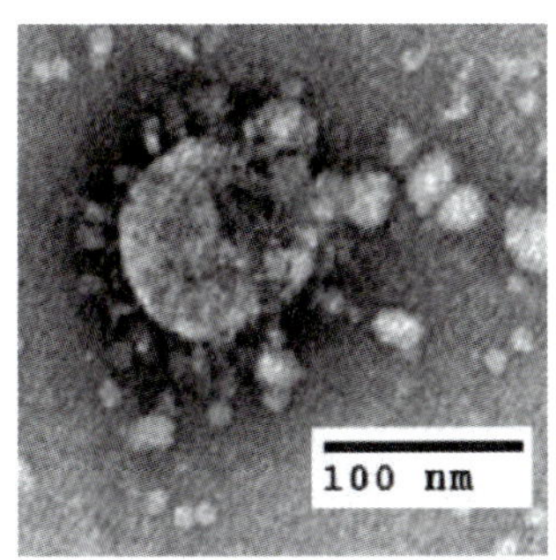

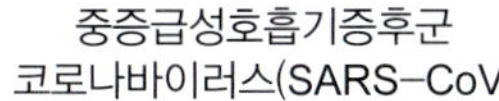

중증급성호흡기증후군
코로나바이러스(SARS-CoV)

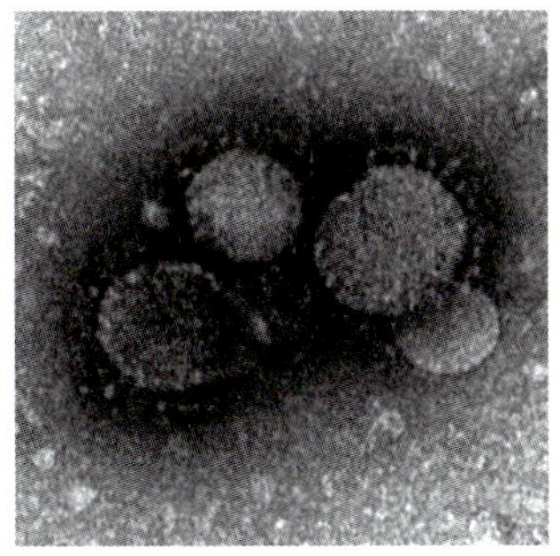

중동호흡기증후군 코로나바이러스
(MERS-CoV)

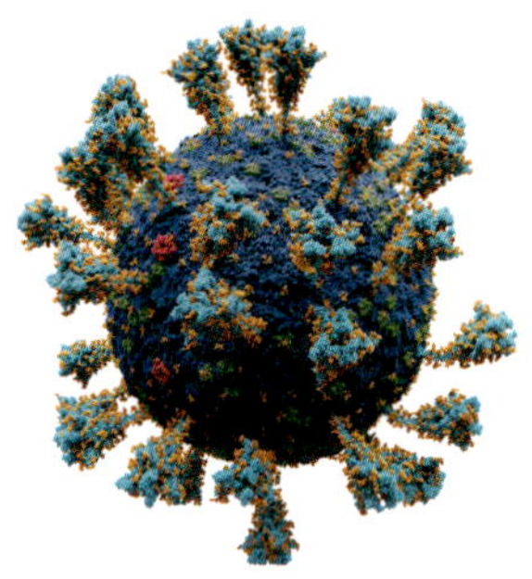

신종 코로나바이러스 감염증
(COVID-19; 코로나19)

그림 10-4 세계적인 관심을 받는 주요 코로나바이러스의 형태

비교적 빠르게 만들어져, 온 국민에게 접종할 수 있었다. 치료제도 순차적으로 개발되고 있기 때문에, 코로나바이러스도 인플루엔자바이러스 정도로 그 위험성이 낮춰질 것으로 보인다. 그림 10-4는 세계적인 관심을 받는 주요 코로나바이러스의 형태를 보여준다.

코로나19의 극복에 기여한 면역학자들이 2023년 생리의학상을 받았다. 그들은 커털린 커리코와 드루 와이스먼이다. 그들의 업적은 mRNA 백신 개발의 기초가 된 염기 변형에 관한 발견이었다. 기존의 백신은 주로 활성을 약화시킨 또는 비활성인 바이러스를 이용하거나, 유전공학 기술을 이용하여 인공적으로 만든 재조합 단백질을 이용하기도 하고, 또는 유전물질을 몸속에 전달하기 위한 바이러스 기반 전달체인 바이러스 벡터를 이용했다. 커리코와 와이스먼은 뉴클레오사이드 염기를 변형시킨 mRNA를 주입하면 세포가 염증의 신호 분자를 분비하지 않아 염증이 활성화되지 않고, 단백질의 생산이 증가한다는 것을 발견했다. 이를 이용해 특정 바이러스의 스파이크 단백질에 특이적인 항체의 분비를 촉진하는 백신을 개발한 것이다. 즉, 지질 나노입자의 도움으로 염기 변형 mRNA가 세포 안으로 들어가면, mRNA는 스파이크 단백질 생산의 틀로 작용한다. 스파이크 단백질이 일시적으로 세포 표면에 나타나면, 이 단백질은 B 세포 수용체(BCRs)를 통해 B 세포를 인식한다. 이어서 이 착체는 스파이크 특이적 항체의 분비를 촉진한다.

10.2 전문의약품

전문의약품은 의사의 처방전에 의해서만 구매할 수 있다. 본 절에서는 전문의약품 중에서 일상생활에서 주로 경험하는 몇 가지만 선택했다. 항생제, 항알레르기제, 항암제, 스테로이드 의약품의 범위에서 이와 관련된 화학상과 생리의학상 수상자의 업적을 간단히 살펴본다. 또한 논의의 방향을 생리학적 관점보다는 화학적 관점에 두었다.

항생제

항생제는 항생 물질로 만든 의약품이다. 그렇다면 항생 물질이란 무엇인가? 사전적 정의는 '생물, 특히 곰팡이나 세균 등의 미생물에 의해서 생성되어, 다른 미생물이나 생물 세포의 기능을 저해하는 물질'이다. 즉, 주로 종이 다른 미생물들 사이에 사용되는 살상용 화학 무기이다. 인류는 화학 무기의 생산과 사용을 규제하고 있지만, 자연 속에서는 화학전이 가장 보편적인 전투 방식이다.

항생제의 합성으로 첫 번째 노벨상을 받은 과학자는 독일의 병리학자 게르하르트 도마크이다. 도마크는 1932년에 붉은색 염료로 개발된 프론토실이 항균 작용을 나타내는 것을 확인했고, 이 업적으로 1939년 생리의학상을 받았다. 첫 번째로 발견된 항생제는 프론토실의 합성보다 4년 앞선 1928년에 알렉산더 플레밍이 발견한 페니실린이지만, 이를 발견한 플레밍은 제2차 세계대전이 끝난 1945년에 생리의학상을 받았다. 잘 알려진 대로 페니실린은 푸른곰팡이로부터 얻어졌다.

도마크가 프론토실의 항균 작용을 발견했지만, 프론토실 자체가 항균 작용을 나타내는 것은 아니었다. 그림 10-5 위쪽에서 보여주듯이 프론토실의 다이아조(-N=N-) 부분이 분해되면서 *p*-아미노벤젠 설폰아마이드가 되면, 이것이 항균 작용을 나타낸다. 일반 구조식으로 설폰 구조와 아미노 구조를 함께 갖는 설파 항생제의 탄생이었다. 도마크가 프론토실로 염색한 붉은 색 옷을 자신의 딸에게 입혔더니, 딸이 갖고 있던 피부병이 나은 것을 보고 항균 작용을 발견했다는 일화가 '우연한 발견(serendipity)'의 사례로 인용되곤 한다. 하지만 브리태니카 사전에는 다음과 같이 쓰여 있다. '도마크는 1921년에 키엘대학에서 의학박사 학위를 받고, 다른 두 군데의 대학에서 학생들을 가르쳤다. 그

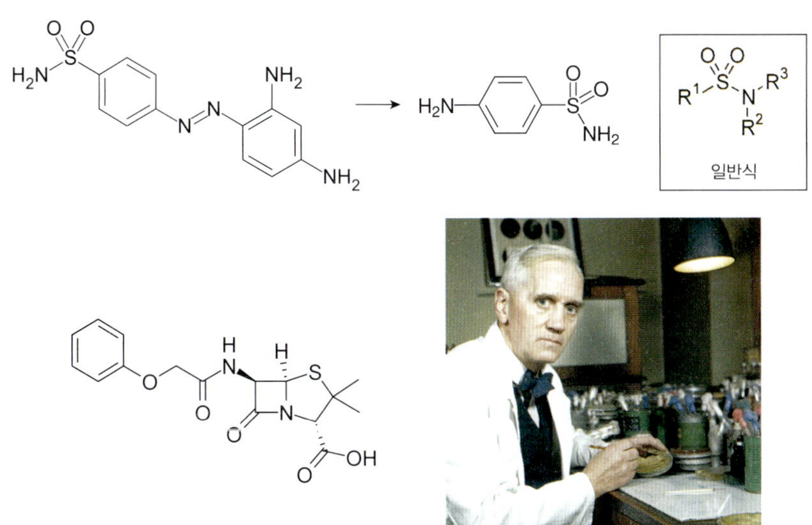

그림 10-5 프론토실이 분해되어 만들어진 p-아미노벤젠설폰아마이드(위), 페니실린 V의 구조와 플레밍 사진(아래)

후, 박테리아 병리학 연구를 위해 설립한 염료 회사들의 카르텔 연구소장을 맡게 되었다. 파울 에를리히(1908 생리의학상)의 아이디어에 영감을 받은 도마크는 새로 합성된 염료의 여러 감염증에 대한 치료 효과를 테스트했다. 그 가운데 프론토실이 쥐를 대상으로 한 항균 작용 시험에서 효과를 나타냈다.' 위에서 언급한 카르텔에는 바스프, 바이엘, 훽스트, 아그파와 같은 회사들이 참여했었는데, 2차 세계대전 후에 카르텔은 해체되었다. 한편, 도마크는 나치 독일의 방해로 1939년도에 노벨상을 받지 못하고, 1947년에서야 상금은 없이 상장과 메달만 받았다.

앞에서 말한 대로 최초로 발견한 항생제는 플레밍의 페니실린이다. 물론 도마크의 프론토실도 합성 항생제로는 최초이다. 플레밍의 노벨상 수상이 늦어진 것은 페니실린의 첫 번째 임상시험이 영국에서 실패하고 다시 미국에서 대량생산에 성공하기까지 시간이 오래 걸렸기 때문이다. 영국에서의 임상시험 당시에는 충분한 양의 페니실린을 푸른곰팡이로부터 얻는 데 실패했다. 전쟁에 참여하게 된 미국이 적극적으로 영국의 연구진을 받아들여 대량생산을 위한 연구에 착수했고, 미국 농업자원연구소에서 1944년 6월에 이에 성공했다. 이로써 페니실린은 전쟁 막바지에 부상자의 치료에 크게 기여했다.

페니실린의 구조는 4각형과 5각형 고리가 한 변을 공유하는 이중 고리 구조인데, 당시로는 생각지 못한 구조여서 이것을 알아내기까지 시간이 오래 걸렸다. 당시에 보급되기 시작한 적외선 분광법이 이에 결정적 역할을 하였다. 페니실린의 발견 후 약 30년 만인 1957년에 존 시한 교수가 처음으로 페니실린의 합성에 성공했다.

결핵 치료제인 스트렙토마이신의 발견으로 항생제 분야에서 세 번째로 노벨상이 나왔다. 이 치료제의 발견 이후 결핵의 치료가 가능해졌지만, 과거에는 가장 무서운 질병 중의 하나였다. 스트렙토마이신은 1943년에 방선균으로부터 앨버트 샤츠에 의해 처음으로 분리되었다. 당시 샤츠는 럿거스대학 셀먼 왁스만 교수의 박사과정 학생이었다. 왁스만은 이보다 먼저 1940년에 토양 박테리아로부터 악티노마이신을 분리했는데, 이것은 독성이 너무 강해서 동물 실험을 할 수 없었다. 왁스만은 이 외에도 다양한 감염증에 잘 듣는 네오마이신을 비롯해 여러 항생제를 분리하였을 뿐만 아니라, 항생제(antibiotics)라는 말도 1941년에 그가 만들었다.

우리나라에서 개발하여 FDA 승인을 받은 신약 중 첫 번째와 두 번째도 항생제이다. 팩티브라는 이름의 호흡기 질환 항생제가 2003년에 FDA 승인되었고, 내성균 슈퍼박테리아 항생제인 시벡스트로가 2014년에 두 번째로 승인되었다. 현재는 우리나라가 보유

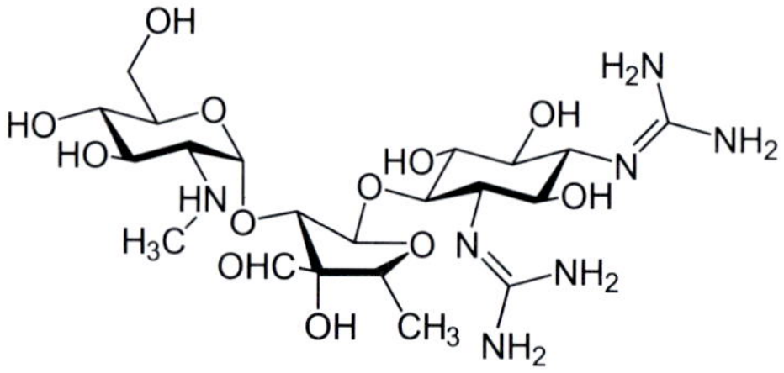

스트렙토마이신

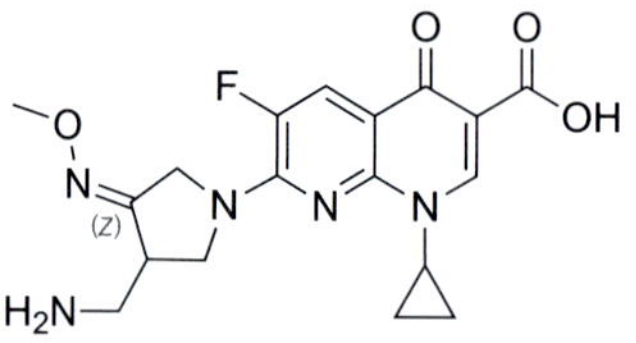

제미플록사신

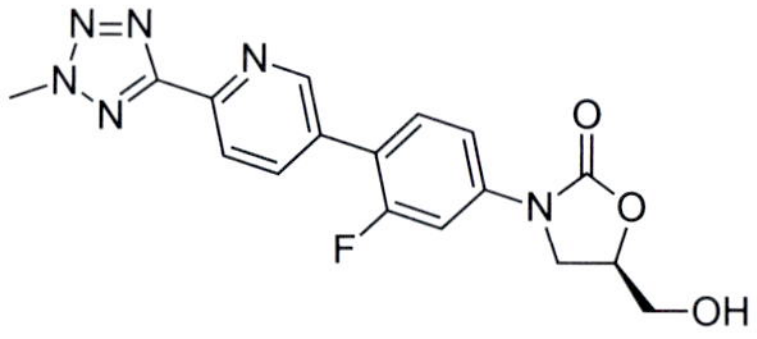

테디졸리드

그림 10-6 스트렙토마이신과 우리나라의 FDA 승인 신약 1, 2호 팩티브(제미플록사신)와 시벡스트로(테디졸리드)의 구조

한 FDA 승인 신약 또는 개량 신약의 종류가 많아졌다. 앱스틸라(2016, 혈우병), 솔리암페톨(2019, 기면증과 수면무호흡증에 의한 주간 졸림증), 세노바메이트(2019, 뇌전증), 롤베돈(2022, 호중구 감소증), 렉라자(2024, 폐암 1차치료제), 레티보(2024, 미간 주름개선) 등이다. 그림 10-6에 스트렙토마이신과 함께 팩티브(제미플록사신)와 시벡스트로(테디졸리드)의 구조를 나타냈다.

과민증 알레르기

과민증 알레르기(아나필락시스)에 관한 연구로 샤를 리셰가 1913년 생리의학상을 받았다. 리셰는 개를 이용한 말미잘 독의 활성 시험에서 첫 번째 주사를 놓았을 때는 특별한 반응이 없었는데, 며칠 후 두 번째로 소량의 독을 주사하자 쇼크사가 나타나는 것을 발견했다. 일반적인 상식은 '첫 번째 주사가 다음에 들어오는 같은 독에 대해 면역성을 갖게 한다'라는 것이었는데, 이와는 반대로 그보다 적은 양의 두 번째 주사에 대해서도 더욱 민감한 반응을 나타낸 것이다. 이와 같은 과민 반응을 아나필락시스라고 하는데, 이 용어를 만든 것도 리셰이다. 아나필락시스의 증상은 매우 다양하다. 결막, 입술, 혀, 목이 붓거나, 콧물이 나고, 어지럽고 의식이 희미하며 두통과 불안감이 들고, 기침과 천식으로 호흡이 곤란하며, 쉰소리가 나고 삼키기 어렵거나, 복통과 설사 구토가 나고, 소변 조절이 안 되며, 골반 통증이 나타나고, 피부 발진과 가려움증이 생기며, 심장 박동이 불규칙하고 혈압이 떨어지는 등의 증상이 나타난다. 결국 온몸에서 증상이 나타날 수 있다.

알레르기 반응은 어떤 과정을 통해 나타나느냐에 따라 그 형태를 4가지로 구분한다. 타입 I이 우리가 가장 흔하게 경험하는 것인데, 항원이 들어오면 IgE 항체가 마스트 세포와 결합하고, IgE에 어느 정도의 항원이 결합하면 마스트 세포가 히스타민과 헤파린 알갱이를 분비하거나, 류코트라이엔이나 프로스타글란딘과 같은 염증성 물질을 만들어 낸다. 앞서 언급한 아나필락시스도 타입 I의 심한 경우이다. 항체가 특정 '타겟' 세포 속의 항원과 반응하는 타입 II, 특정의 항원에 매우 민감한 사람이 같은 항원에 연속해서 노출될 때 항원-항체 복합체가 혈관 벽에 쌓였다가 어느 순간 염증과 혈관 손상을 일으키는 타입 III, 일반적인 B-세포 항체의 참여 대신에 T-세포가 참여하는 알레르기로 노출된 후 하루 정도 지난 후에 증상이 나타나는 타입 IV로 구분한다. 이 중에서 타입 I은

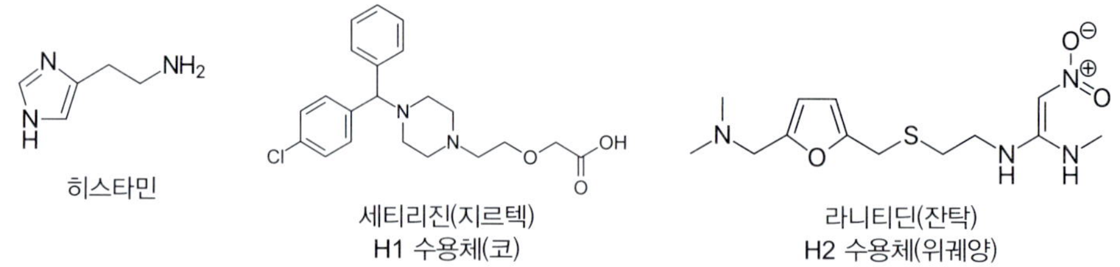

히스타민

세티리진(지르텍)
H1 수용체(코)

라니티딘(잔탁)
H2 수용체(위궤양)

그림 10-7 히스타민과 항히스타민제의 구조

유전적 요인이 가장 크다. 또한 접촉성 피부 질환이나 조직 이식에서의 거부 반응이 타입 IV에 해당한다.

항알레르기제는 항히스타민제를 비롯하여 충혈완화제, 마스트 세포 안정제, 코르티코스테로이드제, 류코트리엔 작용억제제 등으로 구성된다. 이것은 알레르기를 일으키는 메커니즘에서 각 단계를 조절하고 염증을 완화시키기 위한 성분들이다. 그림 10-7에 히스타민과 두 가지 항알레르기제를 나타냈다.

한편 1902년 리셰는 과민증 알레르기 현상을 설명하기 위해 아필락시스(aphylaxis)라는 용어를 만들었으나, 이후 더 나은 발음이라고 생각해 아나필락시스(anaphylaxis)로 변경했다. 이 용어는 그리스어 ana(반대하는)와 phylaxis(보호)에서 유래했다. 같은 해에 리셰와 포티에는 파리 생물학회에서 공동으로 이 실험 결과를 발표했다. 이들의 연구는 알레르기에 관한 최초의 과학적 연구로 간주된다. 알레르기라는 용어는 그 후에 1906년 클레멘스 폰 피르케트가 만들었다. 그는 또한 초자연적 영매 현상 연구에 수년간 매진하여, '엑토플라즘'이라는 용어를 만들기도 했다. 그는 흑인의 열등성을 믿었고 우생학 옹호자였으며, 생애 말년에는 프랑스 우생학회 회장을 역임했다. 이 외에도 그는 다양한 분야에 관심을 가졌는데, 역사, 사회학, 철학, 심리학은 물론 연극과 시에 관한 책도 저술했다. 그는 항공 분야의 선구자이기도 했고, 프랑스 평화 운동에도 참여했다.

항암제

사람이 노년에 가장 많이 걸리는 질병은 역시 암이다. 예전에는 암에 걸리면 곧 사망 선고처럼 생각되었으나, 최근에는 치료법이 발달하고 좋은 항암제가 개발되면서 암에 걸려도 생존율이 매우 높아졌다. 암의 치료법은 수술, 방사선 치료, 항암제, 면역치료 등으로 구분되는데, 여기서는 항암제와 면역치료를 위주로 노벨상 수상자들을 간단히 살펴본다.

암의 성장과 호르몬의 관계를 밝힌 찰스 허긴스와 바이러스에 의한 암의 발생을 주장한 프랜시스 페이턴 라우스가 1966년도 생리의학상을 받았다. 허긴스는 비뇨기과 의사였는데, 1940년대에 전립선암 환자에게 여성 호르몬 에스트로겐을 주사하여 남성 호르몬의 작용을 억제하면 암세포의 성장이 늦춰진다는 사실을 발견했다. 이것은 정상적인 세포와 마찬가지로 암세포도 호르몬의 영향을 받기 때문에 호르몬 시그널을 교란시키면 적어도 일시적으로는 암세포의 성장이 늦춰지는 것이다. 다른 종류의 암에서도 유사한 사례들이 보고되었는데, 특히 유방암의 경우 호르몬의 영향을 크게 받았다. 난소와 부신을 제거하여 에스트로겐의 공급을 차단하면 유방암 세포의 성장이 크게 낮아졌다. 이 연구 결과는 호르몬의 작용을 조절하는 의약품의 개발을 촉진시켰다. 한편 라우스는 그가 현재의 록펠러대학에서 재직하던 1911년에 암탉의 종양이 종양 세포의 추출물 중에서 현미경으로도 보이지 않는 성분을 다른 가금류에 주입해도 전이된다는 것을 발견했다. 즉, 종양 세포를 이식하지 않고도 종양이 전이될 수 있다는 것을 처음으로 밝힌 것이다. 당시의 현미경으로는 바이러스를 관찰할 수 없었기 때문에, 이 발견으로 바이러스에 의한 발암설이 등장한 것이다. 당시에는 그의 주장이 조롱거리였지만, 연속적인 실험으로 그의 주장이 옳다는 것이 증명되었다.

1990년도 생리의학상은 골수이식에 성공한 에드워드 토마스와 신장이식에 성공한 조지프 머리가 받았다. 토마스는 1956년에 처음으로 골수이식을 성공적으로 수행했다. 쌍둥이 형제 중 한 명이 백혈병 환자였고, 다른 형제가 골수를 제공한 것이다. 토마스는 골수의 제공자와 수혜자의 조직을 비교하여 거부 반응을 최소화하는 방법을 고안했고, 면역체계를 억제하는 약물을 개발하기도 했다. 1969년에는 쌍둥이가 아닌 친척의 골수를 백혈병 환자에게 이식하는 데 성공했다. 이전에는 백혈병이 치명적인 질병이었으나, 노벨상이 수여된 1990년 즈음엔 백혈병 환자의 과반수가 생존을 기대할 수 있었다. 한편, 1954년에 처음으로 머리가 신장이식을 할 때도 쌍둥이 사이에 신장을 주고받았다. 토마스와 마찬가지로 면역억제제의 사용으로 1962년에 머리는 환자가 쌍둥이가 아니어도 환자와 아무런 관련이 없는 기증자의 신장을 성공적으로 이식했다. 나중에는 죽은 사람의 신장으로도 이식에 성공했다.

항암제는 어떻게 암세포의 성장을 억제하는 것일까? 암세포에 대한 화학 요법은 세균에 대한 항생제의 작용과 다르지 않다. 결국 질병을 일으키는 세포가 성장하지 못하도록 항암제 화합물이 방해하는 것이다. 세포의 성장을 억제하는 방법은 여러 가지이다. 1) DNA 알킬화제: DNA 사슬 사이를 화학 결합으로 묶어서 단일 가닥으로 풀려야 할 때 풀리지 못하도록 하는 것이다. 질소 머스타드(HN1)가 이에 해당한다. 2) 대사 방해 물질: DNA와 RNA의 생성에 필요한 뉴클레오타이드와 비슷한 가짜를 만들어서, 복제된 DNA와 RNA 사슬이 제 기능을 할 수 없게 만든다. 젬시타빈이나 데시타빈이 데옥시시토신의 가짜이다. 3) 셀 분화 방해제: 셀의 분화 과정(마이토시스)에 관여하는 단백질 구조인 마이크로튜불이 집합체를 형성하거나 이를 해체하는 단계가 필요한데, 빈카알칼로이드는 집합체를 형성할 때에, 탁솔은 이를 해체할 때에 방해한다. 4) DNA 복제와 전사 방해제: DNA 가닥이 엉키면 국소 이성화 효소가 사슬을 끊고 이으면서 복제를 돕는데, 이리노테칸과 에토포시드가 이를 방해한다. 5) 세포독성 항생제: 항생제 중에는 박테리아뿐만 아니라 암세포에도 효과적으로 작용하는 것이 있다. 마이토톡신은 알킬화제로 작용하고, 블레오마이신은 DNA 가닥을 라디칼 상태로 절단한다. 그림 10-8에 몇 가지 항암제의 구조를 나타냈다. 헵타플라틴은 백금착체 항암제로 국내 신약 1호인 선플라의 성분이다. 선플라는 DNA의 구조를 변형시켜서 복제를 방해한다.

암의 새로운 치료법으로 면역치료법이 관심을 받고 있다. 이는 2018년 생리의학상을 받은 제임스 앨리슨과 혼조 다스쿠에 의해 발견된 치료법인데, 노벨상 위원회는 이 방법을 '네거티브 면역 조절을 통한 암의 치료법'으로 소개하고 있다. 네거티브 면역 조절이란 말이 무슨 의미인지 이해하기 어려울 수 있다. 즉, 우리 몸에 들어온 이물질에 대해 시도 때도 없이 면역 반응을 나타내면 안 되기 때문에 면역기능을 억제하는 브레이크에 해당하는 단백질이 존재한다. 이때 브레이크를 풀도록 하는 면역 치료제를 넣어서 억제 상태를 방해하면 면역이 활성화되어 스스로 암세포를 사멸시킨다. 이 과정이 네거티브 면역 조절이다. 그림 10-9에 이 과정을 나타냈다.

T 세포가 활성화되려면 T 세포 수용체가 자신이 아닌 다른 면역 세포(항원제시세포

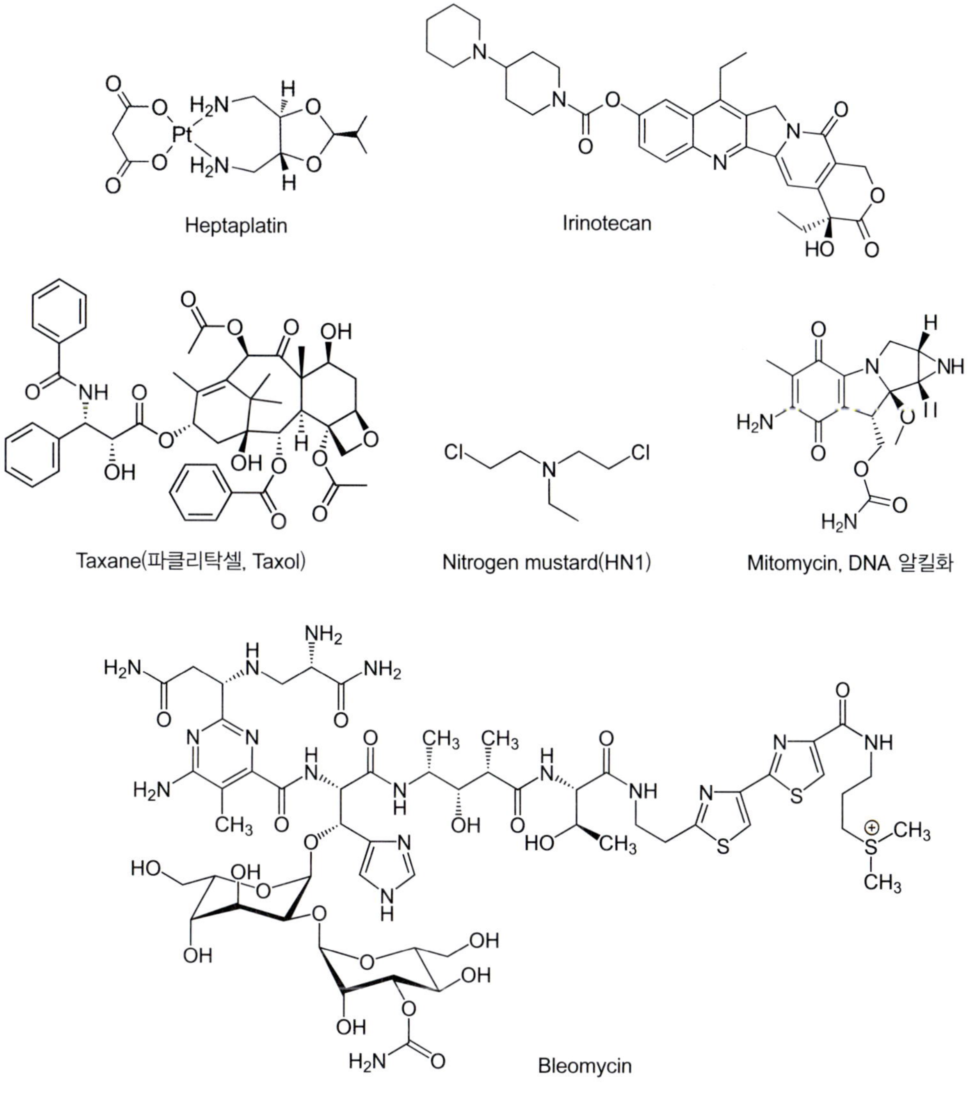

Heptaplatin

Irinotecan

Taxane(파클리탁셀, Taxol)

Nitrogen mustard(HN1)

Mitomycin, DNA 알킬화

Bleomycin

그림 10-8 몇 가지 항암제의 구조

APC)의 특정 부위와 결합해야 한다. 또한 T 세포의 활성화에는 추가로 가속기 역할을 하는 단백질이 필요하다. 앨리슨은 이 가속기의 작용을 억제하는 브레이크 단백질 CTLA-4를 발견하고, 이 단백질에 효과적으로 결합하는 항체(그림 10-9의 녹색)를 넣어줌으로써 브레이크 기능을 제거했다. 이로써 T 세포가 활성화되어 암세포를 공격한다. 혼

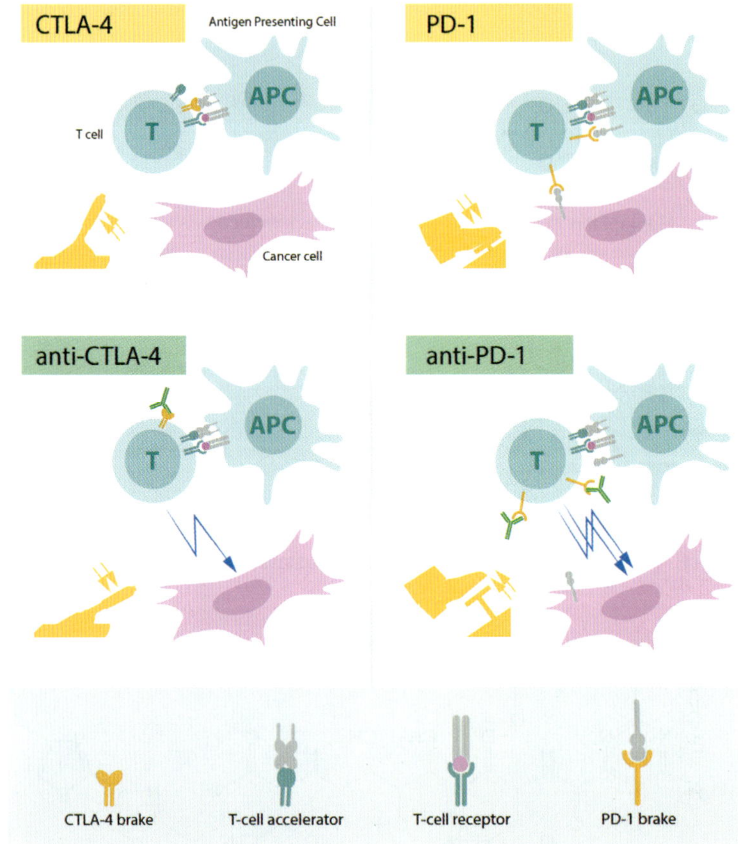

그림 10-9 앨리슨과 혼조가 각각 찾아낸 CTLA-4와 PD-1 브레이크의 작동 과정
출처: © The Nobel Committee for Physiology or Medicine. Illustrator: Mattias Karlén

조는 또 다른 T 세포 브레이크 단백질을 발견했다. PD-1이 그것인데, 앞서 CTLA-4에서와 마찬가지로 PD-1과 결합하는 항체를 사용하여 T 세포를 활성화할 수 있었다.

심장병 치료제

심장병 치료제를 비롯한 여러 질병의 치료제를 개발한 과학자들이 1988년도 생리의학상을 받았다. 그들은 제임스 블랙, 조지 히칭스, 거트루드 엘리언이다. 영국의 약리학자인 블랙은 그의 중요한 두 가지 의약품, 심장병 치료제 프로프라놀롤과 위궤양 및 십이지장 궤양 치료제 시메티딘의 개발로 노벨상을 받았다. 심장병 치료제는 그 원리가 심근의 베타 수용체를 차단하는 약이다. 베타 수용체에 호르몬 에피네프린이나 노르에피네프린이 결합하면, 심박을 높이고 수축을 강화하여 심장에 공급되는 산소의 양이 증가한다. 혈관이 좁아지거나 막혀서 심장에 산소 공급이 원활히 되지 못하면 가슴에 심한 통증이 오는데, 이것이 심근경색증 혹은 협심증이다. 이때 고통을 완화하기 위해서는 심장의 운동을 최소화하여 필요한 산소량을 줄여야 한다. 프로프라놀롤은 에피네프린과 노르에피네프린의 베타 수용체를 막아서 이들이 결합을 못하게 함으로써 심장의 운동량을 줄인다. 블랙이 위궤양과 십이지장 궤양 치료제를 개발한 것도 같은 개념이 적용되었다. 즉, 히스타민이 해당 수용체에 결합하면 위산의 분비가 촉진되는 점을 이용해 해당 수용체를 차단하는 시메티딘을 개발한 것이다. 이 신약의 등장은 위궤양과 십이지장 궤양 치료법에 혁명을 일으켰다.

한편, 히칭스와 엘리온은 40년 동안 함께 공동 연구를 수행하며, 여러 종류의 신약을 개발했다. 엘리온이 1944년에 오늘날 글락소스미스클라인의 전신인 당시 버로우웰컴 연구소에 들어가 히칭스를 만나게 된 것은 행운이었다. 그녀는 1937년에 뉴욕의 헌터 칼리지 생화학과를 졸업한 후에 대학원 연구생을 희망했지만, 이민자의 자녀였고 여성이었기 때문에 자리를 잡지 못했다. 히칭스의 조교가 되기 전에, 그녀는 뉴욕 간호학교에서 실험실 조교로, 덴버 화학 제조회사에서는 유기화학실험실 조교로, 뉴욕시 고등학교에서는 물리와 화학 교사로, 존슨앤존슨에서는 연구원으로 일을 했다. 고등학교 교사로 근무할 때 대학원 강의를 듣고 석사학위는 받았지만, 전일제 학생으로 공부에만 전념할 수 없었기 때문에 그녀는 그 후로도 박사학위를 받지 못했다. 히칭스와 엘리온이 개발한 신약은 여러 질병에 걸쳐 있는데, 백혈병, 요도염, 통풍, 말라리아, 바이러스성 포진 등이다. 이들은 기존의 시행착오적인 접근법 대신에 질병 세포와 정상 세포의 생화학적 차이점을 먼저 파악하고, 이러한 정보를 바탕으로 족집게식으로 접근하여 추측성 노력에 의한 시간 낭비를 줄였다. 1950년대에 백혈병 치료제 싸이오구아닌과 6-머캅토퓨린(6MP)을 개발했고, 1957년에 개발한 6MP의 변형 물질인 아자티오프린은 류머티즘 치료와 조직 이식 후의 거부 반응을 낮추는 데 효과적이었다. 그 외에도 통풍 치료제 알로퓨리놀, 말라리아 치료제 피리메타민, 요도염 치료제 트리메토프림, 바이러스성 포진 치료제 아시클로비르를 개발했다. 엘리온은 1983년에 은퇴하고도 첫 번째 AIDS

치료제인 아지도티미딘(AZT)의 개발을 어깨너머로 도왔다.

스테로이드 의약품

우리나라에서 의약분업이 실시된 것은 2000년부터이다. 의약분업 이전에는 의사의 처방전이 없어도, 약사가 직접 조제도 하고 항생제나 스테로이드제도 팔았다. 그 결과 우리나라 사람이 세계에서 가장 높은 항생제 내성을 나타냈고, 특히 스테로이드제의 오남용으로 농촌의 어르신들이 겪는 부작용 사례가 뉴스에 종종 올라오기도 했다. 스테로이드 의약품은 말 그대로 기본 구조가 스테로이드 골격을 갖는 의약품이다. 이 구조를 갖는 것으로 우리가 익히 알고 있는 성호르몬이나 콜레스테롤 등이 있다. 이들 의약품

표 10-1 스테로이드 관련 노벨상 수상자와 업적

연도 영역	수상자	수상 업적
1927 화학상	하인리히 빌란트	담즙산의 스테롤 성분 분리
1928 화학상	아돌프 빈다우스	스테롤의 구조와 반응, 비타민 D와의 연관성
1939 화학상	아돌프 부테난트, 레오폴트 루지치카	스테로이드 성호르몬의 분리와 구조, 고분자 테르펜류
1950 생리의학상	에드워드 켄들, 타데우시 라이히슈타인, 필립 헨치	부신피질 호르몬의 구조와 생리작용
1965 화학상	로버트 우드워드	콜레스테롤, 코르티손, 라노스테롤의 합성
1969 화학상	데릭 바턴, 오드 하셀	스테로이드를 포함하는 형태 이성질체의 개념
1975 화학상	블라디미르 프렐로그, 존 콘포스	콜레스테롤의 입체화학적 생합성 경로

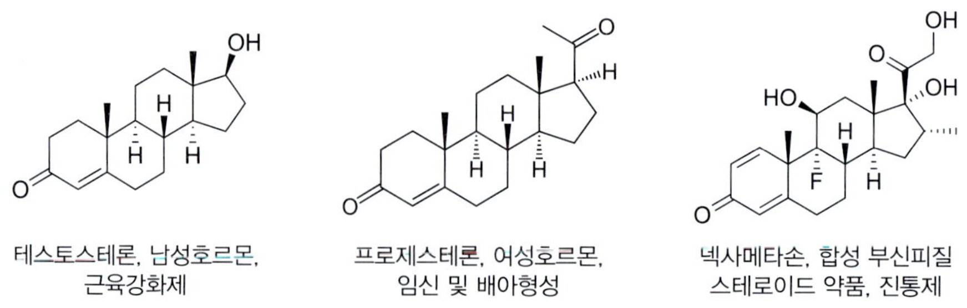

그림 10-10 성호르몬과 스테로이드 약품

은 철저히 의사의 처방으로만 살 수 있다. 표 10-1에 스테로이드의 연구로 노벨상을 수상한 과학자들을 나타냈다. 또한 그림 10-10에 성호르몬과 스테로이드 의약품의 예를 나타냈다.

10.3 의약품 합성

복잡한 구조의 유기물 의약품이 다양하게 개발될 수 있었던 것은 새로운 합성법이 꾸준히 등장했기 때문이다. 탄소 원자는 탄소 원자들끼리는 물론 산소, 질소, 황, 금속 등과도 다양하게 결합할 수 있다. 탄소의 이러한 구조적 다양성이 모든 생명체가 유전정보의 기록, 복제, 세포의 성분, 대사, 에너지원, 뼈의 형성에 이르기까지 탄소를 기반으로 진화하도록 만들었다. 현재 수많은 탄소화합물의 반응이 알려져 있는데, 이 중에서 화학상을 수상한 합성법에 대해 간단히 살펴본다.

노벨상 초기의 화학상 수상자인 피셔(1902)와 바이어(1905)도 특정의 원료의약품은 아니지만 의약품의 합성 중간체가 될 수도 있는 분자들을 합성했다. 피셔가 합성한 퓨린 화합물도 질소를 함유한 알칼로이드이다. 바이어의 주요 합성 물질에는 프탈레인 염료, 요산 유도체, 폴리아세틸렌, 옥소늄 염이 있다. 그가 발견한 요산 유도체 중 하나인 바비투르산은 진정제와 수면제로 이용되는 바비튜레이트의 모체 화합물이다.

유기 반응 시약

유기화학을 배울 때 제일 먼저 등장하는 유기금속화합물이 그리냐르 시약이다. 빅토르 그리냐르는 폴 사바티에와 함께 1912년도 화학상을 받았다. 그리냐르 시약은 탄소가 갖는 극성을 부분적 양전하에서 부분적 음전하로 바꿔줌으로써 탄소가 반응에 참여할 수 있는 범위를 확장했다. 즉, 탄소가 부분적 양전하를 띠고 있으면 음전하를 좋아하는 친전자체로 작용하지만, 부분적 음전하가 됨으로써 양전하를 좋아하는 친핵체로도 작용할 수 있게 된 것이다.

그리냐르는 1898년에 리용에서 필리프 바비에의 지도를 받던 학생 시절에 노벨상을 안겨준 실험을 시작했다. 그것은 전에 에드워드 프랭클린이 개발한 아연을 갖는 유기금속화합물에 관한 공부가 배경이 되었다. 바비에는 그리냐르에게 마그네슘을 이용한 실험을 시켰는데, 메틸헵틸 케톤, 마그네슘, 아이오딘화 메틸을 반응시켜서 3차 알코올을 만들어보라고 한 것이다. 그리냐르가 생각해 낸 아이디어는 먼저 아이오딘화 메틸을 마그네슘과 반응시킨 후에 에터 용매하에서 케톤과 반응을 시켜보는 것이었다. 최초의 그리냐르 시약은 성공적이었다. 그리냐르의 박사학위 논문(1901)은 유기마그네슘화합물의 반응을 통해 알코올, 산, 탄화수소를 합성하는 방법에 관한 것이었다. 그는 낭시와 리용에서 화학 교수가 되었다. 그는 사망하기까지 그리냐르 반응의 응용에 관한 약 6,000편의 논문을 발표했다.

사바티에는 금속 촉매를 이용해 수소 첨가 반응을 시킴으로써 불포화 화합물을 포화화합물로 쉽게 전환했다. 식품 가공에서 오일 상태의 불포화지방산을 수소 첨가 반응을 통해 고체 상태의 마가린으로 전환하는 것도 이와 같은 수소 첨가 반응으로 이루어진다. 그의 발견은 그 외에도 오일 수소화, 합성 메탄올 산업의 기초를 마련했을 뿐만 아니라, 기초 연구실에서 수행하는 수많은 수소 첨가 반응의 토대가 되었다. 그는 유기화학 분야의 거의 전 영역에 걸쳐 탐구했으며, 수백 가지의 수소화 및 탈수소화 반응을 직접 연구하여 니켈 외에도 다른 여러 금속이 촉매 활성을 지니고 있음을 보여주었다. 또한 촉매를 이용한 수화 및 탈수화 반응을 연구하며 특정 반응의 실현 가능성과 다양한

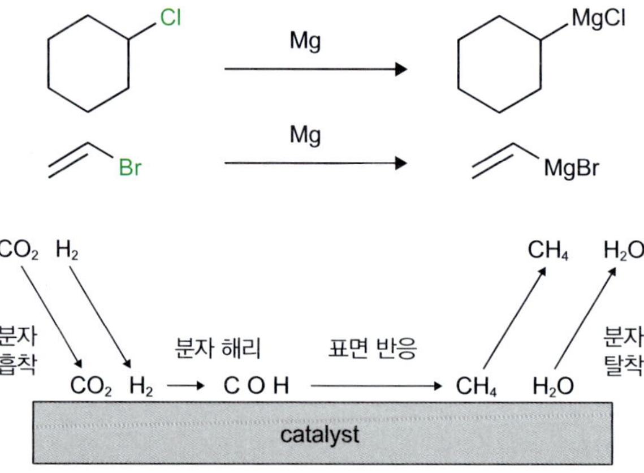

그림 10-11 그리냐르 시약의 제조와 사바티어 수소 첨가 반응

촉매들의 일반적 활성을 조사하였다. 그림 10-11에 그리냐르 시약의 형성 예시와 사바티에 반응을 통해 이산화탄소로부터 메테인이 생성되는 반응을 나타냈다.

1979년에는 붕소(B)와 인(P)이 함유된 시약을 이용함으로써 새로운 반응 분야를 개척한 허버트 브라운과 게오르크 비티히가 화학상을 받았다. 이 시약을 사용한 반응의 예를 그림 10-12에 나타냈다. 보레인(BH_3) 시약을 쓰면 탄소 이중 결합의 탄소 중 치환기가 적어서 입체장애를 덜 받는 탄소에 붕소가 결합해서 결과적으로 이쪽 탄소에 -OH가 결합한 알코올이 된다. 일반적인 산(H^+) 촉매하에서는 물 분자가 다른 쪽 탄소에 첨가되어 -OH 위치가 다른 알코올이 된다. 즉, 위치선택적으로 반응이 일어난다. 비티히 반응에서는 일라이드(ylide) 형태의 시약이 사용된다. 일라이드는 (-) 전하의 탄소와 결합한 이웃 원자가 (+) 전하를 갖는 구조의 화합물이다. 주로 탄소-인, 탄소-황, 탄소-질소 결합에서 생성된다. 비티히 반응에서는 C=O의 O 자리에 탄소가 결합된 형태의 생성물이 얻어진다. 비티히 반응을 통해 C=O 구조에서 C=C 구조가 직접 만들어짐으로써, 유기합성의 단계를 줄일 수 있게 되고, 합성 가능 영역도 크게 넓어졌다.

브라운은 런던의 유대인 정착 캠프에서 태어났는데, 이곳은 우크라이나에서 미국으로 이주하던 그의 부모가 잠시 머문 중간 기착지였다. 부모는 시카고에 거주하던 가족들과 합류해 정착했다. 브라운은 시카고대학에서 학사학위(1936)와 박사학위(1938)를 취득했다. 헤르만 슐레진저의 지도하에 작성한 그의 박사학위 논문은 다이보레인과 알데하이드 및 케톤의 반응에 관한 것이었다. 이는 유기 붕소 화학에 대한 그의 평생에 걸친 헌신의 시작이었다. 필자는 대학원 시절에 한국을 방문한 브라운 교수의 강연을 들었다. '도토리가 참나무로 되기까지'라는 제목의 강연이었는데, 여기서 붕소 관련 연구를

$$(H_3C)_2C{=}CH_2 \xrightarrow[THF]{BH_3} H_3C{-}C(H)(CH_3){-}CH_2BH_2 \xrightarrow[OH^-]{H_2O_2} H_3C{-}C(H)(CH_3){-}CH_2OH$$

$$R_1R_2C{=}O + Ph_3P^+{-}C^-R_3R_4 \longrightarrow R_1R_2C{=}CR_3R_4 + Ph_3P{=}O$$

그림 10-12 보레인 첨가와 산화를 통한 알코올의 합성과 카보닐(C=O) 화합물과 일라이드의 반응으로 C=C 이중 결합이 생성되는 비티히 반응

시작할 때의 에피소드를 유머러스하게 소개했다. 자신이 붕소의 화학에 관심을 가졌을 때, 지금 부인인 당시 여자친구로부터 붕소 관련 내용의 소책자를 선물 받았고, 이것이 붕소 연구에 더욱 몰두하게 했다고 한다. 또한 허버트 찰스 브라운이라는 자기 이름이 말하듯이, 원소 기호 H, C, B를 포함하는 유기 붕소 화합물 연구를 위해 태어났다고 했다.

사실 브라운이 노벨상을 받기 전인 1976년에 하버드의 윌리엄 립스컴이 붕소 화합물의 구조와 결합에 관한 연구로 화학상을 받았다. 그는 전자수가 충분치 않은 붕소 화합물이 어떻게 안정한 구조를 형성하는지, 즉 한 쌍의 전자를 어떻게 세 개의 원자가 안정하게 공유하는지를 이론적으로 밝혔다. 립스컴은 엑스선 기술을 보레인과 그 유도체의 분자 구조 연구에 도입함으로써 새로운 형태의 구조를 발견했다. 보레인은 붕소와 수소의 화합물이다. 보레인의 붕소는 원자 주위로 안정한 개수인 8개가 아닌 6개의 전자만 가지고 있다. 따라서 두 개의 원자가 한 쌍의 전자로 결합을 형성한다는 전통적인 결합 개념으로는 보레인의 안정성을 설명할 수 없다. 립스컴은 전자 한 쌍이 세 개의 원자에 의해 공유될 수 있음을 보여주었고, 그의 이론은 보레인과 그와 유사한 수많은 구조를 설명하는 데 성공적으로 활용되었다. 특히, 두 개의 금속 원자 사이에 알킬기 등이 3원자 2전자 결합을 형성하는 중간체의 존재로 많은 유기 금속 촉매 반응의 메커니즘이 밝혀졌다.

천연물 합성

천연물 합성은 자연에 존재하는 천연물을 실험실에서 합성을 통해 똑같이 재현하는 것이다. 앞서 언급한 우드워드가 비타민 B_{12}를 에센모셔와 함께 10년 이상 100단계의 과정을 거쳐 합성한 것이 바로 천연물 합성이다. 천연물 중에서 주로 알칼로이드를 합성한 로버트 로빈슨이 1947년도 화학상을 받았다. 알칼로이드(alkaloid)는 '알칼리(alkali) 같다(oid)'라는 뜻이다. 즉, 질소를 함유한 천연물이 수용액에서 알칼리성을 띠기 때문에 붙여진 이름이다. 로빈슨은 다양한 유기 화합물의 구조와 합성에 관한 연구를 수행했다. 식물 색소에 관한 초기 연구를 통해 안토시아닌과 플라본을 성공적으로 합성하였는데, 그 후 식물 색소로부터 알칼로이드 쪽으로 연구 방향이 바뀌었다. 알칼로이드는 대체로 복잡한 구조를 가진 질소 함유 천연물로, 생물체에 중요한 생화학적 영향을 미칠 수 있다. 식물에서 알칼로이드를 형성하는 생합성 반응을 규명하려는 로빈슨의 노력은 모르핀(1925)과 스트리크닌(1946)의 구조 발견으로 이어졌다. 그는 페니실린과 항말라리아 약물의 합성에도 기여했다. 트로피논의 경우 그림 10-13과 같이 한 번의 반응으로 합성되었는데, 천연물 트로피논도 이와 유사한 생합성 경로를 가질 것으로 추정했으나 자연이 택한 생합성 방식은 달랐다.

노벨상의 역사에서 그 이름이 여러 번 등장하는 사람 중에 유기합성의 예술가 로버트 우드워드(1965 화학상)가 있다. 이미 9장에서도 우드워드의 이름이 거론되었다. 그의 이름에 예술가를 붙이는 것은 그가 합성한 천연물의 범위가 넓고, 하나하나가 생체에서 중요한 작용을 하며, 합성 과정에서 우드워드-호프만 오비탈 규칙을 확립하고, 구조 또한 매우 복잡한 분자여서 남들이 엄두를 내기 힘든 일을 했기 때문이다. 우드워드가 합성한 천연물 중에는 비타민 B_{12} 외에도 콜레스테롤, 코르티손, 리세르그산(LSD), 스트리크닌, 레세르핀, 클로로필 등이 있다. 표 10-1에 나타낸 것처럼 코르티손은 부신피질 호르몬으로서 이것을 발견하고, 구조와 기능을 밝힌 과학자들이 1950년 생리의학상을 받았다. 그림 10-14에 우드워드가 합성한 몇 가지 천연물의 구조를 나타냈다.

1950년에 오토 딜스와 쿠르트 알더가 자신들의 이름을 딴 딜스-알더 반응의 발견으로 화학상을 받았다. 이 반응은 두 개의 탄소 이중 결합이 콘쥬게이션으로 이어진 분자와 다른 단일 이중 결합 분자가 6각형 고리를 만들면서 고리 안에 이중 결합이 하나 생성되는 반응이다. 그림 10-15를 보면 간단히 이해된다. 다이엔(diene)은 콘쥬게이션 이중 결합이고 친다이엔체(dienophile)는 다이엔(dieno)을 좋아하는(phile) 것이라는 의미이다.

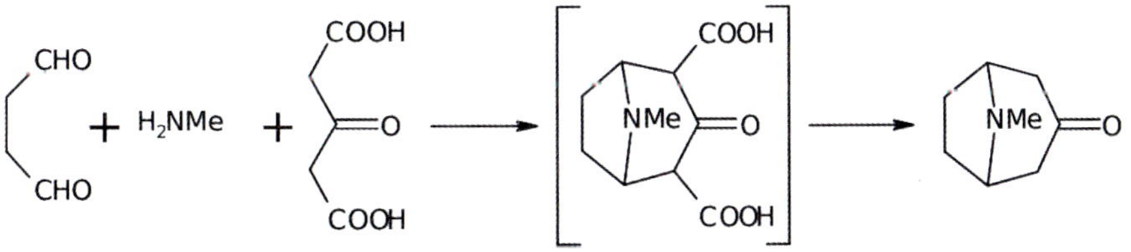

CHO, CHO + H_2NMe + COOH, O, COOH → [NMe, COOH, O, COOH] → NMe, O

그림 10-13 트로피논의 한 단계 합성
출처: User:Itub, CC BY-SA 4.0, Wikimedia Commons

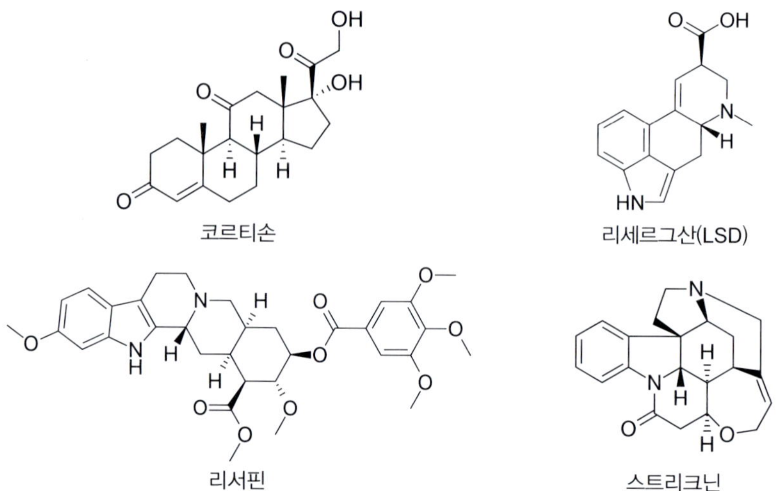

그림 10-14 우드워드가 합성한 몇 가지 천연물의 구조

앞서 언급한 것처럼, 1981년에 로알드 호프만과 후쿠이 겐이치가 받은 화학상의 업적(우드워드-호프만 법칙과 프론티어 오비탈 이론)도 이 반응을 그림 10-15의 아래쪽처럼 오비탈로 멋지게 설명한 것이었다. 또한 이 반응은 가역적이어서 거꾸로 고리의 분해물을 통해 원래의 구조를 추정하는 데도 활용된다.

딜스는 베를린대학에서 에밀 피셔의 지도하에 화학을 공부했으며, 여러 직책을 거친 후 1916년 킬대학 화학 교수로 임명되었다. 1906년 딜스는 고반응성 물질인 말론산의 무수물을 발견하고 그 성질과 화학적 조성을 규명했다. 또한 금속 셀레늄을 이용해 특정 유기 분자에서 수소 원자 일부를 쉽게 제거하는 방법을 고안했다. 그의 가장 중요한 업적은 앞서 언급한 딜스-알더 반응인데, 이 반응을 제자 쿠르트 알더와 공동으로 1928년 개발하였다. 그들은 이 반응이 다양한 고리형 화합물 합성에 적용할 수 있음을 입증했다. 다이엔 합성은 강력한 화학 시약 없이도 수행된다. 이 방법은 모르핀, 레세르핀, 코르티손 및 그 외 스테로이드, 살충제 알드린, 알칼로이드 및 고분자 물질과 같은 복잡한 분자의 합성에 활용된다.

후쿠이와 호프만은 같은 반응의 메커니즘을 독립적으로 분자의 오비탈 이론으로 설명했다. 후쿠이는 1952년에 경계 오비탈(frontier orbitals) 이론을 소개하였는데, 전자가 채

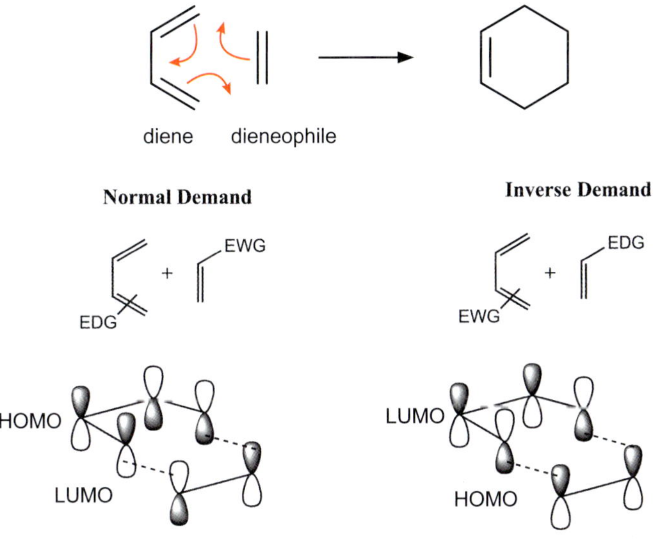

그림 10-15 딜스-알더 반응과 오비탈 이론에 의한 메커니즘
출처: Chrito23, CC BY-SA 3.0, Wikimedia Commons

워진 가장 높은 에너지의 오비탈(HOMO)과 전자가 채워지지 않은 가장 낮은 에너지의 오비탈(LUMO)이 분자의 반응성에 주로 영향을 미친다는 것이다. 호프만은 1965년에 로버트 우드워드와 함께 현재 우드워드-호프만 법칙으로 불리는 이론을 발표했는데, 이것은 오비탈 대칭 보존을 기초로 하여 화학 반응에서 반응성 및 입체 화학을 설명하는 방법론이다.

우드워드와 그의 동료들이 수행한 매우 복잡한 구조의 비타민 B_{12} 합성에서, 그들이 기대한 반응이 예상을 벗어나는 쪽으로 진행되자 이를 해석하는 과정에서 새로운 법칙이 탄생했는데, 이때 호프만은 자신이 맡은 역할을 훌륭히 수행함으로써 노벨상의 주인이 되었다. 호프만과 우드워드는 많은 반응에서 원자들이 고리를 형성하거나 고리가 끊어지는 과정은 이에 관여하는 분자 오비탈을 수학적으로 표현할 때 나타나는 대칭성에 의존한다는 것을 발견하였다. 대칭성을 오비탈 그림으로 표현할 때 오비탈 로브의 색을 회색과 흰색으로 구분하거나, + 또는 - 표기로 나타낸다. HOMO와 LUMO의 오비탈이 서로 만나서 결합이 형성되는 경우는 같은 표시의 로브끼리 만날 때이다(그림 10-15 아래쪽). 그들의 이론은 현재 우드워드-호프만 법칙으로 부르며 일련의 요약된 표현으로 나타나는데, 이 법칙은 고리가 형성되는 반응에서 어떤 경우는 빛을 쪼여야 하고, 어떤 경우는 가열만 해도 되는지 명쾌히 설명해준다. 또한 고리가 끊어지는 반응에서는 반응 후 원자가 생성물에서 어떠한 기하학적 배열을 나타낼지 알게 해준다.

1965년에 우드워드가 화학상을 받은 이후, 그가 워낙 복잡한 천연물의 전합성을 멋지게 해냈기 때문에 그를 능가하여 같은 분야에서 다시 노벨상이 나오리라고 예상하지 못했다. 하지만 25년 만에 전합성 분야에서 노벨상 수상자가 나왔는데, 앞에서 해열진통제와 관련하여 프로스타글란딘을 설명할 때 언급한 일라이어스 제임스 코리(1990 화학상)이다. 코리는 우드워드 못지않게 다양한 천연물을 전합성한 것 외에 노벨상 위원회가 주목한 업적이 있었다. 그것은 역합성(retrosynthesis)의 개념이다. 합성은 목표로 하는 분자를 향해 간단한 반응물로부터 시작하여 한 단계 한 단계 분자를 키워나가는 것이다. 반면에 역합성은 시작 단계에 목표 분자를 놓고 이것을 만들기 위해서는 바로 전에 어떤 구조의 분자라면 좋을는지 거꾸로 추정해 보는 것이다. 즉, 큰 분자로부터 작은 분자로 차례차례 쪼개어 합성에서의 이전 단계를 설계해 보는 방법이다. 최적의 역합성 설계를 위해 컴퓨터를 활용하는 프로그램도 만들었다. 전체의 역합성 단계가 완성되면 작은 분자로부터 시작하여 실제로 합성을 수행하는 것이다. 이 방법을 통해 시행착오를

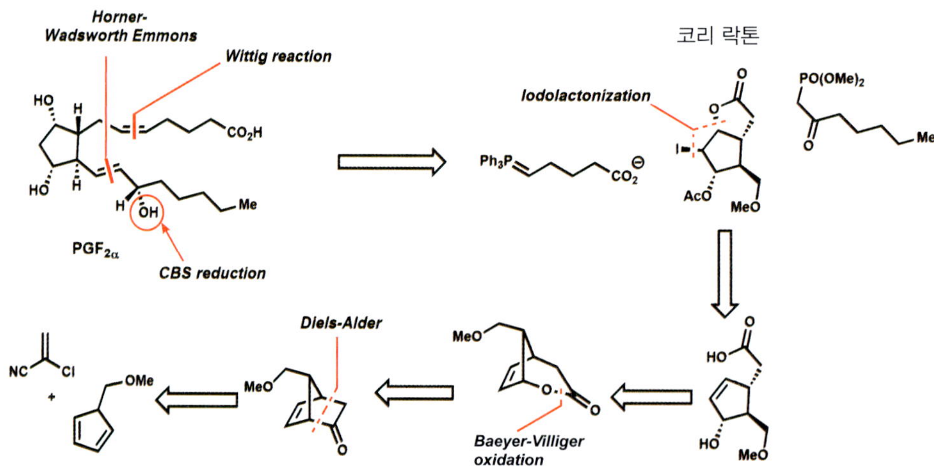

그림 10-16 코리 락톤을 거치는 프로스타글란딘 $PGF_{2\alpha}$의 역합성 설계
출처: By Jpromair – Own work, CC BY–SA 3.0, Wikimedia Commons

통한 시간과 인력의 낭비를 줄일 수 있었다. 앞 장에서 프로스타글란딘 합성의 핵심이 되는 중간체로 코리 락톤을 언급했었다. 그림 10-16은 프로스타글란딘을 역합성으로 분석하고, 그 중간체로 코리 락톤을 거치도록 설계한 예를 보여준다.

유기 반응 촉매

2001년에는 카이랄 촉매를 개발한 윌리엄 놀스, 노요리 료지, 배리 샤플리스가 화학상을 받았는데, 이에 대해서는 4장 카이랄 의약품에서 소개했다. 카이랄 촉매는 거울상 이성질체 중에서 하나만 선택적으로 생성되도록 금속 촉매에 배위하는 리간드가 카이랄성을 갖도록 디자인했었다. 그런데 2021년에 화학상을 받은 화학자들은 금속을 포함하지 않을 뿐 아니라 효소처럼 분자량이 크지도 않은 유기 분자가 비대칭 촉매 활성을 갖는다는 것을 발견했다. 이들은 비대칭 유기촉매를 개발한 1968년생 동갑내기 베냐민 리스트와 데이비드 맥밀런이다(4장 카이랄 의약품). 비대칭 유기 촉매는 2000년에 처음으로 등장했는데, 이것은 놀랍게도 아미노산 프롤린이거나 벤질이미다졸리딘 구조의 간단한 유기물이다. 그동안 유기 화학자들은 카이랄성을 갖는 수많은 유기 분자를 다루었으면서도 이들을 촉매로 사용할 생각을 하지 못했었다. 단순한 아이디어가 종종 가장 생각해 내기 어렵다는 것을 보여준 예이다. 촉매는 금속이거나 효소여야 한다는 강한 선입견 때문에, 이렇게 구조가 간단하면서도 금속을 사용하지 않아 친환경적이며, 값이 싼 촉매를 생각해 내지 못한 것 같다.

2005년 화학상을 수상한 이브 쇼뱅, 로버트 그럽스, 리처드 슈록의 업적도 촉매 분야였고, 금속이 포함된 유기금속 촉매의 개발이었다. 이에 대해서는 2장 플라스틱에서 설명했으므로 생략한다. 2010년 화학상도 촉매 분야에서 나왔는데, 리처드 헥, 네기시 에이이치, 스즈키 아키라가 수상했다. 이들은 팔라듐(Pd) 화합물을 이용한 C–C 결합 생성 반응을 발견하였는데, 두 개의 서로 다른 작용기를 갖는 유기물을 한 단계의 간단한 반응으로 결합하는 매우 유용한 촉매를 개발하였다. 1968년에 헥은 유기 분자를 합성하는 과정에서 팔라듐을 촉매로 사용했다. 유기 분자 내의 탄소 원자가 팔라듐 원자와 결합하고, 이어서 다른 유기 분자의 탄소 원자가 역시 같은 팔라듐 원자에 결합한다. 다음으로 팔라듐 위의 각각의 탄소 원자끼리 결합을 하여 새로운 분자를 형성하면서 팔라듐 원자로부터 떠난다. 이 반응을 일컬어 헥 반응으로 부르는데, 이후에 원래의 반응을 더욱 실용적으로 개선한 쓰토무 미조로키의 이름을 넣어 미조로키–헥 반응으로 부르기도 한다. 이 반응을 활용하여 의약품을 비롯한 산업용 화합물을 제조하고 있다. 네기시는 1977년에 헥의 팔라듐 촉매 기법을 아연 원자를 도입하여 더욱 발전시켰다. 즉, 아연 원자가 먼저 분자의 탄소 원자와 결합한 다음 이 탄소 원자를 팔라듐에게 전달하는 역할을 맡은 것이다. 그다음에 팔라듐 원자 위의 두 분자가 결합하면서 새로운 분자가 형성된다. 한편 스즈키는 1979년에 팔라듐을 사용하는 촉매 반응을 더욱 개선하였는데, 이번에는 팔라듐 원자에 탄소 원자를 전달하기 위해 붕소 원자를 도입하였다. 이 방법은 스즈키 반응으로 부른다.

유도 진화와 파지 디스플레이 합성법

2018년 화학상은 유도 진화(directed evolution)와 파지 디스플레이(phage display) 합성법이라는 새로운 합성법을 제시한 과학자들이 받았다. 프랜시스 아널드는 효소의 유도 진화법을, 조지 스미스와 그레고리 윈터는 펩타이드와 항체의 파지 디스플레이법을 개발했다.

천연 효소는 체온 정도의 높지 않은 온도에서도 놀라운 반응속도와 기질 선택성을 나타낸다. 그렇다면 효소는 촉매로서 그 이상 개선될 여지가 없는 완벽한 것일까? 앞에서 여러 의약품이 효소의 기질인 것처럼 속여서 효소의 기능을 차단할 수 있다는 것은 효소가 완벽하지 않고 약점을 갖고 있음을 의미한다. 체온 정도에서 효소의 기능을 잘 나타낸다는 것도 온도가 높아지면 촉매가 변성되는 취약함으로 볼 수도 있다. 주로 효소는 수용액 중에서는 촉매 역할을 훌륭히 수행하지만, 유기 용매에서는 기능을 상실하기도 한다. 그렇다면 효소가 완벽하지 않으니 개선의 여지를 갖는다는 것을 의미한다.

20세기 중반에 효소의 활성 자리에 대한 입체 구조가 밝혀지기 시작하면서 과학자들은 새로운 도전에 나섰다. 효소가 고분자 단백질의 3차원 구조물에 입체 구조가 제어된 활성 자리를 갖는 것으로부터 착안하여, 합성 고분자에 촉매 활성을 나타내는 작용기를 입체적으로 도입하여 인공 효소를 구현하려는 시도가 이루어졌다. 또한 고분자 외에도 사이클로덱스트린, 마이셀, 리포솜, 스테로이드 등의 입체 구조를 활용하는 효소 모델에 촉매 작용기를 도입하기도 했다. 하지만 어느 모델이나 상당한 정도의 촉매 효과를 구현하기는 했지만, 천연 효소를 뛰어넘지는 못했다.

아널드는 발상의 전환을 시도했다. 인공적으로 효소를 합성하는 방법을 택하지 않고, 자연의 진화 방법을 응용하기로 한 것이다. 대신에 자연 선택이 아닌 연구자가 계획한 방향으로 선택하여 진화를 이끌었다. 이를 유도 진화라고 부른다.

그림 10-17에서 보여준 유도 진화 합성법은 다음과 같다. 1. 먼저 개량하고자 하는 효소를 선택하고, 이 효소를 만드는 유전자를 확보한 다음, 이들에게 무작위로 돌연변이를 일으킨다. 2. 돌연변이가 일어난 유전자를 박테리아에 삽입하여, 박테리아가 돌연

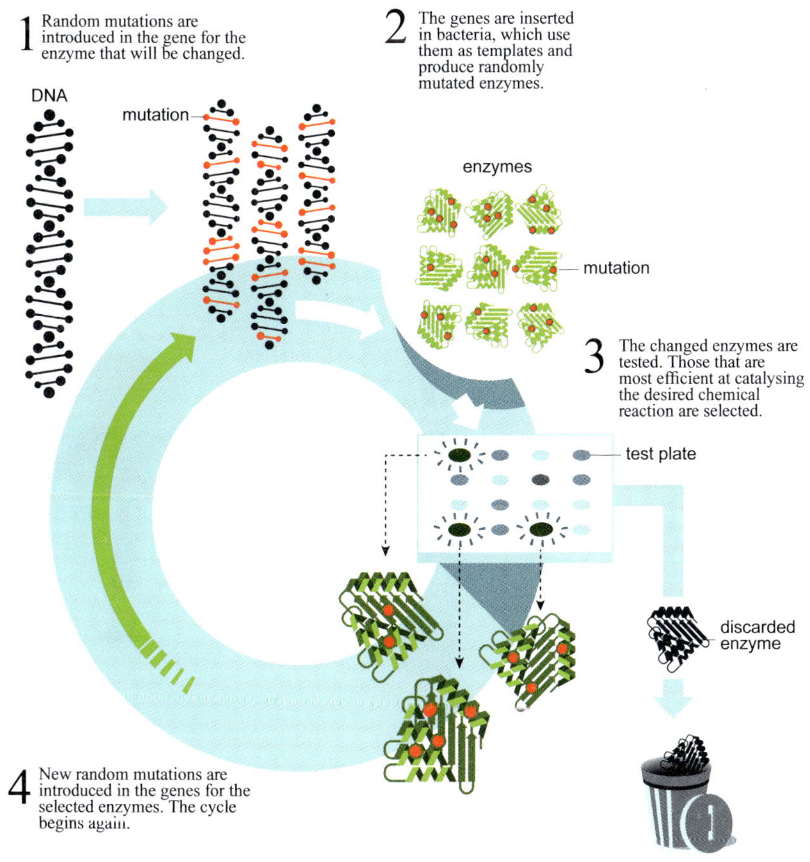

그림 10-17 아놀드가 수행한 효소의 유도 진화 합성법
출처: © Johan Jarnestad/The Royal Swedish Academy of Sciences

변이 효소를 만들게 한다. 3. 이렇게 만들어진 돌연변이 효소들의 활성을 테스트하여, 원하는 활성을 가장 잘 나타내는 효소들만 골라낸다. 4. 골라낸 효소들의 유전자에 다시 돌연변이를 일으킨다. 이러한 순환 과정을 더 이상의 개량이 멈출 때까지 반복한다. 이로써 특정의 효소에서 천연 효소의 촉매 활성을 능가하는 돌연변이 효소가 얻어졌다. 그중에는 당을 아이소뷰탄올로 전환하는 효소가 있는데, 이것을 이용하면 기존의 효소보다 의약품이나 신재생 에너지 원료, 신소재 등을 보다 효율적으로 생산할 수 있다.

스미스와 윈터는 박테리아를 감염시키는 바이러스 즉, 박테리오파지를 이용한 진화 방식을 도입하여 새로운 항체 의약품을 개발하였다. 스미스는 그림 10-18에 보여주는 순서대로 먼저, 1. 특정의 펩타이드 구조를 만드는 유전자를 파지 바이러스의 캡슐 단백질을 만드는 유전자 자리에 삽입한다. 이렇게 변형시킨 파지를 박테리아에게 주입한다. 2. 삽입된 유전자로부터 만들어진 펩타이드 구조가 파지 표면의 캡슐 단백질 가운데 하나로 나타난다. 3. 낚시하듯이 펩타이드 구조를 인식하는 항체를 사용하여 해당 파지를 골라낸다. 이렇게 낚시로 건져 올린 파지 속에는 캡슐 단백질 부위에 원하는 펩타이드 구조를 만드는 유전자가 보너스로 들어 있다.

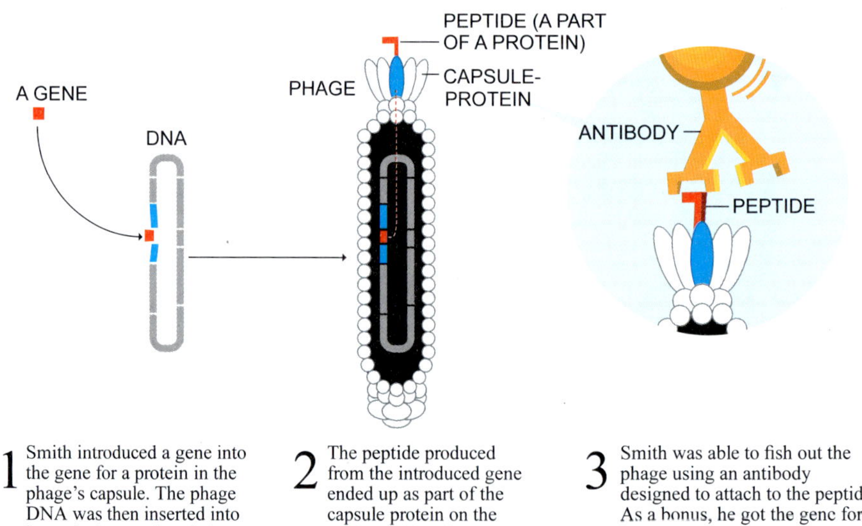

그림 10-18 스미스의 박테리오파지와 박테리아를 이용한 특정 펩타이드의 유전자 확보 방법
출처: © The Royal Swedish Academy of Sciences

스미스에 의한 파지를 이용한 특정 펩타이드의 형성법은 윈터에 의해 더욱 진화했다. 윈터는 특정 병원성 단백질을 인식하는 항체 의약품을 파지 디스플레이로 부르는 또 다른 유도 진화법을 통해 개발했다. 이 방법을 나타낸 것이 그림 10-19이다.

앞서 스미스의 방법으로, 1. 캡슐 단백질 부분에 서로 다른 펩타이드 구조를 갖는, 즉 서로 다른 펩타이드 유전자를 갖는 세 개의 파지 바이러스를 만들었다고 하자. 그런데 연구의 목적은 어떤 병원성 단백질을 선택적으로 인식하는 항체 의약품을 찾는 것이다. 즉, 더 구체적으로 그 항체 의약품이 필요로 하는 펩타이드 인식 구조를 찾는 것이다.

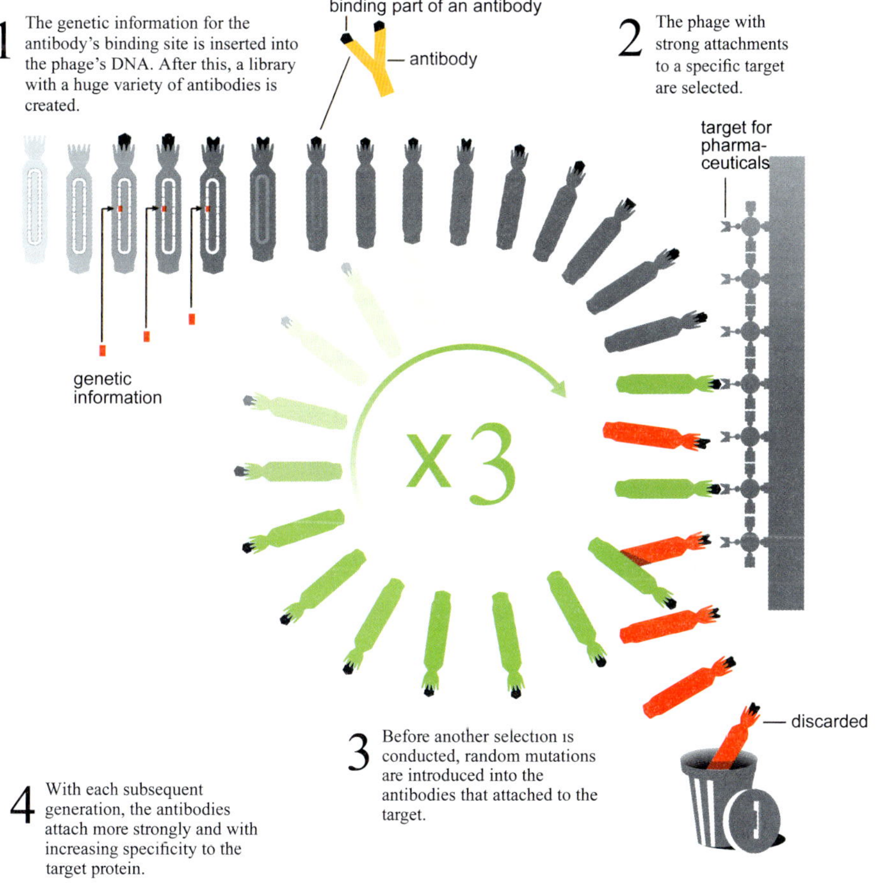

그림 10-19 파지 디스플레이법을 이용한 항체 의약품의 개발

출처: © The Royal Swedish Academy of Sciences

어쩌면 그 인식 부분이 어떤 파지 바이러스의 캡슐 단백질의 펩타이드 구조와 동일할 수도 있기 때문이다. 2. 앞서 만든 세 개의 파지 바이러스를 가지고 병원성 단백질을 어느 것이 더 잘 인식하는지 테스트하여, 강하게 결합한 파지만을 골라낸다. 3. 이렇게 골라낸 파지의 돌연변이를 무작위로 만들어서 캡슐 단백질 부분의 펩타이드 구조가 더욱 다양해지도록 유도한다. 4. 이들 돌연변이 파지를 가지고 순환 과정의 실험을 반복하여, 더욱 강하게 병원성 단백질과 선택적으로 결합하는 돌연변이 파지를 골라낸다. 이 돌연변이 파지가 갖는 펩타이드 구조가 항체 의약품이 원하는 펩타이드 구조이다. 위의 방법으로 개발된 자가면역질환 염증 유발 단백질의 항체 의약품이 2002년에 FDA의 승인을 받았다.

2024년 화학상은 AI를 이용해 단백질의 구조를 알아내고 나아가 새로운 단백질을 만들어낸 과학자들에게 수여되었다. 그동안에도 연구 과정에 컴퓨터를 활용해 왔지만, 이제는 빠른 연산 단계를 뛰어넘어 인공지능을 활용하는 시대가 열린 것이다. 수상자들은 데이비드 베이커, 데미스 허사비스, 존 점퍼다. 이들은 오랫동안 생명과학의 난제 중 하나였던 단백질의 구조 결정과 설계 문제를 해결하는 획기적인 돌파구를 열었다.

베이커는 워싱턴대학의 교수로서 로제타 소프트웨어를 개발하여 새로운 단백질 구조를 설계하는 데 기여했다. 딥마인드 공동 창립자이자 CEO인 허사비스는 인공지능을 활용한 단백질 구조의 예측 분야를 개척했다. 존 점퍼는 딥마인드 연구 과학자인데 알파폴드2의 개발을 주도해 단백질 구조 예측의 정확성을 크게 높였다. 과거 단백질 구조 예측 대회(CASP)에서 과학자들이 예측한 단백질 구조의 정확도는 최고 40%에 불과했다. 허사비스 팀은 인공지능 모델 알파폴드를 통해 거의 60%에 달하는 정확도를 달성하여 우승했으며, 이 탁월한 성과는 많은 이들을 놀라게 했다. 이것만 해도 예상치 못한 진전이었지만, 여전히 해결책은 완벽하지 않았다. 성공을 위해서는 예측 결과가 목표 구조와 비교했을 때 90%의 정확도를 가져야 했다. 새로운 버전인 알파폴드2는 존 점퍼의 단백질 지식으로 강화되었다. 연구팀은 인공지능 분야의 거대한 돌파구를 이끈 혁신 기술인 트랜스포머 신경망도 활용하기 시작했다. 이 기술은 방대한 데이터 속에서 기존보다 유연하게 패턴을 발견하고 특정 목표 달성을 위해 집중해야 할 요소를 효율적으로 판단할 수 있다. 연구진은 알파폴드2를 모든 알려진 단백질 구조와 아미노산 서열 데이터베이스의 방대한 정보로 훈련시켰고, 이 새로운 AI 아키텍처는 CASP 대회에서 우수한 결과를 내놓기 시작했다. 2020년 CASP 주최측이 결과를 평가했을 때, 그들은 생화학계의 50년 난제가 끝났음을 깨달았다. 대부분 놀랍게도 알파폴드2는 X선 결정학과 거의 동등한 성능을 보였다.

단백질은 수많은 아미노산의 결합으로 이루어진 거대 분자이다. 즉, 분자 구조 연구의 궁극의 목표가 단백질이다. 그만큼 어려운 과제이다 보니, 지금까지 여러 과학자가 다양한 방법으로 단백질의 구조를 밝혀냄으로써 노벨상의 주인공이 되었다. 이제는 AI의 도움으로 이전에 단백질 구조 결정에 들였던 과학자들의 수고를 크게 줄일 수 있게 되었을 뿐만 아니라, 문제 해결의 정확성도 높일 수 있게 되었다. AI에게 묻는다. 이런 모양의 단백질을 만들려면 어떤 아미노산으로 어떤 서열을 갖도록 합성하면 되는지? 또한 이렇게도 물을 수 있다. 수많은 아미노산을 가지고 이런저런 서열로 결합하면 어떤 입체 구조의 단백질이 되는지? 알파폴드2는 인류가 그동안 발견한 2억 개 이상의 단백질을 통해 아미노산으로 짓는 건축물이 그 소재의 종류와 맞춤 순서에 따라 어떤 모양이 되는지 학습했다. 즉, 첨단의 AI 러닝 기법을 통해 그 알고리즘을 찾은 것이다. 이것이 과학자가 알파폴드2에게 의지할 수밖에 없는 이유이다. 앞서 2018년 화학상 수상자들이 AI를 활용했다면 어땠을까? 어쩌면 병원성 단백질의 인식 부위 펩타이드 구조를 더욱 쉽게 결정했을지도 모른다.

그림 10-20에 베이커의 로제타 프로그램으로 개발한 단백질들을 나타냈다. 2016년엔 무려 120개의 단백질이 자발적으로 결합하여 형성된 나노소재를 개발했다. 2017년에 개발한 단백질은 마약의 하나인 펜타닐의 검출을 위해 설계되었고, 2021년도엔 단백질이 둘러싼 나노입자를 개발했는데, 이 단백질 복합체는 동물 모델에서 성공적으로 인플루엔자바이러스의 백신으로 작용했다. 2022년엔 일종의 회전 날개로 작동하는 단백질 집합체를, 2024년엔 외부 영향에 의해 모양이 바뀌는 단백질을 개발했다. 후자는 나노센서의 생산에 사용될 수 있을 것으로 기대된다. 2024년 노벨상 수상식은 그해 물리학과 화학 분야 모두 AI 관련 과학자에게 노벨상이 수여됨으로써 본격적인 AI 시대의 도래를 알리는 선포식이었다.

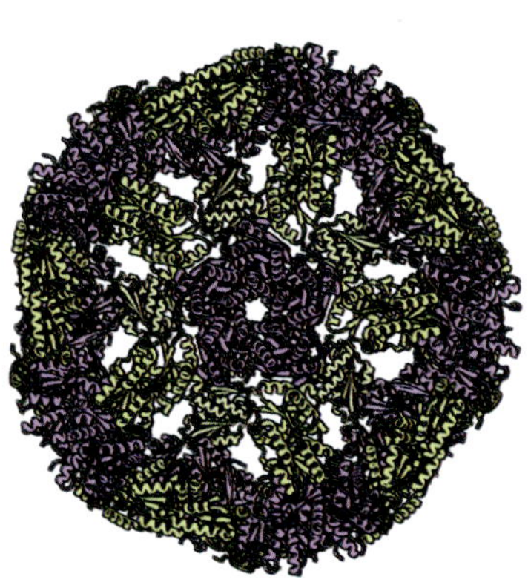

2016: New nanomaterials where up to 120 proteins spontaneously link together.

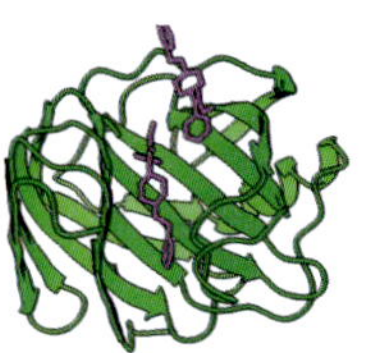

2017: Proteins that bind to an opioid called fentanyl (purple). These could be used to detect fentanyl in the environment.

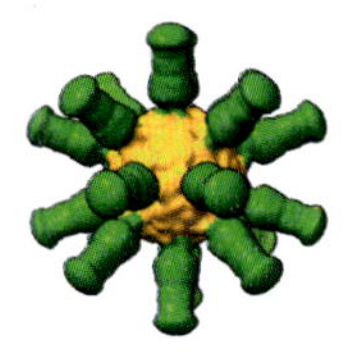

2021: Nanoparticles (yellow) with proteins imitating influenza virus on the surface (green) that can be used as a vaccine for influenza. Successful in animal models.

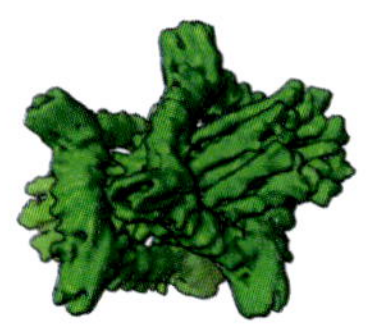

2022: Proteins that function as a type of molecular rotor.

2024: Geometrically shaped proteins that can change their shape due to external influences. Could be used for producing tiny sensors.

그림 10-20 베이커의 로제타 프로그램으로 개발한 단백질

출처: ©Terezia Kovalova/The Royal Swedish Academy of Sciences

11장
레이저

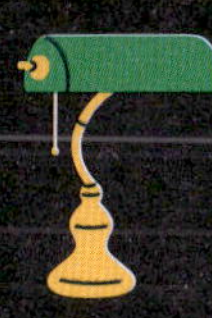
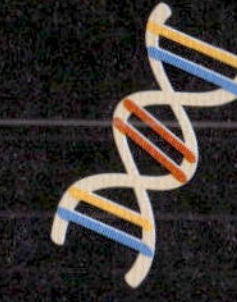

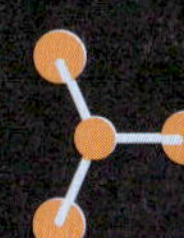

11장 레이저

본문에서 언급한 노벨상 수상자

연도/분야	수상자	출생/소속(수상 당시)	수상 업적
1964 물리학상	찰스 타운스	1915~2015 미국, MIT	양자 전자공학의 기초 연구로부터 메이저-레이저 원리를 기반으로 한 발진기 및 증폭기의 구축
	니콜라이 바소프	1922~2001 러시아, PN 레베데프 물리연구소	
	알렉산더 프로호로프	1916~2002 오스트레일리아, PN 레베데프 물리연구소	
1981 물리학상	아서 레너드 숄로	1921~1999 미국, 스탠퍼드대학교	레이저 분광학의 개발
	니콜라스 블룸베르헌	1920~2017 네덜란드, 하버드대학교	
	카이 시그반	1918~2007 스웨덴, 웁살라대학교	고해상도 전자 분광학의 개발
2005 물리학상	존 홀	1934 미국, 콜로라도대학교, 미국 국립표준기술연구원	광주파수 빗 기술을 포함한 레이저 기반 정밀 분광법의 개발
	테오도어 헨슈	1941 독일, 막스플랑크 연구소, 뮌헨 루트비히-막시밀리안대학교	
	로이 글라우버	1925~2018 미국, 하버드대학교	광학 일관성에 관한 양자 이론
2018 물리학상	제라르 무루	1944 프랑스, 에콜 폴리텍, 미시간대학교	고강도 초단 광 펄스의 생성 방법
	도나 스트리클런드	1959 캐나다, 워털루대학교	
	아서 애슈킨	1922~2020 미국, 벨 연구소	광학 족집게 실현과 이의 생물학 시스템으로의 응용
1930 물리학상	찬드라세카라 라만	1888~1970 인도, 캘커타대학교	빛의 산란 연구와 라만 효과의 발견
1971 물리학상	데니스 가보르	1900~1979 헝가리, 런던 임페리얼 칼리지	홀로그래피의 발명과 개발
1997 물리학상	스티븐 추	1948 미국, 스탠퍼드대학교	레이저 광을 이용한 원자 냉각 및 포집 방법의 개발
	클로드 코엔타누지	1933 알제리아, 프랑스대학, 프랑스 고등사범학교	
	윌리엄 필립스	1948 미국, 미국 국립표준기술연구원	
1920 화학상	발터 네른스트	1864~1941 폴란드, 베를린대학교	열화학 분야의 업적
1949 화학상	윌리엄 지오크	1895~1982 캐나다, UC 버클리	화학열역학 분야, 특히 극저온에서 물질의 거동에 관한 연구 업적

연도/분야	수상자	출생/소속(수상 당시)	수상 업적
1956 화학상	시릴 힌셜우드	1897~1967 영국, 옥스퍼드대학교	화학 반응 메커니즘에 관한 연구
	니콜라이 세묘노프	1896~1986 러시아, 러시아학술원 화학물리연구소	
1967 화학상	만프레트 아이겐	1927~2019 독일, 막스플랑크 연구소	초단 에너지 펄스로 일으킨 평형 교란을 통한 초고속 화학 반응 연구
	로널드 노리시	1897~1978 영국, 케임브리지 물리화학연구소	
	조지 포터	1920~2002 영국, 대영국 왕립연구원	
1986 화학상	더들리 허슈바크	1932 미국, 하버드대학교	기본적 화학 반응의 동역학 연구
	리위안저	1936 대만, UC 버클리	
	존 폴라니	1929 독일, 토론토대학교	
1994 화학상	조지 올라	1927~2017 헝가리, 서던캘리포니아대학교	탄소양이온 화학에 기여
1999 화학상	아메드 즈웨일	1946~2016 이집트, 캘리포니아공과대학(Caltech)	펨토초 분광학을 통한 화학 반응의 전이 상태 연구
2023 물리학상	피에르 아고스티니	1941 튀니지, 오하이오주립대학교	물질 내 전자 동역학 연구를 위한 아토초 펄스 빛의 실험적 생성 방법
	페렌츠 크러우스	1962 헝가리, 막스플랑크 연구소, 뮌헨 루트비히-막시밀리안대학교	
	안 륄리에	1958 프랑스, 스웨덴 룬드대학교	

물과 공기는 생명체의 생존에 필수적인 요소이지만 그 존재를 늘 인식하며 살지는 않는다. 마찬가지로 전력망과 통신망은 현대 문명사회를 지탱하는 기본적인 요소이지만, 우리 눈에 잘 띄지 않는 보이지 않는 인프라이다. 특히, 통신망 인프라 속에 레이저가 있다. 레이저 빛은 지구를 25,000바퀴 이상 감싸고도 남을 만큼 깔린 광케이블망을 광속으로 오가며 정보를 전달한다. 이뿐만 아니라 레이저는 우리가 사는 세상 곳곳에서 보이지 않게 활약한다. 현대 문명의 쌀로 불리는 반도체도 실리콘 웨이퍼 위에 레이저 빛으로 미세 패턴을 새겨야 만들어진다. 각종 레이저 센서의 도움으로 기계와 공장이 자동으로 돌아간다. 상품을 레이저 바코드로 인식하여 판매하고 재고관리도 한다. SF 영화 속의 레이저 무기는 이미 현실이다. 병원에서 의사들이 메스 대신 레이저로 수술

한다. 공장에서는 레이저를 이용해 금속을 자르고 용접한다. 농촌에서 추수철에 새를 쫓아내는 것도 허수아비가 아니라 레이저 빛이다. 공연 예술의 화려한 불빛도 레이저의 등장으로 스케일이 달라졌다. 극히 짧은 순간의 레이저 펄스로 정확한 시간과 진동수를 측정함으로써 정밀한 GPS와 데이터의 동시 공유가 이뤄진다. 화학자들은 펨토초(10^{-15}초) 레이저 분광학으로 화학 반응의 메커니즘을 연구한다. 레이저 이용의 예를 여럿 들었지만, 이것도 일부이다.

현대 문명에서 레이저가 다양하게 중요한 역할을 담당하고 있음에도 불구하고, 이 책에서 레이저를 하나의 주제로 삼는 것이 옳은지 망설였다. 그 가장 큰 이유는 '레이저가 화학인가'하는 생각 때문이었다. 레이저의 발명 이후 관련 기술의 진보가 이루어졌을 때, 이 업적에 수여된 노벨상은 화학상보다 물리학상이 더 많았다. 하지만 화학 분야에서의 레이저 활용은 갈수록 증가하고 있다. 물질을 관찰하고 분석하는 일이 화학의 주요 과정인데, 이제는 일반 빛이 아니라 많은 부분 레이저가 이를 담당하기 때문이다. 특히 화학 반응의 중간체와 전이 상태를 연구하는 펨토화학이 화학의 한 분야가 되었고, 이 분야를 개척한 아메드 즈웨일(1999 화학상)이 노벨상을 받았다. 이처럼 레이저도 화학임은 물론, 현대 문명에서 레이저가 담당하는 역할이 워낙 넓고 중요하기 때문에, 결국 이 책의 한 주제가 되었다.

11.1 레이저 원리

레이저 빛은 일반 빛과 무엇이 다른지 그림 11-1을 보면 그 차이를 쉽게 알 수 있다. 그림 11-1a가 레이저 빛이고, 11-1b는 일반 빛이다. 레이저 빛은 통일성이 있다. 빛의 진행 방향이 동일하고, 파장이 동일하며, 위상이 옆으로도 나란히 동일하다. 그림 11-1b의 일반 빛과 비교해 보면 앞의 세 가지 차이를 알 수 있다. 광원에서 나온 일반 빛은 사방으로 퍼지며, 파장이 짧은 것부터 긴 것까지 섞여 있고, 위상이 앞서거니 뒤서거니 하여 고르지 않다. 그림 11-1c는 레이저 빛의 특징을 단색광 사진으로 보여준다.

본 장의 서두에 언급한 레이저 빛의 여러 응용 사례가 이러한 특징에서 비롯된다.

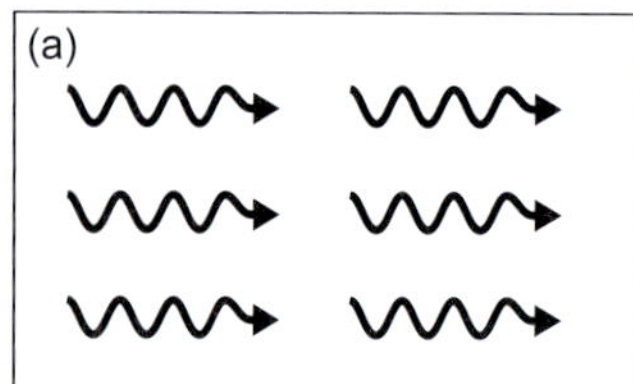

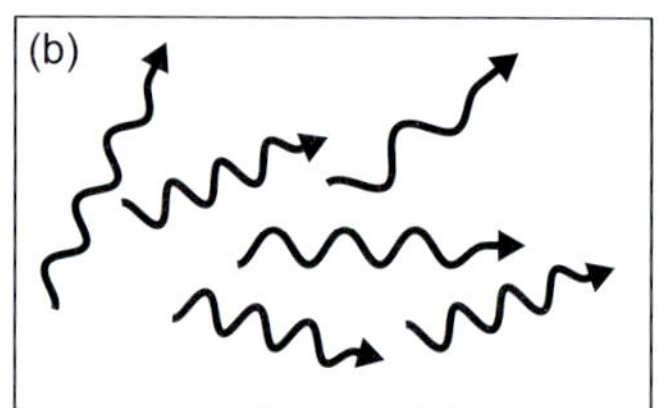

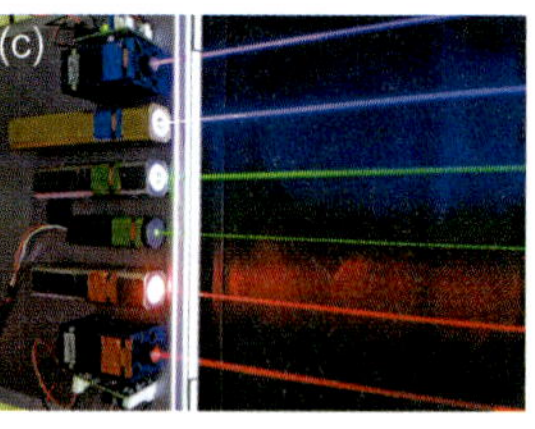

그림 11-1 레이저(a)와 일반(b) 빛의 특성과 레이저 단색광의 모습(c)
출처: 彭嘉傑, CC BY 2.5, Wikimedia Commons

즉, 레이저 빛은 공간으로 퍼져나가지 않고 한 점에 집중되므로 금속을 절단하거나 가는 선으로 석판인쇄가 가능하다. 먼 거리까지도 똑바로 진행하므로 GPS에 이용되고, 조준할 수 있어서 레이저 포인터로 응용된다. 또한 파장이 다양하게 섞여 있지 않아서 단일 색의 빛을 만들 수 있다. 앞의 세 가지 특성에 시간적 통일성을 추가하면 아주 짧은 시간 동안의 펄스를 만들 수 있다. 앞에서도 언급했지만, 1999년의 화학상이 펨토초(10^{-15}초) 펄스의 화학적 응용 분야에 주어졌고, 2023년에는 펨토초의 1/1,000에 해당하는 아토초(10^{-18}초) 펄스를 개발한 과학자들이 물리학상을 받았다. 이에 대해서는 뒤에서 별도로 설명한다.

레이저의 설계

레이저(laser)라는 말은 '복사의 유도 방출에 의한 빛의 증폭(light amplification by stimulated emission of radiation)'을 줄인 말이다. 레이저가 발명되기 전에 메이저(maser, microwave amplification by stimulated emission of radiation)가 먼저 발명되었다. 암모니아 분자를 이용한 마이크로파의 증폭 장치이다. 메이저의 발명은 1953년에 찰스 타운스가 주도했고, 메이저라는 이름을 붙인 것도 그와 그의 학생들이었다. 한편 당시 소련의 알렉산더 프로호로프와 니콜라이 바소프는 모스크바의 레베데프 물리학연구소에서 1952년에 메이저의 원리를 제안했고, 1954년에 그들의 제안을 논문으로 발표했다. 그즈음에 타운스는 실제 작동하는 메이저를 제작했다.

이어서 타운스는 1958년에 벨 통신연구소의 동료인 아서 숄로와 함께 레이저의 작동 원리에 관한 논문을 발표했다. 그들은 『피지컬 리뷰』에 실린 이 논문에서 레이저라는 말

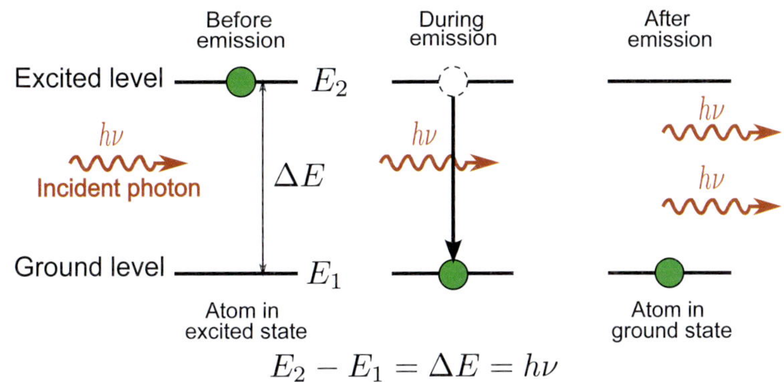

그림 11-2 들뜬 상태의 전자에 유도 광자를 도입하여 레이저 빛이 방출되는 과정을 나타낸 도식
출처: By V1adis1av, CC BY-SA 4.0, Wikimedia Commons

대신에 '광학 메이저'라는 용어를 사용했다. 이 원리를 바탕으로 1960년에 물리학자 테오도르 마이만이 인공 루비 속의 크로뮴 원자를 사진관의 플래시 램프를 써서 들뜬 상태로 만들어 빨강 레이저 펄스를 얻었다. 최초의 기체 레이저는 벨 연구소에서 성공했는데, 헬륨과 네온 혼합기체로부터 적외선 레이저를 지속적으로 방출하는 장치였다. 반도체 레이저를 처음으로 성공시킨 곳은 GE연구소이다. 이로써 타운스는 프로호로프, 바소프와 함께 1964년도 물리학상을 받았다.

그림 11-2는 전자가 들뜬 상태에 있을 때 유도 광자가 전자를 바닥 상태로 떨어지게 하여 레이저 빛이 방출되는 과정을 보여준다. 여기서 전자를 들뜬 상태로 만드는 것을 펌핑이라고 한다. 레이저 소재에 따라 펌핑 방법이 다른데, 기체는 방전이나 빛으로 하고, 반도체라면 직접 전자를 주입한다. 즉, 레이저란 펌핑에 의해 들뜬 상태에 놓인 수많은 전자가 유도 빛에 의해 바닥 상태로 돌아오면서 한꺼번에 빛을 방출하는 것이다.

레이저 특허 분쟁

레이저의 특허를 놓고 분쟁이 있었다. 고든 굴드는 1957년에 레이저의 이름과 원리를 생각했고, 이것을 특허로 출원하기 위해 연구 노트에 아이디어를 정리해 두었다. 이 과정에서 타운스의 조언도 들었다. 결국 이 노트는 기나긴 특허 분쟁에서 그가 이길 수 있는 증거가 된다. 당시 미국은 같은 특허라면 출원일이 늦더라도 먼저 발명한 사람에게

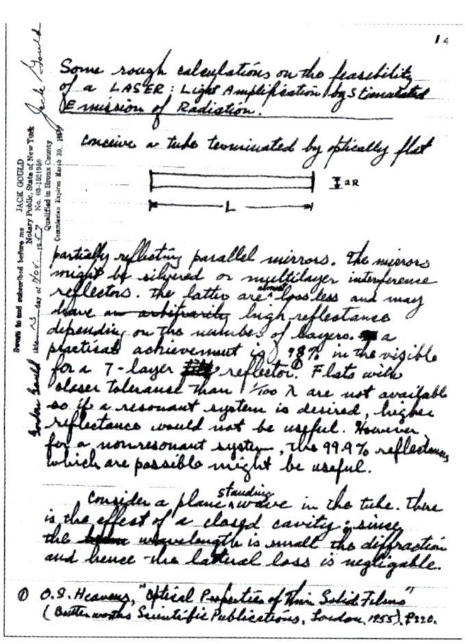

14

Some rough calculations on the feasibility of a LASER: Light Amplification by Stimulated Emission of Radiation.

Conceive a tube terminated by optically flat

2R

L

partially reflecting parallel mirrors. The mirrors might be silvered or multilayer interference reflectors. The latter are almost lossless and may have high reflectance depending on the number of layers. A practical achievement is 98% in the visible for a 7-layer reflector.① Flats with closer tolerance than 1/100 λ are not available so if a resonant system is desired, higher reflectance would not be useful. However for a nonresonant system, the 99.9% reflectance which are possible might be useful.

Consider a plane standing wave in the tube. There is the effect of a closed cavity; since the wavelength is small the diffraction and hence the lateral loss is negligable.

① O.S. Heavens, "Optical Properties of Thin Solid Films" (Butterworths Scientific Publications, London, 1955), P220.

JACK GOULD
Notary Public, State of New York
No. 03-1021950
Qualified in Bronx County
Commission Expires March 30, 1959

Jack Gould

Gordon Gould

그림 11-3 1957년에 굴드가 연구 노트에 기록한 레이저의 원리
출처: By Gordon Gould－Gordon Gould notebook

우선권을 주는 선발명주의를 운영했기 때문이다. 이 제도는 2013년 3월 16일 이후로 선출원주의로 변경되었다. 분쟁의 발단은 1958년 7월에 타운스와 숄로가 레이저에 관한 특허를 먼저 신청하고, 1960년 3월 22일에 특허권을 인정받은 데서 비롯했다. 굴드는 1958년에 방산업체 TRG에 들어갔고, 1959년 4월에야 레이저 관련 특허 신청을 했으나 반려된 것이다. 그는 1957년에 레이저 관련 아이디어를 기록해 두었으나, 특허를 받기 위해서는 프로토타입 수준의 제품을 만들어야 하는 줄 알고, 이를 기다리느라 출원 시기가 늦어졌다고 주장했다. 그는 결국 연구 노트 덕분에 1977년에 이 분쟁에서 이겼고, 1987년에는 그동안 레이저 특허를 사용한 기업체와의 분쟁에서도 이겼다. 매일매일 연구 노트를 작성하는 것이 얼마나 중요한지를 일깨워준 사건이다. 그는 법적 다툼을 하는 동안 1967년부터 1973년까지는 뉴욕의 폴리텍대학에서 가르쳤고, 1973년에는 광통신 회사인 옵텔레콤을 설립했다. 그리고 그는 1991년에 발명자 명예의 전당에 올랐다. 그림 11-3은 굴드가 특허 분쟁 중에 제시한 레이저에 관한 기록의 첫 번째 페이지를 보여준다. 내용에 LASER라는 약자와 이 장치를 구성하는 데 필요한 요소를 기술하고 있다.

레이저의 진화

2005년도 물리학상은 레이저 빛에 대한 이해의 수준을 한 단계 끌어올리고, 새로운 레이저 기술을 개발한 물리학자들이 받았다. 수상자는 로이 글라우버, 존 홀, 테오도어 헨슈 세 명이다. 글라우버는 양자 광학의 영역을 개척하였다. 즉, 그는 1960년대에 양자 물리와 광학의 융합을 통해 레이저 빛이 파동적 성질과 입자성을 동시에 갖는다는 것을 증명했다. 그의 업적으로 양자 암호해독법으로 불리는 고도로 안전한 코드 개발이 가능해졌고, 데이터를 큐비트 정보로 처리하는 양자 컴퓨터 개발이 한 걸음 앞으로 나아갈 수 있게 되었다.

홀과 헨슈는 레이저 분광학을 발전시킨 공로를 인정받아 수상했다. 이것은 원자나 분자로부터 방출되는 빛의 파장을 레이저를 이용하여 결정하는 방법으로, '광주파수 빗 기술'로 불린다. 극히 짧은 펄스가 그 안에 머리빗 모양으로 진동수가 정교하게 나뉘어 있는 한 세트로 구성되기 때문에 붙여진 이름이다. 이 방법으로 빛의 진동수를 10^{15}의 1에 해당하는 정확도로 측정할 수 있게 되었다. 이를 이용한 정확한 시간 측정으로 위성을 기반으로 한 GPS 시스템이 개선되고, 컴퓨터 데이터의 동시 공유도 가능해졌다. 또한 이 기술은 원거리 통신에도 적용된다.

그림 11-4는 레이저 펄스의 형성과 진동수 빗 기술을 도식적으로 보여준다. 레이저 펄스는 진동수가 서로 다른 다양한 빛이 정재파(standing waves) 상태에서 겹쳐지면 같은 위치에서 파고가 사라져서 0에 수렴하거나 증폭되는 현상으로 만들어진다. 이들 펄스 내의 피크를 푸리에 변환(FT)으로 빗 모양의 진동수로 전환한다. 하지만 이 상태로는 스펙트럼의 영점 위상(f_0)을 알 수 없다. 이것을 다시 비선형 광학법(NLO)을 거쳐서 진동수를 2배로 바꿔주면, 가장 낮은 진동수와 가장 높은 진동수를 비교할 수 있게 된다. 이로써 영점 위상(f_0)을 결정할 수 있다. 이로써 어떤 빛의 진동수를 10^{-15}에 해당하는 정교함으로 측정할 수 있는 초정밀 눈금자가 생긴 셈이다.

처음에 만들어진 루비 레이저는 크로뮴 원자의 바닥 상태와 들뜬 상태만을 이용한 펄스 레이저였다. 이처럼 두 개의 에너지 레벨만을 이용하면 들뜬 상태를 오랫동안 유지하기 어렵고, 빛이 방출된 후 바로 펌핑하여 다시 들뜬 상태로 만들기가 어렵기 때문에 펄스 레이저만 가능하다. 바닥 상태와 들뜬 상태 사이에 들뜬 상태와 가까운 높은 준

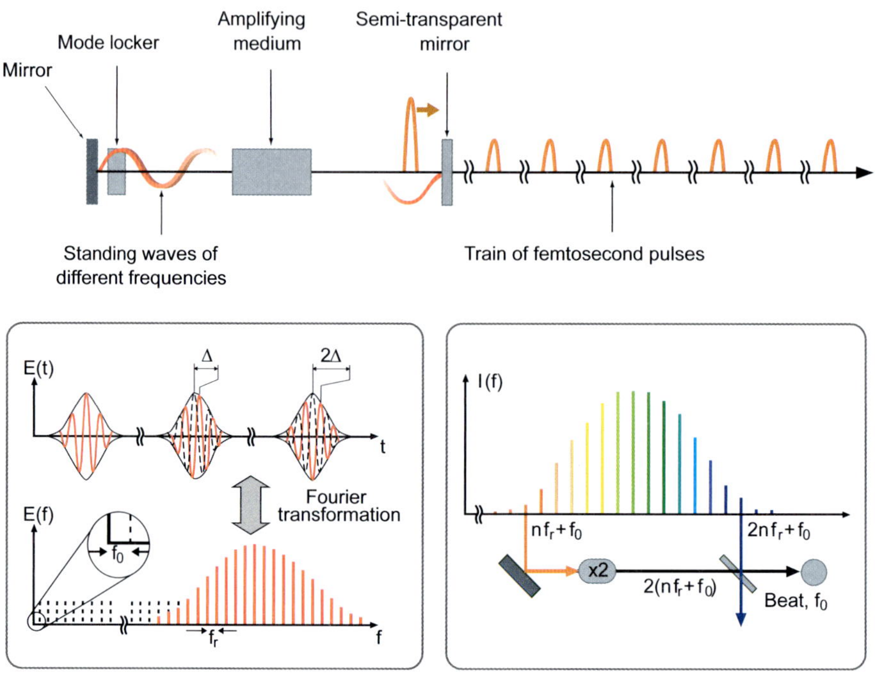

그림 11-4 레이저 펄스의 형성(위)과 푸리에 변환(FT)과 비선형 광학법(NLO)을 통한 진동수 빗 기술을 보여주는 도식(아래)
출처: © The Royal Swedish Academy of Sciences

안정 상태가 존재하면 들뜬 상태의 전자가 빠르게 이 준안정 상태로 이동하여 이 상태를 오랫동안 유지할 수 있다. 하지만 이때도 다시 준안정 상태로 바로 펌핑하기가 어려워서 지속적 레이저보다는 펄스 레이저를 만든다. 바닥 상태 쪽에 준안정 상태가 하나 더 존재하면 전체 4개의 에너지 레벨이 되는데, 이때는 지속적 레이저 방출이 가능하다(그림 11-5 위쪽). 펌핑에 의해 레벨 4의 높은 들뜬 상태가 된 원자나 분자는 바로 아래 에너지 레벨 3의 준안정 상태가 된다. 이 준안정 상태는 오랫동안 유지될 수 있으며, 레이저 빔을 방출한다. 이때 원자나 분자가 바로 바닥 상태로 되는 것이 아니고 낮은 준안정 상태가 된다. 레이저 빔을 방출하는 준안정 에너지 레벨과는 별도로 바닥 상태와 매우 들뜬 상태 에너지 레벨이 존재하고, 이를 통해 상시 펌핑이 가능하므로 계속해서 레이저 빔이 나올 수 있다. 즉, 들뜬 상태의 전자수가 바닥 상태 전자수보다 많은 개체수 반전이 유지된다.

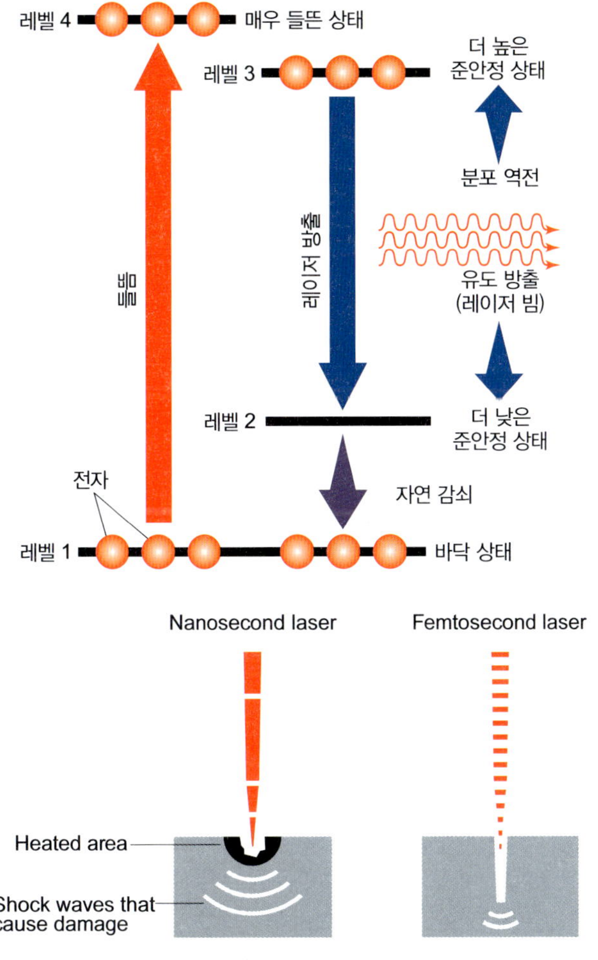

그림 11-5 지속 레이저의 발생 원리(위)와 나노초 레이저와 펨토초 레이저의 비교(아래)
출처: © Johan Jarnestad/The Royal Swedish Academy of Sciences(아래)

레이저 소재

그림 11-5 아래쪽은 두 종류의 초단광 펄스 레이저를 비교한 모식도이다. 나노(10^{-9})초 펄스도 충분히 짧은 시간이지만 펨토(10^{-15})초 펄스와 비교하면 너무 긴 시간이다. 나노초는 펨토초보다 100만 배나 긴 시간이기 때문이다. 그림으로 나타낸 것과 같이 펨토초 레이저가 의료용으로 적용되면서 피부 손상이 적은 수술이 가능해졌다. 피부에 가해지는 전체 에너지량은 빛의 파장에 따른 고유의 에너지에 접촉 시간을 곱한 값에 비례하기

표 11–1 대표적인 레이저 다이오드 소재

구분	파장 (nm)	소재	용도
가시광선	405	InGaN	파랑–보라 레이저, 블루레이 디스크, HD DVD 드라이브
	445–465	InGaN	파랑 레이저, 수은 미사용 고휘도 프로젝터용 멀티모드 다이오드
	510–525	InGaN	녹색 다이오드, 레이저 프로젝터(Nichia, OSRAM)
	635	AlGaInP	강한 빨강 레이저 포인터, 650nm의 두 배 밝기
	650–660	GaInP/AlGaInP	CD와 DVD 드라이브, 저가 빨강 레이저 포인터
	670	AlGaInP	바코드 리더, 초기 다이오드 레이저 포인터
적외선	760	AlGaInP	O_2 센서
	785	GaAlAs	CD 드라이브
	808	GaAlAs	Nd:YAG DPSS 레이저 펌프
	848	GaAlAs	레이저 마우스
	980	InGaAs	광학 증폭기 펌프, Yb:YAG DPSS 레이저 펌프
	1064	AlGaAs	광섬유 통신, DPSS 레이저 펌프
	1310	InGaAsP, InGaAsN	광섬유 통신
	1480	InGaAsP	광학 증폭기 펌프
	1512	InGaAsP	NH_3 센서
	1550	InGaAsP, InGaAsNSb	광섬유 통신
	1625	InGaAsP	광섬유 통신, 서비스 채널
	1654	InGaAsP	CH_4 센서
	1877	GaInAsSb	H_2O 센서
	2004	GaInAsSb	CO_2 센서
	2330	GaInAsSb	CO 센서
	2680	GaInAsSb	CO_2 센서
	3030	GaInAsSb	C_2H_2 센서
	3330	GaInAsSb	CH_4 센서

자료: https://www.globalspec.com/reference/13699/160210/chapter-9-11-diode-laser-materials-and-wavelengths

때문이다. 한편, 표 11-1에 가시광선과 적외선 영역의 대표적인 다이오드 레이저 소재를 정리했다. 대부분 갈륨(Ga)을 기본 소재로 하고 여기에 인듐(In), 알루미늄(Al), 질소(N), 인(P), 비소(As), 안티모니(Sb)가 선택적으로 사용된 것을 알 수 있다. 표에 각 원소의 비율까지 표기하지는 않았는데, 같은 종류의 원소가 사용되더라도 그 원소 비율에 따라 다른 파장의 빛이 얻어진다.

11.2 레이저 응용

현대 문명이 레이저에 얼마나 다양하게 의존하는지를 본 장의 서두에서 여러 가지 예를 언급했다. 표 11-2에서는 의료, 과학, 군사, 산업의 영역별로 응용 분야와 종류를 나타냈다. 종류에 나타낸 연도는 노벨상이 수여된 해이다. 앞서 언급한 용도 외에도 다양하게 이용되는 것을 알 수 있다. 예를 들면, 공기 중의 기체 분자들을 감지하는 데도 레이저가 이용된다. 이로써 날씨의 예측은 물론 해로운 기체의 농도를 파악할 수도 있

표 11-2 레이저의 영역별 응용 분야와 종류

영역	분야	종류
의료	레이저 의료	성형 수술, 안과 수술, 연조직 수술, 레이저 메스, 암 치료, 치아 미백, 피부 반점 수술
과학	분광학	라만(1930), 레이저 분광학(1981), 비선형 광학, 레이저 유도 붕괴 분광법(LIBS)
	열처리	표면 강화
	날씨	원격 센서, 인공강우
	거리 측정	루나 레이저 거리 측정
	광화학	펨토화학(1999), 중간체 연구
	레이저 스캐너	레이저 바코드 스캐너
	레이저 냉각	원자 트랩(1997, 2001)
	핵융합	관성 구속 핵융합
	현미경	공초점 현미경, 이광자 들뜸

영역	분야	종류
군사	목표물 격추 무기	스타워즈, ICBM 격추 무기
	방어 무기	적외선 유도 미사일 혼란
	방향 상실	레이저 눈부심, 탈레스 녹색 레이저, 광학 경고기
	안내	미사일 안내
	화력 무기	시야 타격 레이저, 레이저 조준기, 홀로그래픽 무기 조준기
산업	제조	절단, 용접, 드릴, 인쇄, 광통신(2009), 포인터, 홀로그래피(1971), 광학 족집게(2018), 바코드 리더, OLED 디스플레이, 3D 스캐너, 프린터, CD, DVD
	오락	조명등, 레이저 태그, 레이저 하프, 디지털 영화 프로젝터
	탐색	산정(山頂) 레이저
	조류 퇴치	레이저 허수아비

다. 그 외에 컴퓨터의 마우스나 CD/DVD 드라이브도 레이저를 사용하며, 발표회에서 사용하는 레이저 포인터, 광고용 장식물 등에도 화려한 레이저 빛을 사용한다.

홀로그래피

1971년에 홀로그래피(holography)의 발명으로 데니스 가보르가 물리학상을 받았다. 가보르는 처음부터 홀로그램을 목표로 연구한 것은 아니었다. 그는 전자 현미경의 내부 구성을 개선하여 성능을 향상하려고 하던 중이었다. 1947년에 그가 고안한 구성 부품을 전자빔으로 테스트하기 전에 이 부품에 필터로 거른 빛을 통과시켰을 때 홀로그램이 나타나는 것을 발견했다. 하지만 이때는 레이저가 발명되기 전이어서 이 기법이 실용적으로 발전하지 못했다. 레이저가 발명된 후, 1962년에 미시간대학의 에멧 리스와 유리스 우파트니에크스가 가보르의 투과 홀로그래피 실험을 레이저로 재현했다. 그것은 장난감 기차와 새의 모양이었는데, 이미지가 선명했고 3차원으로 나타났다. 같은 해에 소련의 유리 데니슈크가 레이저가 아닌 일반 빛으로 나타나는 반사 홀로그램을 만들었다. 1968년에는 스티븐 벤턴이 투과 홀로그램도 일반 빛으로 가능한 방법을 고안했다. 이 발견은 엠보싱 홀로그램의 개발로 이어져서 마침내 홀로그램의 대량 생산이 가능해졌다. 가보르가 노벨상을 받은 다음 해인 1972년에 로이드 크로스가 일반 영화 필름의 사진을 연속적으로 홀로그래피 필름으로 옮겨서 동영상 홀로그램을 처음으로 성공시켰다.

투과 홀로그램과 반사 홀로그램의 기록과 재현 원리를 살펴본다. 여기서 투과 또는 반사라는 말은 재현 과정에서 물체가 홀로그램 기판 뒤쪽에 있는 것처럼 보이면 투과이고, 이 기판 앞쪽에 있는 것처럼 보이면 반사이다. 그림 11-6에 투과 홀로그램의 제작과 홀로그램 재현 방식을 나타냈다. 홀로그램을 만드는 과정은 의외로 간단하다. 투과 홀로그램을 제작하기 위해서 먼저 레이저 빔을 둘로 나누어 하나는 물체를 향하게 하고 다른 하나는 반사 거울을 향하게 한다. 물체를 향한 빛은 물체의 모습을 담아 물체파를 사진판에 비추고, 반사 거울을 향한 빛은 레이저 빔 그대로 기준파를 사진판에

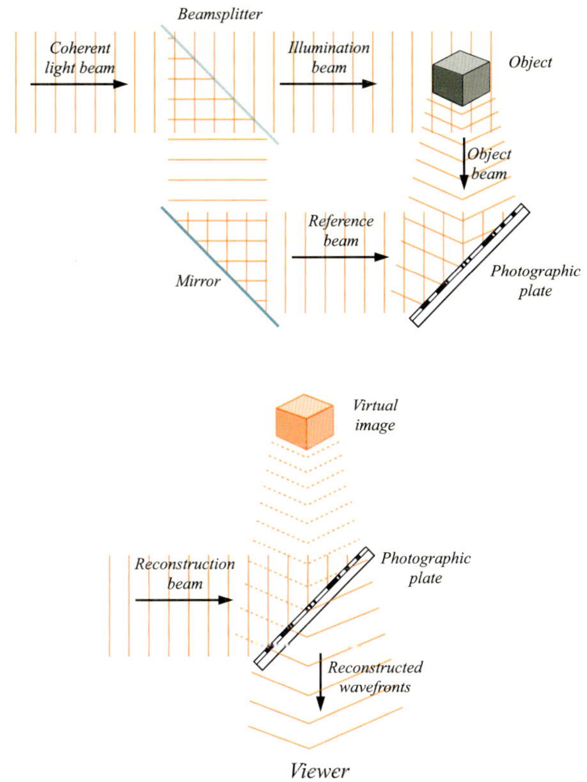

그림 11-6 투과 홀로그램의 제작과 재현 과정

출처: DrBob at the English-language Wikipedia, CC BY-SA 3.0, Wikimedia Commons

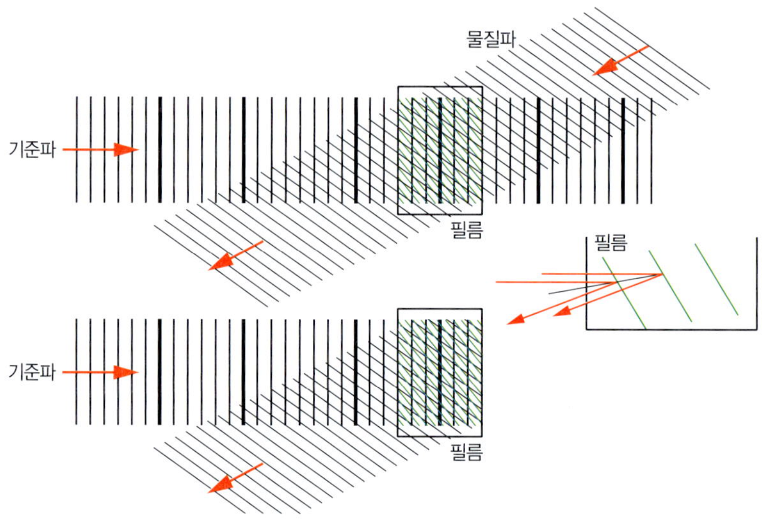

그림 11-7 반사 홀로그램의 제작과 재현 과정

비춘다. 이때 사진판에 기록되는 이미지는 물체파와 기준파가 한쪽 면에서 만나 생긴 간섭파이다. 재현할 때는 이 사진판에 기록할 때와 같은 레이저 빔을 기준파 방향에서 조사한다. 이때 사진판의 간섭무늬가 회절을 일으키고, 물체파가 기록될 때의 방향과 반대쪽에서 관찰하면 물체의 홀로그램이 원래 물체가 있던 위치에 나타난다.

그림 11-7에는 반사 홀로그램의 제작과 재현 과정을 나타냈다. 투과 홀로그램과 반사 홀로그램의 차이는 물체파와 기준파가 투과형에서는 같은 면에서 만나고, 반사형은 두 빛이 서로 반대면 방향에서 접근해 사진판에 간섭파를 기록하는 것이다. 홀로그램의 관찰은 기준파 방향에서 빛을 비추면 간섭무늬에서 반사가 되고, 반사 방향에서 관찰하면 원래 물체가 있던 자리에 홀로그램이 보인다. 지폐에 기록된 홀로그램 이미지는 관찰 방향에 따라 서로 다른 이미지나 색상이 나타나는데 그것은 다층 구조의 필름으로 제작되었기 때문이다. 한편, 최근에는 디지털 방식으로 홀로그램을 볼 수가 있고, 스마트폰으로도 진짜 홀로그램은 아니지만 유사 홀로그램을 만들 수 있다.

레이저 분광학

레이저가 발명되기 이전의 일이지만, 찬드라세카라 라만이 빛의 산란 연구로 1930

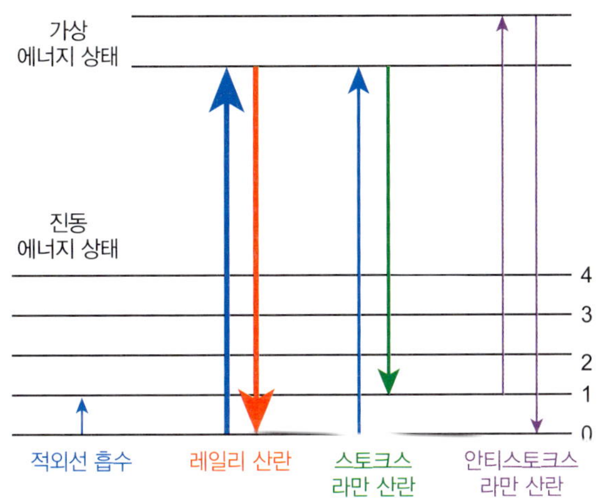

그림 11-8 라만 신호의 상태를 보여주는 에너지 레벨 다이어그램

년도 물리학상을 받았다. 라만의 노벨상 수상은 아시아인 최초의 과학 분야 노벨상 수상이었다. 그림 11-8은 라만이 발견한 산란 현상을 보여준다. 스토크스란 이름이 함께 붙은 것은 아일랜드 물리학자인 조지 가브리엘 스토크스를 기리기 위해서다. 스토크스 법칙은 형광빛의 파장은 흡수된 빛의 파장보다 더 길다는 것이다. 라만이 발견한 산란에서 물질 속으로 입사한 빛의 파장보다 산란된 빛의 파장이 더 긴 경우, 마치 형광에서의 스토크스 법칙과 유사했기 때문에 이 이름을 따온 것이다. 반면에 입사한 빛의 파장보다 더 짧은 파장의 빛이 산란된 경우에는 안티스토크스 라만 산란이라고 한다. 이것은 이전에 빛의 산란과 관련하여 알려진 레일리 산란과는 다르다. 레일리 산란은 탄성 산란이라고도 하는데, 빛이 자신의 파장보다 작은 입자에 의해 산란될 때, 입사한 빛의 파장과 산란 빛의 파장이 동일하다. 한편, 레일리는 공기에서 질소의 무게를 측정하던 중, 공기 중 질소가 합성을 통해 얻은 질소보다 무겁다는 것을 발견하고, 이를 계기로 또 다른 공기의 성분인 아르곤 기체를 발견했다. 이 업적으로 1904년도 물리학상을 받았다. 그는 최초의 영국인 수상자이다(1.3 노벨화학상 초기의 수상자).

이런 현상은 분자가 양자화된 에너지 레벨에서 진동하기 때문에 발생한다. 즉, 전자가 어느 상태의 진동 에너지에 걸쳐서 빛의 흡수와 방출이 일어나느냐에 따라 레일리, 스토크스 라만, 안티스토크스 라만으로 산란 형태가 달라지는 것이다. 바닥 상태에 놓여 있는 전자수가 가장 많으므로, 이들 전자가 빛을 흡수하는 레일리 산란과 스토크스 라만 산란이 일반적이다.

라만이 라만 산란을 발견하기 전에 컴프턴은 엑스선이나 감마선 같이 고에너지의 전자기파가 원자 내의 전자와 충돌하면 일부 에너지를 잃고 산란된 전자기파는 그 파장이 길어지는 현상을 발견했다. 이를 컴프턴 산란이라고 한다. 컴프턴은 이 발견으로 1927년도 물리학상을 받았다. 라만은 노벨상을 받은 후의 인터뷰에서 라만 효과를 더 일찍 발견했다면 어떤 결과가 있었을지 질문을 받고, 그는 "그렇다면 저는 컴프턴과 노벨상을 나눠 가졌을 텐데, 그게 마음에 들지 않았을 겁니다. 차라리 전체를 받는 게 낫겠습니다."라고 답했다. 그의 노벨상에 대한 집착을 보여주는 다른 일화는 기회가 있을 때마다 자신의 목표는 노벨상 수상이라고 했었고, 1930년도에는 자신이 수상자가 되면 스웨덴까지 가는 데 뱃길 시간이 오래 걸릴 것을 고려해서 수상자의 발표가 있기 훨씬 전인 7월에 출발하는 스톡홀름행 증기선 티켓을 예약했다고 한다.

라만은 바닷물이 파란색인 이유를 설명하는 데 있어서 레일리의 설명을 반박했다. 레일리는 파란 하늘색이 수면에서 반사되기 때문에 바닷물의 색이 파란색이라고 설명했다. 레일리의 주장은 본능적으로 이견이 없이 받아들여졌다. 이를 라만이 바로잡은 것이다. 라만은 뱃길로 지중해를 여행하는 중에 우선 간단한 실험으로 바닷물을 관찰했다. 니콜 프리즘으로 반사 빛의 영향을 제거했는데도 바닷물 색은 여전히 푸르렀다. 이후 라만은 본격적으로 이에 관해 연구했고, 결국 바닷물의 색은 수면이 빛을 반사해서가 아니라 물 분자가 빛의 일부를 흡수하기 때문이라고 바로잡았다. 즉, 물 분자의 O-H 결합은 적외선을 흡수하는데, 이 흡수 적외선 진동수의 2배 또는 3배의 진동수에서 별도의 흡수가 일어난다. 이때의 빛이 붉은색이거나 오렌지색이다. 이들 색의 보색인 푸른색이 바닷물의 색인 것이다. 이것이 배음(overtone) 현상이다. 이것은 소리에서 나타나는 공명 현상 중 하나이기에 이런 이름이 붙었다.

레이저 분광학 분야에 노벨상이 주어진 해는 1981년이었다. 수상자들은 일반 광원의 빛이 아닌 레이저 빛을 사용함으로써 분광학을 통한 분석 기술을 한층 발전시켰다. 니콜라스 블룸베르헌, 아서 레너드 숄로, 그리고 카이 시그반이 그 주인공이다.

블룸베르헌은 마이크로파, 적외선, 가시광선, 자외선에 이르는 다양한 파장의 빛을 통한 분석법의 개발에 기여했다. 그는 마이크로파 분광법을 연구하면서 찰스 타운스(1964 물리학상)의 메이저를 수정했고, 1956년에는 표준 기체 버전보다 더 강력한 크리스털 메이저를 개발했다. 레이저의 등장과 함께 그는 레이저를 사용하여 원자 구조를 정밀하게 관찰할 수 있는 레이저 분광학 분야에 관심을 가졌다. 그는 레이저를 통해 매우 강한 에너지를 갖는 광자 빔을 물질에 조사하면 기존의 광학 교과서에서는 설명하지 않은 새로운 물리학이 탄생할 것이라고 믿었고, 이 연구 분야를 비선형 광학(NLO)으로 명명했다. 즉, NLO 현상에서 물질에 조사한 레이저의 파장이 통과되어 나올 때는 1/2로 줄어든다든지 파동의 위상이 달라진다든지 하는, 약한 빛에서는 나타나지 않는 광학 현상이 발생한다. 블룸베르헌이 수행한 구체적인 예로써, 그는 가시광선 주파수 범위의 두 개 이상의 광자로 구성된 레이저 소스를 결합하여 적외선 및 자외선 범위에서 다른 주파수의 광자를 내는 단일 레이저 소스를 생성하는 방법을 발견했다. 이를 통해 이용할 수 있는 레이저 광의 파장 범위가 넓어지면서 분광법으로 수집할 수 있는 원자 관련 정보의 양이 확장되었다. 이것이 가능하기까지 앞서 언급한 스토크스 또는 안티스토크스 라만 산란이 중요한 원리로 작용했다.

숄로는 찰스 타운스와 함께 레이저 과학의 이론적 기초를 개발했는데, 그의 통찰력이 돋보인 부분은 레이저 장치에서 두 개의 거울을 사용한 것이다. 찰스 타운스는 그의 박사후 연구 과정의 지도 교수였는데, 그는 후에 찰스 타운스의 여동생과 결혼했다. 그는 레이저를 통해 원자의 에너지 준위를 매우 정밀하게 측정하였다. 숄로는 1961년에 스탠퍼드대학으로 자리를 옮긴 후, 레이저를 이용해 빛과 물질의 상호작용을 연구함으로써 레이저 분광학의 분야를 개척했다.

카이 시그반의 노벨상 수상 업적은 화학 분석을 위한 전자 분광학(ESCA) 방법의 개발이었다. '에스카'는 엑스선 광전자분광법(XPS)이다. 이 분석법은 엑스선을 물질에 조사했을 때 물질로부터 방출되는 전자를 통해 물질을 구성하는 원자의 종류와 결합구조를 분석하는 방법이다. 즉, 원자의 종류와 화학 결합의 상태에 따라 이들 원자로부터 전자를 떼어내는 데 필요한 엑스선 에너지가 다르다. 이 점을 이용하여 원소 분석을 할 수 있기 때문에 XPS는 물질의 구조 분석에 매우 유용하다. 한편, 카이 시그반의 아버지인 만네 시그반도 1924년 물리학상을 받았다. 그는 시그반형 진공 분광기를 만들어서 500nm 이하의 짧은 파장까지도 사진으로 찍는 데 성공함으로써 자외선 연구에 크게 이바지했다. 또한 엑스선 분광학에 관한 연구와 그 응용에서 뛰어난 업적을 쌓았고, M계열 엑스선을 발견하였다. 카이 시그반은 웁살라대학의 실험물리학 교수가 되었고, 아버지에 이어 물리학 대표(physics chair) 교수가 되었다.

자기장-레이저 냉각 트랩

레이저를 이용해 원자를 트랩에 가두어 냉각시키는 방법을 개발한 과학자들이 1997년도 물리학상을 받았다. 스티븐 추, 클로드 코엔타누지, 윌리엄 필립스가 수상자이다. 온도는 물질을 구성하는 원자나 분자들이 움직이기 때문에 생기는 물리적 현상이므로, 이들의 움직임이 느려지면 극저온 상태가 된다. 즉, 이론적으로 절대영도(0K)라는 것은 원자의 진동조차 멈춘 상태이다. 1997년도 물리학상 수상자들은 레이저 빛과 자기장을 이용하여 원자의 움직임을 제어하는 데 성공했다. 그림 11-9는 수상자들이 설계한 자기장-광학 트랩(MOT)과 원자가 레이저 빛을 만날 때의 도플러 냉각 원리를 보여준다.

자기장-광학 트랩(MOT)은 자기장을 만드는 자기 코일과 레이저 빔을 갖춘 진공 상태의 통이다. 이 안에 들어 있는 소량의 기체는 레이저 빔이 만나는 가운데에 갇히게 된

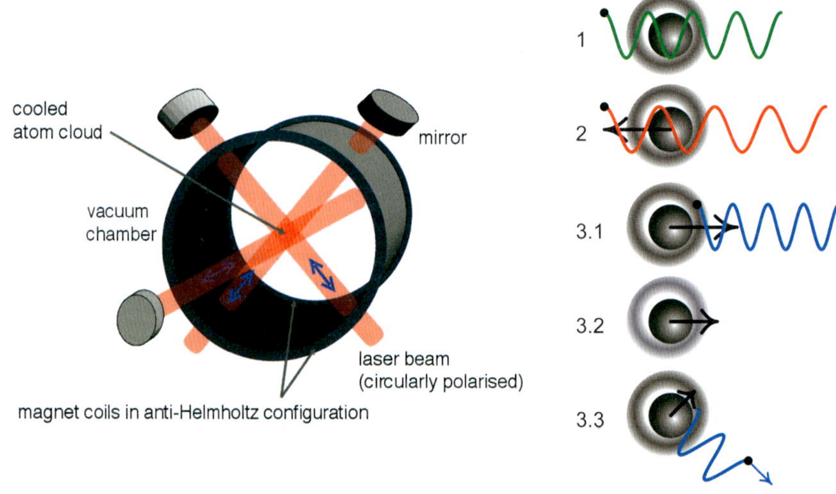

그림 11-9 자기장-광학 트랩(MOT)과 레이저 빛에 의한 원자의 도플러 냉각 원리

다. 두 개의 자기 코일은 전류 방향이 서로 어긋나는 반헬름홀츠(anti-Helmholtz) 구조이며, 여러 개의 레이저 빔은 서로 다른 방향에 설치하고 거울 반사가 되도록 한다. 반헬름홀츠 구조는 트랩 중앙의 자기장 세기를 0이 되게 하고, 중앙을 벗어나면 거리에 따라 자기장 세기가 선형적으로 급격히 증가하므로, 입자를 중앙 부분에 가두는 '덫'을 만든다. MOT 내에서 기체 원자가 레이저 빛을 만날 때의 거동을 상황에 따라 그림 11-9 오른쪽에 나타냈다. 1. 원자가 움직이지만 빛의 진행 방향으로는 움직임이 없다면 레이저 빛을 만나도, 장파장 이동이나 단파장 이동 현상이 나타나지 않고 광자를 흡수하지도 않는다. 2. 원자가 레이저의 이동 방향과 같은 방향으로 빛에서 멀어지면 원자는 장파장 이동을 느끼지만 광자의 흡수가 일어나지 않는다. 3.1. 레이저 빔의 이동 방향과 반대로 원자가 빛으로 다가가면 단파장 이동이 나타나며 광자의 흡수가 일어나고, 이때 원자의 움직임이 느려진다. 3.2. 광자가 흡수되면 전자를 높은 에너지 오비탈로 이동시켜 원자가 들뜬 상태로 된다. 이 원자는 바닥 상태로 되돌아오면서 광자를 내어놓는다. 3.3. 이때 원자가 빛을 내놓으며 이동이 느려지는데, 원자의 이동 방향과 방출된 빛의 방향이 랜덤하게 바뀌기 때문에, 흡수와 방출을 반복해도 모멘텀의 알짜 변화는 없다.

1985년에 추는 벨 연구소 시절에 자기장 장치는 없이 레이저 빔을 교차되도록 조사했을 때, 그 안의 원자들이 마치 끈적끈적한 당밀 속을 지나듯이 시간당 4,000km로 이동하던 소듐(Na) 원자들이 시속 약 10km로 줄어드는 것을 발견했다. 추는 이를 '광학 당밀' 효과로 불렀다. 이로써 도달한 절대온도는 240μK이었는데, 이것이 도플러 효과만으로 도달할 수 있는 한계 온도이다. 필립스와 코엔타누지는 추의 방법을 발전시켰다. 필립스는 그림 11-9 장치에 솔레노이드 자기장 코일(Zeeman slower)을 도입하여 도플러 효과에 의해 원자의 속도가 줄더라도 계속 레이저 흡수가 가능하게 함으로써, Na의 경우 2.4μK, 세슘(Cs)은 0.2μK까지 낮은 온도 상태를 실현했다. 레이저 빔의 개수를 6개로 늘려가며 최대한 절대영도에 가깝게 원자의 움직임을 늦춘 결과, 헬륨(He)의 속도를 초속 2cm까지 낮추는 데 성공했다. 이때의 온도는 0.18μK에 해당한다. 또한 코헨타누지는 도플러 효과를 이용하여 가장 느린 원자로부터 소위 '암상태(dark state)'를 실현하였다. 암상태에서는 원자가 빛을 흡수하지 않는다. 즉, 원자의 에너지 상태가 더 이상은 레이저와 상호 작용할 수 없는 다른 바닥 상태에 이른 것이다. 따라서, 빛이 그냥 통과하므로 검게 보인다.

화학자들은 일찍이 열화학의 관점에서 절대영도에 대한 관심이 많았다. 이와 관련하여 노벨상 수상자들을 살펴보면, 먼저 열역학의 개념을 정립한 발터 네른스트가 1920년도 화학상을 받았다. 1906년 네른스트는 자신의 열역학 이론, 즉 열역학 제3법칙을 발표했다. 간단히 설명하자면, 어떤 닫힌계의 온도가 절대영도(−273.15℃ 또는 −459.67℉)에 접근하면 엔트로피(일을 수행하는 데 유용하지 않은 에너지로 분자의 무질서도 척도)도 0에 가까워진다는 것이다. 현실적으로 이 이론은 절대영도를 얻을 수 없다는 것인데, 이것은 어떤 계가 절대영도에 가까워지면 그 계로부터 에너지를 추출하기가 점점 더 어려워지기 때문이다.

네른스트의 위대한 업적은 절대영도 부근에서 자유에너지 변화 ΔG와 열적 변화 ΔH가 온도의 변화에 따라 보이는 특이한 거동을 밝힌 것이다. 실험 데이터로부터 절대영도에 가까워지면 이들 곡선이 서로 맞닿는 것을 밝혔는데, 다시 말하면 이들의 차가 0에 가까워져서 $\Delta G - \Delta H \rightarrow 0$이 된다는 것이다. 연구실에서 수행한 열과 관련된 측정에 기초해서 이와 같은 형태의 깁스-헬름홀츠 방정식($\Delta G = \Delta H - T\Delta S$)으로부터 마침내 적분상수를 계산할 수 있었다. 애초에 네른스트의 열역학 이론은 고체 상태에만 적용되었었는데, 그는 이 이론의 타당성을 기체 상태에까지 확장하고자 노력하였다. 오랜 기간에 걸쳐 극저온에서 일련의 어려운 실험을 수행하였는데, 이로써 기체 물질을 고체상으로 간주하여 다룰 수 있게 되었다. 1905년에서 1914년 사이에 네른스트와 그의 학생들, 그리고 공동연구자들에 의해 수소 액체화 기기, 온도계, 열량 측정기 등 여러 가지 창의적인 장치들이 고안되었다. 이를 통해 일련의 물질들의 비열이 측정되었다. 1907년에 발표된 논문에서 아인슈타인은 이전에 독일의 이론 물리학자인 막스 플랑크가 1900년에 개발한 새로운 양자역학 이론으로 모든 고체 물질의 비열이 절대영도 근처에서는 0으로 향한다는 것을 예측할 수 있다는 것을 발표했다.

네른스트는 그의 제3법칙을 증명하기 위해 극한 저온에서의 열화학 측정을 시도했었는데, 이 연구는 1920년대에 버클리의 루이스에 의해 발전적으로 확대되었다. 루이스가 새롭게 다듬은 제3법칙은 그의 제자인 윌리엄 지오크에 의해 실험적으로 확인되었다. 캐나다 출신의 지오크는 1922년 버클리에서 박사학위를 받은 후 1981년까지 평생을 거기서 근무했는데, 그가 단열 소자법을 제안한 것은 1927년의 일이었다. 이것은 열의 흐름을 차단한 상태에서 자성을 없애는 방법으로 극저온을 실현하는 것인데, 1933년에 절대영도(−273.15° C)보다 0.1도 정도 높은 온도까지 다다를 수 있었다. 이 방법이 발전하여 그는 절대영도 근처인 수천분의 몇 도 정도까지 실현할 수 있었고 매우 정확하게 엔트로피를 계산할 수 있었다. 마침내 그의 연구로 열역학 제3법칙, 즉 절대영도에 이르면 규칙적인 고체 구조 물질의 엔트로피가 0이 된다는 것이 확인되었다. 그는 또한 분광학적인 데이터를 통해서도 엔트로피를 결정할 수 있음을 보여주었고, 헤릭 존스톤과 함께 저온 상태의 산소를 연구하는 과정에서 질량이 17과 18인 산소 동위 원소도 발견했다. 지오크는 1949년에 절대영도 근처에서의 물성에 관한 연구로 화학상을 받았다.

레이저 족집게

레이저의 진화는 여전히 진행 중이다. 비교적 근래인 2018년도에 물리학상이 레이저 분야에 수여되었다. 광학 족집게를 실현한 아서 애슈킨과 고출력 초단광 펄스를 만든 제라르 무루와 도나 스트리클런드가 수상자이다. 광학 족집게는 작은 입자를 붙잡을 수 있는 빛으로 만든 도구이다. 즉, 이것은 입자를 빛으로 만든 트랩에 가두는 기술을 말한다. 그림 11-10에 애슈킨이 만든 광학 족집게를 나타냈다. 1. 작은 투명구가 레이저 빔 속에 놓이면 빛에 의해 움직인다. 이것의 속도는 빛이 가하는 압력으로 이것을 밀고 있

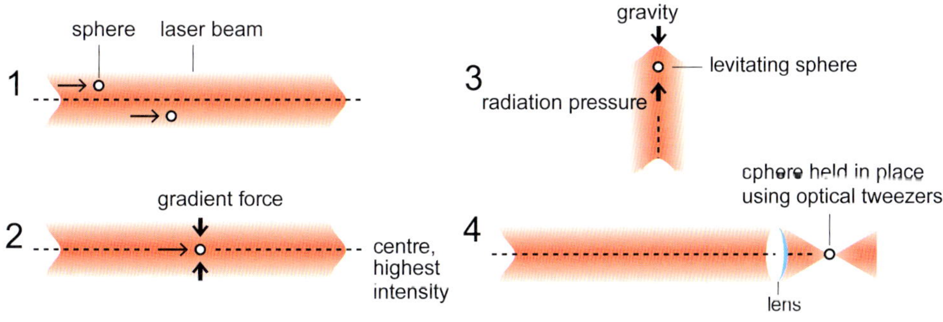

그림 11-10 애슈킨이 실현한 광학 족집게

출처: © Johan Jarnestad/The Royal Swedish Academy of Sciences

다는 이론적 추정치와 잘 맞았다. 2. 애슈킨도 예상치 못했던 현상이 나타났다. 그것은 바깥쪽 투명구가 빛의 가운데를 향해 이동한 것인데, 이것은 빛의 강도가 바깥쪽보다는 안쪽이 강해서 힘의 기울기가 생겼기 때문이다. 3. 애슈킨은 레이저 빔을 위로 향하게 하여, 투명구를 공중에 띄울 수 있었다. 이 상태는 빛이 가하는 압력과 중력이 같은 크기의 힘으로 서로 반대 방향으로 작용하고 있음을 보여준다. 4. 레이저 빔을 렌즈로 모았더니, 이 빛이 투명구를 붙잡았다. 심지어는 살아있는 박테리아나 세포도 이렇게 만든 광학 족집게로 잡아 둘 수 있었다.

초단 고강도 레이저 펄스

무루와 스트리클런드는 처프 펄스 증폭법(CPA)으로 극히 짧은 펄스를 고강도로 증폭시키는 데 성공했다. 이 방법을 부르는 용어에 새소리를 의미하는 처프(chirp)라는 단어가 들어 있다. 그 이유는 레이저 펄스의 주파수 변화 패턴이 새소리의 특성과 유사하기 때문이다. 즉, 새들이 지저귀는 형태가 다양한데, '처핑'은 새들이 지저귈 때 소리의 음높이 주파수가 시간에 따라 연속적으로 변하는 지저귐이다. 마찬가지로 CPA 기술에서는 짧은 레이저 펄스를 시간적으로 늘릴 때 서로 다른 파장의 빛들이 시간 순서대로 배열된다. 따라서 CPA는 펄스를 늘릴 때 시간에 따라 주파수가 연속적으로 변하는 특성을 직관적으로 표현한 것이다.

극히 짧은 시간의 강한 레이저 빔은 활용할 분야가 많지만, 안정적으로 고강도 레이저를 증폭시키는 소재를 얻기가 어렵다. 소재가 강한 에너지를 견뎌내지 못하기 때문이다. 따라서 극히 짧은 펄스를 길게 펼쳐 강도를 낮춘 다음, 이것을 증폭-압축시키는 방법으로 고강도의 펄스를 얻는 방법이 CPA이다. 그림 11-11에 CPA의 원리를 보여준다. 1. 극히 짧은 레이저 펄스를 두 개의 회절 격자를 이용해 파장에 따라 길게 펼친다. 2. 펼쳐진 펄스의 주파수가 연속적으로 변하며 피크 강도가 낮아진다. 3. 펼쳐진 펄스를 증폭기를 통해 증폭한다. 4. 증폭된 펄스를 앞에서와는 반대로 두 개의 회절격자를 이용해 압축한다. 이때 펄스의 강도가 극적으로 증가하여 고출력 극히 짧은 펄스가 얻어진다.

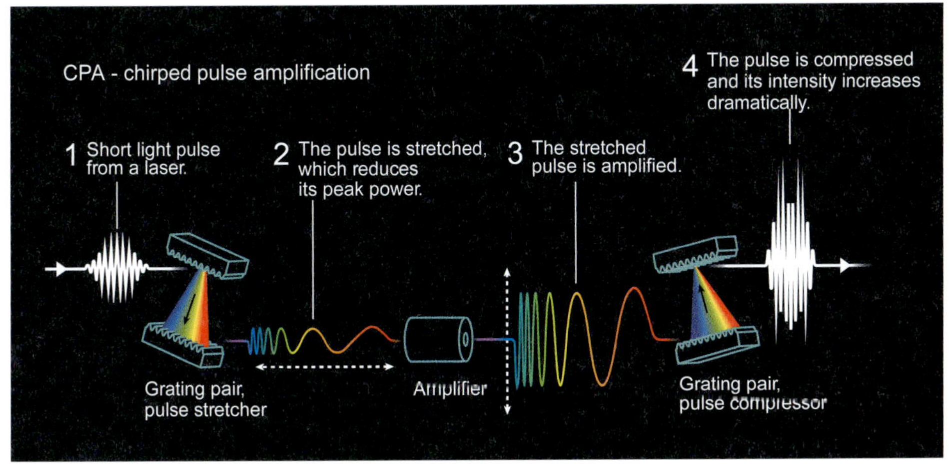

그림 11-11 CPA 방법에 의한 고출력 극히 짧은 펄스 제조 과정
출처: © Johan Jarnestad/The Royal Swedish Academy of Sciences

레이저 광통신

앞에서 8장 조명과 디스플레이와 관련한 노벨상 수상자를 소개하면서 CCD 센서를 개발한 윌러드 보일과 조지 스미스가 2009년도 물리학상을 받았다는 것을 언급했었다. 그들과 함께 수상한 다른 한 명의 수상자는 찰스 가오이다. 그는 CCD 분야가 아닌 광통신 분야의 업적으로 수상했다. 광섬유에 대해서는 2장에서 언급했으므로 여기서는 간단히 설명한다. 광섬유를 통해 빛이 지나가기 위해서는 그림 11-12에서 보여주는 것과 같이 광섬유가 코어와 클래드로 구성되고, 코어 부분의 굴절률이 클래드보다 커서 섬유 내벽에서 전반사가 일어나야 한다. 유리 광섬유(GOF)는 지름이 125μm, 코어는 10μm 정도로 가늘지만, POF의 경우는 플라스틱의 유연성이 있으므로 좀 더 굵게 만들 수가 있

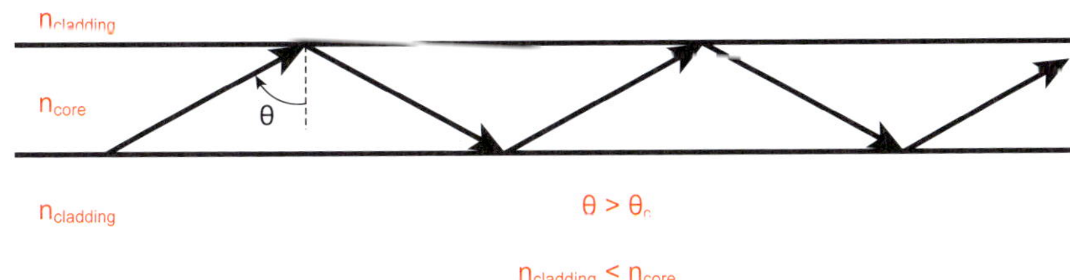

그림 11-12 코어와 클래딩으로 구성된 광섬유에서 레이저 빛의 전반사 이동

다. 통신에 사용하는 레이저 빛의 파장은 1.55μm의 것을 주로 사용한다(표 11-1. 레이저 다이오드 소재).

11.3 초고속 반응 동역학

일반적으로 화학 반응을 통해 알 수 있는 것은 내가 어떤 출발 물질을 가지고 반응을 시켰더니, 어떤 생성물이 만들어졌다는 정보이다. 반응이 진행되는 중간에 진행 정도를 추적할 수는 있지만, 그것도 대개는 반응물이 점차 사라지고, 생성물이 늘어가는 반응 속도에 관한 정보이다. 즉, 반응물과 생성물 사이에 만들어졌다가 사라지는 중간체나 전이 상태는 수명이 워낙 짧기 때문에 확인하기 어렵다. 이렇게 수명이 짧은 화학종을 분석하기 위해서는 찰나의 순간순간을 사진 찍듯이 들여다보는 분석 방법이 필요하다. 매우 짧은 레이저 펄스가 등장하여, 이제는 중간체와 전이 상태도 분광학적 분석이 가능해졌다. 이처럼 반응의 메커니즘을 실험적으로 연구하는 분야를 초고속 반응 동역학으로 부른다. 본 절에서는 레이저가 등장하기 이전에 초고속 반응 동역학 분야에서 화학상을 받은 수상자를 포함하여, 이 분야의 발전에 기여한 노벨상 수상자들을 간단히 살펴본다.

초고속 반응 동역학

1956년 옥스퍼드의 시릴 힌셜우드와 모스크바의 니콜라이 세묘노프가 "화학 반응 메커니즘에 관한 연구"로 화학상을 받았다. 힌셜우드는 산소와 수소의 반응으로 물이 생성되는 메커니즘에 대해 상세히 연구했으며, 반응 생성물이 반응이 더욱 진행하는 것을 도와주며, 이 반응은 연쇄 반응이라는 것을 규명하였다. 나중에는 박테리아 세포 내에서의 반응속도론을 연구하였고, 환경의 변화가 박테리아의 생물학적 반응에 미치는 영향으로부터, 의약품이 세포의 저항성에 어느 정도 확실한 변화를 준다고 결론을 내렸다. 이러한 발견은 항생제나 화학 치료제에 대한 박테리아의 저항성을 이해하는 데 중요한 의미가 있다. 세묘노프도 힌셜우드처럼 연쇄 반응의 메커니즘에 관한 연구를 수행했는데, 특히 폭발과 관련한 반응에 주목했다. 그는 연쇄 반응이 물질의 화학적 변환에서 특별한 것이 아니라 일반적인 규범이라는 것을 처음으로 보여주었다. 다만, 이들의 반응 메커니즘 연구는 실험적으로 중간체 등을 관찰한 것은 아니었다.

빠른 화학 반응을 관찰하는 방법론을 개척한 과학자들이 1967년 화학상을 받았다. 만프레트 아이겐, 로널드 노리시, 조지 포터가 그들이다. 아이겐은 독일의 괴팅겐에서 평생을 일했다. 괴팅겐대학교를 나오고, 괴팅겐대 물리화학연구소에서 일했고, 직장을 옮긴 곳도 괴팅겐 막스플랑크 생물리화학연구소였다. 노리시 또한 영국의 케임브리지를 떠나지 않고 평생을 같은 곳에서 일했다. 어니서 일하는지가 중요한 것은 아니지만, 노벨상 수상자들을 보면 대개 여러 나라에서 다양한 경험을 쌓은 경우가 많다 보니, 이런 경우가 오히려 드물어서 눈에 띈다. 아이겐이 빠른 화학 반응을 연구한 방법론은 소위 '완화 방법'인데, 이것은 평형 상태의 반응에 에너지를 가해 이를 깨뜨린 다음 다시 평형에 이를 때까지의 과정을 분광학적으로 분석하는 것이다. 물속에서 수소 이온이 발생하는 이온화 반응, 확산 속도가 지배하는 해리 반응, 케톤 화합물의 케토-엔올 토토머 이성질화 반응 등의 반응속도를 연구했다. 그는 평형을 깨는 에너지로 고주파나 전위차를 주로 이용했다. 반면에 노리시와 포터는 강한 빛 에너지를 내는 램프를 사용했다. 포터는 노리시가 지도 교수였는데, 1949년에 박사학위를 받은 후 1965년까지 노리시와 함께 공동 연구를 계속했다. 반응물에 플래시 램프로 빛을 쪼인 후에, 광화학 반응의 중간체 구조를 파악하기 위해 두 번째 분석용 빛을 쪼여서 흡수 스펙트럼을 얻었다. 이들의 연구로부터 반응물이 빛에 의해 어떻게 분해되어 생성물이 얻어지는지 중요한 정보를 얻을 수 있었다.

1986년에 두 번째로 초고속 화학 반응을 연구한 과학자에게 화학상이 주어졌다. 수상자는 더들리 허슈바크, 리위안저, 존 폴라니인데, 리는 타이완 태생의 과학자로서, UC 버클리에서 박사학위를 받고, 박사후 연구과정 때에 허슈바크의 연구팀에 합류했다. 허슈바크는 분자 사이의 반응을 추적하는 방법으로 각기 다른 방향에서 초음속으로 날아온 분자들이 서로 부딪치게 하여 화학 반응을 일으키는 소위 '분자살 교차법'을 개발했다. 즉, 액체 상태에서처럼 분자들이 무작위로 만나는 것이 아니라 서로 다른 분자를 각기 다른 방향에서 하나하나가 길을 따라 날려 보내서, 분광학으로 관찰하는 위치에서 서로 만나 반응이 일어나게 설계한 것이다. 리는 이 방법을 개선하여 분자량이 큰 분자까지도 확장하여 연구했고, 특히 질량 분석법을 이 과정에 도입하여 반응 중간체를 규명하는 데 기여했다. 한편, 폴라니는 독일에서 태어난 헝가리인인데, 부모가 해외로 추방당해 영국에서 자랐고 1952년에 맨체스터대학에서 박사학위를 받았다. 그 후 캐나다에서 연구원으로 일하다 토론토대학의 교수가 되었다. 폴라니가 화학 반응을 추적하기 위해 사용한 방법은 적외선 분광법이었다. 적외선 분광법은 화학 결합이 끊임없이 진동 운동(신축, 굽힘)을 함으로써 결합의 길이와 결합각이 달라지기 때문에 나타나는 에너지 차이를 이용한다. 곧, 진동 운동에 해당하는 에너지가 적외선이다. 폴라니는 화학 반응으로 결합구조가 바뀌면 이에 따라 진동 운동의 형태도 바뀌므로 적외선의 흡수와 방출 스펙트럼도 달라지는 점을 활용했다. 이로써 화학 반응 중에 생기는 여분의 에너지를 어떻게 처분하는지 자세하게 설명할 수 있게 되었다.

화학 반응 메커니즘에서 많이 등장하는 중간체 중 하나가 탄소양이온(carbocation)이다. 하지만 오랫동안 이 중간체의 존재는 반응물과 생성물 사이의 구조 변화를 통한 추측이었지, 직접적인 증거가 없었다. 너무 짧은 시간만 존재하는 불안정한 화합물이기 때문이다. 마침내 탄소양이온의 존재를 직접 확인한 조지 올라가 1994년 화학상을 받았다. 그는 불안정한 탄소양이온의 짝이온으로 초강산(superacid)의 음이온을 이용하고, 극저온을 사용함으로써 탄소양이온을 염 형태로 분리하는 데 성공했다. 1962년에 발표된 탄소양이온의 검증은 유기화학 전반에 걸쳐 반응 메커니즘의 확립에 기여했다. 특히 탄소양이온을 거쳐서 진행되는 탄화수소의 개질 반응을 통해 혁신적인 탄소계 연료와 고옥탄가 가솔린의 개발이 이루어졌다.

펨토화학

레이저 펨토초 분광학을 적용해 화학 반응의 중간체는 물론 전이 상태를 연구한 과학자가 1999년도 화학상을 받았다. 마치 초고속으로 촬영한 필름을 슬로 모션으로 동작 하나하나를 관찰하듯이 화학 반응이 일어나는 장면들을 스펙트럼으로 들여다보았다. 이 일을 성공적으로 수행한 수상자는 이집트인 과학자 아메드 즈웨일이다. 앞서 아이겐이나 허쉬바흐 등의 방법론은 마이크로초(10^{-6}sec)에서 나노초(10^{-9}sec) 사이의 관찰법이었

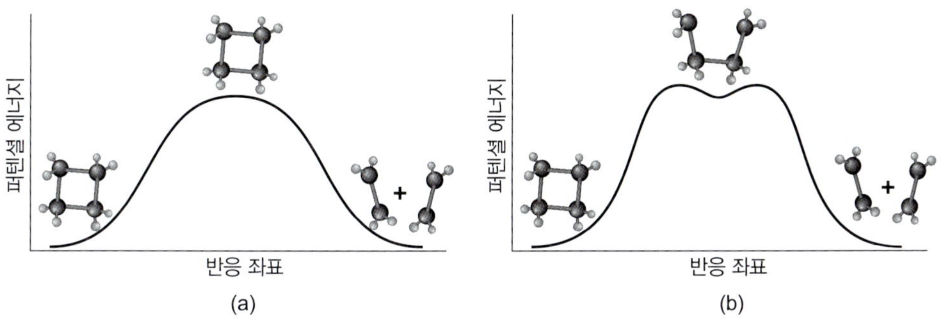

그림 11-13 두 가지 경로의 사이클로뷰테인 분해 반응. (a) 전이 상태 경유, (b) 중간체 경유

다면, 즈웨일은 이것을 펨토초(10^{-15}sec)까지 측정 속도를 높인 것이다. 그림 11-13에 즈웨일이 펨토초 분광법으로 두 개의 메커니즘 중에서 어느 쪽이 맞는지를 밝힌 사이클로뷰테인의 분해 반응을 나타냈다. 이 반응이 그림 11-13a처럼 두 개의 C-C 결합이 동시에 끊어지면서 전이 상태만 거치는지, 아니면 b처럼 C-C 결합이 순차적으로 끊어지면서 중간체를 거치는지를 추적하였다. 그 결과 이 반응은 중간체를 거치며, 이 중간체의 수명은 700펨토초(fs)라는 것을 확인했다. 또한 연소가 발생하면 이산화탄소가 수소 원자와 반응($H + CO_2 \rightarrow CO + OH$)을 하는데, 이때 제법 수명이 긴 HOCO 중간체(1000fs)를 거친다는 것도 확인했다.

즈웨일은 이집트 알렉산드리아대학교에서 학사, 석사, 그리고 1974년에 박사학위를 받았다. 2년 후에 캘리포니아공과대학(Caltech)의 교수진에 합류했고, 1990년에 물리화학 분야의 첫 라이너스 폴링 교수로 선정되었다. 그는 여러 대학에 방문 교수로 활동했는데, 텍사스 A&M대학교, 아이오와대학교, 카이로 아메리칸대학교 등이다.

화학 반응이 시작되고 끝나기까지 단지 10~100펨토초밖에 걸리지 않기 때문에, 많은 과학자가 반응이 일어나는 과정을 직접 연구하는 것은 불가능하다고 생각했다. 하지만 1980년대 후반에 즈웨일은 새로운 레이저 기술로 단지 수십 펨토초 동안만 지속되는 플래시 빛을 만들어 냄으로써 원자와 분자의 움직임을 관찰할 수 있었다. 펨토초 분광법으로 알려진 이 과정에서 진공 튜브에 섞여 있는 분자들에게 매우 빠른 레이저 펄스 빔을 두 번 쏘아준다. 첫 번째는 반응을 위한 에너지를 공급하고, 두 번째 펄스로는 진행되는 행동을 관찰한다. 분자들로부터 얻어진 스펙트럼, 즉 빛의 패턴을 분석하여 분자의 구조 변화를 결정하였다. 노벨상 위원회는 이렇게 설명했다. "펨토초 분광법으로 우리는 처음으로 분자가 반응의 장벽을 넘어서는 순간의 모습을 '느린 동작'으로 관찰할 수 있다". "세계의 과학자들이 펨토초 분광법을 통하여 기체에서, 액체와 고체에서 일어나는 과정을 연구하고 있다. 이를 응용하여 촉매가 어떻게 작용하는지, 분자 전자 소자를 어떻게 디자인해야 하는지, 생체 내의 복잡 미묘한 메커니즘은 무엇인지, 미래의 의약품을 어떻게 만들 것인지를 밝히게 될 것이다."

아토초 펄스

2023년도 물리학상은 앞에서 언급한 펨토초(10^{-15}sec) 펄스보다 1/1000배는 더 짧은 아토초(10^{-18}sec) 펄스를 만들고 측정하는 실험적 방법을 개발한 과학자에게 수여되었다. 수상자는 안 륄리에, 피에르 아고스티니, 페렌츠 크러우스이다. 펨토초 펄스가 화학 반응의 중간체와 전이 상태를 볼 수 있을 만큼 짧은 순간이라면, 아토초 펄스는 원자 내의 전자가 움직이는 장면을 포착할 수 있을 만큼 극도로 짧은 순간이다.

1987년 프랑스의 안 륄리에 교수는 비활성 기체(네온, 아르곤)에 강력한 적외선 레이저를 쏘았을 때, 레이저 파장보다 훨씬 짧고 규칙적인 간격을 가진 다양한 파장의 전자기파, 즉 고차 조화파가 발생하는 것을 발견했다. 이 현상은 레이저가 원자핵으로부터 멀리 밀어낸 전자가 다시 제자리로 돌아올 때, 전자가 받은 에너지를 짧은 순간에 극자외선 형태로 방출하면서 나타난다. 륄리에는 1990년대에 일련의 논문을 통해 이 효과의 이론적 토대를 이루었고, 이는 실험적 돌파구를 여는 바탕이 되었다.

그림 11-14는 레이저 빛이 비활성 기체와 상호작용 하는 과정을 보여준다. 그림의 1번부터 4번까지 과정은 다음과 같다.

1. 원자의 핵에 구속된 전자는 일반적으로 원자를 벗어날 수 없다. 원자의 전기장이 만든 우물 밖으로 나갈 만큼 자신을 들어 올릴 수 있는 충분한 에너지가 없기 때문이다.
2. 레이저 펄스가 원자의 전기장을 왜곡시킨다. 전자를 붙잡는 장벽이 낮고 좁아지면, 전자는 양자역학적 터널 효과로 장벽을 뚫고 빠져나갈 수 있다.

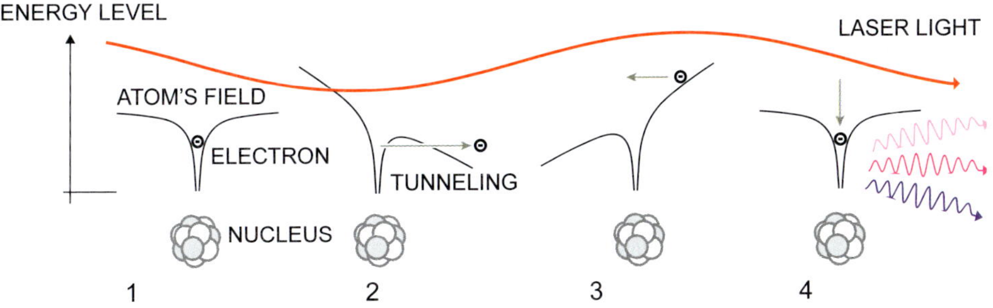

그림 11-14 레이저 빛이 기체 상태의 원자와 상호작용 하는 과정
출처: © Johan Jarnestad/The Royal Swedish Academy of Sciences

3. 자유 전자는 여전히 레이저 필드의 영향 속에서 약간의 추가 에너지를 얻는다. 레이저 필드가 회전하여 방향이 바뀌면 전자는 원래 있던 방향으로 다시 끌려간다.
4. 원자핵에 다시 결합하려면 전자는 여행 중에 얻은 여분의 에너지를 스스로 방출해야 한다. 이 에너지는 극자외선 섬광으로 방출되는데, 그 파장은 레이저 필드의 파장과 전자가 얼마나 멀리 여행했는지에 따라서 달라진다.

이때 방출되는 극자외선 빛은 짧고 규칙적인 간격의 배음 파장으로 나타난다. 여러 배음 파장의 빛이 중첩되면, 마치 여러 파도가 모여 가장 높은 파도를 만드는 것처럼, 아토초 단위의 짧은 빛 펄스가 만들어진다. 프랑스의 피에르 아고스티니 교수는 2001년에 250 아토초 펄스를 생성하고 측정하는 데 성공했고, 오스트리아의 페렌츠 크러우스 교수는 비슷한 시기에 650 아토초 동안 지속되는 단일 광 펄스를 분리하는 실험에 성공했다. 이로써 전자의 움직임을 실시간으로 관찰할 수 있는 토대가 마련되었다.

그림 11-15는 여러 배음 파장의 빛이 중첩되어 아토초 펄스가 만들어지는 과정과 실험 장치의 예를 보여준다. 실험 장치에서는 레이저 빛을 두 개의 빔으로 나눈다. 하나는 아토초 펄스의 흐름을 만드는 데 사용되고, 다른 하나는 원래의 레이저 펄스 그대로 진행하여 한곳에서 두 펄스 흐름이 합쳐진다. 이 합쳐진 빛의 조합이 극히 빠른 실험을 수행하는 데 사용된다.

아토초 펄스는 전자의 움직임까지 파악하게 함으로써, 우리가 물질의 근본적인 움직임을 이해하고 궁극적으로 제어할 수 있는 새로운 시대를 여는 핵심 기술이다. 이는 과

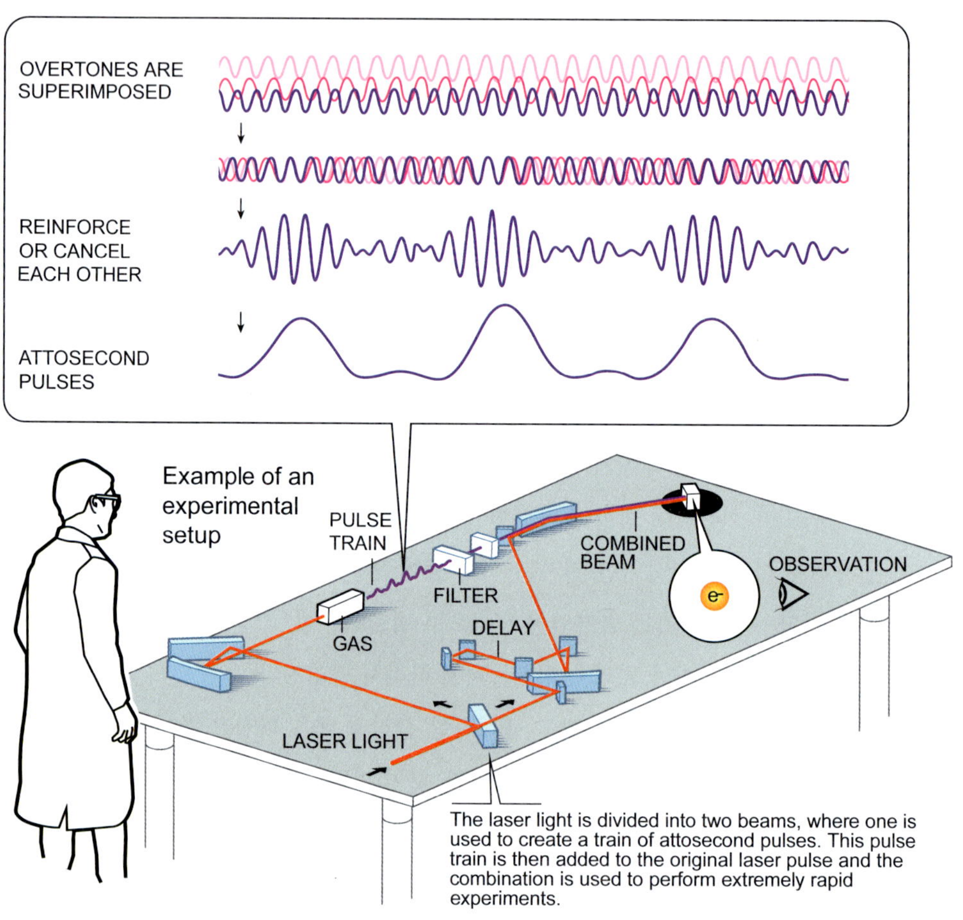

그림 11–15 배음 파장의 빛이 중첩되는 과정과 실험 장치의 한 예
출처: © Johan Jarnestad/The Royal Swedish Academy of Sciences

학기술 전반에 걸쳐 혁신적인 변화를 가져올 것으로 기대된다.

구체적인 응용 분야를 살펴보면, 먼저 화학 반응에서 전자가 어떻게 이동하고 결합을 형성하거나 끊는지 실시간으로 관찰할 수 있다. 이를 통해 새로운 물질을 설계하거나, 화학 반응의 효율을 극대화하는 방법을 찾을 수 있다. 생명과학과 의료 분야에서는 DNA가 엑스선에 의해 손상되는 찰나의 순간을 포함하여, 생체 분자(단백질, DNA 등) 내부에서 일어나는 전자의 움직임을 연구할 수 있다. 이는 질병과 관련된 분자를 더 정확하게 식별하고 진단하는 기술 발전으로 이어질 수 있다. 반도체 및 전자공학 분야에서는 초고속 전자 장치의 개발이 기대된다. 컴퓨터나 스마트폰의 작동 속도는 전자 신호 처리 속도에 의해 결정된다. 아토초 과학은 전자의 움직임을 이해하고 제어함으로써, 현재보다 수백만 배 빠른 차세대 반도체 및 전자 장치 개발의 문을 열 수 있다.

12장
에너지

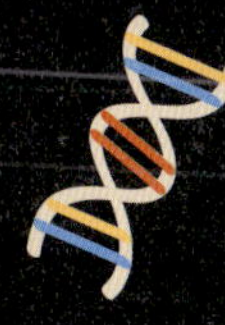

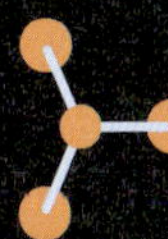

12장 에너지

12.1 신재생 에너지

신재생 에너지의 구분 I 태양 에너지 I 연료전지 I 석탄액화 · 가스화 I 바이오매스

12.2 에너지 저장

저장 에너지의 종류 I 초전도 자기 에너지 저장 I 네른스트 방정식 I 리튬 이온 배터리

12.3 핵분열과 핵융합

핵반응의 역사 I 우라늄-235의 농축 I 핵융합 반응 I 저온 핵융합

본문에서 언급한 노벨상 수상자

연도/분야	수상자	출생/소속(수상 당시)	수상 업적
1961 화학상	멜빈 캘빈	1911~1997 미국, UC 버클리	식물의 이산화탄소 동화작용에 관한 연구
1988 화학상	요한 다이젠호퍼	1943 독일, 텍사스대학교 사우스웨스턴 메디컬 센터, 하워드휴즈 의학연구소	광합성 반응 센터의 3차원 구조 결정
	로베르트 후버	1937 독일, 막스플랑크 연구소	
	하르트무트 미헬	1948 독일, 막스플랑크 연구소	
1957 화학상	알렉산너 토드	1907~1997 스코틀랜드, 케임브리지대학교	뉴클레오타이드와 뉴클레오타이드 조효소에 관한 입직
1978 화학상	피터 미첼	1920~1992 영국, 영국 글린 연구소	화학 삼투 이론을 통한 생물학적 에너지 전달(ATP 생합성)의 이해
1997 화학상	폴 보이어	1918~2018 미국, UC 로스앤젤레스	ATP 합성의 효소 메커니즘 규명
	존 워커	1941 영국, MRC 분자생물학연구소	
	옌스 스코우	1918~2018 덴마크, 오르후스대학교	이온 수송 효소, Na^+, K^+ ATP 펌프의 발견
1921 물리학상	알베르트 아인슈타인	1879~1955 독일, 막스플랑크 연구소	이론물리학 분야의 업적과 특히 광전효과 법칙의 발견
2007 화학상	게르하르트 에르틀	1936 독일, 프리츠하버 연구소	고체 표면에서의 화학 공정 연구
1920 화학상	발터 헤르만 네른스트	1864~1941 폴란드, 베를린대학교	열화학 분야에 기여한 업적
2019 화학상	존 구디너프	1922~2023 독일, 텍사스대학교	리튬 이온 배터리의 개발
	스탠리 휘팅엄	1941 영국, SUNY 빙엄턴대학교	
	요시노 아키라	1948 일본, 아사히카세이 회사, 메이조대학교	
1970 물리학상	한네스 알벤	1908~1995 스웨덴, 스톡홀름 왕립 기술연구원	플라즈마 물리학의 다양한 응용을 가능하게 한 자기유체역학 분야의 업적
	루이 네엘	1904~2000 프랑스, 그르노블대학교	반자성 및 강자성에 관한 업적으로 고체물리학에 중요한 응용

연도/분야	수상자	출생/소속(수상 당시)	수상 업적
1944 화학상	오토 한	1879~1968 독일, 막스플랑크 연구소	중핵 원자의 분열 발견
1951 화학상	에드윈 맥밀런	1907~1991 미국, UC 버클리	우라늄을 넘어선 원소의 화학 연구
	글렌 시보그	1912~1999 미국, UC 버클리	
1967 물리학상	한스 베테	1906~2005 프랑스, 코넬대학교	핵반응 이론에 기여, 특히 별에서의 에너지 생성에 관한 발견
1983 물리학상	수브라마니안 찬드라세카르	1910~1995 파키스탄, 시카고대학교	별의 구조와 진화에서 중요한 물리적 과정의 이론 연구
	윌리엄 파울러	1911~1995 미국, 캘리포니아공대(Caltech)	우주에서 화학 원소의 형성에 중요한 핵반응에 관한 이론 및 실험 연구

*초전도와 핵반응에 관한 노벨상 수상자는 표 12-3과 12-4에 별도로 나타냈다.

이산화탄소를 배출하는 화석 연료의 사용을 줄이고 신재생 에너지원으로 대체해야 한다는 목소리는 오래전부터 있었다. 국제사회가 공조하여 탄소의 배출을 억제하기 위한 의정서와 협약을 발표하기도 했지만, 그동안 이런 활동이 온난화 억제의 실효성을 기대만큼 발휘하지 못했다. 근래에는 신냉전 시대의 분위기 속에 기후변화에 대한 우려만 있을 뿐 실천 방안에 관한 목소리는 잦아드는 메아리처럼 사라졌다. 이에 대해서는 앞서 5장 지구 환경에서도 논의했다.

하지만 한동안 EU를 중심으로 파리 협약의 실천을 위한 노력이 있었고, 계획일 뿐이기는 해도 국제사회가 구체적인 행동 강령을 마련하기도 했다. 최근에 지구온난화에 의한 이상 기후가 심각한 문제로 인식되었기 때문이다. 이와 관련하여 가장 많이 언급되는 용어는 '탄소중립'이다. 탄소중립이란 인간의 활동에 의한 온실가스의 배출을 최대한 줄이고, 배출된 온실가스는 흡수(산림 등)하거나 제거(CCUS, 탄소 포집·활용·저장)해서 실질적인 배출량을 0으로 만드는 개념이다. 즉, 배출되는 탄소와 흡수되는 탄소량을 같게 해 탄소 '순배출을 0'으로 만드는 것인데, 그래서 탄소중립을 '넷-제로(net-zero)'라고도 부른다.

목표를 설정하기 위해서는 기준을 어떻게 잡을 것인지에 대한 국가 간 합의가 필요하다. 1992년에 기후변화협약(UNFCCC)이 채택되면서 장기적 달성 목표로서 지구 평균기온 상승을 산업화 이전 대비 어느 수준으로 억제할 것인지에 대한 논의가 시작되었다. 일찍이 EU 국가들은 1990대 중반부터 2℃ 목표를 주장해 왔는데, 2007년 기후변화에 관한 정부간 협의체 IPCC(2007 노벨평화상) 제4차 종합평가보고서에 그들의 주장이 반영되었다. 이어서 2℃ 목표는 2009년 제15차 당사국총회 결과물인 코펜하겐 합의에 포함되었고, 이듬해 제16차 당사국총회의 칸쿤 합의에도 공식적으로 채택되었다. 이후 2015년 파리협정에서 2℃보다 충분히 낮은 1.5℃로 억제하기 위해 노력해야 한다는 새로운 목표가 설정되었다.

마침내 2018년 10월 우리나라 인천 송도에서 개최된 제48차 IPCC 총회에서 치열한 논의 끝에 '지구온난화 1.5℃ 특별보고서'를 승인했다. 이 보고서는 2015년 파리협정 채택 시 합의된 1.5℃ 목표의 과학적 근거를 마련하기 위해 유엔기후변화협약 당사국 총회가 IPCC에 공식적으로 요청하여 작성한 것이다. 이를 실천하기 위한 로드맵도 제시되었는데, 2100년까지 지구 평균온도 상승폭을 1.5℃ 이내로 제한하기 위해서는 전 지구적으로 2030년까지 이산화탄소 배출량을 2010년 대비 최소 45% 이상 감축해야 하고, 2050년경에는 탄소중립(넷-제로)을 달성해야 한다는 것이다. 한편, 2℃ 목표의 경우에는, 2030년까지 이산화탄소 배출량을 2010년 대비 약 25% 감축하여야 하며, 2070년경에 탄소중립을 달성해야 한다고 제시했다. 표 12-1에 전 지구 온도가 1.5℃ 상승할 때와 2℃ 상승할 때 각각 미치는 영향을 비교했다.

무역으로 경제 발전을 도모해야 하는 우리나라는 이를 피할 수 없다. 이를 지키지 않으면 바로 무역 규제로 이어지기 때문이다. 그동안 탄소배출 문제에 대한 소극적 대응으로 국제사회의 비판 대상이었던 우리나라는 2020년 후반기에 부랴부랴 대책을 내놓았다. 다음의 대책 일정을 보면 얼마나 서둘렀는지 알 수 있다.

2020년 10월 28일, 문재인 전 대통령이 국회 시정연설에서 2050 탄소중립 계획을 처음으로 밝혔다. 이어서 11월 3일 국무회의 모두발언에서 대통령이 "우리도 국제사회의 책임 있는 일원으로서 세계적 흐름에 적극 동참해야 한다"며 "기후위기 대응은 선택이 아닌 필수"라고 강조한다. 이후 11월 22일, '포용적이고 지속 가능한 복원력 있는 미래'를 주제로 열린 G20 정상회의에서 "2050 탄소중립은 산업과 에너지 구조를 바꾸는 담대

표 12-1 전 지구 온도상승 1.5℃ vs 2℃ 주요 영향 비교

구분	1.5℃	2℃
생태계 및 인간계	높은 위험	매우 높은 위험
중위도 폭염일 온도	3℃ 상승	4℃ 상승
고위도 한파일 온도	4.5℃ 상승	6℃ 상승
산호 소멸	70~90%	99% 이상
기후영향·빈곤 취약 인구	2℃에서 2050년까지 최대 수억 명 증가	
물부족 인구	2℃에서 최대 50% 증가	
대규모 기상이변 위험	중간 위험	중간-높은 위험
해수면 상승	0.26~0.77m	0.3~0.93m
북극 해빙 완전소멸 빈도	100년에 한 번	10년에 한 번

자료: 대한민국 2050 탄소중립전략(LEDS), LEDS : Long-term low greenhouse gas Emission Development Strategies (장기저탄소발전전략), https://www.korea.kr/special/policyCurationView.do?newsId=148881562

한 도전이며, 국제적인 협력을 통해서만 해결 가능한 과제"라며 "한국은 탄소중립을 향해 나아가는 국제사회와 보조를 맞추고자 한다"고 2050 탄소중립에 대한 한국의 의지를 다시 한번 밝혔다. 12월 7일에 열린 제22차 비상경제 중앙대책본부회의에서 '2050 탄소중립 추진전략'을 확정하여 발표하고, 15일 국무회의에서 '2050 장기저탄소발전전략'과 '2030 국가온실가스감축목표' 정부안이 확정되었다.

이러한 결정 과정을 비교적 자세히 언급한 것은, 그동안 국제사회에서 탄소배출 오염국이라는 오명을 듣던 정부가 이제야 그 심각성을 실감하고 매우 다급하게 일을 처리하는 모습이 이 과정에 담겨 있기 때문이다. 앞으로 실천하겠다고 제시한 4대 전략, 즉 경제구조의 저탄소화, 신유망 저탄소산업 생태계 조성, 탄소중립 사회로의 공정 전환, 탄소중립 제도적 기반 강화가 어떻게 수행되는지 지켜볼 일이다.

에너지 분야의 노벨상은 없다. 만약에 현시점에서 노벨이 상의 종류를 결정했다면 환경이나 에너지 분야를 고려했을지도 모르겠다. 다른 한편으로는 환경과 에너지 분야도 결국 물리학, 화학, 생명과학과 같은 기초과학의 응용 영역이므로 별도의 상이 필요하지 않다고 판단했을지도 모른다. 실제로 2007년도에 노벨 에너지상이 제안된 적이 있었다. 노벨 재단이 시도한 것은 아니었고, 노벨 가문의 몇몇이 설립한 노벨 자선 단체에

서 제안한 것이었다. 노벨 재단은 이 상의 제정에 부정적이었는데, 그동안 노벨상이 쌓아온 명성과 선의가 훼손될 수 있다는 이유였다. 당시 마이클 노벨 에너지상으로 제안된 이 상은 아직 수여된 적이 없다. 본 장에서는 에너지 관련 논의의 범위를 좁혀, 신재생 에너지, 에너지 저장, 저온 핵융합에 국한하며, 이와 관련이 있는 노벨상 수상자의 업적을 살펴본다.

12.1 신재생 에너지

신재생 에너지의 구분

먼저 신재생 에너지와 관련된 용어를 구분할 필요가 있다. 신재생 에너지라는 말이 쓰이기 전에는 대체 에너지라는 용어를 사용했다. 대체 에너지는 화석 연료를 대체하는 에너지 자원을 일컫는 말로 생물 자원(바이오매스), 지열 에너지, 태양 에너지, 풍력과 수력 에너지, 폐기물 에너지, 해양 에너지, 조력 에너지, 수소 에너지 등이 포함된다. 옥스퍼드나 프린스턴 워드넷 사전의 정의에 의하면 대체 에너지란 천연 자원을 고갈시키거나 환경을 해롭게 하지 않는 방식의 연료를 말한다. 재생가능 에너지라는 용어를 쓰기도 하는데, 이것은 자연 상태에서 만들어진 에너지로서 태양 에너지, 풍력과 수력 에너지, 생물 자원(바이오매스), 지열, 조력, 파도 에너지 등이 포함된다. 이것은 대체 에너지와 유사하지만, 환경에 해로우면 안 된다는 점을 특별히 강조하지는 않는다.

신재생 에너지는 신에너지와 재생가능 에너지를 합친 용어이다. 우리나라는 신재생 에너지 개발 및 이용 보급 촉진법 제2조에 이에 해당하는 에너지 종류를 규정하고 있다. 석유, 석탄, 원자력, 천연가스를 제외한 11개 분야 에너지가 이에 포함된다. 재생에너지(8개)는 태양열, 태양광 발전, 바이오메스, 풍력, 소수력, 지열, 해양 에너지, 폐기물 에너지이고, 신에너지(3개)는 연료전지, 석탄액화·가스화, 수소 에너지이다. 핵융합은 차세대 초전도핵융합 연구장치(KSTAR)를 통해 활발히 연구 중이지만 신에너지에 포함되지는 않았다. 여러분은 이미 각각의 에너지에 대해 익숙할 것이므로 여기서는 이 중에서 몇 가지에 대해서만 살펴본다.

태양 에너지

지구의 생명체는 직간접적으로 태양 에너지에 의지해 살아간다. 태양의 핵융합으로 방출되는 에너지 중에서 지구가 받는 양은 총에너지의 3×10^{-7}밖에 되지 않는다. 하지만 이 에너지의 양은 분당 2×10^{15}킬로칼로리로서 어마어마하다. 햇빛이 대기의 낮은 층에 있는 분자들에 의하여 흡수 및 산란되고, 지구 표면에 도달했다가 다시 대기로 복사되기 때문에 실제로 지구 표면이 흡수하는 에너지의 양은 약 1cal/cm^2/분이다. 이 에너지의 양은 어느 정도에 해당하는 것일까? 예를 들어 하루에 평균 크기의 지붕에 약 10^8cal를 받는다고 하면, 이 양은 석탄 15kg을 태워서 얻는 열에너지와 같다. 이 정도면 겨울날 한 가정의 난방에 충분한 양이다.

햇빛은 크게 세 가지 방법으로 이용된다. 첫째는 탄소 동화작용이라는 광반응을 통한 식물의 글루코스 합성, 인공 광촉매에 의한 탄화수소 및 수소 연료의 생산이다. 일반적으로 태양 에너지 활용 기술에 광합성을 포함하지는 않는다. 광합성은 인간의 기술이 아니기 때문이다. 하지만, 자연이 활용하는 광합성이야말로 가장 훌륭한 태양 에너지 활용법이다. 뒤에서 이와 관련한 노벨상 수상자를 만나본다. 생명체가 이산화탄소와 물로부터 글루코스와 산소를 만드는 광합성만 하는 것은 아니다. 남조류인 아나베나 실린드리카는 햇빛을 이용해 물로부터 수소와 산소를 만든다. 이러한 자연의 광합성 원리는 인공 광합성 방법의 개발로 응용되었다. 예로써 이산화 타이타늄/탄소 전극과 백금 전극 촉매를 이용하여 햇빛으로 물을 분해하면 수소와 산소가 얻어진다. 이 수소와 산소는 연료전지를 통해 전기를 생산한다.

두 번째는 태양열을 이용한 전기 에너지의 생산이다. 태양열을 직접 난방에 이용하거나, 물을 데워 증기로 만든 다음 전기를 생산할 수 있다. 이렇게 생산된 클린 전기로 물을 전기분해하면 앞서 말한 수소와 산소를 만들 수 있다. 셋째는 태양전지(solar cells)에 의한 전기의 직접 생산이다. 이에 관해서는 별도로 언급한다.

1) 탄소 동화작용

광합성의 핵심 분자인 클로로필의 구조는 식물 색소를 연구하던 리하르트 빌슈테터에 의해 진전을 이루었다. 특히, 그는 클로로필과 헤민이 둘 다 금속을 함유한다는 구조적 관련성을 보여주었고, 클로로필이 내부 성분으로 마그네슘을 갖는다는 것을 증명했다. 그는 다른 식물 색소에 관해서도 선구적인 연구를 수행했는데, 카로텐류가 그 예이다. 이러한 업적으로 빌슈테터는 1915년도 화학상을 받았다.

직접적으로 클로로필 연구 업적으로 노벨상을 받은 사람은 1930년에 화학상을 받은 한스 피셔이다. 그는 빌슈테터의 업적을 기초로 하여 헤민과 클로로필의 구조와 합성 연구를 수행했다. 헤민은 헤모글로빈의 결정성 생성물이다. 피셔는 헤민과 관련된 담즙 색소인 빌리루빈 분자를 반으로 분해함으로써 헤민 분자의 일부가 여전히 온전한 새로운 산을 얻었다. 피셔는 그 구조를 규명하고 피롤과 관련이 있음을 발견했다. 이로써 구조가 알려진 더 단순한 유기 화합물로부터 헤민의 인공 합성이 가능해졌다. 피셔는 또한 헤민과 엽록소 사이에 밀접한 관계가 있음을 보여주었으며, 사망 시점까지 엽록소 합성을 거의 완성했다. 그는 비타민 A의 전구체인 황색 색소 카로틴과, 자연계에 널리 분포하며 포르피린증이라는 특정 질환 시 인간이 분비하는 헤민의 무철 유도체인 포르피린류도 연구했다.

식물이 광합성을 통해 이산화탄소를 자신이 필요로 하는 글루코스로 변화시키는 소위 탄소 동화작용을 밝혀낸 과학자가 1961년도 화학상을 받았다. 그는 모두가 잘 아는 멜빈 캘빈이다. 캘빈은 광합성에 관한 연구를 1946년에 시작했다. 단세포 녹조류인 클로렐라 피레노이도사(*Chlorella pyrenoidosa*)의 현탁액에 방사성 탄소-14가 미량 포함된 이산화탄소를 첨가한 후, 빛을 쪼여주었다. 조류의 성장을 여러 단계에서 정지시킨 후, 종이 크로마토그래피를 이용해 혼합물로부터 극소량의 방사성 화합물을 분리하고 확인했다. 이로써 그는 앞서 언급한 '캘빈 회로'를 발견했는데, 이는 엽록소가 빛을 흡수하여 산소를 생성하는 '광반응'에서 생성된 화합물이 '암반응'을 진행하는 과정이다. 또한 동위 원소 추적법을 활용해 광합성 과정에서의 산소 이동 경로를 추적했다. 이는 화학 반응 경로를 설명하기 위해 탄소-14 추적자를 사용한 최초의 사례이다.

그림 12-1은 캘빈의 노벨상 수상식 강연 자료에 실린 크로마토그램과 캘빈 회로이다. 그림을 통해 탄소-14 추적자를 사용한 실험 과정을 조금 구체적으로 살펴본다. 탄소-14로 표지된 이산화탄소($^{14}CO_2$)가 존재하는 환경에서 광반응과 암반응이 진행되면 식물에 ^{14}C가 포함된 여러 탄수화물 분자가 생성된다. 이들의 구조를 밝히고, 그 합성 순서

를 결정함으로써 캘빈 사이클이 완성된 것이다. 그림 12-1a의 크로마토그램은 광합성이 진행된 후 추출한 혼합물을 용매에 녹여 종이 크로마토그래피 표면에 흘려보냈을 때 혼합물 속의 분자들이 종이 표면과의 흡착력 차이에 따라 앞서거니 뒤서거니 하며 늘어

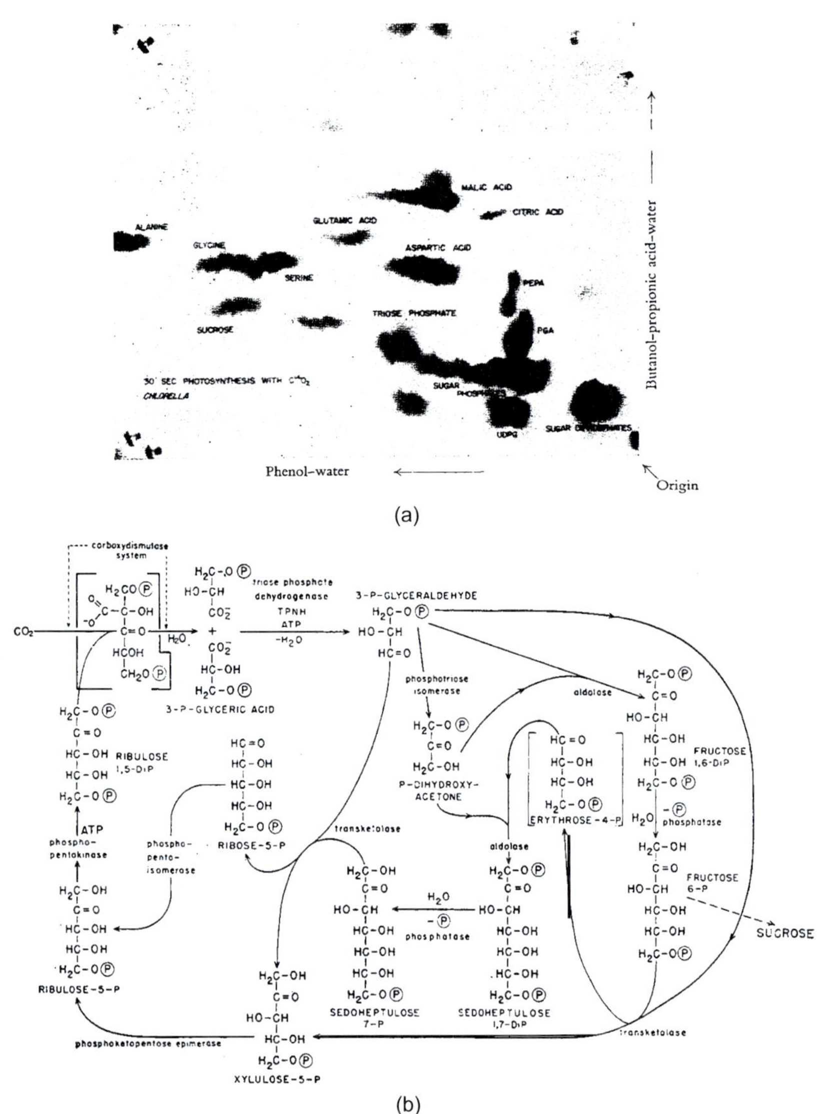

그림 12-1 캘빈의 노벨 강연 자료 중, 방사성 탄소(^{14}C)를 갖는 이산화탄소 분위기에서 30초 동안 광합성이 진행된 클로렐라(Chlorella)의 추출물 크로마토그램(a)과 캘빈 회로의 분자 구조식(b)
출처: Copyright © The Nobel Foundation 1961

선 것을 보여준다. 크로마토그램의 오른쪽 아래 점에 혼합물 용액을 찍어서 스며들게 한 다음, 왼쪽 화살표 방향을 위로 세워서 페놀-물 혼합 용매가 아래로부터 위로 스며 올라가도록 한다. 이어서 위 화살표 방향으로 부탄올-프로피온산-물 혼합 용매를 이동시키면 혼합물들이 2차원 평면에 분리되어 나타난다. 검게 보이는 부분이 방사성 동위 원소의 존재로 인해 필름에 감지된 부분이다. 각 검은 부분에 해당하는 분자의 구조를 여러 방법으로 밝히고, 이들 중 암반응 순서에 맞게 그들을 배열한 것이 캘빈 회로(그림 12-1b)이다.

광합성과 관련하여 두 번째 화학상이 1988년에 수여되었다. 독일의 화학자들이 수상했는데, 요한 다이젠호퍼, 로베르트 후버, 하르트무트 미헬이다. 캘빈이 규명한 것이 광합성 공장으로부터의 생산물이라면, 이들이 밝혀낸 것은 광합성 공장의 3차원 구조이다. 이들은 광합성을 하는 세균의 반응 중심을 연구했는데, 그림 12-2에 나타낸 것은 홍색 세균인 로도슈도모나스(*Rhodopseudomonas viridis*)의 반응 중심 모식도이다.

그림 12-2를 보면 광합성 반응 중심은 세포막의 안과 밖에 걸쳐 존재하며 네 개의 단백질로 구성되는데, 이들 단백질 사이에 박테리오클로로필(BK), 박테리오페오피틴(BF), 퀴논(Q)과 철(Fe) 그리고 사이토크롬의 헴 그룹이 각각 위치한다. 이후로 광합성을

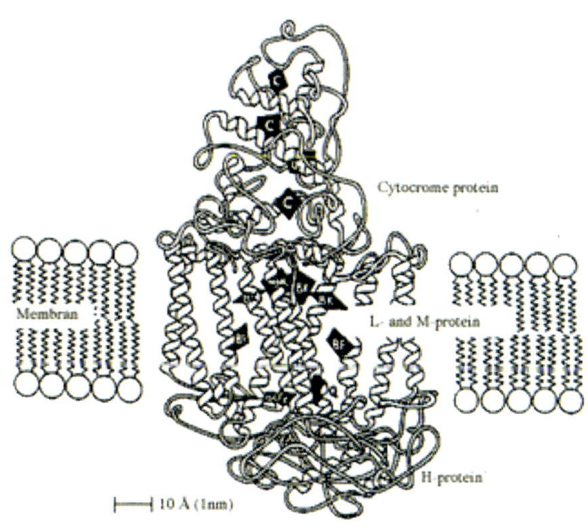

그림 12-2 당시 언론 발표 자료 중, 세포막에 걸쳐있는 홍색 세균의 광합성 반응 중심 모식도
출처: © The Royal Swedish Academy of Sciences

하는 다양한 생명체로부터 반응 중심의 구조가 밝혀졌다. 이들 구조의 배열로부터 햇빛 에너지로 인해 분자로부터 방출된 전자가 어떤 과정을 거쳐 이웃에 전달되는지 알게 되었다. 이 과정으로부터 영감을 받은 과학자들은 다양한 인공 광합성 시스템을 개발하였다. 그중에는 햇빛을 이용하여 물로부터 산소와 수소를 발생시키는 시스템은 물론, 이온 액체 속에서 플라스몬 금나노입자를 광촉매로 사용하여 이산화탄소를 탄화수소로 환원하는 시스템도 있다.

2) 생명 활동의 에너지원 ATP

영국의 생화학자인 알렉산더 토드는 뉴클레오타이드와 뉴클레오타이드 보조 효소에 관한 연구로 1957년에 화학상을 받았다. 또한 토드는 생체 세포에서의 주요 에너지 전달자인 ATP와 ADP를 합성하였고, 비타민 B_{12}와 FAD의 구조를 결정하였다. 화학 합성 방법으로는 ATP가 만들어졌지만, 생명체는 이를 어떻게 만드는지 밝혀지지 않았었다.

마침내 생명체가 에너지를 만드는 핵심 과정인 ATP의 생합성 메커니즘을 밝힌 과학자가 노벨상을 받았다. 1978년에 영국 글린 연구소의 피터 미첼이 화학 삼투 메커니즘을 체계적으로 정리함으로써 화학상을 받았다. 이 이론에 의하면 호흡과 광합성에서 막에 결합되어 있는 효소 복합체를 통한 전자 이동이 막을 가로지르는 양성자 이동과 짝을 이루며, 이때 발생하는 전기화학적 기울기가 생체 세포 내에서 에너지를 저장하는 물질인 ATP의 합성에 사용된다.

ATP가 생명의 에너지 화폐로 기능한다는 것은 알려져 있었으나, 그 전까지는 미토콘드리아에서 기질 수준 인산화에 의한 것으로 추정되었다. 미첼이 화학 삼투 이론을 발표함으로써 산화적 인산화의 실제 과정을 이해하게 되었다. 즉, ATP는 미토콘드리아 내에서 산화적 인산화라는 과정으로 ADP에 인산기를 첨가하여 생성된다. 미첼은 ADP를 ATP로 전환하는 데 관여하는 다양한 효소들이 미토콘드리아 내부에 어떻게 분포하는지 규명하였다. 그는 이러한 효소들의 배열이 ADP를 ATP로 전환하는 과정에서 수소 이온을 에너지원으로 활용하기 위해 어떻게 협동하는지 보여주었다.

UC 로스앤젤레스의 폴 보이어와 케임브리지 MRC 연구소의 존 워커가 ATP 합성 메커니즘을 규명한 공로로 1997년도 화학상의 반을 차지했고, 나머지 반이 이온 이동 효소를 처음으로 발견한 오르후스의 옌스 스코우에게 돌아갔다. 워커는 ATP 합성 효소의 결정 구조를 밝혀냄으로써 일찍이 보이어가 동위 원소를 통한 연구에 기초해 제안한 메커니즘을 확인하였다. 1950년대 초에 보이어는 동물 세포의 미토콘드리아에서 일어나는 ATP 합성 메커니즘에 관한 연구를 시작했다. 1961년에 피터 미첼(1978 화학상)이 수소 이온이 농도 기울기에 따라 낮은 농도 쪽으로 미토콘드리아의 막을 가로질러 흘러가면서 만들어지는 에너지가 ATP를 만드는 데 공급된다는 것을 밝혀냈다. 보이어는 특별히 이 과정에서 ATP 합성 효소의 역할에 주목했는데, 그는 수소 이온의 흐름에 의해 생성되는 에너지를 이 효소가 어떻게 ADP와 무기 인산염으로부터 ATP를 합성할 때 이용하는지를 규명했다. 이 과정에서 그는 ATP 합성 효소가 작용하는 방식이 흔치 않은 메커니즘이라는 것을 제시했는데, 소위 "결합 변화 메커니즘"으로 부르는 이 과정은 후에 공동 수상자인 워커에 의해 증명되었다. 1980년대 초에 워커는 ATP 합성 효소에 대한 연구를 시작했다. 이 효소는 거의 모든 생명체가 갖고 있는 에너지 생산의 핵심 분자인 ATP의 합성을 돕는다. 그는 이 효소 단백질의 아미노산 서열을 결정했고, 엑스선 결정학자의 도움으로 3차원 구조를 밝혀냈다. 앞서 언급한 대로 이 업적은 보이어의 "결합 변화 메커니즘"을 증명했는데, 이로써 흔치 않은 방식으로 효소가 작용하는 이 과정을 설명할 수 있게 하였다. 워커의 발견은 생명체가 어떻게 에너지를 만드는지에 대한 통찰의 길을 열어주었다.

3) 태양전지

태양전지는 햇빛을 전자의 흐름으로 직접 전환한다. 태양전지의 효율은 점점 개선되고 있는데, 현재 약 13~14%의 효율로 제곱미터(m^2)당 적어도 100와트의 전력을 생산한다. 태양전지와 관련된 노벨상 수상자는 우리가 잘 아는 알베르트 아인슈타인이다. 아인슈타인은 광전효과의 발견으로 1921년 물리학상을 받았다. 광전효과는 빛이 금속 표면에 부딪혔을 때 전자가 튀어나오는 현상으로, 빛이 입자처럼 작용하기 때문에 나타나는 현상임을 밝혔다. 이 빛의 입자를 광자(photon)라고 한다.

빛을 파동으로만 이해할 수 없는 이유는 빛에 쪼여진 금속이 특정 파장보다 긴 경우는 아무리 장시간 빛을 쪼여도 전자가 발생하지 않았기 때문이다. 단순히 어느 이상의 에너지가 쌓이면 금속에서 전자가 나온다면, 파장이 긴 저에너지 빛이라도 장시간 쪼여서 에너지를 축적하면 전자가 발생해야 한다. 따라서 각 파장의 빛은 서로 다른 에너지를 갖는 광자여서 특정 에너지보다 낮은 광자로는 아무리 쪼여도 전자가 발생하지 않는 것이다. 이 원리로 태양전지가 전류의 흐름을 만든다.

또한 태양전지와 간접적으로 관련된 노벨상 수상자는 2023년에 양자점 개발로 화학상을 수상한 문지 바웬디, 루이스 브루스, 알렉세이 예키모프이다. 이들이 개발한 반도체 양자점은 같은 질량의 물질로도 매우 큰 표면적을 만들기 때문에 태양전지의 효율을 높일 수 있다. 양자점 나노소재에 대해서는 7장에서 소개하였다. 태양전지와 관련된 다른 노벨상 수상자로는 2000년에 화학상을 수상한 앨런 히거, 앨런 맥더미드, 시라카와 히데키를 들 수 있다. 2장에서 언급한 이들은 전도성 고분자를 개발했는데, 이 소재는 유기 태양전지(OPV)에 사용된다. 또한, 페로브스카이트(Perovskite) 소재가 태양전지의 효율을 혁신적으로 높이고 있으므로, 향후 노벨상 수상 분야가 될 수도 있을 것이다. 이 분야는 한국의 과학자들이 두각을 나타내고 있다.

연료전지

연료전지는 연료와 산화제의 화학 에너지를 일련의 산화환원 반응을 통해 전기로 변환하는 전기화학 셀이다. 연료로는 수소가, 산화제로는 산소가 주로 사용된다. 대부분의 배터리와 달리 연료전지는 전기를 생산하기 위해 연료와 공기의 지속적인 공급이 필요하다. 반면에 배터리는 일반적으로 이미 배터리 내에 존재하는 물질로부터 전기를 얻는다. 2차 배터리의 경우는 충전을 통해 배터리 물질을 이동시켜서 반복적으로 전기를 생산한다.

최초의 연료전지는 1838년 윌리엄 그로브 경에 의해 발명되었다. 연료전지의 첫 상업적 활용은 거의 한 세기 후인 1932년 프랜시스 토마스 베이컨이 수소-산소 연료전지를 발명한 뒤에 이루어졌다. 발명자의 이름을 따 베이컨 연료전지라고도 불리는 알칼리 연료전지는 1960년대 중반부터 NASA 우주 프로그램에서 위성과 우주 캡슐의 전력을 생산하는 데 사용되었다. 이후 연료전지는 다양한 다른 분야에도 활용되었다. 연료전지는 상업용, 산업용, 주거용 건물 및 외딴 지역이나 접근이 어려운 지역의 주전원 및 예비전원으로 사용된다. 또한 지게차, 자동차, 버스, 기차, 보트, 오토바이, 잠수함을 포함한 연료전지 차량의 동력원으로 사용된다.

연료전지에는 여러 종류가 있지만, 모두 양극, 음극, 그리고 전해질로 구성된다. 양극에서는 촉매가 연료의 산화 반응을 일으켜 양이온(주로 양성자)과 전자를 생성한다. 이온들은 전해질을 통해 양극에서 음극으로 이동한다. 동시에 전자는 외부 회로를 통해 양극에서 음극으로 흐르며 직류 전기를 생성한다. 음극에서는 또 다른 촉매가 양이온, 전자, 산소가 반응하여 물과 기타 생성물을 형성하도록 한다. 연료전지는 사용하는 전해질의 종류와 시동 시간의 차이에 따라 분류된다. 시동 시간은 양성자 교환막 연료전지(PEMFC)의 경우 1초에서 고체 산화물 연료전지(SOFC)의 경우 10분까지 다양하다. 관련 기술로는 재충전을 통해 연료를 재생할 수 있는 흐름 전지가 있다. 개별 연료전지는 약 0.7볼트의 상대적으로 낮은 전위를 발생시키므로, 전지를 "스택"하거나 직렬로 연결하여 응용 분야의 요구 사항을 충족할 수 있는 충분한 전압을 생성한다.

연료전지는 전기 외에도 수증기와 열을 생성하며, 연료원에 따라 매우 적은 양의 이산화질소와 기타 배출물을 생성한다. PEMFC 전지는 일반적으로 SOFC 전지보다 질소 산화물을 적게 생성한다. PEMFC는 더 낮은 온도에서 작동하고, 수소를 연료로 사용하며, 양성자 교환막을 통해 질소가 양극으로 확산되어 NOx를 생성하는 것을 제한한다. 연료전지의 에너지 효율은 일반적으로 40~60%이다. 그러나 폐열을 열병합 발전 방식으로 포집하면 최대 85%의 효율을 얻을 수 있다. 그림 12-3은 앞서 설명한 수소와 산소를 연료와 산화제로 사용하는 연료전지의 원리를 보여준다.

연료전지와 직접 관련된 노벨상 수상자는 없지만, 베를린 프리츠하버 연구소의 게르하르트 에르틀(2007 화학상)이 해당 기술의 발전에 도움을 주었다. 그는 표면 화학에서의 새로운 원리를 개척한 공로로 수상했는데, 고체 표면과 기체 사이의 반응에서 이전의 방법으로는 얻을 수 없었던 정교한 실험법을 개발하였다. 반도체 공정을 위해 개발된 진공 기술을 사용함으로써 그는 암모니아 합성법인 하버-보슈 공정을 개선할 수 있었다. 그의 방법은 실험적이고도 응용 가능한 것이어서, 수소 연료전지의 성능을 개선하기 위한 오존 제거 기술에도 적용되었다.

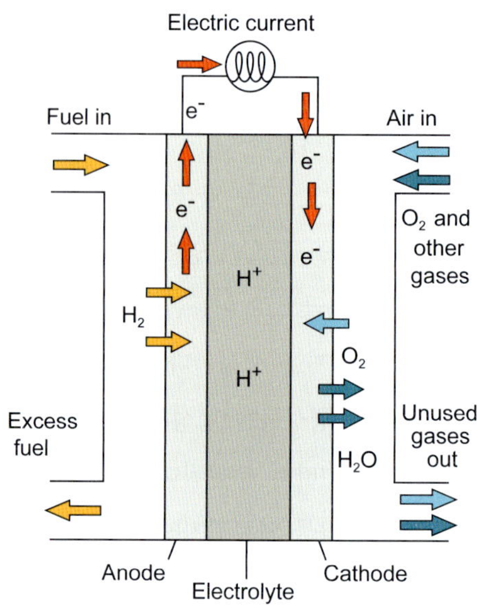

그림 12-3 수소 연료전지의 원리

석탄액화·가스화

신재생 에너지 중에 석탄액화·가스화가 신에너지로 포함된 것이 조금 의아할 수도 있을 것이다. 석탄은 황과 질소 성분이 많은 연료여서 그대로 사용하면 공기의 오염원인 황산화물과 질소산화물을 다량 배출한다. 석탄액화·가스화는 석탄을 분해하여 기체로 바꾼 다음 기체를 종류별로 분리하여 수소 연료(H_2) 또는 액체화 원료(H_2, CO)로 사용하거나, 폐기 처리(SO_x, NO_x, CO_2)하는 과정이다. 9장에서 언급한 프리드리히 베르기우스(1931 화학상)가 일찍이 석탄 가루와 수소를 반응시켜서 직접 가솔린과 윤활유를 생산하는 수소화 공정을 개발했다. 그는 1913년에 발표한 '화학 작용에서의 고압 사용법'으로 노벨상을 받았는데, 이 연구의 연장선에서 석탄을 액체 탄화수소로 전환하는 방법도 개발되었다. 현재, 액체화 과정은 피셔-트롭슈(Fischer-Tropsch) 공정이 주로 이용된다. 이 공정은 아래 반응식에서처럼 수소와 일산화탄소를 금속 촉매(코발트, 니켈 등) 속에서 반응시켜 디젤 연료와 같은 액체 탄화수소를 합성하는 것이다. 이 공정에서 탄화수소 외에도 부반응물로 알켄, 알코올 등도 소량 생산된다.

$$(2n+1)H_2 + nCO \rightarrow C_nH_{2n+2} + nH_2O$$

바이오매스

생물 폐기물(biomass)을 에너지 자원으로 이용하는 방법은 미생물을 이용하는 것이다. 주로 박테리아에 의한 분해로 바이오매스가 메테인, 에탄올, 바이오디젤 등의 유기물로 바뀐다. 생물학적인 변환이다 보니 이 과정은 시간이 오래 걸린다. 아직은 석유 자원을 사용하는 화학적 방법보다 시장에서의 경쟁력은 떨어지지만, 탄소 제로 시대를 위해 친환경적인 에너지 생산을 요구하는 압박이 강화될수록 바이오매스를 활용한 생물학적 생산의 가치가 올라갈 것이다.

바이오매스를 원료로 우리가 원하는 다양한 유기물을 생산하기 위해서는 기존의 박테리아만을 이용해서는 한계가 있다. 생물체 원료의 종류가 다양해서 바이오매스를 생물학적으로 전환하기에 적합한 박테리아를 찾기도 어렵다. 이를 해결하기 위한 하나의 방안이 효모나 대장균(*E. Coli*)의 유전자를 변형시킴으로써 우리가 원하는 알코올, 알데하이드, 왁스 에스터 등을 생산하는 것이다.

한편 바이오매스가 매력적인 에너지 자원이지만 장점만 있는 것은 아니다. 바이오매스가 재생 가능한 자원이고 지역적으로 편재되지 않으며 지구 전체의 이산화탄소 균형을 유지하는 것은 장점이다. 하지만 에너지의 밀도가 낮고 대규모 생산지가 필요하며 삼림 파괴가 우려되고 공급에 계절성이 있다는 것은 단점이다. 또한 옥수수를 사용하는 경우 원료를 놓고 식량과 경합하여 옥수수 가격이 상승할 수도 있다. 따라서 식용으로는 쓰지 않는 해조류라든가, 추수를 마친 볏집 등이 원료로서 관심의 대상이 되고 있다.

12.2 에너지 저장

저장 에너지의 종류

우리는 매일 에너지를 저장했다가 필요할 때 꺼내쓰는 생활을 한다. 모바일 기기의 배터리가 대표적인 에너지 저장 장치이기 때문이다. 생물학적으로는 글리코젠이나 녹말이 그렇다. 에너지의 형태가 다양한 만큼 에너지의 저장 방법도 다양하다. 표 12-2는 다양한 에너지 저장법을 에너지 분야별로 나타낸 것이다. 본 절에서는 이 중에서 노벨상 수상과 관련이 있는 초전도 자기에너지 저장과 리튬 이온 배터리에 관해서 설명한다.

표 12-2 분야별 에너지 저장법

분야	종류
화석 연료	석유, 석탄
물리, 기계	압축공기 에너지 저장(CAES), 스팀 저장식 기관차 플라이휠 에너지 저장, 중력 위치 에너지, 수력 발전 댐, 양수 발전 댐
전기, 전자기	커패시터(축전기), 초전도 자기에너지 저장(SMES)
생물	글리코젠, 녹말
전기화학	1차 배터리, 2차 배터리, 울트라배터리(BESS)
열	저장 히터(히트 뱅크), 냉동 에너지 저장, 액체공기 에너지 저장(LAES), 액화질소 엔진, 공융계, 얼음저장 에어컨, 용융염 저장, 상변환 물질, 계절간 열에너지 저장, 태양 연못, 증기 축압기
화학	생물 연료, 수화염, 수소저장, 과산화 수소, 에너지 가스 변환(P2G, H_2, CH_4), 오산화 바나듐

초전도 자기 에너지 저장

전기 에너지는 다른 형태의 에너지로 전환하지 않고 전기 에너지 그대로 보관하기가 어렵다. 전기를 바로 꺼내 쓰는 저장법으로는 축전기에 전기장으로 저장하거나, 배터리에 전기화학적으로 저장하는 방법이 대부분이다. 저장 히터에 열에너지로 보관하거나 양수 발전을 위해 물을 끌어 올려서 물리적으로 보관하기도 하지만, 이때는 에너지 전환을 거쳐야 전기를 얻을 수 있다. 다소 생소하지만, 비교적 바로 전기를 꺼내쓰는 방법으로 초전도 자기에너지 저장법(SMES)이 있다. SMES는 초전도 현상을 이용하여 자기장 형태로 전기를 저장한다. 다만 이 방법은 극저온 유지를 위한 액화 헬륨 환경이 필요하고 초기 설치 비용이 높다는 점 때문에, 상용화 측면에서는 아직 리튬 이온 배터리 등의 저장법에 비해 보편화되지는 않았다. 주로 순간적인 대용량 전력 공급이 필요한 특수한 분야에서 활용되고 있다. 초전도 현상과 관련해서는 표 12-3에 나타낸 것과 같이 여러 명의 노벨상 수상자가 배출되었다.

'초전도 자기에너지 저장'이란 용어는 통상 '초전도 전력 저장'으로도 불린다. 초전도 현상에서는 전기 저항이 0이므로, 폐회로 직류 전류를 만들면 전기 에너지의 손실이 없

표 12-3 초전도 관련 노벨상 수상자

연도 분야	수상자	업적
1913 물리학	헤이커 카메를링 오너스	극저온에서의 물질의 성질 연구 및 액체 헬륨의 생산, 극저온에서 초전도 현상이 나타남
1972 물리학	존 바딘, 리언 쿠퍼, 존 슈리퍼	초전도 현상에 대한 공동 연구와 BCS 이론의 개발
1973 물리학	에사키 레오나, 이바르 예베르	반도체와 초전도체의 터널링 효과에 대한 실험적 연구
	브라이언 조지프슨	터널 장벽을 지나는 초전도 전류의 특성에 대한 이론적 예측과 조지프슨 효과의 발견
1987 물리학	요하네스 베드노르츠, 카를 멀러	세라믹 물질의 초전도 현상 발견
2003 물리학	알렉세이 아브리코소프, 비탈리 긴즈부르크, 앤서니 레깃	초전도체와 초유체 이론의 개척에 공헌

이 전류가 영구적으로 흐르게 된다. 이때 전류 방향과 수직 방향으로 강한 자기장이 동시에 생성된다. 전기 에너지를 저장할 때는 교류를 직류로 바꾸었다가 필요할 때 이를 다시 교류로 바꿔 꺼내 쓸 수 있다. 이를 위해서는 교류–직류 변환 기능(정류기)과 충전과 방전의 조절 기능을 갖는 전력 변환 장치(PCS)가 필요하고, 앞서 언급한 대로 극저온 유지를 위해 액화 헬륨 환경이 필요하다. 그림 12–4는 초전도 자기에너지 저장(SMES) 시스템의 원리를 보여준다.

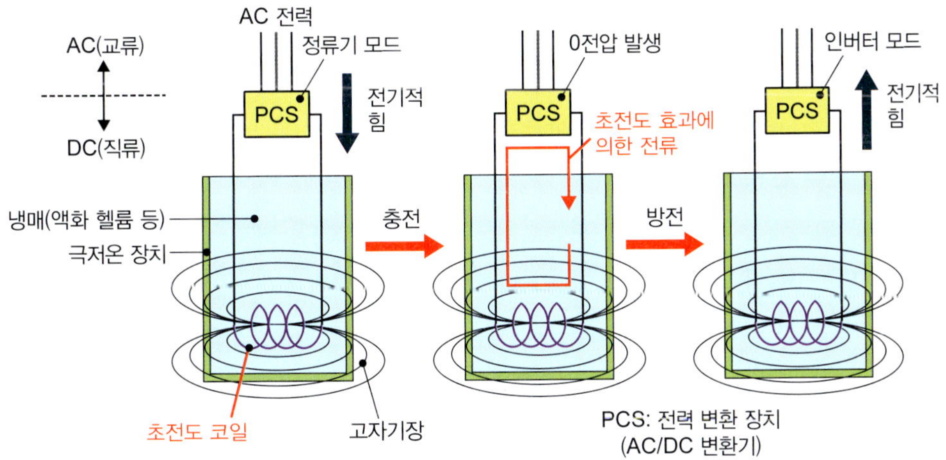

그림 12–4 초전도 현상을 이용하는 자기에너지 저장(SMES)의 원리

네른스트 방정식

배터리는 전기 에너지를 전기화학적으로 저장하고, 전기 에너지로 꺼내쓰는 장치이다. 배터리 성능의 발전이 현재의 모바일 시대를 가능하게 한 핵심 기술 중 하나이다. 충전을 통해 전기 에너지는 배터리 속 물질의 화학 에너지로 전환되고, 이 물질이 산화되면서 전기 에너지로 방출된다. 초기의 배터리는 용량은 적고 부피만 컸다. 이것이 전기자동차의 개념이 100여 년 전에 나왔음에도 이제야 실현된 이유이다. 일찍이 열역학의 개념을 전기화학에 적용하여 소위 네른스트 방정식을 완성한 발터 네른스트가 1920년도 화학상을 받았다. 그의 열화학 분야의 업적에 관해서는 11장에서 언급했다. 그 이후로 약 100년 동안 배터리 기술은 꾸준히 발전하였지만, 이 분야의 노벨상 수상자가 없다가, 2019년도에 리튬 이온 배터리를 개발한 과학자들이 마침내 화학상을 받았다. 이들이 현재의 모바일 시대를 이끈 인물들이다.

네른스트 방정식; $E = E^0 - \dfrac{RT}{zF} \ln \dfrac{a_{\mathrm{Red}}}{a_{\mathrm{Ox}}}$ 또는 $E = E^0 - \dfrac{0.05916}{z} \log \dfrac{a_{\mathrm{Red}}}{a_{\mathrm{Ox}}}$

네른스트 방정식을 이용하면 배터리가 낼 수 있는 전압을 계산할 수 있다. 배터리는 충전할 때 특정 물질(Ox)이 환원되면서 에너지를 저장하고, 환원된 물질(Red)이 산화될 때 전자를 내어놓는다. 전자의 흐름이 만든 전기 에너지가 휴대폰 같은 모바일 기기를 작동시킨다. 이 과정을 식으로 나타내면 $\mathrm{Ox} + ze^- \rightleftarrows \mathrm{Red}$가 된다. z는 물질의 산화-환원 반응에 참여하는 전자 수이다. 네른스트 방정식은 산화 물질(Ox)과 환원 물질(Red)의 농도를 이들이 실제로 반응에 참여하는 농도 a_{Red}, a_{Ox}(활동도)로 나타낸 것이다. 이 비율에 따라 전극 전위 E는 차이가 난다. E^o는 표준 전극 전위인데, 이 값은 물질이 수소를 기준으로 나타내는 고유의 표준 환원전위로부터 알 수 있다. 양쪽 전극을 같은 물질로 쓴다면 E^o는 0이다. 이때도 a_{Red}, a_{Ox}가 다르다면 전극 전위는 0이 아니다. 일반적인 배터리는 양쪽 전극에 서로 다른 물질을 사용하여 전극 전위를 크게 만든다. 상온에서 R(기체상수), T(절대온도), F(패러데이 상수) 등을 대입하면, 두 번째와 같이 자연로그 식에서 상용로그 식으로 단순하게 바꿀 수 있다. 이 식은 배터리 전극 전위에 적용되는 외에도

pH 측정기의 원리이며, 신경전달 과정의 세포 전위차를 계산하는 데도 적용된다. 또한 이온의 농도 차에 의한 전위와 삼투압을 측정하는 데도 적용된다.

리튬 이온 배터리

2019년 화학상은 리튬 이온 배터리를 개발한 화학자에게 수여되었다. 이보다 7년 전에 미국전기학회의 2012 IEEE 메달이 리튬 이온 배터리 개발에 공헌한 존 구디너프, 라시드 야자미, 요시노 아키라에게 수여되었다. 당시의 여론은 이들이 언젠가 노벨상 수상자가 될 것이라는 예상이 많았다. 마침내 리튬 이온 배터리가 노벨상 분야로 선정되었을 때, 그 예견은 3분의 2만 맞았다. 수상자 명단에 라시드 야자미가 빠진 대신 스탠리 휘팅엄의 이름이 있었다.

리튬 이온을 이용하면 고전압의 효율적인 2차 전지를 만들 수 있다는 것은 오래전부터 이론적으로 예측되었다. 그것은 리튬의 표준 환원 전위(E° $-3.04V$)가 낮아서 높은 전압을 만들기에 유리하고, 리튬 이온(Li^+)은 크기가 작아서 전극 사이를 수월하게 이동할 수 있기 때문이다. 하지만 초기에 두 개의 금속 전극을 썼을 때는 그림 12–5a에 나타낸 것과 같은 문제점이 있었다. 즉, 충전할 때 리튬 금속이 수염처럼 성장하여 (+)극에 닿으면 화재나 폭발을 일으켰다. 이 문제를 해결하고자 많은 과학자가 노력했다. 스탠리 위팅엄은 (+)극의 재료로 금속 고체를 사용하지 않고 타이타늄 다이설파이드 층간 구조를 이용하였다. 이로써 배터리가 사용 중일 때 (–)극에서 이동해 온 리튬 이온이 (+)극의 층간에 저장되었다가, 충전할 때 다시 (–)극으로 되돌아갈 수 있게 하였다. 위팅엄의 가장 큰 공헌은 층간 저장의 개념을 처음으로 도입한 것이다. 현재는 위팅엄이 사용한 물질 대신에 구디너프가 개발한 산화 코발트가 사용된다. 구디너프는 (+)극의 재료를 개선함으로써 리튬 이온의 저장 능력은 물론 배터리의 전압을 두 배로 올리는 데 성공했다. 요시노는 석유 코크스를 써서 (–)극에도 탄소 층간 구조를 도입했다. 이로써 (–)극과 (+)극에 모두 층간 저장 물질을 사용함으로써 화재나 폭발을 일으키지 않고 장시간 사용이 가능한 배터리가 실현되었다(그림 12–5b). 다음은 산화 전극과 환원 전극에서 일어나는 방전과 충전 때의 반응식이다.

(−) 산화 전극(anode)	$C_nLi_x \rightleftarrows C_n + xLi^+ + xe^-$	(→ 방전, ← 충전)
(+) 환원 전극(cathode)	$Li_{1-x}CoO_2 + xLi^+ + xe^- \rightleftarrows LiCoO_2$	
전체 반응식	$Li_{1-x}CoO_2 + CnLi_x \rightleftarrows LiCoO_2 + C_n$	

존 구디너프는 1922년 독일 예나에서 미국인 부모 사이에서 태어났다. 그의 가족은 학자가 많았다. 그의 아버지는 존이 태어났을 당시 옥스퍼드대학의 대학원생이었으며, 후에 예일대학의 종교사 교수가 되었다. 그의 형 워드는 펜실베이니아대학의 인류학 교

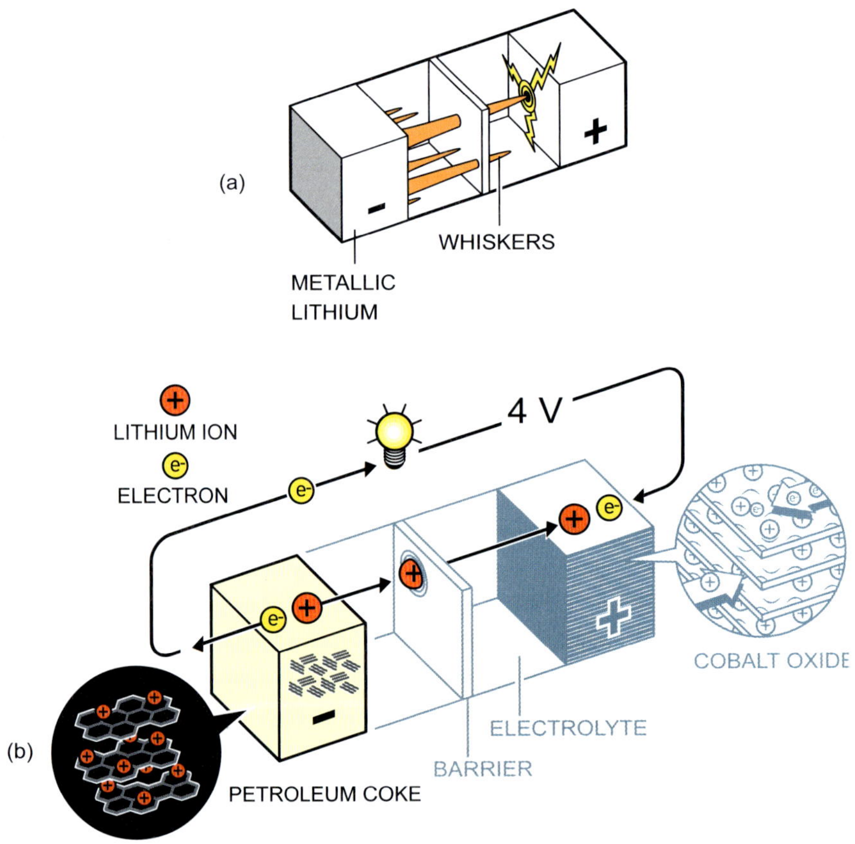

그림 12-5 충전 때에 금속 리튬 (−)극에서 성장한 리튬의 침상 수염 구조(a)와 (−)극과 (+)극을 둘 다 층상의 석유 코크스와 산화 코발트로 개선한 구조(b)
출처: © Johan Jarnestad/The Royal Swedish Academy of Sciences

수가 되었다. 존에게는 아버지의 재혼으로 인한 두 명의 동생이 있었다. 세인트루이스 워싱턴대학 생물학 명예교수인 어슐라와 하버드 의과대학 생물학 명예교수인 대니얼이다. 구디너프는 학창 시절 난독증으로 고생했다. 당시 의학계는 난독증을 제대로 이해하지 못해 그의 상태는 진단도 치료도 받지 못했다. 초등학교에서는 그를 뒤처진 학생으로 여겼지만, 그는 스스로 글쓰기를 익혀 당시 형이 다니던 기숙학교인 그로턴 스쿨 입학시험을 볼 수 있었다. 그는 전액 장학금을 받았고, 결국 1940년에 수석으로 졸업했다. 또한 자연, 식물, 동물 탐구에 관심이 많았다. 무신론자로 자랐지만, 고등학교 시절에 개신교도가 되었다.

그로턴 학교를 졸업한 후, 그는 예일대학에 들어가 1943년 초에 단 2년 반 만에 최우등으로 학업을 마쳤다. 그는 진주만 공격 직후 학업을 중단하고 군에 입대하려고 했으나, 수학 교수의 설득으로 예일대학에 1년 더 남아 수업을 마쳤다. 이로써 대학 졸업자에게만 허용된 미 육군 항공대 기상 부서에 합류할 수 있었다. 제2차 세계대전이 끝난 후, 구디너프는 시카고대학에서 물리학 석사학위와 박사학위를 취득했다.

요시노는 1948년 일본 스이타에서 태어났다. 오사카시의 기타노 고등학교를 졸업한 후, 교토대학에 진학하여 이학사와 이학석사 학위를 취득했으며, 오사카대학에서 2005년 공학박사 학위를 받았다. 초등학교 시절 한 선생님이 마이클 패러데이의『촛불의 화학사』를 읽을 것을 권유했고, 이 책은 요시노에게 화학에 대한 수많은 의문을 불러일으켰다. 그는 이 책을 읽기 전까지 화학에 전혀 관심이 없었다. 대학 시절 요시노는 동아시아인으로는 최초로 화학상을 받은 후쿠이 겐이치의 강의를 들었다.

휘팅엄은 1941년 잉글랜드 노팅엄의 칼튼 교외에서 태어났다. 그의 아버지는 토목 기술자였는데, 그는 가족 중 최초로 대학에 진학한 인물이었고, 어머니는 결혼 전에 화학자였다. 그는 1951년부터 1960년까지 스탬퍼드 학교에서 교육을 받은 후 옥스퍼드대학 뉴 칼리지에 진학하여 화학을 전공했다. 옥스퍼드대학에서 그는 학사(1964), 석사(1967), 박사(1968) 학위를 취득했다. 대학원 과정을 마친 후, 휘팅엄은 스탠퍼드대학에서 박사후 연구원으로 근무했다. SUNY 빙엄턴대학교 교수로 부임하기 전, 엑슨사의 한 연구소에서 16년, 슐럼버거에서 4년간 근무했다.

12.3 핵분열과 핵융합

핵반응의 역사

현재의 핵반응을 이용한 에너지 생산은 핵분열 방식이다. 인공 태양을 만드는 핵융합 연구는 1950년대부터 본격 시작되었는데, 2040년에 상용화를 목표로 아직도 연구개발 중이다. 일반적인 화학 반응은 원자를 구성하는 바깥쪽 전자에 변화가 생기는 것이다. 즉, 원자의 가운데 위치한 핵은 화학 반응에 참여하지 않는다. 반면에 원자의 핵에 변화가 일어나는 반응이 핵반응이다. 핵반응에 관련된 노벨상의 역사를 살펴보면 몇 개의 단계로 구분된다. 표 12-4에 핵반응에 관련된 노벨상 수상자와 업적을 나타냈다.

표 12-4 핵반응 관련 노벨상 수상자와 업적

연도/분야	수상자	수상 업적
1903/물리학	앙투안 앙리 베크렐, 피에르 퀴리, 마리 퀴리	방사능의 발견
1908/화학	어니스트 러더퍼드	원소의 분열과 방사능 물질의 화학에 대한 연구
1921/화학	프레더릭 소디	방사성 물질의 화학, 동위 원소의 기원과 성질에 관한 연구
1938/물리학	엔리코 페르미	중성자 충격을 통한 유도 방사능 연구 및 초우라늄 원소의 발견, 원자폭탄의 설계자
1944/화학	오토 한	중핵 원자의 분열 발견
1950/물리학	세실 프랭크 파월	핵반응 연구 방법 개발과 이 방법에 의한 중간자(파이온) 발견
1951/물리학	존 콕크로프트, 어니스트 월턴	인공적으로 가속된 원자에 의한 원자핵의 변환 연구
1967/물리학	한스 베테	핵반응 이론에 대한 연구와 항성의 에너지 생성 원리 발견
1983/물리학	수브라마니안 찬드라세카르	블랙홀, 중성자별 연구
	윌리엄 파울러	우주의 원소가 생성되는 핵반응 과정에 대한 연구
2020/물리학	로지 펜로즈, 라인하르트 겐첼	블랙홀 형성이 일반 상대성이론의 필연적 결과라는 발견
	앤드리아 게즈	우리 은하의 중심에서 초대질량 블랙홀을 발견

핵반응에 관련된 최초의 연구는 방사능의 발견으로부터 시작되었다(1903 물리학상, 베크렐, 퀴리 부부, 6장 영상 진단). 방사성 붕괴로 α입자(He 핵), β입자(전자), γ선(전자기파)이 주로 방출되지만, 드물게는 양성자, 중성자, 양전자 등이 나오면서 불안정한 방사성 원자가 안정한 원자로 변화해 간다. 방사능의 발견은 이를 이용한 원자 구조의 규명과 새로운 원소의 발견으로 이어졌다. 이제는 원자 번호 118번의 오가네손(Og)까지 그 이름이 붙여짐으로써 주기율표가 완성되었다.

1934년 오토 한은 이탈리아 물리학자 엔리코 페르미(1938 물리학상)의 연구에 깊은 관심을 가지게 되었다. 페르미는 가장 무거운 자연 원소인 우라늄이 중성자와 충돌하면 여러 방사성 생성물이 형성된다는 사실을 발견했다. 페르미는 이 생성물들이 우라늄과 유사한 인공 원소일 것이라고 추측했다. 페르미는 최초의 핵반응로 시카고 파일 1호를 개발하여 핵 시대의 설계자로 불린다. 한과 마이트너는 슈트라스만의 도움을 받아 처음에는 페르미의 해석과 일치하는 듯한 결과를 얻었으나, 점차 이해하기 어려워졌다. 마이트너는 1938년 7월 나치의 유대인 박해를 피해 독일에서 탈출했으나, 한과 스트라스만은 연구를 계속했다. 1938년 말, 그들은 이전 예상과 달리 우라늄 생성물 중 하나가 훨씬 가벼운 원소인 바륨의 방사성 형태라는 결정적 증거를 얻었다. 이는 우라늄 원자가 두 개의 가벼운 원자로 분열되었음을 시사했다. 한은 연구 결과를 마이트너에게 보냈고, 마이트너는 조카 오토 프리시와 협력하여 이 과정에 대한 타당한 설명을 제시했다. 그것은 핵분열이었다.

오토 한이 발견한 중핵 분열은 그동안 알려진 가벼운 입자의 방출이 아닌 우라늄이 무거운 핵 조각으로 나뉘는 핵반응이었다. 즉, 우라늄-235가 중성자를 흡수하여 우라늄-236이 된 후, ^{92}Kr(크립톤)과 ^{141}Ba(바륨)로 나뉘면서 3개의 중성자를 방출한 것이다(그림 12-6). 아울러 그는 핵분열 때에 질량이 일부 감소하며, 질량-에너지 변환에 따라 감소된 질량이 엄청난 에너지로 방출된다는 것을 확인했다. 이것이 핵폭탄의 개발과 원자력 발전소의 건설로 응용된 핵반응이다. 한편, 마이트너는 이 외에도 훌륭한 업적을 쌓아 독일에서 정교수직에 오른 최초의 여성이었지만, 앞서 언급한 대로 나치 정권이 들어서면서 유대계였던 그녀는 모든 공직을 잃고 스웨덴으로 도피해야 했다. 오토 한이 1944년 화학상을 수상할 때 마이트너는 공동 수상자가 되지 못했다. 당시에 마이트너를 배제한 채 오

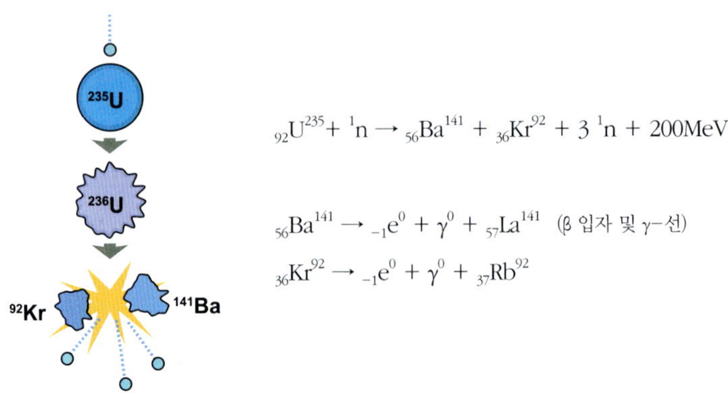

그림 12-6 오토 한의 핵분열 반응과 반응식

토 한에게만 단독으로 상을 수여한 일 때문에 노벨상 위원회가 비난을 많이 받았다.

오토 한이 애초에 원했던 결과, 즉 원자 번호 92번의 우라늄 원자보다 원자 번호가 높은 원소를 만들려고 했던 꿈을 후에 성공적으로 수행한 사람은 버클리의 에드윈 맥밀런과 글렌 시보그였다. 그들은 1951년에 "우라늄을 넘어선 원소의 화학 연구"로 화학상을 받았다. 핵분열 연구 과정에서 맥밀런은 우라늄-239의 붕괴 생성물인 넵투늄을 발견했다. 1940년 필립 에이벌슨과 공동으로 이 새로운 원소를 분리하여 발견의 최종 증거를 확보했다. 원자 번호 93번인 넵투늄은 중요한 핵연료를 제공하고 화학 및 핵 이론에 크게 기여한 초우라늄 원소들의 첫 번째 사례였다. 제2차 세계대전 중 맥밀런은 레이더와 소나 연구를 수행했으며 최초의 원자폭탄 개발에도 참여했다. 맥밀런은 어니스트 로렌스의 사이클로트론 개발에서도 중대한 진전을 이루었는데, 1940년대 초 이 장치는 이론적 한계에 부딪힌 상태였다. 동기화된 전기 펄스에 의해 점점 넓어지는 나선형 궤도로 가속되는 사이클로트론 내 원자들은 상대론적 질량 증가로 인해 펄스와 동기화되지 못하게 되어 특정 속도를 넘어서지 못한다. 1945년, 맥밀런은 러시아 물리학자 블라디미르 벡슬러와 독립적으로 무한한 속도에서도 동기화를 유지하는 방법을 발견했다. 그는 이 원리를 적용한 가속기를 '싱크로사이클로트론'이라 명명했다.

시보그는 아서 왈과 조지프 케네디와 함께 1941년에 길먼 홀 307호실에서 두 번째로 알려진 초우라늄 원소인 원자 번호 94의 플루토늄을 생성했다. 이 건물은 현재 국가사적지로 지정되어 있다. 플루토늄은 특정 유형의 원자로 연료 및 일부 핵무기 성분으로 가장 잘 알려져 있다. 시보그와 그의 동료들은 1941년부터 1955년 사이에 플루토늄 외에도 9개의 새로운 원소(원자 번호 95~102 및 106)를 추가로 발견했다.

시보그가 발견한 다른 새로운 원소들은 아메리슘(95), 퀴륨(96), 버클륨(97), 캘리포늄(98), 아인슈타이늄(99), 페르뮴(100), 멘델레븀(101), 노벨륨(102), 시보귬(106)이다. 우연히 시보그는 1945년에 어린이 퀴즈 라디오 프로그램에서 한 질문에 답하며 원소 95번과 96번의 발견을 최초로 발표했다. 이 원소들보다 더 무거운 원소의 화학적 특성 예측, 분리 방법, 그리고 원소 주기율표 내 위치 결정은 시보그가 1944년에 제시한 원리인 '악티노이드 개념' 덕분에 크게 도움을 받았다. 이는 러시아 화학자 드미트리 멘델레예프가 1869년에 처음 고안한 주기율표 이후 가장 중요한 변화 중 하나였다. 시보그는 악티늄(89)보다 무거운 14개 원소들이 악티늄과 밀접한 관련이 있으며, 주기율표에서 별도의 그룹인 악티노이드 원소에 속한다는 점을 인식했다. 이는 란타넘(57)보다 무거운 14개 원소들이 란타노이드 또는 희토류 원소에 해당하는 것과 유사한 개념이다.

시보그는 생전에 자신의 이름이 원소 이름으로 결정된 유일한 과학자이다. 1994년에 IUPAC이 그동안 이름이 없던 104번부터 109번까지의 원소 이름을 발표했다. IUPAC은 각 국가의 대표로 이루어진 순수 및 응용 화학의 국제 연합이다. IUPAC 안에는 시보그의 이름을 딴 원소 이름은 없었다. 이에 반발한 미국이 자신들이 주장하는 안을 발표했는데, 그 안에 106번 시보귬이 있었다. IUPAC은 아무리 훌륭한 과학자라도 그 이름을 생전에 원소 이름으로 붙이지 않는다는 것이 원칙이라며 맞섰다. 하지만 1997년 IUPAC은 결국 시보귬을 포함한 대부분 원소의 미국 안 이름을 수용했다.

우라늄-235(^{235}U)의 농축

천연 우라늄에는 ^{234}U, ^{235}U, ^{238}U의 동위 원소가 산화된 상태로 섞여 있는데, 대부분이 ^{238}U이고 ^{234}U(0.0052%)와 ^{235}U(0.719%)는 소량 존재한다. 이 중에서 핵분열 원료로 사용되는 것은 앞서 오토 한의 실험에서도 사용된 ^{235}U이다. 우리가 종종 듣는 농축 우라늄이란 이것의 비율을 인위적으로 높인 것이다. 농축 우라늄은 ^{235}U의 비율에 따라 약농축(0.9~2%), 저농축(20% 이하), 고농축(20% 이상)으로 나눈다. 약농축 우라늄은 일부 중수로에, 저농축 우라늄은 경수로(3~5%)에 사용되며, 핵잠수함(50% 이상)이나 핵폭탄(85% 이상)

에는 고농축 우라늄이 사용된다. 중수로는 천연 우라늄이나 일부 약농축 우라늄을 사용하기 때문에 우라늄 농도가 낮아 핵반응의 속도가 상대적으로 느리다. 따라서 감속재로 중성자와의 결합력이 상대적으로 약한 중수를 사용한다.

천연 우라늄의 약 0.7%밖에 안 되는 ^{235}U를 농축시키는 데는 여러 가지 방법이 이용된다. 기체 확산법과 원심 분리법을 주로 이용하며, 이 외에도 열확산법, 전자법, 레이저 분리법 등이 있다. 농축을 위해 먼저 우라늄 광석을 화학적으로 처리하여 분리가 가능한 육불화 우라늄(UF_6, 헥사플루오린화 우라늄)으로 바꾸어 준다. 일반적으로 우라늄 광석을 분쇄하고 황산으로 우라늄을 추출한 후 암모니아를 넣어주면 우라늄염(옐로케이크, U_3O_8)이 침전된다. 여기에 플루오린을 첨가하면 산소가 플루오린으로 바뀌어 UF_6가 만들어진다. UF_6는 상온 상압에서 고체이지만 가열하면 승화하여 기체가 된다. 기체 확산법의 경우 UF_6의 U가 어떤 동위 원소냐에 따라 질량 차이가 생기는 점을 이용한다. 즉, ^{234}U를 포함한 것이 가장 가볍고 ^{238}U을 포함한 것이 가장 무거울 것이다. 이때 같은 에너지를 갖는 기체 분자라면 가벼운 것이 확산 속도가 빠르다는 점을 이용하여 분리한다.

원심 분리법은 이들 혼합물을 비스듬히 빠르게 회전시키면 가벼운 것은 회전 중심에서 가까운 위쪽으로 뜨고 무거운 것은 아래로 내려가는 성질을 이용한 것이다. 이 현상은 놀이공원에서 회전 그네를 탈 때 경험할 수 있다. 몸무게가 무거운 사람보다 가벼운 사람이 더 높은 위치에서 회전하는 것과 같은 이치이다.

열확산법은 용액을 서서히 가열할 때 용액 내에서 대류가 발생하는데 이때 좀 더 가벼운 분자는 뜨거운 쪽에, 무거운 분자는 차가운 쪽에 더 많이 위치하는 성질을 이용한다. 전자법과 레이저 분리법은 각각 전자와 레이저를 이용하여 분자를 이온화시켜서 (+) 전하를 띠게 한 다음 자기장에 넣어 달리게 하면, 이동하면서 힘을 받아 방향이 휘어지게 된다. 이때 가벼운 것은 많이 휘어지고 무거운 것은 적게 휘어지는 성질을 이용하여 분리한다. 이것은 질량분석기의 원리인데, 6장 영상 진단에서 설명했다.

핵융합 반응

앞에서 핵반응 관련 역사를 노벨상 수상자들의 업적을 통해 간략히 살펴보았다. 이후 핵반응 연구는 핵분열을 넘어 핵융합으로 발전하였다. 수많은 별이 그 생을 마감하기까지 핵융합을 거치는데, 이러한 별의 일생을 연구한 물리학자가 노벨상을 받았다(1967 물리학상, 한스 베테). 별의 일생은 크기가 태양보다 작은지 큰지에 따라 달라진다. 또한 별이 일생 동안 만드는 원소 중, 우라늄과 같은 무거운 원소는 태양보다도 훨씬 큰 별이 초신성 폭발을 할 때 만들어진다. 1983년과 2020년에는 블랙홀, 중성자별 등을 연구한 우주 천문학자들이 물리학상을 받았다. 우선 핵융합 반응은 H, He 또는 Li과 같은 아주 가벼운 핵이 합쳐져 보다 높은 원자 번호를 갖는 원소를 형성하는 것이다. 이때 생기는 질량결손이 에너지원이 되어 매우 큰 에너지를 방출하는데, 이것이 바로 태양 에너지와 수소 폭탄의 원리이다. 다음은 중수소로부터 헬륨이 만들어지는 핵융합 반응식의 한 예이다.

$$5\,{}^{2}H \rightarrow {}^{4}He + {}^{3}He + {}^{1}H + 2\,{}^{1}n + 24.8MeV$$ (태양 에너지 원리)

수소는 세 종류의 동위 원소를 갖는데, ${}^{1}H$(수소), ${}^{2}H$(중수소, D), ${}^{3}H$(삼중수소, T)가 그것이다. 앞의 둘은 자연에 존재하지만, 삼중수소는 인공적으로 만든 것으로 방사성 동위 원소이다. 이 중에서 핵융합을 위해 필요한 것은 ${}^{2}H$인데, 자연에 존재하는 비율이 전체 수소의 0.015%에 불과하다. 이 비율이 작은 것 같지만 에너지로는 적은 것이 아니다. 예를 들면 바닷물에 있는 수소 원자 6,500개 중의 한 개가 중수소인 셈인데, 이것은 바닷물 1리터 속에 1.03×10^{22}개의 중수소 원자가 있다는 의미이다. 중수소가 핵융합으로 온전히 에너지를 낸다면, $1km^3$의 바닷물 속에 존재하는 중수소만으로도 지구 땅속의 원유 총량에 해당하는 에너지를 낼 수 있다. 문제는 핵융합을 위해서는 1억 도에 달하는 온도가 필요하다는 것이다. 이 온도에서 원자 자체는 존재하지 않으며 전자와 핵이 분리되어 고루 섞여 있는 플라스마 상태가 된다. 바로 이 상태에서 핵융합이 일어난다. 수소 폭탄의 경우 핵융합 반응에 필요한 높은 온도를 얻기 위해서 원자탄을 이용한다. 한 예로서, 중수소화 리튬($Li^{2}H$, 고체염)을 원자폭탄 둘레에 놓아두면 Li이 중성자를 흡수하여 삼중수소와 헬륨으로 쪼개진다(아래 반응식). 이어서 원자탄 폭발로 발생하는 고온에서 삼중수소와 중수소의 핵융합이 일어난다. 핵융합과 관련하여 플라스마라는 말이 등장하는데, 이것은 앞서 전자(−)와 핵(+)의 예를 든 것처럼 이온이 기체 상태로 유시되는 상황이다. 이 분야에서도 노벨상이 나왔다. 1970년도에 물리학상을 한네스 알벤과 루이 네엘이 받았는데, 알벤은 자기유체역학의 발견과 플라스마 물리학에 대한 업적을, 네엘은 반강자성과 강자성에 관한 연구와 고체물리학에 대한 기여를 인정받았다.

$$^{6}_{3}\mathrm{Li} + ^{1}_{0}\mathrm{n} \rightarrow ^{3}_{1}\mathrm{H} + ^{4}_{2}\mathrm{He}$$

$$^{3}_{1}\mathrm{H} + ^{2}_{1}\mathrm{H} \rightarrow ^{4}_{2}\mathrm{He} + ^{1}_{0}\mathrm{n} + 17.6\mathrm{MeV}$$ (수소 폭탄의 원리)

질량 감소분이 어느 정도의 에너지를 나타내는지 간단한 식으로 추정할 수 있다. 즉, 너무나 잘 알려진 $E=mc^2$이다. 위의 반응식에서 정수로 나타낸 원자량으로는 질량 감소분이 나타나지 않지만, 소수점 아래의 작은 질량 손실로도 엄청난 양의 에너지로 전환된다. 이러한 핵융합을 인공적으로 일으키기 위해서는 세 가지 조건을 만족해야 한다. 첫째로 1억 도에 달하는 높은 온도이며, 둘째로 알짜 에너지가 방출되기까지 이러한 온도의 플라스마를 충분한 시간 동안 가두어 둘 수 있어야 하고, 셋째로 방출 에너지를 유용한 형태로 회수할 수 있어야 한다. KSTAR는 2008년에 최초의 플라스마 상태를 얻은 이후 2011년부터 5천만 도의 플라스마로 5.2초를, 이후 개선되어 2017년까지 72초를 유지하였다. 또한 2020년에는 1억 도의 플라스마로 20초간, 2021년에는 30초간 유지하

그림 12-7 국제핵융합실험로(ITER) 장치모형
출처: Johannes Reimer, CC BY 4.0, Wikimedia Commons

여 세계신기록을 수립하였다. 플라스마 온도는 전자 온도와 이온 온도로 구분한다. 중국은 2021년에 플라스마 전자 온도로 1억 도에서 100초를 유지했다고 발표했는데, 이것은 우리나라가 플라스마 이온 온도로 1억 도를 유지한 것보다는 낮은 수준의 기술이다. 핵융합을 위해서는 플라스마 전자 온도가 아닌 이온 온도로 1억 도를 유지해야 하기 때문이다. 2025년에는 한국과 미국 공동 연구를 통해 붕소 분말을 주입하면 핵융합로 내벽에서 나오는 텅스텐 불순물이 줄어드는 현상을 발견했다. 이로써 노심 플라스마를 더욱 안정적으로 제어할 수 있게 되었다. 그림 12-7은 국제핵융합실험로(ITER)의 장치 모형을 보여준다.

저온 핵융합

핵융합에 필요한 1억 도가 너무나 높은 온도이다 보니, 과학자들은 '이보다 훨씬 낮은 온도에서 핵융합을 일으키는 방법은 없는 것인가?'를 고민해 왔다. 가장 큰 파장을 일으켰던 해프닝은 1989년 3월 23일, 영국 사우샘프턴대학의 플라이시만 교수와 미국 유타대학의 폰스 교수가 전기분해 장치를 사용하여 중수소의 핵융합 실험에 성공하였다는 발표였다(그림 12-8). 즉 이것은 앞서 설명한 대로 바닷물 속의 중수소로부터 무한한

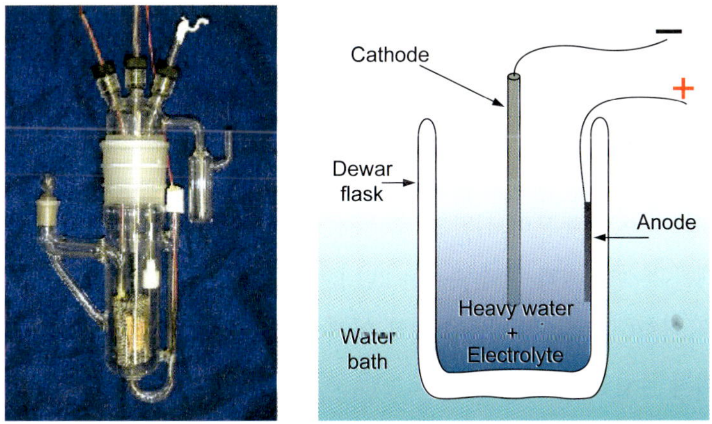

그림 12-8 폰스 교수와 플라이시만 교수의 설계대로 해군 정보전 체계 센터에서 제작한 저온 핵융합 장치

출처: Stevenkrivit, CC BY-SA 3.0, Wikimedia Commons(왼쪽) / Pbroks13, CC BY-SA 3.0, Wikimedia Commons(오른쪽)

에너지를 얻을 수 있다는 것을 의미하며, 인류의 에너지 문제가 해결되었음을 선포하는 것이었다.

이들의 주장은 중수(D_2O)를 전기분해할 때 발생하는 중수소(D_2)가 팔라듐(Pd) 전극에 흡수되고, 전극에 전기 에너지가 가해지면 팔라듐 내부에서 중수소끼리 핵융합을 하여 헬륨(He)이 된다는 것이다. 이처럼 간단한 장치만으로도 핵융합이 가능하다는 발표에 전 세계가 흥분하여 바로 확인 실험에 착수하였고, 일부에서는 핵융합으로 보이는 유사 실험 증거를 관찰하였다는 보고가 잇따랐다. 우리나라에서도 한국화학연구원이 유사한 실험 결과를 얻었다고 보고했다. 하지만 이후로 핵융합의 확실한 증거가 포착되지는 않았다는 보고가 속속 발표되면서 세인의 관심으로부터 멀어졌다. 하지만 패터슨 박사는 본 실험 결과에 대한 신념으로 '클린 에너지 테크'라는 회사를 설립한 후, 전기분해 핵융합 장치를 만들어 당시 3,750달러에 시판하기도 하였다. 이 외에도 저온 핵융합을 위한 시도는 계속되었는데, 예를 들면 방전장치와 영구자석을 이용한 회전자장 시스템, 멀티 아크 시스템, 응폭(implosion) 시스템, 초음파 발광 현상 등에서 핵융합의 징후가 나타난다는 보고가 있었으나 의미를 부여할 만한 결과는 아니었다.

과학자들 사이에 저온 핵융합은 꿈에 지나지 않는다고 생각할 즈음에, 『사이언스』에 실린 한 편의 논문이 다시 저온 핵융합에 관한 관심을 불러일으켰다. 이번에는 강한 초음파를 중수소 아세톤(CD_3COCD_3)에 가했더니 삼중수소(T)와 중성자가 생성되었고, 이 생성물은 핵융합의 결과라는 것이다. 액체에 강한 초음파를 가하면 작은 기포가 생기는데, 이 기포가 파열될 때 순간적으로 고온과 고압 상태를 만든다. 바로 이 부분에서 중수소들의 핵융합이 일어날 수 있다는 것인데, 이 논란은 그리 오래가지 못하였다. 몇 달 뒤에 『네이처』에 반박 논문이 실렸고, 그 내용은 액체 내에서 초음파에 의해 발생되는 에너지 형태를 분석한 결과, 초음파로는 2만 K 이상의 온도가 발생할 수 없으므로, 중수소 핵융합은 어렵다는 것이었다. 이 일로 인해 이 연구를 주도하였던 루시 탈레야칸 박사는 오크리지 국립연구소를 떠나게 되는데, 자리를 옮긴 곳이 공교롭게도 네이처 논문을 통해 자신의 오류를 지적했던 퍼듀대학이었다.

현재도 저온 핵융합과 관련된 연구들이 여러 곳에서 진행되지만, 저온 핵융합이라는 용어에 대해 거부감이 많은 탓에 세부 연구 주제에 맞게 다르게 표현하기도 한다. 예를 들면 저에너지 핵반응, 화학적 핵반응, 격자 핵반응, 고체 핵과학 등이 그것이다. 2013년에는 미주리대학에 백만장자 시드니 킴멜의 도움으로 핵융합연구소인 시드니킴멜 핵르네상스 연구소(SKINR)가 설립되었다.

13장

화장품

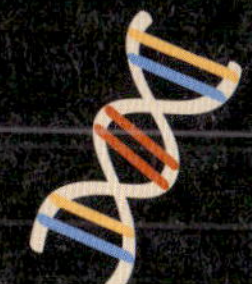

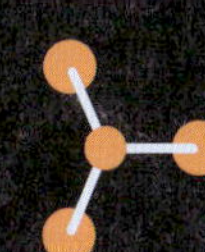

13장 화장품

13.1 피부의 구조

피부의 구조 I 온도와 촉각의 수용체 I 후각 시스템

13.2 피부 화장품

세제 I 피부 화장품 I 향수

13.3 모발 화장품

모발의 구조 I 모발 파마 I 모발의 표백과 탈색

13.4 기능성 화장품

미백 화장품 I 자외선 차단제 I 주름 개선제

본문에서 언급한 노벨상 수상자

연도/분야	수상자	출생/소속(수상 당시)	수상 업적
2021 생리의학상	데이비드 줄리어스	1955 미국, UC 샌프란시스코	온도와 촉각 수용체의 발견
	아뎀 파타푸티언	1967 레바논, 스크립스 연구소, 하워드휴즈 의학연구소	
1989 화학상	토머스 체크	1947 미국, 콜로라도대학교	RNA의 촉매 활성 발견
	시드니 올트먼	1939~2022 캐나다, 예일대학교	
2006 생리의학상	크레이그 멜로	1960 미국, 매사추세츠대학교	RNA 간섭의 발견-이중가닥 RNA에 의한 유전자 침묵
	앤드루 파이어	1959 미국, 스탠퍼드대학교	
2003 화학상	피터 아그리	1949 미국, 존스홉킨스대학교	세포막 물 채널의 발견
	로더릭 매키넌	1956 미국, 록펠러대학교, 하워드휴즈 의학연구소	세포막 이온 채널의 구조와 작동 원리 연구
1988 화학상	요한 다이젠호퍼	1943 독일, 텍사스대학교 사우스웨스턴 메디컬 센터, 하워드휴즈 의학연구소	광합성 반응 센터의 3차원 구조 결정
	로베르트 후버	1937 독일, 막스플랑크 연구소	
	하르트무트 미헬	1948 독일, 막스플랑크 연구소	
1939 화학상	아돌프 부테난트	1903~1995 독일, 막스플랑크 연구소, 베를린대학교	성호르몬에 관한 연구
	레오폴트 루지치카	1887~1976 크로아티아, 스위스 연방공과대학(ETH)	폴리메틸렌과 고차 터펜에 관한 연구
2004 생리의학상	리처드 액설	1946 미국, 컬럼비아대학교	냄새 분자 수용체와 후각 시스템의 조직 발견
	린다 벅	1947 미국, 프레드 허치슨 암연구센터	
1986 생리의학상	스탠리 코언	1922~2020 미국, 벤더빌트대학교	성장 인자의 발견
	리타 레비몬탈치니	1909~2012 이탈리아, CNR 세포생물학연구소	
2009 생리의학상	엘리자베스 블랙번	1948 오스트레일리아, UC 샌프란시스코	염색체가 텔로미어와 텔로머라제 효소에 의해 어떻게 보호되는지 발견한 공로
	캐럴 그라이더	1961 미국, 존스홉킨스대학교	
	잭 쇼스택	1952 영국, 하버드의대, 매사추세츠 종합병원, 하워드휴즈 의학연구소	
2012 생리의학상	존 거던	1933 영국, 거던 연구소	성숙 세포가 줄기세포로 재프로그래밍 될 수 있음을 발견
	야마나카 신야	1962 일본, 교토대학교, 글래드스톤 연구소	

*단백질 구조와 관련한 노벨상 수상자는 표 13-2에 별도로 나타냈다.

2009년 7월, 고고과학회지[1]에 흥미로운 논문이 실렸다. 논문을 요약하면 이렇다.

이탈리아 토스카나주 키우시의 고대 무덤에서 어떤 귀부인의 것으로 보이는 고대 이집트산 화장품 병이 발견되었다. 진흙층에 덮여 있었던 덕택에 이 병의 내용물이 잘 보존되어 있었고, 푸리에 변환 적외선 분광기(FT-IR)와 가스 크로마토그래피-질량 분석기(GC-MS)를 통해 이들의 성분을 분석하였다. FT-IR 스펙트럼은 물질을 구분하는 지문의 역할을 하며, GC-MS 스펙트럼은 미지 시료의 피크 위치로부터 해당 성분을 추정하게 한다. 분석 결과 내용물은 최소 세 가지 성분의 혼합물이었는데, 아마도 모링가로 보이는 식물성 기름, 유향 수지와 송진으로 추정되는 식물성 수지였다.

고대 이집트의 화장품 용기는 다양한 형태로 제작되었으며, 박물관에서 특별 전시회를 열 정도로 크기는 작지만 세련되게 잘 만들어진 유물이다. 하지만 이 논문에서 놀라운 지점은, 용기보다는 그 안의 내용물 때문이다. 내용물이 유기물인데도 수천 년 동안 보존되었다는 점과 그 성분이 각각의 기능성을 정확히 알고 선택되었다는 점이다. 이것은 일반 화장품이라기보다는 아마도 피부 질환의 예방을 위한 기능성 화장품이었던 것 같다.

고대에는 화장품을 사용하는 목적이 현재와는 달랐다. 물론 고대에도 화장으로 아름다움을 돋보이게 하고 자외선이나 건조한 기후로부터 피부를 보호하는 목적도 있었다. 고대 이집트의 벽화에서도 검은색과 초록색의 짙은 눈화장을 한 사람을 볼 수 있다. 당시에는 건조한 사막지대에서 눈물샘을 자극하여 눈의 건조와 염증을 막기 위해 안티몬과 미묵을 눈에 칠했다고 한다. 그 외에도 종교적인 목적, 사회적 계급의 구분이나 자신을 과시하려는 목적이 있었고, 향유나 방부제 등을 사용해 죽은 자의 영생을 기원하는 목적도 있었다.

1 *J. Archaeol. Sci.* 2009, 36(7), 1488

13.1 피부의 구조

피부의 구조

화장품은 신체의 외모를 아름답고 건강하게 유지하기 위해 사용된다. 신체의 외부를 구성하는 것은 피부이며, 여기에 머리칼과 손톱이 피부와는 다른 구조로 존재한다. 따라서 화장품을 잘 만들고 잘 사용하려면 우선 외부 신체를 잘 알아야 한다. 피부는 신체의 보호, 감각, 분비, 체온조절 등의 기능을 수행하는데, 이를 위해 바깥과 안쪽이 다른 구조를 가진다. 피부의 바깥은 각질층인데 죽은 세포들이며, 이곳에 대부분 화장품이 작용한다. 이곳의 단백질은 약 22종의 아미노산으로 구성되고, 수분 함량은 10% 정도이다. 또한 불용성 구조이지만 물에 약간 팽윤한다. 건조한 피부는 부드럽지 않고, 너무 젖은 피부는 균류가 자라기 쉽다. 피지선의 끈끈한 분비액은 수분 손실을 막아주는데, 이러한 작용이 없으면 건성 피부가 된다. 건성 피부는 쉽게 각질이 일어날 수 있으므로 보습제를 발라 주면 좋다. 한편 정상적인 피부는 pH가 4.0 정도의 약산성이다.

머리카락은 주로 각질로 구성되어 있는데, 다른 곳의 단백질과는 달리 황(S)이 포함된 아미노산인 시스틴이 많다. 즉, 피부 각질층은 2.3~3.8% 정도가 시스틴인데, 머리카락의 케라틴은 약 16~18%로 시스틴 비율이 높다. 시스틴은 머리칼 구조에서 사슬 간에 다이설파이드(-S-S-) 가교 결합을 하여 묶어주는 역할을 한다. 손톱과 발톱은 매우 조밀한 각질 단백질이며, 안쪽 끝부분의 하얀 초승달 모양이 성장하는 상피세포이다. 손발톱 조직도 상피세포 이외는 머리카락과 같이 죽은 세포이다.

피부에는 감각 기관이 분포되어 있다. 사람은 크게 5가지의 감각 기관(시각, 청각, 촉각, 미각, 후각)을 갖고 있다. 감각 기관은 물리적 자극을 받으면 이를 전기적 신호로 바꾸어 뉴런을 활성화한다. 이렇게 발생한 뉴런의 전기적 신호는 신경을 통해 뇌로 전달되고, 뇌의 변화가 판단과 행동을 일으키게 된다. 5가지의 감각 기관 외에도 청각 기관 내에는 균형과 속도를 감지하는 전정기관이 있다. 또한 피부에는 촉각 기관 이외에도 피부 깊숙한 부위에 전달되는 강한 압박에 반응하는 심부 압각, 그리고 온도를 감지하는 냉각과 온각 기관이 있다. 피부에 존재하는 감각 기관을 그림 13-1에 나타냈다.

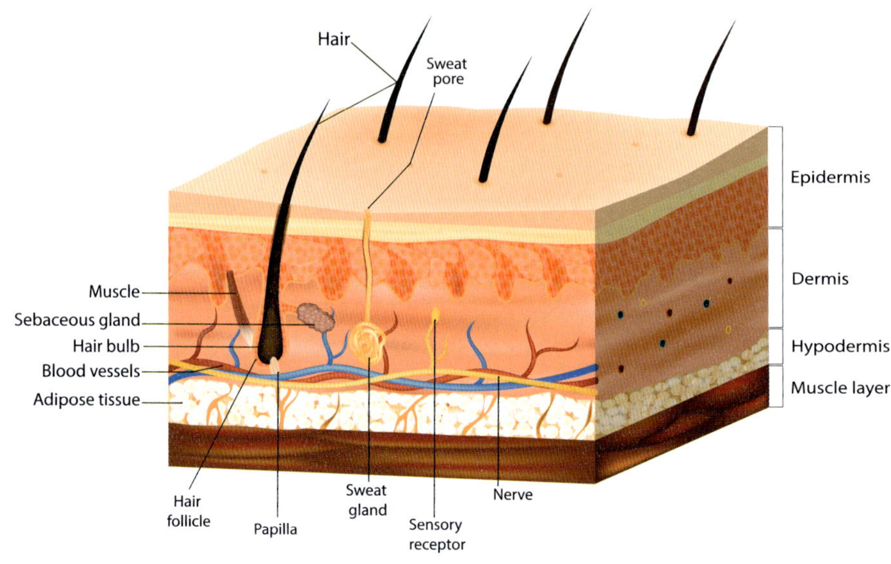

그림 13-1 피부의 감각 기관

온도와 촉각의 수용체

2021년도 생리의학상이 피부의 감각 수용체를 규명한 과학자에게 수여되었다. 데이비드 줄리어스와 아뎀 파타푸티언이 그 주인공인데, 줄리어스는 온도 수용체를, 파타푸티언은 압력 수용체를 각각 규명하였다. 이들 수용체는 이온을 통과시키는 단백질인데, 이온 채널을 통해 세포에 전위차를 유도해 신호를 전달한다.

줄리어스는 온도를 감지하는 수용체를 찾는 과정에 흥미롭게도 고추의 매운맛 성분인 캡사이신을 사용했다. 그는 다양한 감각(온도, 통증, 촉각) 뉴런 RNA에 대응하는 수많은 DNA 조각 라이브러리를 만든 다음, 이들이 세포 내에 자신의 유전 정보에 따른 단백질을 만들게 했다. 그리고 각각의 단백질을 갖는 세포에 대해 하나하나 캡사이신에 대한 반응 여부를 확인했다. 이러한 오랜 노력 끝에 마침내 캡사이신에 반응하는 수용체 단백질, 그리고 이 단백질을 만드는 DNA 조각이 확인된 것이다. 줄리어스는 이 이온(Ca^{2+}) 채널 수용체를 TRPV1으로 명명했다. 한편 낮은 온도에 반응하는 수용체 단백질을 찾기 위해서는 청량감을 주는 물질인 멘톨을 사용했다. 같은 방법으로 멘톨을 통해 확인된 이온 채널 수용체가 TRPM8이다. 이후 많은 과학자의 도움으로 다양한 온도 범위에서

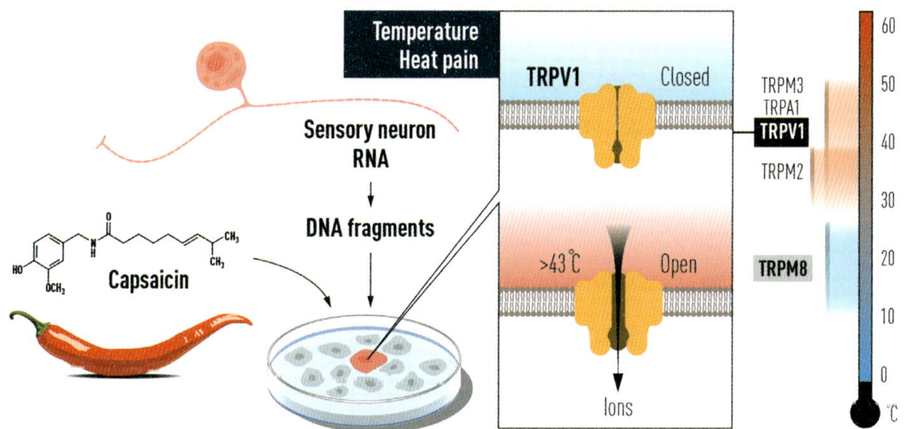

그림 13-2 캡사이신에 반응하는 수용체 TRPV1의 발견 및 기능 과정과 다양한 온도 범위에서 각각 세포의 이온 채널 기능을 나타내는 수용체, TRPM3, TRPA1, TRPM2, TRPM8.
출처: Illustrations: © The Nobel Committee for Physiology or Medicine. Illustrator: Mattias Karlén

각각의 수용체 기능을 나타내는 TRPM3, TRPA1, TRPM2 등을 발견했다. 그림 13-2에 이 연구의 수행 과정을 나타냈다.

한편, 피부가 온도에 반응하는 메커니즘이 서서히 그 모습을 드러내는 즈음에도, 물리적인 자극(힘)이 촉각과 압력으로 감지되는 메커니즘은 여전히 베일에 싸여 있었다. 파타푸티언과 그의 공동 연구자들은 뾰족한 마이크로피펫으로 찔렀을 때 측정할 수 있을 정도의 전기 신호를 나타내는 세포계를 만들려는 시도를 처음으로 하였다. 물리적인 힘에 반응하는 수용체도 이온 채널일 것으로 가정하고, 가능성 있는 수용체들의 후보로 72개의 유전자를 선정하였다. 그런 다음 이들 유전자를 하나하나 비활성화하여 각각의 세포가 비활성화된 유전자를 하나씩 갖게 하였다. 각고의 노력 끝에 마이크로피펫으로 찔렀을 때 반응을 나타내지 않는 세포를 찾아내었고, 이로써 해당 단일 유전자를 규명할 수 있었다. 이 유선사의 빌현으로 만들어진 이온(Ca^{2+}) 채널에 피에조1이란 이름을 붙였다. 그리스어로 피에시(πιεση)가 압력을 뜻한다. 피에조1의 발견과 유사한 과정으로 두 번째 유전자가 발견되었고, 피에조2로 명명했다.

그림 13-3에 파타푸티언이 유전자 비활성화 기법으로 압력 수용체인 피에조1과 피에조2 이온 채널을 발견한 주요 과정을 보여준다. 이 과정에서 유전자 침묵이란 표현이

나오는데, 이것은 유전자 하나하나를 비활성화하여 해당 수용체가 생성되지 못한 것을 의미한다. 유전자 침묵은 주로 타겟 mRNA를 절단하거나 입체적 장애를 통해 단백질의 생성을 억제한다. 이 기술은 의약품의 개발에서도 매우 중요하다. 그것은 암세포, 병원성 박테리아, 바이러스 등의 복제와 번식에 관여하는 mRNA를 절단하거나 발현을 방해하는 분자를 찾으면 되기 때문이다. 지금까지 유전자 침묵 기법이 여러 가지 개발되었으며, 그중에는 노벨상 수상 업적이 된 기법도 있다. 1989년에 시드니 올트먼과 토머스 체크는 촉매 성질을 나타내는 RNA(리보자임)를 발견한 공로로 화학상을 받았다. 이들이 발견한 리보자임으로도 해당 mRNA를 절단하여 유전자 침묵을 유도할 수 있다. 1998년에 앤드루 파이어와 크레이그 멜로는 이중가닥 RNA에 의한 유전자 침묵, 즉 RNA 간섭 현상(RNAi)으로 타겟 mRNA를 절단하여 유전자 발현이 차단되는 현상을 발견하였다. 이 공로로 2006년도 생리의학상을 받았다. 이 외에도 1978년에 폴 자메크닉은 역배열 올리고 뉴클레오타이드가 유전자 침묵을 유도하는 것을 발견했다. 이 분자는 13~25개의 뉴

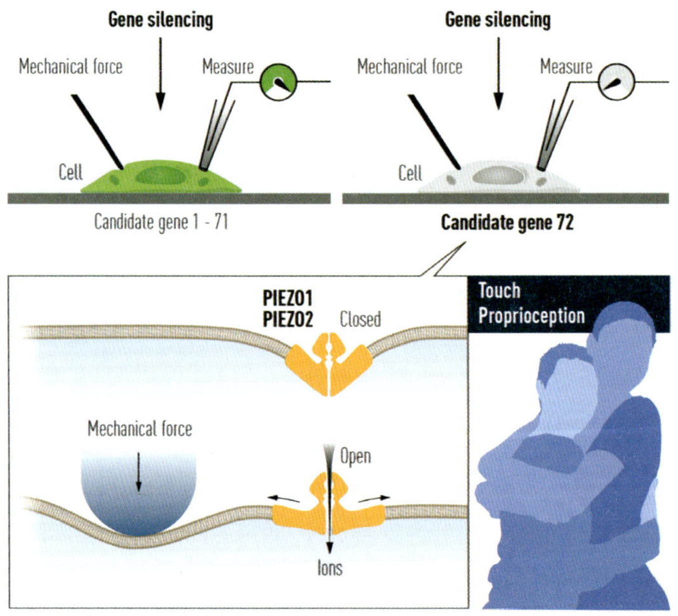

그림 13-3 파타푸티언이 유전자 침묵 기법을 통해 압력 수용체인 피에조1과 피에조2 이온 채널을 발견한 주요 과정

출처: Illustrations: © The Nobel Committee for Physiology or Medicine, Illustrator: Mattias Karlén

클레오타이드로 구성된 단일 가닥의 DNA 또는 RNA이다. 이것은 두 가지 방법으로 타겟 mRNA의 발현 과정을 차단하는데, 하나는 mRNA를 절단하는 효소(RNase H)를 활성화시키는 것이고, 다른 하나는 입체적 장애로 발현 과정을 막는 것이다.

줄리어스와 파타푸티언이 발견한 온도와 압력 수용체는 단지 피부에서만 그 기능을 나타내는 것이 아니다. 온도 수용체는 체온, 통증(염증, 신경, 내장), 보호 반사 등에도 작용하며, 촉각 수용체도 물리적 고통, 소변, 호흡, 혈압, 골격 재형성 등에 작용한다. 우리 몸 내부의 관절, 근육, 힘줄의 기계적 움직임에 따라 위치, 운동, 저항, 몸속에서 중량을 느끼는 감각을 자기수용감각(심부감각)이라고 하는데, 여기에도 촉각 수용체가 작용한다.

한편, 감각과 관련된 수용체는 아니지만, 세포막의 물 분자 통로인 아쿠아포린 막단백질을 발견한 피터 아그리와 Na^+, K^+와 같은 이온의 수용체 단백질을 발견한 로더릭 매키넌이 2003년도 화학상을 받았다. 1980년대에 아그리는 세포막의 물 채널에 대한 선구적인 연구를 시작했다. 이미 1800년대 중반에 과학자들은 물이 세포의 안과 밖을 드나드는 특별한 통로가 있을 것이라는 생각을 했고, 이 채널을 찾아 구조를 밝히고 작용 메커니즘을 밝히고자 시도했다. 1988년에 아그리는 세포막에서 어떤 단백질 분자를 분리할 수 있었는데, 나중에 이것이 오랫동안 찾았던 물 채널이라는 것을 알았다. 그는 이 단백을 갖고 있는 세포와 그렇지 않은 세포를 물속에 넣었을 때의 반응을 관찰하는 실험을 했다. 그 결과 이 단백질을 갖는 세포는 물이 세포 안으로 들어와서 부풀었는데, 그렇지 않은 세포는 크기에 변화가 없었다. 아그리는 이 단백질을 아쿠아포린으로 불렀다. 이후 많은 연구자가 동물, 식물, 심지어는 박테리아 등에서 아쿠아포린을 발견했다. 또한 사람의 신장에서는 소변을 농축하고 추출된 물을 혈액으로 되돌리는데 두 개의 서로 다른 아쿠아포린이 중요한 역할을 한다는 것을 발견하였다.

물의 이동 채널이 세포에 존재하듯이 포타슘과 소듐 이온(K^+, Na^+) 같은 이온이 세포 안팎을 드나드는 채널이 별도로 존재한다. 이들 이온 채널은 신경계와 신장에서 특히 중요하다. 맥키넌은 이온 채널이 특별한 이온은 통과시키고 다른 이온들은 차단하는 필터 역할을 밝히는 돌파구를 개척하는 업적을 쌓았다. 이들 필터가 어떻게 작용하는지를 이해하기 위해 그는 엑스선 회절을 이용하여 선명한 이미지를 얻었다. 1998년에 그는 이온 채널의 3차원 분자 구조를 결정했다. 이 채널의 구조와 크기는 소듐 이온보다 포타슘 이온에 대해서 쉽게 이온을 둘러싼 물 분자를 벗겨내고 통과시키는 데 적합하였다. 그는 또한 세포 안쪽 이온 채널 끝부분에 세포 주위의 조건에 반응하는 분자 센서가 있어서 채널의 문을 여닫는 신호를 보낸다는 것을 발견했다. 그의 선구적인 업적으로 이온 채널이 중요한 역할을 하는 질병에 대해 의약품을 개발하는 연구를 추진할 수 있는 길을 열었다.

후각 시스템

분자 기술을 이용하여 감각 기관이 판독된 것은 후각 시스템이 처음이다. 리처드 액설과 린다 벅은 유전체의 약 3%가 다양한 냄새 수용체의 암호화에 사용된다는 것을 발견했다. 냄새 물질에 의해 후각 수용체가 활성화하면, 후각 수용체 세포에 전기적 신호가 발생하고 이것이 신경 전달 과정을 거쳐 뇌에 보내진다. 후각 수용체는 가장 먼저 이것과 연결된 G-단백질을 활성화한다. 대부분의 후각 수용체들이 G-단백질과 결합된 수용체(GPCR)라는 것을 밝혀낸 사람도 액설과 벅이다. 이 단백질은 이어서 메신저 분자인 cAMP를 만들도록 자극하고, 이 분자가 이온 채널을 열게 하여 세포가 활성화되는 것이다. 리처드 액설과 린다 벅은 냄새 분자의 수용체와 후각 시스템의 조직에 관한 연구로 2004년도 생리의학상을 받았다.

액설과 벅은 각각 독립적으로 하나의 후각 수용체 세포는 오직 하나의 수용체 유전자를 갖는다는 것을 알아냈다. 따라서 각기 다른 후각 수용체의 개수만큼 많은 형태의 수용체 세포가 존재한다. 그렇다고 하나의 후각 수용체 세포가 오직 하나의 냄새 물질에 대해서만 반응하는 것은 아니다. 해당 세포로부터 나오는 전기적 신호를 분석해 보면 하나의 세포가 여러 개의 분자에 대해 반응을 보이는데, 다만 그 반응의 세기는 서로 달랐다. 대부분의 냄새는 여러 개의 냄새 분자로 구성된 혼합물에 기인한다. 이때 각각의 분자는 여러 개의 서로 다른 수용체를 활성화하고, 각 수용체의 신호가 조합을 이뤄 "냄새 패턴"을 형성하는 코드가 만들어진다. 이것은 마치 다양한 색깔의 조각보나 모자이크과 같다. 이러한 조합 코드로부터 우리는 대략 만 개의 냄새를 기억할 수 있다.

액설과 벅은 이 외에도 냄새 신호가 사구체와 승모세포를 거쳐 뇌에 전달되는 전체적인 후각 시스템을 밝혀냈다. 아울러 액설과 벅은 페로몬 분자의 수용체에 관한 연구

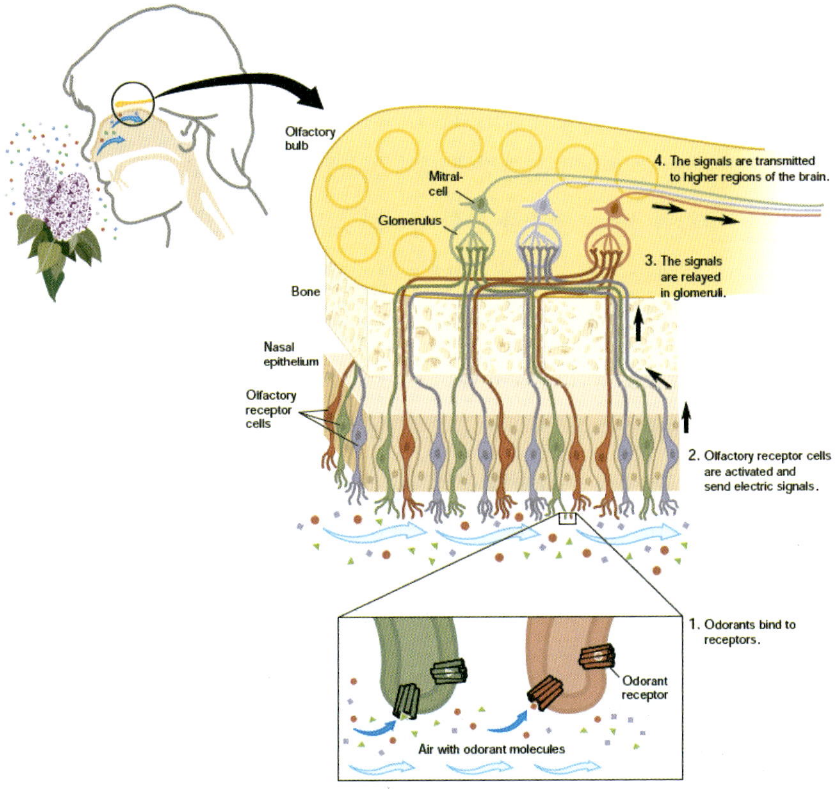

그림 13-4 액설과 벅에 의해 밝혀진 냄새 분자의 수용체와 후각 시스템의 조직도
출처: Illustrations: © The Nobel Committee for Physiology or Medicine. Illustrator: Mattias Karlén

도 수행했는데, 페로몬 분자는 두 개의 다른 GPCR 계통에 의해 감지되며, 이들은 서로 다른 위치의 코 점막에 존재한다는 것을 발견했다. 그림 13-4에 액설과 벅에 의해 밝혀진 냄새 분자의 수용체와 후각 시스템의 조직도를 나타냈다.

13.2 피부 화장품

세제

세제의 기본 용도는 때를 씻어내는 것이다. 때는 몸이나 옷에 묻은 더러운 것을 말하지만, 때로는 있어야 할 곳이 아닌 엉뚱한 곳에 있는 것을 일컫기도 한다. 아무리 맛있는 음식이라도 그릇에 담기지 않고 옷에 묻으면 때이다. 그런데 때를 씻는 세제가 엉뚱한 곳에 쓰여서 노벨상 수상의 도우미 역할을 하기도 했다. 이전에 언급한 적이 있는 하르트무트 미헬(1988 화학상)이 연구 과정에 세제 분자를 효과적으로 이용했다. 그는 광합성이 일어나는 자리의 3차원 구조를 밝힌 공로로 노벨상을 받았는데, 3차원 구조를 구성하는 단백질을 세제를 사용하여 세포막으로부터 분리하였다. 그림 13-5에 이 과정을 나타냈다. 그림에서 보여주는 것처럼 세제 분자는 물에 잘 녹는 머리(친수성 부분)와 물을 싫어하는 꼬리(소수성 부분) 구조를 갖는다. 그래서 물에 세제를 풀면 물을 싫어하는 꼬리들이 구 모양의 안쪽에 모여든 마이셀 구조를 형성한다. 세포막 단백질을 분리할 때 단백질의 가운데 부분을 세제 분자들의 꼬리가 감싸서 물속으로 녹아 나오게 한 것이다. 세포막에 걸쳐있는 단백질은 세포막의 안과 밖으로 노출된 부분은 물을 좋아하지만, 세포막에 싸여 있는 가운데 부분은 물을 싫어하는 구조이다.

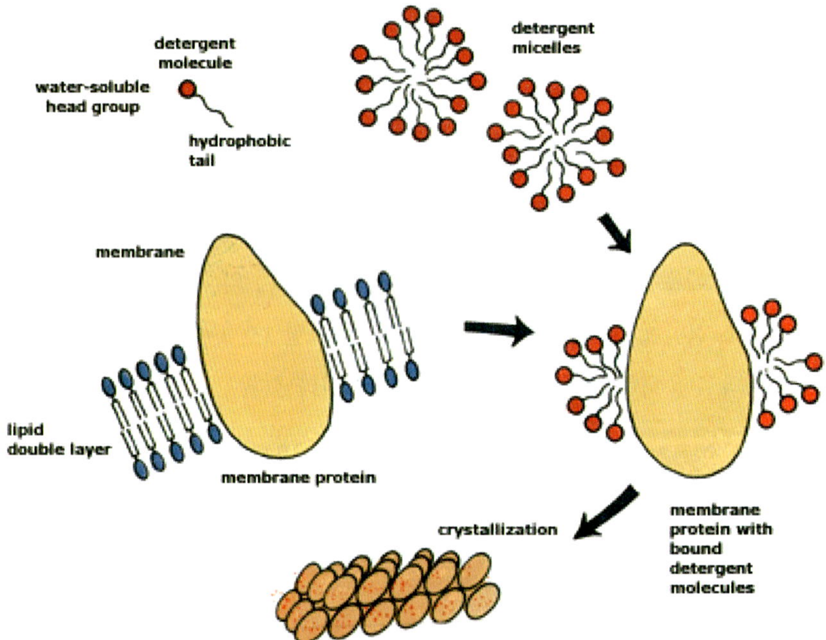

그림 13-5 하르트무트 미헬의 세제를 이용한 세포막 단백질의 분리 과정
출처: © The Royal Swedish Academy of Sciences

사실 세포막을 구성하는 인지질 분자도 세제처럼 친수성 부분과 소수성 부분을 함께 갖는 구조이다. 그런데 인지질 분자는 물속에서 마이셀이 아닌 이중층막을 형성한다. 이것은 친수성 부분과 소수성 부분의 힘의 균형에서 차이가 나기 때문이다. 세제 분자는 소수성 사슬이 한 줄짜리인데, 인지질은 두 줄을 갖는다. 즉, 인지질은 소수성 부분의 힘이 세제의 경우보다 커져서 마이셀보다는 이중층막을 형성하는 편이 더욱 안정한 형태이다.

한편 10장에서 의약품의 합성 방법으로 유도 진화와 파지 디스플레이법을 소개하였다. 이들 합성법의 주요 성과에 의약품뿐만 아니라 세제에 들어가는 효소의 합성도 포함되었다. 세제에는 정말 다양한 성분이 포함되는데, 음식물 때 중에서 단백질 성분을 분해하기 위한 효소도 들어있다. 이 경우는 효소가 생체 내의 환경이 아닌 세탁 환경에서 작용해야 한다. 따라서 생체 효소를 그대로 사용하기보다는 세탁 환경에 적합한 형태로 효소를 변형시켜 사용한다. 프랜시스 아널드(2018 화학상)는 자연의 진화 방식을 모방하되 원하는 방향으로 효소를 개량하는 유도 진화 방법을 통해 본래의 효소 기능을 뛰어넘는 효소를 얻었다.

피부 화장품

세제도 그렇지만 화장품은 더욱 다양한 성분의 혼합물이다. 각 성분의 역할은 기능, 심미, 사용감, 희석, 안정제, 조절제, 생산성 향상 등으로 나뉘는데, 여기에 스토리가 있어서 광고 효과가 있는 성분도 한몫한다. 기능에 해당하는 성분은 계면활성제, 컨디셔닝제, 보습제, 색소, 각종 효능 원료(미백, 주름 개선, 자외선 차단 등)이다. 심미적 성분은 증점제, 착향제, 색소, 펄(진주)화제 등이며, 사용감 성분은 피부 접촉감, 화장 제거 편리함 등이다. 희석은 물이나 유성 원료로 이뤄지며, 안정제로 유화제, 고분자, 보존제, 항산화제, 킬레이트제 등이 있다. 조절제로는 pH, 점노, 규격 내의 색조 특성 등이 있으며, 대량 생산에 적합해야 한다.

식품의약품안전처는 '화장품 원료규격 가이드라인'을 통해 화장품 원료에 대한 규격을 관리하고 있다. 화장품 원료에 대한 성상과 품질에 관한 기준, 시험방법 등이 가이드라인에 제시되어 있다. 기초화장품의 경우 9대 원료가 주요 성분으로 들어가는데, 물,

유성 원료, 계면활성제, 색소, 효능원료, 착향제, 보존제, 증점제, 보습제 등이다. 화장품의 제형은 가용화, 유화, 분산 형태로 나누는데, 이를 위해 부형제가 사용된다.

향수

향수는 향수 원액의 농도에 따라 표 13-1과 같이 구분한다. 원액의 함량이 높을수록 물론 고가이며 향수병의 크기는 작다. 향수는 사용 목적에 맞게 구입하고 적당량을 사용하는 것이 좋다.

향수 중에 페로몬 향수가 있다. 우선 호르몬과 페로몬을 구분할 필요가 있다. 호르몬은 잘 알다시피 동물의 내분비샘에서 분비되어 체내의 다른 기관이나 조직의 작용을 촉진하거나 억제하는 물질이다. 즉, 자신이 만들어서 자신이 사용한다. 이와 달리 페로몬은 동물, 특히 곤충이 만들어서 외부에 분비함으로써 다른 동물에게 어떤 행동을 일으키게 하는 물질이다. 즉, 자신이 만들어서 남에게 사용한다. 같은 종류의 동물들 사이에 위험을 알리는 경보 페로몬, 이성을 유혹하는 성페로몬, 길을 잃고 헤매지 않게 해주는 길표지 페로몬 등이 있다.

표 13-1 향수 원액의 농도에 따른 향수의 구분(프랑스어 혹은 영어)

구분	원액(%)	비고
퍼퓸, 향수 또는 향수 추출물 (Parfum or extrait)	15~40	일반적으로 20%, 고가의 가장 오래 지속되는 무거운 향
에스프리 드 퍼퓸 (Esprit de Parfum, ESdP)	15~30	흔히 사용하지는 않는 농도인데, 디올 사의 "푸아종(Poison)"이 채택하여 유명해짐
오 드 퍼퓸(Eau de Parfum, EdP), 퍼퓸 드 투알레트(Parfum de Toilette, PdT)	10~20	일반적으로 ~15%, 고농도의 일반 향수, PdT 용어는 드물게 사용
오 드 투알레트(Eau de Toilette, EdT)	5~15	일반적으로 ~10%, 저가의 가장 많이 사용되는 향수
오 드 코롱(Eau de Cologne, EdC)	3~8	일반적으로 ~5%, 독일 쾰른에서 시작된 향수, 탑노트로 가벼운 향이 많이 쓰임
피퓸 미스트(Perfume mist)	3~8	알코올을 쓰지 않는 향수, 햇빛에도 안전한 가벼운 향수
스플래시(Splash, EdS)	1~3	면도용 향수

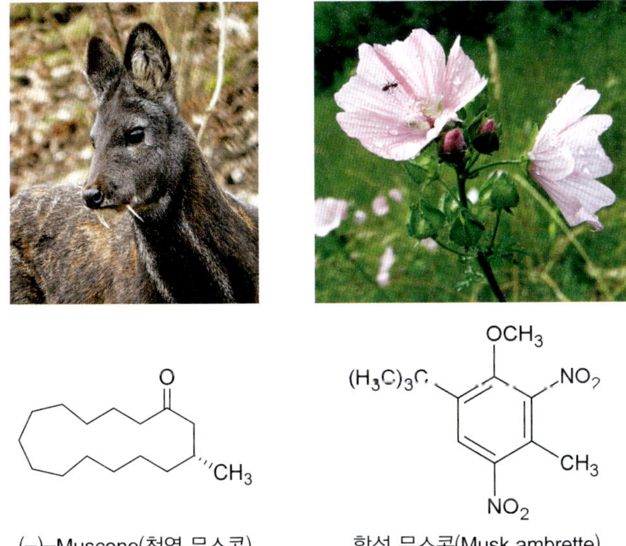

그림 13-6 사향노루와 사향아욱의 사진. 아래는 천연 무스콘과 이 향을 모방한 합성 무스콘(Musk ambrette)의 구조식
출처: Николай Усик, CC BY-SA 3.0, Wikimedia Commons(왼쪽 위) / Albert H., CC BY-SA 3.0, Wikimedia Commons(오른쪽 위)

페로몬 향수에는 사향노루 수컷이 방출하는 사향 성분이 주로 사용된다. 이 성분이 무스콘인데, 그 구조는 천연물 화학자 레오폴트 루지치카에 의해 1920년대에 밝혀졌다(그림 13-6). 당시 이 연구를 향수 기업이 지원했다. 그는 이 연구를 통해 향기 물질들이 공통의 기본 골격을 갖는다는 것을 발견했는데, 이것이 터펜류의 아이소프렌 기본 골격이다. 그는 또한 콜레스테롤로부터 성호르몬인 안드로스테논과 테스토스테론을 합성했다. 그는 아돌프 부테난트와 함께 1939년도 화학상을 수상했는데, 부테난트는 스테로이드 호르몬의 연구에 뛰어난 업적을 남긴 생화학자이다. 특히 그는 남성 호르몬 안드로스테논을 처음으로 분리하였고, 여성 호르몬 프로게스테론의 화학 구조를 결정하였다.

무스콘을 수컷 사향노루의 사향샘으로부터 얻는 것은 동물의 희생이 따르는 일이기 때문에, 이 향을 인공적으로 대체하고자 노력했다. 그 결과 천연의 무스콘과 동일한 합성 무스콘이 생산되지만, 합성이 까다로워서 대량 생산에 한계가 있다. 따라서 구조는 천연 무스콘과 다르지만, 향기는 유사한 나이트로 무스크가 크게 유행하였다. 나이트로 무스크는 나이트로(-NO_2) 그룹을 갖는 화합물들의 혼합물인데, 그중의 하나가 그림 13-6의 무스크 암브레트이다. 그런데 나이트로 무스크 분자가 발암성이 있고, 난분해성이어서 환경에 지속적인 악영향을 끼치는 것이 알려졌다. 식물성 대체 물질로 안데스에서 자라는 사향아욱의 씨에서 얻어지는 암브레트 종자유가 있는데, 이것은 너무 가격이 비싸다. 가격이 덜 비싼 것으로 반합성 분자인 다이하이드로암브레톨라이드와 발효 분자인 암브레톨라이드 HC 슈프림이 있다. 반합성이란 작은 분자로부터 시작해서 목표 분자까지 전체 단계를 거치는 전합성과는 달리 천연물 중간체가 있어서 합성 단계를 단축한 것을 말한다.

루지치카는 독일 화학자 헤르만 슈타우딩거(1953 화학상, 2장 플라스틱)의 조수로 일하면서 제충국의 살충제 성분을 연구했다. 슈타우딩거를 따라 취리히 연방공과대학(ETH)으로 옮긴 그는 스위스 시민권을 취득하고 이 대학에서 강의했다. 1926년 네덜란드 위트레흐트대학교 유기화학 교수로 부임했으며, 3년 후 스위스로 돌아와 ETH 화학 교수로 취임했다.

루지치카가 1916년에 시작한 천연 향기 화합물 연구는 향수 산업에 중요한 무스콘과 시베톤 분자가 각각 15개와 17개의 탄소 원자로 이루어진 고리 분자라는 발견으로 화학계를 놀라게 했다. 이 발견 이전에는 8개 이상의 원자로 이루어진 고리는 알려지지 않았을 뿐만 아니라 존재하기에는 너무 불안정하다고 여겨졌다. 루지치카의 발견은 고리 화합물에 관한 연구를 크게 확장시켰다. 그는 또한 터펜과 다른 많은 대형 유기 분자들의 탄소 골격이 아이소프렌 단위의 다중 결합으로 구성됨을 보여주었다.

부테난트는 1929년, 미국의 에드워드 도이지(1943 생리의학상)와 거의 동시에 여성의 성 발달과 기능에 관여하는 호르몬 중 하나인 에스트론을 분리했다. 1931년에는 남성 성호르몬인 안드로스테론을 분리 및 확인했으며, 1934년에는 여성 생식 주기에서 중요한 역할을 하는 호르몬인 프로게스테론을 분리했다. 이로써 성호르몬이 스테로이드와 밀접한 관련이 있음이 분명해졌으며, 루지치카가 콜레스테롤이 안드로스테론으로 전환될 수 있음을 입증한 후, 그와 부테난트는 프로게스테론과 남성 호르몬 테스토스테론을 모두 합성할 수 있게 되었다. 부테난트의 연구로 결국 코르티손 및 기타 스테로이드의 합성이 가능하게 되었으며, 피임약 개발로 이어졌다.

부테난트의 다른 업적으로 1940년대에 곤충 눈 색소 결함에 관한 연구로부터 특정 유전자가 다양한 대사 과정 효소의 합성을 조절하며, 해당 유전자의 돌연변이가 대사 결함을 초래할 수 있음을 입증했다. 1959년, 20년간의 연구 끝에 부테난트와 동료들은 누에나방의 성유인물질을 분리했는데, 이는 페로몬 물질의 첫 번째 사례이다. 그는 또한 곤충의 탈피 호르몬 엑디손을 최초로 결정화하였다.

사람 사이에 작용하는 페로몬이 있는가에 대해서는 분명하게 밝혀지지 않았다. 남성의 땀 속 성분에 대한 여성의 반응을 검토했는데, 여성에 따라 호불호가 나누어지는 결과를 관찰했다. 페로몬 향수에 사용되는 성분도 다른 동물의 것이다. 비록 다른 동물의 페로몬이지만 사람에게서도 뇌의 반응과 행동에 변화가 나타난다는 보고가 있었다. 그리고 페로몬 수용체의 유전자가 사람의 후각 점막에서도 발현된다는 발표도 있었다.

13.3 모발 화장품

모발의 구조

사람의 인상을 결정하는 데 모발이 큰 영향을 준다. 그렇다 보니 남녀 모두 머리 스타일에 신경을 많이 쓴다. 이에 따라 모발 화장품의 종류가 다양해지고, 시장도 매우 커지고 있다. 이 글에서는 모발 화장품의 종류에 대한 설명은 생략하고, 모발의 구조, 염색, 그리고 퍼머의 원리에 관해서 설명한다.

모발은 단백질이다. 단백질은 모양에 따라 구형 단백질과 선형 단백질로 크게 구분할 수 있다. 즉, 신체 내에서 촉매로 작용하는 효소처럼 둥근 모양인 것과 머리카락이나 생사(silk)처럼 실 모양인 것이 있다. 이전에 3장 현미경, 6장 영상 진단, 12장 에너지에 관한 내용에서도, 단백질의 구조와 관련된 노벨상 수상자들을 언급한 적이 있다. 이들을 포함하여 본 장에서 등장하는 단백질 구조 관련 노벨상 수상자를 표 13-2에 나타냈다. 생리의학상 분야에도 단백질을 연구한 수상자가 있지만, 그들은 주로 질병과 관련된 단백질의 기능을 연구했기 때문에 여기서는 제외하였다. 단백질, 특히 구형 단백질 분야에서 노벨상 수상자가 많이 배출되었다는 것은, 생체 내에서 단백질이 차지하는 역할이 그만큼 중요하다는 것을 의미한다.

단백질의 구조는 1차, 2차, 3차, 4차 구조로 구분한다. 1차 구조는 아미노산들이 펩타이드 결합으로 연결된 사슬 구조이다. 2차 구조는 단백질 국부 영역의 폴리펩타이드

표 13-2 단백질 구조와 관련된 노벨상 수상자와 업적

연도 분야	수상자	수상 업적
1946 화학	제임스 섬너	효소의 결정화 발견
1954 화학	라이너스 폴링	화학 결합의 특성 연구
1962 화학	맥스 퍼루츠	헤모글로빈의 구조 연구
	존 켄드루	미오글로빈의 구조 규명
1964 화학	도러시 호지킨	엑스선 회절을 이용한 생화학 물질 구조 연구
1972 화학	크리스천 안핀슨	리보뉴클레아제, 특히 아미노산 서열과 생체 활성 형태의 연관성 연구
	스탠퍼드 무어	리보뉴클레이스 분자의 활성 중심에서 화학 구조와 촉매 활성 간의 연관성 이해에 대한 공헌
	윌리엄 스타인	
1982 화학	에런 클루그	전자 현미경으로 핵산-단백질 복합체의 구조 규명
1988 화학	요한 다이젠호퍼, 로베르트 후버, 하르트무트 미헬	광합성 반응 센터의 3차원 구조 결정
1991 화학	리하르트 에른스트	고해상도의 NMR 분광법 개발에 기여
2002 화학	존 펜	질량분석을 위한 전자분무 이온화 방법
	다나카 고이치	질량분석을 위한 레이저 이온화법(MALDI) 개발
	쿠르트 뷔트리히	개발핵자기공명(NMR) 분광법으로 용액 중의 단백질 구조 규명
2003 화학	피터 아그리	세포막의 물 분자 통로인 아쿠아포린 막단백질 발견
	로더릭 매키넌	Na^+, K^+의 선택적 이온 채널 단백질 발견
2009 화학	벤카트라만 라마크리슈난, 토머스 스타이츠, 아다 요나트	리보솜의 구조와 기능에 관한 연구
2017 화학	자크 뒤보셰, 요아힘 프랑크, 리처드 헨더슨	저온 전자 현미경을 통한 생체 단백질 구조 결정
2021 생리의학	데이비드 줄리어스	온도 수용체의 발견
	아뎀 파타푸티언	촉각 수용체의 발견

자료 출처: https://www.nobelprize.org/prizes/chemistry/, https://www.ebi.ac.uk/pdbe/docs/nobel/nobels.html

사슬이 규칙성을 갖는 입체 구조이다. 알파 나선, 베타 가닥, 베타 병풍 구조 등이 여기에 해당한다. 이들 구조는 사슬을 구성하는 아미노산들의 곁사슬 분포에 따라 사슬 간 또는 사슬 내 수소 결합을 통해 만들어진다. 표 13-2에 1954년도 화학상을 받은 라이너스 폴링을 나타냈다. 폴링의 노벨상 수상 업적은 화학 결합의 특성 연구이지만, 그는 단백질의 2차 구조(알파 나선, 베타 가닥, 베타 병풍 구조)에 대해서도 업적을 남겼다. 3차 구조는 이러한 2차 구조들이 연결된 폴리펩타이드 전체의 입체 구조이다. 4차 구조는 여러 개의 3차 구조 단백질이 특정의 기능 수행에 적합하게 모여있는 구조이다. 예로써, 광합성 반응 센터에는 3차 구조 단백질 4개가 모여있나(12장 에너지).

모발의 가장 기초 구조는 아미노산이다. 아미노산으로 구성된 케라틴 단백질은 3차 구조이며 중간섬유를 만드는 기본 단위이다. 4량체는 이것 4개가 합쳐진 것이다. 이 용어의 의미는 단백질 구조에서와 고분자 합성에서 다르게 사용된다. 즉, 고분자 합성에서는 아미노산 1개가 단량체이고, 아미노산 4개가 결합되면 4량체인데, 단백질 구조에서는 단백질 1개가 단량체여서 4량체는 단백질 4개가 합쳐진 것이다. 4량체들이 모여서 중간섬유를 형성하고, 이것들이 합쳐져서 차례로 미세섬유와 피질이 되며, 이것을 각피가 감싸고 있는 것이 모발이다. 모발의 지름은 보통 50μm이다.

단백질의 구조 연구는 단백질을 결정화함으로써 시작되었다. 표 13-2의 첫 줄에 나타낸 1946년 노벨상이 바로 이 발견에 주어졌다. 코넬대학의 제임스 섬너가 '효소가 결정화될 수 있다는 것을 발견'한 공로로 상금의 반을 받았고, 나머지 반은 록펠러 연구소의 존 노스롭과 웬델 스탠리가 공동 수상했는데, 공적은 '순수한 형태의 효소와 바이러스 단백질을 제조'한 것이었다. 즉, 단백질 분석의 첫 단계인 단일 성분의 분리와 결정화에 성공한 수상자들이다. 섬너는 1926년에 유레아제, 즉 요소 분해 효소를 빵나무 열매로부터 결정으로 얻어서, 이것이 순수한 단백질 결정이라고 발표하였다. 하지만 당시 그의 주장은 많은 의문 속에 받아들여졌고, 그 결정은 효소가 흡착되거나 갇혀있는 무기염일 것이라고 평가되었다. 하지만 섬너의 발견 후 몇 년 지나지 않아서 노스롭이 힘들게 세 개의 소화 효소, 펩신, 트립신, 카이모트립신의 결정을 얻었고, 어려운 과정을 거쳐 이들이 순수한 단백질이라는 것을 증명하였다. 스탠리는 1930년대에 순수한 바이러스 단백질의 분리를 시작하였는데, 1945년이 되어서야 바이러스 결정을 얻었고, 이로써 바이러스는 단백질과 핵산의 복합체라는 것을 밝힐 수 있었다. 이들 세 명 과학자의 선구적인 연구 결과가 이후 수많은 생체 거대분자의 새로운 결정을 얻는 기초가 되었고, 이로써 새로운 단백질들이 20세기 후반에 많이 알려지게 되었다.

노스롭의 효소 연구는 전쟁 무기 제조에 필요한 물자의 조달이 한 역할을 했다. 제1차 세계대전 중 노스롭은 아세톤과 에틸알코올의 산업적 생산에 적합한 발효 공정에 관한 연구를 수행했다. 이 작업은 소화, 호흡 및 일반적인 생명 과정에 필수적인 효소에 관한 연구로 이어졌다. 당시 효소의 화학적 본질은 알려지지 않았으나, 노스롭은 연구를 통해 효소가 화학 반응의 법칙을 따름을 입증할 수 있었다. 그는 1930년 위액에 존재하는 소화 효소인 펩신을 결정화하여 단백질임을 발견함으로써 효소의 본질에 대한 논쟁을 해결했다. 동일한 화학적 방법을 사용하여 1938년에는 최초의 박테리아 바이러스, 곧 박테리오파지를 분리해냈으며, 이것이 핵단백질임을 입증했다. 노스롭은 또한 펩신의 비활성 전구체인 펩시노젠(위에서 염산과 반응하여 활성 효소로 전환됨), 췌장 소화 효소인 트립신과 키모트립신, 그리고 이들의 비활성 전구체인 트립시노젠과 카이모트립시노젠을 분리하고 결정 형태로 만드는 데 이바지했다.

모발 파마

모발을 구성하는 단백질의 사슬과 사슬 사이에는 여러 가지 분자 간 결합이 존재한다. 그림 13-7에 나타냈듯이 수소 결합(C) 외에도 이온 결합(A)과 이황화 결합(B)이 있고, 곁사슬끼리의 수소 결합과 소수성 결합도 가능하다. 손톱과 머리카락이 딱딱한 이

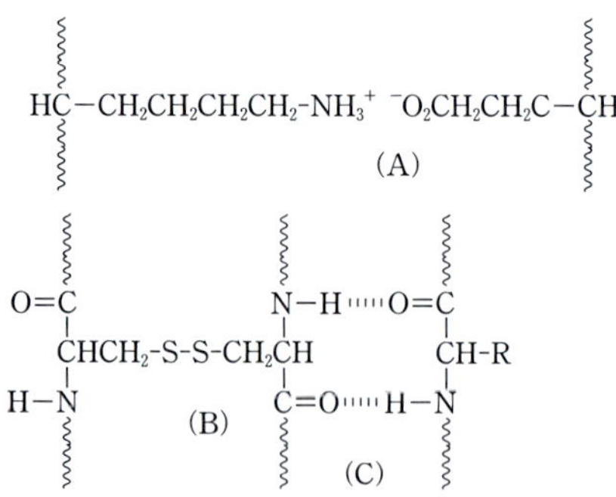

그림 13-7 모발 단백질의 폴리펩타이드 사슬 사이의 결합

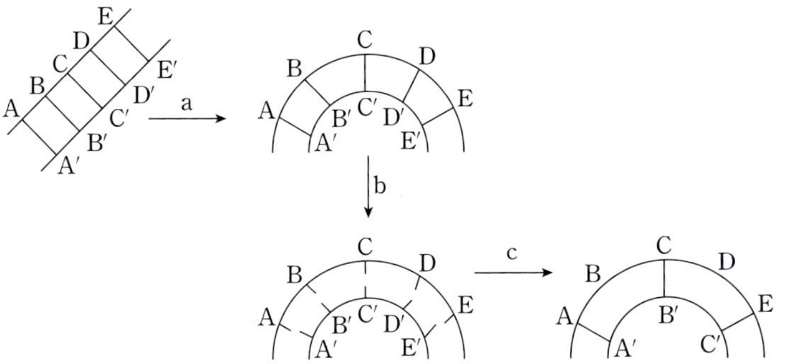

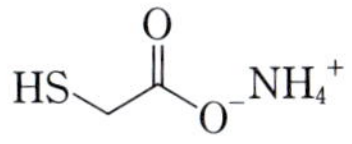

Ammonium thioglycolate

$HSCH_2COO^- + NH_4^+ \rightleftharpoons HSCH_2COOH + NH_3$

단계 b : $RSH + R'SSR' \rightleftharpoons R'SH + RSSR'$

단계 c : $R'SH + R'SH + H_2O_2 \rightleftharpoons R'S{-}SR' + 2H_2O$

그림 13-8 파마머리가 형성되는 과정. a 단계에서 머리를 원하는 모양으로 말아줌, b 단계에서 환원제로 -S-S- 결합을 -SH + HS-로 끊음, c 단계에서 산화제로 다시 -S-S- 결합을 형성함.

유는 이와 같은 폴리펩타이드 사슬 사이의 강한 결합 때문이다. 하지만 단단한 머리카락도 물에 젖으면 물 분자가 폴리펩타이드 사슬 사이로 들어가서 약간 부드러워지며, 물 분자가 이온 결합 사이에 끼어들면 머리카락이 건조할 때보다 길이가 길어진다. 즉, 물 분자가 가소제로 작용해서 머리카락을 부드럽게 하고, 팽윤제 역할을 해서 길이를 늘인 것이다. 따라서 물에 젖은 머리카락은 원하는 형태로 유연하게 움직인다. 하지만 이렇게 만든 머리 스타일은 파마머리처럼 오랫동안 유지되지 않는다. 그것은 물 분자가 머리카락에 침투하여 수소 결합과 이온 결합을 약하게 만들기는 하지만, 사슬 사이의 이황화 결합(-S-S-)을 끊지는 못하기 때문이다. 즉, 파마하는 것은 이들 이황화 결합을 일단 끊었다가(환원 반응), 형태를 잡은 상태에서 새롭게 이황화 결합을 생성하는(산화 반응) 과정이다. 이 과정을 그림 13-8에 나타냈다.

그림 13-8의 단계 b에서 가장 흔히 사용되는 환원제로 싸이오글리콜산 암모늄이 있으며, 단계 c에서 필요한 산화제로는 과산화 수소, 붕산 소듐, 브로민산 소듐이 있다. 파마 후에 머리를 감을 때는 중성세제로 먼저 씻은 다음 마무리 린스는 산성 세제로 한다. 산성도(pH), 향기, 색깔을 조절하기 위해서 단계 b와 c에서 사용하는 산화 용액과 환원 용액에 다양한 첨가물을 넣어서 사용한다.

모발의 표백과 착색

머리카락의 색깔은 단백질 사슬에 멜라닌 색소가 존재하기 때문에 나타난다. 두 종류의 멜라닌 색소가 있는데, 하나는 유멜라닌이라는 검은 색소이고, 다른 하나는 노란색의 페오멜라닌이다. 이들의 상대적인 비율이 머리카락의 색깔을 결정한다. 짙은 검은색은 유멜라닌이 지배적이고 밝은 금발색은 페오멜라닌이 지배적이다. 색깔의 깊이는 색소 입자의 크기에 따라 좌우된다. 머리카락의 색깔을 바꾸는 방법은 크게 두 가지인데, 하나는 기존의 색소를 탈색시키는 것이고, 다른 하나는 외부 염료로 머리카락을 염색하는 것이다. 탈색은 주로 검은색의 유멜라닌 색소를 과산화 수소 용액으로 표백시키는 것이다. 이때 유멜라닌 색소가 산화되어 무색이 되기 때문에 또 다른 색소인 페오멜라닌이 드러나서 색깔을 지배하게 된다. 하지만 이 방법은 머리카락의 색깔을 변화시킬 뿐만 아니라 머리카락의 구조를 파괴하기 때문에 머리카락이 쉽게 부스러지고 거칠어지게 된다.

염색에는 머리카락 표면만 착색시키는 일시적인 방법과 염료가 모발 섬유 사이에 침투되는 반영구적인 방법이 있다. 반영구적인 이유는 모발 사이로 들어간 염료 원료들이 반응을 통해 영구 염료가 생성될 때 분자의 크기가 커지므로 사슬에서 쉽게 빠져나오지 못하기 때문이다. 일시 염료는 코발트 또는 크로뮴의 유기물 착체인데, 유기물의 종류와 착체 구조에 따라 다양한 색깔을 나타낸다. 영구 염료는 원료인 기본물질과 커플링

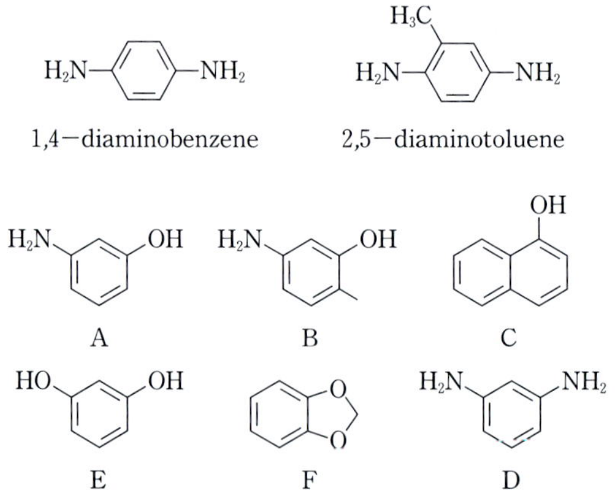

H_2N–C₆H₄–NH_2 1,4−diaminobenzene

H_3C, H_2N, NH_2 2,5−diaminotoluene

A B C

E F D

그림 13-9 영구 염료 생성에 사용되는 기본물질과 커플링제(A~F). 기본물질과의 반응으로 A~C는 붉은색, D, E는 연노란색, F는 파란색을 나타낸다.

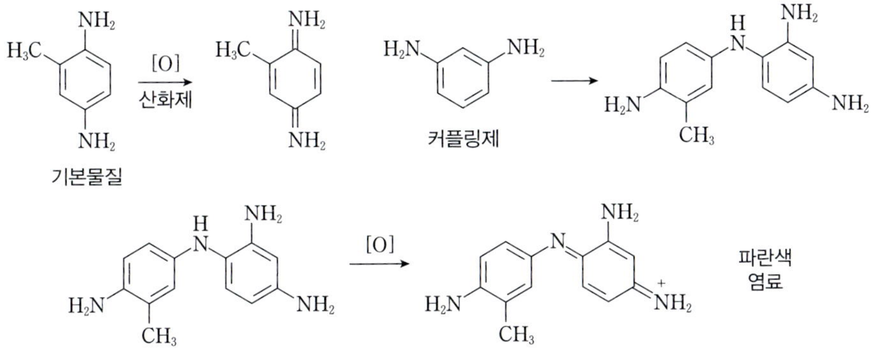

그림 13-10 파란색을 나타내는 모발 염료의 생성

제가 머리카락 내에서 산화 반응을 통해 결합함으로써 생성된다. 기본물질로는 그동안 *p*-페닐렌디아민이 사용되었지만, 최근에 2,5-디아미노톨루엔으로 대체되었다. 이때 색깔을 결정하는 것은 기본물질과 반응하는 커플링제이다. 즉, 기본물질과 그림 13-9의 화합물 중 A, B, C와 반응하면 붉은색, D, E와 반응하면 연노란색, F와 반응하면 파란색 염료가 생성된다. 이 과정에서도 산화제(과산화 수소/암모니아)가 사용된다. 그림 13-10에 한 예를 들었는데, 기본물질 2,5-디아미노톨루엔이 그림 13-9의 D 커플링제와 반응하여 파란색 염료를 생성하는 과정을 나타냈다.

13.4 기능성 화장품

예전보다 한국의 기능성 화장품에 관한 전 세계인의 관심이 높아졌다. 이것은 한국 문화의 위상이 세계적으로 높아지면서 K-뷰티가 덕을 보기도 했겠지만, 한국의 화장품 회사들이 다양한 화장품 원료의 개발 등을 통해 우수한 기능성 화장품을 개발했기 때문이다. 화장품을 제조할 때 피부에 좋은 어떤 성분을 화장품에 첨가했다고 해서, 제조자가 임의로 기능성 화장품이라는 이름을 용기에 표기해서는 안 된다. 기능성 화장품으로 인증을 받기 위해서는 엄격한 승인 절차를 거쳐야 한다.

기능성 화장품의 종류가 2017년에 대폭 증가하였다. 그전에는 미백, 주름 개선, 자외선 차단 등 3종류였던 기능성 화장품이, 현재는 이 외에도 염모제, 탈염·탈색제, 제모제, 탈모 방지제, 욕용제 중 여드름성 피부 완화제, 아토피성 피부 완화제, 튼살 붉은 선 완화제가 기능성 화장품에 포함되었다. 여기서는 이 중에서 몇 가지를 살펴본다.

미백 화장품

미백 화장품은 이름 그대로 피부를 희게 만드는 화장품이다. '흰 피부가 아름답다'라는 관념이 상업적으로 큰 시장을 형성했다. 흰 피부를 지향하는 관념에는 역사적, 문화적인 배경이 있다. 그동안 백인들이 정치적, 경제적, 사회적으로 우위를 차지하면서 생긴 지배 이데올로기의 산물로 보기도 한다. 그들의 피부색이 고급스러움과 아름다움의 상징이 된 것이다. 다른 배경으로는 동서양을 막론하고 지배 계층은 실내에서 생활하여 피부가 하얀 경우가 많지만, 노동자들은 야외 활동으로 피부가 검게 탔기 때문에 이로부터 계층적 인식이 생겼을 수 있다. 이로 인해 자연스러운 아름다움이 무시되고 미적 다양성과 개성이 억압되어 피부색이 어두운 사람에게 심리적, 경제적 부담을 준다.

피부를 희게 만드는 방법은 여러 가지이다.

1) 외부 자극이 멜라닌 색소를 형성하는 멜라노사이트로 전달되지 않도록 차단한다. 카모마일 추출물이 이에 해당한다.
2) 멜라닌 색소의 생성에 관여하는 효소인 티로시나아제의 합성을 억제하거나 활성을 저해한다. 알부틴이나 닥나무, 상백피, 감초 등의 추출물이 이런 역할을 한다.
3) 이미 생성된 멜라닌을 환원시킨다. 비타민 C, 코엔자임 Q10 등이 환원제로 작용한다. 즉, 멜라닌은 산화 또는 환원 반응으로 검은색을 잃는다.
4) 빠른 각질의 탈락으로 멜라닌 색소의 배출을 촉진한다. 알파 또는 베타 하이드록시산(AHA, BHA)이 이러한 작용을 나타낸다. 알부틴과 더불어 이들의 구조를 그림 13-11에 나타냈다.

자외선 차단제

자외선에 피부가 오랜 시간 노출되면 피부 조직이 손상된다. 이들 자외선은 파장에 따라 두 종류로 나뉜다. 파장이 400~320nm인 것을 UVA, 320~290nm인 것을 UVB로

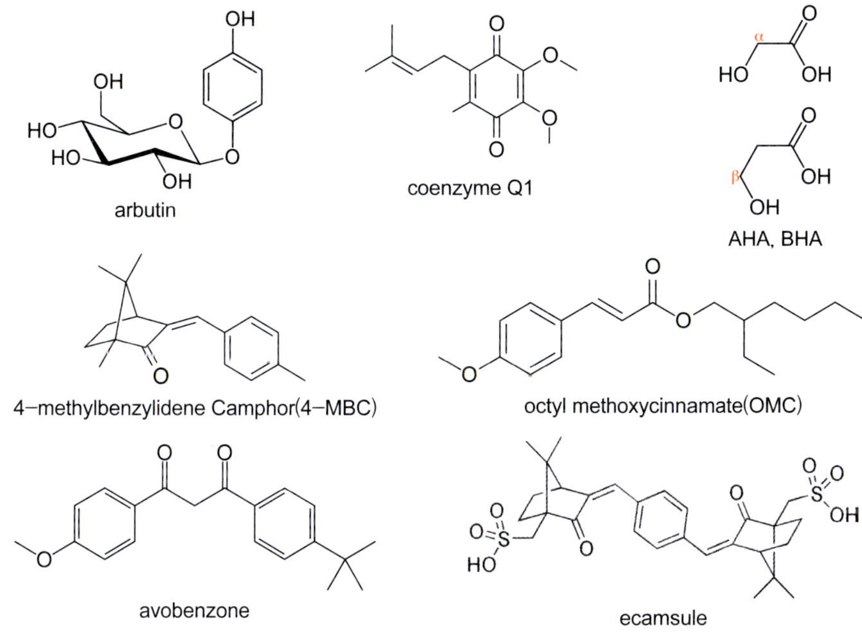

그림 13-11 미백 화장품과 자외선 차단제의 성분

구분한다. UVA는 UVB보다 파장이 길고 에너지는 적지만 피부 깊숙이 침투한다. 자외선 차단제에 표기된 PA(protect A) 또는 SPF 값이 각각 UVA와 UVB에 대한 차단 지수이다.

SPF는 SPF 15, SPF 50 등과 같이 직접 숫자로 표기한다. 이 수치는 2mg/cm^{2}의 양으로 차단제를 발랐을 때 피부 홍반의 발생을 얼마나 지연시키는지를 나타낸다. 즉, SPF 15는 자외선 투과가 1/15로 줄어서 홍반이 15배 늦게 발생한다는 뜻이다. PA는 PA+에서 PA++++까지 4단계로 나타내는데, 차단 지수로는 2, 4, 8, 16에 해당한다. 여기서도 +는 UVA로 인한 흑화 현상이 발생하는 속도인데, ++++이라면 이 화장품의 사용으로 흑하 발생 속도가 1/16로 늦춰진다는 뜻이다.

또한 자외선 차단제는 차단 방법에 따라 두 종류가 있다. 무기물 차단제는 자외선을 반사 또는 산란시켜서 피부 흡수를 막는다. 산화 타이타늄이나 산화 아연이 이에 해당한다. 유기물 차단제는 피부 대신에 자외선을 흡수한 다음 열에너지로 발산시킨다. 예를 들어 4-MBC는 UVA, OMC는 UVB에 효과적이다. 최근에는 두 자외선을 동시에 차단하는 아보벤존이나 이캠슐 같은 성분이 사용되기도 한다(그림 13-11).

주름 개선제

주름이 생기는 이유는 나이가 들면서 피부 세포의 증식 능력이 떨어지고, 체내에서 생성된 활성산소가 세포의 주요 구성성분인 지질, 단백질, 핵산 등을 파괴하면서 세포의 기능이 저하되기 때문이다. 또한 장시간 피부가 자외선에 노출되면 체내에서 피부 단백질인 콜라겐을 분해하는 효소가 증가하고, 피부 탄력을 유지하는 엘라스틴 섬유가 변형되어 피부노화가 촉진된다. 따라서 주름 개선 화장품은 활성산소를 제거하는 항산화 물질 코엔자임 Q10과 콜라젠 분해효소의 생성을 억제하고 콜라겐의 합성을 촉진하는 비타민 A류(레티놀등) 등을 주로 사용한다.

세포의 성장과 노화 분야에 몇 번의 노벨상이 주어졌는데, 이들 성과는 주름 개선 화장품의 개발에도 활용되었다. 1986년도 생리의학상은 성장 인자를 발견한 리타 레비몬탈치니와 스탠리 코언이 받았다. 이들은 신경 성장 인자(NGF)와 표피 성장 인자(EGF) 단백질을 발견했다. NGF의 1차 구조가 1971년에 결정되었고, 이어서 NGF의 유전자도 밝혀졌다. NGF가 제거된 병아리의 신경절로부터는 신경섬유가 자라지 않았다. NGF는 신경 세포의 성장뿐만 아니라 증식과 보존에도 관여한다. 마찬가지로 EGF의 구조와 유전자도 밝혀졌는데, 이들 성장 인자는 그 후에 발견되는 많은 성장 인자의 효시이다. EGF의 구조를 그림 13-12에 나타내었다.

레비몬탈치니는 억압적인 환경 속에서도 불굴의 연구 열정을 보여준 인물로 유명하

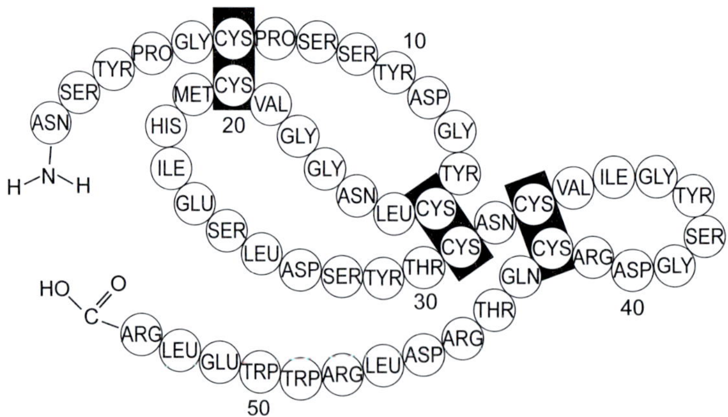

그림 13-12 표피 성장 인자(EGF)의 아미노산 서열

다. 1930년대 이탈리아는 무솔리니의 파시스트 정권하에 있었고, 1938년 반유대인 법이 통과되면서 유대인이었던 그녀는 대학에서 연구직을 박탈당했다. 그녀는 연구를 포기하지 않고, 토리노에 있는 가족 아파트의 작은 침실에 비밀 실험실을 차렸다. 이 '침실 실험실'에서 병아리 배아를 이용한 실험을 계속하며, 신경 세포의 성장에 관한 중요한 초기 연구를 진행했다. 그녀는 훗날 "무솔리니에게 감사해야 한다. 이로 인해 대학이 아닌 침실에서 연구의 기쁨을 알게 되었고, 어려운 순간이 최고의 결과를 가져왔다"고 회고하기도 했다. 또한 그녀는 이탈리아 공화국 종신 상원의원으로 임명되어 정치와 사회 활동에 적극적으로 참여했다. 특히 아프리카 여성 교육 지원을 위한 재단을 설립하는 등 인도주의적 활동에도 헌신했다. 2012년 103세의 나이로 사망했는데, 그녀는 노벨상 수상자 중에 현재까지 가장 장수한 사람이다.

코언은 생화학적 접근을 통해 레비몬탈치니의 발견을 완성하고, 새로운 성장 인자를 추가로 발견했다. 그는 1952년 세인트루이스 워싱턴대학교에서 리타 레비몬탈치니와 합류했다. 레비몬탈치니는 이미 종양 조직에서 신경 성장을 촉진하는 인자가 나온다는 것을 확인했지만, 이 물질의 정체가 무엇인지는 밝혀내지 못한 상태였다. 코언은 생화학자로서 이 물질을 분리·정제하는 데 집중했다. 그는 효소를 사용해 이 물질이 단백질인지 핵산인지 확인하는 실험을 진행했는데, 이 효소가 풍부한 뱀독을 처리한 결과, 놀랍게도 종양 조직 추출물보다 뱀독 자체에서 훨씬 더 강력한 신경 성장 촉진 효과가 나타나는 것을 발견했다. 이 의외의 결과 덕분에 그는 NGF를 대량으로 정제할 수 있었고, 더 나아가 뱀독이 뱀의 침샘에서 유래한다는 점에 착안해 쥐의 침샘을 조사하여 NGF가 풍부하다는 것을 확인했다. 이 과정에서 그는 NGF 외에 또 다른 세포 성장을 촉진하는 물질인 표피 성장 인자(EGF)를 발견하게 되었다. 그가 발견한 EGF는 상처 치유, 피부 발달 연구 등에 필수적인 도구가 되었으며, 현대 의학 및 화장품 산업에도 광범위하게 응용되고 있다.

2009년에는 노화의 한 인자인 텔로미어를 발견한 과학자들이 생리의학상을 받았다. 엘리자베스 블랙번, 캐럴 그라이더, 잭 쇼스택이 그들이다. 텔로미어는 염색체의 말단에 붙어있는 끝분절(말단 소립)인데, 노화가 진행되면서 이 부분의 소실이 나타난다(그림 13-13a). 즉, 이 부분의 소실을 억제한다면 세포의 노화를 지연시킬 수 있다는 의미이다.

이것이 텔로미어에 관한 관심이 클 수밖에 없는 이유이다. 그림 13-13b에 텔로미어의 유무에 따라 염색체가 세포 내에서 보존되는지 또는 파괴되는지를 실험적으로 관찰한 결과를 나타냈다. 텔로미어가 없는 미니염색체에 한쪽은 섬모충에서 얻은 텔로미어를 부착하고, 다른 쪽에는 부착하지 않은 채 효모 세포에 넣었다. 그 결과 텔로미어를 부착한 염색체는 처음 그대로 유지되었으나, 이를 부착하지 않은 염색체는 파괴되는 것을 확인했다.

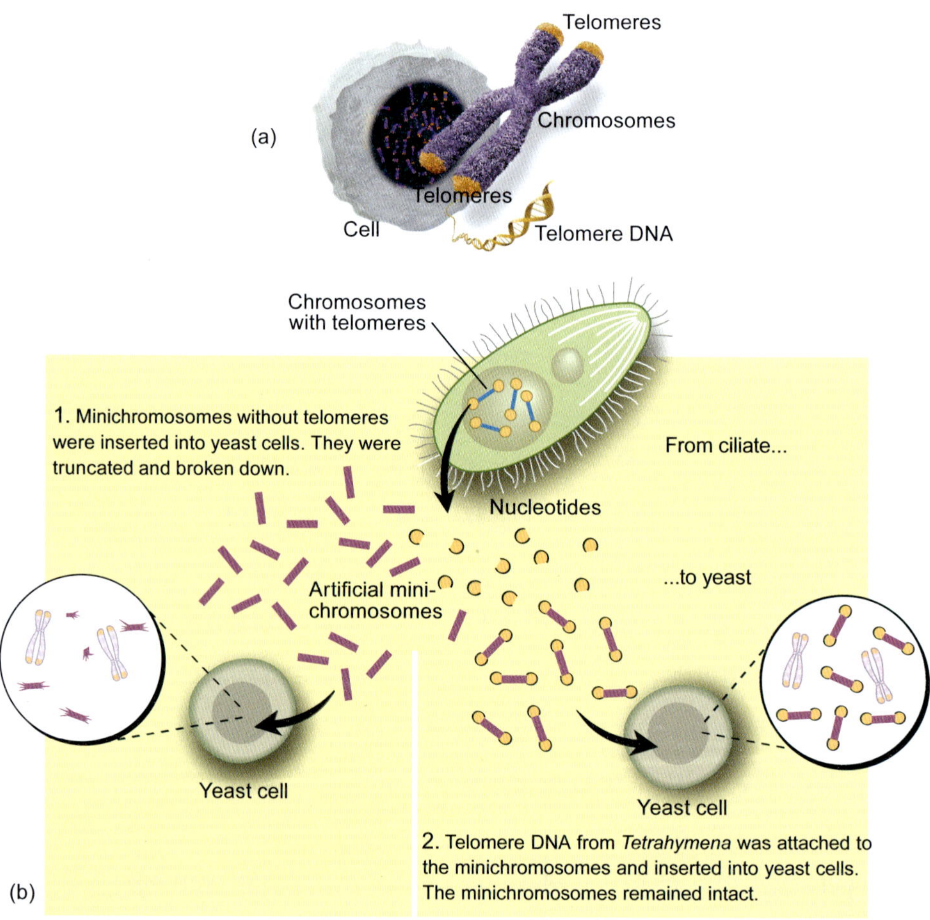

그림 13-13 (a) 세포 내 염색체와 텔로미어의 위치, (b) 텔로미어가 없는 미니염색체에 섬모충으로부터 얻은 텔로미어를 부착한 경우와 그렇지 않은 경우, 효모 세포 내에서 이들의 유지 또는 파괴 여부를 확인한 실험

출처: © The Nobel Committee for Physiology or Medicine 2009

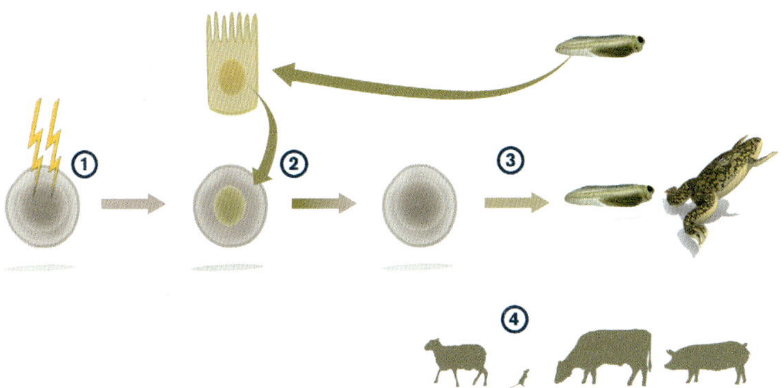

그림 13-14 거던이 수행한 만능 세포의 형성. ① 개구리 알의 핵 파괴, ② 올챙이 성체 세포의 핵 주입, ③ 올챙이로 성장, ④ 같은 방식으로 다른 동물에 대한 실험 수행
출처: © The Nobel Committee for Physiology or Medicine, Karolinska Institutet

2012년에는 줄기세포의 생성과 관련된 놀라운 업적으로 존 거던과 야마나카 신야가 생리의학상을 받았다. 이들은 각자의 방식으로 성체 세포를 만능 줄기세포로 전환하는 데 성공했다. 줄기세포도 그 역량에 따라 세 가지로 구분한다. 전분화 세포는 어떤 종류의 세포로도 분화할 수 있는 세포이다. 초기의 배아 줄기세포(ES)가 이에 해당한다. 만능 세포(iPS)는 양막낭과 태반을 제외한 모든 종류의 세포로 분화할 수 있다. 거던과 신야가 발견한 줄기세포가 이것이다. 세 번째인 다분화 세포는 성인 줄기세포(AS)로 불리는데, 같은 부류의 유사 세포로만 분화한다. 예를 들어, 성인 혈액은 다분화 세포를 갖고 있는데, 여러 형태의 혈액 세포로 분화할 수는 있지만, 이것이 신경 세포가 될 수는 없다.

그림 13-14는 거던이 수행한 성체 세포로부터 만능 세포를 만드는 방식이다. 전기적 충격으로 개구리 알에서 핵을 파괴한 다음, 여기에 올챙이 성체 세포로부터 얻은 핵을 집어넣었다. 이렇게 변형시킨 개구리 알은 정상적으로 올챙이로 자랐다. 이어서 같은 방법으로 수행한 다른 동물에 대한 실험에서도 각각의 동물이 탄생했다.

신야는 줄기세포에서 중요한 역할을 하는 유전인자에 주목했다. 그는 이전의 관련 논문들과 데이터베이스를 통해 전환 인자로 가능성이 높은 24개의 유전인자를 준비한 다음, 이들 중 어떤 유전인자들이 성체 세포를 재프로그램하여 줄기세포로 전환시키는지 검토하였다. 마침내 단지 4개의 유전인자만을 쥐의 피부 섬유모세포에 넣었는데도,

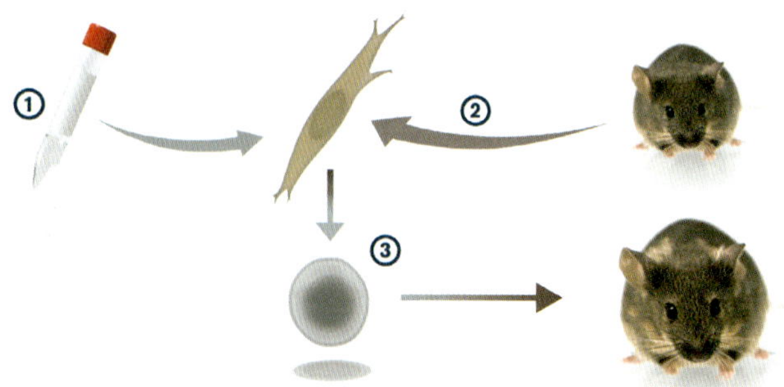

그림 13-15 신야가 수행한 쥐의 섬유모세포로부터 만능 세포를 만드는 과정. ① 4개의 유전인자를 ② 쥐의 피부로부터 얻은 섬유모세포에 주입, ③ 만능 줄기세포로 전환되어 쥐의 다양한 기관으로 성장
출처: © The Nobel Committee for Physiology or Medicine, Karolinska Institutet

이들 세포가 줄기세포로 전환되는 것을 발견했다. 그는 이렇게 얻어진 줄기세포를 유도 만능 세포(iPS)로 명명했다. 그림 13-15에 신야가 수행한 성체 세포의 줄기세포로의 전환 방식을 나타냈다. 이것은 매우 획기적인 발견이었다. 피부로부터 간단하게 얻은 세포가 만능 줄기세포로 바뀌고, 이들로부터 신경 세포, 심장 세포, 간세포 등이 만들어질 수 있다. 이들 배양 세포를 통해 환자의 질병 원인을 밝힐 수 있고, 약물의 효과를 테스트할 수도 있는 것이다. 바로 이것이 화장품이나 의약품의 안전성 테스트를 위해 수행하는 동물실험을 반대하는 사람들이 주장하는 대체 방법이다.

존 거던은 이튼 칼리지 재학 중이던 15세 때, 생물학 교사는 그의 성적표에 다음과 같은 혹평을 남겼다. "나는 거던이 과학자가 될 생각을 하는 것을 안다. 현재의 성적으로 볼 때 이것은 지극히 터무니없는 일이다. 간단한 생물학적 사실도 배우지 못한다면 전문가가 될 가능성은 전혀 없으며, 본인과 가르치는 사람 모두에게 시간 낭비일 뿐이다." 거던은 이 혹평이 담긴 성적표를 액자에 넣어 보관했으며, 후에 이 일화를 기자들에게 자주 언급했다. 그는 이 성적표가 실험이 잘 풀리지 않을 때마다 자신을 채찍질하는 동기 부여가 되었다고 말했다. 그의 성공은 초기 능력에 대한 교사의 판단이 반드시 옳지는 않음을 보여주는 상징적인 사례다. 처음 옥스퍼드대학교에 지원했을 때 그는 과학 대신 입학이 쉬운 고전학 전공으로 지원하여 간신히 입학했지만, 과학 공부를 하고 싶어 동물학으로 전과하려 했으나 거절당했다. 결국 1년간 사립 튜터에게 과학을 배워서 재입학 시험을 통과하는 등, 순탄치 않은 길을 거쳐서야 과학자의 길에 들어섰다.

야마나카 신야는 정형외과 의사였다. 스포츠 부상의 경험으로 정형외과 의사가 되기를 꿈꿨지만, 실제 레지던트 시절 그는 자신이 수술 기술에 소질이 없다고 느꼈다. 수술 시간이 너무 오래 걸리고, 지도 교수에게 "너처럼 수술이 느린 의사는 쓸모가 없다"라는 혹독한 질책을 듣기도 했다. 이 좌절감은 그를 외과 의사가 아닌 연구 과학자의 길로 이끌었다. 그는 환자의 고통을 직접 해결하는 외과 의사 대신, 난치병의 근본 원인을 밝혀내는 기초 과학으로 방향을 틀었다. 이 실패 경험이 없었다면 iPS 세포의 발견은 불가능했을지도 모른다. 야마나카 교수는 연구자로서의 성공에 대해 비전과 노력을 강조한다. 그는 연구 주제를 선택할 때 고려해야 하는 세 가지 기준, '정말 궁금한가', '실현 가능한가', '사회에 필요한가'라는 물음이 필요하다고 말했다.

참고문헌

본문에서 언급한 노벨상 수상자의 정보는 다음 세 군데 사이트를 주로 참고했다. 노벨상 공식 홈페이지(http://www.nobelprize.org), 위키피디아(https://en.wikipedia.org), 브리태니커 백과사전(https://www.britannica.com). 이들 사이트에서 찾은 수상자의 주소는 출처를 일일이 나타내지 않았다. 수상자 누구나 같은 사이트 주소에서 뒤쪽의 수상자 이름만 바뀌기 때문이다. 예를 들어, 1974년 화학상 수상자인 폴 플로리의 경우 인물 정보 주소는 다음과 같다.

1. https://www.nobelprize.org/prizes/chemistry/1974/flory/biographical/
2. https://en.wikipedia.org/wiki/Paul_Flory
3. https://www.britannica.com/biography/Paul-J-Flory

1장 노벨상의 이모저모

노벨상 개요 https://www.nobelprize.org/

알프레드 노벨 https://www.nobelprize.org/alfred-nobel

베르타 폰 주트너

https://en.wikipedia.org/wiki/Bertha_von_Suttner

https://www.britannica.com/biography/Bertha-Freifrau-von-Suttner

노벨의 격언 https://www.nobelprize.org/aphorisms-by-alfred-nobel/

노벨의 유언장

https://www.nobelprize.org/alfred-nobel/alfred-nobels-will/

https://www.nobelprize.org/alfred-nobel/full-text-of-alfred-nobels-will-2/

노벨상 위원회

https://www.nobelprize.org/about-the-nobel-prize/

https://www.nobelprize.org/the-nobel-prize-organisation/

수상자 선정과정 https://www.nobelprize.org/nomination/chemistry/

노벨상 수여식 https://www.nobelprize.org/nobel-prize-award-ceremonies/

후보자 기록 https://www.nobelprize.org/nomination/archive/

노벨상 메달

https://www.nobelprize.org/prizes/about/the-nobel-medals-and-the-medal-for-the-prize-in-economic-sciences/

노벨상 상장 https://www.nobelprize.org/prizes/about/the-nobel-diplomas/

노벨상 상금 https://www.nobelprize.org/prizes/about/the-nobel-prize-money/
노벨상 관련 통계 https://www.nobelprize.org/prizes/facts/nobel-prize-facts/
브레이크스루상 https://breakthroughprize.org/
이브라힘상 https://mo.ibrahim.foundation/ibrahim-prize
템플턴상 https://www.templetonprize.org/
노벨상 초기의 수상자
https://www.nobelprize.org/prizes/themes/the-nobel-prize-in-chemistry-the-development-of-modern-chemistry/
https://www.nobelprize.org/prizes/lists/nobel-prizes-in-organic-chemistry/
https://www.nobelprize.org/prizes/themes/the-role-of-science-and-technology-in-future-design/
https://www.britannica.com/topic/Nobel-Prize/Chemistry
https://www.britannica.com/technology/history-of-technology/Chemicals

2장 플라스틱

헤르만 슈타우딩거 https://www.nobelprize.org/prizes/chemistry/1953/ceremony-speech/
고분자의 분류 https://www.nobelprize.org/uploads/2018/06/staudinger-lecture.pdf
월리스 캐러더스
https://en.wikipedia.org/wiki/Wallace_Carothers
https://www.britannica.com/biography/Wallace-Hume-Carothers
폴 플로리
Characters in Chemistry: A Celebration of the Humanity of Chemistry, Gary D. Patterson. ACS Symposium Series 1136, Chapter 12, 211-219 (2013)
치글러-나타 촉매
https://www.britannica.com/science/Ziegler-Natta-catalyst
https://www.nobelprize.org/prizes/chemistry/1963/ceremony-speech/
https://onlinelibrary.wiley.com/doi/full/10.1002/anie.202403180
https://www.nobelprize.org/uploads/2018/06/ziegler-lecture.pdf
https://www.nobelprize.org/uploads/2018/06/natta-lecture.pdf
메리필드 자동합성기
Rockefeller University Archives
https://www.nobelprize.org/prizes/chemistry/1984/ceremony-speech/
전도성 고분자
https://www.nobelprize.org/prizes/chemistry/2000/popular-information/
http://quest.arc.nasa.gov/aero/virtual/demo/research/youDecide/ionicNConducPolym.html
상호교환 반응
https://www.nobelprize.org/prizes/chemistry/2005/popular-information/
https://en.wikipedia.org/wiki/Metathesis_(linguistics)
https://en.wikipedia.org/wiki/Olefin_metathesis
https://www.sciencedirect.com/topics/materials-science/ring-opening-metathesis-polymerization
분자량과 물성 https://learnbin.net/molecular-weight-of-polymers/
플러버 http://movie.daum.net/moviedetail/moviedetailMain.do?movieId=2073

유리화 온도 https://en.wikipedia.org/wiki/Glass_transition
응력 변형 곡선 https://en.wikipedia.org/wiki/Stress-strain_curve
가교화 구조 http://www3.nd.edu/~manufact/MPEM_pdf_files/Ch10.pdf
플라스틱 광섬유
https://en.wikipedia.org/wiki/Plastic_optical_fiber
http://www.thefoa.org/foanl-01-13.html
http://www.cnfortis.com/ps.htm
http://ecmweb.com/content/nows-time-plastic-optical-fiber
https://www.nobelprize.org/uploads/2018/06/popular-physicsprize2009-1.pdf
플라스틱의 재활용 https://en.wikipedia.org/wiki/Plastic_recycling
환경 호르몬
https://en.wikipedia.org/wiki/Xenohormone
http://health.mw.go.kr/HealthInfoArea/HealthInfo/View.do?idx=1780&subIdx=4
https://en.wikipedia.org/wiki/Endocrine_disruptor
분해성 플라스틱 https://en.wikipedia.org/wiki/Biodegradable_polymer

3장 현미경

쿠마라지바 https://ko.wikipedia.org/wiki/%EC%BF%A0%EB%A7%88%EB%9D%BC%EC%A7%80%EB%B0%94
노구치 히데요 https://en.wikipedia.org/wiki/Hideyo_Noguchi
위상차 현미경 https://www.nobelprize.org/prizes/physics/1953/zernike/lecture/
빛의 간섭 무늬 https://www.microscopyu.com/techniques/polarized-light/principles-of-interference
간섭 현미경 이진우, 홍성철,『물리학과 첨단기술』, Nov. 2013, pp 34-41
클릭 화학 https://www.nobelprize.org/prizes/chemistry/2022/bertozzi/facts/
녹색 형광 단백질 https://www.nobelprize.org/prizes/chemistry/2008/popular-information/
공초점 현미경 https://www.umassmed.edu/globalassets/maps/documents/confocal-explanation.pdf
초고해상도 형광 현미경
https://en.wikipedia.org/wiki/STED_microscopy
https://www.nobelprize.org/prizes/chemistry/2014/popular-information/
2광자 형광 현미경 https://en.wikipedia.org/wiki/Two-photon_excitation_microscopy
전자 현미경
Driest, E., and Müller, H.O., Z. *Wiss. Mikroskopie* 52, 53-57 (1935)
https://no1sec.tistory.com/82?pidx=0
담배 모자이크 바이러스 https://en.wikipedia.org/wiki/Tobacco_mosaic_virus
극저온 전자 현미경 http://www.nobelprize.org/uploads/2018/06/popular-chemistryprize2017.pdf
주사 탐침 현미경
https://en.wikipedia.org/wiki/Scanning_tunneling_microscope
https://jjeong1093.tistory.com/14?pidx=0
https://en.wikipedia.org/wiki/Near-field_scanning_optical_microscope
http://www.nature.com/articles/ncomms14479, https://commons.wikimedia.org/w/index.php?curid=57133824
Gimzewski *et al.*, Appl. Phys. Lett., 69, 3016(1996)

4장 카이랄 의약품

탈리도마이드 사건

https://en.wikipedia.org/wiki/Thalidomide

https://en.wikipedia.org/wiki/Frances_Oldham_Kelsey

이성질체 분류

https://www.chemistrysteps.com/wp-content/uploads/2019/03/isomersim-scheme-enantiomers-constitutional-isomers-diastreomers.png

입체 이성질체

https://en.wikipedia.org/wiki/Stereoisomerism

https://www.britannica.com/science/stereoisomerism

리모넨 https://en.wikipedia.org/wiki/Limonene

형태 이성질체

https://en.wikipedia.org/wiki/Conformational_isomerism

https://en.wikipedia.org/wiki/Rotamer

광학 이성질체

https://en.wikipedia.org/wiki/Chirality_(chemistry)

『Fundamentals of organic chemistry』, John E. McMurry, 7th ed. Cengage Learning, p.198

(*R*)/(*S*) 절대 구조 https://en.wikipedia.org/wiki/Absolute_configuration

D/L 절대 구조

https://en.wikipedia.org/wiki/Molecular_configuration

https://en.wikipedia.org/wiki/Fischer_projection

아미노산 D/L 구조 https://en.wikipedia.org/wiki/D-Amino_acid

거울상 이성질체의 분리 https://pdfs.semanticscholar.org/8abb/af08fa16dd19a600b7380399b0700d5d4d34.pdf

카이랄 의약품 https://en.wikipedia.org/wiki/Chiral_drugs http://www.ijpsnonline.com/Issues/309.pdf

준거울상 이성질체

https://goldbook.iupac.org/terms/view/Q04997

https://en.wikipedia.org/wiki/Enantiomer

카이랄 촉매

https://www.nobelprize.org/prizes/chemistry/2001/popular-information/

https://www.nobelprize.org/uploads/2018/06/advanced-chemistryprize2001-1.pdf

비대칭 유기촉매

https://www.nobelprize.org/uploads/2021/10/advanced-chemistryprize2021-3.pdf

https://www.ibs.re.kr/cop/bbs/BBSMSTR_000000000991/selectBoardArticle.do?nttId=20481

5장 지구 환경

대기권 http://web.hallym.ac.kr/~physics/course/a2u/earthmoon/atm.htm

전리층

https://www.nobelprize.org/uploads/2017/01/appleton-lecture-new.pdf

https://www.nobelprize.org/prizes/physics/1947/ceremony-speech/

https://www.qsl.net/zl1bpu/IONO/iono101.htm

전파

https://emf.kca.kr/html/elecBusiness/class.do?menuCd=FM0802

https://www.nutsvolts.com/magazine/article/July2016_Ham_Workbench_Waves-and-Propagation-Radio-Horizon

http://www.jota.sgars.org/badge-research-information/guide-scout-badges/badge-research-information/how-radio-waves-skip-around-the-world

대기 성분

https://en.wikipedia.org/wiki/Atmosphere_of_Earth

https://earthhow.com/earth-atmosphere-composition/

산성비

https://en.wikipedia.org/wiki/Acid_rain

https://www.nationalgeographic.com/environment/article/acid-rain

온실가스

https://en.wikipedia.org/wiki/Greenhouse_gas

https://www.britannica.com/science/greenhouse-gas

http://www.forest.go.kr/newkfsweb/html/HtmlPage.do?pg=/policy/policy_02010104.html&mn=KFS

이산화탄소 포집 및 저장

https://en.wikipedia.org/wiki/Carbon_dioxide

https://en.wikipedia.org/wiki/Carbon_capture_and_storage

https://en.wikipedia.org/wiki/Carbon_dioxide_removal

http://magazine.hankyung.com/apps/news?popup=0&nid=01&c1=1001&nkey= 2012102300882000351&mode=sub_view

http://sequestration.mit.edu

지구 온난화

https://en.wikipedia.org/wiki/Climate_change

https://en.wikipedia.org/wiki/Scientific_consensus_on_climate_change

https://en.wikipedia.org/wiki/Effects_of_climate_change

기후 변화 모델

https://en.wikipedia.org/wiki/Black-body_radiation

https://en.wikipedia.org/wiki/Planck%27s_law

https://en.wikipedia.org/wiki/Black_body

https://www.nobelprize.org/prizes/chemistry/1903/arrhenius/lecture/

https://www.nobelprize.org/prizes/physics/2021/popular-information/

https://webzine.kps.or.kr/?p=5_view&idx=16646

https://en.wikipedia.org/wiki/Syukuro_Manabe

타일러상 https://tylerprize.org/

골드만상 https://www.goldmanprize.org/

유엔의 지구 챔피언상 https://www.unep.org/championsofearth/

기후와 노벨평화상

https://en.wikipedia.org/wiki/Wangar%C4%A9_Maathai#2004_Nobel_Peace_Prize

https://en.wikipedia.org/wiki/2007_Nobel_Peace_Prize

https://en.wikipedia.org/wiki/An_Inconvenient_Truth https://en.wikipedia.org/wiki/The_Day_After_Tomorrow

기후와 노벨경제학상
https://en.wikipedia.org/wiki/William_Nordhaus
https://www.nobelprize.org/prizes/economic-sciences/2018/popular-information/
남극 오존층 https://www.e-education.psu.edu/meteo3/l10_p10.html
오존층 파괴 물질
https://en.wikipedia.org/wiki/Ozone_depletion
https://www.britannica.com/science/ozone-depletion
https://www.nobelprize.org/uploads/2018/06/crutzen-lecture.pdf
https://www.nobelprize.org/uploads/2018/06/molina-lecture.pdf
https://www.nobelprize.org/uploads/2018/06/rowland-lecture.pdf
오존과 건강
https://www.epa.gov/ozone-layer-protection/health-and-environmental-effects-ozone-layer-depletion
극지 성층권 구름
https://www.researchgate.net/figure/Diagram-showing-the-effect-of-polar-stratospheric-clouds-on-ozone-loss-The-upper-panel_fig1_260734591
https://photy.org/en/free-backgrounds/Polar-stratospheric-clouds/47965.html
프레온 대체 물질
https://greenyplace.com/what-is-used-now-instead-of-freon
https://learn.compactappliance.com/freon-alternatives/
지상 오존의 생성
https://www.sciencedirect.com/science/article/abs/pii/S0048969724000251
https://www.ladco.org/public-issues/ozone/
DDT의 퇴출
https://en.wikipedia.org/wiki/DDT
https://en.wikipedia.org/wiki/Silent_Spring
https://en.wikipedia.org/wiki/Rachel_Carson

6장 영상 진단

전자기파와 분자 구조
https://en.wikipedia.org/wiki/Electromagnetic_radiation
https://en.wikipedia.org/wiki/Electromagnetic_spectrum
https://chem.libretexts.org/
엑스선 분광학
https://www.sciencehistory.org/historical-profile/james-watson-francis-crick-maurice-wilkins-and-rosalind-franklin
https://en.wikipedia.org/wiki/Rosalind_Franklin,
https://www.britannica.com/biography/Maurice-Wilkins
질량분석법
https://www.nobelprize.org/prizes/chemistry/2002/popular-information/
https://www.nobelprize.org/uploads/2018/06/advanced-chemistryprize2002-1.pdf
NMR
https://radiologykey.com/magnetic-resonance-basics-magnetic-fields-nuclear-magnetic-characteristics-tissue-contrast-image-acquisition/

https://www.nobelprize.org/uploads/2018/06/purcell-lecture.pdf
https://orgspectroscopyint.blogspot.com/2013/06/1-h-nmr-basics.html
https://www.nobelprize.org/uploads/2018/06/advanced-chemistryprize2002-1.pdf
자기공명영상(MRI)
https://www.researchgate.net/figure/The-visualisation-of-a-cross-section-of-tubes-filled-with-ordinary-water-surrounded-by_fig1_8182851
https://en.wikipedia.org/wiki/Magnetic_resonance_imaging
https://en.wikipedia.org/wiki/Functional_magnetic_resonance_imaging
https://www.nibib.nih.gov/science-education/science-topics/magnetic-resonance-imaging-mri
http://xrayphysics.com/spatial.html
https://lsy5518.files.wordpress.com/2014/08/gradient-magnet.png
https://www.i-mri.org/Synapse/Data/PDFData/0040JKSMRM/jksmrm-13-9.pdf
Adrian Cho, *Science*, Mar. 20, 2019
레이먼드 다마디안
http://www.fonar.com/nobel.htm
George Kauffman, *Chem. Educator* 2014, 19, 73-90
방사성 동위원소의 이용
https://en.wikipedia.org/wiki/Radioactivity_in_the_life_sciences
https://en.wikipedia.org/wiki/Radioactive_decay
https://www.nobelprize.org/uploads/2018/06/hevesy-lecture.pdf
컴퓨터 단층촬영(CT)
https://en.wikipedia.org/wiki/CT_scan https://www.nobelprize.org/uploads/2018/06/hounsfield-lecture.pdf
https://en.wikipedia.org/wiki/Industrial_computed_tomography
https://rigaku.com/products/imaging-ndt/x-ray-ct/learning/blog/how-does-ct-reconstruction-work
https://www.sciencedirect.com/science/article/abs/pii/B9780128009451000161
https://2024.sci-hub.ru/2518/31a43622f14c7384aec6b2aa3c670808/seeram2010.pdf
양전자 단층촬영(PET)
https://en.wikipedia.org/wiki/Positron_emission_tomography
https://www.researchgate.net/figure/Schematic-representation-of-PET-principle-A-After-travelling-in-tissue-positron_fig2_259608876
밀킹
https://en.wikipedia.org/wiki/Technetium-99m
https://en.wikipedia.org/wiki/Technetium
제너레이터
https://en.wikipedia.org/wiki/Radionuclide_generator https://en.wikipedia.org/wiki/Radioisotope_thermoelectric_generator
초음파 영상
https://en.wikipedia.org/wiki/Ultrasound https://en.wikipedia.org/wiki/Ultrasonic_transducer
https://www.britannica.com/science/sound-physics/Beats
https://en.wikipedia.org/wiki/Medical_ultrasound

7장 나노소재

탄소 동소체

https://en.wikipedia.org/wiki/Allotropes_of_carbon https://phys.org/news/2018-08-schwarzites-long-sought-carbon-graphene-fullerene.html#google_vignettehttps://www.yna.co.kr/view/AKR20230111111000063

풀러렌의 발견

R. E. Smally, *Acc. Chem. Res.*, 25(3), 98-105(1992)

J. P, Hare, H. W. Kroto, *Acc. Chem. Res.*, 25(3), 106-112(1992)

J. E. Fischer, P. A. Heiney, A. B. Smith III, *Acc. Chem. Res.*, 25(3), 112-118(1992)

http://www.bubblemania.fr/ko/architecture-bulle-dome-geodesique-inventeur-r-buckminster-fuller-1895-1983/

풀러렌 유도체

https://en.wikipedia.org/wiki/Fullerene_chemistry

https://en.wikipedia.org/wiki/Endohedral_fullerene

https://en.wikipedia.org/wiki/Metallofullerene

https://en.wikipedia.org/wiki/Transition_metal_fullerene_complex

https://www.researchgate.net/publication/330439830_Nanomaterials-State_of_Art_New_Challenges_and_Opportunities/figures?lo=1

https://en.wikipedia.org/wiki/Fulleride

https://link.springer.com/article/10.1007/s11356-022-21449-7

https://www.sciencedirect.com/topics/materials-science/fullerene

그래핀의 발견

https://en.wikipedia.org/wiki/Graphene

https://www.nobelprize.org/uploads/2018/06/popular-physicsprize2010-1.pdf

그래핀의 물성

https://en.wikipedia.org/wiki/Graphene_quantum_dot

http://www.amenews.kr/atc/messprint.asp?P_Index=10374

그래핀의 합성

https://en.wikipedia.org/wiki/Graphene_production_techniques

https://en.wikipedia.org/wiki/Graphene_nanoribbon

https://www.ibs.re.kr/cop/bbs/BBSMSTR_000000000901/selectBoardArticle.do?nttId=20791&pageIndex=3&searchCnd=&searchWrd=

나노소재의 물성

https://www.redalyc.org/pdf/6617/661770391009.pdf

Chemistry & Engineering News (C&EN) by ACS

https://en.wikipedia.org/wiki/Nanomaterials

거대 자기저항

https://www.nobelprize.org/uploads/2013/06/popular-physicsprize2007.pdf

https://en.wikipedia.org/wiki/Giant_magnetoresistance

https://en.wikipedia.org/wiki/Disk_read-and-write_head

https://en.wikipedia.org/wiki/Hard_disk_drive

https://www.researchgate.net/figure/Read-Write-heads-technologies-which-contributed-to-the-areal-density-increase-in-hard_fig3_278637056

분자 기계
https://www.nobelprize.org/prizes/chemistry/2016/popular-information/
http://www.rsc.org/images/Feynmans%20Fancy_tcm18-141620.pdf
https://en.wikipedia.org/wiki/Olympiadane
크라운 에터
https://en.wikipedia.org/wiki/Crown_ether
https://en.wikipedia.org/wiki/Cryptand
준결정 소재 https://en.wikipedia.org/wiki/Quasicrystal
양자점
https://en.wikipedia.org/wiki/Quantum_dot
https://www.nobelprize.org/prizes/chemistry/2023/popular-information/
금속 유기 골격체(MOF) https://www.nobelprize.org/prizes/chemistry/2023/popular-information/
자연의 나노구조 https://en.wikipedia.org/wiki/Nanomaterials

8장 디스플레이

발광의 종류
https://en.wikipedia.org/wiki/Luminescence
https://en.wikipedia.org/wiki/Lighting
백열등과 형광등
https://en.wikipedia.org/wiki/Thermal_radiation
https://en.wikipedia.org/wiki/Fluorescence
https://en.wikipedia.org/wiki/Nernst_lamp
LED등
https://en.wikipedia.org/wiki/Light-emitting_diode
https://en.wikipedia.org/wiki/LED_lamp
https://www.nobelprize.org/prizes/physics/2014/popular-information/
http://www.nobelprize.org/nobel_prizes/physics/laureates/2014/popular-physicsprize2014.pdf
음극선관(CRT)
https://en.wikipedia.org/wiki/K._Ferdinand_Braun
https://en.wikipedia.org/wiki/Cathode_ray_tube
액정 디스플레이(LCD)
https://en.wikipedia.org/wiki/Liquid_crystal#Metallotropic_liquid_crystals
https://en.wikipedia.org/wiki/Liquid-crystal_display
https://en.wikipedia.org/wiki/Liquid_crystal
https://en.wikipedia.org/wiki/MBBA
플라스마 디스플레이(PDP)
https://simple.wikipedia.org/wiki/Plasma_(physics)
http://blog.daum.net/musmae/27
https://en.wikipedia.org/wiki/Plasma_display, http://www.itooza.com/common/iview.php?-no=2010120209082988883

유기 발광 디스플레이(OLED)

http://www.maximumpc.com/white-paper-oled-screens/, http://www.nature.com/nmat/journal/v12/n7/fig_tab/nmat3622_F1.html

C. W. Tang, S. A. Vanslyke, *Appl. Phys. Lett.* 51, 913 (1987)

https://en.wikipedia.org/wiki/Ching_Wan_Tang

https://en.wikipedia.org/wiki/Steven_Van_Slyke

전하 결합 소자(CCD)

https://www.nobelprize.org/uploads/2018/06/popular-physicsprize2009-1.pdf

https://ko.wikipedia.org/wiki/%EB%94%94%EC%A7%80%ED%84%B8_%EC%B9%B4%EB%A9%94%EB%9D%BC

https://www.nobelprize.org/prizes/physics/2009/popular-information/

http://micro.magnet.fsu.edu/primer/digitalimaging/concepts/ccdanatomy.html

http://www.suggestkeyword.com/Q01PUyB2cyBDQ0Q

흑백 필름 사진

https://science2be.files.wordpress.com/2011/10/photochemistry1.jpg https://en.wikipedia.org/wiki/Cyanine

컬러 필름 사진

http://www.tecnoficio.com/foto/photobasics/photo.php

http://www.photographyreview.com/reviews/kodak-retires-kodachrome-slide-film

리프만 사진

https://en.wikipedia.org/wiki/Gabriel_Lippmann https://www.nobelprize.org/prizes/physics/1908/lippmann/lecture/

9장 식품과 영양

탄수화물

https://en.wikipedia.org/wiki/Food_chemistry

https://www.nobelprize.org/prizes/chemistry/1970/leloir/lecture/

https://en.wikipedia.org/wiki/Glucose

https://en.wikipedia.org/wiki/Purine

비타민

https://en.wikipedia.org/wiki/Vitamin

https://www.betterhealth.vic.gov.au/health/healthyliving/Vitamins-and-minerals

비타민 B군

https://en.wikipedia.org/wiki/B_vitamins

https://en.wikipedia.org/wiki/Thiamine

http://www.kpanews.co.kr/event/drug_info/drug52.asp

https://en.wikipedia.org/wiki/Riboflavin

https://en.wikipedia.org/wiki/Vitamin_B6

https://en.wikipedia.org/wiki/Vitamin_B12

비타민 D

https://en.wikipedia.org/wiki/Vitamin_D

https://ods.od.nih.gov/factsheets/VitaminD-HealthProfessional/
비타민 C
https://en.wikipedia.org/wiki/Vitamin_C
https://www.britannica.com/science/vitamin-C
비타민 A
https://en.wikipedia.org/wiki/Visual_phototransduction
https://www.nobelprize.org/uploads/2018/06/wald-lecture.pdf
비타민 K
https://en.wikipedia.org/wiki/Vitamin_K
http://m.yakup.com/pharmplus/index.html?nid=3000130904&mode=view&cat=
https://www.britannica.com/science/vitamin-K
식물의 1차 영양소
https://en.wikipedia.org/wiki/Plant_nutrition
https://www.dpi.nsw.gov.au/agriculture/soils/soil-testing-and-analysis/plant-nutrients
https://agrilifeextension.tamu.edu/library/gardening/essential-nutrients-for-plants/
질소 고정
https://en.wikipedia.org/wiki/Nitrogen_fixation
https://en.wikipedia.org/wiki/Haber_process
https://www.nobelprize.org/prizes/chemistry/1931/ceremony-speech/
https://www.nobelprize.org/prizes/chemistry/1945/virtanen/lecture/
사료 보존
https://www.nobelprize.org/uploads/2018/06/virtanen-lecture.pdf
https://scholar.kyobobook.co.kr/article/detail/4040010350830
알코올 발효
https://www.nobelprize.org/uploads/2018/06/buchner-lecture.pdf
https://www.nobelprize.org/prizes/chemistry/1907/ceremony-speech/
https://www.nobelprize.org/prizes/chemistry/1929/ceremony-speech/
https://www.nobelprize.org/uploads/2018/06/harden-lecture.pdf
https://www.nobelprize.org/uploads/2018/06/euler-chelpin-lecture.pdf
유전자 변형 농산물(GMO)
https://en.wikipedia.org/wiki/Genetic_engineering
https://en.wikipedia.org/wiki/Genetically_modified_organism
https://www.nobelprize.org/prizes/chemistry/2020/popular-information/
https://www.nobelprize.org/prizes/chemistry/2020/charpentier/prize-presentation/
https://www.nobelprize.org/prizes/chemistry/2020/doudna/prize-presentation/

10장 신약 개발

의약품 분류 https://ko.wikipedia.org/wiki/%EC%9D%BC%EB%B0%98%EC%9D%98%EC%95%BD%ED%92%88
안전상비의약품 http://spotbilledduck.tistory.com/75
소화제와 위염 치료제
http://health.chosun.com/site/data/html_dir/2010/06/04/2010060402064.html

https://www.google.co.kr/search?q=%EC%A0%9C%EC%82%B0%EC%A0%9C&newwindow

http://old.yakup.com/pharminfo/pharminfo2013-05-01.php https://www.ildong.com/html/themes/m/web/view.jsp?menuId=pro_sma_01&viewMode=view_message&sCat_cl=0&sEff_cl=66&sDe_cl=&sIs_halt=false&sKeyType=name&sKeyword=&curPage=2&pr_no=19

https://www.nobelprize.org/prizes/medicine/2005/press-release/

https://www.nobelprize.org/prizes/medicine/2005/ceremony-speech/

해열 진통제

https://en.wikipedia.org/wiki/Aspirin,

https://en.wikipedia.org/wiki/Paracetamol,

https://en.wikipedia.org/wiki/Ibuprofen

https://ko.wikipedia.org/wiki/%EC%A2%85%ED%95%A9%EA%B0%90%EA%B8%B0%EC%95%BD http://www.boots.com/en/Boots-Ultra-Cold-Flu-Relief-All-In-One-16-Capsules_1285921/

인플루엔자바이러스와 코로나바이러스

https://www.nobelprize.org/prizes/medicine/1960/ceremony-speech/

https://ko.wikipedia.org/wiki/%EC%9D%B8%ED%94%8C%EB%A3%A8%EC%97%94%EC%9E%90

https://ko.wikipedia.org/wiki/%EC%A1%B0%EB%A5%98_%EC%9D%B8%ED%94%8C%EB%A3%A8%EC%97%94%EC%9E%90

http://m.dongascience.donga.com/news.php?idx=35547

https://www.nobelprize.org/prizes/medicine/2023/press-release/

항생제

https://en.wikipedia.org/wiki/Antibiotics#

https://en.wikipedia.org/wiki/Sulfonamide_(medicine)

https://en.wikipedia.org/wiki/Streptomycin

https://en.wikipedia.org/wiki/Gemifloxacin

https://en.wikipedia.org/wiki/Tedizolid

http://www.pharmaceutical-technology.com/projects/iksan/iksan3.html

http://biz.chosun.com/site/data/html_dir/2014/06/22/2014062200859.html

http://sketchymedicine.com/2011/10/sites-of-antibiotic-actions/

과민증 알레르기

https://en.wikipedia.org/wiki/Anaphylaxis http://cen.acs.org/articles/90/i43/Eating-Without-Fear-Treatments-Food.html

https://en.wikipedia.org/wiki/Histamine

https://en.wikipedia.org/wiki/Cetirizine

https://en.wikipedia.org/wiki/Ranitidine

항암제

https://www.chemotherapy.com/new_to_chemo/treatment_plans/drug_types/

https://en.wikipedia.org/wiki/Chemotherapy

http://www.doctorw.co.kr/news/articleView.html?idxno=12301

https://www.nobelprize.org/prizes/medicine/2018/press-release/

심장병 치료제

https://www.nobelprize.org/prizes/medicine/1988/press-release/

https://common.health.kr/shared/healthkr/pharmreview/%EC%8B%AC%EB%B6%80%EC%A0%84%20%EC%B9%98%EB%A3%8C%EC%A0%9C.pdf

스테로이드 의약품

https://www.4mca.com/Face-the-Facts-Drug-Prevention-Pamphlet-Steroids-25-pack/

https://en.wikipedia.org/wiki/Steroid

유기 반응 시약

https://en.wikipedia.org/wiki/Indigo

https://www.encyclopedia.com/history/encyclopedias-almanacs-transcripts-and-maps/johann-friedrich-adolf-von-baeyer

https://en.wikipedia.org/wiki/Grignard_reagent

https://en.wikipedia.org/wiki/Sabatier_reaction

https://en.wikipedia.org/wiki/Hydroboration%E2%80%93oxidation_reaction

https://en.wikipedia.org/wiki/Wittig_reaction

천연물 합성

https://en.wikipedia.org/wiki/Tropinone

https://www.nobelprize.org/uploads/2018/06/woodward-lecture.pdf

https://images.dongascience.com/uploads/article/pdf/199902/S199902N023.pdf

https://en.wikipedia.org/wiki/Diels%E2%80%93Alder_reaction

https://en.wikipedia.org/wiki/Elias_James_Corey#Total_syntheses

https://en.wikipedia.org/wiki/Prostaglandin

유기 반응 촉매

https://en.wikipedia.org/wiki/Suzuki_reaction

https://en.wikipedia.org/wiki/Heck_reaction

https://en.wikipedia.org/wiki/Asymmetric_hydrogenation

유도 진화와 파지 디스플레이 합성법

https://www.nobelprize.org/prizes/chemistry/2018/popular-information/

AI를 활용한 단백질 구조 분석 및 설계

https://www.nobelprize.org/prizes/chemistry/2024/popular-information/

11장 레이저

레이저 원리

https://en.wikipedia.org/wiki/Laser

https://commons.wikimedia.org/wiki/File:Lasers.JPG

https://upload.wikimedia.org/wikipedia/commons/f/fb/Modelocking.gif

레이저 설계

https://www.nobelprize.org/prizes/physics/1964/ceremony-speech/

https://www.nobelprize.org/prizes/physics/1964/townes/speech/

레이저 특허 분쟁

https://en.wikipedia.org/wiki/Laser

https://en.wikipedia.org/wiki/Gordon_Gould

레이저의 진화

https://www.nobelprize.org/prizes/physics/2005/popular-information/

https://www.nobelprize.org/prizes/physics/2005/advanced-information/
https://www.britannica.com/technology/laser/Fundamental-principles
https://www.nobelprize.org/prizes/physics/2018/popular-information/
https://en.Wikipedia.org/wiki/chirp

레이저 소재

https://www.globalspec.com/reference/13699/160210/chapter-9-11-diode-laser-materials-and-wavelengths
https://www.electrontest.com/what-is-a-laser-diode/

레이저 응용

https://en.wikipedia.org/wiki/List_of_laser_applications
https://en.wikipedia.org/wiki/Laser

홀로그래피

https://www.nobelprize.org/prizes/physics/1971/ceremony-speech/
https://www.nobelprize.org/uploads/2018/06/gabor-lecture.pdf
https://en.wikipedia.org/wiki/Holography
http://physica.gnu.ac.kr/physedu/modexp/holo1/main.htm
http://physica.gnu.ac.kr/physedu/modexp/holo2/main.htm
https://en.wikipedia.org/wiki/Physics_of_optical_holography
https://news.samsungdisplay.com/8907

레이저 분광학

https://www.ramanlab.kr/principle
https://www.nobelprize.org/prizes/physics/1981/press-release/
https://www.nobelprize.org/uploads/2018/06/bloembergen-lecture.pdf
https://www.nobelprize.org/uploads/2018/06/siegbahn-lecture-1.pdf
https://www.nobelprize.org/uploads/2018/06/schawlow-lecture.pdf

자기장-레이저 냉각 트랩

https://www.nobelprize.org/prizes/physics/1997/press-release/ https://en.wikipedia.org/wiki/Magneto-optical_trap
https://www.nobelprize.org/uploads/2018/06/giauque-lecture.pdf
https://www.nobelprize.org/prizes/chemistry/1949/ceremony-speech/

레이저 족집게

https://www.nobelprize.org/prizes/physics/2018/popular-information/
https://www.nobelprize.org/prizes/physics/2018/ashkin/lecture/

초단 고강도 레이저 펄스

https://www.nobelprize.org/prizes/physics/2018/mourou/prize-presentation/
https://www.nobelprize.org/prizes/physics/2018/strickland/prize-presentation/

레이저 광통신

https://www.jstna.org/archive/view_article?pid=jsta-4-1-74
https://m.dongascience.com/news.php?idx=50461
https://www.nobelprize.org/prizes/physics/2009/kao/prize-presentation/

초고속 반응 동력학

https://www.nobelprize.org/prizes/chemistry/1956/ceremony-speech/
https://www.nobelprize.org/uploads/2018/06/hinshelwood-lecture.pdf

https://www.nobelprize.org/uploads/2018/06/semenov-lecture.pdf
https://www.nobelprize.org/prizes/chemistry/1967/ceremony-speech/
https://www.nobelprize.org/prizes/chemistry/1986/press-release/
https://www.nobelprize.org/prizes/chemistry/1994/press-release/
펨토화학
https://en.wikipedia.org/wiki/Femtochemistry https://www.nobelprize.org/prizes/chemistry/1999/press-release/
https://www.nobelprize.org/prizes/chemistry/1999/advanced-information/
아토초 펄스
https://www.nobelprize.org/prizes/physics/2023/popular-information/
https://www.nobelprize.org/prizes/physics/2023/advanced-information/
https://en.wikipedia.org/wiki/Attosecond_physics

12장 에너지

기후 변화와 에너지 정책 대한민국 2050 탄소중립전략(장기저탄소발전전략 LEDS)
https://www.korea.kr/special/policyCurationView.do?newsId=148881562
https://en.wikipedia.org/wiki/Michael_Nobel_Energy_Award
신재생 에너지의 구분
https://ko.wikipedia.org/wiki/%EC%9E%AC%EC%83%9D_%EA%B0%80%EB%8A%A5_%EC%97%90%EB%84%88%EC%A7%80, http://www.kier.re.kr/energy/new_energy_view.jsp
사전적 정의 옥스포드 사전, 프린스턴 WordNet
신재생 에너지 개발 및 이용 보급 촉진법 제2조
태양 에너지
https://en.wikipedia.org/wiki/Solar_energy
http://www.mrsolar.com
탄소 동화작용
https://www.nobelprize.org/uploads/2018/06/calvin-lecture.pdf
https://www.nobelprize.org/prizes/chemistry/1961/ceremony-speech/
https://en.wikipedia.org/wiki/Biological_carbon_fixation
https://en.wikipedia.org/wiki/Calvin_cycle#Calvin_Cycle
광합성 중심 구조
https://www.nobelprize.org/prizes/chemistry/1988/press-release/
https://www.nobelprize.org/uploads/2018/06/deisenhofer-michel-lecture.pdf
https://www.nobelprize.org/uploads/2018/06/huber-lecture.pdf
S. Yu, P. K. Jain, *Nature Communications* 10(1), Article number 2022 (2019)
생명의 에너지
ATP https://www.nobelprize.org/prizes/chemistry/1997/press-release/
https://en.wikipedia.org/wiki/Adenosine_triphosphate
https://www.nobelprize.org/prizes/chemistry/1978/press-release/

태양 전지

https://www.nobelprize.org/prizes/physics/1921/ceremony-speech/

https://en.wikipedia.org/wiki/Photoelectric_effect

Adel A. Ismail, Detlef W. Bahnemann, *Solar Energy Materials and Solar Cells* 128, 85-101 (2014)

연료 전지

https://en.wikipedia.org/wiki/Fuel_cell

https://en.wikipedia.org/wiki/Fuel_cell#/media/File:Solid_oxide_fuel_cell_protonic.svg

https://www.nobelprize.org/prizes/chemistry/2007/popular-information/

석탄액화·가스화

https://www.nobelprize.org/prizes/chemistry/1931/ceremony-speech/

https://en.wikipedia.org/wiki/Fischer%E2%80%93Tropsch_process

바이오매스 https://en.wikipedia.org/wiki/Biomass

저장 에너지의 종류 https://en.wikipedia.org/wiki/Energy_storage

초전도 자기 에너지 저장

https://www.nobelprize.org/prizes/physics/

https://en.wikipedia.org/wiki/Superconductivity

https://www.meiji.ac.jp/cip/english/frontline/nomura/index.html

https://enginesindustrynews.com/global-superconducting-magnetic-energy-storage-smes-systems-market/

네른스트 방정식 https://en.wikipedia.org/wiki/Nernst_equation

리튬 이온 배터리

https://www.nobelprize.org/uploads/2019/10/popular-chemistryprize2019.pdf

https://en.wikipedia.org/wiki/Lithium-ion_battery

핵반응의 역사

https://en.wikipedia.org/wiki/Nuclear_reaction

https://m.blog.naver.com/PostView.naver?isHttpsRedirect=true&blogId=msnayana&logNo=80101975218

https://www.nobelprize.org/prizes/physics/1938/ceremony-speech/

https://www.nobelprize.org/uploads/2018/06/hahn-lecture.pdf

https://www.nobelprize.org/prizes/chemistry/1951/ceremony-speech/

우라늄-235의 농축

https://en.wikipedia.org/wiki/Uranium-235

https://en.wikipedia.org/wiki/Uranium

https://en.wikipedia.org/wiki/Zippe-type_centrifuge

https://en.wikipedia.org/wiki/Isotope_separation

핵융합 반응

https://www.nobelprize.org/prizes/physics/1967/speedread/

https://www.kfe.re.kr/menu.es;jsessionid=6A85D25BABF16B71683319C9069B56D5?mid=a10201040000

https://www.nobelprize.org/prizes/physics/1970/ceremony-speech/

저온 핵융합

https://www.nfri.re.kr/kor/pageView/19 https://thunderf00tdotorg.wordpress.com/2011/11/21/why-cold-fusion-is-bullshit

http://pubs.acs.org/cen/topstory/8010/8010notw1.html http://pubs.acs.org/cen/topstory/8030/8030notw8.html

https://en.wikipedia.org/wiki/Cold_fusion

R. P. Taleyarkhan, C. D. West, J. S. Cho, R. T. Lahey, Jr., R. I. Nigmatulin, and R. C. Block, *Science*, 295(5561), 1868−1873 (2002)

Yuri T. Didenko & Kenneth S. Suslick, *Nature*, 418, 394 – 397 (2002)

https://munewsarchives.missouri.edu/news-releases/2013/0308-hubler-named-director-of-nuclear-renaissance-institute-at-mu/

13장 화장품

고대 화장품

M.P. Colombini, G. Giachi, M. Iozzo, E. Ribechini, *Journal of Archaeological Science*, 36(7), 1488−1495 (2009)

https://en.wikipedia.org/wiki/Beauty_and_cosmetics_in_ancient_Egypt

피부의 구조

http://health.mw.go.kr/mobile/content/group_view.jsp?CID=531D0088F2

https://courses.lumenlearning.com/suny-wmopen-biology2/chapter/structure-and-function-of-skin/

온도와 촉각의 수용체

https://www.nobelprize.org/prizes/medicine/2021/press-release/

https://www.nobelprize.org/prizes/medicine/2021/advanced-information/

https://en.wikipedia.org/wiki/Thermoreceptor

https://en.wikipedia.org/wiki/Mechanoreceptor

후각 시스템

https://www.nobelprize.org/prizes/medicine/2004/press-release/

https://en.wikipedia.org/wiki/Olfactory_receptor

https://www.nobelprize.org/uploads/2018/06/odorant_high_eng.jpg

세제

https://www.nobelprize.org/prizes/chemistry/1988/8787-the-first-crystals-of-membrane-proteins/

https://en.wikipedia.org/wiki/Surfactant

http://www.naturalhealthblogger.net/soap-saponification-charts/

http://tetrapakkorea.tistory.com/45

피부 화장품

https://en.wikipedia.org/wiki/Cosmetics

화장품 원료 규격 가이드라인

https://kcia.or.kr/home/notice/notice.php?type=view&no=8951&ss=page%3D186%26skind%3D%26sword%3D%26ob%3D

향수

https://www.britannica.com/art/perfume

https://en.wikipedia.org/wiki/Cosmetics

http://www.historyofperfume.net/perfume-facts/types-of-perfumes/

C&EN, April 22, 2019, p.32

Rodriguez I, Greer CA, Mok MY, Mombaerts P. A putative pheromone receptor gene expressed in human olfactory mucosa. *Nat Genet*. 2000;26(1):18−19. doi:10.1038/79124.

https://en.wikipedia.org/wiki/Androstenone

https://en.wikipedia.org/wiki/Cananga_odorata
모발의 구조
https://www.researchgate.net/publication/267736637_The_structure_of_people's_hair
https://pubmed.ncbi.nlm.nih.gov/25332846/
Yang F, Zhang Y, RheinstädterMC. (2014) The structure of people's hair. PeerJ, 2, e619. https://dx.doi.org/10.7717/peerj.619
단백질 구조 관련 노벨상 수상자
https://www.nobelprize.org/prizes/chemistry/
https://www.ebi.ac.uk/pdbe/docs/nobel/nobels.html
모발 파마
https://en.wikipedia.org/wiki/Ammonium_thioglycolate https://en.wikipedia.org/wiki/Perm_(hairstyle)
『생활 속 화학(개정판)』, 이범종 지음, 자유아카데미, 2021, pp. 294-295
모발의 표백과 착색
https://en.wikipedia.org/wiki/Hair_coloring
미백 화장품
https://en.wikipedia.org/wiki/Skin_whitening
http://health.chosun.com/site/data/html_dir/2017/08/07/2017080701746.html
자외선 차단제
http://www.makemeheal.com/mmh/product/beauty/anthelios/faqs.vm?procid=13&catid=809
http://myjuliette.tistory.com/
https://www.nature.com/articles/s41467-024-45090-9
주름 개선제
https://www.nobelprize.org/prizes/medicine/1986/press-release/
C. Richard Savage, Jr. John H. Hash, Stanley Cohen, J. Biol. Chem. 1973, 248(22), p. 7669-7672
Pietro Calissano & Rita Levi-Montalcini, Scientific American, 1979, 240(6), p. 68,
In Praise of Imperfection: My Life and Work, Rita Levi-Montalcini, Sloan Foundation Science Series, 30 Oct. 1989.
https://www.nobelprize.org/uploads/2018/06/bild_press_eng-2.pdf
https://www.nobelprize.org/prizes/medicine/2012/popular-information/
https://www.nobelprize.org/prizes/medicine/2012/advanced-information/

현대문명과 노벨화학상

노벨상을 통해 들여다본 수상자의 삶과 현대 과학기술의 뿌리

저 자 이범종
발 행 인 김지영
발 행 처 자유아카데미
주 소 경기도 파주시 회동길 37-42
파주출판도시
전 화 031-955-1321
팩 스 031-955-1322
홈페이지 www.freeaca.com
전자우편 main@freeaca.com(대표)
editor@freeaca.com(편집)
crm@freeaca.com(영업)
등 록 제406-2003-017호, 1980. 7. 12
제1판1쇄 2026년 2월 10일 발행

ISBN 979-11-5808-811-8 93400